D1827696

1 MONTH OF
FREE
READING

at

www.ForgottenBooks.com

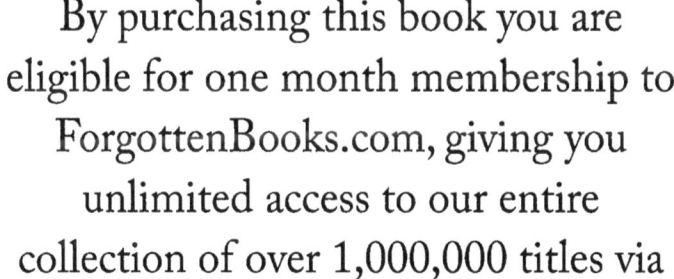

By purchasing this book you are
eligible for one month membership to
ForgottenBooks.com, giving you
unlimited access to our entire
collection of over 1,000,000 titles via
our web site and mobile apps.

To claim your free month visit:

www.forgottenbooks.com/free347379

ISBN 978-0-266-30027-4
PIBN 10347379

LEHR- UND HANDBUCH

DER

STATISTIK

VON

Dr. MAX HAUSHOFER

PROFESSOR AN DER K. TECHNISCHEN HOCHSCHULE ZU MÜNCHEN.

ZWEITE, VOLLSTÄNDIG UMGEARBEITETE AUFLAGE.

WIEN 1882.

WILHELM BRAUMÜLLER

K. K. HOF- UND UNIVERSITÄTSBUCHHÄNDLER.

0193

rwort zur zweiten Auflage.

Seit dem Erscheinen der ersten Auflage dieses Buches, im J. 1872, bin ich mir über eine Reihe von Verbesserungen klar geworden, welche hinsichtlich des Buches theils möglich waren, theils ein unerreichbares Ideal bleiben mussten.

Die grösste Schwierigkeit, welche mir bei der Bearbeitung beider Auflagen entgegenstand, lag darin, dass das Buch gleichzeitig die Zwecke eines Lehrbuches zum Studium, und eines Handbuches zum Nachschlagen erfüllen wollte. Diese beiden Zwecke schliessen sich, wie ich mittlerweile beobachten konnte, in einem höheren Grade aus, als ich anfangs geglaubt hatte. Ein Lehrbuch muss auf eine längere Dauer von Jahren brauchbar sein; ein statistisches Handbuch dagegen kann der Natur der Sache nach nur einen vergänglichen Werth haben.

Wenn ich trotz dieser Erfahrung an eine Neubearbeitung des Buches gegangen bin, that ich das in der Ueberzeugung, dass einem Buche, welches heutzutage eine zweite Auflage erlebt, selbst mit einem solchen Cardinalfehler ein gewisses Recht auf das Dasein zusteht.

Hätte ich dieses Recht ignorirt, so wäre die zweite Auflage ein ganz anderes Buch geworden: ein System der Socialwissenschaft. in welchem die Ziffern noch weit mehr in den Hintergrund getreten wären, als in der ersten Auflage.

Da dies vorläufig nicht meine Absicht war, sah ich meine Aufgabe bei der Neubearbeitung hauptsächlich in Folgendem. Einmal konnten in dem, dem Zwecke des Lehrbuches dienenden Texte, namentlich im historischen Theile desselben manche Kürzungen vorgenommen werden. Andern-

theils aber mussten die alten Zahlenangaben fast ausnahmslos entfernt und
durch die neuesten, die überhaupt verfügbar sind, ersetzt werden. Letztere
Aufgabe, wie mühsam sie auch war, und wie wenig Reiz für die Thätigkeit
des Gedankens sie auch darbieten mochte, hoffe ich so weit gelöst zu
haben, dass das Buch jetzt in einem weit höheren Grade als Nach-
schlagebuch brauchbar sein dürfte, als seinerzeit die erste Auflage gewesen ist.

Noch etwas Anderes aber hielt ich für meine Pflicht. Dem Brauche
statistischer Handbücher gemäss, hatte ich in der ersten Auflage häufig
Zahlenangaben ohne Mittheilung ihrer Quelle gegeben. Von diesem Brauche
bin ich in der zweiten Auflage abgegängen und habe, fast ohne Ausnahme,
nur mehr solche Ziffern mitgetheilt, welche bis zu ihren Quellen zurück-
verfolgt werden können. Vieles wurde mir dabei erleichtert durch die
liebenswürdige Liberalität, mit welcher mir die Direction der Statistik des
Königreichs Italien ihre reichhaltigen Publicationen sandte.

Ich hatte mir niemals verhehlt, dass die erste Auflage trotz eines
grossen Leserkreises, welchen sie in Oesterreich-Ungarn und im Deutschen
Reiche gefunden hat, trotz einer Uebersetzung ins Polnische, welche sie
(Warschau 1875) erlebte, und trotz mancher Anerkennung, die sie mir
verschaffte, weit entfernt war, meinen eigenen und fremden Ansprüchen
hinsichtlich der Vollständigkeit, Gründlichkeit und Neuheit zu genügen.
Dass die zweite Auflage ein wesentlicher Schritt zur Besserung sei, war
der Gedanke, der mir die Arbeit verschönte.

München, im November 1881.

M. H.

Inhaltsübersicht.

Viertes Buch. Das gesellschaftliche und politische Leben.

Fünftes Buch. Moralstatistik.

Erstes Buch.

Geschichte und Theorie der Statistik.

———

I. Capitel.

Geschichte der Statistik.

---

§. 1. Nothwendigkeit geschichtlicher Betrachtung.

Der Ausdruck Statistik wird vom lateinischen status hergeleitet. Status wurde in klassischen Zeiten blos für den Begriff „Zustand" gebraucht, später auch für den Begriff „Staat". Statistik lässt sich demnach ebensowohl mit Staatenkunde, Staatserforschung, als mit Zustandswissenschaft, Zustandserforschung übersetzen.

Seit Anfang des 18. Jahrhunderts wird der Ausdruck Statistik üblich, und zwar allmälig für verschiedene Richtungen menschlicher Verstandesthätigkeit.

Heutzutage nennt man Statistik:

I. Eine Methode der Erforschung von Erscheinungen zu wissenschaftlichen und praktischen Zwecken, nämlich die Methode der Massenbeobachtung.

II. Eine Wissenschaft, welche sich auf ihrem jetzigen Höhepunkte dieser Methode bedient.

III. Eine amtliche Thätigkeit der Staatsbehörden.

Im Verlaufe der Entwickelungsgeschichte dieser Wissenschaft aber wurden sehr verschiedene Dinge Statistik genannt. Die Statistiker sahen die Gegenstände, die Aufgaben, die Methoden und die letzten Zwecke ihrer Thätigkeit bald in diesem, bald in jenem. Einzelne erfassten die Statistik als Staatskunde, als Wissenschaft von den Staatsmerkwürdigkeiten, von der Staatsverfassung, von den Staatskräften, andere als eine Zustandswissenschaft, einige als Zahlenwissenschaft, andere als die Erforschung geheimer Gesetze. Bald brachte man sie mit Geschichte, bald mit Geographie, bald mit Staatsrecht und Politik, bald mit der Mathematik und den Naturwissenschaften in Verbindung. Und während von einigen ihr

1 *

wissenschaftlicher Charakter mehr oder weniger abgeläugnet wurde, hat sie in anderen Geschichtschreiber ihrer Literatur gefunden [1]).

· Bei einem Gegenstande menschlicher Geistesthätigkeit aber, welcher so viel umstritten ist, wie der Begriff, die Aufgaben und die Gestaltung der statistischen Forschung, ist eine Betrachtung der geschichtlichen Entwickelung dringend geboten. Und man darf dabei nicht mit zufälligem Griffe in die historischen Erscheinungen fahren und wider einander Streitendes als schroffe Beispiele hinstellen, sondern man muss in diesen Erscheinungen die Entstehung der Wissenschaft erforschen und die allmälige Weiterbildung des Gedankens verfolgen.

Anmerkung.

[1]) Unter den vielen Geschichtschreibern der statistischen Literatur seien hier zunächst drei der bedeutendsten besonders zu erwähnen, nämlich: R. v. Mohl: Die Geschichte und Literatur der Staatswissenschaften, Erlangen 1858, im III. Bd. — C. G. A. Knies: Die Statistik als selbständige Wissenschaft, Kassel 1850. — A. Wagner: im Artikel „Statistik“ des X. Bandes von Bluntschli-Brater's Staatswörterbuch. Die letztgenannte sehr umfassende und gründliche Arbeit bildet auch die Grundlage des folgenden Capitels.

§. 2. Die Statistik im Alterthume.

Fasst man den Begriff der Statistik in geschichtlicher Weise auf, d. h. betrachtet man alle jene Erscheinungen, welche heute und jemals Statistik genannt worden sind, so ist die Statistik uralt.

Sie begann höchst wahrscheinlich mit einer Regierungsstatistik zu militärischen und finanziellen Zwecken. So werden im Alten Testamente Volkszählungen der Juden erwähnt [1]). Die Berichte Herodot's [2]) lassen auf eine ausgedehnte finanzielle und militärische Statistik in Persien unter der Regierung der Achämeniden schliessen. Die Chinesen besassen in dem von Confucius gesammelten Buche Schuking statistische Angaben über die Topographie, über den Zustand des Ackerbaues, der Industrie, des Verkehrs und der Abgaben von China aus dem 3. Jahrtausend vor Chr. Im alten Aegypten scheint es Volkszählungen, sogar schon eine Art Civilstandsregister, Grundkataster u. s. f. gegeben zu haben.

Bei einem so entwickelten Staatsleben, wie das der alten Hellenen war, musste gleichfalls eine Art Verwaltungsstatistik bestehen, namentlich in Bezug auf Bevölkerung, Territorium, Grundbesitz, Finanzen u. s. f. Dagegen sind wissenschaftliche Leistungen auf diesem Gebiete nur in zerstreuten und unbedeutenden Anfängen vorhanden.

Ungleich grossartiger entwickelte sich die Statistik im alten Rom [2]), getragen durch des Volkes eminentes praktisches Staatstalent, und zwar überall in der Form der Erforschung von solchen Erscheinungen, welche für die Verfassung und Verwaltung der Republik Bedeutung hatten. Der erste Census, eine Volkszählung mit gleichzeitiger Erhebung des Vermögensstandes, wird bis auf Servius Tullius zurückgeführt und wiederholte sich zur Zeit der Republik alle fünf Jahre. Das active Militär wurde besonders gezählt. Die Zählung vollbrachte der Censor, welchem eine Art statistisches Bureau zur Seite sich befand. In den Zeiten der Republik war der regelmässige fünfjährige Census eine höchst feierliche Handlung. Es wurde die rechtliche Bevölkerung gezählt; der Familienvater musste für sich und seine Angehörigen Namen, Geschlecht, Alter, Wohnort und Vermögen angeben. In der Kaiserzeit verlor der Census seine ursprüngliche Bedeutung und diente zumeist Steuerzwecken; er kam dann alle 10, später alle 15 Jahre zur Ausführung. Der Personalcensus und der Census des Grundvermögens wurden getrennt; ersterer wurde zu einer der Kopfsteuererhebung dienenden Zählung, letzterer eine Grundkatastrirung für die Grundsteuererhebung. Der kaiserliche Census verlangte auch Angaben über die Zahl der Sklaven, über deren Nationalität und Beruf.

Das erhobene Material wurde zusammengestellt und bearbeitet. Es liegen Resultate der römischen Volkszählungen vor. Im ersten Jahrhundert der Republik schwankt die Censuszahl zwischen 104000 und 150000; zur Zeit des Kaisers Claudius erreicht sie 49 Millionen.

Die Kaiser interessirten sich für diese Zählungen; es wurden Karten entworfen, statistische Uebersichten angelegt. Cicero fordert für den Staatsmann statistische Kenntnisse — ein „nosse rempublicam". Eine angeblich von J. Cäsar begonnene Vermessung führte Augustus aus; derselbe hatte Uebersichten über die Zahl des Militärs, über die Finanzverhältnisse. In dem bureaukratisch gestalteten byzantinischen Reiche finden sich Staatshandbücher, die notitiae omnium dignitatum administrationumque.

Eine wissenschaftliche Statistik gab es bei den Römern nicht; ihre statistische Thätigkeit diente praktischen Zwecken. Statistische Beamte waren die Censoren; im Tempel der Libertas war zur Zeit der Gracchen das statistische Bureau, zu Cicero's Zeiten im Tempel der Nymphen. Wohl aber kannten die politischen Schriftsteller Roms den Werth der Statistik.

Anmerkungen.

[1] Moses IV. c. 1 ff. Sie spielen eine grosse Rolle im Staatsleben.

[2] Herodot III. 89 V. 52, VII. 60 ff.

[3] Ausführliches hierüber befindet sich in Hildebrand's Artikel „Die amtliche Bevölkerungsstatistik im alten Rom" in den Jahrbüchern für Nationalökonomie und Statistik, Jahrg. 1866, I. S. 82.

§. 3. Die Statistik des Mittelalters.

Aus der ersten Zeit des Mittelalters finden sich noch byzantinische Aemterverzeichnisse und Kirchensprengellisten als das einzige, was Statistik genannt werden könnte. Auch die Annalen der Klöster enthalten zuweilen statistische Daten, ebenso die Werke und Rechtssammlungen der byzantinischen Historiker und der germanischen Völkerschaften.

Dagegen zeigt sich bei den Arabern, anknüpfend an deren geographische Forschungen, frühe schon Verständniss für statistische Arbeiten und deren Werth. Feldherren, Vezire und andere hohe Staatsbeamten pflegten die von ihnen verwalteten Staatstheile geographisch und topographisch zu behandeln, wobei statistische Notizen mit einfliessen mussten.

Im germanischen Europa wurden unter Carl dem Grossen finanz- und militärstatistische Zwecke wieder herrschend, Listen über die dienstfähige Mannschaft aufgenommen, auch die kaiserlichen Kammergüter durch eine Art wirthschaftlicher Statistik behandelt (breviarium rerum fiscalium). Verwandter Art sind die seit dem 11. Jahrhundert vorkommenden Grundbücher und Urbarien, namentlich der Klöster, ferner im grösseren Style das Domesday-book Wilhelm's des Eroberers (1086), ähnliche Aufzeichnungen Eduard's I. von England, das Erdbuch des Dänenkönigs Waldemar II., die Inventarien Friedrich's II. über die sicilischen Krongüter u. a.

Grössere statistische Bedeutung haben die wahrscheinlich schon früh im Mittelalter von der Geistlichkeit geführten Listen über diejenigen kirchlichen Acte, welche mit der Bewegung der Bevölkerung in Verbindung stehen, besonders die Begräbniss- oder Todtenregister — diptycha mortuorum. Sie schlossen sich den kirchlichen Gebühren für den Beistand der Geistlichen bei Taufen, Trauungen und Begräbnissen an, und kommen schon zu Anfang des 4. Jahrhunderts vor. Leider ist von ihnen nichts auf unsere Zeit herübergekommen.

§. 4. Die Statistik vom Ausgange des Mittelalters bis zu den Anfängen der neueren Statistik.

Am Schlusse des Mittelalters musste mit der Kräftigung der Staatsidee auch das Bedürfniss einer genauen Kenntniss der eigenen und fremder Staaten in den Staatsmännern erwachsen; zugleich musste man nach einer Methode suchen, wie diese Kenntniss zu erlangen sei. Solche Bestrebungen zeigen sich namentlich im Staatsleben der venetianischen Republik, wo die Provincialgouverneure und die Gesandten schon seit dem 13. Jahrhundert sogenannte Relazioni, namentlich über den Zustand der äusseren Machtmittel der Staaten einsenden mussten und früh schon die Anfänge von Volkszählungen und handelsstatistischen Arbeiten sich finden. In ganz Europa kam das Wesen der Politik mehr und mehr zum Verständniss; das Bedürfniss nach Aufklärung über die verschiedenen Staatswesen rief eine Reihe von Versuchen zu Staatsbeschreibungen hervor, mehr oder weniger mit geographischen Arbeiten vermengt.

Weit bedeutungsvoller erscheinen in jener Zeit die praktischen Bestrebungen der Regierungen, Kenntniss der Zustände der Staaten zu erhalten. Im Gesandtschaftswesen entwickelte sich ein System gegenseitiger Beobachtung. Die nach Centralisation und Consolidirung strebenden Staatsregierungsformen, der Uebergang zur Geldwirthschaft und zu den stehenden Heeren machte finanz- und militärstatistische Arbeiten dringend nothwendig. Die Politik brauchte Mannschaft und Geld; man musste Untersuchungen über die Grösse der Bevölkerung und die Steuerfähigkeit des Landes anstellen, Volkszählungen vornehmen, die Bewegung der Bevölkerung beobachten und einzelne in politischer und finanzieller Hinsicht besonders wichtige Verhältnisse untersuchen.

So finden sich Volkszählungen im 16. Jahrhundert und werden allgemeiner im 17., obgleich vielfach mit blossen Schätzungen vermischt.

Seit dem Ausgange des 15. Jahrhunderts werden auch die Beobachtungen über die Bewegung der Bevölkerung geregelt; kirchliche und staatliche Verordnungen schreiben die Haltung eigentlicher Kirchenbücher über die von den Geistlichen vorzunehmenden Handlungen (Taufen, Trauungen, Begräbnisse) vor. Diese Listen wurden im 16. und 17. Jahrhundert zunächst in England, dann auch in Frankreich und Deutschland vollständiger. Im 16. Jahrhundert wurden in den protestantischen Ländern Deutschlands, im 17. in den katholischen Kirchenbücher eingeführt.

Auch auf anderen Gebieten machte die Statistik Fortschritte, in der Beobachtung wirthschaftlicher, militärischer, finanzieller und allgemein politischer Erscheinungen. So gründete Minister Sully in dem cabinet complet de politique et de finance eine Art statistischen Bureaus, welches sich mit der Sammlung der auf Finanzen, Handel, Bergbau, Münzwesen, Polizei, kirchliche und bürgerliche Verwaltung und Kriegswesen bezüglichen Materialien zu beschäftigen hatte. Aehnliches wirkte Richelieu, und Colbert befasste sich namentlich mit der Statistik des auswärtigen Handels. Louvois gründete 1688 ein militär-statistisches Bureau (dépôt de la guerre), ein anderes statistisches Bureau Necker. In England wurde die Handelsstatistik seit Wilhelm III. ausgebildet und auch in Deutschland fing man an, mehr und mehr statistische Beobachtungen über Staatszustände zu sammeln. Der herrschende Despotismus und das Princip der Vielregiererei machten ja die genaueste Kenntniss staatlicher Zustände zur dringendsten Nothwendigkeit.

Die wissenschaftliche Statistik, welche früher in den Beschreibungen der Staaten mit Geographie und Geschichte, Staatsrecht und Politik vermengt erscheint, beginnt endlich aus dieser Vermischung sich abzulösen und selbständig aufzutreten.

§. 5. Die neuere Statistik überhaupt.

Den Stand der Dinge in Staat und Volk genau zu kennen, war demnach schon längst praktisches Bedürfniss aller Staatsmänner. Allmälig beschäftigte sich mit dem Zustande der Staaten und Völker, mit ihren Zwecken, Kräften und Mitteln auch die Wissenschaft, anfangs unsicher tastend, theils in Universitätsvorträgen, theils in Lehrbüchern, später mit wachsender Sicherheit. Sie nannte sich Statistik oder Staatskunde.

Durch Erweiterung ihres Zweckes gewann sie bald an Ausdehnung, indem man sich nicht mehr auf solche Kenntnisse beschränkte, welche für die Regierenden und zum Regieren absolut nothwendig waren.

Man bemühte sich ferner, den Umfang der Gegenstände der Statistik festzustellen, sie von Dingen zu säubern, die ihr nicht angehörten und neues Eigenthum ihr beizuziehen. Die einen wollten einschränken, die anderen ausdehnen.

Man begnügte sich auch nicht mehr mit der Erforschung der Thatsachen allein, sondern verlangte auch ihre Ursachen zu kennen.

Weiter gehend, suchte man die Gesetze auf, welche im Wechsel der Erscheinungen sich erkennen lassen.

Die Genauigkeit des statistischen Wissens suchte man zu erhöhen, einestheils durch amtliche Beobachtungen, dann durch Beobachtungen grösserer Massen von Erscheinungen und durch Befolgung des Grundsatzes, dass die ziffermässige Darstellung die vorzüglichste oder die ausschliesslich richtige sei.

So wurde der Begriff, das Wesen, der Umfang, der Gegenstand und die Methode der jungen Wissenschaft nach verschiedenen Seiten hin gezerrt, bis sich schliesslich eine Reihe verschiedenartiger Anschauungen über sie bilden konnte.

§. 6. Die beschreibende Schule der Statistik.

Jene wissenschaftlichen Arbeiten, welche zuerst den Namen Statistik beanspruchten, waren Schilderungen, Beschreibungen von Staats- und Volkszuständen.

Hermann Conring, Professor an der Universität Helmstädt, versuchte zuerst eine systematische Beschreibung der Staaten zu entwerfen, dieselbe von Geographie, Geschichte und Politik scharf zu trennen und eine neue Disciplin daraus zu bilden [1]). Conring selbst nannte sie Staatskunde, notitia rerum publicarum und führte sie seit 1660 in die Reihe der academischen Vorlesungen ein. Sie wurde seit jener Zeit, und zwar meist durch den Professor des Staatsrechts, der Geschichte oder der Politik vorgetragen. Ihm folgten eine Reihe von Universitätslehrern und Schriftstellern [2]).

Die zweite Hälfte des 18. Jahrhunderts begann epochemachend G. Achenwall [3]), von vielen als der eigentliche Begründer dieser Disciplin angesehen. Während die Ausländer mehr auf eigenen Wegen gingen, bildete Achenwall in Deutschland eine Schule der Staatskunde, deren Anhänger wohl in mehr oder weniger unbedeutenden Einzelnheiten, nicht in der Hauptsache von ihrem Meister sich entfernten [4]).

Achenwall's Einfluss reicht bis in die neueste Zeit herauf.

Diese Anfänge neuerer Statistik, wesentlich praktische Zwecke verfolgend, halten sich demnach an den Begriff des Staates. Aber in der Auffassung des Staates sind die einzelnen Statistiker von Conring abwärts verschieden. Jeder fasste den Begriff des Staates so auf, wie es durch die praktische und theoretische Ausbildung der Staatsidee seiner Zeit bedingt war. Wenn man aber den Begriff der Statistik in innige Verbindung mit dem des Staates brachte, musste auch jener beweglich sein. So ziemlich alle Statistiker eines langen Zeitraums bemühten sich deshalb auch, den Begriff und die Zwecke des Staates als solchen zu untersuchen, um eine Grundlage für die Darstellung der Staatszustände zu gewinnen.

Schon frühzeitig erhoben sich übrigens Zweifel darüber, ob Staat und Staatliches ausschliesslich Gegenstand der Statistik sein könnten; bald wurden mehr und mehr Gegenstände in ihren Bereich gezogen.

In der Hauptsache aber bleibt bei den Anhängern dieser Schule die Auffassung der Statistik als einer schildernden, darstellenden Disciplin, einer Staats- oder Zustandskunde. Die Definitionen sind verschieden; die Grundanschauung wenig oder gar nicht. Ob man diese Disciplin eine Wissenschaft von den Staatszuständen, von den Staatsmerkwürdigkeiten, von der Staatsverfassung, von den Staatskräften oder von den Zuständen überhaupt nennt: sie bleibt wesentlich dasselbe. Auch die Anwendung der Mittel macht keinen grossen Unterschied. Ob man mit Ziffern oder mit Worten darstellt: eine Darstellung und Beschreibung wird immer eine Beschreibung bleiben.

Man hat zuerst Staatszustände dargestellt, ohne sich dabei bestimmte Grenzen zu ziehen. Dann glaubte man den Gegenstand näher bezeichnen zu müssen durch Betonung des wirklich Merkwürdigen. Man glaubte ihn ferner näher bezeichnen zu können durch Trennung der gegenwärtigen und vergangenen Erscheinungen und wies nur jene der

Statistik zu[5]). Andere wieder betonten besonders das formal-rechtliche Leben im Staate[6]). Wieder andere sahen den Gegenstand der Statistik in jedem Zustand[7]). Ferner hob man die Staatskräfte hervor[8]). Man behandelte sie manchmal einseitig, blos die politische, militärische, finanzielle Macht hervorhebend, bald von höherem Standpunkte aus, als das im Staats- und Volksleben überhaupt Wirkende. So ward man dahin geführt, mehr und mehr den ursächlichen Zusammenhang der Erscheinungen zu erforschen[9]).

Alle diese Bestrebungen gingen theils selbständig einher, theils aber schlossen sie sich an Politik, Staatsrecht, Nationalökonomie und Geographie an.

Sie bedienten sich dabei theils der Wortphrase, theils, namentlich in ihrer weiteren Entwickelung, der Ziffer[10]), theils der ethnographischen, theils der vergleichenden Methode[11]).

Anmerkungen.

[1]) Er schrieb kein Compendium, sondern behandelte diese Disciplin in seinen Vorlesungen. Als Mittelpunkt der Erkenntniss des gegenwärtigen Staatslebens stellt er den Staatszweck auf. Er hält sich an die gegenwärtigen Staatszustände und behandelt jeden Staat für sich. Als Massstab bei der Aufnahme der statistischen Materialien gilt ihm: quantum in iis ad felicitatem seu infelicitatem rei publicae sit positum. Seine neue Wissenschaft ist demnach eine schildernde Disciplin, eine politische Staatskunde der Gegenwart, welche die für den Staatszweck besonders wichtigen Momente zu finden und zu ordnen versuchte.

[2]) Die Geschichte der statistischen Literatur erwähnt namentlich: Oldenburger, Sagittarius, Bose, G. Schubart, Beckmann, Gundling, Kemmerich, Schmeizel, Otto, Köhler, Walch, Maibom, Struve, Spener, Schmauss, Hofmann und Buder, sämmtlich von der Mitte des 17. bis zur Mitte des 18. Jahrhunderts.

[3]) G. Achenwall: Staatsverfassung der europäischen Reiche. Gött. 1752. Er versteht unter Statistik die Kenntniss der Staatsmerkwürdigkeiten. Von seinen Nachfolgern Vater der Statistik genannt, war er es, welcher diese Disciplin taufte, nach Zweck und Inhalt schärfer bestimmte und dadurch von grösserer Bedeutung für sie wurde, als Conring gewesen. Als Staat erscheint ihm „alles das, was in einer bürgerlichen Gesellschaft und in deren Lande wirklich angetroffen wird". Das ist ein allerdings etwas oberflächlicher Begriff vom Staat. Merkwürdig nennt er diejenigen von der Menge wirklicher Sachen im Staate, welche die Wohlfahrt desselben in einem merklicheren Grade angehen, hindernd oder befördernd. Zweck der Statistik ist Erkenntniss des Staats. Die Staatsmerkwürdigkeiten zerfallen in Land und Leute.

Achenwall's Statistik ist, was die seiner Vorgänger gewesen, eine Beschreibung des gegenwärtigen Staats.

Direct seiner Definition folgte zunächst Fabri, welcher die verschiedenen bis zu seiner Zeit aufgestellten Begriffsbestimmungen beurtheilt und sich dann für die Staatsmerkwürdigkeiten als Gegenstand der Statistik entscheidet.

Auch der geistreiche Schlözer nimmt Achenwall's Definition an, vertheidigt sie gegenüber anderen Definitionen, erweitert und verschärft aber doch fast unmerklich den Begriff. Insbesondere wünscht er Ziffermässigkeit und Genauigkeit der Angaben.

In weit späterer Zeit kommen Holzgethan und Wörl wieder auf den von Achenwall aufgestellten Begriff zurück.

¹) Zu ihnen gehören in Deutschland: Büsching, Toze, Gatterer, Schlözer als grösster Schüler Achenwall's, Dohm, Remer, Lüder, später ein heftiger Feind der Statistik; ferner Meusel, Mader, Sprengel, Fabri, Göss, Niemann, Butte, Zizius, Klotz, Hassel, von Malchus, Mone, Fischer, Koch-Sternfels, Holzgethan, Schlieben und Wörl; im Auslande: Férussac, Peuchet, Donnant, Tamassia, Cagnazzi, Padovani, Graberg v. Hemsö, Engelstoft, Gioja, Romagnosi und Sampajo.

²) Schon Conring betonte hauptsächlich die gegenwärtigen Staatszustände als Gegenstand der Statistik; von den ersten Statistikern sowohl als später wurde die Gegenwart wiederholt betont. So sagt Achenwall: Wir wollen den gegenwärtigen, nicht den ehemaligen Staat kennen lernen. Auch Gatterer fand die Aufgabe der Statistik in der Schilderung des gegenwärtigen Zustands eines Staates. Eine solche Zustandsschilderung sei aus zwei Hauptbestandtheilen zusammenzusetzen: aus der Schilderung von Land und Leuten und aus jener der Regierungsform. Hieher gehört noch die entsetzlich schwülstige Definition von Butte, die Statistik sei „die wissenschaftliche Darstellung derjenigen Daten, aus welchen die Wirklichkeit der Realisation des Staatszweckes gegebener Staaten in einem als Jetztzeit fixirten Momente gründlich erkannt werden könne".

Mehr und mehr kam übrigens die vorzugsweise Betonung der Gegenwart in Vergessenheit. Man bemerkte, dass, je mehr man nach dem gegenwärtigen und neuesten haschte, in desto kürzerer Zeit das Resultat werthlos wurde.

So klagt schon Hassel, dass wegen der zwischen dem Drucke seines Werkes und seinen vor ein paar Jahren für seine Vorlesungen gemachten Arbeiten liegenden Zwischenzeit alles Maculatur geworden sei!

Diesem Unglück ist man offenbar nicht ausgesetzt, wenn man diese Maculatur Rotteck überlässt, welcher eine Statistik im weiteren Sinne erfand, die getheilt wird in: I. die Alterthumskunde, welche die Staatsmerkwürdigkeiten der alten längst begrabenen Völker darstellt; II. die Staatengeschichte, welche eine fortlaufende Statistik ist, und III. die Statistik im engeren Sinne, welche man gleich treffend eine stillstehende Staatengeschichte genannt habe.

³) Wenig verschieden von der Auffassung der Statistik als Staatszustandskunde ist ihre Auffassung als Wissenschaft von der Verfassung der Staaten. Dabei wird das Wort Verfassung nicht in der heute gebräuchlichen staatsrechtlichen Bedeutung (als Constitution) gebraucht, auch nicht als Gegensatz zur Verwaltung, sondern als die Gesammtheit der wesentlichen staatlichen Einrichtungen. Auch hier ist also die Statistik eine Schilderung von Zuständen, nur mit besonderer Betonung des Staatsorganismus als eines geschlossenen Ganzen.

Zu den Vertretern dieser Idee gehört zunächst Herzberg; er nennt die Statistik „die Kenntniss von der politischen Verfassung der Staaten". Nach Remer ist sie gleichfalls die Wissenschaft von der Verfassung der verschiedenen Staaten. Mehr oder weniger gehören hieher auch Meusel, Butte, Niemann und Göss.

Diese nächsten Nachfolger Achenwall's suchten zwar das Object der Statistik anders zu bezeichnen und genauer zu begrenzen, aber offenbar ohne Erfolg. Man änderte das Wort, aber den Begriff nur wenig und nicht einmal zum Vortheil der Sache. Entweder wird der Gegenstand statistischer Forschungen nur auf einen Theil der Staatsmerkwürdigkeiten, nämlich auf die Staatseinrichtungen im engeren Sinne des Wortes beschränkt und demnach entschieden zu eng bestimmt, oder es wird der Ausdruck Verfassung in einem durchaus unrichtigen Sinne gebraucht. (Mohl.)

[*]) Den Begriff des Zustands zu betonen und die Statistik als eine Wissenschaft von Zuständen aufzufassen, war doppelte Veranlassung gegeben.

Schon durch die Etymologie des Wortes Statistik.

Zudem aber waren auch die übrigen Merkmale des Begriffs der Statistik so schwankend, dass es leicht war, von blossen Staatszuständen das Object der Statistik zu Zuständen überhaupt zu erweitern.

Achenwall hob noch nicht den Begriff des Zustandes hervor. Aber schon Niemann meint: die Statistik hat es nur mit den Resultaten des Geschehenen in ihrem gleichzeitigen Zusammentreffen zu thun, um den Zustand, der aus diesem Zusammentreffen hervorgeht, zu beschreiben.

„In solchen und anderen Stellen", sagt Knies, „erkennen wir eine erste und zwar die von dem ersten Auftreten der wissenschaftlichen Statistik an vorhandene Auffassung des Zustandes, dass er nämlich in dem gleichzeitigen Nebeneinander bestehe, ohne Rücksicht auf die Dauer der Existenz der als gleichzeitig nebeneinander geschilderten Dinge".

Hieber gehört namentlich der anonyme Autor S. der Vierteljahrsschrift (Jahrgg. 1838, IV.), indem er sagt: Die Wirkung der Staatskräfte zu einer bestimmten Zeit ist der Zustand, den sie hervorgebracht haben. Ebenso der italienische Statistiker Gioja.

[*]) Diese Anschauung, französischen Ursprunges, geht einen Schritt weiter; sie sieht die Staatsmerkwürdigkeiten als in einem lebendigen Organismus wirkend an und betrachtet die Statistik als Wissenschaft von den Staatskräften.

Die Schattenseite dieser Anschauung liegt darin, dass ihre Bekenner grösstentheils die Kräfte und Mächte des Staatslebens höchst einseitig und materiell auffassten. Ueber diese Einseitigkeit erhebt sich der obengenannte anonyme Verfasser S. Die Statistik beschäftigt sich nach seiner Anschauung „mit der Betrachtung von Staatskräften, die zu einer bestimmten Zeit innerhalb bestimmter politischer Grenzen vorhanden sind". „Alles, was Veränderungen hervorbringt, heisst uns Kraft, und Staatskräfte sind diejenigen, die der politischen Vereinigung einer Mehrheit von Menschen zum Staate oder im Staate angehören. Aus ihrer Wirkung müssen wir sie erkennen. Die Wirkung der Staatskräfte zu einer bestimmten Zeit ist der Zustand, den sie hervorgebracht haben". Man muss die Zustände vergleichen, um die Gesetze ihrer Wirksamkeit kennen zu lernen. Die Erfassung des Naturgesetzes in der Entwickelung gesellschaftlicher Zustände ist die wichtigste Aufgabe der Statistik.

Offenbar liegt in der Betonung der Staatskräfte als Gegenstand der Statistik ein bedeutender Fortschritt in der wissenschaftlichen Entwickelung. Man sieht die Staatsmerkwürdigkeiten nicht mehr als blosse Curiositäten an, sondern als etwas im Staats- und Volksleben sich rührendes und wirkendes.

Je nachdem man den Begriff des Staates weiter oder enger fasste, mussten auch die Staatskräfte verschieden aufgefasst und verschieden eingetheilt werden. So unterscheidet Donnant: forces physiques, morales et politiques.

Wichtig ist diese Auffassung der Statistik deshalb, weil man nicht von Kräften sprechen kann, ohne an ihre Wirkungen zu denken, und weil deshalb gerade diese Auffassung ganz besonders auf die Erforschung von Ursache und Folge angewiesen ist. Die Einseitigkeit in der früheren Auffassung der Staatskräfte verzögerte jedoch lange ein Fortschreiten in dieser Richtung.

⁹) Schon in den ersten Anfängen der beschreibenden Statistik zeigen sich Bestrebungen, die Erscheinungen der nächsten Vergangenheit als Ursachen der gegenwärtigen und die gegenwärtigen als Ursachen künftiger Folgen zu betrachten. Eine solche Statistik nannte Gatterer pragmatisch oder philosophisch. Diese Bestrebungen waren jedoch sehr dürftig. Lüder sagt darüber: Fast alle Statistiker beschränken sich auf die Gegenwart und nur wenige plagte der Kitzel pragmatisch zu sein.

Achenwall selbst hatte gewollt, dass die Statistik die Ursachen der Staatsmerkwürdigkeiten darlegen solle, „sonst werden wir den Staat nicht einsehen, sondern nur anschauen". Er bemühte sich aber gar nicht, diesem Ziele nachzustreben.

Schlözer würdigt weit mehr die materiellen Factoren des Staatslebens, als dies Achenwall gethan. Er meint, das Wesen jedes Staates würde durch die Formel „vires unitae agunt" ausgedrückt. Unter diese Formel könnten die Erscheinungen des Staatslebens gebracht werden; sie gibt System und Eintheilung. Es ist bedeutungsvoll für diese ganze Schule von Statistikern, dass Schlözer, ihr geistvollster Vertreter, in der Statistik nichts anderes, als eine Staatskunde, eine beschreibende Disciplin sieht. Das Eingehen auf Ursachen und Folgen gestattet er dem Statistiker auch nur zu dem Zwecke, um seinen Vortrag pikanter zu machen. Die Ursachen des Werdens der Dinge im Staatsleben soll die Staatsgeschichte erforschen. Schlözer will eben, dass die Geschichte das Ganze, die Statistik nur ein Theil desselben sei.

So wie man sich mit den Ursachen der Zustände zu beschäftigen anfing, musste die Statistik nothwendiger Weise mehr und mehr zur Nationalökonomie und Wohlfahrtspolitik sich hinneigen.

¹⁰) Fast gleichzeitig mit der Ausbildung der Staatenzustandskunde fing man an, Zustände in Zahlen auszudrücken. Die Nothwendigkeit von Zahlenangaben wurde schon von Achenwall und Schlözer anerkannt. Schlözer schon bemerkt: Mit allgemeinen Angaben, dass das Land einen gesegneten Weinwuchs, schöne Manufacturen, einen blühenden Handel, etwas Kornbau u. s. w. habe, dienen alle Erd- und Reisebeschreibungen; uber mit dergleichen Angaben, so lange sie nicht in Zahlen ausgedrückt werden, ist wenig geholfen. Dies musste sich steigern, je bessere Notizen man erhielt und je mehr die materiellen Factoren berücksichtigt wurden.

Der Däne Anchersen machte schon früh (1741) einen Versuch, Daten über die wichtigsten Verhältnisse der civilisirten Staaten in Tabellen zusammenzustellen. Gegen Ende des 18. Jahrhunderts entstand eine ganze Literatur von tabellarisch-statistischen Schriften: Gaspari, v. Schmidtburg, Jakobi, Brunn, Randel, Remer, Böttieher, Ockhardt, Hassel, Ehrmann, Höck, Crome, Playfair, Donnant.

Diese Schriftsteller wollten ebenfalls Staatsbeschreibungen, Zustandsbeschreibungen geben, aber sie gaben dieselben in Zahlengemälden. Man nannte sie Tabellenstatistiker und Lineararithmetiker. Sie benützten Zahlendaten vielfach zu geometrischen Darstellungen. Da fast nur materielle Factoren des Staatslebens zu jener Zeit in Zahlen ausgedrückt werden konnten, hielt man sich an dieselben und liess das politische und staatsrechtliche Element in Hintergrund treten. Gegen diese Richtung erhob sich die alte Göttinger Schule Achenwall's, namentlich Heeren, Brandes, Rehberg, Schlözer und Lüder. Es entspann sich ein Streit in den Göttinger gelehrten Anzeigen (1806 und 1807); die Achenwall'sche Schule machte einen Unterschied zwischen höherer und gemeiner Statistik und nannte die Zahlenstatistiker, die Vertreter der letzteren, Tabellenknechte. Diese umgekehrt, stützten sich auf die Exactheit der Zahlendarstellung gegenüber den vagen Darstellungen der Phrase, Uebertreibungen und Einseitigkeiten wurden hüben und drüben nicht vermieden.

Uebrigens bildete sich schon früh, namentlich bei den Engländern und Franzosen, der Sprachgebrauch aus, unter Statistik jede übersichtliche Zusammenstellung von bestimmten, in Zahl und Mass ausdrückbaren Zuständen zu verstehen.

[1]) Wenn die beschreibende Staatskunde einen Staat nach dem anderen behandelte und ein Bild von ihm zu geben versuchte, nannte sie diese Methode die ethnographische. Jene Werke, wo die Statistik an die Geographie sich inniger anschliesst, bedienten sich vorzugsweise dieser Darstellungsmethode. Ihr gegenüber steht die sogenannte vergleichende Methode, deren sich Büsching (Erdkunde, Hambg. 1808) zuerst bediente.

§. 7. Die Statistik als systematische Massenbeobachtung.

Eine ganz andere Richtung, als die eben kennen gelernte, baut sich auf anderen Grundlagen und mit anderen Hilfsmitteln empor. Man kann sie die moderne Schule der Statistik nennen; ihr Gegenstand sind die Massen der Erscheinungen; sie ist systematische Massenbeobachtung.

Auch diese Richtung in ihrem geschichtlichen Ursprunge reicht weit zurück; sie knüpft theils an die Wahrscheinlichkeitsrechnung an, theils auch an die im vorhergehenden Paragraphen genannte Schule der Staatsbeschreibung.

Der Engländer Graunt suchte schon im J. 1662 aus Londoner Bevölkerungslisten Regeln über Krankheiten und Todesursachen, über die Sterblichkeit in verschiedenen Lebensaltern abzuleiten, zu bestimmen, in welcher Zeit eine Bevölkerung sich verdoppeln könne [1]).

Sir William Petty [1]) machte gleichfalls Untersuchungen über die Zunahme der Londoner Bevölkerung.

Halley [2]), der grosse Mathematiker, war der erste, welcher Sterblichkeitstafeln berechnete.

Andere Arbeiten aus dem Gebiete der systematischen Massenbeobachtung folgten in Frankreich, Holland, Deutschland und Schweden. So namentlich durch Derham (1723) und Short (1750), King, Arbuthnot, de Moivre (1726), Maitland (1739), Simpson, Hodgson, Morris, Wallace, Price, A. Young, Eden, Wales, Howlett, Chalmers, sämmtlich ungefähr von 1720—1780 in England. In Frankreich sind nennenswerth der Verfasser einer berühmten Sterblichkeitstafel, Déparcieux (1746), ferner Duvillard, Messance, Mohean, de Pommelles, Buffon und Dupré St. Maur. Auch Lavoisier und Laplace befassten sich mit statistischen Problemen. Der Holländer Kersseboom bemühte sich, aus der Kenntniss der Absterbeordnung die Bevölkerung zu berechnen, ein Problem, welches wegen Mangels brauchbarer Volkszählungen die Statistiker vielfach beschäftigte. Hume, Vauban, Boulainvilliers, Montesquieu und Mirabeau sen. beschäftigten sich ebenfalls mit Bevölkerungsfragen. Nieuvetyt und Struyik sind unter den Holländern, Crome, Gohl und Kundmann unter den Deutschen zu nennen. Der Mathematiker Euler suchte die Halley'schen Sterblichkeitsberechnungen zu verbessern; in Schweden schrieb Wargentin über Bevölkerungsstatistik.

Die meisten dieser Schriftsteller arbeiteten jedoch aus einseitig praktischem oder rein mathematischem Interesse. Einem Deutschen, dem preussischen Feldprediger Süssmilch, blieb es vorbehalten, dieser Richtung höhere wissenschaftliche Weihe zu verleihen. Seine Leistungen machen Epoche. Seine Beobachtungen der Erscheinungen haben zunächst nicht den Zweck, den Staat oder die Staatszustände kennen zu lehren; er sammelt vielmehr systematisch Daten, aus welchen Vorgänge im menschlichen Leben erklärt, ihre Ursachen und Gesetze aufgefunden werden können. Durch möglichste Ziffermässigkeit seiner Angaben, durch genaue Quantitätsbestimmungen sucht er sich der Bestimmung der Qualitäten zu nähern. Seine 1742 erschienene erste Schrift trägt den Titel: Die göttliche Ordnung in den Veränderungen des menschlichen Geschlechts, das ist gründlicher Beweis der göttlichen Vorsehung und Vorsorge für das menschliche Geschlecht aus der Vergleichung der Geborenen und Gestorbenen, der Verheiratheten und Geborenen, wie auch insonderheit aus dem beständigen Verhältniss der geborenen Knaben und Mädchen u. s. f.

Er construirt sich eine göttliche Ordnung in diesen Veränderungen auf Grundlage der Bibel und sucht diese Ordnung hernach durch Zahlen

zu beweisen, indem diese Ordnung in den grossen Zahlen der Be-
völkerungsphänomene sich zeige. Er verkennt zwar manches, untersucht
die Ursachen und Einflüsse manchmal etwas oberflächlich, leidet an
tendenziöser Darstellung und seine praktischen Anschauungen über das
Wesen der Bevölkerung sind schief. Doch weiss er durch vorzügliche
Combinationsgabe und scharfen Blick sein dürftiges statistisches Material
ausgezeichnet zu verwerthen. Seinen Nachfolgern um drei Viertheile eines
Jahrhunderts voraus, steht er einsam in seiner Zeit, der wissenschaftliche
Begründer der modernen statistischen Methode.

Die nächsten Arbeiter auf diesem Felde waren zumeist die medicinischen Statistiker, Casper vor Allen.

Anmerkungen.

[1] J. Graunt (er war Londoner Tuchmacher): Natural and political annota-
tions made upon the bills of mortality. Lond. 1666.

[2] W. Petty: Observations upon the Dublin bills of mortality. Lond. 1683.
Und: Political Arithmetic. Lond. 1690. — Ferner: Discourse etc. Lond. 1699.

[3] Edm. Halley: An estimate of the degrees of the mortality of mankind
etc. in: Philos. Transactions. 1691.

§. 8. Fortsetzung. Die moderne Schule der Statistik in Belgien.

A. Quételet, ein Belgier, heute noch der Altmeister der modernen
Statistik, war der erste, der statistische Studien in dieser Richtung ganz
systematisch trieb, der die Aufgaben der Statistik scharf hinstellte, die
geistig-sittlichen Gebiete des Menschenlebens in sie hereinzog und die
Methode genau bestimmte.

Naturforscher von Fach, behauptet er auch in seinen statistischen
Arbeiten einen naturalistischen Gesichtspunkt. Aber er ist kein blosser
Arithmetiker. Er begnügte sich nicht damit, die mathematisch dargestellten
statistischen Materialien blos zu vergleichen. Er suchte vielmehr durch
die Betrachtung grosser Reihen von Thatsachen nachzuweisen, dass in
verschiedenen, das physische und geistige Menschenleben betreffenden
Verhältnissen eine grosse Regelmässigkeit herrscht, welche zwar nicht in
den einzelnen Erscheinungen, wohl aber in der Gesammtheit sich zeigt.
Und dann zog er aus dem ziffermässigen Material die philosophische und
politische Folgerung. Er fasste die Vorgänge im menschlichen Leben als
Aeusserungen von Gesetzen auf und betrachtete die Erforschung dieser
Gesetze als die allein einer Wissenschaft würdige Aufgabe der Statistik.

Sein Hauptwerk (Sur l'homme et le développement de ses facultés
etc. Par. 1835) nennt er selbst eine Socialphysik. In diesem Werke sollen
die Wirkungen der natürlichen und der zufälligen Einflüsse, die den
Menschen berühren, untersucht werden. Der Mensch, wie Quételet ihn

betrachtet, ist in der Gesellschaft dasselbe, was der Schwerpunkt in den Körpern ist; er ist das Mittel, um welches die Elemente der Gesellschaft oscilliren, eine Art Durchschnittsmensch.

Quételet construirt sich nicht wie Süssmilch eine bestimmte Ordnung der Dinge im voraus, welche er dann erst beweisen soll, sondern er stellt zuerst die Thatsachen hin und geht von diesen erst zu weiteren Beobachtungen, Vergleichen und Schlüssen über. Er stellt über die Erscheinungen, die er erforschen will, Massenbeobachtungen an; diese werden zu genauen Massenbestimmungen. Wo es möglich, werden sie in Zahlen ausgedrückt und durch Umstellungen und einfache Rechnungen der ursächliche Zusammenhang und die Gesetze der Erscheinungen abzuleiten versucht.

Er beschäftigt sich vorzugsweise mit dem Menschen und ist durch Hereinziehung des geistig-sittlichen Lebens zum Hauptvertreter der Moralstatistik geworden. Dadurch, dass er ursächlichen Zusammenhang und waltende Gesetzmässigkeit in den anscheinend willkürlichsten und zufälligsten Erscheinungen und menschlichen Handlungen aufsucht, tritt seine Statistik in Verbindung mit den grössten und schwersten Aufgaben menschlicher Forschung.

Neben Quételet zählt die belgische Wissenschaft noch in Heuschling und Ducpétiaux ausgezeichnete Statistiker.

§. 9. Die Schule der modernen Statistik in Frankreich.

Die französische Statistik hat das Verdienst, theils vor Quételet, theils unter seiner Zeitgenossenschaft die von ihm so glänzend ausgebildete Methode am eifrigsten gepflegt zu haben. Man nannte seine Schule die mathematische oder die Schule der Zahlenstatistik. Mit Unrecht. Die Zahlen sind nicht Hauptsache dieser Methode; sie hat keinen mathematischen Charakter. Wenn einzelne französische Statistiker, wie namentlich Dufau und Morean de Jonnès auf die Ziffermässigkeit der Angaben das Hauptgewicht legen, so liegt darin eben ein Verkennen der statistischen Methode, eine Reminiscenz an die ältere Tabellenstatistik.

Guerry [1]) beschäftigte sich zuerst eingehend mit der Moralstatistik. Er ist der Anschauung, die Statistik habe es blos mit dem Zusammenhange dessen, was ist, durchaus nicht mit der Untersuchung über das, was sein soll, zu beschäftigen. Die Statistik soll als experimentelle Basis für die Philosophie dienen. In dieser Hinsicht unterscheidet er eine „analytische Statistik".

Dufau [2]) weicht in Bezug auf den Gegenstand der Statistik von Quételet ab, indem er die Statistik auf den Menschen beschränken will. Seine Grundanschauungen sind folgende: Die Thatsachen der moralischen

Ordnung sind wie jene der natürlichen das Product von bleibenden und regelmässigen Ursachen, deren Wirkung nach Gesetzen erfolgt; und wenn diese Gesetze vom menschlichen Verstand nicht direct erkannt werden, so liegt der Grund darin, dass viele veränderliche und zufällige Umstände auf die moralische Ordnung einwirken; aber die fortgesetzte Betrachtung zeigt, dass diese veränderlichen Elemente durch die häufige Wiederholung derselben Thatsache erzeugt werden, so dass sich in jeder derselben der ursprüngliche Zusammenhang zwischen Ursache und Wirkung nachweisen lässt; zu diesem Zwecke muss eine Reihe analoger Thatsachen betrachtet und analysirt werden. Durch Anwendung dieser Methode auf eine Reihe von analogen Thatsachen, welche der moralischen Ordnung angehören, entsteht eine Wissenschaft — die Statistik .... Ihre Thatsachen müssen sich vor allem in Ziffern darstellen lassen, damit man mit ihnen rechnen und der Wissenschaft positiven Charakter geben kann. Durch die Rechnung kommt man zu mittleren oder Durchschnittszahlen. Durch Vergleichung zweier Zahlen ergibt sich das Verhältniss. Die durch die Statistik zu betrachtenden Zahlen sind entweder aus der bürgerlichen, aus der industriellen oder aus der politischen Gesellschaft.

Moreau de Jonnès[2]) definirt die Statistik als die Wissenschaft der in Zahlen ausgedrückten gesellschaftlichen Thatsachen. Ueberall betont er die Ziffermässigkeit der Angaben viel zu sehr und steht entschieden hinter den genannten zurück.

Achille Guillard[4]) will, dass sich alle Ströme der Statistik in eine allgemeine Menschheitsbeschreibung (démographie) ergiessen sollen. Diese Démographie soll eine histoire naturelle et sociale de l'espèce humaine sein. Seine Darstellung leidet an allgemeinen und undeutlichen Redensarten.

Legoyt[5]), der sich als Chef der amtlichen Statistik Frankreichs grosse Verdienste erworben, zeichnet sich durch exacte Ziffermässigkeit aus. Vorzüglich ist seine vergleichende Criminalstatistik aller Länder, seine statistische Beleuchtung der verschiedenen Berufsgruppirung in Europa u. a.

M. Block[6]), seit Jahren als fruchtbarer Statistiker in Frankreich thätig, gibt der Statistik die Aufgabe, dass sie die politische, ökonomische und sociale Lage eines Volkes oder einer Bevölkerungsgruppe darstelle. Auch er vindicirt ihr das Recht zu Schlussfolgerungen aus den festgestellten Thatsachen. Es gibt eine Statistik als Wissenschaft und eine Statistik in anderen Wissenschaften.

Anmerkungen.

[1]) Guerry: Essay sur la statistique morale de la France. 1834. Ferner: Statist. morale de l'Angleterre. Und Anderes.

[1] P. A. Dufau: Traité de statistique. Par. 1840. Eine neuere ausgezeichnete Arbeit von ihm ist: De la méthode d'observation 1866.
[2] Moreau de Jonnès: Éléments de Statistique. Par. 1847.
[3] Éléments de statistique humaine ou démographie comparée. Par. 1855.
[4] Statistique de la France etc. Und: La France et l'Etranger. Par. 1864.
[5] Von seinen zahlreichen Arbeiten mögen hier besonders aufgeführt werden: Statistique de la France. Par. 1875 und: Traité théorique et pratique de Statistique. Par. 1878. Letzteres auch in einer deutschen Ausgabe von H. v. Scheel 1879 bearbeitet (die jedoch von der französischen wesentlich abweicht). Es verdient Erwähnung als eines der brauchbarsten Lehrbücher der Statistik.

§. 10. Die Schule der modernen Statistik in Deutschland.

Trotz Süssmilch's bahnbrechender Thätigkeit wurde die moderne Statistik in Deutschland verhältnissmässig lange vernachlässigt.

F. G. Hoffmann[1] ist der erste bedeutende Name nach Süssmilch. Die preussische Bevölkerungsbewegung fand in ihm einen gründlichen und scharfsinnigen Beobachter; er gibt exacte Daten über eine Reihe der wichtigsten Erscheinungen des Volkslebens und versucht diese Gegenstände im Zusammenhange mit dem ganzen Entwickelungsgange des Volkes zu prüfen.

Dem Nachfolger Hoffmann's in der Leitung der amtlichen preussischen Statistik, Dieterici, verdankt man sorgfältige Beobachtungen über die Sterblichkeitsverhältnisse in Europa, über die Todesarten etc., sowie eine vortreffliche Verwaltungsstatistik. Doch blieb er bei den Thatsachen stehen, ohne sich mit weiter gehenden Untersuchungen von Regelmässigkeiten und Gesetzen zu befassen.

Neben diesen finden sich in Deutschland schon frühe einzelne Annäherungen an die Quételet'sche Schule. Es darf namentlich nicht vergessen werden, dass schon lange vor Quételet Hufeland, Hofacker, Moser, der hochverdiente Casper und Andere im Gebiete der medicinischen Forschung die statistische Methode mit Geist und Gründlichkeit angewandt hatten.

Nach diesen Vorläufern fand die Schule der modernen Statistik auch in Deutschland einen Meister ersten Ranges in E. Engel[2], der seine Disciplin weit über die blos ziffermässige Darstellung erhob. Engel sieht in der Statistik eine Methode und eine Wissenschaft. Als erstere ist sie die Methode der Massenbeobachtung; als Wissenschaft sucht sie das Leben der Völker und Staaten in seinen Erscheinungen zu beobachten und den ursächlichen Zusammenhang darzulegen. Er unterscheidet zwischen Schilderung und Beschreibung einerseits, Darlegung und Erklärung des Causalverhältnisses andererseits. Ferner unterscheidet er auch zwischen Statistik im engeren und weiteren Sinne; die erstere beschränkt er auf

2 °

und streng zu scheiden von der Achenwall–Schlözer'schen Richtung der Staatszustandskunde. Ihr Ausgangspunkt ist die politische Arithmetik.

v. Hermann wusste die Leistungen administrativer Statistik mit den höheren Aufgaben wissenschaftlicher Forschung zu vereinigen. Nach ihm ist die Aufgabe der Statistik die Darlegung des Messbaren und die Vergleichung der gewonnenen Resultate im Staat und im Volksleben. Was sich in den Ergebnissen der Staatsthätigkeit und in den Lebensverhältnissen des Volkes auf Grösse und Zahl reduciren und quantitativ vergleichen lässt, das wird Object der Statistik. Ihre Darlegung gegenwärtiger Zustände hat daher nur Werth, wenn sie zugleich die Zustände vergangener Jahre mit vergleicht. Nur dadurch, dass man Durchschnitte aus längeren Beobachtungsreihen zieht, erkennt man die Ursachen und die Gesetze der Erscheinungen [*]).

Mit Rümelin [²]) hat diese Schule der Statistik einen besonders anmuthigen und gedankenreichen Vertreter gewonnen. Rümelin sieht in der Statistik eine methodologische Hilfswissenschaft für alle Wissenschaften vom Menschen. Diese Hilfswissenschaft stellt den Wissenschaften vom Menschen das Material einer universellen Empirie, dessen sie bedürfen, zur Verfügung. In der Statistik ist die vereinzelte und unmethodische Beobachtung zur methodischen Massenbeobachtung erweitert. Sie ermittelt Merkmale menschlicher Gemeinschaften auf Grundlage methodischer Beobachtung und Zählung ihrer gleichartigen Erscheinungen.

Auch Rümelin fordert gleich Knies eine Trennung der Statistik von der Länder-, Völker- und Staatenkunde.

Seine nicht sehr umfangreiche Abhandlung steht wie kaum eine andere auf der Höhe der Wissenschaft.

Nach A. Wagner [³]) ist die Statistik „das methodische inductive Verfahren zur Auflösung und Erklärung des Mechanismus der Menschheit und der Natur . . . d. h. zur Ableitung und Erklärung der Gesetze, nach welchen dieser Mechanismus fungirt und zur Aufdeckung und Erforschung des Causalzusammenhanges, welcher zwischen den einzelnen menschlichen und natürlichen Phänomenen besteht, und zwar vermittelst eines zu genauen Quantitätsbestimmungen führenden Systems methodischer Massenbeobachtungen über jene Phänomene". Die Objecte der Statistik sind demnach als Wirkungen eines complicirten Verursachungssystems aufzufassen. Die Statistik ist eine Methode und eine Wissenschaft. Eine Methode, nämlich die systematische Massenbeobachtung und eine Wissenschaft: die inductive Beobachtungswissenschaft. Sie ist etwas anderes als die Staatskunde, von letzterer für immer zu trennen.

Ausgangspunkt der Statistik ist das allgemeine Causalgesetz, ihre Objecte alle Erscheinungen der realen Welt in und ausserhalb der

Menschheit, welche als Functionen von constanten und accidentiellen Ursachen einen im Ganzen durch die constanten Ursachen bedingten regelmässigen Charakter haben, also die nicht-typischen Vorgänge in der Natur — und in der Menschheit.

B. Hildebrand[*]) schliesst sich gleichfalls an Rümelin an. Auch ihm ist die Statistik Ersatzmittel des Experiments für die Wissenschaften vom Menschen.

„Indem die Statistik alle gleichartigen Handlungen und Erlebnisse der Menschen auf einem gegebenen Raume verzeichnet und das Verhältniss der Summe dieser Erscheinungen zu der Gesammtsumme der Menschen oder zur Gesammtsumme der Handlungen und Erlebnisse in dem gleichen Zeit- und Ortsraume berechnet, findet sie Verhältnisszahlen, welche die in dem Vorkommen der einzelnen Handlungen und Erlebnisse herrschenden Regeln als unzweifelhafte allgemeine Thatsachen aussprechen . . .“

Die Statistik führt Buch über die Handlungen und Zustände des Staates. „Sie ist eine politische und sociale Messkunst.“

A. v. Oettingen will in seinem ausgezeichneten und gediegenen Werke, das neben dem eigentlichen Gegenstande, der moralstatistischen Untersuchung, eine ausführliche Geschichte und Theorie der Statistik enthält, diese Disciplin darauf beschränken, das socialpolitische Gesammtleben, die Menschheit in ihrer national-volksthümlichen Gruppenbewegung so zum Gegenstande ihrer Untersuchung zu machen, dass sie aus systematischen quantitativen Massenbeobachtungen den volkswirthschaftlichen socialen und politischen Charakter der Völker zu erkennen und in einem wissenschaftlichen Gesammtbilde darzustellen suche"[).

G. v. Mayr[**]) erkennt in der Statistik das wissenschaftliche Mittel zur Ergründung der in Zahl und Mass fassbaren Eigenart der menschlichen Gesellschaft und zur Feststellung der Gesetzmässigkeit im Gesellschaftsleben. Wo es sich um die Gesetze des Gesellschaftslebens handelt, ist die quantitative Massenbeobachtung keine secundäre Methode, sondern die einzig mögliche Forschungsweise.

G. F. Knapp[***]) hat sich das Verdienst erworben, die statistischen Rechnungsoperationen mit mehr mathematischer Schärfe zu behandeln, als die meisten seiner Vorgänger. Er ist der Ansicht, dass wenn die Statistik überhaupt einem Zwecke dient und nicht zur sinnlosen Verarbeitung von Notizen herabsinken soll, nothwendig die begrifflichen Eigenschaften der verschiedenen Zahlengesammtheiten scharf untersucht werden müssen. Es muss bei statistischen Untersuchungen ein rationelles Verfahren statt der bisher üblichen rohen Empirie angewendet werden.

Auch G. Zeuner[13]) verfolgt diese Richtung und ist der Ansicht, dass die Sätze der Wahrscheinlichkeitsrechnung bei Behandlung statistischer Fragen in Anwendung kommen müssen. Bis jetzt aber sei die neue Wissenschaft, welche als mathematische oder analytische Statistik bezeichnet wurde, in den ersten Anfängen. Zeuner vindicirt dieser künftigen analytischen Statistik einen ganz grossartigen Einfluss auf die Entwickelung der Cultur.

Andere verdienstvolle Namen deutscher Statistiker finden später geeigneten Orts Erwähnung.

Anmerkungen.

[1]) Hoffmann: Die Bevölkerung des preuss. Staats. Berl. 1839. — Sammlung kleiner Schriften etc. 1843. — Nachlass kleiner Schriften.

[2]) Die meisten seiner zahlreichen Arbeiten finden sich in der Zeitschr. des preuss. stat. Bur. Von ganz besonderem Interesse sind auch: Die Bewegung der Bevölkerung im Königreich Sachsen in den Jahren 1834—50. Ferner: Das Königreich Sachsen in statistischer und staatswirthschaftlicher Beziehung.

[3]) J. E. Wappäus: Allg. Bevölkerungsstatistik. Ferner seine Arbeiten in der Neubearbeitung des geographisch-statistischen Werkes von Stein und Hörschelmann.

[4]) J. Hain: Handbuch der Statistik des österreichischen Kaiserstaates. Wien 1852.

[5]) a. a. O.

[6]) Die Bewegung der Bevölkerung im Königr. Bayern. 1863.

[7]) Zeitschr. für die gesammte Staatswissenschaft. Jahrg. 1863.

[8]) A. Wagner: Artikel Statistik im X. Bande des Staatswörterbuchs. Ferner: Die Gesetzmässigkeit in den scheinbar willkürlichen Handlungen etc.

[9]) B. Hildebrand: Die wissenschaftlichen Aufgaben der Statistik. In den Jahrbüchern für Nationalök. und Statistik. Jahrgang 1866.

[10]) Moralstatistik. 1869.

[11]) Abgesehen von den zahlreichen Veröffentlichungen des baierischen statist. Bureaus, welche unter Leitung Mayr's erschienen sind, sei hier besonders sein theoretisches Werk erwähnt: Die Gesetzmässigkeit im Gesellschaftsleben. München 1877.

[12]) G. F. Knapp: Ueber die Ermittlung der Sterblichkeit. Leipzig 1868.

[13]) G. Zeuner: Abhandlungen aus der mathematischen Statistik.

§. 11. Die Schule der modernen Statistik in England, Italien etc.

In England, wo schon vor zwei Jahrhunderten Graunt und Petty und nach ihnen eine Reihe Anderer ihre statistischen Untersuchungen angestellt hatten, gewann die Schule der modernen Statistik gleichfalls mehr und mehr Anhänger. Immer aber blieben die Arbeiten vorzugsweise praktischen Zwecken gewidmet und nahmen deshalb auf die Entwickelung der neuen Richtung nicht den Einfluss wie die deutschen und französischen. Die englische Statistik entspricht einem Streben nach grossartigen

Zahlenbeweisen, namentlich im politischen Leben, einer Stoff- und That-
sachensammlung für die Zwecke der Handelspolitik, Steuerwirthschaft, des
Armenwesens etc.

Und selbst jene englischen Statistiker, die mit Vorliebe einen wissenschaftlichen Standpunkt vertreten, unterscheiden sich noch wesentlich von
den französischen und deutschen.

Das Journal of the London statistical society [1]), tonangebend für
die englische Statistik, fasst die Aufgabe dieser Disciplin so, dass dieselbe sich auf Sammlung, Gruppirung und Vergleichung der Thatsachen,
die für die sociale und politische Leitung des Volkes von Bedeutung sind,
beschränken solle. Die Ursachen der Erscheinungen brauchten nicht untersucht zu werden.

G. R. Porter [2]), der sich anerkanntermassen die grössten Verdienste
um die englische Statistik erworben, lässt sich denn auch zumeist von
praktischen volkswirthschaftlichen Gedanken leiten; eine Reihe anderer
englischer Schriftsteller haben sich theils auf dem Gebiete der amtlichen
Statistik, theils um volkswirthschaftliche Aufgaben durch Sammlung reicher
und brauchbarer Daten verdient gemacht.

J. Stuart Mill ist in seinem „System der deductiven und inductiven Logik" für die statistische Methode, besonders für die Feststellung von Gesetzen auf den verschiedenen Gebieten wissenschaftlicher
Untersuchung epochemachend, während der Geschichtschreiber Buckle [3])
seine Wissenschaft auf den Boden der Statistik zu stellen und die moralischen und geistigen Gesetze der Menschheit nach historisch-statistischer
Methode zu untersuchen anfing.

Auch der Staatsmann G. Cornwall Lewis [4]) hat werthvolle Untersuchungen über die stat. Methode angestellt. Ihm ist die Statistik ein
Mittel für die Sammlung und Abwägung gleichartiger Thatsachen. Die
Menschen erscheinen in ihr nur als Objecte der Zählung; die Wissenschaft hat aus diesen Zahlen die Verursachung und Gesetzmässigkeit
aufzufinden.

Sehr beachtenswerthe Leistungen sind auch aus Italien [5]) zu verzeichnen. Hier geht Hand in Hand mit einer ungemein regsamen amtlichen Statistik und in innigster Verbindung mit derselben ein sehr leb-
haftes wissenschaftliches Streben. Den noch der älteren Richtung angehörenden Gioja [6]) und Romagnosi folgten Männer wie Messedaglia [7]),
Maestri, Bodio [8]), Morpurgo [9]), Lampertico [10]), Tammeo [11]), Gabaglio [12])
und Andere.

Anmerkungen.

[1]) Vol. 1. 1839.

[2]) Porter: The progress of the nation in its various social and economical
relations. 1836.

¹) H. Th. Buckle: Geschichte der Civilisation in England. Uebers. von A. Ruge. 1860.

²) A treatise on the methods of observation etc.

³) Vgl. hierüber zwei Artikel in den „Annali di Statistica" 1879.

⁴) Melchiorre Gioja: Filosofia della statistica. Napoli 1827.

⁵) Messedaglia: Prelezione al corso di filosofia della statistica. Und Anderes.

⁶) Bodio: Della statistica nei suoi rapporti coll' economia politica etc. Milano 1869. — Sui documenti statistici del Regno d'Italia. Firenze 1867.

⁷) Morpurgo: La statistica e le scienze sociali; auch in deutscher Ausgabe erschienen. Jena 1877.

¹⁰) F. Lampertico: Sulla statistica teorica etc. (Annali di Statistica 1879.) — Della statistica come scienza.

¹¹) G. Tammeo: La statistica e i problemi sociali. (Annali di Statistica 1879.)

¹²) A. Gabaglio: Storia e teoria generale della statistica. Milano 1880.

§. 12. Läugnung des wissenschaftlichen Charakters der Statistik.

Einige Schriftsteller sehen· in der Statistik gar keine Wissenschaft, sondern nur eine Anzahl von Thatsachen, oder gar blos eine Anzahl von Lügen. Und zwar hat dieser Vorwurf nicht nur eine einzelne, sondern verschiedene Richtungen der Statistik getroffen; er gehört der Geschichte der Wissenschaft gleichfalls an. In dieser Hinsicht sind besonders A. F. Lüder ¹), der National-Oekonom Say ²) und Portlock zu erwähnen.

Anmerkungen.

¹) A. F. Lüder: Kritik der Statistik und Politik. Göttingen 1812 und Kritische Geschichte der Statistik. Göttingen 1817. Lüder, vordem selbst statistischer Schriftsteller, gerieth zuerst in Verzweiflung über diese seine Lieblingswissenschaft und erklärte, durch Nachdenken, besonders aber durch die Erscheinungen der französischen Umwälzung, erkannt zu haben, dass die Statistik ein Gemisch von Lügenhaftigkeit und Unbrauchbarkeit sei. Zum Beweise seiner Behauptungen führt er die verschiedenen Meinungen über den Begriff der Statistik an, kritisirt ihre falschen Methoden und behauptet die Unzuverlässigkeit staatlicher Thatsachen. Ausserdem wirft er den Statistikern vor, dass sie den Regierungen die Lust des Zuvielregierens beibringen, das Mercantilsystem und die Eroberungslust verbreiten, die stehenden Heere fördern und dergleichen Sünden mehr. Seine Vorwürfe treffen die Achenwall-Schlözer'sche Schule und es ist gewiss, dass dieselbe einen Theil dieser Vorwürfe nicht ganz unverdient trägt.

²) Say: Handbuch der praktischen Nationalökonomie, übersetzt von J. v. Th., Stuttgart 1829. VI. Bd. pag. 169 ff. Say degradirt die Statistik zu einer völlig geistlosen Magd der Nationalökonomie; er spricht ihr die Erklärung der Ursachen oder Folgen ab und weist ihr nur den Nachweis der ins Leben tretenden Erscheinungen zu.

§. 13. Die Entwickelung der amtlichen Statistik [1]).

Die amtliche Statistik, die schon in den ältesten Zeiten der Wissenschaft, unbekümmert um dieselbe, vorangegangen war, wurde im laufenden Jahrhundert zu einem umfassenden Systeme methodischer Massenbeobachtungen über die verschiedensten, namentlich aber über sociale Erscheinungen. Sie beeinflusste die wissenschaftlichen Statistiker, wie sie andererseits seit Quételet selbst von der Wissenschaft geleitet wurde.

Mehr und mehr wurden die Beobachtungen von besonders hiezu gegründeten Staatsanstalten, den sogenannten statistischen Bureaux angestellt. Die gefundenen Resultate wurden, je mehr mit dem Repräsentativsystem auch das Princip der Oeffentlichkeit in den Staatsverhältnissen zur Geltung kam, veröffentlicht. Diese statistischen Beobachtungen wurden für die Regierungen und für die Völker stets wichtiger. Die Regierungen wurden durch das System des politischen Gleichgewichts, durch die Sorge um ihre Existenz genöthigt, die eigenen und fremden Staatskräfte zu messen und zu vergleichen; der Trieb nach bureaukratischem Vielregieren forderte umfassende Zustandskenntnisse; die Lasten des Finanzwesens mussten erträglich vertheilt und hiezu ebenfalls die nothwendigen Kenntnisse gewonnen werden. Umgekehrt verlangten auch die Völker selbst nach einem genauen Einblick in die eigenen und fremden Volks- und Staatskräfte, ins Finanz- und Militärwesen, in die wirthschaftlichen Verhältnisse und in die Vertheilung der ihrem Seckel entflossenen Werthe durch die Staatsmaschine.

Mit dem Anfange des 19. Jahrhunderts fängt daher auch eine organisirte amtliche Statistik an. Eigene Behörden erhielten die Aufgabe, das bei den Verwaltungsbehörden sich sammelnde, auf die Thatsachen des Volks- und Staatslebens bezügliche Material zu sammeln und zu ordnen; die Bureaux wurden häufig auch ermächtigt, selbständig oder mit Hilfe der Verwaltungsbehörden Beobachtungen über gewisse Erscheinungen anzustellen.

So gründete Lucian Bonaparte im Jahre 1800 ein statistisches Bureau, welches bedeutende Thätigkeit entfaltete. Consul Bonaparte selbst hielt viel auf die Statistik; berühmt ist sein Satz: La statistique est le budget des choses, et sans budget point de salut public. 1806 schon erschien ein grosses Werk: Generalstatistik Frankreichs. Unter dem Kaiserreich aber ward die Thätigkeit des statistischen Bureaux beschränkt und schliesslich ganz eingestellt. Wollte der Despot seinen Haushalt verschleiern?

Auch in anderen Staaten bestanden statistische Bureaux, besonders auch für topographische Aufnahmen.

In Bayern wurde 1801 durch General Raglovich eines gegründet und 1813 zu einem geheimen statistischen Bureau umgewandelt. In Westfalen bestand ein solches Bureau seit 1809, in Italien von 1803 bis 1809. In Oesterreich wurde 1810 ein statistisches Bureau mit dem Staatsrath vereinigt, durfte aber nichts veröffentlichen. In Preussen ward ein topographisch-statistisches Bureau 1805 gegründet, 1808 und 1810 unter dem Director Hoffmann umgestaltet.

Anmerkungen.

[1]) Zur Entwickelung der amtlichen Statistik vergleiche:

R. Böckh: Die geschichtliche Entwickelung der amtlichen Statistik des preussischen Staates. Berlin 1863.

E. Engel: Compte rendu génér. des trav. du congr. internat. de statistique etc. Berl. 1863.

A. Wagner, im Staatswörterbuch von Bluntschli a. a. O. — Handbuch der Statistik von M. Block, deutsch von Scheel, Leipzig 1869, S. 16 ff.

§. 14. Fortsetzung. Aenderungen und Verbesserungen.

Die Herstellung des Friedens wirkte begünstigend auf die amtliche Statistik, nicht minder der beginnende Constitutionalismus. Letzterer namentlich bezüglich der Oeffentlichkeit der Resultate. Einzelnen Verwaltungszweigen wurden statistische Arbeiten aufgetragen. Selbst in absolutistischen Staaten wurden statistische Nachforschungen verschiedener Art angestellt. Von 1830 bis 1850 nahmen die Regierungen immer mehr Interesse an der Statistik; erst seit 1848 aber ward die Geheimthuerei in Sachen der amtlichen Statistik gründlich beseitigt.

Seit dieser Zeit trat das preussische statistische Bureau unter Diederici mit grösseren Publicationen auf und blieb auch unter dessen Nachfolger, E. Engel, ungemein thätig.

In Oesterreich ward 1828 ein statistisches Bureau errichtet; der obersten Rechnungs- und Controlbehörde zubehörig, musste es seine Aufnahmen sorgfältig geheim halten. Seit 1840 heisst es Direction der administrativen Statistik, unter Czörnig begann es im Jahre 1842 mit grösseren Publicationen (ausschliesslich der bis 1848 geheim gehaltenen Finanztabellen). Gegenwärtiger Leiter ist C. Inama-Sternegg. Ausserdem besitzt Oesterreich ein statistisches Bureau des Handelsministeriums und eines des Ackerbauministeriums. Die Länder der ungarischen Krone erhielten 1867 ein eigenes statistisches Bureau unter Kelety.

In Bayern begann das statistische Bureau unter Hermann seine später von Mayr fortgesetzten vorzüglichen Veröffentlichungen; das württembergische statistische Bureau hielt länger zurück.

In Sachsen entwickelte sich aus einem halbamtlichen statistischen Vereine ein solches Bureau unter Engel zu eminenter Leistungsfähigkeit.

Statistische Bureaux und Anstalten bestehen ausserdem in Baden als selbständiges Institut seit 1866, in Mecklenburg seit 1851, in Braunschweig seit 1853, in Oldenburg seit 1835, in Hessen-Darmstadt seit 1861, für die thüringischen Staaten zu Jena seit 1864 (unter Hildebrand), in den Hansestädten handelsstatistische Bureaux.

Aber auch ausserhalb der statistischen Bureaux wird amtliche Statistik getrieben. Einzelne Theile der Staatsverwaltungen haben mitunter besondere statistische Abtheilungen und veröffentlichen Beobachtungen und Darstellungen über die Ergebnisse innerhalb ihres Wirkungskreises. Hieher zählen namentlich die Berichte über Post-, Eisenbahn-, Telegraphenwesen, über die Justizpflege, über Finanzen und Staatsschuldenwesen. Die amtliche Statistik Gesammtdeutschlands war lange nur durch den Zollverein mit einem ziemlich losen Bande zusammengehalten. Die Resultate waren handelsstatistische Berichte. Nach der Schöpfung des deutschen Reiches wurde auch eine gemeinsame Centralstelle für Statistik zu Berlin im Jahre 1872 geschaffen, zunächst für Statistik des Handels und der Verbrauchssteuern, dann mit einem ausgedehnteren Wirkungskreise. Es steht unter Leitung von K. Becker und hat schon eine grosse Anzahl von Bänden publicirt.

In Belgien wurde 1831 ein statistisches Centralbureau gegründet, welches 1841 in eine statistische Centralcommission überging unter Quételet, später Heuschling. Dieses Bureau ist das ausgezeichnetste Vorbild für die Einrichtung, Ausführung und Behandlung der amtlichen Statistik in der Gegenwart.

In Frankreich erschienen — obgleich damals noch kein statistisches Centralbureau bestand — seit 1816 handelsstatistische Uebersichten und seit 1818 Berichte des Kriegsministeriums über die Ergebnisse der Recrutirung, seit 1826 die von Guerry de Champneuf eingeführten jährlichen comptes de l'administration de la justice criminelle, dann auch der justice civile et commerciale. Thiers gründete 1834 das generalstatistische Bureau, anfangs unter Moreau de Jonnès, dann unter Legoyt. Diese Centralstelle publicirt seit 1835. Auch einzelne Ministerien haben in Frankreich besondere statistische Centralstellen.

Holland erhielt ein statistisches Bureau 1848, welches unter Baumhauer sehr thätig war, 1878 aber wieder aufgelöst wurde.

Auch die amtliche Statistik Schwedens steht auf hoher Stufe. Hier war schon 1756 eine sogenannte Tabellen-Commission eingesetzt worden, wohl das älteste eigentliche statistische Bureau.

Aehnliche Bureaux bestehen in Norwegen und Dänemark; in Russland findet sich ein statistisches Comité im Ministerium des Innern und ein Centralcomité (seit 1858) unter der Direction von Seménoff.

Auch Finnland hat sein eigenes statistisches Bureau.

Die Schweiz hat ein eidgenössisches statistisches Bureau seit 1860; in mehreren Cantonen bestehen Cantonalbureaux.

In Italien hat das 1861 errichtete Bureau vorzügliche Publicationen geliefert, zuerst unter Maestri, dann unter Bodio.

In Spanien und Portugal wurde die administrative Statistik reorganisirt, doch stellten die Bureaux ihre Publicationen bald wieder ein; sogar in Griechenland ward 1834 ein statistisches Bureau gegründet, in Rumänien 1859, in Serbien 1862 eine statistische Section im Finanzministerium; auch die Türkei besitzt ein ähnliches Bureau im Finanzministerium, welches aber nichts publicirt.

In Grossbritannien besteht noch kein eigentliches Centralbureau. Doch wird eine grosse Masse statistischen Materials gesammelt und in den Blaubüchern veröffentlicht. Im Handelsamte besteht seit 1832 eine statistische Abtheilung, welche eine sehr werthvolle Handelsstatistik liefert, die sogenannte Statistical abstracts. Die Registrar general offices sind Centralstellen für Civilstandsbuchführung und bearbeiten auch die Bevölkerungsstatistik.

Ausserhalb Europa's ist in Nordamerika der 10jährige Census zu einer stets umfassenderen Landes- und Volksbeschreibung geworden. Auch erfolgen jährliche Publicationen über Finanzen, Geld-, Credit- und Bankwesen, Handel und Schifffahrt. In einigen Staaten existiren Staatsbureaux.

In den englischen Colonien gibt es theils besondere Bureaux, theils sammeln die Verwaltungsbehörden statistisches Material. Ebenso in den französischen und spanischen Colonien. Die mittel- und südamerikanischen Staaten haben ebenfalls in neuester Zeit namentlich mit Civilstandsregistern und Volkszählungen begonnen, auch mit Schifffahrts- und Handelsstatistik. So existiren statistische Bureaux in Chile, Peru, Argentina, Uruguay. Endlich in Aegypten seit 1870; in Japan seit 1875.

§. 15. Fortsetzung. Einrichtung der Bureaux.

Die Behörden, welche den Namen statistische Bureaux führen, sind sowohl in ihren Einrichtungen als auch bezüglich ihrer Aufgaben verschieden.

Einige haben nur den von Verwaltungsbehörden angehäuften statistischen Stoff zu sammeln, zusammenzustellen, zu concentriren, zu verarbeiten und zu veröffentlichen. Andere dagegen haben mehr, wieder andere die ausgedehnteste Freiheit, welche Arbeiten sie vornehmen, welche Zustände sie beobachten und wie sie die Beobachtung vornehmen wollen.

Das Bedürfniss, statistische Beobachtungen aus allen Gebieten der Staatsthätigkeit zu erhalten, führte zur Errichtung statistischer Centralcommissionen. Sie sind aus Mitgliedern der verschiedenen Verwaltungszweige unter Zuziehung wissenschaftlicher Theoretiker zusammengesetzt; sie berathen oder entscheiden über die vorzunehmenden Beobachtungen, controliren die Arbeiten. Sie stehen entweder über dem statistischen Bureau oder sind demselben coordinirt oder leiten seine Arbeiten selbst. Doch haben sie sich nicht überall bewährt.

Auch zahlreiche grössere Städte haben eigene statistische Bureaux. Paris und das Seinedepartement seit 1821; ferner Wien, Berlin, Leipzig, München, Kopenhagen, Rom, Brüssel, New-York etc.

Neben den eigentlichen statistischen Bureaux bestehen auch andere Anstalten, welche statistische Arbeiten vollbringen.

Zunächst sind es die statistischen Vereine, welche namentlich vor der heutigen Ausbildung der Bureaux manches förderten. So die statistischen Gesellschaften zu London und Paris.

Vereine und Corporationen verschiedener Art haben gleichfalls neben ihrem eigentlichen praktischen Zwecke auch darin einen Theil ihrer Aufgabe gesucht, dass sie die Erscheinungen ihres Wirkungskreises statistischer Beobachtung würdigten. So die landwirthschaftlichen Vereine, die Gewerbe- und Handelskammern, die Verkehrsgesellschaften (Eisenbahnen), die Armenpflegvereine u. s. f. Aber auch die Krankenhäuser, Irrenanstalten etc. liefern Arbeiten und Berichte aus dem Gebiete der medicinischen Statistik; für Preis-, Geld- und Creditstatistik findet sich der Stoff in Courslisten der Handelsblätter und politischen Zeitungen.

§. 16. Wirkungskreis und Verfahren der statistischen Bureaux.

Keine sociale, ökonomische oder sittliche Thatsache von einiger Wichtigkeit ist mehr vorhanden, welche nicht Gegenstand einer gelegentlichen oder fortwährenden amtlichen Beobachtung bildet. Immer mehr Gebiete und Erscheinungen sind in das System regelmässiger Beobachtung hereingezogen worden. Ueber jede einzelne Erscheinung sind die Beobachtungen häufiger, umfassender und vollständiger geworden. Die Methoden wurden stets verbessert. Die amtliche Statistik beschränkt sich längst nicht mehr auf die Erscheinungen des menschlichen Lebens; sondern Beobachtungen über Natur und über menschliche Erscheinungen werden nach einem bestimmten Systeme massenhaft angestellt, in steter Beziehung zu einander. Land und Volk werden in ihren Quantitätsverhältnissen genau bestimmt. Exacte Vermessungen mit den besten Hilfsmitteln werden angestellt und stets vervollständigt. Genaue Volkszählungen finden zu regelmässigen Zeiten nach einem stets besser und vollständiger werdenden Verfahren statt. Jede besondere, qualitativ verschiedene Erscheinung im Volksleben wird in ihren quantitativen Elementen erfasst. Der Boden als

Wohnsitz und Werkstatt der Menschen, das Grundeigenthum mit seinen natürlichen, wirthschaftlichen und politischen Unterschieden wird genau aufgenommen. Die Bevölkerung wird in ihren natürlichen, sittlichen und geistigen Verschiedenheiten, also nach ihrem Geschlecht, Alter und körperlichen Zustand, nach ihrer Bildung und Moral, nach ihrem Glauben, ihrem Beruf und Stand, nach ihrem Familienstande bei der Zählung unterschieden. Für jede beobachtbare Eigenschaft des Menschen erhält man Zahlenbestimmungen, welche ausdrücken, wie viele Individuen unter einer gewissen Bevölkerung die beobachtete Eigenschaft besitzen, von welcher Bedeutung demnach diese Eigenschaft für das gesellschaftliche Leben ist, wie sie sich zu anderen Eigenschaften verhält u. s. f. Die Statistik begleitet den Menschen durch alle Theile seines Lebens hindurch von der Wiege bis zum Grabe. Aus dieser Masse von Quantitätsbestimmungen geht dann die beste und genaueste qualitative Volksbeschreibung hervor.

§. 17. Die statistischen Congresse.

Ihre höchste Entwickelung enthält die amtliche Statistik in den seit 1853 stattfindenden statistischen Congressen, durch welche internationale Gleichförmigkeit und Ordnung in die Statistik gebracht wird. Der erste solche Congress kam 1853 zu Brüssel zu Stande. Sein Zweck war, Einheit in die amtlichen Statistiken der verschiedenen Staaten zu bringen und gleichförmige Grundlagen für die statistischen Arbeiten zu erlangen. Eine solche Einheit ist nothwendig, damit die an verschiedenen Orten und zu verschiedenen Zeiten erhaltenen Resultate verglichen werden können. Die statistischen Congresse wollen über alle civilisirten Staaten ein zusammenhängendes Beobachtungssystem ausbreiten. Man will nicht mehr das Volk eines Staates, sondern die ganze civilisirte Menschheit unter fortwährende Beobachtung stellen. Ein solches Beobachtungssystem konnte nur durch die Staatsgewalt organisirt werden. Sie allein besitzt die Macht, den Menschen als solchen zu einem Gegenstande der Massenbeobachtung zu machen und die Beobachtungen ineinander greifen zu lassen. Demnach mussten die statistischen Congresse Versammlungen amtlicher Delegirter sein.

Die statistischen Congresse haben vom ersten bis zum letzten ohne Grübeleien über den Begriff der Statistik nichts anderes in ihr gesehen, als ein System von Massenbeobachtungen. In der Ausbildung, Vervollständigung und Verbesserung dieses Systems sahen sie ihre Aufgabe, welcher mit einer in der Geschichte der menschlichen Wissenschaften unerhörten Eintracht und Energie zu Leibe gegangen ward.

Der zweite statistische Congress fand 1855 zu Paris statt, der dritte 1857 zu Wien, der vierte 1860 zu London, der fünfte 1863 zu Berlin, der sechste 1867 zu Florenz, der siebente 1869 in Haag, der achte 1872 zu Petersburg und der neunte 1876 zu Pest.

All diese Congresse haben durch Anregung mancher werthvollen Untersuchung, durch Ansammlung riesigen Materials, durch Anknüpfung internationaler Beziehungen zwischen den Statistikern, durch Erleichterung des Zusammenarbeitens jedenfalls viel Gutes geschaffen. Das Ideal einer alle civilisirten Länder durchdringenden gleichförmigen Einrichtung der amtlichen Statistik wurde freilich nicht erreicht und konnte nicht erreicht werden. Vielfach waren die Arbeitsaufgaben, welche die Congresse sich stellten, zu umfangreich; häufig waren auch die Anschauungen und Einrichtungen, welche vereinheitlicht werden sollten, doch zu verschieden, um eine Vereinheitlichung zu gestatten; endlich waren die Theilnehmer an den Congressen nicht genöthigt, sich seinen Beschlüssen zu unterwerfen. Um den Schwierigkeiten zu begegnen, welche durch diese Hindernisse der Thätigkeit der Congresse erwuchsen, schuf man eine sogenannte Permanenzcommission (einen bleibenden Ausschuss). Diese soll die Aufgabe haben, nach Möglichkeit für die Ausführung der Congressbeschlüsse zu sorgen; insbesondere sich über die Ausführung der Congressbeschlüsse und allenfallsige entgegenstehende Hindernisse zu informiren; auf Einheitlichkeit der statistischen Publicationen hinzuwirken; die Vorarbeiten für die nächsten Congresse zu unterstützen; internationale Aufnahmen einzuleiten und die begonnene internationale Statistik zu fördern; dem Congress die Redaction der gefassten Beschlüsse vorzulegen.

Ein grosses Verdienst der Congresse war die Inangriffnahme einer vergleichenden Statistik. Hierbei wurden die sämmtlichen Arbeiten einer solchen Statistik capitelweise an die statistischen Bureaux der einzelnen Staaten übertragen. Die Publicationen sollten in französischer Sprache erfolgen. Leider schreiten diese Publicationen sehr langsam voran.

II. Capitel.

Die Statistik als Methode.

§. 18. Wesen der Statistik als Methode.

Die Statistik ist jene Methode, welche Zustände und Vorgänge auf dem Wege der Massenbeobachtung erforscht. Diese Methode lässt sich auf die mannigfaltigsten Erscheinungen anwenden. Ihre Kenntniss und Anwendung auf die grossen menschlichen und staatlichen Räthsel hat einen vollständig wissenschaftlichen Charakter. Sie dringt durch Bekanntes zum

Unbekannten vor.' Sie fördert Resultate, welche sowohl als Wahrheiten, als auch durch ihre praktische Bedeutung in der Geschichte des menschlichen Denkens und Forschens Epoche machen. Sie ist unter allen Methoden der Forschung jene, welche die vielseitigste wissenschaftliche Vorbildung erfordert. Sie löst und erklärt menschliche und natürliche Erscheinungen, vergleicht dieselben, findet ihren ursächlichen Zusammenhang und bemüht sich, die Gesetze zu untersuchen, welche ihnen zu Grunde liegen.

Dass diese Methode vom menschlichen Geiste einmal als Werkzeug angewendet werden muss, ist eine in der Geschichte und im Wesen des menschlichen Gedankens und im Wesen der Erscheinungen begründete Nothwendigkeit. Die Einzelnforschung musste zur Massenforschung, die unmethodische Forschung zur methodischen Forschung werden.

§. 19. Die methodische Massenbeobachtung.

Die methodische Massenbeobachtung besteht darin, dass über ganze Massen von einzelnen Thatsachen oder Individuen ein Netz von Beobachtungen ausgebreitet wird, um nach einer Methode alle gleichartigen Erscheinungen zu beobachten und zu verzeichnen.

Sowie von einer systematischen Behandlung der Massen die Rede ist, muss zunächst an ein Ordnen und Messen derselben gedacht werden. Die Massen müssen in Einheiten aufgelöst werden und die Zahl und das Zählen ist demnach charakteristisches Merkmal dieser Methode.

Die methodische Massenbeobachtung ist abgegrenzt:

I. Gegen die Einzelnbeobachtung dadurch, dass sie eben immer nur ganze Massen gleichartiger Erscheinungen zugleich beobachtet.

II. Gegen die unmethodische Massenbeobachtung ist sie abgegrenzt durch Genauigkeit und Vollständigkeit. Die unmethodische Massenbeobachtung ist uralt und ungemein volksthümlich. Jeder Mensch macht eine Reihe von einzelnen unsystematischen Massenbeobachtungen. Sie finden sich allerwärts im täglichen Leben ').

Gerade an die Gegenstände solcher unmethodischer Massenbeobachtungen hat die methodische ihre Prüfung ganz besonders anzulegen. Gegenstände, welche von der Gewohnheit des Volksgeistes so behandelt zu werden pflegen, bilden die bedeutsamsten und wichtigsten Objecte der Statistik.

Es ist auch kein Zweifel, dass in der unmethodischen Massenbeobachtung der Keim zur methodischen enthalten ist.

Umsomehr, als die Grenze zwischen beiden gerade in einer sehr wichtigen Beziehung, nämlich in Bezug auf die Zahl der Beobachtungen eine fliessende ist.

Anmerkung.

¹) Man sagt z. B. „es ist heuer ein kalter Winter". Man fühlt sich zu dieser Aeusserung veranlasst, weil man in ganz natürlicher, unmethodischer Weise bemerkt hat, dass ungewöhnlich häufig starker und langer Frost herrschte. Zur methodischen Beobachtung würde dies werden, wenn man Tag für Tag die Temperatur mit dem Thermometer gemessen, hieraus die Durchschnittstemperatur des ganzen Winters berechnet und mit den Temperaturverhältnissen anderer Winter, die in gleicher Weise beobachtet wurden, verglichen hätte.

§. 20. Das Gesetz der grossen Zahl.

Bei der Beobachtung der Masse zeigt sich das Gesetz der grossen Zahl. Dasselbe sagt, dass bei der Beobachtung einer grossen Zahl von Erscheinungen derselben Art schliesslich ein gewisses constantes Zahlenverhältniss hervortritt. Dieses Zahlenverhältniss wird um so früher und um so deutlicher bemerkt, je zahlreicher und gleichförmiger die Beobachtungen sind. In der Statistik sind die grossen Zahlen regelmässig und diese Regelmässigkeit tritt in ihnen auch zu Tage. Auch die kleinen Zahlen sind regelmässig; aber ihre Regelmässigkeit ist eine versteckte.

Das Gesetz der grossen Zahl hat seinen Grund in der Verschiedenheit der Ursachen, welche auf die Erscheinungen wirken.

Diese Ursachen sind nämlich bald mehr bald weniger veränderlich wirkende. Sie sind:

I. Stetige (constante), d. i. solche, welche auf grössere Massen von Erscheinungen und dauernd wirken.

II. Wechselnde (zufällige, störende, perturbirende, accidentielle), d. i. solche, welche nur auf kleinere Massen von Erscheinungen und nur in vorübergehender zufälliger Weise einwirken.

Die Bezeichnungen „grössere und kleinere Massen," „dauernde und vorübergehende Wirkung" sind nicht präcis. Und zwar mit Recht; denn der Gegensatz zwischen den stetigen und wechselnden Ursachen ist ein flüssiger. Eine Ursache kann einer zweiten gegenüber wechselnd, einer dritten gegenüber stetig erscheinen. Indessen ist dieser Gegensatz für die Beobachtung vorhanden und von Werth.

Nimmt man eine grössere Masse von Einzelnfällen zusammen, so kommen in dieser Masse die stetigen Ursachen der Erscheinungen zum Vorschein. Die grosse Zahl deckt dieselben auf.

In den einzelnen Fällen wirken diese stetigen Ursachen auch. Aber ihre Wirkung ist nicht so ersichtlich; sie wird verdeckt durch die wechselnden Ursachen.

So ist es z. B. eine statistische Erscheinung, dass unter den neugeborenen Knaben eine grössere Sterblichkeit herrscht, als unter den Mädchen. Diese Erscheinung zeigt sich aber nur, wenn man eine grössere

Zahl von Fällen beobachtet. Sie kommt nur in der Masse zum Vorschein. Wenn man nur eine einzelne Familie betrachtet, kommt diese Erscheinung und ihr Gesetz nicht nothwendig zum Vorschein. Es ist sehr möglich, dass in dieser Familie alle neugeborenen Mädchen sterben, und die Knaben lebend bleiben. In diesem Falle wäre eine Erscheinung sammt ihrem Gesetze durch die Wirkungen zufälliger Ursachen gestört und verdeckt.

Aber selbst solche Störungen erfolgen wieder nach einer festen Ordnung. Man nennt letztere das Gesetz der zufälligen (accidentiellen) Ursachen.

§. 21. Gliederung der statistischen Methode [1]).

Eine sehr falsche Meinung ist die, blosses Zählen, Rechnen und Zahlengruppiren mache den Statistiker. Es kann vielmehr nicht oft genug gesagt werden, dass die Statistik keine Zahlenwissenschaft ist.

Die Aufgaben der Statistik sind manchmal höchst einfach, manchmal greifen die reichsten und verwickeltsten Erscheinungen ineinander. Hier muss dann der Statistiker umfassende Bildung mit vielseitigem positivem Wissen, grosses Combinationsvermögen mit scharfer Logik verbinden.

Es handelt sich im Allgemeinen darum, theils solche Erscheinungen, welche noch nicht von anderen Forschungsmethoden erklärt sind, durch die statistische Methode erst in Angriff zu nehmen; theils solche, an welchen ein deductives Verfahren schon thätig gewesen, zum Zwecke der Controlirung auch noch der statistischen Methode zu unterstellen.

Im letzteren Falle muss, wenn die Controle richtig sein soll, die Art der Beobachtung eben so erfolgen, als wenn das statistische Verfahren den Anfang zu bilden hätte.

Der Gang der statistischen Forschung setzt sich aus einer Reihe von verschiedenen Thätigkeiten zusammen. Von diesen Thätigkeiten sind die einen mehr mechanischer Natur und beanspruchen keine besonders schwierige geistige Thätigkeit; sie können technisch erlernt werden, wie die einfacheren Rechnungsarten.

Andere dagegen erfordern bedeutende wissenschaftliche Fähigkeit, wissenschaftliche Urtheile und Schlüsse. Beide Arten aber gehören zusammen. Die Resultate der blos technischen Operationen bleiben todtes Material ohne den belebenden Hauch des wissenschaftlichen Urtheils und Schlusses, während letzterer seinerseits des Materials bedarf [2]).

Anmerkungen.

[1]) Von besonderer Bedeutung hinsichtlich der Darstellung des Ganges der statistischen Aufgabe sind folgende Arbeiten:

A. Quételet: Sur l'homme etc.

E. Engel: Die Bewegung der Bevölkerung im Königreiche Sachseu. Dresden 1852.

Derselbe: Ueber die Organisation der amtlichen Statistik in der Zeitschrift des preuss. stat. Bureau. Band I.

E. Engel: Die Statistik im Dienste der Verwaltung. a. a. O. Bd. III.

Derselbe: Das statistische Seminar des preussischen Bureau. a. a. O. Band IV.

J. St. Mill: System der deductiven und inductiven Logik.

A. Wagner: Artikel Statistik im Staatswörterbuche.

Derselbe: Die Gesetzmässigkeit in den scheinbar willkürlichen Handlungen.

Dufau: De la méthode d'observation dans son application aux sciences mor. et polit. Par. 1865.

Derselbe: Traité de la statistique etc.

Fechner: Elemente der Psychophysik. Leipzig 1860.

A. v. Oettingen: Moralstatistik. 1869.

G. Mayr: Die Gesetzmässigkeit im Gesellschaftsleben. Müuch. 1877.

M. Block: Traité théorétique et pratique de Statistique. Par. 1878.

A. Gabaglio: Sunto della storia e della teoria etc. Annali di Statistica. Ser. II. Vol 21.

[1]) v. Baumhauer (Verhandlungen des statistischen Congresses in Haag) unterscheidet drei Methoden oder besser Theile der statistischen Methode.

a) Die materielle Operation oder die Kunst, die Thatsachen zu sammeln und zu ermitteln. Sie erfordere nicht nur ziemliche Sorgfalt und richtiges Gefühl im Entwerfen der Tabellen, sondern auch eine genaue Kenntniss der gesammelten Daten und besonders eine systematische Organisation der Arbeit in den unteren Verwaltungsinstanzen.

b) Die praktische Operation oder die Methode der Anwendung. Sie umfasse die Arbeit der verschiedenen statistischen Bureaux, setze die Thatsachen nebeneinander, vergleiche, kritisire, discutire den Werth der bereits gesammelten und ziehe aus ihnen Resultate.

c) Die wissenschaftliche Operation beschäftige sich mit der Ermittlung der mehr oder weniger gleichmässigen Regeln, welche das sociale System beherrschen.

I. §. 22. Erkennung der Gegenstände der Statistik.

Zunächst handelt es sich darum, die Gegenstände der Statistik als solche zu erkennen und festzustellen. Man wird demgemäss alles ausscheiden müssen, was nicht Gegenstand der Statistik sein kann.

Gleich diese erste Thätigkeit des Statistikers ist eine der schwierigsten. Man muss dabei eine Art von Vorbeobachtungen anstellen. Dabei wird man am sichersten gehen, wenn man annimmt, dass alle Erscheinungen des Weltlebens in das Gebiet der Statistik gehören und selbst die typischen nur scheinbar typisch sein könnten. Von dieser Annahme ausgehend wird man dann zu prüfen haben, ob die Vorbeobachtungen statistischen Werth haben oder nicht. Und darnach ist dann zu entscheiden, ob die fragliche Erscheinung in das Gebiet der Statistik gehört oder nicht.

Diese Vorbeobachtungen können weder systematisch noch massenhaft angestellt werden. Oft reichen wenige Beobachtungen hin, um eine Erscheinung als Object der Statistik mit Sicherheit erkennen zu lassen. Es kommt eben darauf an, die charakteristischen Merkmale der Massenerscheinung aufzufinden. Allgemeine Regeln lassen sich hiefür schwer aufstellen. Wenn eine Masse von Erscheinungen gewissen Einflüssen und jede Einheit dieser Masse doch wieder besonderen Einflüssen folgt: dann ist diese Masse von Erscheinungen Object der statistischen Methode. Diese Haupt- und Nebeneinflüsse rasch zu erkennen: darin besteht eine der schwierigsten Aufgaben des Statistikers.

Gegenstand der statistischen Methode überhaupt sind alle jene Erscheinungen, welche von stetigen und wechselnden Ursachen zugleich bewirkt erscheinen und aus diesem Grunde zur Erforschung ihrer Gesetze der Massenbeobachtung bedürfen.

Ausserhalb der statistischen Methode stehen daher:

I. Alle Erscheinungen, welche nur stetige Ursachen haben, z. B. die Bewegung der Himmelskörper.

II. Die Ableitungen und Resultate dieser Erscheinungen, z. B. die Zeitmessung, physikalische, mechanische, chemische Gesetze.

III. Die Ableitungen und Resultate mathematischer Gesetze.

IV. Alle Ableitungen und Resultate logischer Gesetze.

V. Alle Ableitungen aus den durch eigene psychologische Prüfung gefundenen Gesetzen, nach welchen menschliche Handlungen geschehen. Solcher Art sind z. B. die wirthschaftlichen Erscheinungen, sofern sie blos vom menschlichen Eigennutz regulirt werden.

VI. Alle Erscheinungen, welche noch vereinzelt dastehen, anscheinend Resultate blos zufälliger Ursachen. (Geschichte.)

Die Gegenstände der statistischen Methode werden von anderen Gegenständen menschlichen Wissens ausgeschieden:

I. Durch den gleichartigen Charakter ihrer Verursachung, durch das Zusammenwirken stetiger und wechselnder Ursachen. Die statistische Massenbeobachtung erkennt und scheidet die stetigen und die wechselnden Ursachen. Beobachtet man die Masse, so erkennt man die stetigen, fasst man dann die einzelnen Erscheinungen ins Auge, so findet man die wechselnden Ursachen.

II. Dem entsprechend auch durch die Art und Weise der Forschung, welche sie herausfordern. So hat es die Statistik nur mit der Gegenwart zu thun, denn Vergangenes lässt sich nicht beobachten. Man könnte wohl eine Bevölkerungsstatistik für eine bestimmte Zeit des Alterthums herstellen, wenn statistische Erhebungen aus jenen Zeiten vorhanden wären. In diesem Falle lägen aber die Beobachtungen d. h. also die Grundlage der Statistik, aus jener Zeit vor und die Gegenwart hätte nur die andere Aufgabe, zu ordnen und Schlüsse zu ziehen.

Anmerkung.

Zur weiteren Erläuterung des eben Gesagten dürfte noch Folgendes dienen: Unter allen Erscheinungen, welche das Weltleben uns darbietet, unterscheiden wir je nach der Verschiedenheit der Ursachen:

I. Erscheinungen, welche blos von stetigen Ursachen abhängen. Sie sind absolut gleichförmig, jede einzelne Erscheinung ist ein Typus für alle von dergleichen Ursachen abhängenden Erscheinungen; sie ist eine typische. Typisch sind namentlich physikalische und chemische Vorgänge und ihre Gesetze. Hier ist das wissenschaftliche Verfahren zur Auffindung der Gesetze sehr einfach. Eben weil das einzelne typisch ist, weil nur stetige Ursachen gleichförmig wirken, berechtigt schon eine einzelne genau constatirte und correct beobachtete Thatsache zu einem Inductionsschluss. Die Wiederholung der Beobachtung ist in der Regel nur zur Prüfung des stattgehabten Verfahrens nothwendig.

Wenn z. B. der Physiker bemerkt hat, dass ein Tropfen Quecksilber bei einer gewissen Temperatur gefriert, so gilt dies von allen Quecksilbertropfen der Welt.

II. Erscheinungen, welche von stetigen und wechselnden Ursachen abhängig sind. Hier gibt es keine absolute Gleichförmigkeit, sondern je nach dem Mischungsverhältnisse der stetigen und der wechselnden Ursachen sind die Erscheinungen mehr oder weniger individuell. Je mehr die wechselnden Ursachen Einfluss haben, desto individueller ist die Erscheinung.

Es können selbst, freilich nur bei oberflächlichster Betrachtung, die Erscheinungen als blos von zufälligen Ursachen bewirkt erscheinen. Bei näherer Untersuchung findet man doch, dass keine Erscheinung etwas ganz zufälliges ist, sondern dass selbst bei den zufälligsten Ereignissen doch immer auch solche Ursachen mitgewirkt haben, welche sich stets und überall wiederholen.

Der Gegensatz zwischen dem Typischen und dem Individuellen ist also ein fliessender.

Die Welt ist Natur- und Menschenleben. Im Allgemeinen kann man die Naturerscheinungen als typische, die Erscheinungen des Menschenlebens als individuelle bezeichnen. Aber nur ganz im Allgemeinen. Denn auch bei Naturerscheinungen wirken stetige und wechselnde Ursachen gemeinsam. Sehr häufig findet man auch in der Natur keine typische Gleichförmigkeit, sondern nur eine sehr grosse Regelmässigkeit. Bei den Witterungserscheinungen namentlich wirken neben den stetigen Ursachen die mannigfaltigsten wechselnden.

Je höher man in der Reihe der Organisationen emporsteigt, desto zahlreicher werden die wirkenden Ursachen, desto häufiger die wechselnden, desto individueller die Erscheinungen. Das Individuelle mehrt sich mit dem wachsenden Reichthum an Lebensformen. Und diese Mehrung zeigt sich nicht nur, wenn man nacheinander die Ursachen und Gesetze anorganischer Erscheinungen, dann jene von Pflanzen, Thieren und Menschen beobachtet, sondern sie setzen sich innerhalb des Menschenlebens fort; der Wilde ist typischer als der Europäer, der Mensch des Alterthums mehr als der moderne. Der Mann ist individueller als das Weib; ebenso übertrifft der Erwachsene das Kind. Auf niedrigen Bildungsstufen ist die Volkssitte allmächtig. Sie wirkt als stetige Ursache beinahe gleichförmig und ruft gleiche Handlungen bei zahllosen Personen im gegebenen Falle hervor. Dagegen wirken bei gebildeten, bei edlen und geistreichen Menschen zahlreiche wechselnde Ursachen auf ihre Handlungen ein und lassen diese Handlungen als Resultate stetiger und wechselnder Ursachen viel unregelmässiger und mannigfaltiger ausfallen.

Damit wird nicht behauptet, das Individuelle sei unbestimmt und gesetzlos. Auch die Entwickelung des geistig hochbegabten und gemüthreichen Menschen ist gesetzmässig; aber das Gesetz birgt sich unter der Fülle der störenden wechselnden Ursachen.

Und so muss denn auch mit der steigenden Organisation der beobachteten Erscheinung der Inductionsschluss vom Einzelnen auf die Gattung immer weniger leicht, immer unsicherer werden. (Nach Rümelin a. a. O.)

II. §. 23. Die Menge der Beobachtungen.

Hat man nun die Erscheinungen als dem Gebiete der Statistik angehörende erkannt, so ist die nächste Aufgabe die Beobachtung derselben, und zwar die methodische Massenbeobachtung. Sie unterscheidet sich, wie schon aus früher Gesagtem hervorgeht, streng von der Einzelnbeobachtung und von der unmethodischen Massenbeobachtung.

Die methodische Massenbeobachtung nun muss nach folgenden Grundsätzen angestellt werden:

Vor allem muss eine so grosse Masse von Erscheinungen beobachtet werden, dass man ein Recht hat zu vermuthen, dass alle Ursachen, welche auf diese Erscheinungen überhaupt einwirken können, auf die beobachtete Masse auch eingewirkt haben. Beobachtet man z. B. die Bewegung einer Bevölkerung fünf Jahre lang und zwar während solcher Jahre, in welcher keine besonderen Ereignisse vorgekommen sind, und bemerkt man, dass diese Bevölkerung jedes Jahr um n Seelen zugenommen hat, so wäre man allenfalls berechtigt zu dem Schlusse, dass diese Bevölkerung überhaupt jedes Jahr um n Seelen wachse und demnach nach x Jahren sich verdoppelt haben werde.

Beobachtet man dagegen diese Bevölkerung 50 Jahre lang, so wird man vielleicht finden, dass unter diesen 50 Jahren 25 waren, welche eine mittlere Ernte ergaben, und dass in diesen 25 Jahren die Bevölkerung je um n Seelen zunahm. Man wird ferner vielleicht finden, dass 10 Jahre vorzüglich gute Ernten ergaben, und dass in diesen 10 Jahren die Bevölkerung um $n + a$ zunahm, während 10 Jahre sehr schlechte Ernten lieferten und die Bevölkerung in diesen Jahren nur um $n - b$ zunahm. Endlich wird man vielleicht finden, dass unter diesen 50 Jahren auch 5 waren, die zwar mittlere Ernten hatten, von welchen aber 3 Kriegsjahre waren, in denen die Bevölkerung nur um $n - c$ zunahm und 2 Cholerajahre, in welchen die Bevölkerung nicht zunahm, sondern um d Seelen im ersten, um e im zweiten verringert ward. Bei dieser Beobachtung hat man mehrere auf die Bevölkerung einwirkende Ursachen kennen gelernt, und es stellt sich die Zunahme dieser Bevölkerung in fünfzig Jahren keineswegs auf 50 n, sondern auf: $25 n + 10 (n + a) + 10 (n - b) + 3 (n - c) - d - e$.

Je grösser die Masse der Beobachtungen, desto sicherer die Resultate, desto grösser der Werth der gefundenen Gesetze. Und je kleiner die Masse, desto geringer die Zuverlässigkeit. Die anzustellende Masse der Beobachtungen hat demnach keine bestimmte Grenze. Der Ausdruck Masse hat hier, wie überhaupt, nur eine relative Bedeutung.

III. §. 24. Die Beobachtungsmittel.

Der einzelne Statistiker kann zwar auf manchen Gebieten die nöthigen Beobachtungen selbst anstellen, in der Regel aber nur da, wo es auf Beobachtung blos der zeitlichen Unterschiede ankommt.

Wo dagegen, wie es meistens der Fall ist, räumliche und zeitliche Beobachtung vereinigt werden muss: da ist auch eine Mehrzahl von Beobachtern nothwendig. Meistens muss ein ganzes künstlich ineinandergreifendes System von Beobachtungen organisirt werden und man bedarf, da die Organisation der Privatkräfte nicht hinreichend ist, häufig sogar amtlicher Beobachtungsanstalten. Namentlich gilt dies für die Beobachtung menschlicher und staatlicher Zustände. In diese würde keine Beobachtung eindringen können, wenn nicht staatliche Macht sie unterstützte. So gehen denn eigene Beobachtungsanstalten des Staates, statistische Bureaux, aus dem Wesen der statistischen Gegenstände hervor.

Diese Beobachtungsanstalten dienen freilich zunächst praktischen Verwaltungszwecken. Sie sind nicht errichtet, um der wissenschaftlichen Forschung zu dienen, sondern ursprünglich nur Werkstätten zur praktischen Erforschung jener Zustände, von welchen die Staatsverwaltung Kenntniss haben will.

Aber während in diesen Anstalten praktische Zwecke verfolgt werden, dienen sie auch immerwährend mittelbar der Wissenschaft.

IV. §. 25. Die Form der Beobachtung.

Die Form der Beobachtung ist die Auflösung der Erscheinungen in Quantitäten, die Bestimmung der zeitlichen und räumlichen Verschiedenheiten als quantitativer Veränderungen. Am genauesten werden diese Quantitäten natürlich durch Ziffern bestimmt.

Hat man also eine Beobachtungsmasse vor sich, welche eine Reihe von verschiedenen Erscheinungen bietet, eine Reihe von verschiedenen Bewegungen macht, so wird man, um diese Erscheinungen und Bewegungen des Beobachtungsgegenstandes quantitativ zu bestimmen, untersuchen müssen, wie oft diese, wie oft jene Erscheinung oder Bewegung stattfindet, wie oft sie zu dieser und zu jener Zeit stattfindet. Man wird den Beobachtungsgegenstand in räumlich verschiedene Theile zerlegen und an jedem Theile dieselbe Untersuchung anstellen wie am Ganzen. Die Untersuchungsfragen lauten demnach immer: wie oft, wie häufig geschieht oder ist dies und jenes? wie oft ist es zu dieser oder jener Zeit? an diesem oder jenem Orte? unter diesen oder jenen Verhältnissen? nach diesen oder jenen Vorgängen?

Diese Untersuchungsfragen lassen sich in der Regel durch Ziffern beantworten, sofern man überhaupt den Gegenstand festhalten kann. Ziffermässigkeit ist eine Anforderung an die Statistik. Aber man darf von ihr nicht ausschliesslich Ziffern verlangen und jede anders als in Ziffern ausgedrückte Beobachtung verwerfen. Wo Ziffern mangeln, sind häufig auch ungefähre Grössenbestimmungen brauchbar (z. B. die Ausdrücke viel, wenig, oft, selten, mehr, weniger, grösser, geringer, öfter, seltener).

Man muss sogar mit solchen ungefähren Quantitätsausdrücken beginnen, bis die Beobachtungsmittel und Methoden genaue Daten liefern. Zwischen diesen ungefähren Quantitätsausdrücken und den präcisen Ziffern liegen dann noch Ausdrücke wie: gegen 1000; 800—1000; ungefähr 10000; u. s. f. Solche Ausdrücke können unter Umständen logisch richtiger sein, als ganz präcise Ziffern.

Je genauer und ziffermässiger aber die Beobachtungen werden, desto mehr werden mit dem Beobachtungsmaterial solche Operationen und Schlüsse vorgenommen werden können, welche dem Rechnen ähnlicher sind und der Statistik in höherem Grade den Charakter einer exacten Wissenschaft geben.

Sofortige Aufzeichnung des gefundenen Beobachtungsmateriales ist natürlich absolut nothwendig, da es sich um Massenbeobachtungen handelt, und das menschliche Gedächtniss nicht im Stande ist, den kleinsten Theil der Ziffermassen, mit welchen eine einzige statistische Untersuchung operirt, zu behalten. Diese Thätigkeit ist durchaus mechanisch.

V. §. 26. Zeitliche und räumliche Verschiedenheiten im Beobachtungsgegenstand.

Die statistischen Objecte liegen und bewegen sich in der Zeit und im Raume, und zwar in verschiedenen Zeitmomenten und in verschiedenen Räumen. Diese zeitlichen und räumlichen Verschiedenheiten müssen von der Beobachtung erfasst werden. Und zwar müssen möglichst viele solche zeitliche und räumliche Unterscheidungspunkte (Phasen, Momente, Theile) beobachtet werden. Wenn man also z. B. die Bewegung der Bevölkerung eines Staates erforscht, um ihre Gesetze zu finden, muss man die Bewegung möglichst vieler Jahre, ja sogar Monate beobachten und ebenso die Bewegung in den verschiedenen Theilen, Provinzen und Städten des Staates.

Dadurch wird die Beobachtung zur Massenbeobachtung.

Um aber auch eine methodische Beobachtung zu sein, muss sie alle diese einzelnen Unterscheidungspunkte doch in Hinsicht auf ihre Zusammengehörigkeit zu einer Gesammterscheinung betrachten.

Zeit und Raum der Gesammterscheinung müssen also in viele kleine Zeiten und kleine Räume zerlegt werden, und in diesen kleinsten Zeit- und Raumtheilen muss die Erscheinung fortgesetzt beobachtet werden.

Jede einzelne Beobachtung über den Zustand eines statistischen Gegenstandes in einem gegebenen Raum und zu einem bestimmten Zeitpunkte heisst statistisches Datum. Passenderweise beschränkt man diesen Ausdruck auf die Theilbeobachtung einer bestimmten Massenbeobachtung. War diese Beobachtung eine systematische, dann sind auch die Daten systematische. Beliebig aus verschiedenen Zeiten und Räumen zusammengestellte statistische Beobachtungen sind keine systematischen Daten, keine Theile einer fortlaufenden Beobachtungsreihe. Sie bieten auch keine Garantie bezüglich der Vollständigkeit der mitwirkenden Ursachen, dienen aber als Nothbehelf.

Was insbesondere:

1. Die Zeitabschnitte betrifft, in welche die statistischen Beobachtungen zerlegt werden können, so sind dieselben glücklicherweise fast allenthalben gleichartig: das Jahr, der Monat, der Tag u. s. f.

Ein anderes wichtiges Erforderniss der Beobachtungen ist in vielen Fällen ihre Periodicität. Sind die Daten blos Resultate einmaliger Beobachtung, so bleiben sie ziemlich werthlos deshalb, weil es dann unmöglich ist, die Bewegung der beobachteten Erscheinung im Wechsel der Zeiten zu untersuchen.

2. Die räumlichen Abschnitte dagegen, in welche sich die Beobachtungsmassen zerlegen lassen, sind fast überall ungleichmässig und will-

kürlich, weil die Welttheile und Länder, die Provinzen, Districte und Landschaften, kurz, weil alle physikalisch oder politisch unterscheidbaren Theile der Welt von durchaus ungleicher Grösse sind. Dieser Umstand erschwert die richtige Beobachtung räumlich verschiedener Massen ungemein [1]).

Anmerkung.

[1]) Hierüber bemerkt G. Mayr (die Gesetzmässigkeit im Gesellschaftsleben S. 23 ff.): Die vergleichende Statistik rechnet in der Regel nur mit Durchschnittsergebnissen für ganze Länder oder im besten Fall für grosse, durch die administrative Haupteintheilung bestimmte Bestandtheile derselben. Diese Vergleichung entspricht den tieferen wissenschaftlichen Anforderungen nicht, und zwar deshalb, weil die einzelnen Länder und Provinzen von sehr verschiedenartiger Grösse sind, und weil in den Durchschnittsergebnissen für ganze Länder und Provinzen sehr verschiedenartige Verhältnisse der einzelnen kleineren Gebietsabschnitte zu einem nur scheinbar richtigen Gesammtausdrucke verwischt werden.... Jeder Zweig der Statistik, der auf Beobachtung räumlich auseinanderliegender Thatsachen beruht, hat seine gesonderte Geographie, für welche die Durchschnitte ganzer Länder und Provinzen nur ein Zerrbild geben.

VI. §. 27. Die Vergleichbarkeit statistischer Daten.

Ein Haupterforderniss der statistischen Daten ist, dass sie analoge und vergleichbare Fälle umfassen. Wenn man z. B. blos wüsste, wie viel Pferde Deutschland, wie viel Stück Rinder Frankreich, wie viel Schafe Oesterreich besitzt, so wäre es aus diesen Ziffern unmöglich, die landwirthschaftlichen Zustände dieser Länder zu vergleichen.

Gegen das Erforderniss der wirklichen Vergleichbarkeit statistischer Daten wird häufig gefehlt. Oft werden deutliche Qualitätsunterschiede der beobachteten Thatsachen ausser Acht gelassen, entweder, weil diese Qualitätsunterschiede überhaupt nicht zur Ziffer gebracht werden konnten oder aber, weil sie zwar der ziffermässigen Betrachtung wohl zugänglich waren, aber keine im Verhältniss zur aufgewendeten Arbeit stehende Bereicherung unseres Wissens bilden würden [1]).

Anmerkung.
[1]) G. Mayr. Die Gesetzmässigkeit etc. S. 29.

VII. §. 28. Die Richtigkeit der Zahlen [1]).

Auf die Richtigkeit der gefundenen Urzahlen kommt begreiflicherweise Alles an. Falsche Zahlen sind eben wegen ihres Scheines von Sicherheit ungemein gefährlich. Daher ist vor der Benützung dieser Zahlen eine Sichtung und formale Kritik nöthig.

Die Zuverlässigkeit der Zahlen ist jedoch ungemein verschieden, theils nach der Art und Weise wie dieselben gewonnen werden, theils nach dem Material, mit welchem sich die Erhebungen beschäftigen.

Zahlen, welche durch amtliche Erhebungen gewonnen werden, müssen natürlich eine grössere Zuverlässigkeit haben, als solche, die blos durch Privatfleiss gesammelt werden. Zahlen, welche auf Umwegen (durch Berechnungen, Schätzungen etc.) gewonnen werden, ferner solche Zahlen, welche sich nicht auf ihren Ursprung zurückverfolgen lassen, sodann solche, in welchen schon eine oder die andere Unrichtigkeit entdeckt oder zugestanden ist, werden begreiflicherweise mit weit grösserer Vorsicht behandelt werden müssen, als unverdächtige.

Es gibt manche Gegenstände der Statistik, deren Zahlen von vornherein ein grösseres Vertrauen verdienen. Das ist namentlich der Fall bei jenen Gegenständen, wo — abgesehen von wissenschaftlichen Zwecken — eine genaue Buchführung aus geschäftlichen Gründen nöthig und eingeführt ist. So namentlich bei den Ziffern, welche im Bereich des Finanz-, Zoll-, Post- und Eisenbahnwesens, des Sparcassenwesens etc. erwachsen. Auch die Ziffern der Bevölkerungsstatistik verdienen heutzutage volles Vertrauen, wenn auch da kleine Unrichtigkeiten sich einschleichen können. Dagegen sind die Ziffern auf dem Gebiete des landwirthschaftlichen und industriellen Lebens, und noch mehr diejenigen, welche sich auf das gesellschaftliche und geistig-sittliche Leben des Volkes beziehen, grossentheils sehr unsichere.

Die Ziffer schlechtweg, ohne Kenntniss ihres Ursprunges, gilt und beweist heutzutage gar nichts mehr. Bei jeder Anwendung von Ziffern muss die Möglichkeit gegeben sein, dieselben bis auf ihren Ursprung zurückzuverfolgen. Nur dadurch wird eine Beurtheilung ihres Werthes überhaupt möglich.

Anmerkung.

[*)] Vgl. Block-v. Scheel: Handbuch der Statistik. S. 103.

VIII. §. 29. Die Sammlung, Classification und Gruppirung der Daten. Die Tabelle.

Die erhobenen Ziffern müssen gesammelt, classificirt und gruppirt werden, um sie dem forschenden Blicke wohlgeordnet vorzuführen.

Das wichtigste Mittel übersichtlicher Zusammenstellung und Gruppirung ist die Tabelle. Sie erleichtert den Ueberblick und lässt Gleichförmigkeiten und Verschiedenheiten sofort erkennen. Auch die formelle Sichtung wird durch die Tabelle erleichtert; auffällige Abweichungen der Gleichförmigkeiten, die etwa auf Beobachtungsfehlern beruhen könnten, werden sofort bemerkt.

Die Tabelle ist unentbehrlich als Grundlage weiterer statistischer Operationen.

Die Gruppirung der statistischen Daten in der Tabelle geschieht zu dem Zwecke, damit der Blick des Statistikers an jeder Erscheinung die Regelmässigkeit derselben oder ihre Veränderungen, sowie das Mass, den Ort und die Zeit dieser Veränderungen in übersichtlicher Weise erfasse. Die Auffindung dieser Veränderungen ist eine ziemlich mechanische Thätigkeit. Man braucht dazu eine ganz bescheidene statistische Fertigkeit, welche etwa beobachten kann, ob sich z. B. zwei-, drei- oder mehrziffrige Zahlen an gewissen Stellen der Tabelle besonders stark häufen oder in gewisser Weise vertheilen [1]).

In einer Tabelle können oft die Wahrheiten eines ganzen dickleibigen Buches, voll von Theorien und Deductionen, in nuce beisammen sein. Nur muss man die Schätze zu heben wissen [2]).

Wenn übrigens die Anfertigung der Tabellen als eine ziemlich mechanische Thätigkeit bezeichnet wurde, so gilt dies nur von einem Theile dieses Geschäftes. Die ganze Tabellenarbeit gliedert sich in:

1. die Anlage der Tabellen, die Anordnung der Tabellenköpfe — eine Thätigkeit, welche zwar manchmal sehr einfach scheint, häufig jedoch eine hohe statistische Bildung beansprucht;

2. die Ausfüllung der Tabellen, eine blosse Schreiberarbeit, jedoch so umfangreich, dass sie bei irgend grösseren Untersuchungen ein eigenes Schreiber- und Rechnerpersonal beansprucht;

3. das Lesen der Tabellen [3]).

Zur ferneren Erleichterung der Auffindung von Regelmässigkeiten oder Verschiedenheiten dienen indessen noch andere Mittel.

Anmerkungen.

[1]) Wagner: Die Gesetzm. I. S. 69.

[2]) Oettingen: a. a. O. S. 281.

[3]) Ein abstractes Beispiel dieses Theiles der Statistik wäre etwa folgendes, das sich vielleicht als das Einmaleins der statistischen Methode bezeichnen liesse.

α β γ δ repräsentirt eine Masse verschiedener Erscheinungen. Diese Er-
scheinungen sind: a, b, c, d, e, f, g, h. Die ganze Masse — sei sie nun die
Bevölkerung eines Landes oder die Criminalfälle eines Jahres, oder die in einem
Jahrhundert wechselnden Preise der Lebensmittel oder irgend eine andere
Massenerscheinung — vertheilt sich in gewissen Gruppen. Wäre also α β γ δ
ein Land, so wären A B C D E und F die Kreise, Provinzen desselben.
Wäre α β δ γ ein halbes Jahr, so wären diese Theile die verschiedenen
Monate u. s. f.

Will man nun die verschiedenen Einzelnerscheinungen für die statistische
Beobachtung zurecht richten, so wird man zunächst aufzeichnen müssen:

a erscheint 12 Mal		e erscheint 30 Mal	
b „ 1 „		f „ 13 „	
c „ 21 „		g „ 24 „	
d „ 21 „		h „ 15 „	

In der ganzen Masse erscheint demnach e am häufigsten, nämlich doppelt
so oft als h und f, nahezu 3 Mal so oft als a und etwa $1^1/_2$ Mal so oft als c
und d. Als unicum zeigt sich b.

Nach ihrer Frequenz geordnet, stellen sich demnach die beobachteten
Erscheinungen in folgender Reihe:

e, g, c und d, h, f, a, b.

Berücksichtigt man nun, wie sich die einzelnen Erscheinungen auf die
Theile A, B, C, D, E und F vertheilen, so findet man

in:	a	b	c	d	e	f	g	h
A	2 Mal	—	6 Mal	6 Mal	—	2 Mal	—	5 Mal
B	2 „	1 Mal	5 „	4 „	—	2 „	3 Mal	2 „
C	2 „	—	4 „	4 „	2 Mal	3 „	5 „	1 „
D	2 „	—	3 „	3 „	4 „	3 „	5 „	1 „
E	2 „	—	2 „	3 „	5 „	3 „	6 „	4 „
F	2 „	—·	1 „	1 „	19 „	—	5 „	2 „

So sind die einzelnen Daten dieser Massenerscheinung zur Beobachtung in einer Tabelle geordnet und es drängen sich nun folgende Bemerkungen auf:

a erscheint äusserst regelmässig, zweimal in jedem Theile des Beobach-
    tungsfeldes. Es dürfte demnach diese Erscheinung vom Wechsel der Zeit
    und des Ortes und der anderen Erscheinungen unabhängig sein.

b zeigt sich ein einziges Mal, nämlich nur im Theile B des Beobachtungs-
    feldes.

c zeigt sich in einzelnen Theilen des Beobachtungsfeldes sehr oft, in anderen
    seltener. Es kommt vor: in A 6 Mal, in B 5 Mal, in C 4 Mal, in D
    3 Mal, in E 2 Mal, in F 1 Mal. Es erreicht demnach die Erscheinung c
    in A ein Maximum, in F ein Minimum.

d findet sich gleich *c* überall, seine Häufigkeit nimmt zu und ab mit der
Häufigkeit von *c*, und zwar ziemlich regelmässig. Es muss ein ursäch-
licher Zusammenhang zwischen beiden Erscheinungen bestehen.

e im Gegensatze findet sich gar nicht, wo *d* und *c* sehr häufig sind, dagegen sehr oft, wo jene selten werden.

Dehnt man die Beobachtung noch weiter aus, so findet man:

f tritt niemals vereinzelt auf, sondern stets doppelt oder mehrfach nebeneinander, und zwar stets in der Nähe von *a*, so dass auch hier ein eigenthümlicher Zusammenhang vorliegt.

g findet sich in den meisten Theilen des Beobachtungsfeldes, liebt es aber,
sich in den unteren Gegenden dieser Theile zu concentriren, während

h in den oberen Gebieten sich befindet, und nur da, wo *b* auftritt, von
demselben mit Entschiedenheit herabgezogen wird.

Und so lassen sich die Regelmässigkeiten und Veränderungen noch weiter
verfolgen. Die Bedeutung der Resultate wird klar, wenn man sich an die
Stelle der abstracten Zeichen die Ziffern wirklich beobachteter Erscheinungen
des Weltlebens denkt.

IX. §. 30. Die graphischen Darstellungen.

Auf Grund der statistischen Zahlen können auch graphische Darstellungen der beobachteten Erscheinungen gegeben werden. Diese Darstellungen zerfallen in zwei Hauptgruppen:

A. Diagramme, d. h. einfache geometrische Versinnlichungen statistischer Zahlen. Dieselben sind wieder, je nachdem Linien oder Flächen
zur Versinnlichung angewendet werden, Linien- oder Flächendiagramme.

1. Die Liniendiagramme würden in ihrer einfachsten Form darin
bestehen, dass man mehrere gerade Linien, welche in ihrer verschiedenen
Länge den darzustellenden Ziffern entsprechen, nebeneinander stellt. Derartige Diagramme werden indessen, da sie nicht anschaulich genug sind,
kaum angewendet. Sehr häufig wird dagegen das Liniendiagramm in der
Weise angewendet, dass man die Endpunkte solcher ungleich langer
Linien verbindet, wodurch eine Zickzacklinie entsteht. Es ist indessen
keineswegs nothwendig, ja meistens nicht einmal innerlich gerechtfertigt,
dass diese Zickzacklinie aus einer (in stumpferen oder spitzigeren Winkeln)
gebrochenen Geraden besteht. Dem Wesen der darzustellenden Erscheinungen entspricht es vielmehr besser, wenn die genannte Verbindungs-
linie eine krumme Linie ist. Wendet man sie an, so ergibt sich als die
passendste und gewöhnliche Form des Liniendiagramms die Curvenzeichnung in einem Coordinatensystem. Sie ist namentlich beliebt, wenn es
sich darum handelt, die Bewegung von Erscheinungen in verschiedenen
Zeiträumen darzustellen.

Hat man z. B. drei Erscheinungen, *a*, *b* und *c* ein ganzes Jahr hindurch beobachtet und gefunden, dass diese Erscheinungen nicht jeden

Monat gleich oft vorkamen, sondern dass ihre Zahl nach Monaten wech-
selte, so wird man sich eine graphische Darstellung dieser Bewegung
machen können, indem man sich eine Art Tabelle construirt, welche in
12 verticale Spalten getheilt ist. Dieselben werden oben oder unten mit
den Namen der Monate bezeichnet. Von oben nach unten wird die Tabelle
in so viele Horizontalspalten getheilt sein, dass alle Wechselfälle, die man
beobachtet hat, systematisch darin untergebracht werden können. Nehmen
wir an, die Erscheinung *b* sei unter den drei beobachteten Erscheinungen
am häufigsten in einem Monate aufgetreten; sie sei in dem Monate, wo
sie am seltensten vorkam, einmal, in jenen dagegen, wo sie am häufigsten
vorkam, zehnmal erschienen. Dann müsste die Tabelle 10 Horizontalspalten,
an der Seite mit den Ziffern 1—10 bezeichnet, enthalten. In die so construirte Tabelle werden dann Curven eingezeichnet, welche in ihrem
Steigen und Sinken die Zahl der in jedem Zeitabschnitt erreichten Fälle
bezeichnen.

Kam also z. B. im:

	Januar	Februar	März	April	Mai	Juni	Juli	August	Sept.	Octob.	Nov.	Dec.
a	4	5	6	8	9	9	9	8	8	8	8	6 Mal
b	1	4	5	7	8	10	8	8	8	7	7	3 „
c	6	4	4	5	5	4	5	5	6	6	3	2 „

vor, so wird die graphische Darstellung dieser Vorkommnisse folgende
Gestalt annehmen (s. pag. 49).

Die grössere oder geringere Gleichmässigkeit in der Bewegung der
verschiedenen Erscheinungen zeigt sich hier auf den ersten Blick.

Bei solcher Curvenzeichnung ist vor allem genaue und gleichmässige Zeiteintheilung nöthig. Die Zeiteinheiten können dann Monate,
Tage, Jahreszeiten, Jahre, Jahrzehnte oder die verschiedenen Altersstufen
des menschlichen Lebens sein. In allen Fällen handelt es sich darum,
eine Grundlinie (Abscisse) in so viele gleiche Theile zu theilen, als Zeiteinheiten beobachtet wurden, auf jedem solchen Theile eine verticale Linie
(Ordinate) zu errichten, deren verschiedene Höhen mit mathematischer
Genauigkeit die verschiedenen Ziffern der Erscheinungen repräsentiren. So
lassen sich namentlich die Erscheinungen, welche in der Entwickelung
des menschlichen Lebens vorkommen, in sog. Alterscurven darstellen:
die Lebenskraft, die Entwickelung der körperlichen Stärke, des Hanges
zum Verbrechen etc.

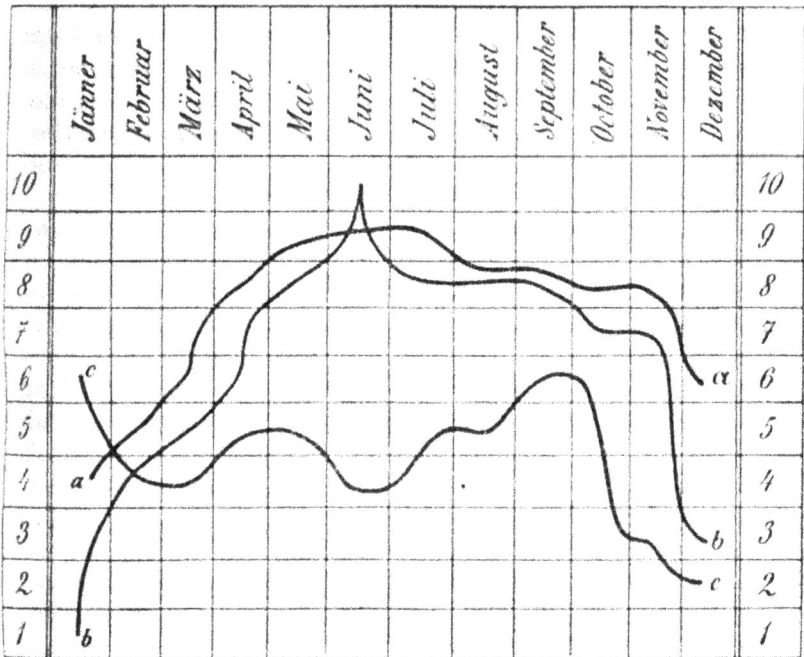

Bestimmt man in einer solchen Curvenzeichnung durch eine horizontale Linie die Mittelwerthe, so treten die Berg- und Thalbewegungen der Curve sehr bemerklich hervor und man kann das Mass der Abweichungen nach oben oder unten, die sog. Sensibilität des beobachteten Gegenstandes genau messen.

Um richtige Curven zu erhalten, müssen die Abtheilungen der Abscisse gleich grosse Zeitabschnitte und die Theile der Ordinaten gleich grosse Massen von Erscheinungen repräsentiren.

Man kann dann auch in einem Coordinatensystem die Bewegung verschiedener Erscheinungen als Curvenlinien darstellen, und, je nachdem diese Curven mehr oder weniger parallel laufen oder divergiren, auf das Vorhandensein oder Fehlen eines bedingenden, ursächlichen Zusammenhanges der verschiedenen Erscheinungen schliessen.

Ein Uebelstand an derartigen Darstellungen ist, dass kein festes inneres Verhältniss für die Höhe und Breite der Darstellung gegeben ist. Die Höhe der Einheiten, in welche die Geraden getheilt sind, kann eben so willkürlich genommen werden, wie ihre Distanz, so dass eine und dieselbe statistische Thatsache durch verschiedene, sich unähnliche Diagramme dargestellt werden kann.

Haushofer, Statistik. 2. Aufl.

Es ist keineswegs nothwendig, dass die Basis, auf welcher sich das
Liniendiagramm aufbaut, eine Linie ist. Diese Basis kann auch ein blosser
Punkt sein, nämlich der Mittelpunkt eines Kreises, von welchem aus
gerade Linien von verschiedener Länge radienförmig ausstrahlen, an ihren
Endpunkten verbunden. Auch kann die Basis der einzelnen Geraden eine
Kreislinie sein, aus welcher die Geraden, deren Endpunkte dann ver-
bunden werden, sich nach dem Centrum erstrecken.

2. Flächendiagramme. Nur einfache geometrische Figuren eignen
sich zu solchen, und zwar bei weitem am besten die Form des Rechtecks.
Soll eine einzelne Gesammtthatsache, die aus mehreren Theilen von verschiedener Grösse besteht, dargestellt werden, so ist am passendsten die
Darstellung durch ein Quadrat, welches in mehrere Rechtecke von verschiedener Grösse zerlegt wird. Sollen hingegen mehrere statistische Thatsachen vergleichend dargestellt werden, so empfiehlt sich die Anwendung
von Rechtecken. Und zwar entweder von Rechtecken mit gleicher Basis,
aber verschiedenen Höhen, oder von solchen mit gleicher Höhe, aber verschiedener Basisbreite. Weniger empfehlenswerth ist die Anwendung anderer
geometrischer Figuren; doch werden mitunter Dreiecke (mit Unterabtheilungen, oder nebeneinandergestellt, oder in ein Polygon gebracht), sowie
Kreisflächen angewendet. Durch Anwendung von Farbe und Schraffirung
ist es bei den Flächendiagrammen möglich, mehrfache Verhältnisse in
einem Diagramm darzustellen.

B. Kartogramme. Will man dagegen die Vertheilung einer Erscheinung über geographisch verschiedene Räume darstellen, so ist
das nächstliegende Mittel die Kartenzeichnung. Sie kann wieder verschiedene Formen annehmen.

1. Kartogramme mit Punkten sind die ursprünglichste und älteste
Form der Kartogramme. Hiebei werden die Punkte hauptsächlich zur
Darstellung der Bewohnungsverhältnisse angewandt, und schon lange wird
durch eine Grössenabstufung der Punkte auf Landkarten die verschiedene
Bevölkerungszahl der Wohnplätze zu berücksichtigen gesucht.

2. Kartogramme mit Linien finden nur selten Anwendung. Doch
sind jedenfalls die Karten, auf welchen Isothermen-Linien angebracht
sind, als Linien-Kartogramme zu bezeichnen.

3. Kartogramme mit Flächendarstellungen sind jedenfalls die
häufigsten und werthvollsten. Hiebei können entweder gewöhnliche Flächendiagramme (s. oben) in geographischer Lage vorgeführt werden. Oder es
können Bänder, flussähnliche verzweigte Strömungen von verschiedener
Breite angewandt werden, um die räumliche Bewegung statistischer Erscheinungen darzustellen. So z. B. jene Kartogramme, auf welchen die
Frequenz von Eisenbahnlinien durch Bänder von verschiedener Breite

dargestellt ist; oder jene, welche durch farbige Strömungen die Absatz-
gebiete der verschiedenen Steinkohlenlager eines Landes anzeigen. Am
wichtigsten aber unter dieser Gruppe von Kartogrammen sind jene, auf
welchen statistische Thatsachen, die in verschiedenen Landestheilen durchschnittlich vorliegen, für diese Landestheile durch Schraffirung oder Farben-
abstufungen dargestellt sind. Wie bei jenen Gebirgskarten, welche dort
am dunkelsten sind, wo die Gebirgserhebung am höchsten, erscheinen bei
diesen statistischen Karten, wenn sie z. B. die Betheiligung eines Volkes
am Verbrechen darstellen sollen, jene Theile am dunkelsten gefärbt, wo
die meisten Verbrechen, jene am hellsten, wo die wenigsten begangen
werden. Stellt man auf mehreren Karten desselben räumlichen Gebietes
verschiedene Erscheinungen in solcher Gestalt dar, so lassen sie nicht nur
Vergleichungen unter sich, sondern sogar mit physikalischen Karten, und
Entdeckung von Gleichmässigkeiten und Verschiedenheiten zu.

Anmerkung.

Ausführlicheres über graphische Darstellungen findet sich bei G. Mayr:
Die Gesetzmässigkeit etc. S. 71 ff. Auch haben sich die statistischen Congresse
zu Wien, Haag, Petersburg und Pest mit der kartographischen Methode beschäftigt.

X. §. 31. Die statistischen Rechnungsoperationen [1]).

Mit den durch die Beobachtung gefundenen Urzahlen lässt sich
häufig keine klare Einsicht in das wirkliche Maass der Bewegung, der
Veränderung gewisser Erscheinungen gewinnen. So müssen denn diese
Urzahlen auf ein einheitliches Maass zurückgeführt werden, um wirklich
vergleichbare Werthe zu ergeben. Dazu dienen die einfachsten Rechnungsarten. Die überall vorkommenden sind folgende:

1. Die nothwendigste rechnerische Operation ist immer die Addition
der beobachteten Daten. Sind die einzelnen Daten nach ihrer verschiedenen
Qualität gesondert, so müssen sie addirt und die Summen der einzelnen
Gruppen zusammengestellt werden.

2. Eine andere, ebenfalls sehr häufige Operation besteht darin, aus
den durch die Beobachtung gefundenen absoluten Zahlen leicht vergleichbare Verhältnisszahlen (relative Zahlen) zu gewinnen; eine ebenso
einfache, als nützliche Aufgabe. Wüsste man z. B., dass in dem Lande
A unter 3,496350 Einwohnern 1,922092, dagegen in *B* unter 4,326210
Einwohnern 2,509201 Katholiken sich befinden, so wäre auf den ersten
Blick nicht zu erkennen, wo mehr Katholiken im Verhältniss zur Gesammtbevölkerung sich befinden. Ganz deutlich aber wird dieses Verhältniss durch Umrechnung in Procentsätze, da sich alsdann ergibt, dass im
Lande *A* 55, in *B* 58 Procent Katholiken sich befinden. Es können jedoch

solche Reductionen in verschiedener Weise stattfinden. Denkt man sich nämlich die Verhältnisszahlen als Brüche und denkt man sich mehrere Brüche mit grossen Zahlen nebeneinander gestellt, so können diese Zahlen vereinfacht und vergleichbar gemacht werden entweder durch Gewinnung eines gleichen einfachen Zählers oder eines gleichen und einfachen Nenners. Weiss man z. B., dass in der Stadt M in einem bestimmten Jahre 4121 Todesfälle bei einer Bevölkerung von 131872 Menschen vorfielen, in der Stadt N dagegen bei 115956 Einwohnern 3221 Todesfälle, so kann man entweder die Zahl der Todesfälle oder jene der Einwohner einheitlich und vergleichbar machen. Im ersten Falle setzt man als Zahl der Todesfälle 1 und berechnet, auf wie viele Einwohner 1 Todesfall in M und in N trifft. Für M ergibt sich der Bruch $^{131872}/_{4121} = 32$, d. i. 1 Todesfall auf 32 Einwohner; für N dagegen $^{115956}/_{3221} = 36$, d. i. 1 Todesfall auf 36 Einwohner. Hier wurde also der Nenner des Bruches in 1 verwandelt. Die andere Vereinfachungsmethode würde die Zähler in runde Summen, u. zw. in 100, 1000 oder 10000 verwandeln. Dann erfährt man, dass in M 3,13 Procent, in N dagegen 2,77 Procent gestorben sind. Beide Reductionsmethoden sind richtig; die erstere kann unter Umständen einfachere Zahlen ergeben; doch wird die letztere jetzt häufig vorgezogen, weil dabei das Fallen und Steigen der Verhältnisszahlen in Uebereinstimmung mit der Ab- oder Zunahme der beobachteten Erscheinung bleibt.

3. Die dritte unter den rechnerischen Hauptaufgaben der Statistik ist die Gewinnung von Durchschnitten.

Bei jeder Reihe von periodischen statistischen Daten stellen sich stets kleinere oder grössere Differenzen ein. Absolute Gleichheit in den einzelnen Theilen der Zahlenreihen wird sich niemals finden, sondern im Laufe der Erscheinungen werden sich grössere oder kleinere Schwankungen ergeben, welche bald gewisse Höhepunkte (Maxima), bald Senkpunkte (Minima) erreichen, zwischen welchen die wahre Mitte aufgesucht und gemessen werden muss. Die einzelnen Daten einer statistischen Massenerscheinung sind eben wie die Wellenberge und Wellenthäler auf sturmbewegtem See; kein Wellenberg, kein Wellenthal gleicht absolut irgend einem anderen; sie schwingen über und unter derjenigen Linie, welche aufzusuchen das Werk des Statistikers ist.

Dieses Aufsuchen der Mittelwerthe und Messen der Differenzen ist eine der geläufigsten rechnerischen Aufgaben der Statistik. Das arithmetische Verfahren dabei ist sehr einfach; man nimmt die Summe der gegebenen Zahlen und dividirt sie durch die Anzahl der Fälle, in welchen gezählt wurde. Hat man z. B. eine Woche lang die Temperatur der Luft beobachtet und am ersten Tage 16, an den folgenden Tagen 17, 18, 13, 12, 15 und 17 Grad gefunden, so braucht man blos die Zahl aller Grade m addiren (108³), durch die Zahl der Beobachtungstage zu dividiren und man erhält als Resultat die mittlere Temperatur dieser Woche, nämlich 15,4°. Dies ist der Mittelwerth; vier Ziffern überragen ihn, drei sind kleiner; um wie viel die Temperatur jedes einzelnen Tages in die Höhe oder Tiefe von diesem Mittel abweicht, ergibt sich auf den ersten Blick.

Trotz der Einfachheit der Durchschnittsberechnungen muss man sich dabei vor gewissen Fehlern hüten. Namentlich ist darauf zu achten, dass man das relative Gewicht, mit welchem die einzelnen Daten in die Durchschnittsberechnung aufgenommen werden dürfen, richtig erkennt. Hat man z. B. an einem Getreidemarkte zwei Tage lang die Weizenpreise beobachtet und erfahren, dass am ersten Tage 100 Hectoliter, der Hectoliter zu 12 Mark, am zweiten Tage 800 Hectoliter, à zu 14 Mark verkauft wurden, so darf man nicht etwa den Durchschnitt von 12 und 14, also 13 Mark als den wahren Durchschnittspreis ansehen. Der wahre Durchschnittspreis wird gefunden, wenn man die Gesammtsumme für allen verkauften Weizen, d. i. 12400 durch die Gesammtzahl der verkauften Hectoliter dividirt. Dann erhält man als Durchschnittspreis 13,77 Mark. Dieses Verfahren ist das richtige, weil die einzelnen Glieder der beobachteten Reihe mit sehr verschiedenem Gewicht in dieselbe eingetreten sind. Man nennt solche Durchschnitte, welche mit Berücksichtigung des relativen Gewichts der einzelnen Glieder einer Reihe gefunden wurden, geometrische im Gegensatze zu den arithmetischen, welche ohne Berücksichtigung dieses Gewichts festgestellt wurden. Die geometrischen Durchschnitte sind natürlich viel werthvoller; wo aber das Gewicht der Glieder einer Reihe nicht bekannt ist, muss man sich mit arithmetischen Durchschnitten begnügen [1]).

Betrachtet man die Schwankungen der verschiedenen Glieder einer Reihe von Thatsachen über das Mittel nach oben und nach unten, so findet man bei einzelnen Erscheinungen sehr geringe und regelmässige Abweichungen vom Mittel; die Erscheinungen zeigen eine gewisse Zähigkeit, Tenacität in ihrer Neigung zum Mittel. Bei anderen bemerkt man grosse und unregelmässige Abweichungen vom Mittel; diese Erscheinungen lassen sich durch allerlei Ursachen leicht von ihrem Mittelwerthe ablenken; man spricht daher von ihrer grösseren oder geringeren Sensibilität.

Geht man noch tiefer in das Wesen derjenigen Erscheinungen ein, aus deren Reihen Durchschnitte gezogen werden, so findet man einen bedeutsamen Unterschied.

a) Der Durchschnitt kann nämlich eine Grösse sein, welcher sich die sämmtlichen beobachteten Erscheinungen nähern, ihr manchmal fast völlig gleichkommen. Dann nennt man ihn einen Typus aller Einzelerscheinungen. Hat man einen solchen Typus gefunden, so ist es wahrscheinlich, dass auch die künftigen Einzelnerscheinungen ihm ziemlich nahe kommen werden. Hat man z. B. die Zahl der Todesfälle eines Landes durch 50 Jahre beobachtet und bemerkt, dass in besonders ungünstigen Jahren 25 Promille, in besonders günstigen Jahren 20 Promille gestorben sind, während die durchschnittliche Sterblichkeit 22 Promille betrug, so darf man letztere Zahl den Typus dieser Erscheinung nennen.

b) Der Durchschnitt kann aber auch blos eine rechnerische Abstraction sein, d. h. eine Grösse, die zwar aus den verschiedenen Gliedern einer Reihe berechnet wurde, aber mit der Grösse der einzelnen Glieder in keinem inneren Zusammenhange steht. Ein solcher Durchschnitt ist z. B. das Durchschnittsalter einer Bevölkerung.

c) Zwischen diesen beiden Arten von Durchschnitten ist keine bestimmte Grenze zu ziehen, sondern die Durchschnitte, welche sich aus den mannigfachsten Erscheinungen ziehen lassen, gehören bald mit mehr, bald mit weniger Entschiedenheit der einen oder der anderen Art an. Je grösser die Differenzen der Einzelnerscheinungen sind, aus welchen die Durchschnitte berechnet wurden, um so mehr nähern sich die letzteren blos rechnerischen Abstractionen. Man muss bei jeder statistischen Untersuchung sich Klarheit darüber verschaffen, wie gross die Differenzen sein dürfen, um einen noch brauchbaren Durchschnitt zu ergeben.

d) Bei allen Durchschnitten ist es deshalb wichtig, die Schwankungen der einzelnen Glieder über oder unter den Durchschnitt zu messen. Namentlich müssen diese Schwankungen gemessen werden, wenn sich aus verschiedenen Zahlen gleiche, oder fast gleiche Durchschnitte ergeben [2]).

e) Immer wird es zur Erklärung des Wesens der beobachteten Erscheinungen dienen, wenn das Maximum und das Minimum ihrer Reihe besonders ins Auge gefasst wird.

Anmerkungen.

[1]) Ausführl. bei Mayr: Die Gesetzmässigkeit etc. S. 51 ff.
[2]) Ueber die sog. Schwankungs- oder Oscillationszahl s. a. a. O. S. 56.

XI. §. 32. Die Vergleichung der Daten [1]).

So einfach es erscheint, statistische Daten zu vergleichen, so enthält doch diese Vergleichung eine wichtige, durchaus nicht blos mechanische Thätigkeit, nämlich die Beantwortung der Frage, welche Daten überhaupt vergleichbar sind.

Die Statistik kennt zwei wesentlich verschiedene Arten der Vergleichung. Entweder werden jene Erhebungen mit einander verglichen, welche in einem geographisch begrenzten Gebiete zu verschiedenen Zeiten gemacht wurden, oder jene, welche über denselben Gegenstand in verschiedenen Ländern gemacht wurden. Letztere Methode nennt man vorzugsweise vergleichende Statistik, obwohl die erstere diesen Namen mit ganz demselben Rechte verdient.

Nun ist aber eine hochwichtige Frage, welche Grössen wirklich vergleichbar sind? Offenbar nur jene, welche gleiche Einheiten haben. Dies wird oft nicht beachtet. Man vergleicht z. B. die Criminal-statistik verschiedener Länder, ohne die Verschiedenartigkeit der Gesetz-gebung zu berücksichtigen; die Staatsbudgets, ohne die verschiedenen Staatsbedürfnisse der einzelnen Länder zu beachten.

Solche Unachtsamkeit bei der Vergleichung muss nothwendig das Vertrauen in die Leistungen der Statistik erschüttern. Der Werth jeder statistischen Untersuchung ist abhängig von der Richtigkeit der Zahlen und deren richtiger Würdigung. Letztere aber ist nur dann möglich, wenn alle verglichenen Erscheinungen Grössen mit gleichen Einheiten sind und auf gleichem Wege erhoben wurden. In der Regel also nur dann, wenn die Vergleichung auf einen Staat beschränkt bleibt. Eine Vergleichung der Zustände verschiedener Staaten ist streng genommen nur in den sel-tensten Fällen möglich.

Bei der Vergleichung solcher Erscheinungen dagegen, welche in einem Staate, aber zu verschiedenen Zeiten sich zeigen, ist es mög-lich, die Erhebungen so zu sichten und zu vergleichen, dass nur wirklich Vergleichbares gegen einander gehalten wird.

Die zeitliche Vergleichung hat demnach vor der räumlichen ent-schieden den Vorzug der Sicherheit der Resultate voraus.

Anmerkung.

[1]) Vergl. G. Mayr: Ueber die Grenzen der Vergleichbarkeit statistischer Erhebungen. 1866.

XII. §. 33. Die Aufsuchung der Ursachen [1]).

Auch diese Thätigkeit ist keine blos technische; in ihr zeigt sich am deutlichsten der Kampf des forschenden Verstandes mit den Räthseln der Erscheinungen.

Sie wird aber wesentlich unterstützt durch die vorhergegangenen Operationen, namentlich durch die Tabelle. Die richtig construirte Tabelle bringt das Verhältniss zwischen einem statistischen Gegenstande und den auf ihn wirkenden Ursachen zum Ausdruck und lässt meistens sofort er-kennen, welche Erscheinung sich zu der beobachteten Wirkung füglich als Ursache verhalten kann.

Man betrachtet also die Erscheinungen als Wirkungen verschiedener Ursachen und prüft, welche Ursachen etwa auf die in Frage stehenden Erscheinungen eingewirkt haben können. Dies ergibt sich, wenn man alle diejenigen Erscheinungen, welche verursachend auf andere einwirken könnten, den letzteren vorhält.

Man sieht also z. B. nach, wie gewisse Erscheinungen oder Handlungen des Menschen über die Jahreszeiten vertheilt sind (Geburten, Eheschliessungen, Todesfälle, Verbrechen etc.). Man bemerkt dabei in verschiedenen Jahreszeiten und an verschiedenen Orten Maximal- und Minimalzahlen.

Sieht man dann, dass die Maximalzahlen, welche man in verschiedenen Jahren und an verschiedenen Orten bemerkt, nur den einzigen Umstand gemeinsam haben, in einen bestimmten Monat zu fallen, so kann man schliessen, dass dieser Umstand, dieser Monat Ursache des Maximums sei. Oder hat man ein Maximum einer solchen Erscheinung überall und an allen Orten in dem einen Monat, ein Minimum unter sonst gleichen Umständen in einem anderen Monat beobachtet, so schliesst man, dass dieser einzige verschiedene Umstand die Ursache des Minimums hier, des Maximums dort sei.

Oder man hat schon nachgewiesen, dass eine Erscheinung unter einem gewissen Einflusse seltener vorkomme, als unter einem anderen. Findet man dann, dass sie bei einem gewissen hinzutretenden Umstand häufiger wahrgenommen wird, so kann man schliessen, dass dieser neu hinzutretende Einfluss die Ursache der Erscheinung sei, welche durch den früher bekannten Einfluss nicht aufgeklärt werden konnte.

Oder man betrachtet die Veränderung einer Erscheinung zugleich mit der Veränderung einer anderen und in derselben Weise und schliesst dann, dass die eine Erscheinung die Wirkung der anderen sei.

Ob eine Verbindung von Erscheinungen etwas zufälliges oder etwas regelmässiges sei, prüft man darnach, ob sie häufiger vorkommt, als sie wahrscheinlich dann vorkommen würde, wenn keine bestimmte Ursache vorhanden wäre. Eine sehr grosse Zahl von Beobachtungen macht es möglich, die Wirkung der stetigen von jener der zufälligen Ursachen zu unterscheiden. Denn in einer sehr grossen Zahl von Beobachtungen werden sich die wechselnden Ursachen wahrscheinlich gegenseitig aufheben und man kann dann das Durchschnittsergebniss als Wirkung der stetigen Ursachen ansehen.

Um die Richtigkeit des Schlusses zu erproben, hat man zu erforschen, ob bei weiterer Vermehrung der Beobachtungen das Durchschnittsergebniss sich noch ändert.

So entdeckt man es auch, ob in einer anscheinend blos von wechselnden Ursachen bewirkten Erscheinung stetige Ursachen mitwirken oder nicht. Man entdeckt dies, indem man beobachtet, ob bei der Berechnung eines Durchschnitts aus einer grossen Zahl von Beobachtungen die einzelnen Abweichungen, d. h. die Wirkungen der wechselnden Ursachen, sich wirklich ausgleichen oder ob eine dauernde Abweichung von jenem Durchschnitte sich zeigt, der ohne das Vorhandensein einer stetigen Ursache sich ergeben würde.

Anmerkung.

¹) Nach A. Wagner, Art. Statistik im Staatswörterbuch.

XIII. §. 34. Die Entdeckung von Regelmässigkeiten und Gesetzen.

Ihren Höhepunkt erreicht die Aufgabe der Statistik in der Entdeckung von Regelmässigkeiten und Gesetzen.

Dieser weitere Schritt geht aus der Erforschung der Ursachen hervor. Man beobachtet, um dauernde Regelmässigkeiten zu finden, eine und dieselbe Ursache in ihren verschiedenen Wirkungen an den verschiedenen Erscheinungen und andererseits an einer einzelnen Erscheinung die Wirkung der verschiedenen Ursachen.

Streng genommen kann man von einem Gesetze nur da sprechen, wo man im Stande ist, den bestimmenden Grund durch ein Experiment nachzuweisen, zu isoliren oder gar zu messen. Wo dieser Grund nur gemuthmasst wird, kann höchstens von Wahrscheinlichkeitsgesetzen die Rede sein.

Je näher die das Leben des Menschen betreffenden Thatsachen an die Natur streifen, desto eher wird ein wirkliches Naturgesetz sich finden lassen. Je weiter man von der Natur sich entfernt, desto weniger lässt sich eine wirkliche Gesetzmässigkeit nachweisen. Man erhält zwar Regeln, aber keine Gesetze.

Man weiss z. B. dass auf je 100 Mädchen in gleichen Zeiträumen 105—106 Knaben geboren werden. Man kennt jedoch den Grund hievon nicht und kann daher eigentlich nicht von einem Gesetz, sondern nur von einer Regel sprechen. Das aber ist ein Gesetz, dass in Theuerungsjahren mehr Menschen sterben, als in wohlfeilen; denn der einzusehende Grund dabei ist der Mangel an Nahrungsmitteln. Und eine Consequenz dieses Gesetzes ist, dass vorzugsweise unter jenem Theil der Bevölkerung mehr sterben, welcher schon in mittleren Jahren auf ein Minimum von Nahrungsmitteln angewiesen ist ¹).

Die Frage, ob man überhaupt von statistischen Gesetzen reden dürfe, ist öfter discutirt worden. Während von manchen Seiten schlechtweg diese oder jene Thatsache als „statistisches Gesetz" bezeichnet wurde, wird von anderer Seite betont, dass die Statistik keine Gesetze entdeckt, sondern nur Regelmässigkeiten auffindet; dass ein „statistisches Gesetz" weder ein Naturgesetz, noch ein Sittengesetz, noch ein Rechtsgesetz sei, nichts befehlen, nicht verpflichten, sondern blos constatiren könne, kurz, dass es blos der Ausdruck eines thatsächlichen Verhältnisses sei [2]). Es dürfte wohl das Richtigste sein, wenn man die Frage, ob es sich in der Statistik um blosse Regelmässigkeiten oder um wirkliche Gesetze handelt, als eine ziemlich überflüssige bezeichnet [3]).

Anmerkungen.

[1]) Engel: Zeitschr. d. preuss. stat. Bureau 1862, S. 26.
[2]) Block- v. Scheel: Handbuch d. Statistik, S. 97.
[3]) G. Mayr: Gesetzmässigkeit etc., S. 64.

§. 35. Schlussbemerkungen.

Ob man nun der Statistik die Aufgabe zuweist, wirkliche Gesetze aufzufinden, oder ob man sie dahin beschränkt, blos gewisse Regelmässigkeiten im Gang der Erscheinungen und Thatsachen nachzuweisen: jedenfalls dient sie unaufhörlich dazu, ein wichtiges Gesetz immerfort aufs neue zu beweisen, das oben erwähnte Gesetz der grossen Zahl. Dieses Gesetz hat einen sehr bedeutenden Hintergrund.

Es wurde schon oben erwähnt, wie das Gesetz der grossen Zahl Sorge dafür trägt, dass alle Zufälle, die in einer bestimmten Richtung, in Bezug auf ein Object sich ereignen, um so weniger zufällig erscheinen und um so mehr Regelmässigkeit gewinnen, je öfter sie auftreten. An den grossen Massen erkennt man das Gesetzmässige.

Die grossen Zahlen haben ihre Gesetze, die kleinen scheinbar nicht. Aber wenn die kleinen sich summiren und zu grossen anwachsen: dann zeigt sich auf einmal, dass sie auch ihr Gesetz haben. Wie die öffentliche Meinung entsteht es aus der Masse, unmerklich wachsend.

Daraus folgt:

Was im Einzelnen als Zufall erscheint, das verliert den Charakter des Zufalls in der Masse. Die grossen Zahlen der Ereignisse sind Reihen, in welcher jedes Glied zur Erkenntniss des Ganzen einen kleinen Beitrag liefert. Mit der wachsenden Zahl enthüllt sich immer mehr das die Ereignisse beherrschende Gesetz. Der Zufall vergeht gegenüber wachsenden Zeiten und Räumen.

Und wo endlich die Zahlen unendlich gross werden, muss auch der Zufall ein Ende nehmen und nur mehr das Gesetz herrschen. Der Moment, das Individuum sind das dem Zufall Unterworfene; Unendlichkeit und Gesetzmässigkeit sind identisch.

III. Capitel.
Die Statistik als Wissenschaft.

§. 36. Begriff und Wesen der Statistik als Wissenschaft.

Die Statistik ist eine Methode und eine Wissenschaft.

I. Eine Methode ist sie, wenn man sie auffasst als systematische Massenerforschung.

II. Um zur Wissenschaft zu werden, muss die Statistik neben der Einheit der Methode auch eine gewisse Einheit des Gegenstandes haben. Dieser Gegenstand ist die Masse der Erscheinungen als solche.

Die Statistik ist demnach die Wissenschaft von der Masse, und zwar insbesondere von der Masse der menschlichen und staatlichen Erscheinungen, von ihrer Bewegung und den Regeln derselben [1]).

Aus dieser Definition ergibt sich eine Statistik im weiteren Sinne: die Massenerforschung — und eine Statistik im engeren Sinne: die Erforschung der Masse der menschlichen und staatlichen Erscheinungen. Die Statistik im weiteren Sinne würde namentlich auch die Naturstatistik, die meteorologische Statistik umfassen, die Statistik im engeren Sinne nicht.

III. Die Statistik ist aber blos eine Hilfswissenschaft. Sie sucht und findet Wahrheiten, aber nur solche Wahrheiten, welche von anderen Wissenschaften weiter verarbeitet werden. Vorherrschend ist daher ihr Charakter als Methode.

Anmerkung.

[1]) Eine weitere Erklärung oder Begründung dieser Definition wird hier unterlassen. Diese Erklärung und Begründung geht aus dem vorigen Capitel hervor. Es sind übrigens schon über 60, nach anderen über 100 Definitionen der Statistik als Wissenschaft vorhanden.

§. 37. Die Hauptrichtungen der Statistik.

Die Geschichte der Statistik hat uns zwei Hauptrichtungen dieser Disciplin gezeigt:

I. Eine beschreibende Schule der Staatskunde, von Conring und Achenwall begründet. Sie ist eine Schilderung der staatsmerkwürdigen Zustände der Gegenwart. Durch die Ausdehnung des Begriffes Staat wird auch ihr Gegenstand ausgedehnt. Sie will eine Wortschilderung der Gegenwart liefern; den Nachweis der Gesetzmässigkeit der Erscheinungen will sie nicht geben; sie könnte es auch nicht.

II. Eine Schule der erforschenden Statistik, von Süssmilch und Quételet begründet, welche die Methode der systematischen Massenbeobachtung zur Erforschung der Erscheinungen, ihres Zusammenhanges, ihrer Ursachen, ihrer waltenden Gesetze anwendet.

Das Vorhandensein dieser beiden Richtungen bedarf keines Beweises mehr. Es ist eine geschichtliche Thatsache.

Es treten nun folgende Fragen an uns heran:

I. Sind diese beiden Richtungen wirklich nur verschiedene Richtungen einer und derselben Wissenschaft? Welche ist dann berechtigt, welche verfehlt?

II. Wenn nicht, sind vielleicht beide blos Theile einer umfassenderen, über ihnen stehenden Wissenschaft?

III. Ist auch dieses nicht der Fall, sind vielleicht beide zu selbständigem Leben berechtigte getrennte Wissenschaften?

IV. Verdient nur eines von beiden den Namen einer selbständigen Wissenschaft und bleibt demnach das andere nur Methode?

V. Oder findet ein anderes Verhältniss statt?

Die Beantwortung dieser Fragen dürfte wohl in Folgendem liegen:

I. Fasst man diese beiden Schulen, weil sie einen und denselben Ausgangspunkt haben, als zwei verschiedene Richtungen einer und derselben Wissenschaft auf, so ist die Frage, welche von beiden die berechtigte, welche die verfehlte sei, zu beantworten. Wer die praktische und theoretische Bedeutung beider würdigt, wer namentlich beobachtet, wie die beschreibende Richtung mehr und mehr von der ziffermässigen Darstellung Gebrauch macht und die Resultate der anderen Richtung berücksichtigt, wie diese letztere in der amtlichen Statistik ausschliesslich herrscht und in der neueren wissenschaftlichen Literatur tonangebend ist, kann keinen Augenblick hierüber im Zweifel sein.

II. Beide Disciplinen als Theile einer und derselben höheren Wissenschaft aufzufassen ist unmöglich. Wenn dem so wäre, müsste der eine Theil eine organische Weiterentwicklung des anderen sein. Es müssten alle Gegenstände des einen Theiles im anderen sich wieder finden. Dies ist zwar bei der Verschiedenheit der beiderseitigen Objecte nicht immer der Fall: doch oft genug, um in dieser Bedingung kein Hinderniss solcher Einigung zu finden.

Es müsste aber auch ein höheres Ganzes existiren, welchem beide als Theile untergeordnet werden. Dieses höhere Ganze hat man zu construiren versucht, aber ausser in diesen Constructionsversuchen kann es in der Geschichte der Wissenschaft nicht gefunden werden.

III. Dass beide Richtungen zu selbständigem Leben berechtigte getrennte Wissenschaften seien, ist ebenfalls noch Unmöglichkeit. Die Versache, eine solche Trennung herbeizuführen (vgl. die angeführten Arbeiten von Knies, Rümelin und Wagner) sind uneinig in Bezug auf den Trennungspunkt.

IV. Auch auf anderem Wege käme man zu einem entsprechenden Resultate. Wollte man annehmen, die ältere Schule sei die selbständige Wissenschaft, die moderne Statistik dagegen blos Methode, so würde man bei Betrachtung des gegenwärtigen Standes der Disciplin finden, dass die Methode diese angebliche Wissenschaft erst zur Wissenschaft gemacht hat und aus derselben alles verdrängt, was ihr nicht passt, dass sie es ist, welche den Gegenstand und die Aufgaben dieser Wissenschaft charakterisirt. Auch in diesem Falle wäre demnach die moderne Statistik der berechtigte und herrschende Theil.

V. Da die Conring-Achenwall'sche Schule eine Zustandsdarstellung ist und die moderne Schule der Statistik eine solche enthält, liegt die Anschauung nahe, die erstere als einen Theil der letzteren aufzufassen. Dann steht die Schule der Staatskunde zur Statistik in dem Verhältnisse einer Beschreibung zu einer Untersuchung. Die Beschreibung ist an sich keine wissenschaftliche Thätigkeit; aber sie ist die Vorbereitung für eine solche und zwar die nothwendige Vorbereitung.

Wenn man das Verhältniss von Staatskunde und Statistik so auffasst — und es lässt sich so auffassen — dann ist keine Trennung beider Disciplinen mehr nothwendig, wohl aber eine Säuberung der einen von allem geographischen, ethnographischen, staatsrechtlichen etc. Beiwerk. Die Staatskunde müsste alles von sich streifen, was für die moderne Statistik unbrauchbar ist.

VI. Wird diese Frage nicht im obigen Sinne gelöst, so bleibt das Verhältniss beider Richtungen das bisherige. Die Staatskunde bleibt dann neben der erforschenden Statistik stehen, zu selbständigem Leben berechtigt, aber nicht als Wissenschaft, sondern als wohlgeordnete Zusammenstellung von nützlichen und wissenswürdigen Kenntnissen, in eins verschwimmend mit der politischen Geographie. Ihre Werke sind dann systematische Staatslexika in Taschenformat, enthaltend das Wichtigste aus den Gebieten der Statistik, der Politik, Nationalökonomie, politischen Geographie, Ethnographie, neuesten Geschichte, auch des Staats- und Verwaltungsrechts.

§. 38. Die Statistik als Socialwissenschaft.

Indem jene Schule der Statistik, welche heute als die wissenschaftlich alleinberechtigte erscheint, die Masse der menschlichen und staatlichen Erscheinungen, ihre Bewegungen und ihre Regeln zum Gegenstande hat, wird sie zur exacten Socialwissenschaft. Die menschliche Gesellschaft entsteht, lebt und stirbt nach gewissen Regeln.

Diese Regeln wurden erst spät gemeinschaftlich und in ihrer Wechselwirkung auf einander untersucht. Man hat zwar mehr oder weniger vollständige Untersuchungen über einzelne dieser Regeln angestellt, aber exacte Untersuchungen über die fortschreitende Entwickelung des Menschen in gesellschaftlicher, moralischer und geistiger Beziehung anzustellen: das war der neuesten Zeit vorbehalten.

Die speculativen Wissenschaften zwar haben sich schon längst nach Kräften mit der geistigen und sittlichen Entwickelung des Menschen beschäftigt. Die Erfahrungswissenschaften nur sind es, welche in dieser Beziehung zurückblieben.

Ursache davon waren wohl zumeist die Schwierigkeiten solcher Untersuchungen.

Schon anthropologische Untersuchungen, die sich blos auf die körperliche Entwickelung beziehen, sind mit grossen Schwierigkeiten verknüpft. Aber man kann bezüglich dieser Erscheinungen wenigstens unangefochten behaupten, dass sie nach bestimmten Gesetzen sich entwickeln, nach Gesetzen, welche in einzelnen Fällen nachgewiesen und selbst in Zahlen ausgedrückt werden können.

Aber die Untersuchung der geistigen Entwickelung scheint die grössten Schwierigkeiten zu bieten. Denn es erscheint auf den ersten Anblick geradezu widersinnig, dort Gesetze suchen zu wollen, wo der freie Wille. ja die bewegliche regellose Laune des Menschen mit im Spiele ist.

Um überhaupt solche Gesetze, nach welchen die menschliche Entwickelung, die menschlichen Handlungen vor sich gehen, zu finden, muss man den Weg der Erfahrung gehen.

Man muss dabei vom einzelnen Menschen abstrahiren, ihn blos als ein Bruchtheil einer ganzen Gattung ansehen, seiner Individualität ihn entkleiden.

Dadurch beseitigt man alles, was zufällig ist.

Die individuellen Eigenheiten sowohl in körperlicher, als in geistiger Beziehung, verwischen sich um so mehr und die allgemeinen Bedingungen. auf welchen der Fortbestand und die Erhaltung der Gesellschaft beruht, beginnen um so vorherrschender zu werden, je grösser die Zahl der zur Beobachtung gewählten Individuen ist.

Nur wenige ausserordentliche Menschen sind im Stande, einen merklichen Einfluss auf die ganze Gesellschaft zu üben und dieser Einfluss braucht häufig lange Zeit, um wirksam zu werden.

Die Ursachen der menschlichen Handlungen im Grossen betrachtet, sind lang und still wirkende. Sie üben selbst lange Zeit, nachdem man sie zu bekämpfen gesucht hat, merkbaren Einfluss aus.

In der Regel ist die menschliche Gesellschaft weit mehr Ursache an den Handlungen des Einzelnen, als dieser selbst glaubt. Sie trägt Schuld an seinen guten und schlechten Handlungen. Freilich nicht sie allein, sondern auch seine Individualität. Als Mitglied der menschlichen Gesellschaft erfährt der Mensch fortwährend den Zwang der Ursachen und folgt diesem Zwange, aber als Mensch hat er auch die Fähigkeit, diese Einflüsse zu beherrschen, ihre Wirkungen zu ändern und zu verbessern.

Durch die Massenbeobachtung kann man die Ursachen und die beherrschenden Regeln der menschlichen Handlungen ausfindig machen. „Die Wahrscheinlichkeitsrechnung zeigt, dass unter übrigens gleichen Umständen man sich um so mehr der Wahrheit oder den Gesetzen, die man ergründen will, nähert, eine je grössere Anzahl von Individuen den Beobachtungen zur Stütze dienen" (Quételet).

Die Regeln der menschlichen Handlungen sind insoferne besonders merkwürdig:

I. Indem sie nichts Individuelles mehr an sich haben, für die Handlungen und das Dasein des Einzelnen nicht mehr gelten.

II. Indem sie nicht unveränderlich sind. Sie können sich ändern mit der Natur der Ursachen, aus denen sie entstanden. „So haben die Fortschritte der Civilisation eine Aenderung der Gesetze der Sterblichkeit zur nothwendigen Folge gehabt, wie sie auch auf die physische und moralische Seite des Menschen von Einfluss sein müssen" (Quételet). Diese Aenderungen sind von höchster Bedeutung, sie bilden die pragmatische Geschichte der Menschheit. Die Statistik will das Studium der Menschheit künftighin nicht mehr roher Empirie überlassen, sondern in der genannten Weise zu einem wissenschaftlichen machen.

„Sind jene Ursachen einmal erkannt, so bemerkt man bei ihren Schwankungen keine Sprünge . . . sondern sie modificiren sich allmälig. Durch die Kenntniss der Vergangenheit wird es möglich, über die nächste Zukunft zu urtheilen; unsere Conjecturen können sich oft selbst auf einen Zeitraum von mehreren Jahren erstrecken, ohne dass man befürchten müsste, dass die Zeit Ergebnisse liefern werde, welche gewisse Schranken überschreiten, die sich gleichfalls zum Voraus bezeichnen lassen. Diese Einschränkungen erweitern sich natürlich um so mehr, auf eine je grössere Anzahl von Jahren unsere Vorherbestimmungen sich erstrecken" (Quételet).

§. 39. Die auf den Menschen wirkenden Einflüsse insbesondere.

Die Regeln, nach welchen der Mensch sich entwickelt und welche seine scheinbar willkürlichen Handlungen beeinflussen, sind im Allgemeinen ein Resultat der Natur, in welcher er lebt, seiner physischen, wirthschaftlichen, politischen Verhältnisse, seiner geistigen und sittlichen Bildung.

Dazu kommen aber andere, „immer schwer zu ergründende Einwirkungen, von welchen mehrere uns wahrscheinlich für immer verborgen bleiben werden" (Quételet).

Die Einflüsse auf die Entwickelung und die Handlungen des Menschen liessen sich ungefähr in folgender Weise classificiren: [1])

I. Physische Einflüsse. Bei ihnen müssten wir wieder unterscheiden:

A. Einflüsse äusserer Naturverhältnisse:

    1. Klima, Witterung und örtliche Temperatur;

    2. Jahreszeiten, monatliche Temperatur und Witterung;

    3. Tageszeiten;

    4. Oertliche Bodengestaltung und Beschaffenheit im Zusammenhang mit den Wohnorten etc.: Unterschied von Stadt und Land;

    5. Witterungsverhältnisse des Jahres.

B. Einflüsse physischer Lebensverhältnisse des Menschen:

    1. Geschlecht;

    2. Alter;

    3. Körperliche Beschaffenheit;

    4. Körperlicher Gesundheitszustand des Menschen. Epidemien.

II. Gesellschaftliche und politische Verhältnisse:

A. Allgemein gesellschaftliche:

    1. Geburt (ehelich oder unehelich);

    2. Civilstand;

    3. Beruf, im Zusammenhange mit dem Wohnort;

    4. Oeffentliche Sitte und Sittlichkeit, Familienleben, geselliges Leben, gesellschaftlicher Rang etc.

B. Politische Verhältnisse:

Nationalität, Staatsverfassung, Justizpflege, Polizeiwesen und Verwaltung, Finanzlage, Besteuerung, Heerwesen etc. Herrschende politische Strömungen — liberale, conservative oder reactionäre; politische Krisen. Revolutionen, Kriegs- oder Friedenszeit.

C. Wirthschaftliche Verhältnisse:

Wirthschaftlicher Erwerb, Reichthum, Wohlstand, Armuth. Handwerk und Fabrikswesen, Handel. Aber auch die allgemeine Lage der wirthschaftlichen Verhältnisse. Ganz besonders der Ausfall der Ernte.

Ferner: Aenderungen in den Productionsmethoden, im Credit- und Verkehrswesen: wirthschaftliche Krisen.

D. Verhältnisse geistiger und religiöser Cultur:

1. Bildung — humanistische und exacte;

2. Religion und Confession;

3. Allgemeine Lage der Bildungs- und Unterrichtsangelegenheiten. Aenderungen in der Weltanschauung des Zeitalters, in der Richtung der Bildung;

4. Allgemeine Lage der religiösen und kirchlichen Angelegenheiten; religiöse Indifferenz, Agitation, Toleranz.

Das sind die wichtigsten, aber nicht alle auf den Menschen wirkenden Einflüsse. Sie sind wie eine Menge von unsichtbaren, höchst elastischen Fäden, welche sich an den Menschen knüpfen, sobald er die Welt betritt, um ihn nach dieser oder jener Richtung hinzuziehen oder an einem Punkte festzuhalten.

Von grösster Wichtigkeit ist nun die Frage, mit welcher Kraft diese Einflüsse sich bemerkbar machen.

Der Mensch besitzt die Kräfte, welche ihm gestatten, diesen Einflüssen mit grösserer oder geringerer Energie Widerstand zu leisten.

Aber die Schätzung dieser Kräfte ist ein geheimnissvolles Problem, dessen Lösung meist über den menschlichen Witz hinausgeht.

Diese den Menschen auszeichnenden Kräfte, welche den Einfluss äusserer Verhältnisse ändern und abschwächen — wirken sie auf eine constante Weise und hat der Mensch sie zu allen Zeiten in gleichem Masse besessen? Besteht eine Analogie zwischen dem Princip der Erhaltung der Kräfte in der Natur einerseits und Erhaltung dieser geistigen und sittlichen Kräfte des Menschen? Vernünftige Ahnung lässt uns eine solche Analogie vermuthen.

Der Mensch selbst mit seinen geistigen Kräften nimmt auf die Natur und speciell auf seine Umgebungen einen entschieden ändernden (perturbirenden) Einfluss. Die Macht dieses Einflusses scheint im innigen Verhältnisse mit der menschlichen Intelligenz zu wachsen. Diesem Einflusse hat man es zu verdanken, dass die Gesellschaft, wenn man in zwei entlegenen Zeitaltern sie betrachtet, nicht mehr dieselbe ist.

Anmerkung.

[1] Eine sehr ausführliche derartige Classification findet sich in Engel's „synoptischer Tabelle zur Veranschaulichung der Elemente der Bevölkerung und der Einflüsse, welche darauf wirken etc." (in: Die Bewegung der Bevölkerung in Sachsen). Es werden da als solche Einflüsse genannt:

I. Individuelle und individuell wirkende. A. Physische Lebensverhältnisse: Geschlecht; Alter; körperliche Beschaffenheit; Lebensweise überhaupt (Wohnung und Nahrung). B. Gesellschaftliche Lebensverhältnisse: Civilstand; Religion; Abstammung oder Race; Stand und Rang in der Gesellschaft; Beruf und Erwerbszweig; Verdienst, Lohn; Besitz, eigener Herd; Wohlstand und Armuth. C. Sittliche Lebensverhältnisse: Sittliche Bildung, Moralität; Enthaltsamkeit: Reinlichkeit; Sparsamkeit; Familienleben; Kindererziehung; Arbeitslust, Selbsthilfe zur Verbesserung.

II. **Räumlich wirkende Einflüsse:** A. In physischer Hinsicht: Bodengestaltung, Bodenbeschaffenheit; Klima, örtliche Temperatur und Witterung: Hygienische Beschaffenheit der Luft, des Wassers, des Erdbodens, der ganzen Oertlichkeit. B. In geographischer Hinsicht: Provinzielle Eigenthümlichkeiten; Vertheilung der Bewohner, Haushaltungen, Gebäude auf die Wohnplätze und auf die Oberfläche etc.; Administrativer Charakter der Wohnplätze, Stadt und Land, Flecken, Vorwerke etc. C. Einwirkungen der materiellen und technischen Culturverhältnisse: Gewerblicher Charakter der Gegend, der Orte; agronomische, industrielle und commercielle Lage der Orte. D. Der religiösen und geistigen Culturverhältnisse: Kirchliche, religiöse und örtliche Institute; Unterrichtsanstalten; Anstalten zur Pflege der Künste und Wissenschaften. E. Der sittlichen Culturverhältnisse: Gemeinnützige locale Anstalten, örtliche Gemeinnützigkeit; Wohlthätigkeitsanstalten, locale Wohlthätigkeit; öffentliche Sicherheit, Moralität und Criminalität. F. Der socialen Zustände: Schichten der Gesellschaft, Besitzende und Nichtbesitzende. G. Der Gemeindeverhältnisse: Gemeindehaushaltsverhältnisse; localstatutarische Bestimmungen. H. Der politischen Zustände: Politischer Charakter der Orte, politische Wichtigkeit.

III. **Zeitliche und universell wirkende Einflüsse:** A. Physikalische oder natürliche (von menschlichen Einrichtungen unabhängige): a) Cosmisch-tellurische: Jahreszeiten, Tageszeiten, Witterung; abnorme elementare Ereignisse. b) Tellurisch-agronomische: Jahresfruchtbarkeit, Ernteerträge. c) Hygienische: Oeffentliche Gesundheitszustände der Menschen: Viehkrankheiten, Seuchen, Pflanzenkrankheiten. B. Von menschlichen Einrichtungen abhängige Wirkungen: a) Des technischen und materiellen Culturzustandes: der Landwirthschaft und Viehzucht; der Industrie; des Handels und Verkehrs. b) Des religiösen und geistigen Culturzustandes: Der Kirche und ihrer Satzungen (Toleranz etc.); des öffentlichen Unterrichtes; der Wissenschaften und Künste. c) Des sittlichen Culturzustandes: Der Gemeinnützigkeit; der Wohlthätigkeit und des Wohlthätigkeitssinnes; der öffentlichen Sittlichkeit und sittlichen Bildung. d) Der socialen Zustände: Der Vertheilung des Grundbesitzes (Erblichkeit desselben); der Gesellschaftsclassen, der Arbeits- und Dienstverhältnisse. e) Des politischen Culturzustandes: Der politischen Bildung; der Staatsverfassung. f) Der politischen und staatlichen Organisation und Administration: Der inneren Verwaltung, Polizei; der finanziellen Lage und Verwaltung; der Justiz und Justizpflege; des Heerwesens und der Landesvertheidigung; der Vertretung nach aussen. g) Der politischen Ereignisse und Störungen: Der Kriegs- und Friedenszeiten; der Revolutionen und Emeuten; der politischen Agitationen.

A. Wagner und Oettingen geben gleichfalls Entwürfe solcher Causationssysteme. Letzterer bemerkt auch mit Recht dazu, dass es auf dem Gebiete der Moralstatistik (und ebenso auf anderen) noch bei keiner Specialuntersuchung durchführbar erscheint, allseitig die möglichen, wahrscheinlichen und wirklichen Ursachen und Motive zu einer klar geordneten Causalreihe oder Kette zusammenzufügen.

§. 40. Der Durchschnittsmensch.

Der Mensch, wie die Statistik ihn betrachtet, folgt also bestimmten Regeln; seine Handlungen, seine ganze Entwickelung lassen sich annäherungsweise berechnen.

Nahe liegt der eine Vorwurf, eine solche Behandlung des Menschen sei grosser Materialismus, und der andere, sie sei ein zu weit getriebenes Streben nach Ausdehnung der Grenzen der exacten Wissenschaften, sie veranlasse zu unsinnigen Speculationen, indem sie Dinge ausrechnen wolle, die nicht ausgerechnet werden können.

Dieser Vorwurf erscheint als ungerechtfertigt, wenn man bedenkt, dass die Statistik keineswegs jeden einzelnen Menschen ausrechnen will, sondern dass sie sich blos mit der Erforschung eines mittleren Menschen, eines Durchschnittsmenschen beschäftigt.

Dieser mittlere Mensch ist ein abstractes Wesen. Er ist wie das Niveau eines ruhelosen Meeres. Wogen heben sich und Wellenthäler tiefen sich ein; aber in aller Unruhe bleibt doch eine ebene Meeresfläche denkbar, ein Durchschnitt von Wellenbergen und Wellenthälern. Er ist für die Gesellschaft, „was der Schwerpunkt in den Körpern ist, er ist das Mittel, um das die Elemente der Gesellschaft oscilliren" (Quételet).

Das ist der Mensch, den der Statistiker beobachtet und wie er ihn überhaupt betrachten darf[1]).

„Wenn man die Grundlagen einer Physik der menschlichen Gesellschaft einigermassen feststellen will, so muss man den Menschen von diesem Gesichtspunkte auffassen, ohne sich mit den besonderen Fällen, noch bei den Regelwidrigkeiten aufzuhalten, und ohne zu untersuchen, ob dieses oder jenes Individuum hinsichtlich einer seiner Fähigkeiten eine mehr oder weniger hohe Entwickelungsstufe erreichen kann" (Quételet).

Ein riesenhafter oder herkulisch starker Mann interessirt den Physiologen, ein von einer sehr seltenen körperlichen Krankheit Befallener den Pathologen, ein Narr den Irrenarzt, ein grosser Verbrecher den Criminalisten, ein sehr schöner Mensch den Künstler. Für den Statistiker aber ist interessanter als alle diese der Mann von mittlerer Kraft und Grösse, von mittlerer geistiger und körperlicher Gesundheit, Moral und Schönheit, der Durchschnittsmensch.

Einen solchen Durchschnittsmenschen erhält man, wenn man das Mittel der ganzen Menschheit nimmt; nimmt man das Mittel für einen Theil der Menschheit, entweder für ein Volk, für einen Staat oder für eine Berufsclasse, so erhält man einen Durchschnittsmenschen für diese kleineren Kreise menschlicher Gesellschaft, z. B. den Durchschnittsdeutschen, den Durchschnittsfranzosen, den durchschnittlichen Städter und den durchschnittlichen Landbewohner u. s. f.

Man erhält ihn auch für verschiedene Zeiten je nach der Zeit der Beobachtung.

Verfolgt man diesen mittleren Menschen durch den Verlauf der Zeiten und zugleich die Veränderungen seiner körperlichen und geistigen, seiner wirthschaftlichen und politischen Verhältnisse, so kann man die Gesetze bestimmen, denen er unterworfen ist. Man kann, auch wenn die Oberfläche der Fluth der Erscheinungen hohe Wellen schlägt, doch bestimmen, wie hoch der Wasserstand ist, wohin die Wasser strömen, woher die Lüfte wehen, welche die Oberfläche bewegen und nach welchem Gesetze die Wogen steigen und fallen, schäumen und sich überstürzen.

Anmerkung.

[1]) Jeder Schluss von diesem mittleren Menschen auf ein Individuum fällt ausser den Bereich der Statistik.

§. 41. Die Gesellschaftswissenschaft im Kreise anderer Wissenschaften.

Fasst man die Statistik als die exacte Gesellschaftswissenschaft auf, so muss sie einigen Zweigen des menschlichen Wissens mehr oder weniger fern; anderen dagegen sehr nahe stehen.

Jenen, welche sich auf die Einzelnbeobachtung stützen, welche nur typische Erscheinungen zum Gegenstande haben, oder sich wesentlich des deductiven Verfahrens bedienen, muss sie ferne stehen. Dagegen erscheint sie als Hilfswissenschaft, wo es sich um die Wissenschaften von Menschen handelt, und zwar besonders um jenen Theil dieser Wissenschaften, dessen Gegenstände sich der gegenwärtigen Beobachtung in der Breite ihrer gleichzeitigen räumlichen Ausdehnung und Erscheinung darbieten.

Es kann auch die Statistik als Gesellschaftswissenschaft diejenigen Disciplinen, welche sich bisher mit gesellschaftlichen Zuständen befasst oder dieselben gestreift haben, ohne ziffermässig zu arbeiten, doch nicht ignoriren. Im Gesellschaftsleben gibt es eine Art von Erfahrung, welche — auch ohne Ziffermaterial aufweisen zu können — immerhin eine gewisse Achtung verdient. Das ist die Notorietät, die öffentliche Erfahrung. Diese Erfahrung, die z. B. von der Rechtswissenschaft und Politik, von der Nationalökonomie, der Philosophie und Geschichte so vielfach benützt und auf welcher so wichtiges aufgebaut wird, muss nothwendig in der Gesellschaftswissenschaft eine grosse Rolle spielen.

Diejenigen Disciplinen nun, mit welchen die Statistik im Zusammenhange steht oder etwa in einem Zusammenhange gedacht werden könnte, sind: Geographie, Politik, Nationalökonomie, die Rechtswissenschaft, die Geschichte, die Philosophie, die beschreibenden Naturwissenschaften, die Mathematik.

§. 42. Die Statistik und die Geographie [1]).

Am häufigsten ist die Statistik mit der Geographie in Verbindung gebracht worden; eine gewisse Verwandtschaft beider Disciplinen ist auch unverkennbar.

Die Geographie beschränkt sich auf eine Beschreibung der Erde in ihren Beziehungen zur Natur und zur Geschichte. Die Erde bildet den Grund und Boden alles Lebens, die Bühne für die Entwickelung des Menschengeschlechts und dessen Arbeitsfeld. Die Geographie entlehnt manches von der Statistik und bietet dafür dieser auch manches. Namentlich ist es die politische Geographie, welche mit der Statistik ein so inniges Verhältniss eingegangen hat, dass beide Disciplinen fast ineinander zu verschwimmen scheinen und oft genug verwechselt worden sind. Die politische Geographie betrachtet die Vertheilung der Zustände und Dinge im Raume; auch die Statistik thut dasselbe, wenn auch nicht immer. Aber die Geographie fasst das Einzelne, die Statistik dagegen erforscht die Zustände, die Bewegungen, die Gesetze der Masse. Darin liegt der bezeichnende Unterschied. Während uns z. B. die wirthschaftliche Geographie mit der Situation des Suezcanals in den Linien des Weltverkehrs bekannt macht und uns zeigt, um wie viel Seemeilen der Weg von Triest, um wie viel jener von Hamburg nach Calcutta abgekürzt wird, wird es eine Aufgabe der wirthschaftlichen Statistik sein, an der Zahl und dem Tonnengehalte der den Kanal passirenden Schiffe der verschiedenen Nationen seine Bedeutung für den Verkehr dieser Völker zu studiren. So haben beide Wissenschaften ihren Stoff häufig gemeinsam: nach ihrem Zwecke, nach der Methode ihrer Behandlung aber unterscheiden sie sich.

Anmerkung.

[1]) Vgl. hierüber: Jonák a. a. O.; Vierteljahrsschrift 1838; Kolb a. a. O. Vorwort.

§. 43. Die Statistik und die Politik.

Ein inniges Verhältniss besteht auch zwischen der Statistik und der Politik. Je mehr die Politik in der Wirklichkeit des Staatslebens ihre Grundlage sucht, desto mehr ist sie auf die Statistik angewiesen.

Dieses Verhältniss ist so alt, als die amtliche Statistik. Die amtliche Statistik war von jeher Werkzeug der Politik.

Aber die Statistik hat immer ein Moment der Vergangenheit im Auge; denn erst muss eine Erscheinung gegeben sein, ehe man sie betrachten, ihre Ursachen und Gesetze erforschen kann. „Die Politik dagegen, in ihrem eigentlichen Sinne als Staatskunst, soll die Zwecke des öffentlichen Lebens und die wirksamsten Mittel zur Erreichung derselben kennen lernen. Sie lehrt also, wie man lenkend und leitend, fördernd oder hemmend in die Entwickelung des öffentlichen Lebens eingreifen soll, und ist darum wesentlich auf die Zukunft des Völkerlebens gerichtet" (Vierteljahresschrift 1838).

Um praktische Bedeutung zu gewinnen, muss die Statistik ihrerseits der Politik dienen, indem sie die im Staatsleben wirkenden Mächte mit den Staatszwecken in Verbindung bringt. Umgekehrt muss jede vernünftige Politik in ihren besonderen Richtungen, also bezüglich der Gesetzgebung, Wirthschaftspflege, Finanzwirthschaft, Polizei, des Militärwesens auf die statistische Erkenntniss der im Staatswesen vorhandenen Erscheinungen sich gründen.

Keinem Zweige der Politik steht die Statistik so nahe als der Bevölkerungspolitik. Während alle anderen politischen Wissenschaften ohne Statistik entstehen konnten nnd an ihr nur eine neuere bessere Grundlage fanden, entwuchs die Bevölkerungswissenschaft unmittelbar der Statistik.

§. 44. Die Statistik und die Nationalökonomie.

In der innigsten Wechselbeziehung stehen die Statistik und die Nationalökonomie. Die Entwickelung und Ausbildung beider nahm zu, je inniger ihre Verbindung war, je klarer es wurde, dass eine dieser Disciplinen die andere gar nicht entbehren kann. Die wirthschaftlichen Erscheinungen, die sich ja vorzugsweise für das exacte Verfahren eignen, boten der Statistik das beste Feld, ein Feld, auf welchem die zu beobachtenden Erscheinungen sehr häufig in grossen Massen auftreten, wo auch in vielen Fällen die Vergleichbarkeit der Daten keine solchen Schwierigkeiten bietet, wie dieselben auf anderen Gebieten sich häufig finden.

„Es leuchtet übrigens ein, dass von der Statistik im Allgemeinen die wirthschaftliche einen Haupttheil bildet, gerade denjenigen Theil, welcher für die mathematische Behandlungsweise am zugänglichsten ist. Wie diese wirthschaftliche Statistik der Nationalökonomie als Führerin bedarf, so versorgt sie dieselbe ihrerseits wieder mit reichem Material, sowohl zur Fortsetzung ihres Baues, wie zur Befestigung der bisherigen Grundlagen; sie ist zugleich die unerlässliche Bedingung, um volkswirthschaftliche Theoreme in der Praxis anzuwenden" (Roscher).

§. 45. Die Statistik und die Rechtswissenschaft.

Zur Rechtswissenschaft, einer jener Disciplinen, welche zu besonders glänzender Entwickelung der deductiven Methode gekommen sind, steht

die Statistik fremd. Die wissenschaftliche Thätigkeit besteht bei der Rechtswissenschaft vorzugsweise in der Interpretation, im Subsumiren des Einzelnen unter allgemeine Rechtssätze. Die Criminalstatistik berührt nicht
die Rechtswissenschaft, sondern die Staatswissenschaft, nicht den Richter
und Ausleger des Rechts, sondern den Gesetzgeber. Gleiches gilt von der
Statistik der Civilrechtspflege. Auch sie gibt nicht dem Richter, sondern
dem Gesetzgeber die leitenden Gesichtspunkte.

§. 46. Die Statistik und die Geschichte.

Fast fremd stehen sich heutzutage diese beiden Disciplinen gegenüber, und Schlözer's berühmter Ausspruch, die Statistik sei stillstehende
Geschichte und die Geschichte fortlaufende Statistik, hat bei allen, die
mit dem Wesen der Statistik irgendwie vertraut sind, seine Bedeutung für
immer verloren. Auch jene Anschauung ist irrig, die in beiden Disciplinen
ein anderes inniges Verhältniss, z. B. das Verhältniss zweier gegenseitiger
Hilfswissenschaften annimmt. Wohl mag die Geschichte die Statistik als
Hilfswissenschaft benützen, namentlich da, wo sie von einer blossen
Dynasten- und Schlachtengeschichte, von einer Geschichte der Staats-
actionen und Friedensschlüsse, Vertragsbrüche und Palastintriguen zu einer
Geschichte der Völker und ihrer Civilisation sich erhebt. Aber die Sta-
tistik braucht, ausser der Geschichte ihrer eigenen Entwickelung, nicht ein
Jota von der Weltgeschichte.

So steht das Verhältniss dieser beiden Disciplinen allerdings nur
jetzt. In Zukunft freilich, wenn einmal von einer Statistik vergangener
Zeiten gesprochen werden kann, dürfte sich dieses Verhältniss vielleicht
ändern.

§. 47. Die Statistik und die Philosophie.

Zu einer einzigen unter den philosophischen Wissenschaften steht
die Statistik in näherer Beziehung: zur Psychologie. Denn die Psychologie
ist selbst eine Erfahrungswissenschaft und hat wie die Naturwissenschaften
Gesetze auf dem Wege der Beobachtung und Induction zu finden. Statistik
und Psychologie haben sich gegenseitig zwar noch wenig geleistet; denn
die Psychologie ist noch nicht entwickelt genug, um bestimmte Fragen an
die Statistik zu stellen, und die Statistik ihrerseits noch nicht im Stande,
um ihre Methode auf psychische Erscheinungen in ausgedehnte Anwendung zu bringen.

Den übrigen philosophischen Wissenschaften steht die Statistik
fremder gegenüber. Denn diese Wissenschaften bedienen sich der deductiven Methode. Sie beruhen zwar auf Erfahrung, aber sie erzeugen die
Erfahrung nicht selbst, sondern schöpfen sie aus anderen Wissenschaften.

Je mehr die Philosophie sich auf logische Gedankenoperationen und auf den speculativen Ausbau einzelner Fundamentalsätze beschränkt: umso geringere Bedeutung müssen die statistischen Erfahrungen für sie haben. Sie erlangen dagegen wieder Bedeutung, sobald die an sich blos speculative Richtung wieder objectiver wird.

So kann namentlich die Staatsphilosophie nicht von den Erscheinungen des Lebens absehen, sondern muss ihre Grundsätze in wirklichen Erscheinungen suchen.

§. 48. Die Statistik und die Naturwissenschaften.

Zu den Naturwissenschaften steht die Statistik in innigerer Beziehung, soweit nicht dieselben blos mit typischen Erscheinungen zu thun haben.

Da indessen das Typische und das Individuelle nicht scharf abgegrenzt sind, sondern auf den höheren Organisationsstufen das Individuelle, auf den niedrigeren das Typische vorwaltet; da namentlich im Leben derjenigen Thiere und Pflanzen, welche unter menschlicher Einwirkung stehen, die Natur langsam über den ursprünglichen Typus hinausschreiten und individuell werden kann: so entsteht ein Gebiet, wo die Statistik auch auf andere Organismen, als der Mensch ist, sich ausdehnt. Ja, es wird ihre Methode sogar im Gebiete anorganischer Erscheinungen, bei der meteorologischen Beobachtung angewendet. Hier wechselt die Erscheinung nicht von einem Individuum zum anderen, sondern von einem Zeitpunkte zum andern. Und man ist deshalb auch hier darauf angewiesen, Massenbeobachtungen anzustellen, Durchschnitte und Mittelwerthe zu suchen. Obgleich nun diese Aufgaben nicht mehr in das Gebiet einer Socialwissenschaft gehören, mögen sie doch als verwandte hier bezeichnet werden. Namentlich ist es die sogenannte medicinische Statistik, durch welche ein namhaftes Grenzgebiet zwischen Statistik und Naturwissenschaften geschaffen wurde.

§. 49. Die Statistik und die Mathematik.

Eine sehr bemerkenswerthe Stellung nimmt die Statistik zur Mathematik ein. In einer Hinsicht nämlich steht die Statistik zur Mathematik in gar keiner inneren Beziehung, ihr vielmehr schroff gegenüber, während in anderer Hinsicht doch auch wichtige Berührungspunkte vorhanden sind.

1. Der wesentliche Unterschied liegt darin, dass die Mathematik keiner Beobachtung für ihre Lehrsätze bedarf, während die Statistik vollständig auf der Beobachtung beruht.

Es ist daher unrichtig, die Statistik einen Bestandtheil der Mathematik zu nennen.

Die mathematische Thätigkeit der Statistik beschränkt sich meistentheils, wenn auch nicht immer, auf die einfachsten Functionen. Die Statistik zählt die in ihrem Beobachtungsgebiete liegenden Erscheinungen; sie stellt dieselben in Zahlengruppen dar und sucht höchstens noch Procentverhältnisse und ähnliche einfache Resultate zu gewinnen. Das „begründet so wenig einen mathematischen Grundcharakter ihrer Methode und Aufgabe, als wir einen Cassier oder Buchführer oder den Handwerker, der elliptische Tische, cylinderförmige Oefen oder Billardkugeln fertigt, einen Mathematiker nennen" (Rümelin).

Die Mathematik beruht eben auf der Deduction, die Statistik auf der Induction.

II. Namentlich ist die Statistik häufig in innigeren Zusammenhang mit der sogenannten politischen Arithmetik gebracht worden. Die politische Arithmetik ist keine selbständige Wissenschaft. Sie ist in erster Linie Arithmetik, d. h. rein formales Wissen; der politische Stoff steht in zweiter Linie; er ist nur „zufälliger Inhalt, an dessen Stelle man ebenso den Inhalt der Naturwissenschaften setzen kann, ohne das Wesen der Wissenschaft zu ändern" (Jonák). Die politische Arithmetik benützt einen Theil des Gegenstandes der Statistik, nicht den ganzen Gegenstand. Nun ist es aber doch eine bemerkenswerthe Thatsache, dass

III. die neuere Entwickelung der Statistik von der politischen Arithmetik ausgegangen ist. Dessenungeachtet ist der Kreis derjenigen Aufgaben, hinsichtlich welcher sich die beiden Disciplinen heutzutage berühren, ungleich kleiner als der Kreis jener, bezüglich deren sie sich ausschliessen.

IV. Capitel.

Die Statistik als Zweig der Staatsverwaltung [1]).

---

§. 50. Im Allgemeinen.

Die Statistik arbeitet im Dienste nicht nur der Wissenschaft, sondern auch der praktischen Staatsverwaltung.

Beides hängt zusammen, denn jede Verwaltung muss wissenschaftliche Grundlage haben. Aber nicht alle statistischen Arbeiten haben für die Wissenschaft und für die Verwaltungspraxis den gleichen Werth. Je

mehr eine statistische Arbeit nach beiden Seiten hin von Bedeutung ist,
desto grösser ist ihr Werth.

Die Mehrzahl aller statistischen Daten beruht auf amtlichen Erhebungen. Diese aber werden weit seltener aus rein wissenschaftlichen
Beweggründen, als zu praktischen Zwecken angestellt. Die Staatsverwaltung ist noch nicht dahin gekommen, die Statistik als Selbstzweck zu
betrachten. Sie nimmt Erhebungen vor, welche ihren Zwecken genügen,
wenig bekümmert darum, ob die Wissenschaft grössere Ausführlichkeit
nach dieser oder jener Richtung hin verlangt.

So beobachtet z. B. die Verwaltung bezüglich der Criminal- und
Gefängnissstatistik: die Zahl der Angeklagten mit Nachweisen über die
Anklage und die Persönlichkeit der Angeklagten, dann die Quantität und
Qualität der Verurtheilungen und Freisprechungen. Die Gefängnissstatistik
zeigt die Zahl, den Ab- und Zugang der Gefangenen, die Zahl der erst-
maligen Bestrafung und der Rückfälle, die Gesundheit, den Unterricht
und die Beschäftigung der Gefangenen, endlich die finanziellen Ergebnisse
der Strafanstalten. Die Wissenschaft würde dazu noch erheben: die Motive des Verbrechens; den Einfluss der Entlassungen auf die Zahl der
neubegangenen Verbrechen; also 'die Nachhaltigkeit der Besserung und
die Gewalt des einmal begangenen Verbrechens über den ganzen Menschen; ferner die Beschäftigung und den Verdienst der Bestraften nach
ihrer Freilassung.

Gegenwärtig ist der Verwaltungszweck noch das alleinige Motiv oder
wenigstens die Hauptsache der statistischen Forschung. Wissenschaftliche
Zwecke erscheinen als Nebensache. Es ist dies der Entwickelungsgang
der Statistik. Doch hat sich in einigen Staaten die wissenschaftliche Statistik für gewisse Dinge Bahn gebrochen. Freilich herrscht oft unmittelbar
daneben der roheste Empirismus. Die Schuld dieser Verschiedenheiten
liegt an dem die Statistik noch so sehr beherrschenden Nützlichkeits-
principe. Von dem Drucke dieses Nützlichkeitsprincips befreit, könnte die
Statistik noch viel Grösseres leisten, als bisher.

Zunächst haben wir es jedoch mit der Statistik im Dienste der
Staatsverwaltung zu thun, von dem wissenschaftlichen Werthe ihrer Leistungen ganz abzusehen.

In dieser Hinsicht sieht die amtliche Statistik ihre Aufgabe darin,
„ein möglichst wahrheitsgetreues Bild von den jeweiligen Zuständen des
Staats und des in ihm sich bewegenden öffentlichen Lebens zu liefern,
und dadurch einerseits die unentbehrlichen thatsächlichen Grundlagen für
die Zwecke der Gesetzgebung und der Verwaltung zu gewähren, andererseits im Volke eine gesunde Anschauung und eine richtige Kenntniss der
öffentlichen Verhältnisse zu verbreiten".

Anmerkung.

¹) Im Wesentlichen nach den verschiedenen, in der Zeitschrift des preussischen statistischen Bureau niedergelegten Arbeiten Engel's über diesen Gegenstand.

§. 51. Aufgabe der amtlichen Statistik.

Die Ansprüche, welche an die amtliche Statistik gemacht werden, sind fortwährend im Steigen.

Sie soll für die Nationalökonomie und Wirthschaftspolitik das sein, was dem Physiker sein Apparat, dem Chemiker sein Laboratorium ist. Für die Politik soll sie eine Art Sternwarte sein, deren Instrumente die Bewegungen und Zustände des Volkes statt der Bewegungen und Constellationen der Gestirne beobachten.

Die gut angelegte und geleitete Statistik ist für den constitutionellen Staat „ein Zeuge, der sich weder einschüchtern noch erkaufen lässt, den man voll Vertrauen und mit Erfolg befragen kann, wenn man sich Aufklärung über die Cultur und die Civilisation der Staaten im Allgemeinen, wie auch über die Güte einzelner staatlicher Einrichtungen verschaffen will, so weit sie sich durch wahrnehmbare, der Statistik zugängliche Thatsachen offenbaren. Als vergleichende Statistik verbreitet sie ein helles Licht über die materiellen Grundlagen, über die Verwaltung, über die gesellschaftliche Organisation und die mannigfachen Einrichtungen eines jeden einzelnen Staates und wird dadurch ein Mittel, um unter den verschiedenen Völkern einen heilsamen und mächtigen Wetteifer anzufachen" (Engel).

Die amtliche Statistik hat diese Aufgaben hier mehr, dort weniger vollständig erfasst.

Vor Allem hat sie darauf zu sehen, dass sie nicht bei den ersten Stadien statistischer Thätigkeit stehen bleibt, d. h. dass sie sich nicht blos auf die Herstellung riesenhafter Zahlenhaufen beschränkt. Sie muss vielmehr das statistische Material verarbeiten. Nicht die absoluten Zahlen sind die wichtigen, sondern die relativen, d. h. die zu anderen Zahlen in Beziehung gebrachten. Trockene Zahlenhaufen haben von jeher und mit Recht Abscheu gegen die Statistik hervorgerufen. Kunst und Aufgabe des Statistikers, des wissenschaftlichen wie des amtlichen ist es, den Zahlen Leben und Geist einzuhauchen, sie sprechen zu lassen.

§. 52. Organisation der amtlichen Statistik.

Um ihrer Aufgabe zu genügen, muss die amtliche Statistik in gewissem Grade centralisirt sein. Sie kann die Erhebung und Verwerthung der Beobachtungen aus den verschiedenen Zweigen der Verwaltung nicht den mit diesen Zweigen beschäftigten Behörden allein überlassen. Denn diese Behörden können eben nur die einseitigen Thatsachen und Erscheinungen gerade ihres Verwaltungszweiges beobachten. Sie können nicht Thatsachen aus verschiedenen Verwaltungsgebieten gegenüberstellen und die dabei sich ergebenden neuen Gesichtspunkte verfolgen.

Nur eine centralisirte Leitung der amtlichen Statistik kann den statistischen Stoff nach allen Seiten hin durcharbeiten und die Methoden der Behandlung stets vervollkommnen.

Dabei ist freilich eine fortwährende innige Verbindung der centralisirten amtlichen Statistik mit allen Spitzen der Verwaltung im Staate. und eine vollständige Kenntniss der Bedürfnisse und der verschiedenen statistischen Mittel der einzelnen Verwaltungsorgane nothwendig.

Die Centralisation der amtlichen Statistik wird durch die statistischen Bureaux erzielt, d. h. durch jene Behörden, welche speciell die amtliche Aufgabe haben, Statistik zu treiben, die aus verschiedenen Orten und von verschiedenen Behörden ihnen zukommenden, sowie die selbst erhobenen Materialien zu sammeln, zu ordnen, zu verarbeiten und zu veröffentlichen.

Neben oder über den statistischen Bureaux stehen die statistischen Centralcommissionen, zusammengesetzt aus Beamten der verschiedenen Verwaltungszweige und wissenschaftlichen Theoretikern. Diese Commissionen sind theils wirklich eingeführt, theils angestrebt. Ihre Aufgabe ist, einen systematischen Plan zu einer einheitlichen und vollständigen statistischen Erforschung des ganzen Landes und Volkes zu entwerfen. Lücken der vorhandenen statistischen Arbeiten sowohl als Ueberflüssigkeiten habe sie zu bezeichnen. Im Ganzen stellen sie sich als eine fachwissenschaftliche Ergänzung in der Direction der amtlichen Statistik dar.

Das statistische Bureau und die statistische Centralcommission, wo eine solche besteht, bilden das Centrum der amtlichen Statistik. Ihre Aufgaben sind verschieden, je nachdem die einzelnen Ministerien statistische Specialbureaux haben oder nicht.

Jedenfalls gehören in den Bereich des statistischen Centralbureau: die Redaction und Veröffentlichung der allgemeinen Statistik des Staates, die Volkszählungen, die Darstellung der Bevölkerungsbewegung. die Redaction einer statistischen Zeitschrift und statistischer Jahrbücher, Vergleichung der statistischen Erscheinungen des eigenen mit jenen fremder Staaten u. s. f.

So lange nicht jedes Ministerium sein eigenes statistisches Bureau hat, muss das Centralbureau die diese Verwaltungszweige treffenden statistischen Arbeiten über sich nehmen.

Diese organisirte Statistik leistet Besseres mit wenigen Kosten und in weniger Zeit, als die unorganisirte; zugleich repräsentirt sie tiefere Wahrheit, grössere moralische Macht.

Während so das statistische Centralbureau (mit der Centralcommission) den Mittelpunkt der amtlichen Statistik bildet, soll dieselbe auch ihre den ganzen Staat umfassenden thätigen Glieder haben. Ihre Organisation muss neben der geistigen Centralisation auch räumlich entwickelt sein.

In den Provinzial- oder Kreisregierungen, ferner in den Verwaltungsämtern [1]) muss sie weitere Kreise von Organen haben. Diese Behörden müssen kleinere Mittelpunkte statistischer Thätigkeit bilden.

Noch kleinere solche Mittelpunkte finden sich in den Ortschaften. Zwar kann nicht jede Ortschaft amtliche Statistik selbständig pflegen; von den grossen Städten aber geschieht dies theils jetzt schon, theils ist es zu erwarten [2]).

Gewisse Corporationen, welche mit mehr oder weniger amtlichen Befugnissen ausgestattet sind, können gleichfalls als Glieder der Organisation angesehen werden. Sie treiben aber keine allgemeine, sondern Specialstatistik.

Solche Corporationen sind zunächst die Handels- und Gewerbekammern. Um mit ihren statistischen Arbeiten in das ganze System der amtlichen Statistik zu passen, ist es freilich nothwendig, dass sie alle von gleicher Eintheilung des Stoffes Gebrauch machen.

In loserer Verbindung mit der amtlichen Statistik stehen die landwirthschaftlichen Vereine, ferner die Vereine der socialen Selbsthilfe und der öffentlichen Wohlthätigkeit. Auch ohne amtliche Bevormundung derselben ist eine Thätigkeit und Mitwirkung derselben an der amtlichen Statistik möglich. Bei der hohen Bedeutung, welche diese Vereine für das wirthschaftliche und sociale Leben der Gegenwart gewonnen haben, versucht man theilweise jetzt schon, sie zu organisiren. Von hohem Werthe wäre es, durch sie fortlaufende Nachrichten über die materiellen Verhältnisse der arbeitenden Classen zu gewinnen.

Anmerkungen.

[1]) So verlangt z. B. die preussische Regierung von den Landräthen (unterm 27. Juni 1862) statistische Berichte, folgende Gegenstände umfassend: Territorium; Physiographische Skizze; Klimatische Verhältnisse; Bevölkerung; Abzüge und Zuzüge der Bevölkerung; Eheliche und Geburtsverhältnisse; Gesundheits- und Sterblichkeitsverhältnisse; Wohnplätze; Gebäude; Grundeigenthum; Ackerbau, Viehzucht, Forstwirthschaft; Bergbau- und Hüttenwesen, Fabrikindustrie und Handwerk; Handel und Verkehr; Land- und Wasserstrassen; Verhältnisse der arbeitenden Classen, Abwehr der Verarmung; Wohlthätigkeit und Armenpflege; Polizei- und Gefängnisswesen; Sanitätsanstalten; Kirchliche

Angelegenheiten; Unterrichtsangelegenheiten; Civil- und Criminaljustiz: Militärverhältnisse; Staats- und Provinzialabgaben; Kreisverwaltung und Kreishaushalt; Gemeindeverwaltung und Gemeindehaushalt.

[1]) Auf dem Pariser statistischen Congresse wurde als Norm für die Statistik grosser Städte folgende Eintheilung des Stoffs empfohlen: Topographie; Oberfläche: Oeffentliche und Privatgebäude; Wohnungen; Communicationswege: Bevölkerung; Oeffentliche Gesundheitspflege; Consumtionen; Industrie und Handel; Municipale Organisation; Municipales Budget; Oeffentliche Vergnügungen: Oeffentliche Wohlthätigkeit; Institute der Selbsthilfe; Oeffentliche Sicherheit; Civil- und Criminalstatistik; Oeffentlicher und Privatunterricht; Gottesdienst. — Dieser Plan entbehrt inneres System.

§. 53. Amtliche und Privatstatistik.

Alle statistischen Forschungen sind theils amtliche, theils private. Die amtlichen werden fast ausschliesslich zu Verwaltungszwecken vorgenommen; die privaten dagegen theils zu wirthschaftlichen, namentlich zu Vereinszwecken — so im Bereiche des Versicherungswesens — theils aus wissenschaftlichem Interesse.

Eines aber bedarf des Anderen. Die amtliche Erhebung kann der Statistik nicht wissenschaftliche Weihe verleihen; es gibt unzählige Dinge, in welche sie nicht einzudringen vermag. Umgekehrt fehlt der Privatstatistik, welche wohl aus wissenschaftlichem Interesse und mit Erfolg Detailschilderungen zu geben vermag, die weitreichende, einen ganzen Staat umfassende Macht, welche der amtlichen eigen ist.

Aus diesen Gründen ist es dringend wünschenswerth, dass die amtliche und die Privatstatistik Hand in Hand gehe.

So wird namentlich eine organisirte Mitwirkung der Bevölkerung, eine Belebung der statistischen Vereinsthätigkeit als Hilfe der amtlichen Statistik angestrebt. Diese Thätigkeit muss gleichfalls eine massenhafte sein; denn die eines Einzelnen kann der amtlichen Statistik nichts nützen.

Die Bevölkerung wird sich freilich zu einer solchen Thätigkeit und Beihilfe nur herbeilassen, wenn die statistischen Forschungen, um die es sich handelt, innerhalb des allgemeinen Verständnisses liegen und innerhalb des öffentlichen allgemeinen Interesses. Zu solcher Mithilfe an der amtlichen Statistik sind namentlich geeignet die landwirthschaftlichen Vereine, Gewerbevereine, Handelskammern, die wissenschaftlichen Vereine. ferner eine Reihe von Personen, welche theils amtlich, theils halbamtlich oder, wenn auch privat, doch täglich in unmittelbare Berührung mit der Bevölkerung kommen. So die Geistlichen, die Lehrer, die Gerichts- und Polizeiärzte, die Thierärzte, die Agenten von Versicherungsgesellschaften. die Directionen und Vorstandschaften von Sparcassen, Arbeiter- und Handwerkervereinen, Bildungsvereinen, die Directionen grösserer wirthschaft-

licher Unternehmungen, insbesondere von Eisenbahnen, Bergwerken, grossen
Fabriken.

Jeder dieser Gruppen stellt sich die Bevölkerung unter anderen
Erscheinungsformen dar. Werden die Beobachtungen dieser verschiedenen
Erscheinungsformen vereinigt, so geben sie ein deutliches Bild der Bevöl-
kerung mit ihren verschiedenen Eigenschaften.

§. 54. Die Zeit der statistischen Erhebungen.

Zu welchen Zeitpunkten und in welchen Perioden sollen die von
der amtlichen Statistik zu erforschenden Thatsachen erhoben, bearbeitet
und veröffentlicht werden?

Diese Zeitpunkte und Zeiträume richten sich nach dem Wesen der
Thatsachen.

Es gibt eine Menge Thatsachen, welche ewig fliessen und deshalb
unausgesetzt beobachtet werden müssen. So z. B. die Geburten und Todesfälle, Aus- und Einwanderungen, Preise etc.

Andere Thatsachen erfordern nur eine nach längeren Perioden wieder-
kehrende Beobachtung, welche dann doch zu richtigen Ansichten führt.
So z. B. die Zahl der Bevölkerung, der Gebäude, des Viehes, die Vertheilung des Bodens unter die verschiedenen Culturarten etc.

Nach der Beobachtungsperiode aber richten sich die Mittel der
Beobachtung.

Jene Beobachtungen, welche gewissermassen als Inventaraufnahme
erscheinen, sollen nicht allzu rasch aufeinander folgen. Schwierigkeit und
Kostspieligkeit müssen berücksichtigt werden.

Jedenfalls müssen alle Zeiträume in einem einfachen und rationalen
Zahlenverhältniss untereinander stehen.

§. 55. Die Gewinnung des Urmaterials.

Urmaterial nennt die Statistik alles durch die Beobachtung gewonnene, rohe, noch nicht weiter verarbeitete Ziffernmaterial. Da das Volksleben in seinen verschiedenen Regungen sehr mannigfache Punkte darbietet, an welchen es von der Massenbeobachtung erfasst werden kann;
da aber fast jeder dieser Punkte anderer Mittel bedarf, um erfasst zu
werden, ist die Gewinnung des statistischen Urmaterials durch die damit
beauftragten Behörden keineswegs für alle Zweige des Volkslebens die
gleiche. So wird die Zahl und die Gruppirung der Bevölkerung nach ihren
wichtigsten Eigenschaften (nach Alter, Geschlecht, Confession, Stand etc.)
durch Volkszählungen ermittelt; die Bewegung der Bevölkerung (Geburten
Trauungen und Todesfälle, sowie Ein- und Auswanderung) durch Führung
von Civilstandsregistern und durch regelmässige Aufzeichnungen in den

Auswanderungshäfen etc.; die Ziffern der wirthschaftlichen Statistik werden
zumeist durch directe amtliche Fragestellung an die einzelnen Landwirthe.
Gewerb- und Handeltreibende etc. gewonnen, theilweise auch durch die
Volkszählungen. Anderes Urmaterial kann aus schon vorhandenen acten-
mässigen Aufzeichnungen gewonnen werden, so z. B. die Vertheilung des
Grundeigenthums; die Ergebnisse der Civil- und Strafrechtspflege (aus
den Acten der Gerichte), die Statistik der Verkehrs-, Credit- und Spar-
anstalten aus den Rechenschaftsberichten der Eisenbahnen, Banken etc.;
die Statistik der Ein- und Ausfuhr aus den Aufzeichnungen der Zollbehör-
den; das Material der Gesundheitsstatistik aus den Aufzeichnungen des
amtlichen Sanitätspersonals u. s. f.

Anmerkung.

Vgl. ausführl. bei Block - v. Scheel: Handbuch d. Stat., S. 167 ff. In
den folgenden Abschnitten soll übrigens auch bei jedem einzelnen Gegenstande das Wichtigste über die Gewinnung des darauf bezüglichen Urmaterials
erwähnt werden.

§. 56. Die Fragestellung.

Alles statistische Urmaterial wird durch Fragestellung gewonnen.
Die bezüglichen Fragen werden entweder (wie z. B. bei Volkszählungen,
der Gewerbestatistik etc.) an die Objecte der Statistik selbst gerichtet oder
(wie z. B. bei der Statistik der Rechtspflege) an ein vorhandenes, aber
erst aufzusuchendes und zu sammelndes Ziffernmaterial. Zu diesem Zwecke
hat eine die ganze Beobachtung erhebende, leitende Behörde die Fragen
anzuordnen. Dieselben werden entweder in der Form von Tabellen oder in
der Form von Fragebogen gestellt. Bei den Tabellen ist die Frage in die
Form der Tabellenköpfe gekleidet.

Nothwendig ist hiebei:

I. Die Fragestellung muss allgemein verständlich sein.

II. Die Fragen müssen eine kurze, präcise Antwort hervorrufen;
eine Antwort, die entweder in Ziffern oder mit den Worten „ja — nein"
ausgedrückt werden kann.

III. Womöglich sollten solche Fragen gestellt werden, deren Antworten
controlirt werden können.

IV. Es sollen überhaupt nur solche Dinge gefragt werden, welche
sich auch wirklich verwerthen lassen.

Man soll keine Fragen stellen über Dinge, deren Zahlenverhältnisse
man auch auf andere Weise, etwa durch Rechnung, erfahren kann.

Die Fragestellung erfordert bei der amtlichen Statistik ein mehr oder
weniger organisirtes Hilfspersonal, unter Umständen mehrere Instanzen
eines solchen. In welcher Weise dieses Hilfspersonal organisirt sein soll;

wie zahlreich namentlich jenes Hilfspersonale sein soll, welches unmittelbar
die Beantwortung der gestellten Fragen besorgt; in welchen Fristen die
Antworten erfolgen sollen etc.: dies richtet sich ganz nach den so ungemein verschiedenen Gegenständen, mit welchen es die Statistik zu
thun hat.

Anmerkung.

Besonders ausführlich findet sich die Fragestellung bei B l o c k - v. S c h e e l,
a. a. O., S. 185 ff. behandelt.

§. 57. Die Verarbeitung des Urmaterials.

Das durch die Fragestellung gewonnene Urmaterial muss nun verarbeitet werden. Die theoretischen Gesichtspunkte, nach welchen dies zu
geschehen hat, sind schon oben (§§. 25—33) entwickelt worden. Bei den
Erhebungen der amtlichen Statistik ist regelmässig das Urmaterial an be-
antworteten Fragen ein sehr umfangreiches, dessen Verarbeitung fast fabrikmässig geschehen muss. Das aus Verzeichnissen, Listen, Zählkarten etc.
bestehende Urmaterial muss zu einem klar übersichtlichen Bild in Tabel-
lenform reducirt und gegliedert werden. Bei einer solchen Gliederung
handelt es sich entweder um Gruppirung der Thatsachen nach ihren
eigenthümlichen Merkmalen, also um Sonderung derselben nach inneren
Verschiedenheiten, oder um Gruppirung der einfachen oder selbst wieder
der inneren sachlichen Gliederung unterworfenen Thatsachen nach Raum
und Zeit.

Die Ausbeutung des Urmaterials in den statistischen Bureaux geschah früher durch die Strichelung. Diese Methode besteht darin, dass die
durch die Fragestellung und Beantwortung gelieferten Aufzeichnungen, und
zwar jede Thatsacheneinheit derselben, durch einen Strich in der bezüglichen Spalte einer grossen Tabelle eingetragen worden. Wenn das ganze
Urmaterial so durchgearbeitet ist, werden die Striche jeder Spalte oder
jedes Faches gezählt.

Weil aber diese Methode bei combinirteren Arbeiten zu mühsam und
unzuverlässig ist, wendet man für solche Arbeiten (namentlich bei Volkszählungen) andere Methoden an, welche rascheres Verfahren gestatten.
Solche Methoden sind die der Zählblättchen und Zählkarten. Beide haben
das gemeinsam, dass jede Thatsacheneinheit, welche durch die Erhebung
geliefert wird, für welche aber eine gewisse Anzahl von Angaben gemacht
ist, ein besonderes kleines Blättchen erhält. Diese Blättchen werden sodann
nach den Gesichtspunkten, welche den Fächern der herzustellenden Tabelle
entsprechen, in Häufchen sortirt und häufchenweise gezählt [1]). So bringt
man das Urmaterial in die der Tabelle entsprechende Ordnung. Für die

weitere Behandlung des Tabellenmaterials gelten die in den §§. 25—33 vorgeführten Sätze.

Anmerkung.

') Ueber den Unterschied von Zählblättchen und Zählkarten vgl. später die von den Volkszählungen handelnden Bemerkungen.

§. 58. Die Veröffentlichung der Resultate.

Im Interesse der Wissenschaft sowohl als der Anwendung der Statistik zu praktischen Zwecken liegt endlich noch eine Veröffentlichung der gewonnenen Resultate. Da die Beobachtungen grösstentheils vom Staate angestellt werden, müssen auch die Publicationen durch den Staat erfolgen. Dabei müssen die gefundenen Daten möglichst vollständig veröffentlicht und mit einem formell erklärenden Commentar begleitet werden.

Am werthvollsten sind jene Publicationen, in welchen durch die amtliche Statistik selbst die gefundenen Thatsachen untersucht, den Ursachen und Gesetzmässigkeiten nachgegangen ist. Denn die amtliche Statistik hat mechanische Arbeitskräfte zur Verfügung, welche für grössere statistische Arbeiten oft unentbehrlich sind. Diese Unentbehrlichkeit eines Bureau, eines Schreiber- und Rechnerpersonals ist eine Schattenseite der wissenschaftlichen Behandlung der Statistik. Sie macht es dem Einzelnforscher unmöglich, gewissen Fragen selbständig nachzugehen; er ist vielmehr darauf angewiesen, das amtlich gesammelte, zum Theile schon verarbeitete Material weiter zu verarbeiten. Die amtlichen Leiter der Bureaux aber haben dieses Material zunächst in Händen und übersehen es am vollständigsten. Darum werden auch die bedeutungsvollsten und grossartigsten Leistungen wissenschaftlicher Statistik stets die Vorstände der amtlichen Statistik zu Urhebern haben. Dies liegt in der Natur der Sache. Wie in der Statistik die wissenschaftliche Einzelnbeobachtung zur Massenbeobachtung sich erweitert; so hat sich auch der Einzelnforscher zu einer Masse von Forschern vervielfältigt. Der statistische Gedanke ist gewissermassen ein Gedanke der ganzen Staatsregierung, welche untergeordneten Organen die technische und wissenschaftlich gebildeten Bureauvorständen die wissenschaftliche Leitung dieses Gedankens überlässt.

In der Statistik ist der Staat zum Gelehrten, zum Schriftsteller geworden.

Die Publicationen statistischer Resultate nehmen verschiedene Formen an, verschieden je nachdem

I. der Staat oder die Privatstatistik als Publicist auftritt;

II. je nachdem das statistische Material in einer früheren oder späteren Phase seiner Verarbeitung publicirt wird.

Anmerkung.

Ueber die Form der amtlichen Publicationen dürfte Folgendes zu bemerken sein:

I. Wünschenswerth ist ein handliches Format der Publicationen, um dieselben für die Benützung leicht und bequem zu machen;

II. die in der Publication gegebenen Tabellen sollen:

1. Aus sich heraus verständlich sein, ohne als solche eines ausführlichen Commentars zu bedürfen;

2. nicht zu lang sein, weil sie sonst an Uebersichtlichkeit verlieren;

3. auch sonst in jeder Weise übersichtlich gestaltet sein und namentlich die verschiedenen Zahlen und Zahlengattungen deutlich hervortreten lassen.

III. Ausser den Tabellen ist, wie schon oben angedeutet, ein Commentar beizugeben, der jedoch nicht die Aufgabe haben darf, die Tabellen erst verständlich zu machen, sondern der den Inhalt der Publication, die Hauptresultate der Tabellen, Vergleichungen derselben mit den Ergebnissen früherer Jahre und anderer Länder, Erläuterungen über die betreffenden gesetzlichen Bestimmungen etc. enthält.

IV. Die Termine der Publicationen richten sich natürlich nach den Terminen der betreffenden Erhebungen. (Ausführl. hierüber bei Block-v. Scheel. a. a. O., Seite 194 ff.)

Zweites Buch.

Bevölkerungsstatistik.

I. Abschnitt. Stand der Bevölkerung.

I. Capitel.

Absolute Bevölkerung.

————

§. 59. Einleitung.

Unter allen Gegenständen der statistischen Forschung ist keiner von grösserer Bedeutung, als die Bevölkerung.

Die Ursache ist klar.

Wenn man die Statistik als jene wissenschaftliche Disciplin auffasst, welche alles in Massen auflöst und erforscht, so muss jene Erscheinung für sie das grösste Interesse bieten, welche von vornherein dem Blicke sich als eine grossartige bewegliche Masse darstellt, deren einzelne Theile selbst wieder Erscheinungen voll des reichsten Inhaltes und der höchsten Bedeutung für alle menschliche Forschung sind.

Diese Erscheinung ist die Bevölkerung, d. h. die Gesammtheit der Menschen auf einem gewissen Territorium.

Was an dieser Erscheinung sich zeigt, bezieht sich zwar nicht auf den einzelnen Menschen, sondern gilt nur für den mittleren Menschen, doch ist all das von grosser Bedeutung. Denn gerade die Bevölkerung ist es, in deren Sein und Leben Naturgesetze und freies menschliches Handeln geheimnissvoll verbunden zusammenwirken. Gerade hier sind stetige und wechselnde Ursachen mit einander thätig, gerade hier zeigt sich eine tiefe Gesetzmässigkeit in den anscheinend willkürlichsten Handlungen. Mit unheimlich grossartiger Gewalt wirkt diese Gesetzmässigkeit — der einzelne überschreitet keck und ungestraft ihre Satzung, aber die Gesammtheit folgt ihr ohne Murren und Widerstreben durch das Leben und in den Tod.

Diese geisterhafte zwingende Macht fordert unser tiefstes Denken heraus. Die Bedeutung des Menschen in der Welt und namentlich die

Bedeutung seiner geistigen und sittlichen Kräfte gegenüber dem Naturgesetze und einer allgemeinen Weltordnung, die Dauer des Menschengeschlechts im Sturme der Zeit: das sind die gewaltigen Fragen, zu deren
Studium die Beobachtung der Bevölkerung führt.

Die Erscheinungen an der Bevölkerung sind aber auch von grosser
praktischer Bedeutung.

Zunächst in Bezug auf Politik. Die Bevölkerung ist Inhalt und Zweck
des Staates; auf ihr beruht seine Macht.   Viele und wichtige Staatseinrichtungen sind durch die Bevölkerung bedingt.   Und nicht nur die Zahl,
sondern auch die Beschaffenheit der Bevölkerung, ihre Gruppen und Verschiedenheiten haben politische Bedeutung.

Auch die wirthschaftlichen Beziehungen der Bevölkerung sind von
Wichtigkeit. Die Bevölkerung und ihr Verhältniss zur natürlichen Gestaltung des Staatsgebietes ist der lebendige Kern der Volkswirthschaft.
Die Bevölkerung schafft den Volksreichthum, lebt in ihm und blüht
durch ihn.

Drei Haupterscheinungen aber sind es, die an der Bevölkerung beobachtet werden müssen:

I. Ihr Stand, d. h. die Zahl der auf einem Gebiete vorhandenen
Menschen.

Der Stand der Bevölkerung ist:

A. Ein absoluter, wenn man blos die Volkszahl ins Auge fasst.
ohne ihr Grössenverhältniss gegenüber anderen Erscheinungen zu berücksichtigen.

Diese Zahl bedarf besonderer Aufmerksamkeit hinsichtlich

1. der Mittel und Wege, welche gegeben sind, um sie zu finden.
Sie wird nämlich gefunden:

a) durch blosse Schätzungen oder Berechnungen;

b) durch Zählungen.

2. Hinsichtlich derjenigen Theile der Gesammtbevölkerung. welche
etwa als zusammengehöriges Volksganzes zu nehmen sind. Hier
unterscheidet man: ,

a) rechtliche und

b) factische Bevölkerung. Diese kann wieder entweder die factische
Bevölkerung zur Zählungszeit oder die factische Bevölkerung mit dauerndem Aufenthalte sein.

B. Der Stand der Bevölkerung ist ein relativer, wenn man ihn
anderen Verhältnissen gegenüberstellt. Diese Verhältnisse können die
verschiedenartigsten sein. Am wichtigsten aber ist das Verhältniss der
Bevölkerung zur Grösse ihres Landes (die Volksdichtigkeit) und zur
Productionsfähigkeit desselben.

II. Ihr Gang, d. h. die Zu- oder Abnahme dieser Zahl. (II. Abschnitt.)
III. Ihre körperlichen Eigenschaften: Geschlecht, Gesundheit etc.
(III. Abschnitt.)

§. 60. Schätzungen der Bevölkerung.

Da, wo keine Volkszählungen gemacht werden, kann eine Bevölkerung
abgeschätzt oder berechnet (?) werden. Dieses Verfahren wurde früher
vielfach angewendet und muss, wo Zählungen mangeln, noch angewendet
werden.

Zur Grundlage solcher Schätzungen macht man Verhältnisse, welche
mit der Volkszahl in irgend einem Zusammenhange stehen. Solche Verhältnisse sind namentlich: die Zahl der Familien, der Wohnhäuser, der
Feuerstellen, der waffenfähigen Männer, die Zahl der Geborenen und
Gestorbenen, der Ehen, der Betrag gewisser allgemeiner Steuern, die
Consumtion gewisser Lebensmittel. Derartige Schätzungen und Berechnungen sind natürlich nur Nothbehelfe. Die unzuverlässigste Schätzung
besteht darin, dass man die Volkszahl wenigstens eines Theiles des fraglichen Gebietes ausmittelt und nach ihr die Bevölkerung des ganzen
Gebietes bemisst. Aber selbst von dieser Methode muss man Gebrauch
machen, um z. B. die Bevölkerung von Afrika oder Australien annähernd
zu ermitteln.

Wie sehr solche Schätzungen differiren können, ergibt sich aus einer
Zusammenstellung der Schätzungen der Erdbevölkerung [1]).

Selbst wo man bei einer Bevölkerungsschätzung eine Thatsache zu
Grunde legt, deren Beziehung zur Volksmenge gewiss ist, bleibt die
Schätzung unsicher genug. Die Thatsache kann falsch dargestellt sein und
führt dann auch zu einem falschen Schlusse.

Auch die Auffindung des Durchschnittsverhältnisses zwischen einer
solchen Thatsache und der Volkszahl ist immer unsicher. Wenn man
z. B. die Zahl der Wohnhäuser in einem Lande genau kennt, so ist es
doch schwierig, die richtige Durchschnittszahl der Bewohner eines Hauses
für ein ganzes Land aufzustellen, für Städte und Dörfer, für reiche und
arme Gegenden. Es ergeben sich aber die grössten Unterschiede, je nachdem man 6 oder 10 Einwohner für ein Haus annimmt.

Es finden sich demnach unter den vorhandenen Bevölkerungs-
schätzungen neben manchen kühnen und geistreichen Versuchen auch
ganz grundlose Hypothesen. Bei den meisten solchen Schätzungen handelt
es sich um die Bevölkerungen des Alterthums, namentlich um die Frage,
ob die Staaten des Alterthums stärker oder schwächer bevölkert waren,
als dieselben Gebiete heutzutage sind.

Moderne Bevölkerungen sind natürlich leichter zu schätzen. Von einer auf möglichste Genauigkeit anspruchmachenden Berechnung einer Bevölkerung kann man dagegen dann sprechen, wenn für ein Land eine Volkszählung vorliegt, die aber schon vor einem oder mehr Jahren stattgefunden hat, und wenn auf Grund dieser Zählung und mit Zuhilfenahme des anderweitig bekannt gewordenen seitherigen Zuwachses der Bevölkerung deren jetzige Zahl ermittelt wird. Eine derartige Berechnung trifft natürlich den momentanen Stand der Bevölkerung noch genauer, als selbst die letzte Zählung [2]).

Anmerkungen.

[1]) Die Bevölkerung der ganzen Erde wurde angenommen von:

Riccioli	im Jahre	1660	zu	1000	Millionen
Süssmilch	„	„	1742	„ 950—1000	„
Voltaire	„	„	1753	„ 1600	„
Volney	„	„	1804	„ 437	„
Pinkerton	„	„	1805	„ 700	„
Fabri	„	„	1805	„ 700	„
Malte-Brun	„	„	1810	„ 640	„
Morse	„	„	1812	„ 766	„
Graberg v. Hemsö	„	„	1813	„ 686	„
Balbi	„	„	1816	„ 704	„
Reichard	„	„	1822	„ 732	„
Hassel	„	„	1824	„ 938	„
Stein	„	„	1833	„ 872	„
Fränzl	„	„	1838	„ 950	„
v. Rougemont	„	„	1838	„ 850	„
Omalius d'Halloy	„	„	1840	„ 750	„
Bernoulli	„	„	1840	„ 764	„
v. Roon	„	„	1840	„ 864	„
Berghaus	„	„	1842	„ 1272	„
Balbi	„	„	1843	„ 739	„
Kolb	„	„	1868	„ 1270	„

Dagegen hatte der Verfasser der Univers. History of the world i. J. 1737 der Erde eine Bevölkerung von 5000 Millionen angerechnet (Wappäus).

Die zuverlässigste Berechnung der neueren Zeit ist jedenfalls die von Behm und Wagner, welche für d. J. 1880 die Summe von 1456 Mill. Seelen annimmt.

[2]) Da in den statistischen Handbüchern die absolute Volkszahl, wie sie sich nach den vorhandenen Zählungen und Schätzungen darstellt, eine grosse Rolle spielt, sollen die Zahlen hier wenigstens anmerkungsweise erwähnt werden, wobei, um eine spätere Wiederholung der Ländernamen zu vermeiden, auch der Flächeninhalt der Gebiete angegeben ist. Bevölkerung und Flächeninhalt betragen nach Behm und Wagner (Ergänzungsheft Nr. 62 zu Petermann's Mittheilungen) in:

	Flächeninhalt in □Kilom.	Be-völkerung
I. Europa (ohne Island, Nowaja-Semlja)	9,710.340	315,929.000
Deutsches Reich (Zählung von 1875)	539.813	42,727.360
(Zählung v. Dec. 1880)		45,194.167
Oesterreich-Ungarn (1876)	622.836	37,342.000
(Schätzung für 1879)		38,000.000
Liechtenstein (1880)	178	9.124
Schweiz (1878)	41.389	2,792.264
Belgien (1878)	29.455	5,476.668
Niederlande (1878)	32.971	3,981.887
Luxemburg (1875)	2.587	205.158
Dänemark (1878, ohne Island und die Far-Öer) .	38.302	1,940.000
(hiezu die Far-Öer)	1.332	11.000
Schweden (1878)	442.818	4,531.863
Norwegen (1876)	318.195	1,806.900
Grossbritannien und Irland (1871, eingerechnet die Inseln in den brittischen Gewässern, sowie Soldaten und Matrosen ausser Landes) . . .	314.951	34,517.000
Frankreich (1876)	528.577	36,905.788
Spanien (1877, ohne Canarische Inseln)	500.443	16,333.293
„ (mit denselben und den Presidios in Nord-afrika)	508.066	16,625.860
Portugal (1878, mit Azoren ohne Madeira) . . .	92.013	4,612.903
Italien (1878)	296.322	28,209.620
Griechenland (1879)	51.860	1,679.775
Monaco	15	5.741
San Marino	62	7.816
Andorra	385	12.000
Rumänien (Schätzung)	129.947	5,376.000
Serbien (Schätzung)	48.657	1,589.650
Montenegro (Schätzung)	9.475	286.000
Türkei und Ostrumelien (Schätzung)	214.862	5,713.000
Bulgarien (Schätzung)	63.865	1,965.500
Bosnien und Herzegowina	60.484	1,187.879
Helgoland	0·5	1.913
Gibraltar	5	25.143
Inselgruppe von Malta	369	152.553
II. Asien	44,572.250	834,707.000
Sibirien	12,469.524	3,440.362
Centralasien	3,984.400	7,682.000
(Hierunter russisches Centralasien)	(3,324.096)	(4,401.876)
Vorderasien	7,569.644	38,021.000
(Hievon die asiatische Türkei)	(1,889.055)	(16,132.900)
(Hievon Persien)	(1,648.195)	(7,000.000)
China (eigentliches)	4,024.690	404,946.000
Nebenländer v. China	7,789.060	29,680.000

	Flächeninhalt in ☐Kilom.	Be-: völkerung
Hongkong	83	139.144
Macao	12	77.230
Japan	379.711	34,338.404
Vorderindien	3,835.659	244,215.000
Hinterindien	2,167.440	36,963.000
Ostindische Inseln	2,002.611	35,205.000
III. Australien und Polynesien	8,953.727	4,031.000
(Hievon das Festland mit zubehörigen Inseln)	7,627.832	2,063.921
IV. Afrika	29,909.444	205,679.000
(Hierunter Aegypten)	1,021.354	5,586.280
(Hierunter ägyptische Nebenländer)	1,965.561	11,833.700
V. Amerika	38,389.210	95,495.500
Nordamerika	19,845.121	60,248.000
(Hierunter Brittisch Nordamerika)	8,301.506	3,678.096
(„ Vereinigte Staaten)	9,272.449	47,000.000
(„ dieselben nach neuester Zählung, 1880)		50,152.559
(Hierunter Mexico)	1,921.240	9,389.461
Centralamerika (mit Panama)	547.308	2,759.200
Westindische Inseln	244.478	4,412.700
Südamerika	17,752.303	28,075.600
(Hierunter Brasilien, 1872)	8,337.218	11,108.291
Venezuela (1873)	1,137.615	1,784.197
Columbia ohne Panama (1870)	748.850	2,774.000
Ecuador (1878)	643.295	1,146.000
Peru	1,119.941	3,050.000
Bolivia	1,297.255	2,325.000
Chile (1878)	321.462	2,400.000
Argentina mit Patagonien (1869)	3,051.706	2,400.000
Uruguay (1877)	186.920	447.000
Paraguay (1876)	238.290	293.844
VI. Polarländer (einschliesslich Grönland und Island)	3,859.400	82.000
(Hievon Grönland)	2,169.750	10.000
Island und Jan Mayen	105.198	72.000

Da die obigen Angaben vorzugsweise den geographischen Zusammenhang berücksichtigen und ausserdem bei einzelnen der wichtigsten Staaten noch weitere Detaillirung erwünscht ist, dürften noch folgende Ziffern angeführt werden:

I. Die einzelnen Staaten des Deutschen Reiches nach der Zählung von 1880.

	Flächeninhalt in ☐Kilom.	Bevölkerung
Preussen	347.509	27,251.067
Bayern	75.863	5,271.516
Sachsen	14.992	2,970.220
Württemberg	19.503	1,970.132

	Flächeninhalt in ☐Kilom.	Bevölkerung
Elsass-Lothringen	14.511	1,571.971
Baden	15.083	1,570.189
Hessen	7.679	936.944
Mecklenburg-Schwerin	13.303	576.827
Hamburg	409	454.044
Braunschweig	3.690	349.429
Oldenburg	6.399	337.454
Sachsen-Weimar	3.593	309.503
Anhalt	2.347	231.747
Sachsen-Meiningen	2.468	207.147
Sachsen-Coburg-Gotha	1.967	194.479
Sachsen-Altenburg	1.321	155.062
Bremen	255	156.229
Lippe (Detmold)	1.188	120.216
Mecklenburg-Strelitz	2.929	100.269
Reuss j. L.	829	101.265
Schwarzburg-Rudolstadt	942	80.149
Schwarzburg-Sondershausen	862	71.083
Lübeck	282	63.571
Waldeck	1.121	56.548
Reuss ä. L.	316	50.782
Schaumburg-Lippe	443	35.332

II. Die Länder von Oesterreich-Ungarn, mit den vorläufig officiellen Ergebnissen der Volkszählung v. 31. Dec. 1880.

	Flächeninhalt in ☐Kilom.	Bevölkerung
Oesterreich u. d. Enns	19.824	2,329.021
Oesterreich o. d. Enns	11.996	760.879
Salzburg	7.165	163.566
Steiermark	22.454	1,212.367
Kärnten	10.373	348.670
Krain	9.988	481.176
Görz und Gradiska	2.953	210.241
Triest	93	144.437
Istrien	4.941	295.854
Tirol	26.724	805.326
Vorarlberg	2.602	107.364
Böhmen	51.955	5,557.134
Mähren	22.229	2,151.619
Schlesien	5.147	565.772
Galizien	78.477	5,953.170
Bukowina	10.451	569.599
Dalmatien	12.829	474.489
Summe (incl. Bruchtheile) .	300.208	22,130.684

im Reichsrathe vertretene Länder

	Flächeninhalt in ☐Kilom.	Bevölkerung
Ungarn-Siebenbürgen (1876) . .	280.430	13,670.624
Fiume (1876)	19	18.178
Croatien-Slavonien (1876)	23.263	1,124.180
Grenzgebiet (1876)	18.914	693.733
Summe .	322.628	15,506.715

(Ungarische Länder)

Hiezu kommt noch ein Theil der nicht ganz eingerechneten Militärbevölkerung (1876) der diesseitigen Reichshälfte (mit ? Seelen), der ungarischen Länder mit 92.100. Hieraus berechnet sich eine Gesammtbevölkerung von rund 38 Millionen.

	Flächeninhalt in ☐Kilom.	Bevölkerung
III. Brittisches Reich.		
England und Wales (1879)	151.020	25,165.336
Schottland (1879)	78.895	3,627.453
Irland (1879)	84.252	5,363.324
Inseln in den brittischen Gewässern (1879)	783	145.000
Soldaten und Matrosen ausser Landes (1879)		216.000
Summe .	314.951	34,517.000
Hiezu: Indien und Ceylon (1878)	2,393.177	193,851.000
Colonien und Besitzungen (1878)	18,668.841	11,674.130
	21,376.969	240,042.130
IV. Russisches Reich.		
1. Europäisches Russland (1870)	4,909.193	65,864.910
Königreich Polen (1872)	127.316	6,528.017
Zuwachs in Bessarabien	8.480	127.000
2. Grossherzogthum Finnland (1877) . . .	373.536	1,968.626
3. Kaukasusländer	439.187	5,391.744
Zuwachs in Armenien	25.769	?
4. Sibirien (1873)	12,495.109	3,440.362
5. Centralasien	3,324.095	4,401.876
	21,702.688	87,722.500
V. Frankreich.		
Europäisches Frankreich (1878)	528.577	36,905.788
Algerien	318.334	2,867.626
Colonien	204.852	2,669.308
Schutzstaaten	91.832	922.100
VI. Spanien.		
Das Festland nebst den Balearen und Canarien (1877)	507.715	16,623.384
Colonien	304.295	8,291.450
VII. Portugal		
Königreich nebst Azoren und Madeira (1878)	92.828	4,745.124
Auswärtiger Besitz	1,823.571	3,247.637
VIII. Niederlande.		
Königreich (1878)	32.972	3,981.887

	Flächeninhalt in ☐Kilom.	Bevölkerung
Colonien: 1. Java und Madura	134.607	18,515.414
2. Uebrige ostind. Besitzungen	1,500.000 (?)	8,000.000 (?)
3. Surinam	119.321	68.531
4. Niederl. Antillen	1.130	41.870

§. 61. Volkszählungen [1]).

Mit vollster Genauigkeit kann die absolute Bevölkerung eines bestimmten Gebietes nur durch eine Volkszählung ermittelt werden. Dies ist heutzutage allgemein anerkannt. Doch werden Zählungen des Volks keineswegs in allen Staaten vorgenommen und auch nicht überall mit gleicher Sorgfalt.

In Aegypten befahl schon 500 v. Chr. König Amasis, dass jeder Bewohner sich jährlich dem Ortsvorstand vorzustellen habe, um Namen, Beruf und Unterhaltsmittel anzugeben.

Imposant war die Ausbildung der Volkszählung bei den alten Juden. Jakob zog mit 70 Angehörigen zum Joseph nach Aegypten, 430 Jahre später kehrten 600000 Männer und Jünglinge von dort zurück. Die Zählung am Berge Sinai ergab 603550 Männer und Jünglinge, ausschliesslich der Leviten. Nach vierzigjähriger Wüstenfahrt war die Zahl auf 601000 geschmolzen. Die Zählung König Davids 640 nach der Einwanderung in Aegypten ergab ohne die Stämme Levi und Benjamin 3,757000 Seelen. Alle Zählungsverordnungen, die sich im alten Testamente finden, zeugen von Sicherheit und Vollendung dieses Geschäftes und hingen wohl zusammen mit dem eigenthümlichen mathematischen Talent der chaldäischen Völker.

Volkszählungen, welche regelmässig wiederholt werden, sogenannte periodische Zählungen sind zuverlässiger, als solche, die nur bei einzelnen Veranlassungen oder zu bestimmten Regierungszwecken vorgenommen werden. So haben namentlich bei den für Steuer- oder Recrutirungszwecke angeordneten Zählungen viele ein Interesse daran, sich der Zählung zu entziehen. Die Bevölkerung mancher französischer Städte z. B. wurde Jahre lang von den Gemeindebehörden systematisch falsch angegeben, um eine höhere Steuer zu verhüten.

Die periodischen Zählungen dagegen haben die Vortheile, dass das Zählungsgeschäft mit grösserer Uebung, verbesserten Einrichtungen und genauerer Controle vorgenommen werden kann.

Solche periodische Volkszählungen gehören erst der neueren Zeit an. In Schweden wurde schon seit 1775 alle fünf Jahre ein amtlicher Bericht über die Volkzahl verfasst, zwar nicht auf eine eigentliche Zählung,

sondern auf die Listen der Geistlichen über die Bewohner ihrer Kirch-
spiele begründet.

Die Vereinigten Staaten von Nordamerika, deren Bevölkerung in
der Bevölkerungswissenschaft eine hervorragende Rolle spielt, gingen mit
eigentlichen Zählungen voran. Ihre Constitution von 1787 schreibt einen
zehnjährigen Census vor, der auch seit 1790 alle zehn Jahre ausgeführt
wurde, namentlich um die Zahl der Repräsentanten im Congress für die
einzelnen Staaten zu bestimmen und gewisse directe Steuern unter die
einzelnen Staaten zu vertheilen.

In England werden zehnjährige Zählungen seit 1801 vorgenommen,
in Norwegen, den Niederlanden, Dänemark ebenfalls alle zehn Jahre, in
Schweden und Frankreich alle fünf Jahre, in Oesterreich seit 1857 alle
sechs Jahre und im deutschen Zollverein alle drei Jahre.

Anmerkung.

¹) Einiges aus der Literatur der Zählungen:

Die Protokolle der statistischen Congresse.

E. Engel: Die Methoden der Volkszählung. Zeitschr. d. preuss. stat.
Bureau. 1861.

Derselbe: Die Volkszählung und ihre Stellung zur Wissenchaft. Ebenda-
selbst. Jahrg. 1862.

Derselbe: Actenmässige Darstellung der Vorbereitung zur Volkszählung
von 1867. Ebend. 1867.

v. Hermann: Die Volkszählung in Bayern 1864. XIII. Heft der Beiträge
zur Statistik in Bayern. 1865. U. a.

G. Mayr: Die Volkszählung in Bayern 1867. XX. Heft der Beiträge zur
Stat. v. Bayern. 1868.

A. Fabricius: Ueber Volkszählungen, Jahrbuch f. Nationalökonomie und
Statistik. 1866.

A. Fabricius: Die Volkszählung im Norddeutschen Bunde vom 3. December 1867.

Derselbe: Bericht über die Fortschritte der Bevölkerungsstatistik. Behm's
geogr. Jahrb. 1868.

Derselbe: Zur Theorie und Praxis der Volkszählungen. Zeitschr. d. preuss.
stat. Bur. 1868.

Derselbe: Die Beschlüsse des stat. Congresses in Florenz etc. Tübinger
Staatsw. Zeitschr. 1868.

G. F. Knapp: Das Verfahren bei der preussischen Volkszählung etc.
Zeitschr. d. preuss. stat. Bur. 1867.

Chr. Ficker: Volkszählung. Statistisch-administrative Vorträge etc. 1867.

G. v. Scheel: Zur Technik der Volkszählungen. Jahrb. für Nat. und
Stat. 1869.

§. 62. Hindernisse und Schwierigkeiten der Volkszählungen.

Ein Hinderniss der Volkszählungen sind ihre Kosten, die grossen erforderlichen Vorbereitungen. So kostete z. B. die belgische Volkszählung von 1846 612.600 Fr. Je kürzer die Zählungsperioden sind, desto mehr sind natürlich diese Kosten zu berücksichtigen. Seltenere Zählungen dürfen theurer sein als häufige und können deshalb gründlicher angestellt werden.

Dieses Hinderniss ist indessen nicht im Wesen der Zählung selbst zu suchen wie andere.

Die grösste Schwierigkeit bei den Volkszählungen liegt darin, dass kein Individuum übergangen und keines mehrfach gezählt werden darf. Die Ausführung dieses Grundsatzes macht am meisten zu schaffen. Je lebhafter der Verkehr, je dichter die Bevölkerung, desto sorgsamer ist auf diesen Grundsatz zu achten.

Man hat als sicherstes Mittel dagegen eine an einem einzigen Tag im ganzen Lande vorzunehmende Zählung angewendet. Eine solche Zählung, welche 1851 in England stattfand, erforderte allein 30610 Zähler.

Ausserdem werden in mehreren Ländern die einzelnen Gezählten mit Namen in den Listen vorgeführt, um dadurch Doppelzählungen zu verhindern.

Das aber lässt sich doch nicht verhindern, dass Jemand nicht gezählt werde. Man lebt, auch ohne gezählt zu werden — Grund genug, um kein Interesse an der Zählung zu haben.

Vielfach auch ist das Volk den Zählungen abgeneigt. Häufig meint man, die Zählung geschehe nur, um eine neue Last den Gezählten aufbürden zu können, ein Misstrauen, welches namentlich im südlichen Europa sehr verbreitet ist. Deshalb kann man annehmen, dass jede Volkszählung die Zahl geringer angibt, als sie in Wirklichkeit ist, namentlich in politisch bewegter Zeit.

Eine andere Schwierigkeit der Volkszählungen liegt darin, dass man durch sie häufig auch andere Verhältnisse als die einfache Volkszahl erfahren will. Diese anderen Verhältnisse sind allerdings mit dem Begriff der Bevölkerung theilweise im innigsten Zusammenhange. So namentlich der Unterschied von rechtlicher und factischer Bevölkerung.

Eine wichtige Frage ist ferner die, ob die Zählungen alle Personen und Classen der Bevölkerung umfassen oder blos einige, während die anderen nach anderweitigen Ermittelungen oder Schätzungen gefunden werden. So wurden z. B. lange in Russland bei den sogen. Revisionen blos die steuerpflichtigen Männer gezählt, während die nicht steuerpflichtigen Männer und das ganze weibliche Geschlecht nur in einer Art Schätzung dazu geschlagen wurden. Auch die österreichischen Zählungen

waren bis zum Jahre 1850 kaum vollständiger. So waren z. B. in Ungarn
Adel und Clerus von den Zählungen (die zu Steuerzwecken vorgenommen
wurden) ausgenommen.

§. 63. Inhalt der Volkszählungen.

Die Volkszählungen der neueren Zeit suchen neben der Zahl auch
die Beschaffenheit der Bevölkerung zu ermitteln, sind daher nicht blosse
Zählungen, sondern eigentlich Volksbeschreibungen. Durch sie werden die
Eigenschaften der Bevölkerung quantitativ bestimmt. Zu diesem Zwecke
soll eine gute Volkszählung folgende Eigenschaften zu ermitteln suchen:

I. Das Geschlecht. Da es nur zwei gibt, ist die Ermittelung leicht.

II. Das Alter. Bei der Erhebung desselben sollten Altersgruppen
gebildet und dabei das Jahr als Einheit angesehen werden. Die gezählten
Individuen sind dann nach Gruppen zu ordnen, welche je um ein Jahr
aufwärts steigen.

III. Die körperliche Beschaffenheit. Bezüglich derselben kann
man bei den Zählungen nur den Sinnesmangel erfassen, alles andere nur
ungenau.

IV. Die geistige Beschaffenheit. Die Zahl der Blödsinnigen
und jene der Irrsinnigen (mangelnder und zerrütteter Verstand), ihre Zu-
oder Abnahme ist von Wichtigkeit; ihre Angabe sollte in Volkszählungs-
listen nicht fehlen. Wo aber die Angehörigen dieser Unglücklichen deren
Zustand angeben sollen, wird die angegebene Zahl begreiflicher Weise
hinter der Wirklichkeit zurückbleiben.

V. Das Religionsbekenntniss. Die Erhebung durch die Volkszählung ist einfach und ungehindert.

VI. Der Familienstand, d. h. jene Verhältnisse des Gezählten,
welche in der Ehe und der Familie wurzeln. Ruft er dem Befragten einen
Makel ins Gedächtniss, z. B. uneheliche Geburt, so eignet er sich nicht
zur Erhebung durch die Zählung. Dagegen wird jedermann unbedenklich
angeben, ob er ledig, verheirathet, verwitwet sei u. s. f. Die Thatsachen,
welche dadurch ziffernmässigen Ausdruck gewinnen, sind höchst bedeutungsvoll.

VII. Stand, Beruf, Erwerb und Vermögen. Es ist nicht ganz
leicht und einfach, diese Eigenschaften der Gezählten zu erheben. Man
muss zu diesem Zwecke sämmtliche Berufszweige, die es gibt, classificiren.

VIII. Arbeits- und Dienstverhältniss.

IX. Die Art des Aufenthalts. Hievon im nächsten Paragraph.

X. Sprache und Nationalität. Beide sind bis zu einem gewissen
Grade gleichbedeutend. Die Nationalität ist schwer zu erheben, wenn man
sie nicht mit der Sprache in Verbindung bringt.

§. 64. Rechtliche und factische Bevölkerung.

Je nachdem man bei Volkszählungen von einem rechtlichen oder einem thatsächlichen Gesichtspunkte ausgeht, unterscheidet man:

I. Rechtliche Bevölkerung, d. i. Angehörige des zählenden Staates (population de droit).

Will man sie in Erfahrung bringen, so müssen alle Staatsangehörigen gezählt, alle anderen Bewohner des Staatsgebietes ausgeschlossen werden. So müssen alle im Lande anwesenden Fremden ausgeschlossen werden; nicht nur die, welche vorübergehend, auf der Reise, in Wirthshäusern sich aufhalten, sondern alle, die nicht im Staatsverbande sind. Es müssen dagegen alle im Auslande befindlichen Staatsangehörigen, die noch im Staatsverbande sind, mitgezählt werden. So namentlich abwesende Seeleute, Reisende.

II. Factische Bevölkerung, d. i. die Summe der auf dem Staatsgebiet befindlichen Menschen. Sie ist wieder:

A. Factische Bevölkerung im engeren Sinne, d. h. jene Personen, welche zur Zeit der Zählung im Lande anwesend sind (résidence effective). Hier müssten auch mitgezählt werden alle Fremden, welche auch nur auf kurze Zeit in Wirthshäusern wohnen. Bezüglich ihrer kann man annehmen, dass, wenn sie auch schon am nächsten Tage abreisen, sie durch andere ersetzt werden. Hier müssten z. B. alle auf den Schiffen in Häfen und Gewässern des Staats befindlichen Seeleute mitgezählt werden, gleichviel welchem Staate sie angehören. Dagegen müssten alle auch nur auf ganz kurze Zeit im Auslande befindlichen Staatsangehörigen ausgeschlossen werden.

B. Die Summe derjenigen Personen, welche zur Zeit der Zählung ihren regelmässigen Aufenthalt im Lande haben (résidence habituelle). Also die Bevölkerung mit dauerndem Aufenthalt. Sie besteht aus der factischen Bevölkerung, aber mit Hinzurechnung der vorübergehend Abwesenden und mit Abrechnung der vorübergehend Anwesenden.

Die Unterschiede zwischen der rechtlichen, der factischen und der Bevölkerung mit dauerndem Aufenthalt sind von Bedeutung, besonders hinsichtlich der Schwierigkeiten beim Zählungsgeschäfte.

1. Die Ermittelung der factischen Bevölkerung macht wenig Schwierigkeiten. Jene Personen, welche die Nacht in Häusern zubringen, werden vom Hausbesitzer aufgezeichnet; Schiffe im Hafen behandelt man wie Wohngebäude; Reisende werden entweder an einer bestimmten Station oder da, wo sie am Morgen absteigen, gezählt. Die etwa im Freien Campirenden muss die Polizei zählen.

2. Die Bevölkerung mit dauerndem Aufenthalte ist schwieriger zu ermitteln. Zunächst kommt es darauf an, was man unter dauerndem Aufenthalt versteht. Gewiss kann man nichts anderes darunter verstehen, als jenen Ort, wo Jemand den grössten Theil seiner Zeit zubringt. Da das Jahr Grundlage der Zeitmessung für die Statistik ist, so wird Jemand seinen dauernden Aufenthalt da haben, wo er den grösseren Theil des Jahres hindurch sich aufhält. Jene, die überhaupt keinen dauernden Aufenthalt haben (die nicht wenigstens 6 Monate im Jahre an einem bestimmten Orte sich aufhalten), d. h. die sogenannte population flottante, z. B. Hausirer, wandernde Schauspieler, zählt man am besten am augenblicklichen Aufenthaltsorte.

3. Die Aufnahme der rechtlichen Bevölkerung ist am schwierigsten. Die im Inland befindliche oder nur vorübergehend abwesende rechtliche Bevölkerung ist leicht zu ermitteln; schwer aber jene Personen, welche rechtlich dem zählenden Staat angehörend, dauernd sich im Auslande befinden, namentlich dann, wenn dieselben keine Angehörigen zurückgelassen haben, von welchen sie verzeichnet werden können. Die Gemeindevorstände des Heimathsortes und die Gesandtschaften und Consulate müssen hier die Nachforschungen anstellen, deren Resultate aber stets unsichere sind. Je grösser der Verkehr eines Staats mit einem anderen ist, desto weniger lässt sich eine solche Zählung richtig durchführen. Abgeschlossenheit des Staats und der Nationalität erleichtert sie.

Ob man die rechtliche, die factische oder die Bevölkerung mit dauerndem Aufenthalte ermittelt: das ist von sehr verschiedener Bedeutung. Und zwar richtet sich diese Bedeutung nach dem Zwecke, welchem die Zählung dienen soll.

I. Die rechtliche Bevölkerung muss man kennen, wenn die Volkszahl als der Maassstab erscheint, nach welchem die politischen Rechte und Pflichten auf die einzelnen Provinzen, Kreise und Bezirke sich vertheilen, wenn es sich also z. B. darum handelt, wie viel Abgeordnete ein Wahlbezirk in die Volksvertretung zu senden hat.

II. Die Bevölkerung mit dauerndem Aufenthalte zu kennen ist von Wichtigkeit, wenn es sich darum handelt, aus der Volkszahl auf gewisse allgemeine Verhältnisse des Landes zu schliessen, und zwar solche Verhältnisse, welche eben durch die Bevölkerung mit dauerndem Aufenthalte bedingt werden, z. B. die Productionsfähigkeit, die Zahl der Geburten, Trauungen und Sterbefälle, die körperliche und geistige Beschaffenheit des Volks.

III. In anderen Fällen ist die factische Bevölkerung von grösserer Bedeutung; da nämlich, wo es sich darum handelt, mit der Volkszahl solche Thatsachen zu vergleichen, welche nicht von der Dauer des

Aufenthalts abhängen. So namentlich die Consumtion. Sie wird durch die vorübergehend Abwesenden eben so stetig vermindert, als durch die vorübergehend Anwesenden vermehrt.

Daraus ergibt sich, dass bei Bevölkerungsaufnahmen verschiedene Gesichtspunkte in Betracht kommen. Am günstigsten für den Statistiker ist es offenbar, wenn er jene Bevölkerung sich auswählen kann, welche seinen Forschungszwecken entspricht. Am wenigsten wichtig erscheint die rechtliche Bevölkerung, am wichtigsten die mit dauerndem Aufenthalte [1]).

Die einseitige Durchführung einer Zählung der factischen Bevölkerung i. e. S. wird dadurch gefährlich, dass diese Zählungen ausser der Seelenzahl zugleich auch besondere Verhältnisse der Bevölkerung ermitteln wollen. So z. B. die Vertheilung der Bevölkerung nach Alter, Geschlecht, Beruf und Confession — Verhältnisse, welche aber nicht den Begriff einer blos ordnungslos zusammengehäuften, sondern einer organisch und politisch verbundenen Menschenzahl voraussetzen. Wollte man daher bei Ermittlung der factischen Bevölkerung solche Verhältnisse ermitteln, so erhielte man verzerrte Bilder der wirklichen Zustände.

Anmerkung.

[1]) Der internationale statistische Congress zu Berlin hat den Beschluss gefasst: „Um eine Volkszählung zu gewinnen, welche allen Bedürfnissen der Verwaltung entspricht, ist es unerlässlich, nicht blos die factische Bevölkerung zu zählen, sondern auch die rechtliche jeder Gemeinde und Provinz. Es ist dazu nöthig, ein Criterium aufzufinden, welches gestattet, aus den Elementen der gezählten factischen Bevölkerung auf die gleichzeitige rechtliche zu schliessen." Der Congressbeschluss hat demnach die dritte Art der Bevölkerung, die mit dauerndem Aufenthalt, noch nicht als besondere genommen und den anderen beiden gegenübergestellt. Die Berliner Sitzungsperiode ist von besonderer Bedeutung für den Unterschied zwischen rechtlicher und factischer (im weiteren Sinne) Bevölkerung; in ihr namentlich die Reden von Correnti und Fabricius.

§. 65. Die Methoden der Volkszählung.

Die Volkszählung selbst kann in verschiedenen Formen ausgeführt werden. Die wesentlichsten sind

I. Construction der Zählung aus Einwohnerlisten.

II. Protokollarische Zählung, d. h. die protokollarische Vernehmung der Familienhäupter über ihre Angehörigen, respective der Hausbesitzer über ihre Hausbewohner, in Gemeindeversammlungen.

III. Die individuelle, aber nicht namentliche Zählung von Haus zu Haus durch Ortstabellen.

IV. Die individuelle und namentliche Zählung von Haus zu Haus durch besondere Zähler mittelst Anwendung von Hauslisten.

V. Die individuelle und namentliche Zählung von Haushalt zu Haushalt durch besondere Zähler mittelst Anwendung von Haushaltlisten
oder von

VI. Zählkarten.

Die zwei letztgenannten Methoden verbinden mit möglichst grosser
Genauigkeit die grösste Vollständigkeit und Schnelligkeit. Es erhält dabei
jede Haushaltung eine besondere Liste oder eine Quantität von Zählkarten
(s. u.), welche von besonders hiezu instruirten Zählern in die Häuser gegeben werden. Am Zählungstage nehmen diese Zähler die Listen oder die
Zählkarten wieder in Empfang, die Einträge prüfend und corrigirend, oder
selbst besorgend.

Da diese vorzüglichsten Zählungsmethoden mit sehr grossen Kosten
verknüpft sind, wenn die Zähler besoldet werden, so ist es eine wichtige
Aufgabe, die Bevölkerung selbst zur willigen und gewissenhaften Mitwirkung an das grosse Werk der Volkszählung heranzuziehen. Die Zusammenstellung und Ordnung des Wissens von Volkszuständen muss Sache
des Volkes selbst werden. Zu diesem Zwecke muss die Volkszählung als
eine Handlung von höchstem nationalem Interesse dem Volke verkündet.
nicht wie eine gewöhnliche polizeiliche Massregel behandelt werden.

Die durch diese Art von Zählung gewonnenen Haushaltungslisten
(oder Zählkarten) sind Grundlage der Volkszählung und Volksbeschreibung. Zu ihrer Controlirung sind die Hauslisten erforderlich, welche auch
Fragen über die Beschaffenheit der Häuser enthalten können, über Landwirthschaft und Viehhaltung.

Die Hauslisten ihrerseits werden wieder durch Ortslisten controlirt.
Letztere können gleichfalls auch zu Zwecken der Gebäudestatistik und der
Auswanderungsstatistik benützt werden [1].

Bezüglich der Zeit der Volkszählung hat die Erfahrung gezeigt.
dass die Zählung am genauesten ausfällt, wenn sie an einem Tage begonnen und beendigt wird. Der Monat December eignet sich, weil da die
Bevölkerung am wenigsten sich in Bewegung befindet, am besten.

Anmerkung.

[1] Durch diese Methode der Zählung mit ihrer Combination von Haushal-
tungs-, Haus- und Ortslisten kann man, wenn die Haushaltungslisten den oben
(§. 80) erwähnten Inhalt haben und die Haus- und Ortslisten Gebäude-, Land-
wirthschafts- und Auswanderungsstatistik erheben, eine Reihe der werthvollsten
Kenntnisse gewinnen, nämlich:

A. Hinsichtlich der Bevölkerung:

    1. Die Zahl der Bewohner jedes Ortes.

    2. Geschlecht und Alter, auch nach Ortschaften und Kreisen.

    3. Körperliche und geistige Beschaffenheit der Bevölkerung.

    4. Religionsbekenntniss.

5. Familienstand.

6. Stand und Beruf.

7. Art des Aufenthalts.

8. Sprache und Nationalität.

9. Aus- und Einwanderung.

B. Bezüglich der Gebäude und Wohnplätze:

1. Bestimmung der Gebäude.

2. Abbruch und Neubau.

3. Grösse der Wohngebäude und Dichtigkeit ihrer Bewohnung.

4. Werth und Verschuldung des städtischen und des ländlichen Grundbesitzes.

C. Bezüglich der Landwirthschaft und Viehzucht:

1. Grösse der Grundstücke.

2. Verwendung der Fläche.

3. Anbauverhältniss.

4. Landwirthschaftliche Production.

5. Viehstand im Allgemeinen, auf grossem, mittlerem und kleinem Grundbesitz.

6. Art des Betriebes, als Haupt- oder Nebenerwerb, in eigener Wirthschaft oder Pacht.

7. Verschuldung.

D. Bezüglich der Industrie:

1. Kleingewerbe. Darin verwendete Kräfte; Arbeits- und Dienstverhältniss. Werth des Umsatzes.

2. Grossindustrie. Persönliche und mechanische Kräfte.

3. Typographische Gewerbe.

4. Umfang der Geschäfte nach der Zahl der Arbeiter.

E. Bezüglich des Handels und Verkehrs:

1. Handels- und Transportgewerbe. Persönliche und mechanische Kräfte. Umsatz und Absatz.

2. Alter der Firmen.

§. 66. Ausführung der Volkszählung [1]).

Bei der Ausführung dieser vollkommensten Zählungsmethode sind folgende Punkte zu berücksichtigen:

I. Die Austheilung der Listen. Sie erfolgt durch die Staatsregierung an die Ortsobrigkeiten. Diese vertheilen dann die Haus- und Haushaltungslisten an die Besitzer und Administratoren der Häuser mit der Verbindlichkeit, letztere Listen an die Haushaltungsvorstände abzugeben.

II. Die Ausfüllung der Listen. Die Haushaltungslisten werden durch die Vorstände der Haushaltungen, die Hauslisten durch die Besitzer oder Administratoren der Häuser und die Ortslisten durch die Ortsobrigkeiten ausgefüllt. Je mehr Details die Listen enthalten sollen, desto schwieriger wird es, richtige Ausfüllungen durch die Haushaltungsvorstände zu erhalten. Aber auch die Ausfüllung durch eigene Zähler ist dann keine

vollständige Garantie für die Richtigkeit, denn die Zähler sind ihrerseits
wieder auf die Angaben angewiesen, welche ihnen gemacht werden. Möglichste Richtigkeit ist nur zu erwarten, wo die richtige Ausfüllung der
Listen von der Bevölkerung selbst als eine erfolgreiche und nationale
Pflichterfüllung betrachtet und wo sie der Bevölkerung in der Weise erleichtert wird, dass auf die in den Listen gestellten Fragen im Wesentlichen blos mit Ja und Nein zu antworten ist.

III. Für die Wiedereinsammlung der ausgefüllten Listen geht derselbe Instanzenzug aufwärts, der bei der Austheilung abwärts gestiegen.
Sie muss unmittelbar am Tage nach dem Zählungstage erfolgen.

IV. Hierauf muss eine Prüfung der Einträge erfolgen.

V. Dann eine Zusammenstellung und Concentration der Ergebnisse.
Sie ist Sache der statistischen Technik. Die in den Listen zerstreuten
Materialien müssen verdichtet, aus dem Einzelnen zu Massen angesammelt
werden.

Eine solche Concentrirung kann entweder als decentralisirte bei den
einzelnen Gemeinden erfolgen oder bei dem statistischen Centralbureau.
Beide Methoden haben ihre Vorzüge und Nachtheile.

Für die Bearbeitung der Haushaltungslisten hat man statt der früher
angewandten zeitraubenden und unsicheren Strichelungsmethode (vergl.
(§. 57) jetzt vielfach Zählblättchen und Zählkarten eingeführt. Diese Einrichtung besteht darin, dass man Listen anlegt, auf welchen die Angaben
nur für ein gezähltes Individuum sich befinden. Jeder Gezählte erhält
demnach seine eigene Liste oder Karte, wodurch die Gruppirung des Ge-
sammtmaterials erleichtert wird. Diese kleinen Listen sind nun entweder
Zählkarten oder Zählblättchen.

1. Die Zählkarten werden von den Gezählten selbst ausgefüllt.
Es müssen zu diesem Zwecke (im Couvert) in jede Haushaltung so viel
Zählkarten gegeben werden, als dieselbe Personen enthält. Die Zählkarten
sind Blättchen, etwa handgross, wie ordentliche Tabellen gestaltet[2]. Für
das Publikum sind diese Blättchen allerdings minder bequem als eine
einzige Haushaltungsliste ist; auch sind Zählkarten, die vom Publikum
selbst ausgefüllt sind, häufig schwer leserlich.

2. Die Zählblättchen dagegen sind kleine Tabellen, welche für
je eine Person, von den Behörden aus den Haushaltlisten (oder Hauslisten etc.) herausgeschrieben werden. Hierbei ergibt sich allerdings eine
Mehrarbeit für die Behörden, aber man erhält correcte und gleichförmiger geschriebene Kärtchen, mit welchen sich bequemer manipuliren
lässt. Es lässt sich dabei namentlich durch Wahl verschiedener Farben
der Zählblättchen für die Hauptunterschiede der beobachteten Thatsachen
das Geschäft des Sortirens ungemein erleichtern.

VI. Die Veröffentlichung (vergl. §. 58).

VII. Die Aufbewahrung der Urlisten. Sie geschieht offenbar am besten durch die Gemeinden und bietet dann die geeignetste Grundlage für eine örtliche Statistik, für Gemeindebücher, welche sich als Inventarien des gemeindlichen und örtlichen Lebens darstellen. Zugleich bieten diese aufbewahrten Urlisten Controlmittel für die nächsten Zählungen.

VIII. Die Kosten. Je mehr man die Wichtigkeit der Volkszählungen einsieht, desto grössere Mittel werden für dieselben aufgewendet. Diese Kosten liessen sich allerdings vermindern, je mehr die Zählungen zu Nationalunternehmungen gemacht würden.

Anmerkungen.

[1]) Nach Engel in der Zeitschr. des preuss. stat. Bur. I. Bd. S. 166.

[2]) Bei Gelegenheit der Volkszählung im deutschen Reiche für 1875 wurde von Seite des Reiches folgendes Formular für die Zählkarten empfohlen.

Volkszählung am 1. December 1875.

Kreis .... Gemeinde oder Gutsbezirk ....
(Zählort)

Zählbezirk Nr. .... Zählbrief Nr. .... Zählkarte Nr. ....

1. Vor- und Familienname ....

2. Stellung in der Haushaltung ....

3. Geschlecht: männlich, weiblich (das nicht zutreffende Wort auszustreichen).

4. Geburtsjahr ....

5. Ledig, verheirathet, verwittwet, geschieden, auf Lebenszeit gerichtlich getrennt (nicht Zutreffendes auszustreichen.)

6. Religionsbekenntniss ....

7. { Hauptberuf } Bezeichnung ....
   { Haupterwerb }
   { od. Nahrungs- } Arbeits- oder Dienstverhältniss ....
   { zweig }

8. Etwaige mit Erwerb verbundene Nebenbeschäftigung ....

9. Staatsangehörigkeit ....

10. Wohnort (nur anzugeben, wenn die Person für gewöhnlich nicht an der Haushaltung Theil nimmt) ....

11. Für Militärpersonen im activen Dienste: Angabe des Truppentheils etc.

II. Capitel.
Relative Bevölkerung.

§. 67. Die Volksdichtigkeit.

Die Volksdichtigkeit ist das Verhältniss der Volkszahl zum Flächeninhalt des Gebietes, auf welchem diese Zahl sich befindet. Das Verhältniss
wird ausgedrückt, indem man angibt, wie viel Menschen durchschnittlich
auf einem bestimmten Raume, in der Regel auf einem Quadratkilometer,
leben.

Kaum eine andere Gruppe unter den wichtigeren statistischen Grössen
zeigt so enorme Verschiedenheiten ihrer Zahlen, als die Volksdichtigkeit.
Ihre Vergleichung bei verschiedenen Ländern sowie innerhalb eines einzelnen Landes führt auf wichtige Unterschiede der gesellschaftlichen Zustände. Bei solchen Vergleichungen muss man natürlich den gleichen
Maassstab, d. h. eine und dieselbe Flächeneinheit gebrauchen. Mitunter ist
es auch nothwendig, zu berücksichtigen, ob bei der Berechnung der Dichtigkeit der Flächeninhalt der Binnengewässer von dem Gesammtflächen-
inhalt des Landes abgezogen wurde oder nicht. Bei Ländern, welche zahlreiche und grosse Binnengewässer enthalten, wie z. B. Finnland, das
brittische Nordamerika, lässt sonst die Masse der Binnengewässer die Volksdichtigkeit geringer erscheinen, als sie in Wirklichkeit ist.

In vorliegendem Werke ist die Volksdichtigkeit nach der Zahl von
Einwohnern, die auf den Quadratkilometer durchschnittlich treffen, berechnet. Man findet sie, indem man die Zahl der absoluten Bevölkerung
durch die Zahl der Quadratkilometer dividirt.

Nun ist eine gewisse Volksdichtigkeit nothwendig für das Wohl und
die Civilisation der Gesellschaft. Eine über weite Gebiete zerstreute dünne
Bevölkerung ist nicht im Stande, die Naturkräfte dieses Gebiets zu beherrschen, sondern muss denselben sich fügen, verwildern, wie dies z. B.
der Fall war bei den Nachkömmlingen der Spanier in Südamerika und
bei denen der canadischen Franzosen im westlichen Nordamerika.

Man hat daher häufig die Volksdichtigkeit als einen Maassstab für
die Kraft und Civilisation der Staaten betrachtet. Doch darf dieser Maassstab keineswegs als ein absoluter gelten und muss mit einer gewissen
Vorsicht gebraucht werden.

Man muss sich wohl hüten, in dieser Hinsicht Staaten und Länder
von sehr verschiedener Grösse miteinander zu vergleichen, sonst erhält
man irrige Anschauungen. So hat man oft die Insel Malta das bevöl-

kertste Land Europa's genannt, weil ihre Volksdichtigkeit 399 Seelen
beträgt. Es besitzt diese Insel auf ihrem kleinen Gebiete eben eine bedeutende Stadt. Aber diese Stadt ist kein Product des staatlichen Lebens
der Insel Malta allein, sondern des ganzen mittelländischen Verkehrs. So
erhielte das Gebiet der Stadt Hamburg eine Volksdichtigkeit von 948
Seelen. Aber auch hier ist diese Volksdichtigkeit nicht die des Gebietes,
sondern ergibt sich aus dem Dasein einer grossen Stadt auf kleinem Gebiete. Die Stadt ist aber gleichfalls nicht Product des hamburgischen
Gebietes, sondern Deutschlands. In ähnlicher Weise liessen sich noch
andere ganz abnorme Volksdichtigkeitsziffern ausfindig machen; z. B. für
Helgoland 3826, für Gibraltar gar 5028, Hongkong 1676, Bremen 557,
die normännischen Inseln 463.

Diese Beispiele zeigen allein schon, dass man bei der Vergleichung
der Volksdichtigkeit verschiedener Länder grosse Vorsicht anwenden muss,
dass man die Bevölkerung eines Landes keineswegs immer ihm allein
zurechnen darf. Unter diesem Gesichtspunkte wird man sogar die ausnehmend starke Volksdichtigkeit einzelner selbstständiger Staaten, z. B.
Belgiens, Grossbritanniens nur zum Theile als ein Product dieser Staaten,
zu einem anderen Theile dagegen als Product des ganzen civilisirten
Europa ansehen müssen. Der Weltverkehr nur liess diese Ziffern so anwachsen.

Anmerkung.

Eine vergleichende Zusammenstellung der Volksdichtigkeit in den wichtigeren Staaten der Welt ergibt Folgendes:

Auf 1 Quadratkilometer treffen Einwohner in:

I. Europa 32,5	Montenegro 30
Belgien 186	Türkei (europäische, mit Bul-
Niederlande 128	garien) 27
Grossbritannien und Irland . . 110	Russland und Finnland . . . 14
Italien (nebst Monaco und San	Schweden 10
Marino) 95	Norwegen 6
Deutsches Reich 79	II. Amerika 2,5
Frankreich 70	San Salvador 25
Schweiz 57	Haïti 23
Oesterreich-Ungarn 51	Guatemala 11
Dänemark (ohne Faröer und	Chile 6,6
Island) 51	San Domingo 5,0
Liechtenstein 49	Mexico 4,9
Portugal (ohne Azoren und	Vereinigte Staaten 4,1
Madeira) 48	Columbia 3,5
Rumänien 42	Costa Rica 3,3
Spanien 33	Honduras 2,8
Griechenland 33	Uruguay 2,4
Serbien 32	Peru 2,0

Nicaragua	2,0	Persien	4,2
Bolivia	1,8	Russisches Centralasien	1,3
Venezuela	1,6	Sibirien	0,2
Ecuador	1,5	IV. Afrika	6,9
Paraguay	1,2	Tunis	18
Brasilien	1,2	Aegypten	6
Argentina	0,9	Algerien	9
III. Asien	18,7	Brittische Colonien Afrika's	2
Japan	89	insbesondere Kapland	1,4
{Chinesisches Reich	37{	V. Australien	0,4
{(im eigentlichen China)	100}	Neusüdwales	0,9
British-Ostindien	64	Victoria	3,9
(Dasselbe ohne Tributärstaaten)	82	Südaustralien	0,2
Hinterindien	20	Neu-Seeland	1,7
Asiatische Türkei	9		

§. 68. Fortsetzung. Verfolgung der Volksdichtigkeit ins Einzelne.

Zur richtigen Beurtheilung des Werthes und der Verschiedenheiten der Volksdichtigkeit ist aber erforderlich:

I. Eine Verfolgung der Volksdichtigkeit ins Einzelne. Man muss die Vertheilung der Bevölkerung über das Staatsgebiet, d. h. also die Volksdichtigkeit der einzelnen Landestheile ebenfalls berücksichtigen. Eine Beobachtung der Volksdichtigkeit blos nach sehr grossen räumlichen Gebieten würde zu schiefen Vorstellungen und Schlüssen führen.

In den civilisirten europäischen Staaten ist die Volksdichtigkeit der einzelnen Landestheile von der des ganzen Landes meist wenig verschieden. Dagegen finden sich die grössten Contraste hierin in Ländern von junger Entwickelung.

Bei der Vergleichung verschiedener Staaten hinsichtlich der innerhalb des Staatsgebiets nach einzelnen Theilen desselben verschiedenen Volksdichtigkeit darf man die in den verschiedenen Staaten zu vergleichenden Theile nicht von sehr abweichender Grösse nehmen, wenn man richtige Vorstellungen erhalten will. In Frankreich z. B. ist die Bevölkerung sehr gleichmässig vertheilt. Aber sie würde ungleichmässig vertheilt erscheinen, wenn man die Volksdichtigkeit der einzelnen Departements vergliche. Denn diese sind gegenüber den politischen Unterabtheilungen anderer Länder klein, so dass' einzelne stark bevölkerte Städte gleich dem ganzen Departement eine andere Volksdichtigkeit geben [1]).

II. Eine besondere Berücksichtigung des Einflusses der Städte auf die Volksdichtigkeit der Gebiete, in welchen sie sich befinden, ist daher gleichfalls geboten, aber auch höchst schwierig. Denn man darf die Bevölkerung der Städte bei der Berechnung der Volksdichtigkeit nur jenen Landestheilen zurechnen, welchen die Städte ihre Entstehung und

Bevölkerung verdanken. Wie gross aber der Landestheil ist, welchem eine bestimmte Stadt ihre Entstehung und Bevölkerung verdankt, lässt sich nur in seltenen Fällen mit einiger Bestimmtheit behaupten. Soll man z. B. bei der Untersuchung der Volksdichtigkeit Oesterreichs die Bevölkerung von Wien etwa blos dem Erzherzogthume Oesterreich unter der Enns anrechnen, während doch andere Theile Oesterreichs gleichfalls Bevölkerung an die Hauptstadt abgeben? Oder soll man diese hauptstädtische Bevölkerung blos auf die cisleithanischen Länder vertheilen? Oder auf den ganzen Kaiserstaat? Keinesfalls war Niederösterreich allein im Stande, eine Stadt von solcher Bevölkerung hervorzubringen und es erscheint demnach die Volksdichtigkeit Niederösterreichs jener der übrigen Kronländer gegenüber unverhältnissmässig stark, indem die Bevölkerung Wien's ihr zugerechnet wird. Aber wie soll dann die richtige Volksdichtigkeit jener Landestheile gefunden werden, in welchen grosse Hauptstädte sich befinden? Den klarsten Ueberblick erhält man nur dann, wenn man gleichzeitig die Volksdichtigkeit solcher Landestheile mit und jene ohne Hinzurechnung der Bevölkerung der Hauptstädte angibt. So hat Niederösterreich mit Hinzurechnung Wiens eine Volksdichtigkeit von 112, ohne Wien nur von 61. Die wahre Volksdichtigkeit muss zwischen beiden Zahlen gedacht werden.

Aehnliche Erwägungen werden auch Platz greifen müssen, wenn man z. B. die Volksdichtigkeit der preussischen Provinz Brandenburg oder des französischen Seinedepartements u. s. f. betrachtet.

III. Die natürlichen Grenzen der Volksdichtigkeit müssen endlich auch aufgesucht werden, d. h. man muss jene Gebiete abzugrenzen suchen, in welchen aus natürlichen Gründen die Volksdichtigkeit eine andere ist, als in benachbarten Gebieten. Man findet diese natürlichen Grenzen, indem man die grösseren beobachteten Gebiete in möglichst kleine zertheilt, und an letzteren die Volksdichtigkeitsunterschiede und zugleich die geographischen und wirthschaftlichen Verschiedenheiten untersucht.

In Gebieten mit gleichen geographischen und wirthschaftlichen Lebensbedingungen muss auch die Volksdichtigkeit nach gleicher Höhe streben. Die Unterschiede der Volksdichtigkeit werden neben dem Einflusse der grossen Städte meist durch den Gegensatz von Urproduction und Industrie bedingt. Daher die grosse Volksdichtigkeit des nordwestlichen Theiles von England gegenüber anderen Theilen, Sachsens gegenüber den anderen deutschen, Böhmens gegenüber den anderen österreichischen Ländern.

Der wirthschaftliche Landescharakter ist aber wieder abhängig vom geographischen. Wo die Natur Eisen und Kohle, mildes Klima, üppige Vegetation, natürliche Verkehrswege geboten: da hat sie auch eine grössere Volksdichtigkeit geschaffen, als wo das Gegentheil der Fall. Aus diesen Gründen erscheinen auch nicht die Ströme als natürliche Grenzen der Volksdichtigkeitsunterschiede, sondern die Gebirge, die klimatischen Grenzen, die Meere. So sind die Alpen eine grosse Scheide der Volksdichtigkeit zwischen dem südlichen Deutschland und dem weit stärker bevölkerten Norditalien; die Pyrenäen zwischen der grösseren Volksdichtigkeit Frankreichs und der geringeren Spaniens, im kleineren Maassstabe auch der Harz, die böhmischen Grenzgebirge. Im ganzen europäischen Festlande haben die Uferländer des Rheinstroms in seinem ganzen Laufe eine hervorragend dichte Bevölkerung, die mit dem Weiterlaufe des Stromes sich nur steigert, während die Donauländer fast durchgehends weit schwächer bevölkert sind, um so schwächer, je mächtiger der Strom wird. Die Volksdichtigkeitskarte muss mit der geologischen, mit der klimatischen und mit der Karte der Flussgebiete verglichen werden.

IV. Politische Einflüsse. Die geschichtliche Entwickelung der Völker macht sich freilich auch mitunter in der Volksdichtigkeit geltend. Wo gleiche geographische Verhältnisse noch eine ungleiche Volksdichtigkeit zeigen, haben immer historische Ursachen mit bedeutender Kraft sich geltend gemacht und wirken noch nach. Sonst hätte der lebendige Verkehr der Gegenwart diese Unterschiede längst ausgeglichen. Dies gilt z. B., wenn man betrachtet, wie die Türkei, Spanien, Portugal etc. bei ihrer Productionsfähigkeit weit geringer bevölkert sind, als andere europäische Länder, welche von der Natur weit weniger reich ausgestattet sind.

Eine gleichmässige Volksdichtigkeit darf man stets als ein politisches und wirthschaftliches Glück, als eine Ursache und Folge gleichmässiger Entwickelung des Volkslebens in einem Lande ansehen. Deutschland und Frankreich stehen in dieser Hinsicht — trotz ihrer geographischen Ausdehnung — den Staaten der Welt entschieden voran, während in England die grösseren Städte und Fabriksdistricte schon einen Einfluss auf die Volksdichtigkeit üben, der in der Politik und den wirthschaftlichen Zuständen Englands sich spiegelt und kein günstiger mehr genannt werden kann.

Anmerkung.

[1]) Eine Vergleichung der Volksdichtigkeit in den verschiedenen Theilen der wichtigsten Staaten ergibt Folgendes.

I. In den einzelnen Staaten und den Provinzen der grösseren Staaten des Deutschen Reiches stellt sich die Volksdichtigkeit wie folgt (1875):

Preussen	74,1	Posen	55,3
Ostpreussen	50,2	Schlesien	95,4
Westpreussen	52,6	Sachsen	85,9
Brandenburg	78,4	Schleswig-Holstein	58,7
Pommern	48,5	Hannover	52,7

Westfalen	94,3	Elsass-Lothringen	105,6
Hessen-Nassau	93,7	Baden	99,9
Rheinland	141,0	Hessen	115,2
Hohenzollern	58,2	Mecklenburg-Schwerin	41,6
Bayern	66,2	Hamburg	948,4
Oberbayern	52,5	Braunschweig	88,7
Niederbayern	57,8	Oldenburg	49,9
Pfalz	108,0	Sachsen-Weimar	81,5
Oberpfalz	52,1	Anhalt	91,0
Oberfranken	79,8	Sachsen-Meiningen	78,8
Mittelfranken	80,3	Sachsen-Coburg-Gotha	92,8
Unterfranken	71,1	Sachsen-Altenburg	110,4
Schwaben	63,4	Bremen	557,5
Sachsen, Königreich	184,1	Lippe	94,6
Regierungsbezirk Bautzen	172,8	Mecklenburg-Strelitz	32,7
„ Dresden	179,4	Reuss j. L.	111,4
„ Leipzig	223,4	Schwarzburg-Rudolstadt	81,4
„ Zwickau	137,3	Schwarzburg-Sondershausen	78,8
Württemberg	96,5	Lübeck	201,3
Neckarkreis	176,7	Waldeck	48,2
Schwarzwaldkreis	95,3	Reuss ä. L.	148,5
Jagstkreis	76,0	Schaumburg-Lippe	74,8
Donaukreis	71,5	Deutsches Reich	79,1

Abgesehen von den Gebieten von Hamburg, Bremen und Lübeck, welche sich aus früher erwähnten Gründen zur Vergleichung nicht eignen, zeigt daher das mitteldeutsche Hügel- und Flachland die stärksten Volksdichtigkeitsziffern. Das Königreich Sachsen mit seiner hochentwickelten Industrie; Schlesien, die preussische Rheinprovinz und Westfalen; ferner die Reussischen Länder, ebenfalls alle mit stark ausgeprägtem industriellem Charakter; ferner der württembergische Neckarkreis, Sachsen-Altenburg, Elsass-Lothringen, Hessen, die bayerische Rheinpfalz, sämmtlich von bedeutender Fruchtbarkeit des Bodens aber auch mit starker Industriethätigkeit: Das sind die Landschaften mit der bedeutendsten Volksdichtigkeit, während die norddeutsche Tiefebene, namentlich an den Seeküsten, sowie die südbayerische Hochebene die spärlichsten Ziffern zeigen.

II. In Oesterreich-Ungarn (nach der Zählung von 1869):

Oesterreich unter der Enns	100,4	Galizien	69,4
Oesterreich ober der Enns	61,4	Bukowina	49,1
Salzburg	21,3	Dalmatien	37,7
Steiermark	50,7	Ungarn — Siebenbürgen	48,4
Kärnten	32,6	Fiume	902,3
Krain	46,7	Croatien und Slavonien	49,0
Görz, Gradiska, Istrien, Triest	75,2	Militärgrenze	34,4
Tirol und Vorarlberg	30,2	Oesterreichische Länder	67,9
Böhmen	98,9	Ungarische Länder	47,9
Mähren	90,7	Gesammtmonarchie (1869)	57,5
Schlesien	99,7	„ (1880) circa	60,9

Auch hier lassen sich die Gründe der Volksdichtigkeitsunterschiede un-
schwer erkennen: theils in der Gliederung des Bodens und seiner Ausstattung
mit Klima und Naturproducten, theils im Unterschied der Nationalitäten und
deren verschiedener geschichtlicher Entwickelung. Allerdings sind die einzelnen
Kronländer von zu verschiedener Grösse, und mehrere derselben absolut zu
gross, um verglichen werden zu dürfen. Eine Vergleichung der einzelnen
Districte der Kronländer zeigt in jedem Kronlande eine oder mehrere Dichtig-
keitsinseln (die Umgebung der grösseren Städte) und andererseits erhebliche
Lücken in den Gebirgsdistricten. Auffallend gross, aber leicht erklärlich sind
in der ganzen Monarchie wie in den einzelnen Ländern die Unterschiede der
Volksdichtigkeit.

III. In Frankreich (nach der Zählung von 1876).

Hier ist wegen der geringeren Unterschiede in der Grösse der einzelnen
Departements eine Vergleichung am ehesten gerechtfertigt. Dem Durchschnitt
des ganzen Landes (70 pro Quadratkilometer) nähern sich viele Departements
fast völlig. Unter den 87 Departements befinden sich 30 mit einer Volksdichtigkeit von 60—79. Geringe Volksdichtigkeit (40—59 pro Quadratkilometer)
haben 36 Departements und die auffallend geringe Volksdichtigkeit von weniger
als 40 zeigt sich nur in 5 Departements, nämlich in zwei Alpendepartements,
in dem gebirgigen Lozère, in Corsica und in der öden Heidelandschaft der
Landes. Bedeutend über den Durchschnitt erheben sich mit 80—99 pro Quadratkilometer 7 Departements und ganz ausnehmend stark mit 100 und darüber 9.
Die letzteren erhalten diese starken Ziffern grösstentheils durch die in ihnen
befindlichen bedeutenden Städte; aber auch durch Fruchtbarkeit des Bodens
und Mineralreichthum. Diese 9 Departements sind: Bouches du Rhône (mit der
Stadt Marseille) 109; Loire (mit der Stadt St. Etienne und ihrer industriereichen Umgebung) 124; Nord (mit den grossen Industrieplätzen Lille, Roubaix
und Valenciennes) 267; Pas-de-Calais (mit den Städten Arras, Calais, Boulogne)
120; Haut Rhin (ganz kleines Departement mit der Festung Belfort) 112;
Rhône (mit Lyon und dessen industrieller Umgebung) 253; Seine (mit Paris)
5035; Seine inférieure (mit Rouen) 132; Seine-et-Oise (mit der stark bevölkerten Umgebung von Paris) 100. Gruppirt man die Departements nach geographischer Lage, so zeigen die dichteste Bevölkerung die nordöstlichen Departements; hierauf folgen die nordwestlichen; sodann die südöstlichen; ferner die
südwestlichen und am spärlichsten bevölkert sind die 9 mittleren Departements.

IV. In Grossbritannien (nach dem Census von 1871).

In den vereinigten Königreichen ergibt sich eine Volksdichtigkeit von
100. England mit Wales allein erreicht 150, Schottland nur 43, Irland 64, die
Insel Man 92, die Normännischen Inseln 463. Im eigentlichen England wird
der Durchschnitt von 150 nur in wenigen Districten überstiegen; dann aber
auch ganz enorm. Das ist namentlich der Fall in den nordwestlichen Industrie-
bezirken. Hier hat die Abtheilung „North Western" eine Volksdichtigkeit von
419; „West Midland" 170. Der Londoner District muss natürlich ganz ausser
Vergleichung bleiben. In Schottland sind die Dichtigkeitsunterschiede ausserordentlich gross. Bei einem Mittel von 43 zeigt der Südwesten (Glasgow und
Umgebung) eine Dichtigkeit von 199; der Nordwesten nur 9, der Norden 14.

Etwas gleichmässiger ist die Bevölkerung Irlands vertheilt. Auffallend ist die starke Bevölkerung der Normännischen Inseln.

V. In Italien (nach Berechnung für 1878).

Auch hier sind die Unterschiede ziemlich bedeutende. Von den 16 Landestheilen (Compartimenti) bleiben 8 unter dem Durchschnitt des ganzen Staates, welcher 95 beträgt, einer erreicht gerade den Durchschnitt (Sicilien); und 7 übersteigen ihn. Die stärksten Ziffern haben Ligurien 166, Campanien 160, die Lombardei 155, Venetien 120, die Emilia 107, Piemont 105. Die spärlichste Dichtigkeit zeigt Sardinien mit 28, auf dem Festlande die Basilicata mit 50. Geschichtliche Ereignisse und Unterschiede der Volkssitte dürften auf die Volksdichtigkeitsunterschiede in Italien einen grösseren Einfluss genommen haben, als die Natur der Landestheile.

VI. In Russland.

Im europäischen Russland mit Polen, jedoch ohne Finnland, ergibt sich eine durchschnittliche Dichtigkeit von 14. Sofern die grosse Verschiedenheit im Gebietsumfang der einzelnen Gouvernements eine Vergleichung gestattet, ergibt dieselbe Folgendes: Von den 60 Gouvernements bleiben 12 unter dem Durchschnitt des ganzen Reiches, und zwar theils die nördlichsten, wie Archangel mit 0,4, Olonez mit 2, Nowgorod mit 8, Wologda mit 2, theils südliche und südöstliche wie Astrachan mit 3, das Gebiet der Donischen Kosaken mit 7, Taurien mit 11; ferner die östlichen: Ufa mit 11, Perm mit 7, Orenburg mit 5, Szamara mit 12; aber auch eines der mittleren und westlichen, nämlich Minsk mit 13 (hier befinden sich ungeheure Sumpflandschaften). Die stärkste Volksdichtigkeit zeigen die polnischen Gouvernements, vor allen Warschau 64, Kalisch 59, Piotrkow 56, Kielce 51, Plock 43, Radom 42, Lublin 42, Suwalki 42, Lomza 41. Von den eigentlich russischen Gouvernements zeichnen sich nur aus: Moskau mit 57, Podolien mit 46, Kiew mit 43, Poltawa und Kursk mit 42.

VII. In den Vereinigten Staaten von Nordamerika (nach dem Census von 1870).

Hier sind die Unterschiede der Volksdichtigkeit ganz ausserordentlich gross, entsprechend theils der ungemein verschiedenen Ausstattung des Bodens mit Fruchtbarkeit, Mineralschätzen etc., theils auch der im Allgemeinen erst seit ganz kurzer Zeit sich vollziehenden Culturentwickelung, welche sich aus mannigfachen Gründen auf einzelne Staaten früher, auf andere später geworfen hat. Die ansehnlichste Volksdichtigkeit weisen die am atlantischen Ocean gelegenen Staaten auf, und zwar namentlich Massachusetts mit 72, Rhode Island mit 64 und Connecticut mit 43, New Jersey 42, New-York 36, Pennsylvania 29. Aber auch unter den am längsten besiedelten Neu-Englandstaaten sind einige dünn bevölkert geblieben, wie Maine mit 6. Die südlichen Staaten, obgleich ebenfalls am atlantischen Ocean, zeigen weit geringere Ziffern; so Virginia 12, Georgia 7, beide Carolina 8. Noch spärlicher sind die Staaten am Golf bevölkert, wo Texas nur 1,1 pro Quadratkilometer aufzuweisen hat. Die inneren Staaten zeigen ganz auffallende Unterschiede. Während z. B. Ohio 25 zählt, hat Nebraska nur 0,8; Colorado 0,1. Die 3 pacifischen Staaten ergeben zusammen eine Dichtigkeit von nur 0,7; die extrem spärlichste Bevölkerung aber haben die Territorien; unter ihnen Arizona 0,03.

8

II. Abschnitt. Gang der Bevölkerung.
I. Capitel.
Veränderungen der Volkszahl.

§. 69. Uebersicht.

Ein völliges Stillstehen und Gleichbleiben der absoluten Volkszahl eines bestimmten Gebietes wäre wohl denkbar, kommt aber in Wirklichkeit nicht vor. Einen solchen Zustand bezeichnet man mit dem Ausdrucke stationär. Er ist in Wirklichkeit deshalb nicht möglich, weil die Menschheit erst mit der Entwickelung des von ihr bewohnten Planeten allmälig entstehen und sich vermehren konnte und weil die Natur, welcher der Mensch entwachsen ist und die ihn stets beeinflusst, selber niemals stille steht.

Wie der einzelne Mensch, so ist auch die Bevölkerung eines Gebietes nicht nur ein Seiendes, sondern auch ein Werdendes. Die absolute Volkszahl erleidet Veränderungen und diese Veränderungen nennt man den Gang oder die Bewegung der Bevölkerung.

Den Gang der Bevölkerung zu kennen, ist von grösster Wichtigkeit für die Beurtheilung der Volkszustände. Man bemerkt dabei:

I. Den Erfolg der Veränderungen. Dieser ist entweder:

A. Eine Vermehrung oder

B. Eine Verminderung der Bevölkerung.

II. Die Schnelligkeit der Veränderungen. Zunahme und Abnahme finden entweder mit geringerer oder mit grösserer Schnelligkeit statt. Von besonderer Wichtigkeit und besonderer Behandlung werth schien früher die Frage, wie lange eine Bevölkerung braucht, um sich zu verdoppeln.

III. Die Regelmässigkeit der Veränderungen, die grössere oder geringere Gleichförmigkeit in ihnen. Dieselben Ursachen, welche keine Bevölkerung stationär bleiben lassen, gestatten auch keiner eine völlig gleichförmige Bewegung, und es sind daher nur folgende Formen zu unterscheiden:

A. Ungleichförmig beschleunigte Zunahme.

B. Ungleichförmig verzögerte Zunahme.

C. Ungleichförmig verzögerte Abnahme.

D. Ungleichförmig beschleunigte Abnahme.

Und selbst diese Formen sind nur relative; sie gelten nur für den Zeitraum, der eben beobachtet wird. Ergibt sich also z. B. bei einer Bevölkerung, deren Gang während eines Zeitraumes von 50 Jahren man beobachtet, als Endresultat eine ungleichförmig verzögerte Zunahme, so können recht wohl in den einzelnen Jahren und Jahrzehnten dieser Periode die anderen Formen der Bevölkerungsbewegung geherrscht haben.

IV. Die Ursachen der Veränderungen. Sie sind entweder:

A. Innere, nämlich das Verhältniss der Geburten und Todesfälle. Aber hinter den Geburten und Todesfällen stehen wieder andere geheimnissvolle Ursachen, deren Erforschung eine der wichtigsten Aufgaben der Statistik bildet.

Ueberwiegt die Zahl der Geburten, so tritt eine Bevölkerungsmehrung ein, im entgegengesetzten Falle eine Minderung. Mit mehr mathematischer Schärfe ausgedrückt, würde dieser Satz lauten: Eine Vermehrung tritt ein, wenn die Intervalle in der Geburtenfolge kleiner sind, als in der Folge der Todesfälle; im entgegengesetzten Falle tritt eine Verminderung ein. Bei dieser Ausdrucksweise würde man nämlich von einzelnen Jahrgängen abstrahiren und die Geburten und Todesfälle als Dasjenige auffassen, was sie wirklich sind: als eine stetige Folge von Ereignissen.

Der innere Zuwachs einer Bevölkerung innerhalb eines bestimmten Zeitraumes hat seine bestimmte, ziemlich enge Grenze in der physischen Menschennatur und in der Natur der civilisirten Gesellschaft.

Das heisst: durch den Ueberschuss der Zahl der Geburten über die Gestorbenen kann eine Bevölkerung in einer bestimmten Zeit nicht über ein gewisses Bruchtheil der Volkszahl zunehmen.

Der innere Zuwachs wird nämlich beschränkt:

a) Durch das bestimmte Verhältniss der Anzahl derjenigen Frauen, welche Mütter werden können, zur Gesammtzahl der Bevölkerung. Dieses Verhältniss ist in civilisirten Staaten ein sehr gleichmässiges und wird durch ein Naturgesetz bestimmt.

b) Durch die Zeit, welche zwischen zwei Geburten bei einer Frau verfliessen muss.

c) Durch das Mass der nothwendigen Sterblichkeit.

d) Durch bestimmte, in der Civilisation liegende Beschränkungen des blos natürlichen Menschen, und

e) in sehr geringem Grade auch durch das Verhältniss der Zwillings- und Mehrgeburten zur Zahl der Einzelngeburten.

Nach diesen Bedingungen erscheint eine innere Vermehrung der Bevölkerung um drei Procent der Volkszahl jährlich als das Höchste, was in civilisirten Staaten an Volksvermehrung möglich ist.

8 *

Selbst in Nordamerika, wo die Volkszahl doch am schnellsten gewachsen, betrug der innere Zuwachs derselben in der günstigsten Zeit, unmittelbar nach dem Freiheitskriege, nicht ganz 3% im Jahre.

B. Aeussere Ursachen, nämlich Ein- und Auswanderungen. (Ausführliches hierüber siehe Cap. IV.)

§. 70. Vermehrung und Verminderung.

Die sämmtlichen civilisirten Völker der Gegenwart zeigen, wenn man die Völker im Ganzen betrachtet, eine Vermehrung der Bevölkerung. Als einzige, ganz auffallende Erscheinung, die mit wortloser aber furchtbar ernster Sprache Zeugniss gibt von der Lage des Volkes, zeigt sich in den Jahren 1841—1851 in Irland eine durchschnittliche jährliche Abnahme der Bevölkerung von 2,26%. Dieses Abnehmen währte auch später noch fort, wenn auch in geringerem Grade. In der Zeit von 1861—1877 betrug die Abnahme nur mehr 0,51% jährlich.

Wenn sich dagegen in kleineren Theilen grösserer Staaten eine Abnahme der Bevölkerung ergibt, so ist dies weniger bedenklich. Unter den deutschen Staaten hat eine Abnahme in Elsass-Lothringen stattgefunden, wo sie von 1871—1875 2,9% betrug. Sie erklärt sich leicht aus der gewaltigen politischen Veränderung dieses Landestheiles und darf zuversichtlich als eine vorübergehende Erscheinung angesehen werden. Zwei andere kleine Staaten des Reiches zeigen ebenfalls von 1871—1875 eine Abnahme, nämlich Mecklenburg-Strelitz um 3,4%, Waldeck gar um 6,7. Die Bevölkerung beider Staaten ist jedoch an sich zu gering, als dass diese Abnahme gegenüber dem gewaltigen Bevölkerungszuwachs des ganzen Reichs Bedenken erregen könnte. Weit bedenklicher muss es für die Statistik Frankreichs erscheinen, dass daselbst im Jahre 1872 unter 87 Departements nur noch 14 aufgeführt wurden, welche eine Bevölkerungsvermehrung seit 1866 aufzuweisen hatten (vgl. M. Block: Statistique de France, pag. 37, 1), während alle übrigen eine Verminderung zeigten.

Bei uncivilisirten Völkerschaften und Stämmen der Erde finden sich die düstersten Beispiele von Volksverminderung bis zum völligen Verschwinden. Und dieses Verschwinden vollzieht sich so rasch, dass die ziffernmässige Darstellung nicht folgen kann.

So sind seit der Einwanderung der Europäer in Nordamerika die mächtigsten eingeborenen Indianerstämme ausgestorben oder auf kümmerliche Reste hingeschwunden. In dem grossen Becken des Mississippi, von den canadischen Seen bis zum mexikanischen Golf, hat, wie alte Baudenkmäler erweisen, voreinst eine dichte Ackerbaubevölkerung gewohnt, die völlig verschwunden ist. Die Bevölkerung einzelner Südseeinseln schwindet in erschreckendem Maasse. So sank die Bevölkerung der Ladronen oder Marianen in der Südsee binnen 10 Jahren von 10.000 auf 6000 Seelen herab. (Stein und Hörschelmann, Australien.)

Innerhalb solcher Bevölkerungen, welche aus verschiedenen Racen zusammengesetzt sind, lassen sich häufig Beobachtungen über die Abnahme einer Race anstellen. Während in Nordamerika die Indianer aussterben, vermindern sich in einzelnen Theilen von Süd- und Centralamerika die weissen Bevölkerungen. So in Neugranada, in der Republik San Salvador. (Andree: Geogr. d. Welthandels, II. Bd. S. 632. 660.)

§. 71. Schnelligkeit der Bevölkerungsbewegung; Verdoppelung.

Je rapider die Aenderungen in der Zahl einer Bevölkerung vor sich gehen, um so gewaltiger müssen ihre Ursachen sein. Die schnellste Bevölkerungsbewegung zeigt sich immer da, wo plötzlich nicht nur verschiedene Völker, sondern auch grundverschiedene Systeme wirthschaftlichen Lebens aufeinander platzen. So namentlich in neugegründeten Colonien; auch in anderen uncultivirten Ländern, welche plötzlich, ohne gerade Colonien zu werden, mit allen Vorzügen und Fehlern der Civilisation in Verbindung gebracht werden. Daher die schauerliche Schnelligkeit in der Bevölkerungsminderung einiger Südseeinseln gegenüber dem riesenhaften Zuwachs, der z. B. in der Colonie Neuseeland die dortige Bevölkerung (ausschliesslich der Eingeborenen) in der Zeit von 1851—64 von 28.865 auf 171.931 steigerte.

Eine Bevölkerung, welche fortwährend anwächst, muss in bestimmter Zeit sich verdoppeln. Wenn man den jährlichen Durchschnittszuwachs kennt, ist die Berechnung der Verdoppelungsperiode nicht schwierig. So hat man Tabellen über die Verdoppelungsperioden berechnet. Nach einer solchen Tabelle tritt die Verdoppelung in folgenden Zeiträumen ein:

Bei einer jährlichen Zunahme von:	Bei jährlicher Zunahme in % ausgedrückt:	Verdoppelungszeit in Jahren:
1 : 500	0,2 %	346,92
1 : 250	0,4 „	173,63
1 : 100	1 „	69,66
1 : 50	2 „	35
1 : 30	3,333 „	21,14
2 : 25	4 „	17,67

Man hat früher die Verdoppelungsperiode sehr lang genommen. Graunt und King berechneten sie für England auf 280, resp. 600 Jahre. Petty nahm als allgemeine Verdoppelungsperiode 360, Süssmilch 100 Jahre. Letzterer sah schon ein, dass es unmöglich sei, die Geschwindigkeit des Wachsthums und der Verdoppelung so zu bestimmen, dass alle Hindernisse der Vermehrung, namentlich Krieg und Pest berücksichtigt würden.

Bekannt ist die Behauptung von Malthus, dass eine in ihrer Vermehrung ungehemmte Bevölkerung sich in 25 Jahren verdoppeln könne.

Alle derartigen Berechnungen, selbst die sorgfältigsten [1]), sind nur aufgestellt für den Fall, dass das Zunahmeverhältniss das gleiche bleibt. Da dieser Fall in Wirklichkeit kaum jemals eintreten wird, bleibt die Berechnung blos als theoretisches Beispiel giltig. Die Bevölkerungen nehmen nicht so zu wie die Capitalien, mit Zins und Zinseszins, sondern folgen in ihrer Bewegung den mannigfaltigsten Einflüssen. Es braucht keine socialen Stürme, Kriege, Seuchen, Hungerjahre, um diese Bewegung in ihrer Regelmässigkeit zu stören; sie lässt sich schon durch den leisesten unspürbaren Hauch ablenken.

Die Schnelligkeit in der Vermehrung der nordamerikanischen Bevölkerung verdient besondere Beachtung. Diese Bevölkerung hat sich in den Jahren 1790—1840, also in der Zeit des Aufschwunges nach den Freiheitskriegen vervierfacht. Einwanderung trug allerdings viel dazu bei. Wenn aber Amerikaner aus dieser Volksvermehrung mit Sicherheit schliessen wollen, dass die Republik in 100 Jahren 300 Millionen Seelen haben werde, ist dies nur eine höchst willkürliche Vermuthung.

Anmerkung.

[1]) So namentlich die Berechnungen von Wappäus. Derselbe bestimmt die Verdoppelungszeiten für einige Staaten folgendermassen:

F ü r :	Grundlage der Berechnung ist der jährliche Zuwachs		Verdoppelungs-zeit (ungefähre)
	in den Jahren	von	
Norwegen	1845—55	1,15 %	61 Jahre
Dänemark	1845—55	0,99 „	71 „
Schweden	1850—55	0,88 „	79 „
Sachsen	1852—55	0,84 „	83 „
Niederlande	1840—49	0,67 „	103 „
Sardinien	1838—48	0,58 „	119 „
Preussen	1852—55	0,53 „	131 „
Belgien	1846—56	0,44 „	158 „
Grossbritannien . . .	1841—51	0,23 „	302 „
Oesterreich	1842—50	0,18 „	385 „
Frankreich	1851—56	0,14 „	405 „
Provinz Hannover .	1852—55	0,022 „	3152 „

§. 72. Beschleunigte und verzögerte Bewegung.

Die Beobachtung der Bevölkerungsbewegung zeigt, dass beschleunigte und verzögerte Bewegungen in Wirklichkeit vielfach abwechseln.

Im Grossen und Ganzen weisen die Bevölkerungen der civilisirten Staaten mit zunehmender Dichtigkeit eine stets verzögerte Zunahme auf. Sie wachsen also stets an, doch immer um ein kleineres Stück. Vergleichungen der Staaten in dieser Hinsicht sind schwierig, theils wegen des Mangels an brauchbarem Material aus früheren Jahrzehnten, theils wegen der durch Gebietsveränderungen herbeigeführten Veränderungen in der Volkszahl der Staaten. Versucht man trotz dieser Schwierigkeiten eine Zusammenstellung der wichtigsten Staaten, so ergibt sich Folgendes:

I. Bezüglich des deutschen Reichsgebietes (in seinem heutigen Umfange) liegen officielle Berechnungen vor. Nach denselben hatte die Bevölkerung des jetzigen Reichsgebietes Ende 1816 24,831.396 betragen. Sie stieg bis Ende 1820, also in der Zeit des Friedens nach den Freiheitskriegen um 1,13% per Jahr; in jedem folgenden Jahrfünft betrug die durchschnittliche Zunahme: bis 1825 jährl. 1,31%, bis 1830 jährl. 0,88, bis 1835 jährl. 0,94, bis 1840 wieder jährl. 1,16, bis 1845 nur 0,86. Von da bis 1850 nur 0,57; in dieses Lustrum fällt das Theuerungsjahr 1847 und das Revolutionsjahr 1848. Das nächste Lustrum, bis 1855, zeigt noch geringere Zunahme, nämlich nur 0,40; in diesen Zeitraum fallen 3 Jahre besonders starker Auswanderung. Bis 1860 wieder jährl. Zunahme von 0,88%; dann bis 1865 von 0,99. Von 1865—70 wieder nur 0,58% jährl. Zunahme bei hochgesteigerter Auswanderung. Von 1870 bis 1875 endlich wieder 0,92% jährl. Zunahme. Diese Ziffern zeigen hinreichend, wie unregelmässig der Gang einer an sich bedeutenden Bevölkerung sein kann; sie weisen auch stellenweise ganz deutlich auf die betreffenden Ursachen hin [1]).

II. In Oesterreich-Ungarn ergibt sich für die österreichischen Länder in den Jahren 1830—60 ein Zuwachs von 0,84%; von 1860—78 rascher, nämlich 0,86%. In den ungarischen Ländern von 1830—60 0,21%; von da bis 1877 aber 0,55%. (S. Anm. [2]).

III. In Grossbritannien mit Irland betrug der jährliche Zuwachs von 1821—1831 durchschnittlich 1,40%, von 1831—1841 noch 1,07%, von 1841—1851 nur 0,23%. Im Ganzen von 1801—61 0,99%, von 1861 bis 1878 0,92%. (Vgl. Anm. [3]).

IV. In Frankreich war die Vermehrung der Bevölkerung seit lange eine ungleichförmig verzögerte. Sie betrug dort von 1801—1821 einen Zuwachs von jährlich 0,53%, von 1821—1831 0,67% (also in dieser Periode beschleunigt), von 1831—1841 0,50%, von 1841—1851 0,44% und von 1851—1856 0,13%. Im Ganzen von 1800—1860 noch 0,48%, von 1860—1876 nur 0,23% Zunahme. Frankreich ist unter den civilisirten Staaten derjenige, welcher am nächsten vor einer wirklichen Abnahme der Bevölkerung steht [4]).

V. Italien weist von 1800—1861 eine Zunahme von 0.61%, von 1861—1878 eine solche von 0,71% auf[5]).

VI. Unter den übrigen Staaten Europa's zeigen die meisten eine ziemlich gleichförmige, wenn auch geringe Zunahme. Besonders beschleunigte Zunahme findet sich in Portugal. Hier hatte die Zunahme von 1801—61 nur 0,39% betragen, von 1861—74 dagegen 1,17. (Vgl. die Anm. [5]) und [6]).

Anmerkungen.

[1]) Die Ziffern finden sich berechnet im statist. Jahrbuch für das Deutsche Reich, herausgeg. vom kaiserl. stat. Amt. Jahrg. 1880, S. 5.

[2]) Nach den Publicationen des Italienischen stat. Bur. „Movimento dello stato civile, anni 1862—78." Rom 1880.

[3]) Desgl., theils auch nach Wappäus Bevölkerungsstatistik.

[4]) Die Ziffern theils nach Wappäus, theils nach der erwähnten italienischen Publication.

[5]) Nach letztgenannter Publication.

[6]) Die Vermehrung der Bevölkerung in den europäischen Staaten seit Anfang des Jahrhunderts, in Procenten ausgedrückt, stellt sich wie folgt (nach dem oben wiederholt erwähnten Heft der amtl. italien. Statistik):

Staaten	Zeitraum	%	Staaten	Zeitraum	%
Italien	1800—61	0,61	Oesterreich. Länder	1830—60	0,64
"	1861—78	0,71	"	1860—78	0,56
Grossbritannien u.			Ungarische Länder	1830—60	0,27
Irland	1801—61	0,99	"	1860—77	0,55
"	1861—78	0,92	Schweiz	1837—60	0,59
Irland allein	1801—61	0,17	"	1860—78	0,60
"	1861—78	—0,46	Preussen (ohne Zu-		
Dänemark	1801—60	0,93	wachs v. 1866)	1820—61	1,21
"	1860—78	1,11	"	1861—75	0,98
Schweden	1800—60	0,82	Bayern	1818—61	0,55
"	1860—78	1,15	"	1861—78	0,54
Norwegen	1800—60	0,99	Sachsen	1820—61	1,41
"	1860—78	0,86	"	1861—78	1,56
Europ. Russland	1851—63	1,39	Württemberg	1834—61	0,34
"	1863—75	1,11	"	1861—78	0,76
Polen insbesondere	1823—58	0,72	Niederlande	1795 bis	
"	1858—77	1,95		1859	0,71
Serbien	1834—59	1,92	"	1859—77	0,95
"	1859—78	1,19	Belgien	1831—60	0,76
Griechenland	1821—61	1,22	"	1860—78	0,82
"	1861—77	0,97	Frankreich	1800—60	0,48
Portugal	1801—61	0,39	"	1860—77	0,23
"	1861—74	1,17	Spanien	1800—60	0,66
			"	1860—77	0,25

II. Capitel.
Das Werden der Bevölkerung.

§. 73. Uebersicht.

Das Werden der Bevölkerung hat seinen Grund in der Zahl und den Arten der Geburten. Die Geburten, als eine Masse von Erscheinungen, deren Abhängigkeit von stetigen und wechselnden Ursachen schon der unmethodischen Beobachtung auffällt, bilden einen Hauptgegenstand der statistischen Beobachtung. Zwar die absolute Zahl der jährlichen Geburten eines bestimmten Gebietes ist nur von geringer Bedeutung. Hochwichtig aber wird diese Zahl, verglichen mit anderen Erscheinungen.

Vergleicht man die Zahl der Geburten oder richtiger die Dichtigkeit der Geburtenfolge eines bestimmten Zeitraumes und Gebietes mit der Zahl der gleichzeitigen Todesfälle (besser Dichtigkeit der Absterbensfolge), so erhält man als Resultat die innere Bewegung der Bevölkerung.

Vergleicht man die Zahl der Geburten eines Zeitraumes mit jener anderer gleich grosser Zeiträume, so findet man eine Regelmässigkeit, welche uns nicht überrascht, weil wir gewohnt sind, sie als eine vom freien Willen des Menschen nur wenig beeinflusste Naturerscheinung anzusehen. Aber es ist an den Gründen dieser Erscheinung zu untersuchen, was der Natur, was dem Menschen angehört.

Vergleicht man die Zahl der Geburten mit der Zahl der im entsprechenden Zeitraume Lebenden, so erhält man eine sehr beachtenswerthe Ziffer, welche die Fruchtbarkeit der Bevölkerung ausdrückt; und vergleicht man insbesondere die Zahl der ehelichen Geburten mit jener der jährlichen Trauungen oder der bestehenden Ehen, so erhält man die Fruchtbarkeit der Ehen als Resultat.

Die Zahl der Geburten gegenüber der Gesammtbevölkerung drückt an sich noch keinen günstigen Zustand aus. Sie darf nicht allein, ohne Berücksichtigung der gleichzeitigen Sterblichkeit beobachtet werden.

Diese Zahl ist nur die Summe der ehelichen und der unehelichen Fruchtbarkeit und also die Summe zweier Grössen, welche sehr verschiedene Zustände wirthschaftlichen und sittlichen Glückes ausdrücken.

§. 74. Höhe der Geburtenziffer.

Die Geburtenziffer ist die Proportion der Zahl der Geburten eines Jahres gegenüber der ganzen Volkszahl. Sie wurde früher häufig so ausgedrückt, dass man angab, auf wie viele Einwohner jährlich eine

Geburt traf. In neuerer Zeit jedoch drückt man sie ebenso wie die Sterblichkeitsziffer etc. durch Procentsätze oder Promillesätze aus.

Zur Feststellung dieses Verhältnisses war demnach eine doppelte Grundlage erforderlich. Man musste die Zahl der Lebenden durch Volkszählungen, die Zahl der Geburten des Jahres durch genaue Geburtslisten kennen.

Hier stösst man jedoch auf eine beachtenswerthe Schwierigkeit. Bei der Aufsuchung der Geburtenziffer lag es am nächsten, schlechtweg die im Beobachtungsjahre oder in einem früheren Jahre durch Volkszählungen gefundene Zahl der lebenden Bevölkerung durch die Zahl der jährlichen Geburten zu dividiren. Dies ist ein grober Fehler. Denn da sich die Volkszahl fortwährend ändert, darf man nicht willkürlich die Geburtenzahl eines Jahres mit derjenigen Volkszahl vergleichen, die sich in diesem oder jenem beliebigen Zeitpunkte des Beobachtungsjahres oder eines früheren Jahres ergeben hat. Diese Ueberzeugung musste die Statistiker veranlassen, als Dividend diejenige Volkszahl zu nehmen, welche sich etwa um die Mitte des Jahres ergab, aus welchem man die Geburten als Divisor genommen hatte. Aber hiedurch wird der Fehler blos etwas abgeschwächt, keineswegs gänzlich beseitigt. Es geht nicht an, eine Thatsache als feststehend anzunehmen, die sich fortwährend ändert.

Man darf also weder die Bevölkerung sich als etwas auch nur ein Jahr lang Gleichbleibendes vorstellen, noch darf man sich zu der willkürlichen Vorstellung verleiten lassen, als seien alle Geburten, die während eines Zeitabschnittes stattfinden, in einem einzigen Punkt dieses Zeitabschnittes zusammengedrängt. Könnte man für jede Stunde oder wenigstens für jeden Tag des Jahres die wirkliche Volkszahl ermitteln und aus den einzelnen Daten die Durchschnittssumme der im ganzen Jahre lebenden Bevölkerung ziehen, so wäre dieses Durchschnittsergebniss die Grösse, mit welcher die Geburtenzahl des Jahres etwa verglichen werden dürfte.

Wenn nun trotz der Fehlerhaftigkeit der obenerwähnten Berechnungsweise hier mit so berechneten Zahlen operirt wird, so geschieht dies nur deshalb, weil richtigere Zahlen eben nicht zur Verfügung sind.

Die Geburtenziffer allein kann den Gang der Bevölkerung nicht bestimmen. Sie kann dies nur im Zusammenhange mit der Zahl der Todesfälle. Wenn z. B. bei einer Bevölkerung von 3 Millionen jährlich 100000 Geburten stattfänden, bei einer anderen gleich grossen Bevölkerung blos 50000, so ergibt sich daraus noch nicht, ob die eine oder die andere dieser Bevölkerung zunimmt. Denn es könnte die erste auch 100000 und die zweite blos 50000 Todesfälle haben.

In Europa stellte sich diese Ziffer in den letzten Jahrzehnten so, dass durchschnittlich auf 1000 Einwohner etwa 30 Geburten treffen. Diese Ziffer schwankt jedoch in den verschiedenen Staaten und auch innerhalb eines und desselben Staates. Als ihre äussersten Grenzen findet man 25,5 Promille und 49,5 Promille in ganzen Staaten; in kleineren Räumen sind die Unterschiede noch grösser. Einzelne Provinzen europäischer Staaten zeigen nämlich Geburtenziffern bis zu 62,5 Promille, (d. i. auf 16 Einwohner eine Geburt); andere nur bis zu 18,5 Promille (auf 54 Einwohner eine Geburt).

Anmerkung.

Die Geburtenziffer in den europäischen Staaten, ausschliesslich der Todtgeborenen beträgt (nach der amtl. Publication „Movimento dello stato civile, anni 1862—78", Rom 1880):

Länder	Durch-schnitt der Jahre	Geburten auf 100 Einw	Länder	Durch-schnitt der Jahre	Geburten auf 100 Einw
Italien	1865—78	3,70	Croatien und Sla-		
Frankreich . . .	1865—77	2,58	vonien	1870—78	4,41
England m. Wales	1865—78	3,56	Schweiz		3,08
Schottland . . .	„	3,52	Belgien	1865—78	3,21
Irland	„	2,67	Niederlande . . .	1865—77	3,56
Deutsches Reich	1872—78	3,95	Schweden	1865—78	3,04
Preussen	1865—78	3,87	Norwegen	„	3,05
Bayern	„	3,94	Dänemark . . .	„	3,10
Sachsen	„	4,17	Finnland	„	3,47
Thüring. Staaten	„	3,66	Spanien	1865—70	3,57
Württemberg . .	„	4,34	Griechenland . .	1865—77	2,58
Baden	1866—78	3,79	Rumänien	1870—77	3,04
Oesterreich (westl.			Serbien	1865—78	4,20
Reichshälfte) .	1865—78	3,88	Europ. Russland .	1867—75	4,95
Ungarn	1865—77	4,38	Russisch Polen .	1865—77	4,23

In Städten Europa's (und Nordamerika's) stellt sich die Geburtenziffer wie folgt (nach Körösy: Statistique internationale des grandes villes. Budapest 1876). Auf 1000 Lebende treffen Geburten:

Budapest	(1875) 45,4	Palermo	(1871) 31,9
Wien	(1874) 38,4	Venedig	(1875) 29,5
Prag	(1869) 42,6	Mailand	(1871) 29,5
Triest	(1870) 39,8	Philadelphia	(1870) 25,5
München	(1871) 37,2	Stockholm	(1864—73) 33,4
Frankfurt a. M.	(1875) 30,9	Christiania	(1972) 35,3
Leipzig	(1866—75) 32,8	Kopenhagen	(1870) 31,1
Stuttgart	(1871) 34,4	Petersburg	(1869) 28,1
Hamburg	„ 34,6	Moskau	(1871) 33,3
Rom	„ 27,7	Odessa	(1873) 27,8
Turin	(1872) 26,9	Gent	(1865) 32,9

Lüttich	(1866) 32,2	Köln	(1875) 42,8
Antwerpen	„ 33,8	Breslau	„ 41,2
Haag	(1869) 34,5	Neapel	(1871) 35,1
Rotterdam	(1869) 38,4	Paris	(1869—75) 30,3
Berlin	(1871) 33,3	London	(1871) 34,5
Dresden	(1875) 37,5		

§. 75. Einfluss des Ortes und Klimas.

So nahe auch die Anschauung liegt, dass Grund und Boden als Unterlage der Bevölkerung auch die natürlichste Einwirkung auf das Werden der Bevölkerung hat und dass ebenso auch das Klima, welches ja dem Boden sein äusseres Gewand verleiht, seine Einflüsse hier mit Macht spielen lässt: so haben doch die Untersuchungen über diese Einflüsse zu keinen Resultaten geführt. Und zwar einestheils wegen Unzuverlässigkeit der Daten, anderntheils wegen der vielen fremden Umstände, welche den Gegenstand verdunkeln. Denn neben den klimatischen Einflüssen wirken auch noch die materiellen und sittlichen Culturverhältnisse oft sogar vorherrschend.

Vergleicht man die Geburtenziffer mehrerer Bevölkerungen, so findet man oft zwischen benachbarten Ländern mit gleichem Klima eben solche, wenn nicht grössere Verschiedenheiten, als bei den entlegensten Ländern mit ganz entgegengesetzten klimatischen Verhältnissen.

Anmerkung.

Dies zeigt beispielsweise folgende Zusammenstellung von Geburtenziffern aus den verschiedensten Theilen der Erde.

Croatien und Slavonien	(1877) 4,41 %
Finnland	„ 3,80 „
Martinique	(1876) 3,32 „
St. Pierre und Miquelon	„ 3,26 „
Französische Colonien in Indien	„ 3,23 „
Tasmanien	(1877) 2,99 „
Insel Réunion	(1876) 2,41 „
Französisch Guyana	„ 1,36 „
Französische Besitzungen am Senegal	„ 0,47 „

Es ist ganz unmöglich, zwischen diesen Geburtenziffern und der geographischen Lage der Orte eine Beziehung aufzufinden.

Wappäus (Bevölkerungsstatistik I, S. 155) berichtet, dass auf Martinique (1841—43) bei der dortigen weissen Bevölkerung eine Geburtenziffer von 1 : 39,16 herrschte; bei den freien Farbigen dagegen (1840—43) eine solche von 1 : 25,90.

Hieraus ergibt sich, dass Abstammung und Lebensweise jedenfalls einen so grossen Einfluss auf die Geburtenziffer nehmen, dass der Einfluss des Ortes und Klimas dadurch ganz in den Hintergrund gerückt wird.

§. 76. Einfluss des Alters.

Nach Beobachtungen auf Grundlage der Geschlechtsregister englischer Pairs fand man [1]) zuerst, dass unter sonst gleichen Umständen die Fruchtbarkeit der Ehen im Verhältniss zu dem vorgerückten Alter der Eheleute abnimmt. Im Allgemeinen hat man freilich diese Beobachtung längst auch ohne Statistik gemacht; letzterer blieb es indessen vorbehalten, diesen Einfluss des Alters zu messen. Man hat ferner gefunden, dass die Fruchtbarkeit der Ehen ihren höchsten Werth erreicht, wenn die Eltern gleich alt sind oder wenn der Mann 1—6 Jahre älter ist als die Frau.

Das weibliche Geschlecht allein zeigte eine Zunahme der Fruchtbarkeit von 12 bis zu 27 Jahren. Quételet fasste die bezüglich der Einwirkung des Alters auf die Geburtenhäufigkeit gefundenen Resultate in folgendem zusammen:

Allzu früh geschlossene Ehen fördern die Unfruchtbarkeit. Vom 33. Jahr bei Männern, vom 26. bei Frauen fängt die Fruchtbarkeit geringer zu werden an. Zu dieser Frist erreicht sie ihren Höhepunkt. Unter sonst gleichen Umständen ist sie am grössten, wo der Mann mindestens eben so alt oder um wenig älter ist als die Frau.

Neuere Untersuchungen haben zwar gleichfalls einen Einfluss des Alters und der körperlichen Beschaffenheit der Eltern auf die Häufigkeit der Geburten gezeigt; aber eine genaue Messung dieses Einflusses erfordert noch breitere ziffermässige Grundlagen [2]).

Anmerkungen.

[1]) Sadler, nach ihm Quételet.
[2]) Engel, Bewegung der Bevölkerung in Sachsen.

§. 77. Einfluss der Volksdichtigkeit.

Man hat behauptet, die Geburtenziffer stehe im innigsten Zusammenhange mit der Volksdichtigkeit. Diese Annahme gründet sich auf die Erwägung, dass mit der Zunahme der Volksdichtigkeit eines Landes auch die Schwierigkeit des Unterhaltes einer Familie sich steigert.

Doch ist diese Behauptung noch nicht erwiesen; noch viel weniger das vermeintliche Gesetz, dass die Fruchtbarkeit der Bevölkerung sich umgekehrt wie ihre Dichtigkeit verhalte. Dies zeigt sich sofort bei der Vergleichung mehrerer Länder nach Geburtenziffer und Volksdichtigkeit [1]).

Man wird daher die Geburtenziffer mit der Volksdichtigkeit nur insofern in Verbindung bringen können, als die letztere gleichsam ein Gesammtausdruck für alle geographisch verschiedenen Verhältnisse ist.

Anmerkung.
[1]) Man vergleiche folgende Zusammenstellung:

Länder	Volks-dichtigkeit	Geburtenziffer (1862—78)%	Rang nach der Geburtenziffer
Belgien	186	3,21	8
Niederlande	128	3,56	7
Italien	95	3,70	5
Deutsches Reich	79	3,98	3
Frankreich	70	2,58	12
Oesterreich (Westhälfte) . . .	67	3,88	4
Ungarische Länder	47	4,18	2
Spanien	33	3,57	6
Griechenland	33	2,88	11
Serbien	32	4,30	1
Schweden	10	3,04	10
Norwegen	6	3,05	9

§. 78. Einfluss der Jahrgänge.

Der entschiedene Einfluss der Jahrgänge auf die Geburtenziffer ist durch eine Reihe von Untersuchungen bewiesen [1] [2]. Die Fruchtbarkeit der Ehen eines Landes innerhalb eines Jahrhunderts ändert sich nicht auffallend, wenn man die zufälligen Einflüsse einzelner mehr oder weniger günstiger Jahrgänge dadurch beseitigt, dass man längere Zeiträume zur Vergleichung wählt. Seuchen, Theuerungsjahre üben den deutlichsten Einfluss auf die Geburtenziffer aus [2].

Jede Entbehrung hält die Entwickelung des Menschengeschlechts auf. Ihre Einwirkung auf die Bevölkerungsbewegung ist dabei keine momentane. So machen sich namentlich Theuerungsjahre in ihrer Einwirkung auf die Geburtenziffer regelmässig erst dann fühlbar, wenn fast ein Jahr seit der Theuerung verflossen ist. Oft zeigen sich die Folgen noch später. Die Schwankungen in den Lebensmittelpreisen der einzelnen Jahrgänge und in der Geburtenziffer sind nicht von gleicher Lebhaftigkeit, weil die physischen Verhältnisse des Menschen nicht so beweglich sind wie die sachlichen, und weil neben den gerade beobachteten Einflüssen noch andere wirksam sind. Den Einfluss einer Theuerung beobachtend, muss man stets berücksichtigen, ob wirklich alle Lebensmittel theurer geworden sind oder nur eine Gattung. Oft z. B. sind die Fleischpreise den Getreidepreisen umgekehrt proportional.

In einzelnen Jahrgängen machen sich auch noch andere Einflüsse geltend, als diese volkswirthschaftlichen.

So zeigte z. B. Engel für Sachsen im Jahre 1849 trotz mittlerer Getreidepreise und hoher Fleischpreise eine ganz auffallend starke Häufigkeit der Geburten. Hier machte sich eben neben den Lebensmittelpreisen ein anderer Einfluss geltend. Augenscheinlich ist es die freisinnige politische

Bewegung des Jahres 1848, welche diese Geburtenziffer bewirkte. Ob sie nachhaltig war, ist eine andere Frage [2]).

Anmerkungen.

[1]) Die von Süssmilch sind die ältesten. Vgl. namentlich die Tabellen zum I. Bd. der „Göttlichen Ordnung".

[2]) Quételet zeigte dies an einer Tabelle über die Bevölkerungsbewegung der Niederlande in den Jahren 1815—26. Das Jahr 1817, als der Getreidepreis weit über das Doppelte des Durchschnittes dieser Jahre stieg, hatte eine bedeutende Verminderung der Geburten zu Folge.

[3]) Den gleichen Beweis liefert v. Hermann für die Bewegung der Bevölkerung Bayerns. Vgl. Die Bewegung der Bevölkerung im Königr. Bayern. Herausgeg. v. K. statist. Bureau. 1863, S. 88. — Vgl. auch: Statist. Mittheilungen aus dem Königr. Sachsen: die Bewegung der Bevölkerung. 1852. S. 24.

[4]) Die merkwürdigsten zeitlichen Schwankungen der Geburtenziffer zeigen junge Colonien. So führt Wappäus eine Geburtenziffer an:

in Neu-Süd-Wales (1841—42) von 1 : 24,1
" " " (1849—54) " 1 : 28,6
" Süd-Australien (1840—42) " 1 : 41,7
" " (1854—55) " 1 : 24,7

Grösseres oder geringeres Ueberwiegen der männlichen über die weibliche Einwanderung ist die leicht erklärliche Ursache. (Wappäus, Bevölkerungsstatistik I, S. 155.)

§. 79. Einfluss der Jahreszeiten.

Der Umstand, dass bei den Thieren die Fortpflanzung der Art periodischen Einflüssen unterworfen ist, welche mit dem Wechsel der Jahreszeiten zusammenhängen, legt es nahe, solche Einflüsse auch beim Menschen zu vermuthen; obgleich hier von vornherein anzunehmen war, dass die Civilisation, namentlich in den Städten diese Einflüsse abschwächen musste. Der Wechsel der Jahreszeiten beeinflusst nicht allein den Wechsel der Temperatur und der Witterung, sondern auch andere Umstände, welche geeignet sind, auf die Geburtenhäufigkeit einzuwirken, und welche andererseits mit dem gesellschaftlichen Leben des Menschen zusammenhängen.

Um den Einfluss der Jahreszeiten auf die Häufigkeit der Geburten zu beobachten, müsste man natürlich nicht die Monate, in welchen die Geburten erfolgen, ins Auge fassen, sondern diejenigen Monate, in welchen die den Geburten entsprechenden Conceptionen vorangingen. Hiebei musste sich ein Einfluss derjenigen Jahreszeiten ergeben, welche man als Epochen der Ruhe und Arbeitserholung beobachtet, und jener, welche sich durch reichliche Nahrungsmittel und erhöhtes gesellschaftliches Leben auszeichnen. Erniedrigend auf die Häufigkeit der Geburten (resp. Conceptionen) wirken die Zeiten der beschwerlichen Arbeit (Erntezeit), der Lebensmitteltheuerung. die strenge Beobachtung der Fastenzeit. (Untersuchungen über den Einfluss der letzteren wären besonders in jenen Ländern, deren Bevölkerung der

streng fastenden griechischen Kirche angehörte, interessant.) Die Umstände,
welche den Menschen kräftigen, erhöhen seine Fruchtbarkeit und umgekehrt.

Anmerkung.

Eingehende Untersuchungen über diese Erscheinung finden sich bei
Wappäus, a. a. O. S. 234 ff., wo auch die werthvollsten älteren Arbeiten hierüber von Wargentin, Villermé und Quételet ausführlich erwähnt sind. Wappäus
stellte die Bewegung der Geburtenzahl nach Monaten für Sardinien, Belgien,
Niederlande, Sachsen, Schweden und Chile zusammen und fand bei diesen Bevölkerungen deutlich in jedem Jahre ein zweimaliges Steigen und Fallen dieser
Zahl. Er fand ferner, dass diese beiden Bewegungen in allen Ländern der Jahreszeit nach sehr nahe übereinstimmen. In den europäischen Staaten zeigte sich
das erste Maximum im Februar und März, das zweite im September. Die Ursache der ersten Steigung ist wohl überwiegend physischer Natur: die Zeit, die
alles organische Leben neu erweckt. Die Ursache der zweiten Steigung (wo die
Conceptionen in den December fallen) kann nicht physischer, sondern muss
socialer Natur sein. Es ist diese Ursache wohl die in den Monat December nach
der Erntezeit fallende Zeit der häuslichen Behaglichkeit und besseren Ernährung.

Die Ursachen beider Steigungen lassen sich in den verschiedenen Ländern
verfolgen. Man erkennt deutlich, in welchen Ländern die socialen, in welchen
die physischen Ursachen der Steigung vorherrschen und wie sie zu erklären
sind. Am wenigsten regelmässig ist dieses Steigen und Fallen in Sachsen und
es lässt sich dies aus dem vorzugsweise industriellen, von physischen — mit
den Jahreszeiten zusammenhängenden — Einflüssen weniger beherrschten socialen Charakter der sächsischen Bevölkerung erklären. Am schärfsten sind unter
den beobachteten Staaten diese Contraste der Vertheilung der Geburtenzahl
nach Jahreszeiten in Chile ausgedrückt. In diesem Lande mit junger Cultur
findet sich die Abhängigkeit der Geburtenzahl von den physischen und socialen
Einflüssen der Jahreszeiten gesteigert — ganz entsprechend dem Charakter einer
vorzugsweise aus Rohproducenten bestehenden Bevölkerung.

Von neueren Beobachtungen über diesen Gegenstand sei nur eine Tabelle
erwähnt, welche sich auf das Deutsche Reich bezieht (in den Vierteljahrsheften
zur Statistik d. Deutschen Reiches, XX. Bd. 2. Heft 1. Abth., S. 52).

Von 100 Geburten des ganzen Jahres kommen auf den Monat	im Jahre		
	1872	1873	1874
Januar	8,51	8,53	8,76
Februar	8,08	8,24	8,01
März	9,11	8,70	8,71
April	8,68	8,09	8,05
Mai	8,56	8,07	8,11
Juni	7,71	7,67	7,69
Juli	8,04	8,16	8,18
August	8,28	8,39	8,27
September	8,47	8,65	8,74
October	8,20	8,46	8,62
November	7,99	8,31	8,44
December	8,37	8,43	8,42

Wenn auch die doppelte Hebung und Senkung hier nicht in jedem Jahre sich präcis wiederholt, so zeigt sich doch immerhin deutlich die starke Geburtenziffer im ersten Quartal (entsprechend den Conceptionen der Frühlingsmonate des Vorjahres) und gleichmässig in allen drei Jahren diejenige des Monats September (entsprechend den Conceptionen des vorhergegangenen Decembers).

§. 80. Einfluss von Stand, Beruf und Wohnort.

Der Einfluss von Stand und Beruf auf die Geburtenziffer scheint durch andere Einflüsse verdeckt zu werden. Von grosser Bedeutung dürfte er um so weniger sein, als ja die Veränderungen, welche die Lebensweise des Menschen durch seinen Beruf erleidet, überall andere sind.

Insofern der Unterschied von Stadt und Land mit dem Beruf der Bevölkerung und mit ihrer Arbeit auf das innigste zusammenhängt, ist derselbe hier zu beachten. Den Einfluss des Berufs auf die Geburtenziffer untersuchend, muss man daher zunächst städtische und ländliche, industrielle und landwirthschaftliche Bevölkerung prüfen. (Die Begriffe städtische und industrielle Bevölkerung einerseits, ländliche und ackerbautreibende Bevölkerung andererseits sind keineswegs identisch, weil in manchen Landschaften industrielle Thätigkeit und entsprechende Lebensweise auch in den Dörfern sich findet.) So eingehend die Untersuchungen auch sind, welche in dieser Hinsicht angestellt wurden, so haben dieselben dennoch keine allgemein giltige Regel zu Tage gefördert [1]. Die gemachten Erfahrungen sind zu widersprechend. Man fand in Sachsen eine geringere Fruchtbarkeit der Städte als der Dörfer; in Bayern ist nach langjährigen Beobachtungen die städtische Fruchtbarkeit wenigstens um $1/_3$ geringer, als die ländliche [2]; anderwärts das Gegentheil [3] [4].

Es scheint aber auch die städtische Geburtenziffer an sich ein Gegenstand zu sein, der wohl schwer unter irgend eine Regel zu bringen ist und daher auch nicht mit der ländlichen Geburtenziffer in ein constantes Verhältniss gebracht werden kann [5].

Anmerkungen.

[1] Engel hat dies zuerst in gründlichster Weise gethan (in den Statist. Mittheilungen aus dem Königr. Sachsen: Die Bewegung der Bevölkerung. Dresden 1852). Bezüglich des Unterschiedes der Geburtenziffer städtischer und ländlicher Bevölkerung bemerkte er eine kleinere Fruchtbarkeit der Städte als der Dörfer. Indessen darf man daraus keine zu kühnen Schlüsse ziehen, denn die Zahl der Beobachtungen war verhältnissmässig gering. Man darf die für das Königreich Sachsen mit seinen aussergewöhnlichen Bevölkerungsverhältnissen gefundene Wahrnehmung nicht ohne Weiteres verallgemeinern und als eine für jeden Staat giltige Regel hinstellen.

Dagegen unterschied Engel die vorzugsweise Ackerbau treibenden Ortschaften von jenen, welche vorzugsweise gewerbliche und Handel treibende

Bevölkerung haben. Er fand, dass während im ganzen Königreich Sachsen in der Zeit von 1840- 49 die Geburtenziffer 1 : 24.46 betrug, sie in den Ortschaften mit vorzugsweise Ackerbau treibender Bevölkerung auf 1 : 25,89 und in jenen mit Gewerbe oder Handel treibender Bevölkerung 1 : 23,72 sich stellte.

Dadurch ist klar geworden, dass die industrielle Bevölkerung in einer gegebenen Zeit mehr Geborene erzeugt, als die Ackerbau treibende. Und neben dieser grösseren Fruchtbarkeit bedingt der vorwaltend gewerbliche Charakter auch eine grössere Volksdichtigkeit.

¹) v. Hermann: Die Bewegung der Bevölkerung im Königr. Bayern. Herausgeg. v. kgl. statistischen Bureau. München 1863. S. 89.

²) Man vergleiche nur die von Wappäus, Allg. Bevölkerungsstatistik II, S. 481 mitgetheilte Tabelle. Nach derselben stellt sich die städtische Geburtenfrequenz höher als die ländliche in: Frankreich, den Niederlanden, Belgien, Dänemark, Sachsen; niedriger dagegen in: Schweden, Schleswig und Holstein, Württemberg, Hannover, Preussen.

³) Vergleicht man die deutschen Staaten (resp. Preussen die Provinzen) nach dem Wohnsitz der Bevölkerung und zugleich nach der Geburtenziffer, so lässt sich ebenfalls keine bestimmte Regel für dieses Verhältniss aufstellen. Unter den deutschen Ländern zeigen besonders vorwiegende ländliche Bevölkerung (1875): Hohenzollern (wo nur 10,8 % der Bevölkerung in Orten über 2000 Seelen wohnen), Waldeck (12,8 %), Lippe (17,3 %), Oldenburg (17,7 %), Ostpreussen (21,7 %), Posen (22,5 %), Schwarzburg-Rudolstadt (23,3 %), Schaumburg-Lippe (24,3 %). Die Geburtenziffer beträgt bei Hohenzollern 4,15 %: Waldeck 3.71: Lippe 3,92; Oldenburg 3,53; Ostpreussen 4.14: Posen 4,57: Schwarzburg-Rudolstadt 3,65; Schaumburg-Lippe 3,42 %. Demnach finden sich besonders hohe wie besonders niedrige Geburtenziffern in solchen Ländern, deren Bevölkerung vorzugsweise in kleinen Orten wohnt. Umgekehrt zeigt ein fortgesetzter Vergleich, dass auch besonders hohe wie besonders niedrige Geburtenziffern sich in Ländern mit vorzugsweise städtischer Bevölkerung finden. Das Stadtgebiet Lübeck hat eine (für Deutschland) niedrige Geburtenziffer von 3.42 %; Sachsen dagegen, wo über 52,7 % der Bevölkerung in Ortschaften über 2000 Seelen wohnen, weist die ausnehmend starke Geburtenziffer von 4,40 % auf.

⁴) In Bayern stellte sich (nach oberwähnter officieller Publication) für die Jahre 1835—40 die Geburtenziffer der Städte wie folgt: Schwabach 3,61 %: Nördlingen 3,51: Memmingen 3,39: Fürth 3,37; Hof 3,25: Erlangen 3,20: Nürnberg 3,19; Kaufbeuern 3,16: Landshut 3,15; München 3,10: Schweinfurt 3.07: Bamberg und Würzburg 2.95: Eichstädt 2,87: Regensburg 2,84: Rothenburg 2,77: Dinkelsbühl 2.69: Straubing 2.66: Augsburg 2,64; Neuburg 2.60; Kempten 2.55: Ingolstadt 2.53: Ansbach 2,44; Bayreuth 2,11; Lindau 2,08: Amberg 1.99: Passau 1,76: Aschaffenburg 1,66 %. — Diese Ziffern zeigen zunächst wie weit die städtische Geburtenziffer in einzelnen Fällen unter ihren Durchschnitt (welcher hier für alle unmittelbaren Städte 2,68 % betrug) herabgehen kann: wie selbst blühende Industriestädte (wie z. B. Augsburg) mit ihrer starken industriellen Bevölkerung unter jene Durchschnitte herabgehen können und wie überhaupt die städtische Geburtenziffer sich als eine sehr regellose Grösse darstellt. Das ergibt sich auch aus folgender Zusammenstellung.

Vergleicht man die Geburtenziffern der Länder mit denen ihrer bedeutendsten Städte, so ergibt sich folgendes Resultat. Auf 100 Lebende treffen Geburten:

Preussen	(1871)	3,37	Italien	(1871)	3,70
Berlin	„	3,33	Rom	„	2,77
Bayern	„	3,64	Neapel	„	3,51
München	„	3,72	Palermo	„	3,19
Sachsen	(1875)	4,35	Mailand	„	2,95
Dresden	„	3,76	Schweden	(1865/78)	3,04
Württemberg	(1871)	4,09	Stockholm	(1864/73	3,34
Stuttgart	„	3,44	Norwegen	(1872)	2,98
Oesterreich	(1874)	3,91	Christiania	„	3,53
Wien	„	3,84	Russland	(1869)	4,89
Ungarn	(1875)	4,49	Petersburg	„	2,81
Budapest	„	4,54	Russland	(1871)	5,02
Frankreich	(1865/77)	2,56	Moskau	„	3,33
Paris	(1869/75)	3,03	Niederlande	(1869)	2,83
England	(1871)	3,57	Haag	„	3,45
London	„	3,45	Rotterdam	„	3,85

§. 81. Einfluss der Sittlichkeit u. s. w.

Da die Sittlichkeit an und für sich schon eine Erscheinung ist, welche der Statistik schwer zugänglich bleibt, ist es auch nicht leicht, ihren Einfluss auf die Fruchtbarkeit der Bevölkerung zu erkennen. Culturhistoriker, Geographen, Nationalökonomen, Politiker und Mediciner haben zwar durch Anführung zahlreicher einzelner Fälle gezeigt, wie mächtig Unsittlichkeiten aller Art die Volksvermehrung beeinträchtigen. Die Weibergemeinschaft roher Völker wirkt vermindernd auf die Fruchtbarkeit, wie die Vielweiberei oder die in einzelnen Ländern Hochasiens übliche Vielmännerei; die Unfruchtbarkeit der Freudenmädchen ist notorisch und nicht minder hat die Geschichte das rasche Sinken jener Völker gezeigt, deren Kraft von unnatürlichen Lastern zerfressen ward. Die Ziffern der Statistik wären fast unnöthig, um noch die Beweise zu liefern, wo man ganze Völker, die einst an der Spitze der Civilisation einherschritten, in ihren Lastern dahinsiechen sah; nur zeigt die Culturgeschichte nicht exact genug, ob grosse Sterblichkeit oder geringe Fruchtbarkeit den grösseren Antheil an diesem Verfalle hat.

Dagegen ist Willenskraft und Vorsicht offenbar gleichfalls von entscheidendem Einflusse auf die Geburtenfrequenz. Wer in unsicherer wirthschaftlicher Lage sich befindet, wird sich, wenn Willenskraft und Vorsicht ihm eigen sind, scheuen, eine Familie zu begründen, während da, wo Rohheit oder Elend diese Mächte nicht zur Geltung kommen lassen, der Mensch, unbekümmert um die Zukunft, von thierischen Trieben sich hin-

9 *

reissen lässt. Ein auffallendes Beispiel von den Folgen der Armuth und Entsittlichung einer Bevölkerung bietet die mexikanische Provinz Guanaxuato mit einer Geburtenziffer von 1:16.₆₉ oder 6.₂₁% (der freilich auch eine Sterblichkeit von 1:19.₇₉ oder 5.₀₇% gegenüber steht). Man schreibt diese ungewöhnlich starke Geburtenziffer dem Klima zu, das einestheils durch den Reichthum seiner Vegetation den Menschen vor Nahrungssorgen sichert, anderntheils die Willenskraft der Bevölkerung ihren thierischen Trieben gegenüber lahm legt. Da sind „Myriaden von Kindern, die grösstentheils nicht einmal das Säuglingsalter überleben" (Quételet).

§. 82. Einfluss politischer und religiöser Verhältnisse.

Bei dem innigen Zusammenhange, der zwischen den politischen Institutionen und der politischen Lage einerseits, dem wirthschaftlichen und socialen Glücke der Bevölkerung andererseits besteht, ist eine Einwirkung jener auf die Geburtenziffer als etwas fast nothwendiges und leicht erklärliches anzunehmen.

„Die politischen und religiösen Vorurtheile, sagt Quételet, „scheinen zu allen Zeiten günstig auf die Fortpflanzung der menschlichen Gattung gewirkt zu haben: in einer grossen Fruchtbarkeit glaubte man unzweifelhafte Zeichen des himmlischen Segens und des Wohlstandes zu erkennen, ohne zu beachten, ob die Geburten auch im Verhältniss stehen mit den Unterhaltsmitteln".

Es wird jedoch immer ziemlich schwierig sein, den Einfluss politischer und religiöser Verhältnisse auf die Geburtenziffer so weit von anderen, ihn verdunkelnden Einflüssen zu isoliren, dass er messbar wird.

So theilt Quételet mit (nach d'Ivernois, wie die Bevölkerung der Normandie zur Zeit des ersten französischen Kaiserreichs die durch den Krieg entstandenen Lücken möglichst rasch wieder auszufüllen suchte, während späterhin die Häufigkeit der Geburten wieder auf eine normale Höhe zurückging. So wies Frankreich 1872 eine stärkere Geburtenziffer auf, als 7 Jahre vorher und 5 Jahre nachher und es erscheint sehr gerechtfertigt, dieses Steigen der Geburten mit dem vorhergegangenen Kriege in Verbindung zu bringen. Der Krieg hatte die Geburtenziffer ungewöhnlich vermindert: was erscheint natürlicher, als dass der folgende Friede sie zunächst ungewöhnlich erhöhte und dass später das durchschnittliche Verhältniss längerer Friedensjahre zurückkehrte? Im deutschen Reiche gestaltete sich die Sache anders: auch in den deutschen Staaten sank während des Krieges die Geburtenziffer ungewöhnlich tief und stieg darnach wieder über den Durchschnitt, hat sich jedoch später, wegen des geänderten Altersaufbaues, wie hat, über ... Ausser wenige, dauernd höher ...

Eine andere charakteristische Erscheinung ist jedenfalls die auffallende Verschiedenheit der Geburtenziffern bei den Völkern germanischen und romanischen Stammes einerseits, den slavischen Völkerschaften andrerseits. In ganz Europa ragen die slavischen Völkerschaften durch ihre starken Geburtenziffern hervor. Dies zeigt sich nicht allein, wenn man die Länder mit slavischer Bevölkerung, Russland, Polen, Serbien etc. den übrigen europäischen Ländern gegenüberstellt [1]), sondern es zeigt sich ganz besonders deutlich in Staaten, wo einzelne Provinzen vorzugsweise slavische Bevölkerung haben. So hat die Provinz Posen eine stärkere Geburtenziffer, als alle übrigen preussischen Provinzen und als alle deutschen Staaten. In Oesterreich-Ungarn ist die Geburtenziffer der östlichen vorzugsweise slavischen Reichshälfte weit stärker als jene der westlichen Reichshälfte [2]).

Ob aber politische, sittliche, religiöse oder wirthschaftliche Verhältnisse diese verschiedenen Geburtenziffern vorzugsweise bedingen, lässt sich vorerst nicht entscheiden.

Schwieriger ist es, den Einfluss religiöser Verhältnisse auf die Geburtenziffern klarzustellen [3]).

Anmerkungen.

[1]) A. a. O., S. 106.

[2]) In Frankreich betrug der Durchschnitt der Geburtenziffer von 1865—68 2,38 %. Sie sank im J. 1871 auf 2,26 % und stieg 1872 wieder auf 2,68 %.

[3]) So stellten sich in den wichtigsten deutschen Staaten die Geburtenziffern wie folgt:

Länder	Durchschnitt der Jahre 1865—78	1871	1872
Preussen	3,78	3,37	3,97 %
Bayern	3,94	3,64	3,97 „
Sachsen	4,17	3,75	4,24 „
Thüringische Staaten	3,66	3,41	3,60 „
Württemberg	4,34	4,09	4,36 „
Baden	3,79	3,60	3,99 „

[4]) Vgl. die Anmerkungen zu §. 79.

[5]) Sie beträgt im cisleithanischen Oesterreich für den Durchschnitt der Jahre 1865—78 3,88; in Ungarn 4,18 (von 1865—77); in Croatien-Slavonien (1870—78) 4,41 %.

[6]) In Sachsen fand Engel eine Geburtsziffer von:

Jahrgang	bei Protestanten	bei Katholiken
1847	1 : 25,05	1 : 35,94
1848	1 : 25,77	1 : 37,48
1849	1 : 23,01	1 : 28,72

Er schreibt jedoch dieses Unterliegen der Geburtenziffer der Katholiken gegenüber jener der Protestanten keineswegs dem confessionellen Unterschiede zu, sondern, wie es scheint mit Recht, den zur Begründung eines Familienstandes weniger geeigneten Berufsarten, welchen die sächsischen Katholiken meist angehören.

§. 83. Schlussbemerkungen.

Aus diesen Beobachtungen der auf die Geburtenziffer wirkenden Einflüsse ergibt sich, dass eine hohe Geburtenziffer an sich noch kein Ausdruck wirthschaftlichen und sittlichen Wohlbefindens der Gesellschaft ist. Denn eine Zunahme der Geburten im Allgemeinen kann sowohl aus einer Vermehrung der Eheschliessungen, als auch aus einer Vermehrung der unehelichen Geburten besonders herrühren. Sie kann ihren Grund ebensowohl in höherem wirthschaftlichen Glücke, als auch in grösserem Leichtsinne der Bevölkerung haben. Sie kann endlich Hand in Hand gehen mit einer geringeren oder mit einer grösseren Sterblichkeit.

Die allgemeine Geburtenziffer ist übrigens nicht der genaueste Ausdruck für die Fruchtbarkeit einer Bevölkerung. Denn bei der Ermittelung der allgemeinen Geburtenziffer wird die Zahl der Geborenen mit der Gesammtheit der Bevölkerung verglichen, während doch ein grosser Theil der letzteren (Kinder und Greise) an der Fortpflanzung der Bevölkerung sich nicht betheiligt. Der Altersaufbau der Bevölkerungen ist keineswegs überall gleich und deshalb darf die Geburtenziffer nicht mit der wirklichen Fruchtbarkeit der an der Fortpflanzung betheiligten Altersclassen verwechselt werden. Immerhin ist sie der brauchbare Ausdruck für den inneren Zuwachs der Bevölkerung.

Will man die Geburtenziffer in Zusammenhang mit solchen Erscheinungen des gesellschaftlichen Lebens bringen, welche einen ethischen Hintergrund haben: dann muss von der allgemeinen Geburtenziffer die Ziffer der ehelichen Geburten ausgeschieden werden, weil nur sie das Maass für jenen inneren Bevölkerungszuwachs gibt, welcher unter der ausdrücklichen Sanction der gesitteten Gesellschaft stattfinden darf.

Eine vollständige Betrachtung des Geburtenverhältnisses muss endlich auch die Mehrgeburten (Zwillinge, Drillinge etc.) in ihren Bereich ziehen [1]), sowie die Todtgeborenen [2]).

Anmerkungen.

[1]) Für die Zwecke des vorliegenden Werkes ist die Ziffer der Mehrgeburten nur von untergeordneter Bedeutung. Indessen mag doch die Thatsache constatirt werden, dass selbst in den Mehrgeburten, welche sich der oberflächlichen Beobachtung jedenfalls als eine Abnormität darstellen, eine grosse Regelmässigkeit herrscht. In den europäischen Ländern treffen auf 1000 Geburten

8,5 (Spanien) bis 14,8 (Croatien und Slavonien) Mehrgeburten; beträgt in Italien (1869—78) 11.6 pro mille; in Frankreich (1865—77) 9,7; in Preussen (1865—78) 12,5; in Bayern (1865—78) 13.7; in Oesterreich (Cisleithanien, 1865—78) 15,5; in Belgien (1865—78) 9,7 u. s. f. Durchschnittlich dürfte demnach die Ziffer der Mehrgeburten etwa 1 % betragen. Die Mehrgeburten wiederholen sich Jahr um Jahr mit auffallender Regelmässigkeit. Von je 100 Mehrgeburten waren in den genannten Perioden in:

	Zwillingsgeburten	Drillingsgeburten	Vierlingsgeburten
Preussen	98,81	1,17	0,02
Bayern	98,61	1,39	—
Oesterreich (diesseits)	98,61	1,37	0,02
Frankreich	98,90	1,07	0,03
Italien	98,71	1.28	0,01

(Nach der schon wiederholt angeführten Publication des italienischen stat. Bureaus: Movimento dello stato civile 1862—78.)

[1]) Die Ziffer der Todtgeborenen beträgt auf je 100 Geburten in:

Länder	Durch-schnitt der Jahre	%	Länder	Durch-schnitt der Jahre	%
Italien	1865—78	2,60	Belgien	1865—78	4,42
Frankreich . . .	1865—77	4,48	Niederlande . .	1865—78	5,14
Deutsches Reich	1872—78	3,97	Schweden . . .	1865—77	3,16
Preussen	1865—78	4,09	Oesterreich (dies-		
Bayern	"	3,37	seits)	1865—78	2,27
Sachsen	"	4,26	Spanien	1865—70	0,99
Schweiz	1870—78	4,44			

Es erscheint demnach diese Ziffer als eine, welche bedeutendere Verschiedenheiten von Land zu Land aufweist, wobei jedoch die Unsicherheit der Ziffern betont werden muss. Die Ermittlung dieser Ziffer geschieht keineswegs überall nach gleichen Grundsätzen, indem in einzelnen Ländern blos die wirklich Todtgeborenen ihr zugerechnet werden, anderwärts auch die zwischen der Geburt und Anmeldung beim Standesamte Verstorbenen. Die Zahl der Todtgeborenen ist in den Städten weit grösser als auf dem Lande. Unter den unehelichen Kindern findet man eine weit grössere Zahl von Todtgeborenen, als unter den ehelichen, indem z. B. im Deutschen Reiche, wo die Gesammtzahl der Todtgeborenen 3,97 % aller Geburten beträgt, unter den unehelichen allein 5,03 % Todtgeborene sind. Regelmässig finden sich mehr Todtgeborene unter den Knaben- als unter den Mädchengeburten.

III. Capitel.
Das Vergehen der Bevölkerung.

§. 84. Die Sterblichkeitsziffer [1]).

Betrachtet man die Bevölkerung eines bestimmten Gebietes, so bemerkt man in ihr Jahr für Jahr eine grössere oder kleinere Zahl von Todesfällen. Vergleicht man die Zahl der innerhalb eines Jahres Verstorbenen mit der, etwa um die Mitte desselben Jahres ermittelten Zahl der in demselben Gebiete Lebenden, so erhält man eine Verhältnisszahl: die Sterblichkeitsziffer [2]). Kaum eine andere statistische Ziffer ist von tieferer Bedeutung für das Leben des Volkes. Man hat die Sterblichkeitsziffer oft mit der mittleren Lebensdauer verwechselt. Aber mit Unrecht. Beide Ziffern hängen zusammen; wem es gelänge, die erste zu beeinflussen, der würde unfehlbar die zweite auch bewegen. Aber identisch sind sie nicht.

Bezüglich der Berechnung der Sterblichkeitsziffer muss hier derselbe allgemein übliche Fehler constatirt werden, den man auch bei der Berechnung der Geburtenziffer findet. Man setzt nämlich die Zahl der Verstorbenen eines Zeitraumes nur mit der Volkszahl in Verbindung, die sich am Anfang, am Ende oder in der Mitte dieses Zeitraumes findet, während doch die Verstorbenen aus der jeweils vorhandenen Volkszahl hervorgehen oder, besser ausgedrückt, hinwegfallen. Auch hier muss darauf hingewiesen werden, dass es richtiger wäre, wenn man den beobachteten Zeitraum in ganz kleine Abschnitte theilen könnte und von jedem derselben die Volkszahl wüsste, wenn sodann für diese kleinen Abschnitte die Sterblichkeit berechnet und aus ihnen ein Durchschnitt für den ganzen Zeitraum gebildet würde. Die vollkommenste Sterblichkeitsziffer wäre diejenige Summe von Sterblichkeitsziffern, die sich ergibt aus den Verhältnissen der Verstorbenen jeden Augenblicks zur jeweiligen Volkszahl [3]).

So lange man die vollkommenste Sterblichkeitsziffer, welche nichts anderes ist, als „die Wichtigkeit der Abgänge, welche die Volkszahl während des Zeitraumes durch die Sterbefälle erfährt" (Knapp), nicht kennt und nur durch die umständlichste Berechnung erfahren könnte, bleibt nichts übrig, als, wie bei der Geburtenziffer, mit jenen Sterblichkeitsziffern zu operiren, welche sich aus den Volkszählungen im Zusammenhalt mit den Civilstandsregistern ergeben.

Entnimmt man diesen Grundlagen, die Zahl der Todesfälle eines Jahres und die der Lebenden dieses Jahres, so kann man das Verhältniss zwischen beiden Zahlen in zweifacher Weise ausdrücken. Entweder indem man angibt, wie viele Todesfälle auf je 100 Lebende (oder auf 1000 oder 10000) jährlich fallen, also durch einen Procentsatz. Oder indem man angibt, auf wie viele Lebende jährlich ein Todesfall trifft.

Letztere Bezeichnung ist die einfachere; doch wird die erstere Form jetzt meistens vorgezogen (vergl. §. 31). Drückt man das Sterblichkeitsverhältniss durch einen Bruch aus, so ist derselbe der sog. Sterblichkeitscoefficient (vergl. ausf. §. 105—116).

Würden alle Menschen das natürliche Ziel ihres Lebens, d. h. das Greisenalter erreichen, so wäre die jährliche Sterblichkeit ungefähr $1:75$.

Das Sterblichkeitsverhältniss ist für jeden einzelnen Menschen weit interessanter und wichtiger, als das Geburtenverhältniss. Nach welchem Gesetze wir die Welt betraten, ist uns ziemlich gleichgiltig, von tragischem Ernste dagegen ist uns das Studium jener Gesetze, welche uns gebieten, das Leben wieder zu verlassen, jener Einflüsse, unter deren belebendem oder vergiftendem Hauch die Lebensfähigkeit des Menschengeschlechts aufblüht oder verdorrt: der Todesursachen.

Anmerkungen.

[1]) Kein anderes statistisches Object hat so reiche Literatur aufzuweisen, als das Sterblichkeitsverhältniss. Neben den meisten der, mit der Bevölkerung überhaupt sich beschäftigenden Werken und neben den Erhebungen der amtlichen Statistik, die sich allerwärts mehr oder weniger eingehend mit diesem Verhältniss beschäftigt, sollen hier nur folgende angeführt werden:

Dieterici: Ueber die Sterblichkeitsverhältnisse in Europa. Abhandl. der Acad. d. Wissensch. zu Berlin, Jahrg. 1851.

Derselbe: Ueber den Begriff der mittl. Lebensdauer. 1858.

G. F. Knapp: Ueber die Ermittlung der Sterblichkeit u. s. f. Leipz. 1868.

W. Lazarus: Ueber die Mortalitätsverhältnisse und ihre Ursachen. 1867.

Engel: Sterblichkeit u. Lebenserwartung im preuss. Staate. Zeitschr. d. stat. Bureaus, 1861 u. 1862.

Zillmer: Ueber die Geburtsziffer, Sterbeziffer etc. Rundschau (Zeitschr. für das Versicherungswesen. 1863).

Zeuner: Abhandlungen aus der mathematischen Statistik. Leipz. 1869.

[2]) Eine Zusammenstellung der Sterblichkeitsziffern in den europäischen Ländern ergibt folgende Tabelle. (Nach: Movimento dello stato civile, anni 1862—78. Rom 1878.) Ausgeschlossen sind die Todtgeborenen.

Länder	Durchschnitt der Jahre	Gestorbene auf 100 Einw.	Länder	Durchschnitt der Jahre	Gestorbene auf 100 Einw.
Italien	1865—78	2,99	Irland	1865—78	1,72
Frankreich . . .	1865—77	2,40	Deutsches Reich .	1872—78	2,71
England m.Wales	1865—78	2,20	Preussen	1865—78	2,72
Schottland . . .	"	2,21	Bayern	"	3,09

Länder	Durch-schnitt der Jahre	Gestor-bene auf 100 Einw.	Länder	Durch-schnitt der Jahre	Gestor-bene auf 100 Einw.
Sachsen	1865—78	2,87	Niederlande . .	1865—77	2,49
Thüringen . . .	„	2,48	Schweden . . .	1865—78	1,92
Württemberg . .	„	3,16	Norwegen . . .	„	1,73
Baden	1866—78	2,80	Dänemark . . .	„	1,96
Oesterreich (Cislei-			Finnland	„	2,90
thanien) . . .	1865—78	3,18	Europ. Russland	1867—75	3,67
Ungarn - Sieben-			Russ. Polen . .	1865—77	2,75
bürgen	1865—77	3,80	Spanien	1865—70	3,12
Croatien - Slavo-			Griechenland . .	1865—77	2,09
vien	1870—78	4,37	Rumänien . . .	1870—77	2,66
Schweiz	„	2,38	Serbien	1965—78	3,21
Belgien	1865—78	2,32			

¹) Die mathematische Entwickelung der vollkommensten Sterblichkeits-ziffer findet sich bei Knapp a. a. O., S. 112.

§. 85. Die Sterblichkeitsziffer, verglichen mit der Geburtenziffer. Einfluss letzterer.

Die Sterblichkeitsziffer allein beeinflusst die Bewegung einer Be-völkerung eben so wenig als die Geburtenziffer allein. Es kann bei einer sehr schlimmen Sterblichkeitsziffer sowohl als bei einer sehr günstigen eine Bevölkerung zunehmen. Derselbe Ueberschuss der Geburten über die Todesfälle und somit derselbe innere Bevölkerungszuwachs kann bei ver-schiedener Proportion der Geburten und der Todesfälle stattfinden.

So kann z. B. ein jährlicher Zuwachs von 2 Procent eintreten, wenn auf 100 Lebende jährlich 4 Geburten und 2 Todesfälle vorkommen. Ein gleicher Zuwachs würde auch eintreten, wenn auf 100 Lebende jähr-lich 6 Geburten und 4 Todesfälle vorkämen.

Für die blosse Volkszahl haben beide Fälle dieselbe Wirkung, aber sehr verschieden ist ihre Wirkung auf das Glück des Volkes. Im zweiten Falle ist der Wechsel von Leben und Tod weit rascher als im ersten. Aber je rascher der Wechsel von Leben und Tod, um so grösser und unheilvoller sind auch die Verluste an Lebensglück und an mensch-licher civilisatorischer Kraft.

Vergleicht man die Sterblichkeit gewisser Gebiete mit der in den-selben Zeiträumen sich zeigenden Geburtenfrequenz, so bemerkt man bei der ersteren weit lebhaftere Schwankungen als bei letzterer ¹). Dies muss indessen als sehr begreiflich erscheinen, wenn man bedenkt, dass ausserordentliche Einflüsse, z. B. Epidemien, Theuerung auf die Sterblichkeit viel unmittelbarer und mächtiger einwirken müssen, als auf die Geburten.

Vergleicht man den Rang, welchen die europäischen Länder hinsichtlich ihrer Geburtenziffer einnehmen mit jenem, welchen sie bezüglich der Sterblichkeit behaupten, so zeigt sich der innere Zusammenhang beider Ziffern [2]).

Unter allen Einflüssen auf die Sterblichkeit nimmt die Geburtenziffer eine ganz wichtige Stellung ein. Sie bestimmt ganz wesentlich und bis zu einem gewissen Grade ganz allein das Sterblichkeitsverhältniss. Wo die Zahl der Geburten im Verhältniss zu jener der Lebenden gross ist, wird schon durch diese Grösse das Sterblichkeitsverhältniss ebenfalls vergrössert. Einer niedrigen Geburtenziffer dagegen entspricht auch eine geringere Sterblichkeit.

Demnach wirken alle jene Einflüsse, die für die Geburtenziffer von Bedeutung sind, indirect auch auf die Sterblichkeit; die Wirkung jedes einzelnen von ihnen muss aber zurücktreten und in vielen Fällen fast ganz verschwinden gegenüber jenen Einflüssen, welche direct und nnmittelbar auf die Sterblichkeit wirken.

War z. B. ein fruchtbares Jahr mit ergiebiger Ernte Veranlassung zu vermehrten Eheschliessungen und Geburten und es folgte darauf ein Nothjahr mit bedeutender Sterblichkeit, welche namentlich unter den Neugeborenen wüthete: dann erscheint offenbar jenes fruchtbare Jahr als an der späteren erhöhten Sterblichkeit indirect mitwirkend. Denn ohne jenes fruchtbare Jahr hätte die Bevölkerung nicht so viel kleine Kinder gewonnen und das spätere Nothjahr hätte seine Todesernte mehr unter Erwachsenen halten müssen, welche der Noth und dem Elende grösseren Widerstand darbieten, als die Neugeborenen.

Solchen indirecten Causalzusammenhang statistisch nachzuweisen, ist freilich eine äusserst schwierige Aufgabe.

Anmerkungen.

[1]) So stellten sich, um nur einige der wichtigsten Staaten zum Beweise heranzuziehen, diese Schwankungen folgendermassen:

Länder	Zeit-raum	Geburtenziffer			Sterblichkeitsziffer		
		Mini-mum %	Maxi-mum %	Differenz zw. Minim. u. Maxim.	Mini-mum %	Maxi-mum %	Diffe-renz
Italien	1865—78	3,50	3,90	0,40	2,77	3,42	0,65
Frankreich . . .	1865—77	2,26	2,68	0,42	2,12	3,48	1,36
England u. Wales	1865—78	3,48	3,66	0,23	2,04	3,34	0,30
Preussen	„	3,37	4,03	0,66	2,56	3,35	0,79

Länder	Zeit-raum	Geburtenziffer			Sterblichkeitsziffer		
		Mini-mum %	Maxi-mum %	Differenz zw. Minim. u. Maxim.	Mini-mum %	Maxi-mum %	Diffe-renz
Oesterreich · West-							
hälfte	—	3.77	4.22	0.51	2.79	4.08	1.29
Belgien	—	3.20	3.11	0.21	2.16	2.55	0.40
Niederlande . . .	1865—77	3.19	3.68	0.49	2.22	2.94	0.72
Schweden . . .	1865—79	2.75	3.29	0.53	1.72	2.23	0.51
Norwegen	—	2.84	3.29	0.25	1.57	1.99	0.42
Ungarn · Sieben-							
bürgen	1865—77	4.08	4.81	0.74	2.92	4.26	1.34
Europ. Russland .	1867—75	4.61	5.08	0.47	3.44	4.04	0.62

Nur die beiden skandinavischen Länder machen hier eine Ausnahme. Bei
ihnen stellen sich die Schwankungen der Geburtenziffer um ein ganz Geringes
bedeutender, als jene der Sterblichkeit.

[1]) Eine Gruppirung der europäischen Länder nach diesem Range ergibt
folgende Tabelle:

Länder	Rang nach der		Länder	Rang nach der	
	Gebur-tenziffer	Sterb-lichkeit		Gebur-tenziffer	Sterb-lichkeit
Russland	1	3	Spanien	15	7
Croatien-Slavonien	2	1	England u. Wales	16	23
Württemberg . .	3	5	Niederlande . . .		17
Serbien	4	4	Schottland . . .	17	22
Polen	5	13	Finnland	18	10
Ungarn - Siebenb.	6	2	Belgien	19	21
Sachsen	7	11	Dänemark . . .	20	25
Deutsches Reich .	8	15	Schweiz	21	20
Bayern	9	8	Norwegen	22	27
Oesterreich . . .	10	6	Schweden	23	26
Preussen	11	14	Rumänien		16
Baden	12	12	Griechenland . .	24	24
Italien	13	9	Irland	25	28
Thüringen . . .	14	18	Frankreich . . .	26	19

§. 86. Einfluss der Krankheiten.

Der unsystematischen Beobachtung erscheinen die Todesursachen
in zwei grossen Gruppen: als natürliche und unnatürliche. Natürlich ist
ihr der Tod aus Altersschwäche und der Tod als Folge einer Krankheit,
unnatürlich der Tod als Folge eines Unglücksfalles, Selbstmordes u. s. f.

Streng genommen gibt es nur eine einzige Todesursache, welche natürlich genannt werden kann: die Altersschwäche und neben ihr etwa noch die Schwäche der Kindheit. Bei einer Reihe von Krankheiten lässt sich irgend eine Entstehungsursache der Krankheit und somit auch eine andere Todesursache entdecken, bei anderen mit grösserer oder geringerer Sicherheit vermuthen.

Darüber an anderem Ort.

Der Tod als Folge der Erkrankung tritt nur bei einem Theile der Erkrankungen ein. Beachtet man eine lange Reihe von Jahren, und bei einer grösseren Bevölkerung die vorkommende durchschnittliche Regelmässigkeit des Absterbens an gewissen Krankheiten, so erhält man eine Andeutung der Gleichförmigkeit und des Umfanges der Erkrankungen, von welchen diejenigen, deren Ausgang der Tod ist, nur einen Theil bilden. Man erhält die absolute Intensität der verschiedenen Krankheiten als Todesursachen, ihre Gefahr für den Gesunden. Wüsste man auch die Zahl der an jeder Krankheit Erkrankten, so erhielte man die relative Intensität der Krankheiten, d. h. die in ihnen liegende Todesgefahr für den Erkrankten.

Aus der Zahl der durch eine Krankheit verursachten Todesfälle einer bestimmten Bevölkerung darf man begreiflicherweise noch nicht auf die Häufigkeit dieser Krankheiten unbedingt schliessen.

Die Statistik der Krankheiten als Todesursachen hat jetzt schon über ein sehr reiches Material zu verfügen, über ein Material, welches allerdings an grosser Zerstreuung leidet, und nicht minder an mannigfachen Beobachtungsfehlern.

Anmerkung.

Des inneren Zusammenhanges wegen wird an dieser Stelle von einer weiteren Erörterung dieses Gegenstandes abgesehen und dagegen auf ein späteres Capitel verwiesen, welches sich mit den körperlichen Eigenschaften der Bevölkerung beschäftigen wird.

§. 87. Einfluss des Alters.

Keine Ursache wirkt mächtiger auf die Sterblichkeit des Menschen als das Alter. Das Alter ist jene Todesursache, welche, wenn alle anderen Todesursachen an der eisernen Gesundheit und dem Glücke eines Menschen wirkungslos abgeprallt sind, ihn schliesslich unerbittlich dahinrafft. Aber auch schon früher übt es seine Gewalt über das Leben aus.

So verzeichnete die Statistik schon längst eine überraschend grosse Sterblichkeit der Kinder unmittelbar nach ihrer Geburt. Sie bemerkte, dass während des ersten Lebensmonates viermal so viele Kinder sterben, als während des zweiten Monates, und fast so viele als während des zweiten und dritten Jahres.

Diese Kindersterblichkeit aber ist länderweise ungemein verschieden. So betrug z. B. im Jahre 1878 der Procentsatz derjenigen Todten, welche im ersten Lebensjahre starben, in Württemberg 41,₄₄% aller Gestorbenen, in Irland dagegen blos 13,₀₄%. In den europäischen Ländern stirbt über ein Viertheil der Gesammtbevölkerung vor Beendigung des ersten Lebensjahres; in den deutschen Ländern und in Oesterreich bleiben von 100 Lebendgeborenen nach vollendetem fünften Jahre nur etwa 60 übrig.

Vom Ablauf des ersten Lebensjahres an nimmt die Kindersterblichkeit rasch ab, wie sie innerhalb des ersten Jahres auch schon von Monat zu Monat geringer wird.

Im Alter von 5 Jahren lässt die Sterblichkeit ganz bedeutend nach. Der Anfang des mannbaren Alters ferner fordert ein Minimum von Todesfällen. Nach diesem Alter nimmt die Sterblichkeit zu, zunächst bei den Frauen, langsamer bei den Männern. Hier verlangt das Alter von 21 bis 25 Jahren, die Zeit stürmischer Leidenschaft, bedeutendere Opfer. Ein zweites Minimum erreicht die Sterblichkeit der Männer im 30. Jahre. Vom 40. Jahre an nimmt sie bei beiden Geschlechtern mehr und mehr zu, mit rapider Energie vom 60. Jahre an. Von dieser Zeit an sterben mehr Frauen als Männer aus dem einfachen Grunde, weil mehr Frauen in diesem Alter vorhanden sind, als Männer.

Wer das Menschenleben beobachtet, weiss, dass jedes Alter seine besonderen Gefahren hat. Sie sind die tieferen Gründe, welche diese Verschiedenheit der Sterblichkeit in den verschiedenen Lebensjahren beeinflussen. Ueber dem zarten Kindesalter schwebt die Gefahr eines verunglückten Organismus, einer schlechten Verpflegung. Diese hat bis zum 5. Jahre ihre Opfer gefordert — deshalb von da an die Minderung der Sterblichkeit. Später treten als neue Gefahren die erwachenden Leidenschaften auf und, bei Männern sowohl als bei Frauen, die der verzehrenden Berufsthätigkeit, welche aber bei beiden Geschlechtern in verschiedenen Altern wirken und allmälig sich vereinen mit dem Naturgesetz, welches jedem Menschenleben, auch dem von Gefahren freiesten, seine Grenze setzt.

Die Sterblichkeit der verschiedenen Altersclassen, mit ihren länderweisen Unterschieden, bietet ein sehr reiches Feld für Beobachtungen. Die Thatsache z. B., dass einzelne Länder mit der bedeutendsten Sterblichkeit der unter einem Jahre alten Kinder (Württemberg und Bayern) eine sehr geringe Sterblichkeit der Kinder von 1—5 Jahren aufzuweisen haben, mag wohl auf eine gewisse Ausgleichsthätigkeit der Natur hinweisen. Als höchst auffallend muss es z. B. erscheinen, dass gerade Irland die geringste Sterblichkeit der unter-einjährigen Kinder zeigt; ebenso, dass in drei der europäischen Staaten, nämlich in Portugal, Spanien und Rumänien die

Sterblichkeit der Kinder von 1—10 (resp. 1—5) Jahren grösser ist, als die der unter-einjährigen. Vergleichungen mit der allgemeinen Sterblichkeitsziffer und mit der Geburtenziffer, sowie mit anderen Erscheinungen des Völkerlebens können hier noch manchen werthvollen Aufschluss geben.

Anmerkung.

Die Sterblichkeit, nach Altersclassen ausgeschieden, stellt sich in neuerer Zeit in den wichtigsten europäischen Ländern wie folgt. Unter je 100 Gestorbenen starben:

Im Alter von Jahren	Italien 1872—77	Frankreich 1866—76	Preussen 1873—77	Bayern 1871—77	Oesterreich (diesseits) 1865—77	Schweiz 1873—77	Europ. Russland 1870—74	Spanien 1865—70	England 1866—70
0— 1	26,73	18,79	32,30	40,47	31,80	26,21	36,21	22,93	24,76
1— 5	21,04	10,61	16,19	9,77	16,20	8,11	21,12	25,20	15,73
5— 10	4,60	2,98	4,04	2,87	4,35	2,63	5,90	3,73	3,84
10— 15	2,08	1,76	1,66	1,09	1,91	1,50	2,07	1,98	1,97
15— 20	2,17	2,49	1,85	1,22	2,14	2,13	2,06	2,39	2,59
20— 30	5,46	7,50	4,83	4,19	5,47	5,58	4,76	5,62	3,14
30— 40	5,14	6,40	5,34	4,65	5,70	6,54	4,97	5,90	6,42
40— 50	5,45	6,90	5,62	5,13	6,44	7,17	5,63	6,89	6,68
50— 60	6,63	8,83	7,49	7,31	7,84	9,42	6,23	7,24	7,62
60— 70	8,82	12,75	8,91	10,67	8,84	13,22	6,38	8,62	8,32
70— 80	8,14	14,50	8,07	9,55	6,74	12,39	4,14	6,68	9,72
80— 90	3,33	6,21	2,79	3,20	2,35	4,68	1,06	2,50	7,60
90—100	0,37	0,57	0,27	0,23	0,24	0,27	0,16	0,31	2,09
über 100	0,01	0,01	0,02		0,01		0,02	0,01	0,12
unbekannten Alters	0,03	—	0,72	0,06	0,04	—	0,19	—	—

(Nach den schon wiederholt erwähnten italienischen Publicationen über die Bevölkerungsbewegung der Jahre 1862—78, pag. CCXXXV.)

Diese Tabelle stellt jedoch lediglich dar, wie die verschiedenen Altersclassen sich an der Gesammtsumme der Gestorbenen, ohne Rücksicht auf deren Alter, betheiligen. Bringt man die obigen Ziffern in Zusammenhang mit der Besetzung der Altersclassen einer Bevölkerung: dann erhält man ein ganz anderes Bild. Hierüber vgl. §. 117—119.

§. 88. Einfluss des Geschlechtes.

Der Einfluss des Geschlechtes tritt bei den Sterblichkeitsverhältnissen in jeder Beziehung sehr stark hervor; er macht sich schon geltend, ehe noch das Kind das Licht der Welt erblickt hat. So treffen auf 100 todtgeborene Mädchen in Italien 139 todtgeborene Knaben (1865—78), in Frankreich (1865—77) 144, im Deutschen Reich (1872—78) 129, in Oesterreich (1865—78) 131 u. s. f. [1]).

Es zeigt sich diese grössere Sterblichkeit des männlichen Geschlechtes auch noch später. Auf 100 Lebende starben (1860—65) in Preussen 23,40 Knaben und 20.30 Mädchen von 0—1 Jahr, in Oesterreich 33,10 Knaben und 27.30 Mädchen von 0—1 Jahr[2]).

Es muss demnach eine Ursache bestehen, welche die Kinder männlichen Geschlechtes vor und bald nach der Geburt energischer hinwegrafft, als die Mädchen. Die grössere Sterblichkeit der männlichen Kinder reicht noch weit über das Säuglingsalter hinaus.

In höheren Lebensjahren gestaltet sie sich allerdings etwas anders. So zeigt sich eine grössere Sterblichkeit des weiblichen Geschlechtes namentlich im Alter von 5—15 Jahren in Preussen. Frankreich, England etc.; im Alter von 15—30 Jahren auch in England und Belgien[3]).

Man hat über die Ursachen dieser Verschiedenheit mannigfache Vermuthungen aufgestellt, doch sind sie zur Erklärung namentlich der grösseren Sterblichkeit männlicher Kinder nicht zureichend.

Was die letztere betrifft, so mag wohl die Natur, in der Absicht, aus dem Manne ein vollkommneres Geschöpf zu bilden, als aus dem Weibe, dabei auch mehr Hindernisse finden. Ein feinerer Organismus ist allen schädlichen Einflüssen leichter zugänglich.

In späteren Lebensjahren tragen zu der grösseren Männersterblichkeit noch andere Umstände bei.

So die anstrengendere Beschäftigung der Männer, der Militärdienst, nur theilweise ausgeglichen durch die Wochenbetten der Frauen; dann die öfteren Excesse der Männer in der Lebensweise.

Anmerkungen.

[1]) Nach Movimento dello stato civile, 1862—78 pag. CLXXVII.
[2]) Block-v. Scheel, a. a. O., S. 267.
[3]) Ebenda.

§. 89. Oertliche und klimatische Einflüsse.

Die grossen Unterschiede der allgemeinen Sterblichkeitsziffer, welche sich in verschiedenen Ländern ergeben (vgl. §. 84, Anmerkungen), steigern sich noch ganz bedeutend, wenn man einzelne Landestheile beobachtet. Während z. B. im russischen Gouvernement Perm jährlich etwa der zwanzigste Mensch eine Beute des Todes wird, weist die spanische Provinz Lugo (1863) eine Sterblichkeit von nur 1:59 oder 1,69% auf[1]). Ueberhaupt stellt sich die Sterblichkeit Europa's am schlimmsten in einigen russischen Gouvernements (im Osten); am günstigsten in mehreren spanischen Provinzen (Canarische Inseln, Aviedo, Pontevedra), in Irland etc. Sehr grosse Extreme finden sich in Spanien, wo neben den vorgenannten Provinzen die Provinzen Avile, Madrid, Valladolid eine Sterblichkeit von 1:26 oder

3,₈₄ % (1863) zeigen ²). Uebrigens haben alle grossen Staaten Europa's bedeutende Verschiedenheiten der Sterblichkeitsziffer ihrer einzelnen Bestandtheile aufzuweisen. So erscheint im Deutschen Reiche (1878) neben Mecklenburg-Schwerin mit 3,₃₁ %, Posen mit 4,₆₇ % Gestorbenen.

Noch grossartiger sind die Unterschiede der Sterblichkeit in den Städten allein ³). Am schlimmsten stellt sich die Sterblichkeit der meisten russischen Städte. So stirbt in Perm der vierzehnte, in Woronesch der fünfzehnte, in Kursk der zwanzigste Mensch jährlich.

Die Verschiedenheit der Sterblichkeit nach Städten und Ländern hat jedoch keineswegs blos eine einzige Ursache, sondern wird bestimmt durch eine Reihe geographischer, politischer, wirthschaftlicher und socialer Unterschiede der Orte.

Quételet versuchte, indem er Europa nach der Breitenlage in drei Theile, Nord-, Mittel- und Südeuropa, zerschlug, zu zeigen, dass

im nördlichen Europa auf 41,₁ Einwohner
„ mittleren „ „ 40,₈ „
„ südlichen „ „ 33,₇ „

ein Todesfall komme und demnach die Sterblichkeit in Mittel- und Südeuropa grösser sei als im Norden. Ob die Ursache in politischen Zuständen oder im Klima liege, wagte er nicht zu entscheiden. Vergleicht man hiemit die oben (§. 85) mitgetheilte Tabelle, so wird allerdings Quételet's Beobachtung bestätigt, ohne dass man jedoch weitere Aufschlüsse über den Zusammenhang von Klima und Sterblichkeit finden dürfte.

Um den Einfluss der Oertlichkeit noch genauer kennen zu lernen, müsste man einen beschränkteren Massstab anlegen und die verschiedenen Theile einer und derselben Provinz vergleichen, je nachdem das Land eben oder gebirgig, waldig oder sumpfig ist; je nachdem man es ferner mit Landschaften am Meeresufer, mit Flussthälern im Hügelland oder im Hochlande, mit Hochebenen oder Terrassenlandschaften zu thun hat. Kurz man müsste in alle einzelnen Details der Bodenconfiguration eindringen.

Den Einfluss des Klimas auf die Sterblichkeit der in demselben Geborenen hat man nicht nur weit überschätzt, sondern sogar geradezu verkehrt betrachtet. Man hatte beobachtet, dass bei uns der Sommer der menschlichen Gesundheit zuträglicher ist, als der Winter, und hieraus geschlossen, dass in warmen Ländern die Sterblichkeit geringer sein müsse, als in kalten. Andere dagegen behaupteten, kaltes Klima kräftige den Menschen und mache ihn für Witterungswechsel unempfindlich. Die Beobachtungen sprechen gegen die erstere Behauptung, aber auch nicht sonderlich zu Gunsten der letzteren. Das günstige Sterblichkeitsverhältniss in Norwegen und Schweden lässt sich leicht auf die günstigen sittlichen und materiellen Zustände jener Länder zurückführen. Aber wie erklärt sich dann die günstige Sterblichkeit Irlands bei dem notorischen Elend seines Volks?

Wohl mögen die mannigfaltigsten örtlichen meteorischen und tellurischen Einflüsse auf das Menschenleben und die Sterblichkeit einwirken. Betrachtet man jedes Land in der oben angegebenen Weise genauer, so findet man nach den verschiedenen Oertlichkeiten die grössten Verschiedenheiten der Sterblichkeitziffer. Quételet beobachtete in der niederländischen Provinz Zeeland eine Sterblichkeit von 1 : 28,5 (1815—24); in der Provinz Namur dagegen von 1 : 51,8. In der von feuchter Atmosphäre überlagerten Provinz Zeeland herrschten Fieber und andere Krankheiten.

Aber der Mensch ist in der Lage, je weiter er in der Civilisation fortschreitet, sich mehr und mehr von der Natur und demnach auch von klimatischen Einflüssen zu emancipiren.

Anmerkungen.

[1]) Anuario estadistico de Espana. Madrid 1866 u. 67. pag. 11.

[2]) Ebenda.

[3]) In einer Reihe der wichtigsten Grossstädte stellt sich die Sterblichkeit folgendermassen (Körösi: Statistique internationale des grandes villes. 1876). Auf 1000 Lebende treffen jährlich Todesfälle:

Budapest	(1875) 40,8	St. Louis	(1870) 21,3
Wien	(1869) 33,2	Stockholm	(1864/73) 31,6
Wien	(1874) 29,1	Christiania	(1864/74) 20,6
Prag	(1869) 41,5	Kopenhagen	(1871) 23,2
Triest	(1870) 40,5	Petersburg	(1869) 34,1
München	(1874) 40,9	Moskau	(1871) 39,7
Frankfurt a/M.	(1875) 20,2	Odessa	(1873) 43,1
Leipzig	„ 25,1	Gent	(1865) 31,0
Stuttgart	(1871) 26,7	Haag	(1869) 21,9
Hamburg	„ 41,7	Rotterdam	(1865/74) 33,2
Rom	(1874) 34,6	Berlin	(1871) 37,0
Turin	(1872) 27,0	Dresden	(1875) 26,0
Palermo	(1871) 25,7	Köln	„ 31,5
Venedig	(1874) 32,8	Breslau	„ 31,2
Mailand	(1871) 38,5	Neapel	(1871) 39,1
Philadelphia	(1870) 24,9	Paris	(1872) 21,4
New-Orleans	(1875) 30,7	London	(1845/50) 25,0
Boston	(1870) 24,3	London	(1871) 21,4
S. Francisco	(1875) 20,6		

Diese Zahlen müssen jedoch mit einer gewissen Vorsicht betrachtet werden, da bei einzelnen Städten günstigere, bei anderen ungünstigere Jahre herausgegriffen wurden. Ein genaues Bild der städtischen Sterblichkeit würde sich nur ergeben, wenn die Durchschnitte einer längeren Jahresreihe, etwa von 6—10 Jahren ermittelt würden.

§. 90. Einfluss der Racen- und Nationalitätsunterschiede.

Racenunterschiede und nationale Eigenthümlichkeiten scheinen noch weit weniger Einfluss zu haben. Mit einer merkwürdigen Ausnahme.

Das Volk der Juden hat eine ungewöhnlich starke Lebenskraft; es gedeiht mehr als irgend ein anderes in allen Ländern und klimatischen Verhältnissen. Man hat bei ihm eine regsamere Vermehrung beobachtet, namentlich eine geringere Sterblichkeit als bei anderen Völkern.

So zeigten sich in der Stadt Algier i. J. 1856

bei den:	Geburten:	Todesfälle:
Europäern	1234	1553
Moslimen	331	514
Juden	211	187

demnach bei den Juden allein eine die Zahl der Todesfälle übersteigende Zahl der Geburten [1]. Auch für Ungarn ist die Thatsache der jüdischen Lebenszähigkeit ziffermässig nachgewiesen worden [2].

Die Gründe dieser Zähigkeit liegen einestheils wohl in der Vermeidung harter körperlicher Arbeit und Lebensgefahr, anderntheils in der mässigen nüchternen Lebensweise. Ob beide Momente ausreichen, um diese eigenthümliche Erscheinung in ihrem vollen Umfange zu erklären, ist wohl fraglich.

Anmerkungen.

[1] G. F. Kolb: Handbuch d. vergleichenden Statistik, 5. Aufl., S. 574. Derselbe theilt auch folgende Tabelle mit (nach Neufville), welche den Sterbelisten der Stadt Frankfurt in den Jahren 1846—48 entnommen ist. Nach denselben treffen auf 100 Lebende Todesfälle:

Im Alter von Jahren	bei Christen	bei Juden	Im Alter von Jahren	bei Christen	bei Juden
1— 4	24,1	12,9	50— 54	4,6	3,8
5— 9	2,3	0,4	55— 59	5,7	6,1
10—14	1,1	1,5	60— 64	5,4	9,5
15—19	3,4	3,0	65— 69	6,0	7,2
20—24	6,2	4,2	70— 74	5,4	11,4
25—29	6,2	4,6	75— 79	4,3	9,1
30—34	4,8	3,4	80— 84	2,6	5,0
35—39	5,8	6,1	85— 89	0,9	1,5
40—44	5,4	4,6	90— 94	0,16	0,4
45—49	5,6	5,3	95—100	0,04	—

[2] Vgl. V. F. Klun: Statistik von Oesterreich-Ungarn. Wien 1876. S. 116.

§. 91. Einfluss von Stadt und Land.

Süssmilch nahm das Sterblichkeitsverhältniss für ganze Länder, Stadt und Land durcheinander, zu 1 : 36 an; für das platte Land 1 : 40, für kleine Städte 1 : 32; für grössere, wie Berlin 1 : 28 und für ganz grosse, wie Rom, London 1 : 24 bis 1 : 25, gibt aber zu, dass diese Zahlen vorläufig nur eine noch näher zu bestimmende Annahme seien [1]).

Quételet jedoch bestätigte diese Thatsache schon dahin, dass die Sterblichkeit in Stadt und Land wie 4 : 3 sich verhalte [2]).

Die grössere Sterblichkeit der Städte ist durch alle späteren Beobachtungen bestätigt worden [3]).

Man sieht demnach, dass die Städte ihrem intensiveren Leben Opfer an Lebenszeit bringen. Indessen darf man die mannigfachen Umstände, welche auf die Sterblichkeit der Städte gegenüber jener des Landes einwirken, nicht ausser Acht lassen. Ununterbrochen strömt ja in den Städten fremde Bevölkerung ab und zu. Die Städte ziehen kranke Leute (namentlich durch ihre klinischen Anstalten) an und geben andererseits häufig Neugeborene (also in der Zeit der grössten Sterblichkeit) an das Land ab. Auch anderseits üben die Städte, z. B. durch ihre Lehranstalten, durch die Gelegenheit leichten und guten Arbeitsverdienstes, Anziehungskräfte aus. Eben so ziehen sich ältere Leute — deren Sterblichkeit gleichfalls wieder eine erhöhte ist — aus der Provinz nach den Städten. Der weniger reinen Athmosphäre, dem lebenverzehrenden Treiben der Städte gegenüber stehen wieder die sanitätspolizeilichen Verbesserungen in Bezug auf Reinlichkeit u. s. f. Nicht zu unterschätzen ist die Möglichkeit augenblicklicher ärztlicher Hilfe bei plötzlichen Erkrankungen und Unglücksfällen, welche in den Städten eine weit grössere ist, als auf dem Lande.

Anmerkungen.

[1]) A. a. O. 1. Bd., S. 91.

[2]) A. a. O. S. 131.

[3]) Von demselben möge hier nur noch die Zusammenstellung von Wappäus a. a. O. II. Bd., S. 481 hervorgehoben werden. Nach derselben stellte sich die Sterblichkeit für

	in den Städten wie 1 :	auf dem Lande wie 1 :
Frankreich (1853—54)	31,51	42,21
Niederlande (1850—54)	35,55	43,03
Belgien (1851—55)	34,35	44,31
Schweden (1851—55)	28,95	46,86
Preussen (1849)	27,97	34,46

§. 92. Einfluss der Acclimatisation.

Der Mensch ist ein Parasit der Erde. Und nicht nur der Erde, sondern in der Regel auch speciell eines Theiles der Erde, jenes Theiles,

den er seine Heimat nennt. Reisst man ihn los vom Boden, darin er er-
wuchs, so hat er lange und schmerzensreiche Kämpfe zu bestehen, bis er
in fremder Erde Wurzel fasst.

Häufig aber gelingt es ihm niemals, anderwärts eine neue Heimat
zu finden. Er fühlt sich körperlich und geistig fremd auf der fremden Erde.

Der moderne Verkehr, der über beschneite Alpen seine Schienen-
stränge legt und Welttheile trennt, um sich Strassen zu bahnen, ist bestrebt, die Wurzeln, die den Menschen an seine Heimat binden, mehr und
mehr zu lockern.

Derselbe Verkehr hat in rauher und geschäftsmässiger Rücksichts-
losigkeit seit der Entdeckung Amerika's ein grossartiges Acclimatisations-
system ins Werk gesetzt, um den Menschen aus dem Localthier, aus dem
Heimatsparasiten und Nationalitätswesen zum Kosmopoliten zu machen.

So findet denn seit drei Jahrhunderten ein ununterbrochener Aus-
tausch von Menschen zwischen den Theilen der Erde statt. Aber diese
Jahrhunderte haben noch nicht entfernt hingereicht, um den Menschen
zum Kosmopoliten zu machen.

In den aussereuropäischen Besitzungen der europäischen Staaten
herrscht eine grauenhafte Sterblichkeit, wie namentlich aus den von den
Franzosen in Algerien gemachten Erfahrungen hervorgeht.

Nach diesen Erfahrungen beruht die ganze Lehre von der Acclima-
tisation auf Täuschung.

Eine Verpflanzung nach einem Lande mit wesentlich anderem Klima
schadet jedem Menschen, mag er dem oder jenem Stamme angehören. Je
länger man in fremder Zone, in ungewohntem Klima lebt, desto mehr gewinnen feindselige Einflüsse Gewalt über den Körper. Man gewöhnt sich
nicht an das fremde Klima, sondern man wird stets hinfälliger. Die feind-
seligen Einflüsse häufen sich mehr und mehr.

Selten nur ist die Ausnahme, dass ein Aufenthalt in anderem Klima
für gewisse Krankheiten entschieden heilsam wirkt. Besonders gilt dies
von der Lungentuberculose. Man hat solch einen günstigen Einfluss des
Klimas von Madeira auf Lungenkrankheiten statistisch nachgewiesen. Palermo und Cairo, Mentone und Meran und manche andere Plätze stehen
in ähnlichem Rufe und es bedarf nur eines eifrigen Weiterbaues der medicinischen Statistik, um die klimatischen Curorte in ihrer gesundheitlichen
Bedeutung für die verschiedenen Krankheitszustände ziffermässig darzustellen und die Statistik auch in dieser Beziehung zu einer Freundin und
Helferin der leidenden Menschheit zu machen.

Anmerkung.

Eine Reihe von hierauf bezüglichen Thatsachen findet sich mitgetheilt bei G. F. Kolb: Handbuch der vergleichenden Statistik, 5. Aufl., S. 571 ff. Das Wichtigste hievon dürfte Folgendes sein:

Man hat im englischen Heere die Erfahrung gemacht, dass von 1000 Mann auf Ceylon im ersten Jahre 44 starben, im zweiten 48, im dritten 49.

Auf Jamaika starben von 1000 Soldaten im ersten Jahre ihres dortigen Aufenthaltes 77, im zweiten 87, in den folgenden Jahren 93.

In Guyana dagegen hatte dieselbe Zahl im ersten Jahre 77 Sterbefälle. In den darauf folgenden 10 Jahren stieg diese Zahl langsam aber stetig bis auf 140.

Der Besitz von Algerien hat — nach den Angaben Picard's im Gesetz-gebenden Körper 1864 — Frankreich nicht nur 3 Milliarden Francs gekostet, sondern auch das Leben von 150000 braven Soldaten. Von diesen sind blos 4000 vor dem Feinde gefallen; alle übrigen wurden durch mörderische Krank-heiten dahingerafft.

Die französische Regierung hat sich alle Mühe gegeben, die Colonisation Algeriens zu fördern. In den Jahren 1830 bis 1855 zogen auch wirklich mehr als eine Million Auswanderer aus Europa nach Algerien. Und doch betrug bei einer Zählung im Jahre 1866 die Civilbevölkerung an Europäern blos 217990. Gegen achtmalhunderttausend Europäer waren dem fürchterlichen Klima zum Opfer gefallen oder nach Europa zurückgekehrt.

Die Zahl der Ehen und Geburten ist günstig, denn die Eingewanderten sind meist kräftige Leute im besten Alter. Aber die Sterblichkeit ist durch-schnittlich weit grösser. Auf die Bevölkerung des gleichen Alters trafen in Frankreich bei 1000 Einwohnern 11 Sterbefälle; in Algerien 28—52.

Am meisten leiden die deutschen und schweizerischen Colonisten.

Noch erbarmungsloser aber als unter den Erwachsenen wüthet der Tod unter den Kindern der Colonisten; sogar die maurische Bevölkerung in den Städten und die Negerbevölkerung war nicht im Stande, sich zu vermehren.

Die Zahl der Soldaten, welche in Ostindien seit Anfang des Jahrhunderts dem Klima erlagen, schätzt man auf 150.000. Auch dort ist es dem Klima eigen, dass es seine Opfer um so schlimmer behandelt, je länger sie ihm trotzen wollen.

Man hat seitdem das System der Acclimatisirung im Princip wenigstens aufgegeben, um ein System des Wechsels zur Geltung zu bringen, nach wel-chem kein Corps länger als 3 Jahre in einer Colonie bleiben soll. Damit er-langte man wesentlich bessere Resultate, so dass auf Jamaika, während beim System des dauernden Acclimatisirens von 1000 Mann 128 starben, beim System des Wechsels nur ein Verlust von 39 sich ergab.

Fast überall, wo ein verrufenes Klima herrscht, hat man dieselbe Erfah-rung gemacht, die Erfahrung, dass die Wirkungen dieses Klimas um so ver-derblicher werden, je länger die Ursache thätig ist.

Für die Fieberluft der römischen Campagna wird man erst empfänglich, wenn man eine Zeit lang in der Gegend gelebt hat. Die deutschen, englischen und französischen Künstler in Rom werden fast niemals im ersten, wohl aber in späteren Jahren ihres dortigen Aufenthaltes fieberkrank. Die französischen

Soldaten, welche, um Joseph Napoleon auf den neapolitanischen Thron zu erheben, die Campagna durchzogen, hatten weder auf dem Hinmarsche noch auf dem Rückmarsche von der Fieberluft zu leiden. Dagegen starb ein Kapuzinerkloster, welches Pius VII. dort gründete, bald aus.

Auch Kinder der Fremden, sogar die dort geborenen, sterben in solchen Gegenden massenhaft hin. Das hat sich in Ostindien und Algerien, in Egypten und auf den Antillen gezeigt. Ein französischer Arzt, Vital, welcher 16 Jahre in Algerien zu leben das Glück hatte, fand, dass die Kinder, welche von europäischen Eltern zu Constantine geboren wurden, sofort unerbittlich hinweggerafft werden.

Von den zu Constantine geborenen Negern erreichen, wie die Gazette médicale vom 6. Nov. 1852 mittheilt, unter 100 nur 2 das Jünglings- und Jungfrauenalter.

Auch in Egypten herrscht dieselbe Fremdensterblichkeit. Von den 90 Kindern Mehemed Ali's konnten nur 5 erhalten werden.

Man gibt dieser Erscheinung die Ursache, dass all' die Eroberungsvölker, welche im Laufe der Jahrtausende über Egypten herfielen, sich dort nicht halten konnten.

Dieser Einfluss der Acclimatisirungsversuche auf die Sterblichkeit ist ein ganz natürlicher. Auch für die Thiere ist ein Verpflanzen nach anderem Klima nachtheilig, noch weit nachtheiliger, als für den Menschen.

§. 93. Einfluss der Jahreszeiten etc.

Die Jahreszeiten sind, wie auf die Zahl der Geburten auch auf jene der Todesfälle von entscheidendem Einflusse, der schon vielfach beobachtet worden ist. Im Allgemeinen war das jetzt einigermassen als irrig befundene Resultat der frühesten dieser Beobachtungen, dass die Sterblichkeit im umgekehrten Verhältnisse mit der Temperatur steigt, so dass bei höchster Temperatur die Sterblichkeit am geringsten ist und umgekehrt. Die Wirkungen dieser Ursachen zeigten sich aber nicht gleichzeitig mit den Ursachen, sondern einen Monat später. So fand man die grösste Kälte im Januar, die grösste Sterblichkeit aber im Februar und März, sowie die grösste Wärme im Juli und die geringste Sterblichkeit im August. Dieses verspätete Erscheinen der Wirkungen ist indessen ganz natürlich; die schädlichen Einflüsse des Winters und die heilsamen des Sommers müssen erst eine Zeit lang auf den Organismus gewirkt haben, ehe sie in der höheren oder geringeren Sterblichkeit ihren Ausdruck finden.

Ferner haben die Beobachtungen ergeben, dass eine Erhöhung der Wärme über den normalen Zustand im Winter die Sterblichkeit vermindere, im Sommer sie vermehre, und umgekehrt, dass eine Erniedrigung der Wärme unter den normalen Zustand im Winter die Sterblichkeit vermehre, im Sommer sie vermindere.

Spätere und umfassendere Beobachtungen erwiesen indessen, dass das Maximum der Todesfälle keineswegs überall in denselben Monat fällt

— eben so wenig als das Minimum. In dieser Hinsicht unterscheiden sich
vielmehr die nördlichen Länder wesentlich von den südlicheren. Uebrigens
wechseln die Todesfälle monatweise nicht mit der gleichen Regelmässigkeit
wie die Geburten.

Bei genauerer Untersuchung kam man zu dem Resultate, dass nicht
Kälte und Wärme an sich die Zahl der Todesfälle beeinflussen, sondern
dass es einestheils die Excesse der Temperatur sind, welche schädliche
Wirkungen äussern, andererseits, und zwar vorzugsweise, die Unregelmässigkeiten der Temperatur. Der menschliche Organismus braucht eine
gewisse Zeit, um sich an eine höhere oder niedrigere Temperatur zu ge-
wöhnen und leidet um so mehr, je grösser und plötzlicher die Abwechse-
lungen von Kälte und Wärme sind.

Die Beobachtungen über den Einfluss der Jahreszeiten auf die Sterblichkeit gehören zu denjenigen, welche mit besonderer Vorliebe und sehr
ausführlich fortgesetzt wurden. Man ist aber, namentlich seit vergleichbares
Material aus verschiedenen Ländern vorliegt, zu Anschauungen gekommen,
welche von den älteren wesentlich abweichen. Man weiss jetzt, dass in
kälteren Ländern die Winterkälte, in wärmeren die Sommerhitze dem
Menschen gefährlicher ist und dass die gesundeste Jahreszeit vom Herbst
und Sommer um so mehr dem Frühling sich nähert, je wärmer das Ge-
sammtklima des Landes ist. So haben in Norwegen der August, in Belgien
und Bayern der Juli, in Frankreich der Juni und in Italien der Mai die
geringste Sterblichkeit, während das Maximum der Todesfälle für Norwegen
in den April, für Bayern in den März, für Belgien und Frankreich in
den Februar, für Italien in den August fällt. Hiebei zeigt sich ein Bestreben der Sterblichkeit, im Laufe des Jahres nicht blos eines, sondern
zwei Maxima und Minima zu erreichen; dieses Bestreben ist in den nördlichen Ländern kaum bemerkbar; in Frankreich dagegen zeigt neben dem
Februar auch der August eine sehr bedeutende Sterblichkeit und in Italien
neben dem August, wenn auch etwas geringer, der Februar [1]).

Noch intensiveres Licht wurde über den Zusammenhang zwischen
der Sterblichkeit und den Jahreszeiten verbreitet, als man begann, die
Monatssterblichkeit der verschiedenen Altersclassen zu betrachten. Es
zeigte sich nämlich, dass die Monatssterblichkeit der verschiedenen Altersclassen in einem Lande mit dem fortschreitenden Alter allmälige Aenderungen erlebt und dass diese Aenderungen schliesslich grösser sind, als
selbst die Unterschiede der Sterblichkeit sehr verschiedener Breitegrade [2]).

Schliesslich verdient noch hervorgehoben zu werden, dass der Mensch
jene schädlichen Einflüsse der wechselvollen Temperatur mehr und mehr
zu beherrschen lernt, dass namentlich die Schwankungen der Sterblichkeit
durch Beschränkung gewisser Epidemien verringert werden müssen, deren

Häufigkeit und Intensität mit dem Wechsel der Jahreszeiten in einem gewissen Zusammenhange steht.

Dass man auch den Einfluss der Tageszeit auf die Sterblichkeit zu messen versuchte, mag hier nur flüchtig erwähnt werden [2]).

Anmerkungen.

[1]) G. Mayr: Gesetzmässigkeit im Gesellschaftsleben. S. 287 ff.

[2]) Im Deutschen Reiche wird die verschiedene Monatssterblichkeit durch folgende Ziffern beleuchtet. Wenn in den Jahren 1872/75 durchschnittlich auf 1 Tag im Jahre 100 Fälle trafen, so trafen auf 1 Tag des betreffenden Monats (ohne Todtgeborene) im:

Januar	105	April	104	Juli	96	October	92
Februar	111	Mai	98	August	108	November	91
März	112	Juni	91	September	104	December	94

Demnach ergibt sich auch hier ein doppeltes Maximum und ein doppeltes Minimum. (Nach Block-v. Scheel: a. a. O., S. 269.)

Im Gegensatze hiezu vertheilen sich in Italien (1878) 12000 Todesfälle folgendermassen über die 12 Monate:

Januar	1059	April	1009	Juli	1088	October	922
Februar	1048	Mai	810	August	1085	November	994
März	1077	Juni	886	September	1004	December	1036

Hier fällt das erste kleinere Maximum ebenfalls in den März, das zweite grössere in den Juli; das erste und zweite Minimum um einen Monat früher, als im Deutschen Reiche.

[3]) Quételet a. a. O., S. 198 berichtet, dass nach den durch 30 Jahre fortgesetzten Beobachtungen des St. Petershospitals zu Brüssel auf je 28 tägliche Todesfälle

7	zwischen	12	Uhr	Mittags	und	6	Uhr	Abends
7	„	12	„	Nachts	„	6	„	Morgens
6	„	6	„	Abends	„	12	„	Nachts
8	„	6	„	Morgens	„	12	„	Mittags

auftreten.

Eigenthümlich ist hiebei, „dass gerade jene Tageszeit, in der jede Lebensthätigkeit in ihrem vollsten Glanze sich äussert, auch an Todesfällen am reichsten ist, dass dagegen die Nacht, in der alle Lebensäusserungen wie scheintodt darniederliegen, dem individuellen Leben viel günstiger ist". Diese Erscheinung ist jedoch sehr wohl in der Natur begründet. Dasselbe, wodurch im gesunden Zustande das Leben angeregt und unterhalten wird, kann dem Sterbenden den letzten Lebensfunken entreissen.

§. 94. Einfluss wirthschaftlicher Ereignisse.

Der Einfluss der Theuerungen auf die Sterblichkeit ward schon frühzeitig beobachtet. Bei solchen Beobachtungen muss man zunächst berücksichtigen, dass die Sterblichkeit nicht in demselben Augenblicke wächst, wo der Preis des Brodes steigt. Die gesteigerte Sterblichkeit ist vielmehr erst eine Wirkung der Entbehrungen und Krankheiten, unter welchen die ärmere Bevölkerung während der Theuerung leidet. Meist ein Jahr erst nach dem Anfange der Theuerung zeigt sich daher gewöhnlich die erhöhte Sterblichkeit. Der Preis der wichtigsten Nahrungsmittel kann schon wieder gesunken und die Sterblichkeit doch noch eine ungewöhnlich hohe sein.

Unbedeutende Preissteigerungen üben keinen sehr merkbaren Einfluss [1]).

Je mehr Ersparnisse unter der grossen Masse der Bevölkerung vorhanden sind, desto später wird sich der Einfluss der Theuerung auf die Sterblichkeit zeigen.

Sogar den Einfluss der Kartoffelkrankheit auf die Sterblichkeit hat man beobachtet [2]).

Aber nicht nur die Ernteergebnisse haben solchen Einfluss; auch andere Calamitäten mit wirthschaftlichen Folgen zeigen ihn. So namentlich Revolutions- und Kriegsjahre, welche lähmend auf die wirthschaftliche Volksthätigkeit einwirken [3]).

Schön bemerkt Quételet: es scheint, dass Nothjahre ihr Gepräge der menschlichen Gattung tief eindrücken, ganz so wie strenge Winter ihre Spur in dem Holzwuchse unserer Wälder zurückzulassen pflegen.

Anmerkungen.

[1]) Die Wirkung der Theuerung auf die Sterblichkeit zeigt sich an folgender, von Wappäus hergestellten Tabelle, wo Preussen, England und Frankreich beobachtet sind:

Jahr	Preussen:		England:		Frankreich	
	Sterblichkeit	Roggenpreis d. preuss. Sch.	Sterblichkeit excl. Todtgeb.	Weizenpreis d. preuss. Sch.	Sterblichkeit	Weizenpreis d. preuss. Sch.
1844	1 : 38,85	40⁹/₁₂ Sgr.	—	—	1 : 43,55	87 Sgr.
1845	1 : 36,73	51 „	1 : 57,86	96 Sgr.	1 : 45,29	87 „
1846	1 : 34,06	70¹¹/₁₂ „	1 : 43,36	103 „	1 : 41,89	106 „
1847	1 : 31,50	86²/₁₂ „	1 : 40,47	132 „	1 : 40,22	128 „
1848	1 : 30,12	38²/₁₂ „	1 : 43,37	96 „	1 : 40,82	73 „
1849	1 : 32,74	31⁸/₁₂ „	1 : 39,82	84 „	1 : 35,25	67 „
1850	1 : 36,31	36¹/₂ „	1 : 38,15	76 „	1 : 44,71	· 63 „
1851	1 : 37,82	49¹¹/₁₂ „	1 : 45,48	73 „	1 : 42,77	64 „
1852	1 : 30,39	61⁹/₁₂ „	1 : 44,72	77 „	1 : 42,25	76 „
1853	1 : 32,76	68	1 : 43,70	101 „	1 : 43,02	98 „
1854	—	—	1 : 42,52	137 „	—	—
Mittel:	1 : 33,85		1 : 43,79		1 : 41,73	

[2]) E. Engel: Die Bewegung der Bevölkerung im Kgr. Sachsen (Statist. Mittheilungen etc.). Dresden 1852. S. 60.

) Casper: Beiträge zur medic. Statistik, S. 162, beobachtet eine uner-
hörte Sterblichkeit in Berlin während der für die Stadt so unglücklichen Jahre
1806—1808.

§. 95. Einfluss von Reichthum und Armuth.

Einen schmerzlichen Eindruck macht der düstere Einfluss von
Reichthum und Armuth auf die Sterblichkeit. Der Zufall, der ein Kind
auf dem Strohlager der Bettlerin zur Welt kommen lässt, hängt über
dieses Kind das Damoklesschwert einer weit drohenderen Sterblichkeit,
als über jenes glückliche, das im Bette des Reichthums geboren ward.

Untersuchungen über diesen Gegenstand leiden an dem Umstande,
dass es nicht möglich ist, den Reichthum nach unten oder die Armuth
nach oben bestimmt abzugrenzen. Es bleibt demnach nichts übrig, als
sich auf die Vergleichung von Extremen zu beschränken, d. h. von solchen
Bevölkerungsclassen, welche ganz zweifellos als reich oder im Wohlstand
lebend und von solchen, welche ganz zweifellos als arm bezeichnet werden
dürfen. Die ungeheure Menge derjenigen, welche, zwischen beiden Extremen
in Mitte liegend, Uebergangsstufen bilden, muss von der Betrachtung
ausgeschlossen bleiben.

Mit dieser Beschränkung ist es allerdings schon einigermassen gelungen, die Unterschiede der Sterblichkeit bei Wohlhabenden und Armen
zu erkennen. Eine weitere Beschränkung lag darin, dass man in der Regel
blos die Bevölkerungen grösserer Städte als Vergleichungsmaterial benützen
konnte, während die ländliche Bevölkerung ausgeschlossen blieb. Es ist
aber klar, dass der Unterschied zwischen der Lebensweise der Armen und
jener der Reichen, namentlich in sanitärer Beziehung, in den Städten
viel bedeutender sein muss, als auf dem Lande.

In den grossen Städten ist denn auch dieser Unterschied ein höchst
bedeutender, so bedeutend, dass man z. B. in Paris in ärmeren Stadt-
theilen eine Sterblichkeit von 1:43, in den wohlhabendsten von 1:62
fand. Auch in London, Brüssel, Berlin, Petersburg wurden ähnliche Erfahrungen gemacht [1]).

Zur Ausscheidung der Reichen kann man hiebei diejenigen Stadttheile benützen, in welchen die höchsten Miethpreise gezahlt werden. Die
Armensterblichkeit ist ebenfalls durch Ausscheidung der ärmeren Stadttheile oder durch Beobachtung der Sterblichkeit der öffentlich Unterstützten zu gewinnen. Bei Vergleichung der Sterblichkeit armer und
reicher Provinzen kann man dieselben wohl nur nach den auf den Kopf
treffenden Steuersummen ausscheiden.

Trostreich bei all diesem Elend ist die Erfahrung, welche man in
England bei den dortigen friendly societies gemacht hat. Diese friendly

societies sind auf Gegenseitigkeit gegründete Unterstützungs-, Sparcassen-
und Versicherungsvereine und haben zu Mitgliedern Leute aus den arbeitenden Classen, also aus jenen Classen, die sonst von der stärksten
Sterblichkeit heimgesucht sind. Diese Elite der Arbeiterbevölkerung jedoch,
die den friendly societies angehört, die arbeitsamen, ordentlichen und
nüchternen, für die Zukunft sorgenden Arbeiter haben nicht nur eine
eben so lange Lebensdauer als die wohlhabenden Classen, sondern durchgängig sogar eine höhere als die vornehmsten Classen der Gesellschaft,
namentlich als der Adel.

Anmerkung.

¹) Die werthvollste Arbeit in dieser Hinsicht verdankt man Villermé,
welcher in den Annal. d' Hygiène, t. III., S. 294, eine sehr beachtenswerthe
Zusammenstellung gibt. Nach ihr stellen sich Wohlhabenheit und Sterblichkeit
in den verschiedenen Arrondissements von Paris wie folgt:

Arrondissement	Procentbetrag nicht besteuerter Wohnungen	Mittlerer Preis der Wohnungen in Francs 1821—26	Zahl der Einwohner auf 1 Todesfall 1817—21	Zahl der Einwohner auf 1 Todesfall 1821—26
2 ·	0,07 %	605	62	71
3	0,11 „	426	60	67
1	0,11 „	498	58	66
4	0,15 „	328	58	62
11	0,19 „	258	51	61
6	0,21 „	242	54	58
5	0,22 „	226	53	64
7	0,22 „	217	52	59
10	0,23 „	285	50	49
9	0,31 „	172	44	50
8	0,32 „	173	43	46
12	0,38 „	148	43	44

Dass sich diese Verhältnisse im Laufe langer Jahre nur wenig geändert
haben, zeigt eine neuere Zusammenstellung, ebenfalls für Paris, von M. Block:
Statistique de la France, 2. Edition, tome II. pag. 451. Nach derselben beträgt
die Zahl der Einwohner, auf welche ein Todesfall trifft, in den Arrondissements:

Louvre	 58,1	Popincourt	 33,9
Bourse	 62,1	Reuilly	 31,3
Temple	 52,5	Gobelins	 25,7
Hôtel-de-Ville	 45,2	Observatoire	 22,9
Panthéon	 40,2	Vaurigard	 31,0
Luxembourg	 54,7	Passy	 47,2
Palais-Bourbon	 38,7	Batignolles	 39,4
Elysée	 60,0	Montmartre	 38,2
Opéra	 62,3	Chaumont	 30,7
Saint-Laurent	 38,4	Ménilmontant	 32,1

§. 96. Einfluss des Berufes.

Arbeit kostet Leben. Und weil die Thätigkeit des Menschen auf so verschiedene Dinge gerichtet ist, ist auch ihr Einfluss als Todesursache ein höchst mannigfaltiger. Sie steht als geheimnissvolle Mörderin hinter den Krankheiten, die wir als nächste Todesursachen erkennen.

Es hat denn auch diese interessante Erscheinung eine Reihe von Bearbeitern gefunden [1]. Die wichtigsten der gewonnenen Erfahrungen sind folgende.

Die erste Schwierigkeit, welche sich statistischen Erhebungen hier entgegenstellt, ist die Classification der Berufsarten zum Zwecke ihrer Untersuchung als Todesursachen. Es müssen schon einer solchen Eintheilung Erfahrungen zu Grunde liegen. Schafft man zu viel Berufskategorien, so verliert man für die einzelne Kategorie an der Sicherheit, welche die grosse Zahl der Beobachtungen gewähren soll. Schafft man zu wenige, so können sich möglicherweise innerhalb einer oder der anderen verschiedene Einflüsse das Gleichgewicht halten und gegenseitig verwischen.

Eine erste Reihe von Beobachtungen umfasst vorzugsweise die höheren Berufsarten. Sie fand die grösste Sterblichkeit bei Aerzten, Lehrern und Künstlern, eine mittlere bei Landwirthen und Forstleuten, bei Militärs und Advocaten und die geringste bei Beamten, Kaufleuten und ganz besonders bei Theologen.

Spätere Beobachtungen bestätigten namentlich das ungünstige Sterblichkeitsverhältniss der Aerzte, das günstige der Geistlichen.

Dann zog man auch die Gewerbe in den Kreis der Beobachtung. Der Einfluss der verschiedenen Gewerbe sowohl auf die Morbilität (d. h. der Hang zur Erkrankung) als auch auf die Sterblichkeit ist ein höchst bedeutender.

Morbilität und Sterblichkeit aber laufen nicht immer parallel. Manche Gewerbe liefern viel Kranke und wenig Todte; bei anderen ist das Gegentheil der Fall.

Den Verlust, welchen eine gegebene Anzahl von einem Gewerbe angehörigen Individuen im Jahre erleidet, nennt man die Sterblichkeit dieses Gewerbes.

Die Unterschiede in der Morbilität und Sterblichkeit der Gewerbe werden durch Momente verursacht, welche im Gewerbe selbst liegen, durch die verschiedene Lebensweise, welche die einzelnen Handwerke ihren Angehörigen auferlegen.

Andere Gründe wirken auf die Häufigkeit des Erkrankens, als auf die Bösartigkeit der Erkrankungen. Die absolute Sterblichkeit eines Gewerbes aber wird nur von Momenten bedingt, welche überwiegenden Einfluss ausüben.

Anhaltendes Sitzen, Arbeit in gebeugter Stellung und wechselnder Temperatur, mineralischer Staub sind die gefährlichsten Feinde der Gewerbsmannes.

Alle gelehrten Stände haben durchschnittlich eine kürzere Lebensdauer, als die übrige männliche Bevölkerung. Wenn man die Sterbelisten dieser Berufsarten mit jenen der Handwerker vergleicht, muss man auch berücksichtigen, dass die letzteren meistens schon mit 15 Jahren ihren Gewerben zugerechnet werden, die ersteren dagegen in der Regel erst mit 27—30 Jahren.

Bei einzelnen Gewerben wird auch zu berücksichtigen sein, dass ihnen vorzugsweise schwächliche Knaben bestimmt werden. So ist es namentlich mit dem Schneidergewerbe. 30% seiner Angehörigen sterben im Alter von 20—30 Jahren; mehr als 40% seiner Gesammtangehörigen erliegen der Schwindsucht.

Besondere Aufmerksamkeit verdienen die Todesursachen der Fabriksbevölkerungen.

Die Trockenschleifer von ·Sheffield tragen den Fluch des gefährlichsten Berufes. Der feine Staub des Stahls und der Schleifsteine, der die Krankheit der sogenannten Schleifer-Fäule (grinder's rot) erzeugt, tödtet rasch. Die mit dem Schleifen der Gabeln Beschäftigten erreichen ein durchschnittliches Alter von 29 Jahren [2]).

Auch der Beruf der Bergleute ist ein tragischer, voran jener der Steinkohlengräber Englands.

Die gekrümmte oder liegende Stellung, in welcher die Arbeiter der Kohlengruben häufig arbeiten, die ungesunde Luft und der Kohlenstaub sind die Feinde ihres Lebens. Auch in deutschen Gruben, wo die Arbeit nicht so gefahrvoll ist, als in den englischen Kohlenwerken, werden die meisten Bergleute zwischen 30 und 40 Jahren „bergfertig“.

So wird der Mensch ein Opfer seiner eigenen Thätigkeit. Seine Arbeit tödtet ihn und es ist ein schwankender Trost, dass die Arbeit die Gesundheit stählt und stärkt, dass Trägheit und Ueppigkeit dieselben Todesursachen sind wie eine ungesunde Beschäftigung.

Anmerkungen.

[1]) Eine Reihe älterer, aber werthvoller Untersuchungen über diesen Gegenstand, namentlich die von Casper, Chateauneuf, Lombard, Neufville, finden sich zusammengestellt und beleuchtet bei Quételet und (noch ausführlicher) bei Oesterlen: Handbuch der medicinischen Statistik. S. 202 ff.

[2]) Die Vorrichtungen, welche Abhilfe ermöglichen könnten, wurden von den Arbeitern selbst zurückgewiesen. „Das Geschäft geht schlecht genug.“

sagten sie, „wenn die Leute noch länger leben, ist es bald übersetzt und niemand kann mehr seine Lebsucht verdienen".

„Die Dame, welche von ihrem mit Seidenstoff überzogenen Sopha aus ihren Salon überblickt, möge von den Leiden der Verfertiger beinahe aller unter ihren Augen befindlicher Gegenstände erfahren. Wenn diese glänzende Visitenkarte reden könnte, so würde sie vielleicht von der nun durch Lähmung befallenen Hand ihres Verfertigers erzählen. Jener herrliche Spiegel, der alle Pracht des reich ausgestatteten Saales reflectirt, hat ohne Zweifel die zitternde Gestalt des abgemagerten Arbeiters dargestellt, den die Quecksilberdämpfe bei dieser Beschäftigung vergifteten. Diese reichen und zierlichen Vorhänge haben beigetragen, dem armen Weber ein tödtliches Uebel zuzuziehen, indem sie ihn zu einem beständigen Andrücken seines Magens an den Webstuhl zwangen. Sogar die Tapete an den Wänden, geschmückt mit einem Glanze wie der Frühling ihn bietet, hat durch ihren giftigen Staub die Finger des Arbeiters mit Geschwüren bedeckt... Und all diese Leiden, wovon so manches zu vermindern wäre, wird hingenommen ohne die leiseste Klage. Der Arbeiter fällt hinweg aus der Reihe; augenblicklich tritt ein anderer an seine Stelle, und diesem folgt vielleicht bald ein dritter."

Kolb: a. a. O., S. 585.

§. 97. Sterblichkeit des Militärstandes insbesondere.

Selbst im Frieden war bis in die neueste Zeit die Sterblichkeit des Militärstandes eine weit grössere, als die anderer Berufsclassen. Die Veränderung der Lebensweise und der Nahrungsmittel, das Kasernenwohnen, Verlockungen zu einem in mancher Hinsicht weniger geordneten Leben mögen hiezu beitragen.

Nach älteren Beobachtungen hierüber, welche zwischen den Jahren 1830—1860 gemacht wurden, stellte sich die Sterblichkeit der europäischen Armeen selten unter 1,5—2 %, während die Sterblichkeit der gleichalterigen Civilbevölkerung nur 0,8—1,2 % betrug. Diese höhere Sterblichkeit des Militärs muss aber noch weit bedeutender erscheinen, wenn man bedenkt, dass Schwache und Kränkliche überhaupt nicht zum Militär eingestellt werden und deshalb die Sterblichkeit der Civilbevölkerung über Gebühr hoch erscheinen lassen.

In der neuesten Zeit hat sich dies Verhältniss jedoch ganz wesentlich zum Besseren geändert, hauptsächlich wohl in Folge besserer Verpflegung, grösserer Salubrität der Kasernen und mancher anderen Einrichtung, die zur Erhaltung des Gesundheitszustandes der Soldaten dient [1]). So zeigt die preussische Armee im Jahre 1867 nur eine Sterblichkeit von 0,61 %, ein Verhältniss, welches von der gleichalterigen Civilbevölkerung nur unter günstigen Umständen erreicht wird. Dagegen hatte im Durchschnitt von 1846—63 die Sterblichkeit noch 0,88 % betragen.

Die Sterblichkeit der Armee ist indessen nicht allein länderweise weit verschiedener, als jene der Civilbevölkerung, sondern auch innerhalb einzelner Armeen ergeben sich die grössten Verschiedenheiten [2]). Dass die in der Heimat stationirten Truppen eine weit geringere Sterblichkeit zeigen, als die in den Colonien, erklärt sich leicht aus dem schon früher erwähnten gefährlichen Einflusse des fremden Klimas. Dass das Militär eine wesentlich andere Vertheilung der Sterblichkeit über die Jahreszeiten hat, als die Gesammtbevölkerung, erklärt sich theils daraus, dass ja das Militär die Auslese einer gewissen Altersclasse bildet, theils aus den grösseren Strapazen, welchen dasselbe während einzelner Sommer- und Herbstmonate ausgesetzt wird. Wie verschieden die Sterblichkeit der einzelnen Waffengattungen ist, ergibt sich daraus, dass in Preussen in den Jahren 1846—63 eine Sterblichkeit sich zeigte:

bei Infanterie   9,26 Promille

„ Cavallerie   7,98   „

„ Artillerie   7,71   „

„ Pionnieren   7,12   „

„ Train   5,19   „

Unter den Krankheiten des Militärs stehen, abgesehen natürlich von Ausnahmezuständen, die Infectionskrankheiten als Todesursachen obenan, insbesondere der Typhus.

Anmerkungen.

[1]) Zur Orientirung über die vormalige und jetzige Sterblichkeit der wichtigsten Armeen mögen folgende Uebersichten dienen.

I. Nach Oesterlen (Handbuch der medicinischen Statistik S. 239) stellte sich die Sterblichkeit der Armeen auf

	Promille		Promille
Dänemark 1854—57	9,5	Frankreich zu Haus 1846—58	16
Vereinigte Staaten } im Norden	9	England überhaupt 1837—46	37
1840—50 } im Süden	33	„ zu Haus allein	17,5
Preussen 1829—38	13,1	„ in den Colonien	57
Belgien 1850—57	14,3	„ in Bengalen	70
Sardinien 1840—50	16,17	„ in Westindien	95
Oesterreich 1840—55	28	„ 1856—59 zu Haus	10,12
„ 1850—60	17,5	„ 1856—59 in Colonien	33,84
Frankreich 1840—46	28,7	Russland 1840—45	42
„ zu Haus allein	19,5	„ 1850—55	39
„ in Algerien	64		

II. Nach dem statistischen Sanitätsbericht über die kgl. preuss. Armee, von der Militär-Medicinalabtheilung des Kriegsministeriums, in der Zeitschrift des preuss. stat. Bureaus, 1870, IV. Heft, pag. 377 stellte sich die Sterblichkeit

in der preussischen Armee 1846—63 auf   9,49 Promille

„   „   „   „   1867 „ 6,19 „   „

„ „ franz. Armee (zu Haus) 1867 „ 11,74 „   „

in der englischen Armee 1867 auf 9,40 Promille

„ „ österreichischen „ „ „ 12,00 „ „

In der russischen Armee (1872) dagegen 18 Promille, immerhin eine bedeutende Verbesserung gegen frühere Jahre. (Nach dem statist. Sanitätsbericht über die russische Armee für 1872, vgl. Zeitschr. d. preuss. stat. Bureaus Jahrg. 1876, Heft I—II, S. 112.)

[1]) In den ersten 7 Monaten des Krimfeldzuges betrug bei der brittischen Armee die Sterblichkeit 650 : 1000; sie war demnach grösser, als zur Zeit der Londoner Pest, sank jedoch ganz bedeutend, nachdem für bessere Verpflegung gesorgt worden war.

§. 98. Die Sterblichkeit im Kriege.

In den blutigsten Kriegen verloren häufig mehr Menschen das Leben durch Krankheiten als durch feindliche Waffen.

Nach amtlichen englischen Berichten wurden in dem 22jährigen Kriege gegen Frankreich 19796 Mann von der englischen Armee getödtet, 79709 verwundet. Die Seeschlachten forderten weit weniger Opfer, als die Landschlachten. Während Waterloo 1171 Todte kostete, fielen bei Trafalgar in einer der grössten Seeschlachten, die je geschlagen worden, nur 449. Bei der Expedition nach Walchern (1809) fielen blos 217 Mann durch die feindlichen Waffen, während 4175 an Krankheiten starben. Im Februar 1855 starben vor dem Feinde nur 6, an Krankheiten im Lager 1407 Mann. (Kolb.)

Besonders grossartig waren die Verluste, welche die Russen in ihren Feldzügen erlitten. Im Jahre 1812 soll der Verlust — Erkrankte und Vermisste mitgerechnet — $^{17}/_{21}$ der ganzen Armee betragen haben. Von 115000 Russen, welche 1828 und 1829 in die europäische Türkei einfielen, kamen (nach Moltke) kaum mehr als 10—15000 über den Pruth zurück.

Nach einer neueren Zusammenstellung haben die von Europäern geführten Kriege von 1815—64 gegen 2,762000 Menschenleben gekostet, jährlich durchschnittlich 43800. Von diesen Kriegen verschlang der Krimkrieg 508600 Menschen, der Kaukasus 330000, der ostindische Aufstand (1857—58) 196000, der russisch-türkische Krieg (1828—29) 193000, der polnische Aufstand (1831) 190000, die französische Besetzung in Algier (1830—1859) 146000, der ungarische Aufstand 142000 und der italienische Krieg (1849) 130000. Dagegen hatten die Kriege von 1793—1815 im Ganzen 5,530000 Menschen oder jährlich 240000 gekostet.

Die Verluste des grossen deutsch-französischen Krieges 1870/71 gestalten sich wie folgt: [1])

I. Bei der deutschen Armee betrug der Gesammtverlust 40743 Todte. Von diesen erlagen äusserer Gewalt (im Gefecht gefallen und an

Wunden gestorben) 28596; an Krankheiten starben 11179; 4009 blieben vermisst. Nach Waffengattungen und Chargen unterschieden stellte sich die Sterblichkeit wie folgt:

a) Nach Waffengattungen:			b) Nach Chargen:		
Hauptquartier etc.	16,03	Promille	Generale	46,15	Promille
Infanterie	52,79	„	Stabsofficiere	105,18	„
Cavallerie	27,08	„	Hauptleute, Rittmeister	86,23	„
Artillerie	27,22	„	Lieutenants	88,69	„
Pionniere	17,63	„	Aerzte	11,85	
Train	26,39	„	Militärbeamte	10,81	
			Unteroffic. u. Mannsch.	45,01	„

überhaupt 45,89 Promille.

Verwundungen (tödtliche und leichte zusammen) erlitten überhaupt 112336 Combattanten.

II. Hinsichtlich der französischen Armee ist es fraglich, ob ihr Gesammtverlust jemals genau ermittelt werden kann. Französische Berichte berechnen die Zahl der Todten und an Wunden gestorbenen auf 89000.

Anmerkung.

[1]) Nach der Zeitschrift des kgl. preuss. statist. Bureaus, Jahrg. 1872, Heft I.—IV., S. 1 ff.

§. 99. Einfluss der Sittlichkeit etc.

Hat man einmal erkannt, wie gross der günstige Einfluss ist, welchen Arbeitsamkeit und Vorsicht auf die Sterblichkeit nehmen, so liegt es nahe, auch einen solchen Einfluss der sittlichen Volkszustände zu vermuthen und ihm nachzuspüren.

Zum Beweis für die Richtigkeit dieser Anschauung weist Quételet auf die in den höheren Ständen geringere Sterblichkeit — gegenüber jener des gemeinen Volkes — hin. Sie rührt nicht blos vom Ueberfluss des einen und den Entbehrungen des anderen Theiles her, sondern auch davon, dass jener an Reinlichkeit und Mässigkeit gewöhnt ist und weniger von Leidenschaften aufgeregt wird [1]).

Wie sehr heftige Leidenschaften das menschliche Leben beeinträchtigen: das zeigt gerade die grosse Sterblichkeit der Männer nach dem zwanzigsten Lebensjahre, einem Alter, von dem man doch erwarten sollte, dass es die grösste natürliche Widerstandsfähigkeit gegen alle schädlichen Einflüsse besitze.

So hat man beobachtet, dass die Verheerungen der Cholera am meisten unter den Unmässigen gewüthet haben. Man hat ferner bemerkt, — aber freilich noch nicht durch zahlreiche Beispiele nachgewiesen — welchen bedeutenden Einfluss die Furcht vor einer Krankheit auf den

Körper ausübt. Man hat gesehen, dass Leidenschaften, Gemüthsbewegungen, aufgeregte Einbildungskraft geradezu tödtlich wurden. Statistische Erhebungen über diese Erscheinungen könnten manche Aenderungen unserer Sitten und Gewohnheiten zur Folge haben.

Einen anderen Beweis des Einflusses der Sittlichkeit auf die Sterblichkeit liefern die todtgeborenen Kinder, wenn man dabei die ehelich und unehelich geborenen unterscheidet. „Das traurige Erbtheil des Lasters trifft das Kind nicht blos vor der Geburt, nein, es verfolgt es auch noch lange Zeit, nachdem es dieser ersten Gefahr entgangen ist." (Quételet [1]).

Dass die Sterblichkeit der unehelichen Kinder vor und nach der Geburt eine grössere ist, als jene der ehelichen, ist schon seit Süssmilch wiederholt beobachtet worden [2].

Sittliche Verderbniss macht eben die Mütter unfähig zu jener überaus hingebenden und sorgfältigen Pflege des Kindes, welche nöthig ist, um das junge Leben vor den mannigfachsten Gefahren zu behüten. Es spiegelt sich der materielle und sittliche Zustand einer Bevölkerung im Grade ihrer Kindersterblichkeit „und zwar um so stärker, als die unteren Klassen der Bevölkerung, bei denen Vor- und Rückschritt in der Cultur am intensivsten auf das weibliche Geschlecht einwirken, überall den grösseren Theil einer Bevölkerung bilden". (Wappäus.)

Die Verwüstungen, welche die Sterblichkeit unter den Findelkindern, die aller mütterlichen Pflege entbehren, anrichtet, sind notorisch und ebenfalls durch mehrfache Beobachtungen erwiesen.

Auch der Missbrauch geistiger Getränke gehört zu jenen Formen der Unsittlichkeit, deren Einfluss man statistisch beobachtet hat. Schon früh wurde auf diesen Einfluss hingewiesen; die grosse Sterblichkeit Londons um die Mitte des vorigen Jahrhunderts darauf zurückgeführt; auch brachte man die plötzlichen Todesfälle der Provinz Oberschlesien in Zusammenhang mit der zunehmenden Menge des versteuerten Branntweins. Neuere Untersuchungen für England und Wales haben ergeben, dass bei den Trunksüchtigen die Sterblichkeit um das Dreifache erhöht wird. Am verderblichsten hat sich dies Laster für die jüngeren Altersclassen und für das weibliche Geschlecht gezeigt. Unter den Männern verderblicher für die höher gebildeten als für die arbeitenden Classen, so dass gewissermassen die Verderblichkeit des Lasters im umgekehrten Verhältnisse mit der Stärke der Versuchung dazu steht, und sich hierin eine gerechte Vertheilung der Strafe zu erkennen gibt [3].

Anmerkungen.

[1] Quételet-Riecke: A. a. O., S. 247 ff.

[2] In neuester Zeit stellt sich das Verhältniss der todtgeborenen illegitimen Kinder zu den Todtgeborenen überhaupt wie folgt:

Länder	Procentsatz der Todtgeborenen unter allen Geburten	Procentsatz der Todtgeborenen unter den illegit. Geburten
Italien . . . . . (1865—78)	2,60	3,58
Frankreich . . . (1865—77)	4,48	7,95
Deutsches Reich (1872—78)	3,97	5,03
Oesterreich diess. (1865—78)	2,27	3,53
Schweiz . . . . (1870—78) .	4,44	6,77
Belgien . . . . (1865—78)	4,42	6,17
Niederlande . . (1865—77)	5,14	8,09
Schweden	3,16	4,38

[1]) Ausführliches über die einschlägigen Arbeiten bei Quételet-Riecke, a. a. O., S. 247.

§. 100. Einfluss der Freiheitsstrafen.

Die Sterblichkeit in Gefängnissen und Arbeitshäusern verdient eine ganz besondere Beachtung und hat dieselbe auch gefunden. Diese Sterblichkeit ist bedeutend grösser, als bei Menschen ausserhalb solcher Anstalten.

Um diese Sterblichkeitsziffern zu würdigen, muss man bedenken, dass unter den Sträflingen keine Kinder sich befinden und dieselben vielmehr aus Leuten in den mittleren, den besten Jahren bestehen, wo die Sterblichkeit eine ganz besonders geringe sein sollte. Nimmt man als mittleres Alter der Sträflinge 40 Jahre an, so ist ihre Sterblichkeit drei- bis fünfmal grösser, als die der freien Bevölkerung. Denn in Frankreich z. B. beträgt die mittlere Sterblichkeit der Bevölkerung im Alter von 40 Jahren nur 1:50 bis 1:60, die der Gefangenen dagegen 1:23.

Daher sagt Villermé, dass die Justiz mit der Verurtheilung dem Gefangenen während der ganzen Dauer seiner Haft selbst in den besten Gefängnissen wenigstens zwanzig Jahre seiner Lebenswahrscheinlichkeit abspricht.

Offenbar sind die ferneren Ursachen, welche diese hohe Sterblichkeit der Gefangenen herbeiführen, verschiedene. Sie sind besonders zu suchen:

I. In der Einrichtung der Gefängnisse und Verwahrungshäuser, der Behandlung der Gefangenen.

II. In dem Elende und den Entbehrungen, welchen sie vor ihrer Einkerkerung preisgegeben waren.

III. In ihrem geistigen und sittlichen Zustande; d. h. wenn nicht in Gewissensschlägen, so doch in dem verzehrenden Hasse gegen die Gesellschaft, in der ungestillten Sehnsucht nach Freiheit.

Quételet stellte — abgesehen von den Verschiedenheiten, welche in den örtlichen Verhältnissen und in der besseren oder schlechteren Verwaltung ihren Grund haben — die Gefangenen in der Ordnung zusammen, nach welcher ihre Sterblichkeit zunimmt und fand dabei diese Reihenfolge:

I. Angeklagte.

II. Verurtheilte.

III. In den Verwahrungsanstalten für Bettler Untergebrachte.

Man hat nur in wenigen Ausnahmen ein besonders günstiges Sterblichkeitsverhältniss der Gefangenen gefunden, so z. B. in der Strafanstalt zu Stade (Hannover) in den Jahren 1848/49 bis 1857/58 nur eine Sterblichkeit wie 1 : 106,1, während die Sterblichkeit der freien hannoverschen Bevölkerung dieses Alters 1 : 70 betrug.

Abgesehen von solchen seltenen Ausnahmen ist die Gefangenschaft halber Tod, und die grosse Sterblichkeit der Gefangenen ein Argument gegen die Aufhebung der Todesstrafe.

Was die in Verwahrungshäusern für Bettler Untergebrachten betrifft, so beweisen sie, dass vergangenes, bis zum Uebermass getragenes Elend, sittliche Verkommenheit weit zerstörender das Menschenleben ergreifen, als die Gewissensbisse des Mörders und Galeerensträflings oder die Angst des in Untersuchungshaft Befindlichen. Die menschliche Justiz straft die einzelne böse That nicht so grausam, als durch die Natur eine — den Menschen entwürdigende — Kette von Niedrigkeiten und Gemeinheiten des Bettlers und Vagabunden bestraft wird.

Bezüglich der Strafgefangenen hat man beobachtet, dass die Sterblichkeit unter den Rückfälligen geringer ist, als unter den zum ersten Male Eingesperrten. Jene haben eben die Eindrücke der Scham und des Kummers schon überwunden.

§. 101. Die gewaltsamen Todesarten.

Ein Interesse ganz eigenthümlicher Art bieten die gewaltsamen Todesfälle:

Der Tod durch unglücklichen Zufall, durch Selbstmord, durch Mord, durch Zweikampf, oder durch Hinrichtung. Die wichtigsten Gesichtspunkte, welche bei den gewaltsamen Todesarten zu beachten sind, wären folgende:

I. Die Regelmässigkeit derselben.

Auch bei jenen Todesursachen, welche man als durchaus zufällige bezeichnen möchte, zeigt sich eine wunderbare Regelmässigkeit, eine periodische Wiederholung der gleichen Zahlen, welche gebieterisch zur Untersuchung dieser Erscheinungen auffordert. Jeder grossen Stadt, jedem Lande kann man für das kommende Jahr ein Budget von Unglücksfällen, Ermor-

dungen u. s. f. aufstellen und die Wirklichkeit wird von den aufgestellten
Zahlen nur wenig abweichen [1]).

II. Die länderweisen Unterschiede in den Ziffern der gewaltsamen
Todesarten.

Diese Unterschiede sind sehr bedeutend. Ihre Erklärung können sie
aber nur durch eine genaue Ausscheidung der einzelnen Todesursachen
finden. Im Allgemeinen ergibt sich aus dem durch die Statistik gefundenen
Materiale hauptsächlich, dass die wirthschaftliche Thätigkeit der Nationen
den entscheidenden Einfluss auf diese Ziffern nimmt. Darum ist die relative
Ziffer der gewaltsamen Todesursachen in England, Schweden und Norwegen
so hoch gegenüber jener anderer Länder. In den genannten Staaten sind
es offenbar Bergbau und überaus regsame Küstenschifffahrt, in England
überdies noch der ungemein rasche Eisenbahnverkehr, welche diese Ziffer
so steigern [2]).

III. Die Vertheilung der gewaltsamen Todesarten auf die Geschlechter.
Das männliche Geschlecht ist solchen Todesarten begreiflicherweise in weit
höherem Grade ausgesetzt, als das weibliche, namentlich wegen der fast
ausschliesslichen Beschäftigung der Männer mit lebensgefährlichen Arbeiten.
bei der Seeschifffahrt, im Eisenbahndienste, im Bergbau etc. So weist z. B.
die preussische Unfallstatistik nach, dass i. J. 1872 (abgesehen von Er-
mordungen, Selbstmorden, Hinrichtung und Zweikampf) 6737 gewaltsame
Todesfälle durch unglücklichen Zufall sich ereigneten, davon 5665 bei
Männern und nur 1072 bei Frauen [3]).

IV. Die Vertheilung dieser Todesarten auf die Lebensalter. Es ist
leicht erklärlich, welche Kategorien von gewaltsamen Todesarten vorzugsweise die Kinder, und welche vorzugsweise die Erwachsenen treffen müssen.
Die preussische Unfallstatistik [4]) scheidet Kinder unter 15 Jahren und
Erwachsene aus und weist unter 6737 tödtlichen Unglücksfällen des Jahres
1872 an Erwachsenen 5148, an Kindern unter 15 Jahren 1589 nach.
während z. B. in Bayern das Maximum der Unglücksfälle auf das Alter
von 1—5 Jahren fällt, was sich aus der nachlässigen Kinderbeaufsichtigung,
besonders auf dem Lande erklärt. In diesem Alter ist auch die Zahl der
weiblichen Unglücksfälle fast doppelt so gross, als jene der männlichen.

V. Jahreszeit und Tageszeit. Man hat beobachtet, dass im Sommer die
gewaltsamen Todesfälle weit häufiger sind, als im Winter — eine Folge
der häufigeren Arbeit im Freien, der Reisen, des Ertrinkungstodes.

Den Ausschlag geben natürlich die unglücklichen Zufälle. Wie sehr
diese sich in einzelnen Jahreszeiten steigern, zeigt z. B. Italien, wo unter
4087 Todesfällen des Jahres im Juni 403, Juli 479, August 398, dagegen
im December nur 282, Jänner 261, Februar 257 fielen [5]). Aehnlich in

Preussen. Hier zeigt i. J. 1872 der Juli das Maximum von 894, der Februar das Minimum von 423 tödtlichen Unfällen.

VI. Die einzelnen Arten gewaltsamen Todes. Während diejenigen
gewaltsamen Todesfälle, welche im Zusammenhange mit der Volksmoral
stehen, wie die Selbstmorde und Mordthaten, später in Betracht gezogen
werden sollen, verdienen die unglücklichen Zufälle mit tödtlichem Ausgang
hier noch eine gesonderte Betrachtung. Das Geschick der Bevölkerungen
ist ungemein erfinderisch hinsichtlich der Mordwerkzeuge, welche es dem
Völkertode zur Verfügung stellt. Eine Zergliederung der unglücklichen
Ziffern, die auf diesem Gebiet erwachsen, gibt manchen Fingerzeig hinsichtlich des Leichtsinns und der Geringschätzung, mit welchen gewohn-
heitsmässig das Menschenleben gewissen Gefahren ausgesetzt wird. Wenn
die Zahl der tödtlich Verunglückten in Preussen allein Jahr um Jahr über
6000 beträgt[1]), so ist dies ein Verlust, welcher den der grössten Schlachten
(an Todten und Vermissten) übertrifft. Und doch wird der Feldzug der
civilisirten Menschheit gegen den Zufall Jahr um Jahr mit nur wenig
verbesserten Mitteln fortgeführt und in mancher Rubrik will die Ziffer der
Opfer eher grösser werden, als geringer[2]).

Anmerkungen.

[1]) Ziffern hinsichtlich der regelmässigen Wiederholung der gewaltsamen
Todesfälle. Die Gesammtzahl derselben betrug auf 1 Million Einwohner in:

Jahr	Italien	England	Preussen	Oesterreich diesseits
1865	294	821	546	399
1866	311	789	732	379
1867	278	777	581	398
1868	281	772	613	429
1869	265	741	575	392
1870	300	737	595	433
1871	278	745	593	439
1872	259	747	581	447
1873	258	738	613	444
1874	243	757	590	472
1875	246	779	614	483
1876	240	757	639	471
1877	238	719	626	404

Nach der amtl. italien. Publication: Movimento dello stato civile 1862 bis
1877. Rom 1878. pag. CCXXXVII.

[2]) Mit Unterscheidung der Hauptarten gewaltsamer Todesfälle ergeben
sich folgende Ziffern in den wichtigsten europäischen Ländern (wobei leider für

Frankreich kein entsprechendes Material vorliegt). Auf 1 Million Einwohner treffen nach der obenerwähnten Quelle:

Länder	Im Durchschnitt der Jahre	Gewaltsame Todesfälle überhaupt incl. Hinrichtungen	Selbstmorde	Mord und Todtschlag	Unglückliche Zufälle tödtlicher Art
Italien	1865--77	276	32	78	157
England m. Wales	1868—77	749	67	16	663
Preussen	„	603	144	19	439
Bayern	„	466	94	33	338
Oesterreich (diesseits)	„	441	90	34	319
Schweiz	1876—77	889	206	39	644
Belgien	1870—77	469	72	16	380
Schweden . . .	1868—77	609	85	22	501
Norwegen . . .	1865—74	707	74	9	613

¹) Zeitschr. d. preuss. stat. Bureau, Jahrg. 1873, Heft III.—IV. pag. 437.
²) Movimento dello stato civile 1862—78, pag. CCCXXIX.
³) Nämlich im Jahre 1869   6382
                        1870   6084
                        1871   6719
                        1872   6737
(Nach der Zeitschr. d. preuss. stat. Bureau a. a. O.)
⁴) Ebenda findet sich eine Zusammenstellung der verschiedenen Arten tödtlicher Verunglückungen, welche wenigstens im Auszuge mitgetheilt zu werden verdient. Im J. 1872 verunglückten in Preussen:

Ertrunken (im Meer, an Küsten, Seen, Weihern, Flüssen, in Gräben, Pfuhlen, Gruben, Brunnen, Gefässen etc.) 2336
Sturz (von Bäumen, Gerüsten, Dächern, Felsen etc., in Brunnen, Schächte u. dgl.) 960
Ueberfahren, erdrückt etc. durch Landfuhrwerk 546
      „   „   „   „   Eisenbahnen 460
Durch Maschinen getödtet (Dreschmaschinen, Mühlwerke etc.) 293
Verbrannt durch offenes Feuer, Petroleum, Spiritus, Metall, Säuren etc. . 204
Verbrüht 66
Erstickt (durch Rauch, Gase, Erdrosseln etc.) 287
Verschüttet (durch Sand, Mergel etc.) 130
Erschlagen (durch Steine, Balken, Lasten, Bäume, Einsturz von Gebäuden etc.) 652
Vergiftet 73
Schlag, Stoss oder Biss von Thieren 110
Stich- und Schnittwunden 21
Verblutung 1
Stoss, Schlag von Arbeitsgeräth u. dgl. 22

Schusswunden 74
Selbstentladung oder Zerspringen von Schusswaffen 9
Steinsprengen 6
Explosion 86
Allgemeine Angabe „Verunglückt“ 5
Erfroren 142
Blitz 85
Sonnenstich 12
Todtgefunden unter freiem Himmel 142
Unbestimmte Angaben 12

Hiezu muss bemerkt werden, dass selbst die einzelnen Arten der Unfälle sich mit grosser Regelmässigkeit Jahr für Jahr wiederholen. Greift man einzelne Arten von Unfällen heraus, so erscheint als besonders wichtig der Ertrinkungstod, dem über $^1/_4$ aller Unfälle zugehören. Die Zahl der erwachsenen Ertrunkenen beträgt 1435 und es ist keinem Zweifel unterworfen, dass mindestens die Hälfte derselben gerettet werden konnte, wenn sie des Schwimmens kundig gewesen wäre. Derartige einfache Künste werden von unserer sonst so vorgeschrittenen und vorsichtigen Zeit viel zu sehr vernachlässigt. Die zahlreiche Gruppe der durch Sturz aus Höhen Verunglückten ist wohl zum weitaus grössten Theile ein Ausdruck menschlichen Leichtsinns, während das Erschlagenwerden durch herabfallende Lasten etc. weit eher als wirklicher unglücklicher Zufall betrachtet werden darf. Als besonders charakteristisch verdient auch hervorgehoben zu werden, dass die Ziffer der tödtlichen Unfälle durch Landfuhrwerk constant grösser ist, als die der tödtlichen Eisenbahnunfälle. (Von letzteren soll später noch ausführlich die Rede sein, desgleichen von den Seeunfällen.) Die grosse Zahl der durch Maschinen Verunglückten ist ebenfalls zum grössten Theile dem Leichtsinn in der Behandlung der Maschine zuzuschreiben.

Wie sehr der Mensch in der Lage ist, die Zahl der tödtlichen Unfälle durch verbesserte Einrichtungen zu verringern, ergibt sich unter Anderen aus Folgendem. Es kommen in den deutschen Steinkohlengruben 1,89, in den belgischen 2,8, in den englischen 4,5, in denen von Staffordshire 7,3 tödtliche Unglücksfälle auf 1000 Arbeiter. So sehr kann die Zahl bei mehr oder weniger Berücksichtigung des menschlichen Lebens sinken oder steigen. In Englands Kohlenbergwerken wurden jedes Jahr 850 Menschen getödtet und jede Production von 71880 Tonnen Kohlen kostet ein Menschenleben. (Kolb. a. a. O., S. 587.)

§. 102. Einfluss der Civilisation. Resultate.

Schon Süssmilch fand, dass der Einfluss der natürlichen Ursachen, des Klimas u. s. f. auf die Sterblichkeit verschwindend sei gegenüber der Lebensart, dem Laster und der Tugend, der Weichlichkeit und Arbeitsamkeit. Und alle nachfolgenden Beobachtungen bestätigen diesen Einfluss der Civilisation, der Gesittung. Die Fortschritte der Civilisation machen das menschliche Dasein angenehmer; Städte und Wohnungen werden gesünder gemacht, schädliche Einflüsse entfernt. Durch die Entwickelung des Verkehrs werden Lebensmitteltheuerungen in ihren Wirkungen abge-

schwächt, Hungersnoth fast unmöglich gemacht; Medicin und Sanitäts-
polizei bekämpfen die Sterblichkeit —: so arbeiten die Wissenschaft, die
Politik und die Wirthschaft einmüthig darauf hin, den Menschen vor dem
Tode zu schützen.

Der Mensch ist in so weit Herr seines Lebens, dass es in seine
Macht gegeben ist, sich in Wohlstand zu betten und sein Inneres zu
veredeln. Durch diese Thatsache wäre man wohl veranlasst, von vornherein eine beständige Abnahme der Sterblichkeit für wahrscheinlich
zu halten.

In der That hat man zu wiederholten Malen versucht, diese Abnahme der Sterblichkeit zu beweisen. Mit Entschiedenheit behauptet
Quételet eine Abnahme der Sterblichkeit [1]. Neuere Beobachter sind in
dieser Hinsicht ungläubiger geworden. Man darf wohl annehmen, dass die
Sterblichkeit in ganz Europa in den letzten hundert Jahren gesunken ist
und dass dies den Fortschritten der Civilisation zuzuschreiben ist; doch
erst einem künftigen Jahrhundert ist es vorbehalten, diesen Einfluss der
Civilisation durch imponirende Zahlenreihen unwiderleglich zu beweisen.

Indessen mag man wohl die Wirkungen der Civilisation auf die
Sterblichkeit in ihren Einzelnheiten beachten.

Das dem menschlichen Leben von der Natur gesetzte Ziel kann
die Civilisation nicht ändern; gegen den Tod aus Altersschwäche wird
sie keine sanitätliche Massregel finden. Man darf auch die Kindersterblichkeit neben der Alterssterblichkeit für ein natürliches Gesetz halten,
das durch die Fortschritte der Civilisation wohl in seinen Wirkungen
etwas abgeschwächt, niemals aber aufgehoben werden kann. Diese beiden
Todesursachen wären demnach die natürlichen. Wappäus nimmt die von
ihnen allein bewirkte Sterblichkeit wie $1:57{,}7$ an; d. h. also wenn keine
anderen Todesursachen wirkten, als die Schwäche des Alters und die der
Kindheit, so würde erst auf 57 bis 58 Lebende jährlich ein Todesfall
kommen.

Jede Erhöhung der Sterblichkeit über diese ihre natürliche untere
Grenze ist unnatürlichen, zufälligen Todesursachen zuzuschreiben. Diese
sind es, welche die Civilisation zu bekämpfen hat. Jeder Schritt näher
zu jener kleinsten möglichen Sterblichkeitsziffer ist ein Sieg der Civilisation.
Dieser Sieg wird erkämpft, theils gegenüber der menschlichen Leidenschaft, Rohheit, Unwissenheit, Leichtfertigkeit und Unvorsichtigkeit, theils
gegenüber solchen Naturgewalten, mit welchen der Mensch zwar nicht
nothwendig, aber im Verlaufe seiner wirthschaftlichen Bestrebungen doch
zufällig und häufig in Berührung kommt.

In beiden Richtungen ist die Aufgabe der Civilisation deutlich vor-
gezeichnet.

Unter den Staatseinrichtungen sind es die militärischen Aushebungen und die Kriege, welche als mächtige Todesursachen sich stets wiederholen, den gesündesten und werthvollsten Theil der Bevölkerung treffen: den Mann auf der Höhe seiner physischen Entwickelung, der eben anfängt, der Gesellschaft die Schuld zu bezahlen, die er durch die in seiner Kindheit erhaltene Pflege sich aufgebürdet hat. In dieser Hinsicht kann die Civilisation durch eine Politik des Friedens, durch Entwaffnung zur Verminderung der Sterblichkeit beitragen.

Auch den anderen Berufsarten kann manches schlimm auf die Sterblichkeit einwirkende Moment genommen werden. So namentlich durch sorgfältige Aufsicht des Staats auf jene Berufszweige, welche vorzugsweise von Unglücksfällen heimgesucht sind, insbesondere auf den Bergbau; durch Aufsicht ferner auf die Kinderarbeit in den Fabriken u. s. f.

Die Fortschritte der ärztlichen Wissenschaften, der Gesundheitspflege sind gleichfalls ein mächtiger, der Sterblichkeit entgegendringender Damm. Man erkennt die Fortschritte der Civilisation besonders in der Sorgfalt, mit der man das Abscheulichste und Unglücklichste, das die Gesellschaft darbot, zu entfernen wusste. In dieser Beziehung kämpfen Wissenschaft und Humanität den ruhmreichsten Kampf für das Glück der Menschheit.

So ist man seit lange bestrebt, die Sterblichkeit in den Findelhäusern, den Entbindungshäusern, den Irrenhäusern und namentlich in den Krankenhäusern zu vermindern.

In gleicher Weise ist man auch auf die Sterblichkeit der Armenhäuser und Gefängnisse aufmerksam geworden. Man wird ferner unnöthige Acclimatisationsversuche unterlassen. Der Einfluss der Theuerungen als Todesursachen wird geschwächt durch den wachsenden Verkehr, welcher die Preise mehr ausgleicht, durch die Ausbildung und Zunahme von Associationen und Sparcassen der Arbeiterclassen; und die grossen Verkehrsmaschinen der Gegenwart gestatten bei einer verminderten Zahl von Unglücksfällen einer weit grösseren Menschenmenge die Bewegung über die ausgedehntesten Räume.

Anmerkung.

[1]) Quételet-Riecke: A. a. O., S. 261 ff. Er gibt folgende Ziffern für die Sterblichkeit in England:

im Jahre 1700	von	1 : 43
„ „ 1750	„	1 : 42
„ „ 1776—1800	„	1 : 48
„ „ 1806—1810	„	1 : 49
„ „ 1816—1820	„	1 : 55
„ „ 1826—1830	„	1 : 51

Nach diesen Zahlen hätte die Sterblichkeit bedeutend abgenommen, doch sind die zu Grunde liegenden Todtenlisten unzuverlässig. In London allein fand man eine ganz entschiedene Abnahme der Sterblichkeit; sie betrug dort in der Mitte des vorigen Jahrhunderts noch 1 : 20, im Jahre 1821 nur 1 : 40. In Frankreich betrug sie nach Villermé 1721 noch 1 : 20, 1802 dagegen 1 : 30, später 1 : 40; in Schweden um 1760 1 : 35, um 1780 1 : 37 und 1823 1 : 48; in Berlin um die Mitte des vorigen Jahrhunderts 1 : 28, in den Jahren 1816 bis 1823 dagegen 1 : 34.

Ferner theilt Quételet am a. O. folgende Tabelle von Moreau de Jonnès mit:

Länder	Zeit	1 Todesfall auf	Zeit	1 Todesfall auf
Schweden	1754—64	34	1821—25	45
Dänemark	1751—54	32	1819	45
Deutschland	1788	32	1825	45
Preussen	1717	30	1821 - 24	39
Württemberg . . .	1749—54	31	1825	45
Oesterreich	1822	40	1825—30	43
Holland	1800	26	1824	40
England allein . .	1690	33	1821	58
Grossbritannien . .	1785—89	43	1800—04	47
Frankreich	1776	25,5	1825—27	39,5
Canton Waadt . . .	1756—66	35	1824	47
Lombardei	1767—74	27,5	1827—28	31
Röm. Staaten . . .	1767	21,5	1829	28
Schottland	1801	44	1821	50

Leider muss man sie eine werthlose nennen, da einzelne der Zahlenangaben entschieden falsch und die übrigen schon aus diesem Grunde höchst unzuverlässig sind. Die weit sorgfältigeren Untersuchungen von Wappäus über die Abnahme der Sterblichkeit haben gezeigt, dass zu solchen Vergleichungen die erforderlichen statistischen Daten fast überall fehlen. Denn es müsste während der ganzen verglichenen Perioden die Aufzeichnung der Todesfälle sowohl als die der Gesammtbevölkerung ganz gleichmässig ausgeführt worden sein. Dies ist streng genommen nirgends der Fall. Nur für Schweden, Preussen und Frankreich glaubt Wappäus die Sterblichkeit längerer Zeitperioden vergleichen zu dürfen. Und hier ergibt sich eine Zunahme der Sterblichkeit für Preussen, eine Abnahme für Schweden und Frankreich.

IV. Capitel.
Aeussere Einflüsse auf die Bevölkerungs- bewegung.

§. 103. Bevölkerungsverminderung durch Auswanderung.

Ob eine Uebersiedelung aus wirthschaftlichen, politischen, religiösen oder anderen Gründen erfolgt: eine Auswanderung wird sie immer dann sein, wenn sie mehr als den Charakter einer Reise hat, wenn sie ein Aufgeben der heimatlichen, wirthschaftlichen und socialen Beziehungen in sich schliesst. Je genauer begrenzt diese wirthschaftlichen und socialen Beziehungen sind, auf einem je engeren Gebiete sie sich concentriren: desto weiter wird der Begriff der Auswanderung für das Individuum, dem diese Beziehungen angehören. Der Bauer wandert schon aus, wenn er seinen Hof mit einem solchen in einem benachbarten Kreise vertauscht. Solche innerstaatliche Auswanderung kümmert indessen die Statistik da nicht, wo es sich um ganze Bevölkerungen handelt.

Beobachten lassen sich die Resultate der Wanderungen bei dem jetzigen Zustande von Freizügigkeit nur in der Weise, dass man die Resultate der Volkszählungen mit denjenigen, welche sich aus der Zusammenstellung der Geburten und Todesfälle ergeben, vergleicht.

Eine besonders wichtige Art von Auswanderungen, nämlich diejenige nach überseeischen Ländern, gestattet wegen ihrer staatlichen Beaufsichtigung und wegen ihrer Concentration in einzelnen Seehäfen eine eingehendere Betrachtung.

I. Was zunächst die Zahl der Auswanderer überhaupt und die durch dieselbe am Stand der Bevölkerung herbeigeführte Verminderung betrifft, so übersteigt in den meisten Staaten Westeuropa's seit 50 Jahren die Zahl der Auswanderer jene der Einwanderer bedeutend. Namentlich in Grossbritannien (zumeist in Irland), ferner in der Schweiz und im Deutschen Reiche.

Die Zahl der Auswanderer betrug in den letzten Jahren (Angehörige der betreffenden Länder):

Jahre	Deutsches Reich[1]	Grossbritannien u. Irland[2]	Frankreich[3]	Italien[4]	Schweiz[5]
1875	30.773	140.675	4918	?	1772
1876	28.368	109.469	3173	23.430	1741
1877	21.964	95.195	3936	24.069	1691
1878	24.217	112.902	?	26.850	2608
1879	?	164.274	?	?	?

Hinsichtlich der anderen europäischen Länder sind einigermassen verlässige Angaben schwer zu erlangen. Bezüglich Oesterreichs ist die Auswanderung sehr gering; sie betrug aus den cisleithanischen Ländern 1850—68 zusammen nur 57726 Personen [1]).

Dabei zeigt sich zwischen der Auswanderungsziffer einzelner Jahre eine sehr bedeutende Ungleichförmigkeit. So erscheint im Deutschen Reiche neben den angeführten Jahren das Jahr 1872 mit 125650 Auswanderern; in Grossbritannien stieg im Jahre 1873 die Auswanderung bis auf 228345. In Frankreich überstieg sie 20000 Seelen im Jahre seit lange nicht und beträgt gewöhnlich nur 8—9000 Seelen. Ebensoviel ungefähr aus Belgien.

II. Die Auswanderung und der Gang der Bevölkerung.

Wenn nun auch die Bevölkerung im Momente der Auswanderung wirklich vermindert wird, so wird durch letztere doch der Gang der Bevölkerung nicht gestört. Die Auswanderung bewirkt keine Hemmung der Bevölkerungsvermehrung, sondern — wenn nicht das ganze Volk mit Mann und Maus auswandert — eher das Gegentheil.

Wenn nämlich einem Volke Gelegenheit zur Auswanderung gegeben ist und wenn diese Gelegenheit benützt wird: dann fängt das Volk auch an, sie in den Kreis seiner wirthschaftlichen Berechnung zu ziehen. Man denkt, dass man im schlimmsten Falle selbst auswandern oder durch Auswanderung Anderer in der Heimat wieder freien Spielraum gewinnen könne. Durch diesen Gedanken wird eine von den Gegentendenzen der Volksvermehrung theilweise aufgehoben und die Volksvermehrung findet wirklich statt. Durch eine regelmässige, namentlich durch eine colonisatorische Auswanderung werden fast immer die Hoffnungen und Wünsche der Begründung eines Familienstandes so angeregt, dass die durch die Auswanderung entstandenen Lücken schnell wieder zuwachsen, ja dass die Bevölkerung des Mutterlandes sich sogar vermehrt.

Diese Vermehrung findet sehr schnell statt; so schnell, dass meistens der Zuwachs, welchen die Bevölkerung jedes Jahr aus dem Ueberschuss der Geburten über die Todesfälle erhält, den Abgang der Ausgewanderten überwiegt.

Dies gilt freilich nur von der modernen Auswanderung. Anders war es bei der ersten historisch bekannten grossen Emigration; bei der 600000 Mann starken Auswanderung der Juden aus Egypten, durch welche die Bevölkerung Egyptens wesentlich und auf längere Zeit vermindert ward. Auch der Abgang, welcher dem Lande der Juden durch die letzte Auswanderung seines Volkes ward, ist unersetzt geblieben. Während sich gegenwärtig die Gesammtzahl der auf Erden lebenden Juden auf 7 Millionen beläuft, existirt im Mutterlande derselben eine verschwindend kleine Zahl. Solches fast vollständiges Verschwinden der Bevölkerung des

Mutterlandes ist bei der modernen Auswanderung unerhört. Die deutsche Auswanderung hat im Jahre 1872, wo die Auswanderungsziffer sehr hoch gestiegen war, doch nicht mehr Abgang verursacht, als ungefähr $^2/_7$ des natürlichen Bevölkerungszuwachses. Die gesammte Auswanderung des brittischen Reiches, welches doch die grössten Colonien, die blühendste Schifffahrt besitzt, betrug im Durchschnitt der Jahre 1825—35 nur etwa 55000, 1836—45 über 80000, 1873 allein, bei höchstgesteigerter Auswanderung 228345, wogegen der jährliche Ueberschuss der Geburten über die Todesfälle 1800—78 durchschnittlich 227816, dagegen in dem genannten Jahre 426979, also noch beinahe das Doppelte der Auswanderung betrug. Nur die Bevölkerung Irlands ist in Folge ungeheurer Auswanderung in den 10 Jahren von 1841—51 um etwa 1,660000 Seelen oder 2,26 Procent gesunken.

III. Gründe der Auswanderung. Mit ihnen hängt auch die Frage zusammen, welche Theile der Bevölkerung durch die Auswanderung dem Lande entzogen werden. Dies ist verschieden je nach der Art der Auswanderung, aber von hohem Interesse für die Auswanderungsstatistik. Die besten und edelsten Theile der Bevölkerung können einem Lande nur durch Emigration aus politischen oder religiösen Gründen entzogen werden. Durch die völlige oder durch die colonisatorische Auswanderung werden der Bevölkerung des Mutterlandes keineswegs die besten, aber doch auch nicht geradezu die schlechtesten Theile entzogen. Menschen, die im Mutterlande unbrauchbar sind, sind es in der Regel auch auswärts. Wer eine behagliche und anständige Stellung im Mutterlande errungen hat oder zu erringen hofft, der bleibt. So kommt es, dass aus einem Staate, wo weder die politische noch die religiöse Freiheit bedrückt ist, im Grossen und Ganzen nur solche Theile der Bevölkerung auswandern, welche ungefähr zwischen der Mittelclasse und der untersten Stufe stehen.

Die Motive der Auswanderung lassen sich in der Regel erkennen, wenn man die Auswanderer nach ihren heimatlichen Wohnsitzen, nach ihrem Stand und Beruf, Geschlecht, Familienstand, Alter, Vermögen, nach ihrer Religion etc. classificirt hat.

Was insbesondere die deutsche Auswanderung betrifft, so hat dieselbe ihre Ursache zunächst in politischer und religiöser Bedrückung des Volkes, welche nach dem dreissigjährigen Kriege begann, unter der Herrschaft des Absolutismus. Der missvergnügten kümmerlichen Stellung des Deutschen in seiner Heimat, wo er nur Object des Steuerdruckes und der polizeilichen Willkür war, stellten sich mehr oder weniger begründete Hoffnungen auf ein freies und erfolgreiches Streben, das ihm jenseits des Oceans winkte, gegenüber. Bis zum Jahre 1816 war indessen die deutsche

Auswanderung immer auf einige tausend Seelen im Jahre beschränkt geblieben. Die grosse Hungersnoth von 1816/17 steigerte sie plötzlich au
über 20000 Seelen; dann sank sie rasch wieder und soll 1821/22 nu
148 betragen haben ⁵). Sie stieg wieder in der Reactionsperiode de
Dreissiger Jahre ganz bedeutend. Vom Jahre 1847 an, seit welcher Zei
eigentlich erst zuverlässige Ziffern vorhanden sind, hielt sie sich au
mässiger Höhe, bis das Jahr 1852 eine rapide Steigerung brachte, welch
1854 ihren Höhepunkt erreichte. In diesem Jahre verliessen 12769·
Auswanderer (fremde und deutsche) die deutschen Häfen. Ebenso rapi
sank die Ziffer wieder und hielt sich fast ausnahmslos bis 1864 au
mässiger Höhe; ein Minimum erreichte sie besonders 1861—63, als de
amerikanische Bürgerkrieg die Aussichten für Auswanderer nach den Vereinigten Staaten sehr getrübt hatte. Die Beendigung jenes Krieges lies
die Hoffnungen und mit ihnen die Auswanderungsziffer rasch wiedei
steigen (von 52756 im Jahre 1864 auf 87549 im Jahre 1865, Deutsche
und Fremde aus deutschen Häfen). Eine weitere Steigerung veranlasste
der Krieg von 1866; in diesem Jahre betrug die Zahl (Fremde und
Deutsche, namentlich unzufriedene Hannoveraner) 106657. Sie hielt sich
auf dieser Höhe und darüber bis 1870, sank dann in Folge des Krieges
auf 79337 und stieg nach dem Frieden sofort wieder bis zu dem Maximum
von 1872 mit 125650 (blos Deutsche, oder 154824 Deutsche und Fremde).
Im Jahre 1874 aber sank sie rapid auf weniger als die Hälfte des Vorjahres und behielt seither einen noch weit geringeren Stand. Vieles bleibt
in dem Wechsel der deutschen Auswanderungsziffer schwer erklärlich.
namentlich das abnorme Maximum des Jahres 1872, des Jahres höchsten
wirthschaftlichen Aufschwungs.

Die brittische Auswanderung hat ihren Grund im Allgemeinen
unzweifelhaft in der nicht abzuläugnenden verhältnissmässigen Uebervölkerung des brittischen Europa, wird aber wesentlich gefördert durch
den brittischen Colonialbesitz, durch die englische Seemachtstellung, welche
die englische Nation mehr als jede andere veranlasst, ihren Blick auf
und über das Meer zu richten; auch durch die Leichtigkeit, mit der
eigenen Sprache in den wichtigsten Auswanderungsländern zurecht zu
kommen. Die Auswanderung der Irländer insbesondere, welche seit lange
alle Aufmerksamkeit verdient, erreichte ein unerhörtes Maximum mit der
Hungersnoth von 1846 und brachte von 1845 bis 1854 über 1½ Millionen
Irländer nach den Vereinigten Staaten. Die gesammte brittische Auswanderung beträgt seit 15 Jahren jährlich 165355 Seelen und sank nur in
einem einzigen Jahre dieser Periode unter 100000. Trotzdem sie im
Ganzen nicht abnimmt, zeigt doch die Auswanderung nach den Vereinigten Staaten in der zweiten Hälfte dieser Periode eine bedeutende Ab-

nahme, was aber ausgeglichen wird durch die Auswanderung nach anderen
Ländern. Wenn Grossbritannien eine stets wachsende Zahl von Auswanderern nach anderen Ländern, als die Vereinigten Staaten, Brittisch-
Nordamerika, Australien und Neuseeland sind, schickt, so ist ein Grund
hiefür gewiss in dem Schutze zu suchen, welchen der Engländer auf der
entlegensten Insel des Oceans durch die brittischen Consuln und Kriegs-
schiffe findet.

Die Geringfügigkeit der Auswanderung Frankreichs hat ihren Grund
im Allgemeinen in dem fast stationären Charakter der französischen Bevölkerung. Eine Bevölkerung, die sich fast kaum mehr vermehrt, in deren
Mutterland die wirthschaftlichen Zustände und die Volkszahl sich inein-
andergefügt haben und nicht durch gewaltthätige Störungen in Disharmonie
gerathen, hat keinen Grund zur Auswanderung. Der geringe jährliche
Bevölkerungszuwachs findet fast vollständig Raum in der, durch stetige
Capitalbildung erweiterten und verbesserten Werkstatt des Volkslebens. .

Unter den Auswanderungsziffern der übrigen europäischen Länder
geben die italienische und die schweizerische einigermassen Veranlassung,
zu fragen, ob nicht auch in diesen Ländern die Bevölkerung schon ein
Gefühl der Beengtheit empfinde, welches wenigstens als Vorbote der
Furcht vor Uebervölkerung angesehen werden kann. Die unbedeutende
Auswanderung der osteuropäischen Länder, einschliesslich Oesterreich-
Ungarns, hängt mit den übrigen Bevölkerungsverhältnissen dieser Länder
zusammen, welche deutlich das Bestreben zeigen, den ihnen von der
Natur gebotenen Spielraum durch menschliches Leben auszufüllen.

Als besonders charakteristisch darf der europäischen Auswanderung
hier wohl noch die chinesische gegenübergestellt werden. Man hat die
jährliche Durchschnittszahl der chinesischen Auswanderer, gewiss nicht
übertrieben, auf mindestens 150000 veranschlagt[1]). Die ausserordentliche
Volksdichtigkeit des eigentlichen China ist der constante Grund dieser
Auswanderung, welche ganze Völkerwellen landeinwärts nach der Mongolei,
Tibet und Hinterindien, aber auch seewärts nach dem indischen Archipel,
Australien und über den Stillen Ocean treibt. Neben der Beschränktheit
des heimischen Raumes wirkt aber auch in noch höherem Grade die
Leichtigkeit, mit welcher im Auslande der mässige und fleissige Chinese
mit den Arbeitern anderer Racen zu concurriren und Ersparnisse zu
sammeln vermag.

IV. Weitere Aufgaben der Auswanderungsstatistik beziehen sich auf
die Reise der Auswanderer. So namentlich auf den Umstand, wie durchschnittlich die Emigration sich auf die verschiedenen Jahreszeiten vertheilt; ferner auf die wichtigsten Auswanderungshäfen, auf die Fahrpreise
in den verschiedenen Häfen, auf Segelschiffen und Dampfbooten; auf die

mittlere Dauer der Fahrten, die durchschnittliche Sterblichkeit auf den
Schiffen, die Durchschnittszahl der die Auswandererschiffe treffenden
Schiffbrüche und anderen Unglücksfälle.

V. Auch die Bestimmungsorte der Auswanderer sind von statistischer
Wichtigkeit. Es kann für das Heimatland der Auswanderer nicht gleichgiltig sein, in welchen Theilen der Welt seine Kinder sich verlieren. Eine
Politik, die nicht blos von der Hand in den Mund lebt, muss sich für
die Frage interessiren, wo in anderen Ländern stammverwandtes Volks-
lehen erwächst, und was für dessen Erhaltung und Stärkung geschehen
kann. Wenn die Auswanderer nach solchen Ländern ziehen, wo sie als
winzige Minoritäten verschwinden, müssen sie rasch ihre heimische Sitte
und Sprache verlieren; sie werden von fremdem Volksthum völlig aufge-
sogen. Mit den brittischen Auswanderern ist dies am wenigsten der Fall,
sie sind leicht im Stande, überall englische Sprache und Sitte in der
Familie zu bewahren und so jene kosmopolitischen und doch nationalen
Fäden zu spinnen, mit welchen englisches Wesen seine Weltmachtstellung
über alle Meere netzartig ausbreitet. Auch die chinesischen Auswanderer
wissen allenthalben ihre heimische Lebensweise festzuhalten und thun
dies um so zäher, weil sie in dem Gedanken an eine dereinstige Rück-
wanderung arbeiten und sparen. Dagegen ist gerade an den deutschen
Auswanderern das völlige Aufgehen in fremden Nationalitäten am meisten
zu beklagen. Die Deutschen, welche im Laufe dieses Jahrhunderts allein
nach den Vereinigten Staaten auswanderten, wären bei gehöriger Concentration im Stande gewesen, in Südbrasilien oder Argentina ein grosses
blühendes Staatswesen zu bilden. Im Territorium der thätigen energischen
Nordamerikaner war dies natürlich nicht möglich, was gegenüber der
spärlichen, ärmeren und weit weniger thatkräftigen Bevölkerung Südamerika's hätte gelingen müssen. So sehr mittlerweile deutsche Sitte und
Sprache in den Vereinigten Staaten, wo sich in den grösseren Städten
ganze deutsche Stadtviertel mit deutschen Zeitungen, Gesangvereinen und
Bierschenken gebildet haben, erstarkt ist, erscheint hier doch das deutsche
Wesen als dasjenige einer Fremdencolonie, während es anderwärts zur
Herrschaft hätte gelangen können. Wie überwältigend immer noch die
Anziehungskraft der Vereinigten Staaten auf die deutschen Auswanderer
ist, geht aus dem Umstande hervor, dass von den 24217 Auswanderern
des Jahres 1878 dorthin 20373, nach Brittisch-Nordamerika 89, nach
Centralamerika und Mexiko 22, nach Westindien 74, nach Brasilien
1048, nach Argentina 201, nach Peru 82, nach Chile 94, nach dem
übrigen Südamerika 72, nach Afrika 394, nach Asien 50, nach Australien 1718 gewandert sind [1]).

VI. Bedeutende Aufmerksamkeit verdient eine weitere Erscheinung. Nicht nur in der Bevölkerung selbst wird dem Mutterlande durch Auswanderung ein colossales Capital entzogen, sondern auch durch die kleineren Capitalien, welche von den Auswanderern mit in die neue Heimat genommen werden. Es hat indessen auch mit diesem Verluste keine grosse Gefahr. Würde jeder Auswanderer durchschnittlich mehr Capital mitnehmen, als auf den Kopf der im Mutterlande Zurückbleibenden gerechnet wird: dann müsste gerade durch jede gelungene Auswanderung das Verhältniss der Einwohner zum Gütervorrath ein immer schlimmeres werden; die Ausgewanderten würden sich sehr wohl befinden, aber die Zurückgebliebenen desto schlechter.

Dies ist kaum von einer Auswanderung zu fürchten. Man glaubt in Nordamerika von den deutschen Einwanderern, dass sie durchschnittlich 280 Thlr. mitbringen. Die Auswanderer selbst pflegen nicht so viel anzugeben. Aus Preussen wanderten 1848—49 8780 Menschen mit 1,713370 Thlr. Vermögen; es trifft sohin auf den Kopf die Summe von 195 Thlr.

In Bayern sind von 1844—51 45300 Personen ausgewandert; dieselben haben ein Gesammtcapital von 19,233000 fl., also für den Kopf 424 fl. ausgeführt. Es scheint hier der mittlere Betrag des Auswanderervermögens abzunehmen und die Auswanderung aus immer tieferen Schichten der Bevölkerung hervorzugehen.

Es ist also vorerst nicht daran zu denken, dass bei der gegenwärtigen europäischen Auswanderung verhältnissmässig mehr Capitalien als Menschen auswandern. Eine fortwährende Mehrausfuhr von Capitalien müsste nothwendig das Resultat haben, dass die Bevölkerung des Mutterlandes an Capitalien immer ärmer würde und zuletzt nur noch jene Capitalien behielte, welche überhaupt nicht ausgeführt werden können.

Der Einfluss, welchen jede allmälige Auswanderung auf die Bevölkerung des Mutterlandes nimmt, dürfte sich demnach grossentheils nach der Menge der mit den Auswanderern entfliehenden Capitalien richten. Die Bevölkerung des Mutterlandes muss allmälig schwinden, wenn zu viel Capitalien ausgeführt werden; sie wird durch die Auswanderung keine merkliche Veränderung erleiden, wenn der richtige, auf den Kopf der Bevölkerung treffende Durchschnitt der Capitalsmengen ausgeführt wird; wachsen wird sie, wenn verhältnissmässig zu wenig Capitalien ausgeführt werden.

Wappäus überschätzt die nachtheiligen Wirkungen der Auswanderung auf den Capitalbestand des Mutterlandes. Er rechnet, dass Deutschland in 10 Jahren durch das entflohene Auswanderervermögen 100 Millionen Thlr. Capital verloren habe. Kapp berechnet, dass die Vereinigten Staaten allein von Deutschland in 50 Jahren 500 Millionen Thlr. baar und

1751 Millionen Thlr. an Capitalwerth gewonnen haben, und dass Europa täglich rund 1 Million Dollars durch seine Auswanderer an die Vereinigten Staaten abgibt [5]). Wie viel Millionen mehr aber gewann es durch die Arbeit dieser Auswanderer, so lange dieselben daheim waren und wie viele Millionen wird es noch gewinnen durch die Arbeit Derjenigen, welche durch die Entfernung jener Auswanderer Raum gewonnen haben?

Anmerkungen.

[1]) Nach dem stat. Jahrbuch für 1880, S. 19.
[2]) Nach Statistical abstract from 1865 to 1879, p. 149.
[3]) Block-v. Scheel, p. 274.
[4]) V. F. Klun: Statistik von Oesterreich-Uugaru. S. 87.
[5]) F. Kapp: Ueber Auswanderung. 1871. S. 5 ff.
[6]) F. Ratzel: Die Chinesische Auswanderung. 1876. S. 63.

§. 104. Bevölkerungsvermehrung durch Einwanderung [1]).

I. Weit einflussreicher als die Auswanderung ist beobachtetermassen für die Bewegung wirklicher Bevölkerungen die Einwanderung. Namentlich in Staaten mit junger Cultur, wo noch Raum im Ueberfluss für die volkswirthschaftliche Entwickelung vorhanden, Grundeigenthum leicht zu erwerben ist und keine, durch eine lange Geschichte überlieferte Fesseln und Schwierigkeiten sich an die Thätigkeit des Einzelnen hängen.

So hat die Bevölkerung der Vereinigten Staaten von 1820—1877 9,875617 Seelen durch Einwanderung gewonnen.

Die schlimmen Zustände Irlands, Revolutionen und Reactionen in Deutschland und Frankreich, die Erweiterung des Staatsgebietes der Vereinigten Staaten, die Entdeckung der californischen Goldminen und der Silbergruben von Nevada, dazu die wachsende Anziehungskraft der schon Uebergesiedelten machen diese stets mächtiger werdende Einwanderung erklärlich. Kein anderer Staat zeigt einen so starken äusseren Bevölkerungszuwachs. Nur einzelne von den brittischen Colonien, Canada, Australien und Neuseeland, haben in neuerer Zeit einen noch grösseren äusseren Bevölkerungszuwachs gewonnen. Hier aber sind es blos Theile eines grösseren Staates, dessen andere Theile ihnen ihren Ueberfluss an Bevölkerung abgeben.

II. Auch bei der Einwanderung ist der wirthschaftliche Werth der Bevölkerungsveränderung zu beachten. Der Bevölkerungszufluss bringt nicht allein Arbeitskräfte ans Land, welche in Capital umgesetzt werden, sondern auch Baarcapitalien, welche von den Einwanderern mitgeführt werden und meistens erspriessliche Anwendung finden, namentlich häufig an solchen Plätzen, wo sie bisher gefehlt haben [2]).

III. Die Nationalität der Einwanderer ist für den Staat, welcher den Zufluss erhält, von politischer Bedeutung, weil eine grössere Menge von Einwanderern einer bestimmten Nationalität immerhin dazu beiträgt, das Volksthum, die Sitten, Wirthschaftsmethoden und politischen Einrichtungen des neuen Vaterlandes, wenn auch oft ganz unmerklich, zu modificiren. Diesen stillwirkenden Einfluss haben die Vereinigten Staaten von der irischen und von der deutschen Einwanderung im Osten und in den Binnenstaaten, von der chinesischen Einwanderung an der pacifischen Küste verspürt. Die chinesische Einwanderung wurde so einflussreich, namentlich hinsichtlich der Arbeitslöhne, dass sich in den Staaten des fernen Westens die Anfänge eines Racenconflictes zu zeigen beginnen [2]).

Die Umgestaltungen des politischen und wirthschaftlichen Lebens und der ganzen Gesittung durch die Einwanderung ist eine von jenen Erscheinungen des Völkerlebens, hinsichtlich dessen die notorischen Thatsachen der Geschichte weit mehr Aufklärung in farbenreichen Bildern liefern, als die Ziffern der Statistik. Zwischen der dorischen Wanderung des alten Hellas und der Einwanderung der Chinesen in San Francisco, zwischen den verheerenden Invasionen der Gothen und Vandalen und der nun bald zweitausend Jahre währenden Einwanderung der Juden in das Abendland stehen unzählige Formen der Einwanderung, haben unzählige Verbindungen älteren, sesshaften und neuen, zugewanderten Volksthumes stattgefunden, sind an unzähligen Punkten Fäden angeknüpft, Uebergänge und Vermischungen angebahnt worden, aber auch Völker- und Racenconflicte entbrannt, je nachdem die eingewanderte oder die aufnehmende Nation in dieser oder jener Hinsicht mehr Kraft und Ausdauer entwickelte.

Anmerkungen.

[1]) Vgl. Wappäus, a. a. O., S. 102 ff.

[2]) Doch findet sich hier wieder eine Verschiedenheit. Wenn ein hochcultivirter und dichtbevölkerter Staat durch Einwanderung an Bevölkerung zunimmt, wie z. B. früher Preussen, so kann man annehmen, die Mehrzahl der Einwanderer habe aus nicht unbemittelten Erwachsenen bestanden, aus Gewerbtreibenden, Kaufleuten u. s. w. So sind z. B. in Preussen von 1851—1856 10145 Personen mit einem Vermögen von zusammen 11,766465 Thlr. oder 1160 Thlr. auf den Kopf eingewandert. Da bringt also die Einwanderung noch grösseren Gewinn, als in weniger civilisirten Ländern, wo die Einwanderer vorzugsweise durch den Reichthum an unbenützten culturfähigen Ländereien angezogen werden. Nach solchen wandern die weniger gebildeten Einwanderer, zugleich auch meist in ganzen Familien, also nicht vorzugsweise die Producenten. (Wappäus, a. a. O.)

[3]) 9,814908 Einwanderer in die Ver. Staaten bis 1877, vertheilten sich nach der Nationalität folgendermassen:

Grossbritannien	4,563.446	British Amerika	491.57?
Deutschland	2,916.652	Westindien	60.89?
Frankreich	305.390	Mexiko	23.85?
Skandinavien	273.100	Centralamerika	1.20?
Schweiz	78.911	Südamerika	8.52?
Niederlande	42.773	China	207.27?
Dänemark, Island	43.243	Japan	34?
Spanien, Portugal	49.040	Australien	8.09?
Italien	60.394	Andere Länder	306.22?
Belgien	21.865	Auf See geboren	49?
Oesterreich	54.709	Totale nebst Europa . 9,814.90?	
Russland, Polen	45.757		
Uebriges Europa	1.141		
Vor 1820 etwa	250.000		
	Europa . 8,706.421		

(Nach dem Gothaischen Taschenbuch für 1880.)

III. Abschnitt. Physisches Leben der Bevölkerung.

I. Capitel.

Die Lebensdauer.

§. 105. Die Lebensdauer im Lichte der unsystematischen Beobachtung.

Wie vergänglich das menschliche Leben ist: das ist nicht nur unter allen statistischen, sondern überhaupt unter allen Erfahrungen menschlicher Beobachtung eine der ältesten. Die Dauer des Menschenlebens bestimmt des Menschen Thaten und seine Geschichte; sie ist der Raum, auf welchen sein Glück und Unglück, seine Verpflichtungen und Ansprüche vertheilt werden.

„Unser Leben währt siebzig Jahre; und wenn es hoch kommt, so sind es achtzig Jahre; und wenn es köstlich gewesen ist, so ist es Mühe und Arbeit gewesen; denn es fährt schnell dahin, als flögen wir davon."

Mit diesen Worten beklagt der Psalmist die Kürze des Menschenlebens; sie enthalten die populärste Schätzung der Lebensdauer, eine Schätzung, die für ihre Zeit sehr vernünftig genannt werden kann. Juden. Egypter und Indier haben Grosses in der Ueberschätzung der menschlichen Lebensdauer geleistet. Selbst der grosse alte Statistiker Moses griff in seinen Altersangaben in das Reich des Märchens. Er gibt dem Adam ein Alter von 390 Jahren, dem Seth von 912, dem Enos von 905, dem Kenan von 910, dem Mahaleel von 895, dem Methusalem von 962 und dem Noah von 950 Jahren. Man kann nicht annehmen, dass Moses ganz andere Jahre, als die unseren sind, gemeint habe; denn Chaldäer und Egypter waren schon, als Moses am Hofe der Pharaonen lebte, zu gute Astronomen, deren Beobachtungen, von vorzüglicher Schärfe, zwei Jahrtausende vor Christus hinaufreichen. Wahrscheinlich verlieh man jenen ehrwürdigen Patriarchen ein so hohes Alter, um sie noch ehrwürdiger erscheinen zu lassen. Uebrigens sind diese Ueberschätzungen mässig gegen die der Indier. Die alte indische Literatur gibt die Lebensdauer gewöhnlicher Menschen zu 80000, die der Heiligen zu 100000 Jahren an. „Einer ihrer Könige, ein besonders brillanter Charakter, der auch zugleich Heiliger war, trat seine Regierung erst im Alter von 2 Millionen Jahren an, dann regierte er 6,300000 Jahre und als er dies ausgeführt hatte, dankte er ab und schleppte sich noch 100000 Jahre hin" [1].

Es darf wohl als charakteristisch für den Optimismus der Menschen bezeichnet werden, dass die unwissenschaftliche Beobachtung der Lebensdauer sich so gerne an die Maximalzahlen, selbst wenn dieselben ganz augenfällig zu den Ausnahmen gehören, hält. Es ist, als wollte man damit die allgemeine Anschauung über die Lebensdauer aus Menschenfreundlichkeit irreführen. Diese Freude an hohen Lebensaltern zieht sich noch bis in die Periode wissenschaftlicher Beobachtung herein. So führt namentlich Süssmilch nicht allein die Namen, sondern selbst die Biographien einzelner langlebiger Greise vor, die das 140. und 150. Jahr erreichten; ebenso die Angaben des Plinius, nach welchen dem römischen Kaiser Claudius, als ihm die Alterslisten einer Volkszählung vorgelegt wurden, das Alter eines Bologneser Bürgers von 150 Jahren auffiel und beim Census des Vespasian 27 Menschen zwischen 110—140 Jahren allein in der 8. Region Italiens angetroffen wurden [2].

Anmerkungen.

[1] Buckle: Geschichte der Civilisation etc. I. S. 116.
[2] Süssmilch: A. a. O., II. S. 352 ff. (4. Aufl.)

§. 106. Uebersicht der Aufgabe der Statistik hinsichtlich der Lebensdauer.

Die Dauer des Menschenlebens wurde sowohl zu unmittelbar praktischen Zwecken — Lebensversicherungen, Leibrenten- und Tontineanstalten, Witwencassen u. s. f. — erforscht, als auch aus wissenschaftlichem Interesse, um aus ihr Schlüsse auf die Volkszustände zu ziehen. Die Lebensdauer einer Bevölkerung wird durch zwei Factoren bestimmt, nämlich durch:

I. Die natürliche Lebenskraft des Menschen. Sie ist weder für alle Völker, noch für alle Individuen dieselbe und kann daher auch nicht als beständige Grösse angesehen werden. Doch lässt sich für sie in jedem Lande und Volke ein Durchschnitt finden.

II. Die sich ihr entgegenstellenden Todesursachen, welche theils durch die natürliche Beschaffenheit des Landes, theils durch sociale Verhältnisse bedingt werden. Diese Todesursachen möglichst zu entfernen und abzuschwächen, ist Aufgabe der Heilkunde und der Staatsverwaltung. Eine Verlängerung der Lebensdauer eines Volkes zeugt von einem Fortschritt der medicinischen Wissenschaft, von einer Verbesserung gesellschaftlicher Zustände, von einem Fortschritt in der Civilisation. Die Schwäche der Jugend und des Alters Hinfälligkeit sind unabänderliche Todesursachen; aber neben ihnen wirken zufällige. Letztere auf ein stets kleineres Gebiet zurückzudrängen, ist eine der höchsten Pflichten der Civilisation.

Auch da, wo es sich um die Lebensdauer des Menschen handelt, muss die Statistik, unbeirrt von der längeren oder kürzeren Dauer einzelner Leben, ihrem obersten Grundsatze getreu, die Lebensdauer des mittleren Menschen aufsuchen.

Wenn man überhaupt nach der Dauer einer Erscheinung frägt, ist eine Anfangszeit und ein Ende festzustellen. Bei der Betrachtung der Dauer einer Massenerscheinung kann sich die Wahl der Einzelnindividuen, aus welchen sich die Massenerscheinung zusammensetzt, verschieden gestalten. Die unsystematische Massenbeobachtung würde aus der Dauer verschiedener Einzelnleben, welche aus beliebigen Zeiträumen zusammengeholt sind, ein Durchschnittsergebniss ziehen. Anders die systematische Beobachtung. Diese hat je nach den Zeitpunkten, in welchen die Beobachtung der Einzelnleben anfängt und aufhört, hauptsächlich zwei Standpunkte:

I. Man kann nämlich eine gewisse Zahl von Menschenleben beobachten, welche eine gleiche Anfangszeit, aber ungleiche Endpunkte haben.

Hier ist also das bei allen Einzelnerscheinungen gleichartige Beobachtungsobject, d. h. die Lebensanfänge der in einem bestimmten Zeitabschnitt geborenen Menschen, in der Vergangenheit gelegen. Das wechselnde Beobachtungsobject, der Tod dieser Menschen, zieht sich von der Vergangenheit in die Gegenwart herauf und die Beobachtung muss ihm folgen. Hier ist aber zu berücksichtigen, dass die Geburten eine stetige Function der Zeit sind und sich über die einzelnen Jahre vertheilen, dass demnach die Menschen, die in einem Jahre geboren sind, strenggenommen keinesweg das gleiche Alter haben. Ueber diese Schwierigkeit jedoch unten.

II. Man kann aber auch eine gewisse Anzahl von Menschenleben mit verschiedenen Anfangspunkten, aber an einer für Alle gleichartigen Beobachtungsstelle erfassen. Man erhält in diesem Falle das Durchschnittsalter der in einem gewissen Zeitpunkte Lebenden oder Verstorbenen. Hier liegt also das bei Allen gleichartige Beobachtungsobject in der Gegenwart und die vergangenen Anfangspunkte der Erscheinungen sind verschieden. Je nachdem es sich dabei um Lebende oder Todte handelt, hat man es zu thun mit:

1. dem Durchschnittsalter der Lebenden oder
2. dem Durchschnittsalter der Gestorbenen.

§. 107. Die exacte Beobachtung der Lebensdauer. Absterbetafeln.

Um die Lebensdauer nicht blos zu schätzen, sondern mit Exactheit zu untersuchen, ist es nöthig, bei einer grösseren Anzahl Menschen das Alter ihres Absterbens zu beobachten und eine Tabelle hierüber anzulegen. Solche Tabellen werden je nach ihrem Inhalte Absterbelisten oder Sterblichkeitstafeln, auch Ueberlebenstafeln genannt.

Die Erfahrungen, die man über die menschliche Lebensdauer (im allgemeinsten Sinne des Wortes) haben kann, beruhen in erster Linie auf der Art der angesammelten Massenbeobachtungen.

Diese Massenbeobachtungen können sich erstrecken blos auf die Zahl der Lebenden und Gestorbenen oder auch auf das Alter der Lebenden und Gestorbenen.

I. Kennt man blos die Zahl der Lebenden, der Geborenen und Gestorbenen eines gewissen Zeitraumes, so ist es allerdings möglich, aus diesen Zahlen Resultate zu gewinnen, welche über die Lebenskraft des Menschengeschlechtes Aufschluss geben. Ob diese Zahlen jedoch dem Ziele, welches angestrebt werden soll, entsprechen, wird später gezeigt werden.

II. Kennt man blos das Alter einer Gesammtheit lebender Menschen, so lässt sich daraus eine Durchschnittsziffer gewinnen, das Durchschnittsalter der Lebenden genannt, welche mehrfach als Ausdruck der Lebenskraft genommen wurde, diesem Zwecke jedoch am wenigsten entspricht.

III. Kennt man das Alter einer Gesammtheit gestorbener Menschen, so sind folgende Möglichkeiten zu unterscheiden:

A. Die Gestorbenen haben das gemeinsame, sie zu einer Gesammtheit stempelnde Merkmal, in einem Jahre gestorben zu sein, während ihre Geburtszeit in verschiedene Jahre zurückreicht. Dann ist es möglich, aus dieser Kenntniss das Durchschnittsalter der Gestorbenen zu gewinnen. Inwieferne dasselbe als Ausdruck der Lebenskraft der Bevölkerung erscheint, soll ebenfalls später gezeigt werden.

Einer Beobachtung des Alters von in einem Jahre Gestorbenen kann indessen noch eine andere Thatsache entnommen werden, nämlich die Zahl der Gestorbenen einzelner Altersclassen. Dann scheiden sich aus der Gesammtheit der Gestorbenen des Beobachtungsjahres die kleineren Gesammtheiten der Gestorbenen der verschiedenen Altersclassen aus. Die Uebersicht hierüber wird dann ungefähr folgende Gestalt annehmen:

Unter n Gestorbenen des Jahres befanden sich:

im Alter von:	Gestorbene: ·
0— 1 Jahr	a
1— 2 „	b
2— 3	c
. . . .	
99—100 „	d

Eine derartige Zusammenstellung kann man als die Grundlage einer Sterbetafel oder Absterbeliste bezeichnen. Die eigentliche Sterbetafel wird daraus gewonnen durch Vereinfachung der Zahlen, indem man dieselben auf Procent- oder Promillesätze reducirt und demgemäss angibt:

Unter 1000 Gestorbenen des genannten Jahres befanden sich:

im Alter von:	Gestorbene:
0—	$\dfrac{1000 . a}{n}$
1— 2	$\dfrac{1000 . b}{n}$
2— 3	$\dfrac{1000 . c}{n}$
. . . .	
99—100	$\dfrac{1000 . d}{n}$

Dies ist dann eine eigentliche Sterbetafel.

Man konnte die so gefundenen Zahlen auch in Vergleich mit der Zahl der Lebenden desselben Alters in Verbindung bringen, wodurch die Tafel dann folgende Gestalt gewinnt:

Alter	Bevölkerung im Jahre	Gestorben im Jahre	Verhältniss der Gestorbenen auf 1000 gezählte Personen
0— 1	1,232145	246429	200
1— 2	1,002123	82266	82
2— 3	912321	72042	78
. . . .	. . . .	. . . .	. . . .
99—100			

B. Hat man eine Anzahl von Verstorbenen, welche das gemeinsame Merkmal haben, in einem Jahre geboren zu sein, welche also eine Jahresgeneration bilden, so kann man, durch Beobachtung ihrer allmäligen Verminderung bis zum Absterben ihres letzten Mitgliedes, endlich jene Uebersichten gewinnen, welche als Ueberlebenstafeln bezeichnet werden. In die oberste Linie einer solchen Tafel stellt man die ganze beobachtete Generation, in die zweite diejenige Zahl, welche übrig bleibt nach Abzug der im Laufe des ersten Jahres Gestorbenen, in die dritte Linie die Gesammtzahl der Generation mit Abzug der während des ersten und zweiten Jahres Gestorbenen u. s. f. Um jedoch die hieraus entstehende Tabelle übersichtlicher zu machen, werden die wirklichen (absoluten) Zahlen auf runde umgerechnet. Die Tafel gewinnt dann folgende Gestalt:

Alter:	Ueberlebende:
0	1000
1	$1000-a$
2	$1000-a-b$
. . . .
99	$1000-x$
100	$1000-x-y$

Solche Ueberlebenstafeln besitzt man jetzt in den wichtigsten europäischen Ländern, und zwar für beide Geschlechter gesondert. Nothwendig ist für deren Herstellung wie erwähnt, dass man eine oder noch besser eine Reihe von Jahresgenerationen so lange beobachtet, bis das letzte Mitglied jeder Generation abgestorben ist. Diese Aufgabe hat jedoch mit den grössten Schwierigkeiten zu kämpfen. Hat man eine bestimmte Jahresgeneration in ihrem Geburtsjahre erfasst, so kann man doch unmöglich verhüten, dass durch Wegwanderung vom Geburtsorte die Berechnung der Zahl der Ueberlebenden gestört wird. Diese Störung wird um so empfindlicher, je kleiner die beobachtete Jahresgeneration ist. Weil es nun nicht möglich scheint, mit wirklichen Jahresgenerationen zu rechnen, rechnet man mit sogen. „idealen Generationen", welche man durch Combination der Geburten und Todesfälle einer beschränkteren Jahresreihe erhält, wobei an Stelle des Altersjahres das Geburtsjahr (welches aber mit dem Altersjahr keineswegs identisch ist) zu Hilfe genommen wird.

Aus einer Ueberlebenstafel lassen sich durch einfache Rechnungsoperationen Zahlenreihen ableiten, welche für die Betrachtung der menschlichen Lebensdauer von höchster Wichtigkeit sind.

Es ist hier nöthig, an einem Beispiele zu zeigen, wie die ersten Sterbe-, resp. Ueberlebenstafeln eingerichtet und erweitert wurden.

Eine Tabelle mit 3 Spalten wird angelegt. Voran stehen die Jahre der Beobachtung. Hatte man nun z. B. eine Gesammtheit von 1000 gleichzeitig (innerhalb eines Jahres) Geborenen bis zu ihrem Absterben beobachtet, so setzte man die Zahl der jährlich Gestorbenen in die mit 1 überschriebene Spalte. Die zweite Spalte wird von denen gefüllt, welche von den 1000 am Anfang jedes folgenden Jahres übrig sind. Die dritte Spalte enthielt die Summe der zu durchlebenden Jahre. Sie wird gefunden, indem man an unterster Stelle dieselbe Zahl wie in der zweiten Spalte einsetzt, bei jeder folgenden aber die Zahlen der zweiten Spalte von unten auf addirt.

Eine so construirte Absterbetabelle würde daher folgende Gestalt haben, wenn man es beispielsweise mit 1000 Gestorbenen zu thun hätte, welche in der in Spalte 1 gegebenen Zahlenordnung im Zeitraume von 5 Jahren abgestorben wären.

Jahre	1. Gestorbene	2. Lebende	3. Summe der zu verlebenden Jahre
1	300	1000	2500
2	250	700	1500
3	200	450	800
4	150	250	350
5	100	100	100

Man könnte auch anstatt dieser blos beispielsweise gewählten Ziffern, die Zahl der in jedem Jahre Gestorbenen durch Buchstaben bezeichnen. Dann zeigt sich die Tabelle so:

Jahre	1. Gestorbene	2. Lebende	3. Summe der zu verlebenden Jahre
1	a	$a+b+c+d+e$	$a+2b+3c+4d+5e$
2	b	$b+c+d+e$	$b+2c+3d+4e$
3	c	$c+d+e$	$c+2d+3e$
4	d	$d+e$	$d+2e$
5	e	e	e

§. 108. Geschichte der Sterbetafeln.

Das Verdienst, den ersten Versuch zu einer systematischen Untersuchung der Lebensdauer gemacht zu haben, gebührt dem Londoner Graunt, welcher um 1661 oder 1665 seine Beobachtungen über das Gesetz der Sterblichkeit veröffentlichte [1]), Beobachtungen, welchen allerdings nur ein sehr dürftiges Zahlenmaterial zu Grunde liegt, die aber doch zeigen, dass er eine klare Vorstellung von dem allmäligen Verschwinden einer Generation im Laufe ihres Alters hatte.

Nach ihm wurde eine verbesserte Absterbetafel im Jahre 1691 durch den englischen Astronomen H a l l e y veröffentlicht; sie beruhte auf Todtenregistern der Stadt Breslau. Er nahm aber, was mit den Vorgängen der Wirklichkeit im Widerspruche steht, an, dass die Bevölkerung eine stationäre sei, weder zu- noch abnehme und auch das Absterben stets in gleicher Ordnung erfolge [2]). Dass diese Annahme unhaltbar sei, war indessen Halley nicht unbekannt. Ein weiterer Fortschritt geschah durch den Holländer W. K e r s s e b o o m, der 1742 eine Absterbetafel herstellte, welche sowohl auf Geburts- und Sterberegistern, wie auf Listen von Versicherungs- oder Rentenanstalten beruhte. Er beobachtet eine bestimmte Generation (gleichzeitig Geborene) bis zu ihrem Absterben, soweit seine Nachrichten reichen. Auch er ging jedoch von der Hypothese einer stationären Bevölkerung, gleichbleibender Geburtenzahl und einer der Geburtenzahl gleichen Zahl von Todesfällen, aus.

Ihm folgte der französische Mathematiker D e p a r c i e u x [3]), dessen Berechnungen den praktischen Zielen von Altersversorgungscassen zu Grunde gelegt wurden.

Auch S ü s s m i l c h [4]) gibt eine Sterblichkeitstafel, und beschäftigt sich eingehend mit den Ableitungen aus derselben. Der Schwede W a r gentin (1766), welcher ein besonders brauchbares Material zur Verfügung hatte, konnte die Zahl der Gestorbenen mit jener der gleichzeitig Lebenden vergleichen, auch besondere Absterbeordnungen für beide Geschlechter berechnen. Während jedoch nach Halley die Tafeln auf eine Generation von 1000 berechnet wurden, berechnete Wargentin solche, welche sich auf 1000 Gestorbene beziehen und stellte sie neben die von Halley und Anderen, ohne den Unterschied zwischen den Grundlagen seiner Tafeln und der Anderen zu berücksichtigen.

Unter den Mathematikern, welche sich mit dem Problem der Absterbeordnung beschäftigten, sind besonders E u l e r [5]) und L a p l a c e zu nennen. Letzterer [6]) weist darauf hin, dass man aus einer grösseren Anzahl Neugeborener, die man bis zu ihrem Absterben verfolgt, eine Ueberlebenstafel anlegen solle.

Ein bedeutender Fortschritt in der Betrachtung der Absterbeordnung geschah mit M o s e r [7]). Er hat namentlich das Verdienst, die Halley'sche Hypothese einer stationären Bevölkerung und die Euler'sche Methode für eine im geometrischen Verhältniss zu- oder abnehmende Bevölkerung kritisch beurtheilt zu haben. Er kommt zu dem Resultate, dass es nöthig

ist, eine Methode anzuwenden, welche dem wirklich vorhandenen Zustand
einer völlig unregelmässigen Bevölkerung entspricht, nicht gewissen fin-
girten Zuständen. Er wendet sich im weiteren Verlaufe ganz dem Er-
fahrungsstoff zu, welcher durch die Versicherungsgesellschaften angesammelt
wurde und lässt das Material der Bevölkerungsstatistik bei Seite; blieb
indessen dauernd anregend für eine Reihe von Nachfolgern.

Eine weitere Stufe in der Entwickelung dieser Aufgabe wird durch
die Thätigkeit der Vorstände von statistischen Bureaux bezeichnet.

A. Quételet, angeregt durch Moser, beschäftigte sich ebenfalls
mit dem Problem [8]. insbesondere mit der Hypothese „d'une population
quelconque“, d. h. mit einer Bevölkerung, welche sowohl in Vermehrung,
als in Verminderung begriffen sein kann. Ihm verdankt man auch die
Berechnung einer Ueberlebenstafel für Belgien, auf Grundlage der Civilstandsregister von 1841—50 und der Volkszählung von 1846. Seine Methode besteht darin. dass er die Zahl der Lebenden jeder Altersclasse
durch die Zahl der Todesfälle dieser Altersclasse dividirt. Die Zahl der
Lebenden findet er aus den Volkszählungen, die der Todesfälle aus den
Civilstandsregistern. Die gleiche Methode ward auch von Baumhauer.
allerdings mit gewissen Verbesserungen, für die Berechnung der Absterbeordnung in den Niederlanden angewandt und weiter vervollkommnet von
Farr in England. Letzterer hat auch das Verdienst, besonders darauf
hingewiesen zu haben, dass die Geburten und Todesfälle nicht auf einen
Zeitpunkt im Jahre fallen, sondern sich über das ganze Jahr unregelmässig vertheilen.

Eine Reihe Anderer, welche sich um das Problem ebenfalls verdient
gemacht haben, sollen hier lediglich erwähnt sein. So Berg (von welchem
eine Sterbetafel für Schweden herrührt), Kiaer (Sterbetafel für Norwegen).
David (Tafel für Dänemark), Gisi (Tafel für die Schweiz), desgleichen
Dieterici [9], Wappäus [10]) und Engel [11]) in Deutschland. Dagegen
muss besonders ein weiterer Versuch hervorgehoben werden, welcher eine
ganz bestimmte Gesammtheit von Geborenen so lange verfolgt. bis sie
wirklich abgestorben sind. Während schon Laplace auf diese Methode
hinwies, wurde sie von Hermann [12]) praktisch verwirklicht. Er hatte vom
Jahre 1835 an die Sterbefälle in Bayern nach den einzelnen Altersjahren
aufzeichnen lassen. Dadurch hat man in jedem Jahre auf so weit zurück,
als die Zahl der Geborenen bekannt ist, ein bestimmtes Verhältniss der
Gestorbenen eines bestimmten Altersjahres zu der Zahl der Geborenen,
von der sie herrühren; und, wenn auf solche Weise eine Reihe von
Jahren die in demselben Altersjahre Gestorbenen mit der Zahl der Geborenen des entsprechenden Geburtsjahres zusammengehalten werden, so
ergeben sich nothwendig Zahlen, die den wirklichen Vorgängen entsprechen.

Aber auch diese Methode, so vollkommen sie zu ihrer Zeit erschien, hat sich als nicht ganz fehlerfrei erwiesen, weil bei ihr die Identität der an der Reihe der Geburten und Todesfälle betheiligten Personen nicht sichergestellt ist, vielmehr diese Reihe durch die Ein- und Auswanderungen gestört wird.

Bis in die jüngste Zeit herrschte indessen eine beklagenswerthe Unsicherheit hinsichtlich der Bedeutung der Gesammtheiten, aus welchen durch Division diejenigen Quotienten entstehen, welche man durchschnittliches Alter, Sterblichkeitsziffer, Geburtsziffer, mittlere Lebensdauer etc. nennt. Diese Unsicherheit veranlasste nicht nur die obenerwähnten Arbeiten von Dieterici, Wappäus, Engel und Anderen, sondern auch mehrere neuere, die einen entschiedenen Fortschritt bezeichnen. Als solche sind namentlich zu erwähnen die Arbeiten von Wittstein [13]), G. Meyer [14]) und Zillmer [15]). Durch sie wurde wesentlich zur Klärung der bis dahin so verschwommenen Begriffe beigetragen.

Die bedeutendsten Fortschritte jedoch geschahen in der neuesten Zeit, und zwar durch die Arbeiten von Becker, Knapp, Zeuner, Lexis und Körösi.

G. F. Knapp [16]) hat das Verdienst, mit mehr mathematischer Schärfe in die Absterbeordnung eingedrungen zu sein, als irgend einer seiner Vorgänger und Nachfolger. Anknüpfend an Moser füllt er die von demselben gelassenen Lücken aus, indem er einestheils eine allgemeine Messungstheorie anderntheils die allgemeinen Sätze über den Bevölkerungswechsel aufstellt. Die Vorstellung einer Bevölkerung mit herrschender Absterbeordnung wurde von ihm weiter ausgebildet, ohne Beschränkung in Bezug auf den Eintritt der Geborenen. Dies geschah durch die Darstellung der Geborenen als einer Function der Zeit, woraus der Begriff der „Dichtigkeit der Geburtenfolge" entstand. Er fand mit Hilfe der Analysis den mathematischen Ausdruck für jede Art Lebender oder Verstorbener, und damit auch die entsprechenden Messungsmethoden. Daneben löste er auch die Aufgabe, die verschiedenen Gesammtheiten der Lebenden und der Verstorbenen zu unterscheiden, und die zwischen denselben stattfindenden Identitäten aufzustellen.

Zeuner hat ebenfalls die Absterbeordnung einer streng mathematischen Behandlungsweise unterzogen, und zwar ohne die Vorstellung einer herrschenden Absterbeordnung. Als besonderes Verdienst muss seine anschauliche geometrische Darstellung gerühmt werden.

K. Becker hat in mehreren vortrefflichen Abhandlungen gleichfalls Vieles zur Klärung der Theorie, mehr noch zur Läuterung der Praxis in der Beobachtung der Absterbeordnung beigetragen. Er unterscheidet namentlich scharf die Sterblichkeit einer wirklichen von jener einer

ideellen Generation. Seine Sterblichkeitstafeln unterscheiden zum ersten
Male die Verstorbenen nach den drei Merkmalen des Geburtsjahres, der
Altersclasse und des Sterbejahres zugleich. Ein Gutachten, welches er dem
internationalen statistischen Congresse erstattete, präcisirte entschiedener
als dies vorher geschehen war, alle jene Unterlagen, welche von der
Statistik für die Berechnung richtiger Mortalitätstafeln zu beschaffen sind,
sowohl hinsichtlich des Standes der Bevölkerung, als auch hinsichtlich
der Geburten, der Todesfälle und der Wanderungen [17]).

W. Lexis [18]) unternahm es, die Knapp'sche Auffassung zu erweitern und die allgemeine Methode darzulegen, nach welcher statistische
Massen als solche in mehreren Veränderungen verschiedener Art verfolgt
werden können.

Arbeiten von Körösi, Lewin und G. Mayr über die Grundlagen,
welche zur Berechnung von Sterblichkeitstabellen erforderlich sind, hängen
mit den Verhandlungen des statistischen Congresses zu Budapest zusammen [19]). Hiemit dürfte wohl das Neueste auf diesem Gebiete Berücksichtigung gefunden haben.

Anmerkungen.

[1]) Das Werk ist betitelt: J. Graunt, Capt.: Natural and political observations etc., upon the bill of mortality. Die Todtenlisten, welche G. benützte,
wurden in London zu Ende des 16. Jahrhunderts publicirt. Sein Verzeichniss
der Ueberlebenden hat folgenden Inhalt. Von 100 Kindern sind vorhanden

64	im	Alter von	6	Jahren
40	„	„	„ 16	„
25	„	„	„ 26	„
16	„	„	„ 36	„
10	„	„	„ 46	„
6	„	„	„ 56	„
3	„	„	„ 66	„
1	„	„	„ 76	„
0	„	„	„ 80	„

[2]) E. Halley: An estimate of the degrees of mortality of mankind drawn
of tables of the city of Breslau. 1691.

[3]) Sein Werk führt den Titel: Sur la probabilité de la durée de la vie
humaine. Paris 1746.

[4]) A. a. O., II. Bd. S. 319.

[5]) Euler beschäftigte sich wiederholt mit dem Gegenstande. Seine Arbeiten
hierüber finden sich in den Memoiren der Berliner Akademie 1740, 1760, 1767.
Seine Methode findet sich ausführlich besprochen und kritisirt bei Moser: Gesetze der Lebensdauer. S. 125 ff.

[6]) Laplace: Essai philosophique sur les probabilités.

[7]) Moser: Die Gesetze der Lebensdauer. Berlin 1839.

[8]) Vgl. das Bulletin de la Commission de Statistique Belge, t. V., Bru-
xelles 1853.

*) Dieterici: Ueber den Begriff der mittleren Lebensdauer und deren Berechnung für den preuss. Staat. 1858.

[10]) Wappäus: Ueber den Begriff und die Bedeutung der mittleren Lebensdauer. 1858. — Derselbe: Allgemeine Bevölkerungsstatistik.

[11]) E. Engel: Sterblichkeit und Lebenserwartung im preussischen Staate. Zeitschrift des preuss. statist. Bureau, Jahrg. 1861 und 1862. — Derselbe ebenda 1867.

[12]) v. Hermann: Mortalität und Vitalität im Königreiche Bayern. München 1867.

[13]) Th. Wittstein: Zur Bevölkerungs-Statistik. Zeitschr. d. preuss. stat. Bureau. 1863. S. 12 ff.

[14]) G. Meyer: Die mittlere Lebensdauer. Jahrbücher für Nationalökonomie und Statistik. 1867.

[15]) Zillmer: Ueber die Geburtsziffer, Sterbeziffer etc. Rundschau (Zeitschrift für Versicherungswesen). 1863.

[16]) G. F. Knapp: Die Ermittlung der Sterblichkeit aus den Aufzeichnungen der Bevölkerungsstatistik. Leipzig 1868. — Derselbe: Die Sterblichkeit in Sachsen. Leipzig 1869. — Derselbe: Theorie des Bevölkerungswechsels. Braunschw. 1874.

[17]) Die Hauptarbeiten K. Becker's auf diesem Gebiete sind: Preussische Sterbetafeln etc., in der Zeitschrift des preuss. statist. Bureaus, 1869, S. 125 bis 144. — Ferner: Zur Berechnung von Sterbetafeln an die Bevölkerungsstatistik zu stellende Anforderungen. Berl. 1874. — Sodann: Stat. Nachrichten über das Grossherzogth. Oldenburg. Heft 9, 11, 13.

[18]) Einleitung in die Theorie der Bevölkerungsstatistik. Strassb. 1875.

[19]) Eine ausführliche Kritik der von Körösi vorgeschlagenen Verbesserungen durch G. Mayr findet sich in der Zeitschr. des bayr. stat. Bur., Jahrg. 1876, S. 178 ff.

§. 109. Die neueren Sterblichkeitstafeln selbst.

Wie schon oben erwähnt ward, besitzt man jetzt für die wichtigsten europäischen Staaten Sterblichkeits-, resp. Ueberlebenstafeln, und zwar für beide Geschlechter gesondert. Im Auszuge (d. h. unter Verzicht auf die Angabe aller einzelnen Jahre) ergeben diese Tafeln folgende Absterbeordnung. (Nach Becker in der Zeitschr. des preuss. stat. Bureau. Jahrg. 1869, S. 135.)

Aus dieser Zusammenstellung ist auch das Mass der länderweisen Verschiedenheiten, welche in der Absterbeordnung herrschen, zu entnehmen, sowie die Unterschiede der männlichen und weiblichen Ueberlebensraten. Diese Unterschiede sind in allen Ländern zu Gunsten des weiblichen Geschlechts.

| | Ueberlebende von 1000 Lebendgeborenen (beider Geschlechter) | | | | | | | |
| | Preussen 1859—64 | | | England und Wales 1838—54 | Frankreich 1840—59 | Belgien 1841-50 | Schweden 1856—60 | Niederlande 1850—59 |
Alter nach Jahren	bei beiden Geschlechtern	bei Männern	bei Frauen					
0	1000	1000	1000	1000	1000	1000	1000	1000
1	796	782	811	851	834	850	857	804
2	737	723	753	797	782	788	816	747
3	707	692	722	769	754	758	792	719
4	686	673	701	750	736	739	771	701
5	672	659	687	737	723	725	755	689
10	639	627	652	703	687	689	710	656
15	624	612	636	685	667	663	689	639
20	608	596	620	663	643	635	670	618
25	585	571	600	631	607	604	647	591
30	563	549	577	604	578	573	623	561
40	507	497	517	539	524	511	567	494
50	438	426	451	464	462	440	496	423
60	341	326	357	370	376	345	398	327
70	206	194	218	238	244	216	255	197
80	62	59	65	90	85	75	90	64
90	6	5	6	12	8	9	9	5

§. 110. Ableitungen aus den Sterblichkeitstafeln.

Aus den, wie im §. 107 gezeigt ward, construirten und allmälig verbesserten Tafeln wurden durch einfache Rechnungsoperationen noch folgende weiteren Werthe abgeleitet:

I. Man suchte jenes Lebensalter auf, in welchem die Zahl einer zu gleicher Zeit geborenen Gesammtheit durch den Tod auf die Hälfte zusammengeschmolzen ist und nannte sie wahrscheinliche Lebensdauer (Halley). Nach der Tabelle auf S. 188 wäre dieselbe da zu suchen, wo sich in der Spalte 2 die Zahl 500 findet, also zwischen dem 2. und 3. Jahre.

II. Man dividirte die in der Spalte 3 befindlichen Zahlen durch die nebenstehenden Zahlen der Spalte 2 und nannte das Resultat mittlere Lebensdauer. Nach dem §. 107 angegebenen Beispiel würde dieselbe für die Neugeborenen $\frac{2500}{1000}$ oder $\frac{a + 2b + 3c + 4d + 5e}{a + b + c + d + e}$ betragen.

Hiebei war allerdings, was mit der Wirklichkeit im Widerspruche steht, angenommen, dass die betreffenden Personen erst am Schlusse des Jahres sterben.

III. Ferner berechnete man für jeden Jahrgang, auf wie viele Lebende einer stirbt. Diese Ziffer ergibt sich, indem man die Zahlen in Spalte 2 durch die nebenstehenden in Spalte 1 dividirt. Das Resultat nennt man passend die Sterblichkeit der Altersstufe (oder des Jahrgangs). Minder passend ist die Bezeichnung: Lebenssecurität. Nach obiger Tabelle würde sie für das erste Jahr $\frac{1000}{300}$ oder $\frac{a+b+c+d+e}{a}$

betragen, für das zweite $\frac{700}{250}$ u. s. f. Dividirt man umgekehrt die Zahl in Spalte 1 durch die nebenstehende in Spalte 2, so ergibt sich der sog. Sterblichkeitscoefficient (vgl. §. 111).

Vermehrt man die Sterbetafel noch um die eben angeführten Werthe, so erhält sie folgende Gestalt:

1	2	3	4	5	6	7
Alter	Sterbende	Lebende	Summe der zu durchlebenden Jahre	Wahrscheinliche Lebensdauer	Mittlere Lebensdauer	Es stirbt Einer von	Sterblichkeits-Coefficient (auf 1 Lebenden treffen Todte)
0	196	1000	34975	31	34,975	5,10	0,196
1	36	804	33975	44,7	42,26	22,22	0,048
2	32	768	33171	47,3	43,18	24	0,045
3	27	736	32403	49,3	44,01	27,26	0,038
4	21	709	31667	51	45	33,76	0,029
·	·	·	·	·	·	·	·
·	·	·	·	·	·	·	·
·	·	·	·	·	·	·	·
·	·	·	·	·	·	·	·
93	1	3	6	94,5	2	3	0,333
94	1	2	3	95	1,5	2	0,500
95	1	1	1	---	1	1	1

(Die Ziffern sind der von Moser: Gesetze der Lebensdauer, S. 74, mitgetheilten Sterblichkeitstafel entnommen.)

IV. Ferner hat man den Sterblichkeitstafeln auch noch die sog. Lebens- und Sterbenswahrscheinlichkeit entnommen. Hierüber ist zu bemerken:

Die Wahrscheinlichkeit eines Ereignisses ist, mathematisch betrachtet, ein echter Bruch, dessen Zähler gleich ist der Anzahl der dem Ereigniss günstigen Fälle und dessen Nenner gleich der Anzahl aller möglichen Fälle.

A. Die Lebenswahrscheinlichkeit ist die Wahrscheinlichkeit für eine Person in einem bestimmten Alter, das nächste Jahr zu durchleben. Diese Wahrscheinlichkeit ist gleich einem Bruche. Der Zähler dieses Bruches ist gleich der Zahl, welche von allen beobachteten Personen desselben Lebensalters das nächste Jahr wirklich durchlebt.

Nach der §. 107 angelegten Tabelle wäre diese Zahl für das erste Jahr 1000 — 300 = 700.

Der Nenner ist gleich der Zahl aller möglichen Fälle, nämlich der Anzahl der beobachteten Personen selbst; nach obiger Tabelle = 1000 und die Lebenswahrscheinlichkeit stellt sich demnach für den Nengeborenen bis zum Ablaufe des ersten Jahres auf:

$$\frac{700}{1000} \quad \text{oder in Buchstaben nach der} \quad \frac{b+c+d+e}{a+b+c+d+e}$$
zweiten Tabelle ausgedrückt:

B. Die Sterbenswahrscheinlichkeit ist der Gegensatz der Lebenswahrscheinlichkeit. Auch sie ist eine Bruchzahl. Solche entgegengesetzte Wahrscheinlichkeiten bilden in ihrer Summe die Gewissheit; die beiden Brüche ergänzen sich genau zu einer Einheit. Die Sterbenswahrscheinlichkeit würde nach obiger Tabelle für den Neugeborenen bis zum Ablaufe des ersten Jahres auf $^{300}/_{1000}$ sich stellen; und

$$^{300}/_{1000} + {}^{700}/_{1000} = 1.$$

Es lässt sich demnach die eine Wahrscheinlichkeit leicht durch die andere finden.

Einige der erwähnten Ableitungen müssen in Folgendem noch ausführlicher erörtert werden.

§. 111. Die Sterblichkeitscoefficienten.

Der Sterblichkeitscoefficient einer bestimmten Altersclasse ist diejenige Zahl, mit welcher man die Zahl der gleichzeitig Lebenden dieser Altersclasse multipliciren muss, um die Zahl der Sterbenden derselben Altersclasse zu erhalten. Also mit anderen Worten der Quotient, den man erhält, wenn man die Sterbenden einer Altersclasse durch die Lebenden derselben Altersclasse dividirt. Der allgemeine Sterblichkeitscoefficient einer ganzen stationären Bevölkerung ergibt sich aus der Division der Gesammtzahl der Gestorbenen (eines Jahres) durch die

Gesammtzahl der Lebenden des Jahres [1]). Dieser allgemeine Sterblichkeits_ coefficient ist demnach das, was schon in einem früheren Capitel als Sterblichkeitsziffer behandelt wurde, nur etwas anders ausgedrückt. Wenn auf je 1000 Lebende 25 Sterbende im Jahre treffen, so ist der Sterblichkeitscoefficient 0,025 oder $^1/_{40}$, die Sterblichkeitsziffer 40.

Betrachtet man die Sterblichkeitcoefficienten der verschiedenen Altersclassen bei einer gegebenen Bevölkerung [2]), so erscheinen deutlich die beiden natürlichsten und wichtigsten Todesursachen: Die Lebensschwäche der Kindheit, welche die Sterblichkeitscoefficienten von der Geburt bis zu der Altersclasse von 10—15 Jahren stets abnehmen lässt, und das zunehmende Alter, welches die Sterblichkeitscoefficienten fortwährend steigert.

Der allgemeine Sterblichkeitscoefficient ist mehrfach als Ausdruck für die mittlere Lebensdauer gebraucht worden. Jedoch mit Unrecht. Bei einer zunehmenden Bevölkerung wird die Sterblichkeitsziffer, oder besser gesagt, der Nenner des als Bruchzahl ausgedrückten Sterblichkeitscoefficienten grösser, bei einer abnehmenden kleiner sein, als die mittlere Lebensdauer. Bei stationärer Bevölkerung nur wären beide gleich. In ähnlicher Weise ist auch die Geburtsziffer als Ausdruck für die mittlere Lebensdauer betrachtet worden. Bei zunehmender Bevölkerung aber ist die Geburtsziffer grösser, bei abnehmender kleiner als die mittlere Lebensdauer.

Endlich hat man auch geglaubt, das arithmetische Mittel aus der Geburts- und Sterblichkeitsziffer würde den richtigen Ausdruck für die mittlere Lebensdauer geben. Auch dies ist irrig. Der Engländer Price hat vor hundert Jahren diese allerdings höchst einfache Methode angewendet.

Da bei einer stationären Bevölkerung die Geburtsziffer und die Sterblichkeitsziffer gleich sein müssen, so wird bei einer nicht stationären, wie alle Bevölkerungen in der That sind, die mittlere Lebensdauer nothwendig von diesen Ziffern abweichen müssen. Wie weit sie jedoch von der einen und von der anderen abweicht: das ist eine andere Frage und es ist höchst willkürlich, das arithmetische Mittel beider als wirkliche mittlere Lebensdauer anzunehmen.

Anmerkungen.

[1]) Um die allgemeinen Sterblichkeitscoefficienten der europäischen Länder zu finden, dürfen blos die §. 84 mitgetheilten Zahlen durch 100 dividirt werden.

[2]) Bei einer tabellarischen Uebersicht der Sterblichkeitscoefficienten verschiedener Jahrgänge werden dieselben, um ein Uebermass von Nullen an den Stellen der Einer, Zehntel und Hundertstel zu vermeiden, passenderweise mit 1000 multiplicirt. Thut man dies, so ergeben sich folgende Verhältnisszahlen (für beide Geschlechter zusammen):

Auf 1000 gleichzeitig Lebende der betreff. Altersclasse kommen im Laufe eines Jahres ...... Sterbende derselben Altersclasse			
Alter nach Jahren	Preussen 1859—64	England und Wales 1838—54	Frankreich 1840—59
0 — 1	236,0	165,5	189,1
1 — 2	77,2	65,3	63,4
2 — 3	42,6	36,0	36,2
3 — 4	29,0	24,3	24,3
4 — 5	20,7	17,9	17,5
5 — 10	10,1	9,5	10,2
10 — 15	4,9	5,1	5,8
15 — 20	5,2	6,4	7,5
20 — 25	7,4	8,5	11,3
25 — 30	7,9	9,3	9,3
30 — 40	10,3	11,3	9,7
40 — 50	14,5	14,7	12,6
50 — 60	24,8	22,5	19,6
60 — 70	48,9	42,9	41,9
70 — 80	110,4	91,2	97,9
80 — 90	205,3	183,6	209,5
90 und mehr	275,3	336,1	299,7
Alle Altersclassen zusammen	26,7	24,4	24,9

§. 112. Die mittlere Lebensdauer.

Die mittlere Lebensdauer ist die Zahl der Jahre, welche eine in einer bestimmten Altersclasse befindliche Person durchschnittlich verlebt.

Sie wird gefunden, wenn man die Summe der verlebten, respective zu verlebenden Jahre durch die Zahl der Personen dividirt. Die mittlere Lebensdauer der Neugeborenen stellte sich daher nach dem im §. 107 gegebenen Schema auf:

$$^{2500}/_{1000} = 2,5 \text{ oder:} \quad \frac{a + 2b + 3c + 4d + 5e}{a + b + c + d + e}$$

Dabei ist allerdings, was in Wirklichkeit nicht geschieht, angenommen, dass die betreffenden Personen erst am Schlusse des Jahres sterben. Richtiger wird es sein, anzunehmen, dass die während eines Jahres sterbenden Personen durchschnittlich nur die Hälfte des Jahres durchleben konnten und hiernach die Formel zu verändern.

Die mittlere Lebensdauer kann sich wieder beziehen:

I. Auf eine Anzahl wirklich abgestorbener Personen, die man in ihrer Absterbeordnung beobachtet hat. Dann ist sie mittlere Lebensdauer im eigentlichen Sinne.

II. Auf eine Anzahl noch lebender Personen. Dann nennt man sie zu erwartende Lebensdauer oder mittlere Lebenserwartung.

Die mittlere Lebensdauer kann dieselbe bleiben unter Umständen, welche durchaus nicht gleich günstig sind. Es ist ein grosser Unterschied, ob von zwei Personen, welche eine mittlere Lebensdauer von 30 Jahren erreichen, die eine 2, die andere 58, oder die eine 20, die andere 40 Jahre alt geworden ist. Denn im ersteren Falle hat man unter 60 Jahren nur 17 unproductive, im zweiten dagegen 30.

Anmerkung.

Nach Becker's Tabellen in der Zeitschrift d. preuss. stat. Bur. 1869, S. 140, stellt sich die mittlere Lebensdauer wie folgt (für beide Geschlechter zusammen):

Alter	Preussen 1859—64	Schweden 1856—60	England 1838—54	Nieder-lande 1850—59	Belgien 1841—50	Frankreich 1840 59
0	37,4	42,3	40,8	37,2	38,9	40,0
1	45,9	48,3	46,9	45,2	44,7	46,9
2	48,5	49,7	49,1	47,6	47,2	49,0
3	49,6	50,2	49,9	48,5	48,0	49,8
4	50,1	50,5	50,1	48,7	48,2	50,0
5	50,1	50,6	50,0	48,5	48,2	49,9
10	47,6	48,7	47,3	45,9	45,6	47,4
15	43,7	45,1	43,5	42,1	42,3	43,7
20	39,8	41,3	39,8	38,4	39,0	40,3
25	36,3	37,7	36,5	35,0	35,9	37,5
30	32,6	34,0	33,2	31,8	32,7	34,3
40	25,6	26,9	26,6	25,4	26,1	27,3
50	18,9	20,0	20,1	18,8	19,5	20,3
60	12,7	13,6	13,9	12,8	13,4	13,6
70	7,7	8,3	8,7	7,8	8,3	8,1
80	4,7	4,7	5,1	4,3	5,9	4,6
90	3,6	2,9	2,9	2,3	3,4	3,2

§. 113. Die wahrscheinliche Lebensdauer.

Die wahrscheinliche Lebensdauer ist jenes Alter, in welchem die Zahl der zu gleicher Zeit geborenen Individuen auf die Hälfte zusammengeschmolzen ist.

Bei Sterbetafeln nach einjährigen Altersclassen ist die Berechnung der wahrscheinlichen Lebensdauer nicht schwierig. Umständlicher und etwas unsicherer wird sie, wo die Sterbetafeln nach mehrjährigen Altersclassen angelegt sind.

Auch diese Ziffer ist ein Massstab für die Lebenskraft des Menschen bei einem bestimmten Alter, wenn auch als solches Mass nicht so brauchbar, wie die mittlere Lebensdauer. Denn bei der letzteren kommt die ganze fernere Absterbeordnung in Betracht, bei der wahrscheinlichen Lebensdauer dagegen nur ein gewisser Punkt in der Absterbeordnung. „Zwei Generationen, welche beide in derselben Zeit bis auf die Hälfte absterben, haben dieselbe wahrscheinliche Lebensdauer, mag ihre Sterblichkeit im Uebrigen auch noch so verschieden sein" (Becker). Thatsächlich aber pflegt das Absterben der Generationen doch so gleichmässig zu erfolgen, dass auch die wahrscheinliche Lebensdauer brauchbare Vergleichs-Resultate ergibt.

Anmerkung.

Die wahrscheinliche Lebensdauer beträgt (nach Becker a. a. O.) bei beiden Geschlechtern zusammen:

Im Alter von	Preussen 1859—64	Schweden 1856—60	England 1838—54	Niederlande 1850—59	Belgien 1841—50	Frankreich 1840—59
0	41,2	49,5	45,4	39,2	41,6	44,2
1	53,6	56,2	53,6	51,5	50,9	54,9
2	55,5	57,2	55,3	53,5	53,3	56,7
3	55,9	57,1	55,7	53,9	53,8	57,1
4	55,8	56,9	55,5	53,8	53,8	56,9
5	55,4	56,5	55,1	53,4	53,4	56,5
10	51,8	53,2	51,1	50,0	50,0	53,0
15	47,5	49,0	47,4	45,8	46,2	48,8
20	43,0	44,7	43,3	41,7	42,4	44,7
25	38,9	40,5	39,4	37,8	38,6	41,0
30	34,8	36,3	35,5	34,1	34,8	37,1
40	26,8	28,2	27,9	26,5	27,2	28,9
50	19,1	20,4	20,4	19,0	19,5	20,9
60	12,2	13,3	13,5	12,3	12,8	13,5
70	6,7	7,6	7,9	7,0	7,3	7,4
80	3,6	3,9	4,2	3,4	4,1	3,7
90	2,3	2,1	2,3	1,7	2,5	2,3

§. 114. Das Durchschnittsalter der Lebenden.

Summe der verlebten Jahre heisst die Zahl derjenigen Jahre, welche alle zu einem gewissen Zeitpunkte gezählten Bewohner eines bestimmten Gebietes bis zu diesem Zeitpunkte verlebt haben. Man findet sie, wenn man in jeder Altersclasse die Summe der ihr angehörenden Individuen mit der Anzahl der Jahre multiplicirt und sämmtliche so erhaltenen Producte addirt.

Dividirt man diese Summe durch die Zahl der Bewohner, so erhält man das Durchschnittsalter der Lebenden, d. h. die Zahl der Jahre, welche die einzelnen Lebenden durchschnittlich zurückgelegt haben. Man hat sie auch „mittleres" Lebensalter genannt, mit Unrecht.

Diese Ziffern erhält man nur durch Volkszählungen mit genauen Erhebungen über das Alter der Lebenden [1]).

Ueber den statistischen Werth dieser Ziffer bestehen verschiedene Ansichten. Die wichtigsten auf sie bezüglichen Sätze sind folgende:

I. Um die Bedeutung dieser Ziffer zu würdigen, müsste man die Veranlassungen ihrer Verschiedenheit kennen. Diese Veranlassungen sind:

A. Die Frequenz der Geburten. Je grösser die Zahl der Geburten ist, desto stärker sind die jungen Altersclassen, desto niedriger das Durchschnittsalter der Lebenden. An sich kann man das im Allgemeinen weder für ein Glück, noch für ein Unglück halten. Es hängt von verschiedenen wirthschaftlichen Verhältnissen ab, ob eine hohe oder eine mittlere Geburtsziffer erwünschter ist. Nur eine enorm niedrige wäre immer ein Unglück.

B. Die Kindersterblichkeit. Wäre sie allein von Einfluss auf das Durchschnittsalter der Lebenden, so würde das letztere bei geringer Kindersterblichkeit niedrig, bei grosser hoch stehen. Dann wären die Sätze gerechtfertigt:

1. Das mittlere Alter der Lebenden ist desto geringer, je besser die sanitärischen Verhältnisse eines Landes oder Volkes sind.

2. Das mittlere Alter der Lebenden sinkt mit den Fortschritten des socialen Wohles des Volkes.

3. Das mittlere Alter der Lebenden steht im umgekehrten Verhältniss zur mittleren Lebensdauer. Wenn ersteres sinkt, steigt letzteres und umgekehrt.

Offenbar aber ist es ein Fehler, die Kindersterblichkeit allein das Durchschnittsalter der Lebenden bestimmen zu lassen, obgleich sie unläugbar grossen Einfluss darauf nimmt.

C. Die Sterblichkeit in den mittleren und höheren Jahren. Es ist klar, dass jene Lebensalter einen erhöhten Einfluss auf das Durchschnittsalter der Lebenden nehmen, welche eine erhöhte Sterblichkeit haben. Es kömmt ganz darauf an, ob die Sterbefälle in den Altersclassen erfolgen, die unter, oder die über der Zeit liegen, in welche das Durchschnittsalter der Lebenden fällt. Gedrückt wird dasselbe durch eine geringe Sterblichkeit in den niederen oder durch eine bedeutende in den mittleren Altersclassen. Jene ist ein Glück, diese ein Unglück. Erhöht wird es dagegen sowohl durch eine der Volkswohlfahrt so schädliche

starke Kindersterblichkeit als auch durch eine gewiss höchst vortheilhafte
geringe Sterblichkeit der mittleren Altersclassen.

D. Auch die Ein- und Auswanderungen sind von Einfluss auf
das Durchschnittsalter der Lebenden. Bei ihrer Beurtheilung muss man
noch weit mehr die Zustände der einzelnen Länder berücksichtigen, als
bei jener der Geburten.

II. Es kann demnach sowohl ein hohes als ein niedriges Durchschnittsalter ein Glück oder Unglück sein:

A. Ein hohes Durchschnittsalter der Lebenden ist ein Glück, wenn
es herrührt von geringer Sterblichkeit der mittleren und späteren Alter.
ein Unglück, wenn es herrührt von geringer Geburtenzahl oder sehr
grosser Kindersterblichkeit. In einem Volke, wo gar keine Kinder mehr
geboren würden oder alle gleich nach der Geburt stürben und wo demnach die Bevölkerung am Aussterben ist, würde das Durchschnittsalter
der Lebenden von Jahr zu Jahr steigen.

B. Ein geringes Durchschnittsalter der Lebenden ist ein Glück, wenn
es herrührt von geringer Sterblichkeit der Kinder oder — falls die wirthschaftliche Lage des Landes Bevölkerungsmehrung als vortheilhaft erscheinen lässt — von starker Häufigkeit der Geburten. Ein Unglück
dagegen, wenn es von starker Sterblichkeit der mittleren und höheren
Altersclassen herrührt.

III. Das Durchschnittsalter der Lebenden setzt sich also aus verschiedenen, in ihm nicht mehr unterscheidbaren Factoren zusammen und
hat an und für sich, ohne im Zusammenhange mit den genannten Erscheinungen, die sich als seine Factoren darstellen, betrachtet zu werden,
unsicheren statistischen Werth.

IV. Das Durchschnittsalter der Lebenden darf durchaus nicht, wie
dies häufig geschieht, mit der mittleren Lebensdauer, dem zu erwartenden
Lebensalter, der wahrscheinlichen Lebensdauer verwechselt werden. Identisch wären letztere Ziffern nur bei einer völlig stationären, in allen
Lebensaltern gleich sterblichen Bevölkerung[2]). In der That ist auch das
Durchschnittsalter der Lebenden wie jenes der Gestorbenen von der
neueren Statistik unter die Reihe jener Durchschnitte verwiesen worden,
welche, weil viel zu allgemein, als Abstractionen erscheinen, die über die
wirklichen Zustände gar keinen Aufschluss geben[3]).

Anmerkungen.

[1]) Für solche Bevölkerungen, wo genaue Aufnahmen über das Alter jedes
Einzelnen fehlen, hat man diese Ziffer durch Interpolation construirt. So be-
stimmte Wappäus das Durchschnittsalter der Lebenden (Allg. Bevölk.-Stat. II.
S. 76) für:

Frankreich	(1851)	auf 31,06	Jahre
Belgien	(1846)	„ 28,63	„
Kirchenstaat . . .	(1853)	„ 28,16	„
Dänemark	(1845)	„ 27,85	„
Holland	(1849)	„ 27,76	„
Schleswig	(1845)	„ 27,74	„
Schweden	(1850)	„ 27,66	„
Norwegen . . .	(1855)	„ 27,53	„
Sardinien	(1838)	„ 27,22	„
Grossbritannien . .	(1851)	„ 26,56	„
Holstein	(1845)	„ 26,52	„
Irland	(1841)	„ 25,32	„
Vereinigte Staaten	(1850)	„ 23,10	„
Untercanada . . .	(1852)	„ 21,96	„
Obercanada . . .	(1852)	„ 21,23	„

Für das Königreich Sachsen berechnet Engel diese Ziffer auf 27,25 Jahre; für Preussen schlägt er es auf 27,50 Jahre an.

[1]) Vgl. G. Meyer: Die mittlere Lebensdauer. Jahrb. f. Nationalökonomie u. Stat. Jahrg. 1867.

[2]) Vgl. G. v. Mayr: A. a. O., S. 55.

§. 115. Das Durchschnittsalter der Gestorbenen.

Summirt man die Zahl derjenigen Jahre, welche die innerhalb eines Zeitraumes Gestorbenen zusammen durchlebt haben, und dividirt man diese Ziffer durch die Zahl der Gestorbenen, so erhält man das Durchschnittsalter der Gestorbenen.

Dieses Alter war in Frankreich im Jahre 1853 mit Ausschluss der Todtgebornen 37,68 Jahre; in Bayern berechnet es sich für die Jahre 1854—56 auf 29,28 Jahre; in Preussen während der Jahre 1816—1860 für das männliche Geschlecht auf 26,17 Jahre, für das weibliche auf 28,64 und für beide zusammen auf 27,53 Jahre.

Für das Durchschnittsalter des Gestorbenen gilt:

I. Auch in dieser Zahl sind Factoren enthalten, welche man in ihr nicht unterscheiden kann, nämlich:

A. Die Altersverhältnisse der Lebenden und

B. Die Sterblichkeit jeder Altersclasse.

II. Wollte man aus dem Steigen oder Sinken des Durchschnittsalters der Gestorbenen Schlüsse auf die ökonomischen, socialen oder sanitären Verhältnisse eines Volkes ziehen, so wären diese Schlüsse unsichere; denn

A. Steigt das Durchschnittsalter der Gestorbenen, so kann die Ursache davon sein:

1. Eine Vermehrung der Sterblichkeit in den höheren und mittleren Altersclassen. In diesem Falle wäre die höhere Ziffer — wenn nicht

gerade die allerhöchsten Altersclassen durch die höhere Sterblichkeit be-
troffen würden — ein Unglück. Denn hier kann man sagen: Je höher
das Durchschnittsalter der Gestorbenen, desto mehr zehrt es am Wohlstande der Nation. So erscheinen z. B. in der preussischen Todtenstatistik
die Cholerajahre als diejenigen, wo das Durchschnittsalter der Gestorbenen am grössten ist, und zwar umso grösser, je mehr Erwachsene dem
Tode verfallen. Es ist aber klar, dass gerade diese Jahre dem Volks-
glücke die schmerzlichsten Wunden schlugen, die meisten Witwen und
Waisen machten, am meisten Wohlstand verschlangen.

2. Eine Verminderung der Kindersterblichkeit. In diesem Falle
wäre die Erhöhung des Durchschnittsalters der Gestorbenen ein Glück.

B. Sinkt umgekehrt das Durchschnittsalter der Gestorbenen, so kann
dies eben so wohl von einer verringerten Sterblichkeit der höheren Altersclassen, als auch von einer vergrösserten Kindersterblichkeit herrühren.
Also auch hier Glück oder Unglück vermuthbar.

III. Auch das Durchschnittsalter der Gestorbenen darf nicht verwechselt werden mit der mittleren Lebensdauer [1]). Das Glück eines Volkes
hängt nicht von den durch dasselbe bis zu einem gewissen Zeitpunkte verlebten Jahren ab, sondern von seiner mittleren Lebensdauer.

Als untrügliches Maass des Volksglückes kann das Durchschnittsalter der Gestorbenen nicht angesehen werden; in grösseren Zeiträumen
aber immerhin als ein Spiegel der mittleren Lebensdauer. Vielleicht drückt
jene Sterblichkeitsliste das allgemeine Sterblichkeitsverhältniss richtig aus,
wo das Durchschnittsalter der Lebenden mit dem der Gestorbenen über-
einstimmt (Kolb).

IV. Auch die Zahl der von den Verstorbenen durchlebten Jahre
kann nicht als absoluter Massstab des Volksglückes genommen werden.
Denn auch in dieser Zahl sind zwei Factoren:

A. Die Zahl der Gestorbenen und

B. Das Alter der Gestorbenen enthalten.

So hat man erhoben, dass in Preussen die Zahl der von den Verstorbenen durchlebten Jahre 1851 10 Millionen, 1860 ebenfalls 10 Millionen, 1855 dagegen (Cholerajahr) 15 Millionen Jahre betrug, während
das Durchschnittsalter der Gestorbenen im Jahre 1851 25,$_{60}$ Jahre, im
Jahre 1855 29,$_{82}$ Jahre und im Jahre 1860 25,$_{17}$ Jahre betrug. Aus
diesem Verhältnisse wollte man den Grundsatz ableiten, dass nicht das
Durchschnittsalter der Gestorbenen, sondern die Zahl der von den Verstorbenen durchlebten Jahre der Massstab des Volksglückes sei, da das
Cholerajahr 1855, welches doch gewiss mehr Unheil und Jammer brachte,
als die Jahre 1851 und 1860 bei höherem Durchschnittsalter der Gestorbenen eine grössere Zahl von Jahren begrub. Aber man darf aus

Ausnahmsfällen keine Grundsätze ziehen. Gleiches Durchschnittsalter der Gestorbenen an verschiedenen Plätzen, wie gleiche Zahl der von den Verstorbenen durchlebten Jahre, können sehr verschiedene Bedeutung haben, je nachdem der Tod seine Opfer in Mitte des Lebens, im Greisenalter oder in den Tagen der Kindheit holt.

Es verdient noch bemerkt zu werden, dass man Untersuchungen angestellt hat über die Frage, ob das Durchschnittsalter der Gestorbenen und im Zusammenhange damit auch die mittlere Lebensdauer im Zu- oder Abnehmen sei. Vordem ward eine Verlängerung des menschlichen Lebens behauptet, aber von Wappäus bezweifelt, von Engel zu widerlegen gesucht. Nach den Untersuchungen des Letzteren betrug das durchschnittliche Alter der Gestorbenen in Preussen:

Jahr	männliche Gest.	weibliche	Zusammen
1816—20	26,41	28,80	27,57
1821—30	27,19	29,66	28,39
1831—40	27,41	29,33	28,34
1841—50	26,21	28,30	27,23
1851—60	25,24	27,63	26,40

Wegen der grossen Sterblichkeit der Kinder im ersten Altersjahre wurden besondere Listen blos für jene Individuen gefertigt, welche das erste Lebensjahr zurückgelegt hatten.

Dabei ergaben sich folgende Resultate:

Jahr	Gestorbene über 1 Jahr alt		
	männliche	weibliche	Zusammen
1816—20	36,65	37,67	37,14
1821—30	38,01	38,76	38,37
1831—40	36,83	37,64	37,23
1841—50	35,85	36,89	36,37
1851—60	35,14	36,69	36,91

Engel bemerkt dazu: „Diese Tabelle ist, weil eine Enttäuschung, gewiss für Viele eine Trauerbotschaft. Ihr Inhalt ist auch frappirend. Derselbe widerlegt, gestützt auf so grosse Zahlen, wie sie für ähnliche Arbeiten noch niemals und nirgends verwendet wurden, die süsse Meinung, dass die mit dem Durchschnittsalter der Gestorbenen identificirte mittlere Lebensdauer stetig wachse oder gewachsen sei".

Trotz der grossen Zahlen aber, die hier zum Beweise dienen, ist bis jetzt die Bewegung des Durchschnittsalters der Gestorbenen doch n i c h t lange genug beobachtet worden, um mit Entschiedenheit ein Zu- oder Abnehmen oder einen Stillstand behaupten zu lassen. Was sind 60 Jahre im Leben des Menschengeschlechtes?

Anmerkung.

¹) So that namentlich Dieterici: Ueber den Begriff der mittleren Lebensdauer und deren Berechnungen für den preussischen Staat. Abhandlungen der königl. Akademie der Wissenschaften zu Berlin 1858. — Er berechnet für die drei Jahre 1816, 1836 und 1855 in Preussen das Durchschnittsalter der Gestorbenen, nennt diese Zahl mittlere Lebensdauer und sucht eine Steigerung derselben zu beweisen.

Wappäus (Allg. Bev.-Stat.) nennt gleichfalls das Durchschnittsalter der Gestorbenen „mittlere Lebensdauer", indem er für die eigentliche mittlere Lebensdauer den Ausdruck Vitalität gebraucht. Unter mittlerer Lebensdauer aber hat man immer eine auf Grund einer Mortalitätstafel berechnete Zahl verstanden; einen anderen Begriff unter diesen Ausdruck zu bringen, ist eine Versündigung an einem alten und guten Sprachgebrauch.

§. 116. Resultate.

Es sind demnach eine Reihe von Werthen, welche sämmtlich in gewissem Grade als verwandte Ausdrücke der Kraft des menschlichen Lebens dienen und, wie nachstehende Tabelle ¹) zeigt, innerhalb gewisser Grenzen sich bewegen.

In	1 Mittlere Lebensdauer der Neugeborenen	2 Wahrscheinliche Lebensdauer der Neugeborenen	3 Durchschnittsalter der Lebenden	4 Durchschnittsalter der Gestorbenen	5 Es trifft jährlich 1 Geburt auf	6 Es stirbt jährlich Einer von
Preussen	37,46	41,2	27,50	31,10	26,50	35,70
Dänemark	44,05	52,5	27,85	40,49	32,28	48,71
Schweden	42,31	49,5	27,66	40,66	32,39	48,94
England	40,86	45,4	?	36,92	30,06	33,79
Niederlande . . .	37,27	39,2	27,76	34,72	30,00	39,45
Belgien	38,92	41,6	28,63	38,35	34,35	42,36
Frankreich . . .	40,07	44,2	31,06	40,36	37,16	43,56

Diese Zahlen kreisen sämmtlich um einen gewissen Mittelpunkt. Dass derselbe vorhanden ist, muss auch dem Laien auffallen. Es ist möglich, mit Hilfe genauer Absterbetafeln jede dieser Zahlen vollkommen genau zu bestimmen. Aber es bleiben diese Zahlen nicht immer die gleichen. Nur wenn sich eine Bevölkerung in vollständigem Beharrungszustande befände, so dass die Todten sich Jahr für Jahr gleichmässig auf die verschiedenen Altersclassen vertheilten und die dadurch gebildeten Verhältnisse der Altersclassen nicht durch Ein- und Auswanderungen gestört würden; dann würden mittlere Lebensdauer der Neugeborenen, Geburts- und Sterblichkeitsziffer, Durchschnittsalter der Gestorbenen gleich sein; nicht aber auch das Durchschnittsalter der Lebenden. (Zillmer.)

Da aber eine stationäre Bevölkerung nicht existirt, sondern bei jedem wirklichen Volke in all diesen Beziehungen fortwährend grössere oder kleinere Veränderungen eintreten, so verändern sich auch diese Zahlen, und zwar nicht in gleicher Proportion. Daher können diese Werthe nie für einander gesetzt oder von einem sichere Schlüsse auf die anderen gezogen werden.

Als Maass der Kraft des Menschenlebens aber sind all diese Zahlen, allerdings einige mehr, andere weniger, von hoher praktischer Bedeutung, und zwar in dreifacher Richtung:

I. Ist die Kenntniss dieser Werthe nothwendig zur Entwerfung von Plänen für die auf die menschliche Sterblichkeit gegründeten Versicherungsanstalten: Witwen- und Waisencassen, Lebens- und Rentenversicherungsanstalten, Tontinen etc. Solche Anstalten sind nur dann wirthschaftlich wohlthätig, wenn sie keine Leistungen versprechen, die nicht gehalten werden können oder die Anstalten ruiniren, und wenn zugleich Diejenigen, welche die Anstalt benützen, nicht zu viel leisten müssen, gegenüber dem, was die Anstalt ihnen bietet.

Damit diese beiden Erfordernisse erfüllt werden können, müssen die Leistungen oder Beiträge der einzelnen Theilnehmer zu den ihnen zu gewährenden Zahlungen richtig bestimmt sein. Es muss das Gesetz bekannt sein, nach welchem die Mitglieder solcher Anstalten absterben. Dazu sind genaue Mortalitätstafeln nothwendig. Die Statistik hat aber nur die Thatsachen, welche sie hinsichtlich der menschlichen Lebensdauer beobachtet hat, anzugeben. Die praktische Verwerthung dieser Thatsachen auf dem Wege der Wahrscheinlichkeitsrechnung gehört nicht mehr in ihr Gebiet.

II. Dienen sie, und zwar namentlich die mittlere Lebensdauer und die Sterblichkeitsziffer, zur Beurtheilung der Volkszustände. Hohe mittlere Lebensdauer, geringe Sterblichkeit sind immer, hohes Durchschnittsalter der Gestorbenen sowohl als der Lebenden und starke Geburtenfrequenz wenigstens unter Umständen ein Glück. Sie zeigen an, wie weit es bei den verschiedenen Völkern und Volkstheilen der menschlichen Fürsorge, der fortschreitenden Civilisation, der ärztlichen Kunst und der Sanitätspolizei gelungen ist, die das menschliche Leben bedrohenden Todesursachen entweder von vornherein zu beseitigen oder wenigstens ihre Kraft abzuschwächen, und die zur Förderung aller, selbst der höchsten Ziele des

Menschengeschlechtes wichtigste Grundlage zu erhalten und zu festigen.
Es wäre sehr traurig, wenn es der Menschheit nicht gelingen sollte, die
Grenzen ihres Lebens weiter hinauszurücken. Denn auch die Aufgaben
unseres Lebens werden immer grössere. Unsere Jahre sind zu wenig geworden gegenüber dem, was wir in diesen Jahren schaffen sollen. Jetzt
schon bringt der gebildete Europäer seine fünfundzwanzig ersten Lebensjahre damit zu, blos zu lernen; bei einer mittleren Lebensdauer von 40
Jahren bleiben ihm nur 15 Jahre, um das Gelernte im Dienste der
Menschheit zu verwerthen. Die geistigen Schätze, die sittliche und die
civilisatorische Kraft, welche das herzlose harte Naturgesetz bei einer
mittleren Lebensdauer von 40 Jahren dem Menschengeschlechte raubt,
wachsen ins Riesenhafte. Dem wandelnden Fleischklumpen gegenüber, als
welcher der Mensch der Vorzeit sich uns präsentirt, steht der Mensch der
Gegenwart als ein Geist, der in schmerzlichem Unwillen seine Thätigkeit
an eine armselige Maschine gefesselt sieht, die zusammenbricht, wenn er
ihrer am nothwendigsten bedarf. Der Mensch ist längst grösser geworden
als die Natur, der er entwuchs, und das Gesetz der mittleren Lebensdauer ist die Fessel, die einen Sklaven umspannt, welcher edler ist und
weiser als sein Tyrann.

III. Ist die Kenntniss der Lebensdauer für jeden einzelnen Menschen
insoferne von höchster Bedeutung, als sie bei der Anlage aller Lebens-
pläne, bei den wichtigsten Handlungen des Menschen mit in Berechnung
gezogen werden sollte.

Die Berufswahl, die Begründung eines Familienstandes, die Unternehmung weit in die Zukunft reichender Arbeiten: das sind lauter Handlungen, bei welchen die mittlere Lebensdauer berücksichtigt werden sollte.

Dies wird indessen kaum jemals geschehen.

Der Mensch handelt nicht nur unter Berücksichtigung der Gesetze
der Statistik, sondern er handelt im Lichte der Hoffnung. Er macht die
Pläne nicht für ein Leben von der durchschnittlichen Dauer des Menschenlebens, sondern für ein Leben von der höchsten möglichen Dauer.
Insoferne trägt freilich der sorgsame Hausvater den statistischen Gesetzen
Rechnung, als er, wenn er seiner Familie kein Vermögen hinterlassen
kann, Einzahlungen in Lebensversicherungen, Witwen- und Waisencassen
macht. Aber weiter geht die Berücksichtigung der mittleren Lebensdauer nicht.

Würde jeder Mensch die Erfahrungen der Statistik hinsichtlich der
menschlichen Lebensdauer kennen und würde er sich jederzeit vor Augen
halten, wie kurz das menschliche Leben durchschnittlich ist: Manches
würde anders sein. Man würde intensivere Lebensthätigkeit entwickeln als
jetzt. Es ist ein grosser Unterschied, ob man den Tod mit dem fünfund-

vierzigsten oder ob man ihn mit dem achtzigsten Jahre erwartet. Der Eine würde noch mehr arbeiten, als er ohnedies arbeitet, der Andere noch mehr geniessen, als er geniesst; der Eine würde zum Geizhals, der Andere zum Verschwender. Mancher würde sich besinnen, einen Beruf zu wählen, der erst mit dem dreissigsten Lebensjahre Früchte trägt, mancher Andere sich verzehren in der Hast, dies kurze Dasein so gross als möglich zu machen, und Manchem würde das Lächeln seines neugeborenen Sohnes nur Furchen der Sorge in die Stirne graben — wenn das Gesetz der Lebensdauer jederzeit mahnend vor seinem Gedanken stände.

Es ist nicht menschlich, immerdar an die erfahrungsmässige Nähe des Todes zu denken. Wohl ist dem Menschen die Kraft gegeben, den Gedanken an frühen Tod ertragen zu können; der frischen Jugend namentlich erscheint der Tod der Altersschwäche gar nicht wünschenswerth. Aber je mehr der Mensch mitten in dem Glücke des Daseins steht, desto schattenhafter wird das düstere statistische Gesetz — reich und voll liegt das Leben vor ihm. Des Herzens Sehnsucht und der Hoffnung Stimme sind mächtiger als die dürre Ziffer der Wahrscheinlichkeit. Niemals sündigt der Mensch ärger gegen die Naturgesetze, als dann, wenn er die Bahn seines Lebens beschreitet, ohne an dessen mittlere Dauer zu denken; aber auch niemals ist diese Sünde schöner, niemals leichter verzeihlich als hier. Denn dieselbe Hoffnung, die den Menschen gegen dies Naturgesetz sündigen lässt, lässt ihn auch ohne Berücksichtigung der eigenen Schwäche seine grössten Thaten vollbringen.

Anmerkung.

[1]) Zu dieser Tabelle muss bemerkt werden, dass auch hier die Todtgeborenen überall ausser Berücksichtigung gelassen wurden. Die Zahlen der Spalten 1 und 2 sind der im §. 109 genannten Quelle entnommen. Die Zahlen der Spalten 3—6 dagegen wurden absichtlich nicht aus der neuesten Zeit gesucht, sondern, um in der Zeit mehr denen der 1. und 2. Spalte zu entsprechen, fast sämmtlich (mit Ausnahme der Angabe für Preussen in der dritten Spalte) aus Wappäus allg. Bevölkerungsstatistik I. 150, 160; II. 5, 76 entnommen.

II. Capitel.
Die Bevölkerung nach Altersclassen.

§. 117. Der Aufbau der Altersclassen überhaupt.

Durch die heutigen Volkszählungen, welche bei jeder gezählten Person das Alters- oder Geburtsjahr constatiren lassen, wird das Ziffernmaterial für die Vertheilung der Bevölkerung nach Altersclassen gewonnen.

Dass die höchsten Altersclassen am geringsten, die niedrigsten am stärksten besetzt sind, ist eine Thatsache, die auch der unsystematischen Beobachtung bekannt ist. Aber in welchem Maasse sich die Besetzung der verschiedenen Altersclassen verringert, je höher man in der Reihe der Jahre hinansteigt: das kann nur die Statistik untersuchen.

Veranlassung hiezu ist auch gegeben. Denn man kann nicht an eine Betrachtung der Sterblichkeit oder der menschlichen Lebensdauer denken, ohne auf den Altersaufbau der Bevölkerung aufmerksam zu werden.

Die durch die Volkszählungen erhobenen Altersangaben liefern zunächst eine Reihe von absoluten Zahlen, indem sie angeben, wie Viele im 1., 2., 3. Lebensjahre u. s. f. sich befinden, bis zum hundertsten und darüber. Die so gefundene Zahlenreihe, welche ungefähr 100 einzelne Glieder enthalten wird, muss jedoch, da sie nicht übersichtlich ist, auf relative Zahlen reducirt werden, indem man angibt, wie Viele von 0—1, von 1—2 Jahr etc. auf je 100 oder 1000 Lebende treffen. Erst aus diesen relativen Ziffern können weitere Ergebnisse abgeleitet werden.

Den wichtigen Unterschied zwischen der Quantität und der Qualität der verlebten Jahre hat zuerst Quételet betont. Man muss unproductive und productive Lebensjahre unterscheiden. In den unproductiven Jahren nützt der Mensch nicht nur nichts, sondern kostet. Quételet berechnet diese Kosten bis zu erlangter Productivität auf 1000 Francs, Engel auf 40 Thlr. jährlich. In seinen unproductiven Jahren wird also der Mensch Schuldner seiner Familie und seines Volkes; in den productiven Jahren muss er diese Schuld bezahlen.

Man unterscheidet demnach für jede Generation:

I. Jene Personen, welche in der Zeit der Unproductivität, d. h. vor dem 15. Lebensjahre sterben. Sie schädigen das Glück und den Reichthum des Volkes; mit ihnen sterben Hoffnungen und Berechtigungen. Wünschenswerth ist, dass ihre Zahl möglichst klein, ihre Lebensdauer möglichst kurz sei. Je rascher sie wegsterben, desto weniger haben sie gekostet, desto weniger Hoffnungen sterben mit ihnen, desto weniger verlieren Volk und Familie an ihnen.

II. Jene, welche in der Zeit der Productivität, d. h. vom 15. bis zum 70. Lebensjahre sterben. Je länger ihre Lebensdauer, desto besser ist es.

III. Die Personen über 70 Jahre. Auch sie treten wieder in unproductive Jahre. Ihr Tod ist kein Verlust mehr. Ihrer geringen Zahl wegen sind aber auch ihre unproductiven Jahre nur von geringer Bedeutung für das Volkswohl.

Man kann berechnen, wie viel ein Volk und Staat an den Gestorbenen jedes Jahres verliert.

I. Bei der unproductiven Bevölkerung unter 15 Jahren verliert das Volk für jeden Todesfall die aufgewendeten Erziehungskosten.

Der Verlust ist also hier um so grösser, je älter die Person ist; gleich den Kosten des jährlichen Unterhaltes, multiplicirt mit der Zahl der Lebensjahre.

II. Bei der productiven Bevölkerung von 15 bis 70 Jahren entgeht durch jeden Todesfall dem Volksvermögen so viel, als der Betreffende bis zur Zeit der vollendeten Productivität über seinen eigenen Unterhalt hinaus erworben hätte. In rein materieller Beziehung ist demnach der Verlust um so grösser, je jünger die Person.

III. An der unproductiven Bevölkerung über 70 Jahre verliert das Volk nichts mehr.

Die socialen Verluste gestalten sich freilich etwas anders als die ökonomischen. So verliert ein Volk mehr an einem 30jährigen als an einem 15jährigen Manne, wenn ersterer Familienvater ist.

Es ist auch in einzelnen Fällen sehr möglich, dass der Tod eines Siebzigjährigen ein grösserer Verlust ist, als der eines Zwanzigjährigen.

Dieser Unterschied in der Qualität der Lebensjahre lässt die Vertheilung der Bevölkerung auf die verschiedenen Altersclassen als ein wichtiges statistisches Object erscheinen. In den statistischen Erhebungen der verschiedenen Staaten war indessen lange in dieser Beziehung so wenig System und Regelmässigkeit, dass Vergleichungen sehr erschwert waren.

Eigentlich sollte man die Vertheilung der Bevölkerung auf jedes Altersjahr von der Geburt bis zum hundertsten Lebensjahre und darüber kennen. Wo dies nicht der Fall ist, ist es schon von Werth, wenn wenigstens die Vertheilung nach Altersclassen von 5—10 Jahren bekannt ist.

Die älteren Untersuchungen von Wappäus für eine grössere Zahl europäischer Länder ergaben, dass in unseren Staaten über ein Drittheil der Bevölkerung aus Individuen bis zum 15. Lebensjahre besteht (33,66%). Ein Zehntheil (9,72%) kommt auf die Altersclasse von 15—20 Jahren. Nicht ganz die Hälfte kommt auf die Zeit voller Kraft und Thätigkeit (48,88%) zwischen 20 und 60 Jahren. Auf die Altersclasse von 60—70, wo die Kraft meist schon abnimmt, fällt ein Zwanzigstel (4,92%) und auf die Zeit des höchsten unproductiven Alters ein Vierzigstel (2,81%).

§. 118. Oertliche Verschiedenheiten.

Bei einer Vergleichung der Vertheilung der Bevölkerung nach Altersclassen zeigen sich merkliche Unterschiede für die verschiedenen Staaten. Ein solcher Unterschied besteht namentlich zwischen Europa und Amerika.

Offenbar ist jener Staat in dieser Beziehung besonders glücklich zu nennen, in welchem die thatenkräftigste Altersclasse, d. i. die von 30—40 Jahren am besten besetzt ist. Von 1000 Lebenden treffen auf diese Altersclasse in der Schweiz und in Ungarn 141, in Frankreich 139, in Oesterreich 138, in den Niederlanden 135, im Deutschen Reiche und in Italien 134, dagegen in Irland blos 103 [1]).

Uebrigens zeigt sich in allen beobachteten Staaten, dass die jüngsten Altersclassen am stärksten besetzt sind und dass von da fortdauernd und regelmässig, anfangs langsam, dann immer stärker diese Besetzung abnimmt, weshalb man auch behauptet hat, dass sich die Kraft der Bevölkerung in den verschiedenen Staaten umgekehrt wie die Proportion der jüngsten Altersclasse verhält.

Die Alterclassen der unproductiven Jugend von 0—15 Jahren sind jenseits des Oceans weit stärker besetzt, als in Europa. So treffen unter 1000 Lebenden auf das Alter bis zu 15 Jahren: [1])

in Canada . . . . . . (1861) 429	in Oesterreich . . . . (1869) 437
„ den Ver. Staaten . . (1871) 387	„ Ungarn . . . . . . „ 370
im Deutschen Reiche . (1875) 348	„ Italien . . . . . . (1870) 324
in England und Wales . (1871) 361	„ Frankreich . . . . (1872) 271

Die Altersclasse der unproductiven Jugend beträgt in den wichtigsten Ländern meist über $\frac{1}{3}$ der Gesammtbevölkerung, in ganz Europa dürfte sie etwas geringer sich stellen.

Dagegen ist die Zahl der im unproductiven Greisenalter (über 70 Jahre) Befindlichen verhältnissmässig unbedeutend. Sie beträgt in Deutschland 24, in Oesterreich 18, in England und Wales 27, in Italien 30, der Schweiz 28, in Frankreich 43 Promille. Frankreich zeichnet sich unter allen Ländern aus durch einen auffallend geringen Procentsatz an Kindern und durch einen auffallend starken Procentsatz an Greisen.

Als Massstab für die Kraft der Bevölkerung dürfen indessen diese Unterschiede nicht überschätzt werden.

So gibt es manche Staaten, deren kräftigste Bevölkerung häufig im auswärtigen Handel, in der Seefahrt ihren Erwerb findet oder auch anderwärts im Auslande Verdienst sucht, um dann mit den Ersparnissen heimzukehren. Ermittelt man in ihrer Abwesenheit die factische Bevölkerung, so fallen sie aus der Rechnung und es erscheinen dann ihre Altersclassen schwächer besetzt, als sie in Wirklichkeit sind.

Anmerkung.

[1]) Tabelle über den Altersaufbau der Bevölkerung in den wichtigsten Staaten. Von jedem Tausend Lebender stehen im Alter von:

	0—5	5—10	10—15	15—20	20—25	25—30	30—40	40—50	50—60	60—70	70—80	80—90	über 90
Deutsches Reich (1875)	134	112	102	95	83	76	134	103	84	51	21	4	0,2
England . . . . (1871)	135	119	107	96	88	78	128	100	73	47	22	5	0,4
Schottland . . . „	136	120	111	100	87	76	122	96	71	49	25	6	0,6
Irland . . . . . „	120	105	103	116	106	71	103	99	83	61	23	8	1,1
Dänemark . . . (1870)	124	107	102	93	81	75	130	114	85	56	26	6	0,4
Norwegen . . . (1865)	135	119	106	94	81	70	131	107	67	52	29	7	0,7
Schweden . . . (1870)	118	116	106	91	79	73	131	119	85	51	26	5	0,3
Oesterreich . . . (1869)	130	108	99	93	85	82	138	113	84	47	16	3	0,2
Ungarn . . . . „	147	115	108	95	82	86	141	106	70	37	11	2	0,3
Italien . . . . . (1870)	115	109	100	90	87	77	134	115	84	57	24	6	0,6
Schweiz . . . . „	113	106	97	84	81	80	141	119	89	61	24	4	0,2
Frankreich . . . (1872)	93	91	87	84	88	72	139	125	104	72	36	7	0,4
Belgien . . . . (1866)	120	105	92	88	84	78	132	112	89	66	27	6	0,4
Niederlande . . (1869)	130	109	94	92	79	78	135	113	84	53	26	5	0,3
Durchschnitt	121	108	100	92	87	78	134	112	85	55	24	5	0,4
Verein. Staaten . (1871)	140	124	123	105	96	80	128	93	59	33	14	3	0,4
Canada . . . . (1861)	174	132	123	117	173		110	76	49	29	12	3	0,5
Sämmtl. obige Staaten .	125	111	104	94	166		133	108	81	52	22	5	0,4

(Nach Block-v. Scheel: Handbuch d. Statistik S. 236.)

§. 119. Einfluss der Geburtenfrequenz und der Sterblichkeit.

Offenbar muss auf die Vertheilung der Bevölkerung nach Altersclassen die Geburtenziffer hervorragenden Einfluss nehmen. Denn je grösser die Zahl der jährlich Neugeborenen gegenüber jener der Lebenden ist: desto grösser muss auch die Zahl der Angehörigen jugendlicher Altersclassen gegenüber denen des höheren Alters sein.

Eine Vergleichung der Länder nach der Vertheilung ihrer Bevölkerung auf die verschiedenen Altersclassen einerseits und nach der Geburtenziffer andererseits zeigt diesen Einfluss der letzteren ganz deutlich. So ist besonders auffallend die geringe Besetzung der jugendlichsten Alter in Frankreich bei gleichzeitiger ausserordentlich geringer Geburtenfrequenz, sowie andererseits die Länder mit starker Geburtenfrequenz auch die stärkste Besetzung der jugendlichen Alter aufweisen.

Neben der Geburtenfrequenz wirkt aber auch die Sterblichkeit, und zwar besonders die verschiedene Sterblichkeit der verschiedenen Lebensalter auf die Vertheilung der Bevölkerung nach Altersclassen.

So zeigt sich z. B. im ganzen Deutschen Reiche, dass 347 Promille der Bevölkerung Kinder unter 15 J. sind. Wenn nun in den deutschen Ländern (abgesehen von Hamburg) die altbayerischen Provinzen

die geringste Besetzung dieses Alters aufweisen (303 Promille), so is
dies nicht etwa der Geburtenziffer, sondern einer auffallend starken Kindersterblichkeit zuzuschreiben. Alles, was auf die Sterblichkeit der Bevöl
kerung einwirkt, muss demnach auch einen Einfluss auf die Vertheilun
nach Altersclassen ausüben. Einen bedeutenden ·Einfluss auf die Sterb
lichkeit und demnach auch auf die Vertheilung der Bevölkerung nac
Altersclassen nimmt gewiss der allgemeine wirthschaftliche und sittlich
Volkszustand.

Einzelne vorübergehende Ereignisse, welche mächtig auf die Sterb
lichkeit gewisser Altersclassen einwirken, lassen sich in diesen Wirkun
gen lange Zeit hindurch verfolgen.

So beobachtete man in Preussen die Nachwirkung der Feldzüg
von 1813—1815. Durch dieselben wurden der Bevölkerung eine gross
Zahl junger Männer zwischen dem 17. und 25. Lebensjahr entrissen. Si
gehörten der Altersclasse 1788—99 an und diese Altersclasse zeigte sic
noch ein halbes Jahrhundert später auffallend schwach 'besetzt [1]).

In gleicher Weise zeigt Wappäus den Einfluss der Feldzüge de
ersten französischen Kaiserreichs auf die Vertheilung des französisch
Volkes nach Altersclassen. Es ward eine ähnliche Einwirkung sogar b
der Bevölkerung Dänemarks hinsichtlich des deutsch-dänischen Krieg
von ·1848—49 bemerkt [2]).

Und wie sehr wirthschaftliche Nothstände namentlich den Bestan
der jüngsten Altersclassen angreifen, das zeigte sich ganz auffallend a
der Bevölkerung Irlands. Aber doch dürften diese Einwirkungen nicht s
unheilvoll sein, als jene der Kriege, welche den besten Theil der Bevölkerung dahinraffen und ihre Kraft für lange Zeit verringern.

Anmerkung.

[1]) [2]) Wappäus: Allg. Bevölkerungsstatistik. II., S. 54 ff.

III. Capitel.

Andere körperliche Eigenschaften der Bevölkerung.

I. §. 120. Das Geschlecht.

In civilisirten Staaten, wo die Gesittung auf der Ehe und der Familie beruht, ist das Gleichgewicht der beiden Geschlechter von
grosser Bedeutung. Denn wenn dieses Gleichgewicht gestört würde, wäre
jedenfalls die Monogamie, die Grundlage unserer Cultur, erschwert.

Ein allgemeines Naturgesetz strebt darnach, bei den Erwachsenen stets eine Gleichzahl der beiden Geschlechter herzustellen.

Wie weit die Wirklichkeit diesem Streben entspricht, das könnte man bei der thatsächlichen Verschiedenheit, die dabei in den verschiedenen Ländern besteht, vollständig erst dann beurtheilen, wenn man die Zahl der beiden Geschlechter innerhalb der ganzen Menschheit kennte. Bis jetzt liess sich nur constatiren, dass die europäischen Länder einen Ueberschuss an Weibern aufweisen (1021 Frauen auf 1000 Männer), während das Verhältniss in den anderen Welttheilen, so weit es ermittelt ist, umgekehrt ist. In Amerika nämlich treffen auf 1000 Männer nur 980, in Afrika 975, in Asien 943 (?), in Australien 818 Weiber. Unter den 600 Millionen Menschen, deren Geschlecht ermittelt werden konnte, treffen auf 1000 Männer 985 Weiber [1]).

Hiebei sind aber folgende Erscheinungen zu beobachten:

I. Es werden überhaupt mehr Knaben als Mädchen geboren. Und zwar in den europäischen Ländern ungefähr auf je 100 Mädchen 105 oder 106 Knaben.

Bei einzelnen Familien zeigt sich keine Spur dieses Gesetzes. Bei mehreren zusammenwohnenden Familien tritt dieses Gesetz erst nach einer Reihe von Jahren hervor, in Städten alle Jahre, bei grossen Völkern sogar jeden Tag.

Dieses Verhältniss ist in den einzelnen Ländern indessen ein ziemlich verschiedenes. In ganzen Staaten Europa's erreicht der Ueberschuss der Knabengeburten nirgends 7 %; dagegen beträgt in Griechenland die Zahl der Knabengeburten blos 94 auf 100 Mädchengeburten [2]). Berücksichtigt man kleinere Landestheile, so werden die Unterschiede grösser. Im gesammten Deutschen Reich z. B. beträgt [3]) die relative Zahl der Knabengeburten 105,9; dagegen im Lübeck'schen 113,9; in Reuss j. L. 112,3; in Waldeck 108,5; in den 4 südl. Provinzen Bayerns 108,2; in Schaumburg-Lippe nur 94,7.

Es scheint, dass das Klima keinen Einfluss auf die Gleichzahl der Geschlechter hat. Zur genauen Feststellung hätte man freilich noch grössere Zahlen von Beobachtungen, namentlich aus Tropengegenden nöthig. Nach Beobachtungen, die man am Kap der guten Hoffnung in den Jahren 1813—20 gemacht hat, zeigte sich Knabenüberschuss nur bei der Sklavenbevölkerung, während bei der freien Bevölkerung äusserst regelmässig mehr Mädchen als Knaben zur Welt kamen.

Der Aufenthalt in den Städten und auf dem platten Lande scheint nicht ohne Einfluss auf das Verhältniss der Geschlechter zu sein, indem auf dem Lande der Ueberschuss der neugeborenen Knaben über die Mädchen grösser ist, als in der Stadt. So hat u. a. die preussische Provinz

Brandenburg (1878) 107,6 Knabengeburten auf 100 Mädchen; Berlin blos 104,1.

Auch die Legitimität der Geburt ist hier von Einfluss. Bei legitimen Kindern ist das Ueberwiegen der Knaben stärker als bei illegitimen. Untersuchungen und Erklärungen dieses Gesetzes sind öfters gemacht worden[1]).

Den grössten Einfluss aber auf die Ungleichheit der Geschlechter bei den Geborenen dürfte die Altersverschiedenheit der Eltern haben. Die hierüber angestellten Beobachtungen, deren Zahl leider noch nicht vollständig genug ist, haben ergeben, dass in den Geborenen das männliche oder das weibliche Geschlecht vorwiegt, je nachdem von den Eltern der Vater oder die Mutter' mehr Jahre zählt[2]).

Höchst eigenthümlich aber ist das auffallende Vorwiegen der männlichen Geburten bei den Juden. So war z. B. in Oesterreich im Jahre 1851 das Verhältniss der Knabengeburten bei den Juden wie 121 : 100; bei den Christen dagegen nur wie 105,9 : 100. Allerdings sind die Beobachtungen noch nicht zahlreich genug, um sichere Schlüsse zuzulassen.

Die Ursachen dieser Erscheinung sind unenträthselt[3]).

II. Aus der Mehrzahl männlicher Geburten folgt auch ein Ueberwiegen der männlichen Jugend über die weibliche in der ersten Altersclasse der Bevölkerung.

Dieses Uebergewicht wird durch wirkliche Volkszählungen bestätigt. So kommen Mädchen in der Altersclasse von 0—5 Jahren auf je 1000 Knaben[4]):

im Deutschen Reich . .	(1875)	998	in Oesterreich	(1869)	1010
in England und Wales .	(1871)	999	„ Ungarn	„	1011
„ Schottland	„	974	„ Italien	(1870)	971
„ Irland	„	970	„ Schweiz	„	1005
„ Dänemark	(1870)	980	„ Frankreich	(1872)	975
„ Norwegen	(1865)	969	„ Belgien	(1866)	995
„ Schweden	(1870)	976	„ Niederlande . . .	(1869)	990

III. Demungeachtet überwiegt in den höheren Altersclassen die Zahl des weiblichen Geschlechtes so sehr, dass bei der Gesammtbevölkerung Europa's regelmässig das weibliche Geschlecht stärker besetzt ist als das männliche. So findet man in den oben angegebenen Ländern und Jahren folgendes Verhältniss der Gesammtbevölkerung:

auf 1000 Männer kommen Weiber:

im Deutschen Reich	1036	in Dänemark	1026
in England und Wales . . .	1054	„ Norwegen	1036
„ Schottland	1096	„ Schweden	1067
„ Irland	1044	„ Oesterreich	1041

in Ungarn . . . . 1002 in Frankreich 1008
. Italien . . . . 989 „ Belgien 995
, der Schweiz . . . . . 1046 , „ Niederlanden 1029
dagegen in den Ver. Staaten 972, in Canada 939.

Es muss gleich hier darauf hingewiesen werden, dass dieses Verhältniss im Laufe der Zeit bemerkenswerthe Aenderungen erleidet. So
kamen nach einer älteren Tabelle [1])

1851 in Frankreich	auf 100 Männer	101,12 Weiber
1851 „ England	„ „ „	104,16 „
1851 „ Schottland	„ „ „	110,02 „
1851 „ Irland	„ „ „	103,37 „
1849 „ Niederlanden	„ „ „	103,96 „
1846 „ Belgien	„ „ „	100,47 „
1850 „ Schweden	„ „ „	106,40 „
1855 „ Norwegen	„ „ „	104,14 „
1850 „ Dänemark	„ „ „	103,30 „
1852 „ Preussen	„ „ „	100,42 „
1850 „ Verein. Staaten	„ „ „	95,05 „

In den europäischen Ländern ist demnach die Ueberzahl der Weiber die Regel. Wie schon oben bemerkt ward, findet jedoch ausserhalb
Europa's das Gegentheil statt.

IV. Die Ursachen dieses Verhältnisses dürften sich wohl in
manchen Fällen erklären lassen, in vielen aber auch unenträthselt bleiben.
Wenn unter den europäischen Staaten insbesondere Italien einen so bedeutenden Ueberschuss an Männern aufweist, so könnte man denselben
wohl aus dem bequemeren Leben der Männer, wenigstens in Unteritalien,
erklären wollen; aber eine Vergleichung des Geschlechtsverhältnisses innerhalb der verschiedenen Provinzen Italiens spricht dagegen.

Geht man überhaupt auf provinziale Unterschiede ein, so finden
sich leichter Erklärungen. So rührt wohl die Minderzahl der Frauen in
den preussischen Provinzen Westfalen (95,9 : 100 Männer) und Rheinland (98,9 : 100) vom Charakter der dortigen Industrie (Eisen und Kohlen)
her, welche überwiegend männliche Arbeitskräfte beansprucht.

Auf den Unterschied, welcher in dieser Hinsicht zwischen den europäischen Ländern und Nordamerika besteht, ist die Auswanderung von Einfluss.

Sieht man die Gleichzahl der Geschlechter als eine nothwendige
Bedingung der Familie an, so erscheint wohl als besonders wichtig das
Verhältniss zwischen denjenigen Männern und Frauen, welche im Alter
der Ehemündigkeit sich befinden. Nimmt man dieses Alter bei Männern
zu 20 Jahren, bei Frauen zu 16 J. an, so ergibt sich z. B. im Deutschen
Reich eine Bevölkerung von 11,2 Mill. ehemündigen Männern gegenüber
13,1 Mill. ehemündigen Frauen; oder ein Ueberschuss von über 2¼

Mill. ehemündiger Frauen, welche, selbst wenn alle Männer über 20 J. verheiratet wären, nothwendig im Cölibat leben müssten.

Die Ueberzahl der Weiber in den meisten Ländern rührt von der grösseren Sterblichkeit der Männer her, welche sich ihrerseits wieder aus der in der zarten Jugend besonders empfindlichen Organisation, aus der anstrengenderen Beschäftigung, den öfteren Excessen und dem Militärdienste der Männer erklärt.

Man kann nicht annehmen, dass die Kriege, der Seedienst und die lebensgefährlichen Arbeiten allein die grössere Sterblichkeit der Männer verursachen, denn diese Sterblichkeit zeigt sich ja schon bei den kleinen Knaben, welche jenen Gefahren nicht ausgesetzt sind. Es scheint vielmehr ein gewisses Gewicht auf die Unterschiede des männlichen und des weiblichen Organismus als wesentliche Ursache gelegt werden zu müssen. Diesem Unterschiede, daneben freilich auch der Berufsthätigkeit und dem socialen Leben des männlichen Geschlechts ist es zuzuschreiben, wenn das ursprüngliche Uebergewicht der Männer durch ihr rascheres Absterben um das 15.—20. Jahr (in den europäischen Ländern) aufhört und in das Gegentheil umschlägt, und zwar so sehr umschlägt, dass die Zahl der Greisinnen über 90 Jahre in einzelnen Ländern mehr als doppelt so gross wird, als jene der gleichalterigen Greise.

Anmerkungen.

[1] G. Mayr: Gesetzmässigkeit etc. S. 129.

[2] Anzahl der männlichen Kinder, welche auf je 100 weibliche geboren werden:

Länder	Zeit	Knaben-geburten	Länder	Zeit	Knaben-geburten
Italien	1865—78	104	Croatien-Slavonien	1874—78	104
Frankreich . . .	1866—77	103	Schweiz	1872—78	99
England u. Wales	1865—78	104	Belgien	1865—78	102
Schottland . . .	1865—75	106	Niederlande . . .	1865—77	102
Irland	1865—78	106	Schweden	1865—78	106
Deutsches Reich	1862—78	104	Norwegen	1865—76	106
Preussen	1865—78	104	Dänemark	1865—78	104
Bayern	1865—78	103	Finland	1865—78	103
Sachsen	1865—78	105	Spanien	1865—70	104
Thüringen . . .	1873—78	105	Griechenland . .	1870—77	94
Württemberg . .	1865—78	102	Rumänien	1870—77	105
Baden	1866—78	103	Serbien	1865—78	111
Oesterr. (diesseits)	1865—78	106	Europ. Russland .	1867—74	105
Ungarn	1866—77	104			

(Nach der wiederholt citirten italienischen Publication: Movimento dello stato civile 1862—78, p. CXXVI.)

[2]) Jahrbuch f. 1880, S. 17.
[4]) Quételet: Physique sociale, p. 169.
[5]) Ebenda.
[6]) Vgl. Quételet-Riecke. p. 55.
[7]) Band XIV, 2. S. VI. 167 der Statistik des Deutschen Reiches und Monatshefte zur Statistik des Deutschen Reiches. Aprilheft 1878, S. 38.
[8]) Wappäus, a. a. O. II., S. 182.

§. 121. Entwickelung des menschlichen Wuchses.

Indem wir uns der Betrachtung einiger anderer körperlicher Eigenschaften des Menschen zuwenden, betreten wir das Gebiet der sogen. somatologischen Statistik. Dieses Gebiet wird durch mehrere charakteristische Eigenthümlichkeiten von anderen Gebieten der Statistik ausgeschieden. Die somatologischen Beobachtungen umfassen nämlich gewöhnlich nicht die ganze Bevölkerung, sondern nur einen Theil derselben: jenen Theil, welcher sich gerade in solchen Umständen befindet, die eine Beobachtung ermöglichen. An Sicherheit und Zuverlässigkeit stehen daher diese Beobachtungen weit gegen die bisher behandelten zurück.

Häufig sind auch die Beobachtungen keine amtlichen, sondern blos private. Es lässt sich bei manchen derselben erkennen, wie sie erst allmälig Massenbeobachtungen systematischer Art werden.

Dagegen können häufig die somatologischen Beobachtungen, auch wenn sie in verhältnissmässig geringer Zahl angestellt werden, schon zu beachtenswerthen Resultaten führen, zu Resultaten, die auch gewöhnlich von dauerndem Werthe sind, weil sich die Körperbeschaffenheit der Menschheit jedenfalls nur sehr langsam ändern kann.

Heute noch ist auf diesem Gebiete Quételet's berühmtes Werk nicht allein das bahnbrechende, sondern auch dasjenige, welches den Stoff am vielseitigsten und am geistvollsten behandelt.

Was zunächst speciell die Entwickelung des menschlichen Wuchses betrifft, so sind hiebei als die wichtigsten der beobachteten Erscheinungen hervorzuheben:

I. Die Entwickelung des Wuchses in den verschiedenen Lebensaltern [1]). Sie ist von der Physiologie schon vor der Geburt des Menschen beobachtet worden, und zeigt in ihrer weiteren Verfolgung, wie der menschliche Körper bei beiden Geschlechtern anfangs mit fast gleicher Geschwindigkeit zunimmt und erst vom 4. Lebensjahre an bemerklichere und stets zunehmende Unterschiede im Wachsthum der Geschlechter sich ergeben. Die allmälige Abnahme des Wachsthums ist keineswegs eine gleichförmige.

Das Wachsthum des Menschen scheint später zu enden, als man gewöhnlich annimmt; es dürfte am Schlusse des fünfundzwanzigsten Jahres noch nicht ganz beendigt sein.

Auf das Wachsthum machen sich noch verschiedene Einflüsse geltend. Bei Gefangenen bleibt seine Entwickelung hinter jener der Freien bedeutend zurück. Ganz auffallend bleibt das Wachsthum der in den Fabriken arbeitenden Kinder zurück hinter dem jener Kinder, die nicht in Fabriken arbeiten. In sehr heissem und sehr kaltem Klima endet das Wachsthum rascher, als im gemässigten Klima.

Vom fünfzigsten Lebensjahre an werden die Menschen beider Geschlechter kleiner. Dieses Kleinerwerden wird immer bemerkbarer und kann bis zum 80. Lebensjahre 6—7 Centimeter betragen.

II. Die Unterschiede des vollendeten Wuchses. Auf diese Unterschiede musste schon die unsystematische Beobachtung aufmerksam werden, da die unterschiedliche Körperlänge der Völkerstämme eine zu auffallende Thatsache ist. Wirkliche Messungen können jedoch, namentlich bei aussereuropäischen Völkern, immer nur einen sehr kleinen Theil der Gesammtbevölkerung umfassen. Immerhin sind die gewonnenen Resultate sicher genug, um zu Betrachtungen über die möglichen Ursachen solcher Verschiedenheiten zu veranlassen. Es handelt sich nämlich hier um eine Erscheinung, die in hohem Grade typisch genannt werden darf.

Am werthvollsten sind natürlich jene Messungen, welche bei der Recrutirung vorgenommen werden und daher einen beträchtlichen Theil der männlichen Bevölkerung umfassen und auch durch ihre jährliche Wiederholung an Sicherheit gewinnen.

Die Unterschiede des Wuchses, welche man bei verschiedenen Volksstämmen beobachtet hat, dürften einestheils auf den Verschiedenheiten der Lebensweise, anderntheils auf uralten Stammeseigenthümlichkeiten beruhen [2]).

Der Unterschied von städtischem und ländlichem Aufenthalt ist nicht gleichgiltig für die Entwickelung des Wuchses. Vielmehr haben Villermé und Quételet gezeigt, dass der Städter im Allgemeinen grösser ist, als der Landbewohner. Der Wuchs des Menschen wird nicht nur erhöht, sondern auch beschleunigt durch Wohlstand, gute Kleidung, Wohnung und Nahrung, durch geringe Anstrengungen, namentlich in der Kindheit.

Anmerkungen.

[1]) Die Entwickelung des menschlichen Wuchses stellte Quételet in einer Tabelle nach einer Reihe von Beobachtungen, die in Schulen, Waisenhäusern etc. gemacht worden, dar. Nach diesen Beobachtungen wächst die durchschnittliche Grösse des Menschen in folgendem Maasse:

Alter	Knaben	Mädchen
Bei der Geburt	0,500 Meter	0,490 Meter
1 Jahr	0,698 „	— „
2 Jahre	0,796 „	0,780 „
3 „	0,867 „	0,853 „
4 „	0,930 „	0,913 „
5 „	0,966 „	0,978 „
6 „	1,045 „	1,035 „
7 „	— „	1,091 „
8 „	1,160 „	1,154 „
9 „	1,221 „	1,208 „
10 „	1,280 „	1,256 „
11 „	1,334 „	1,286 „
12 „	1,384 „	1,340 „
13 „	1,431 „	1,417 „
14 „	1,489 „	1,475 „
15 „	1,549 „	1,496 „
16 „	1,600 „	1,518 „
17 „	1,640 „	1,553 „
18 „	— „	1,564 „
19 „	1,665 „	1,570 „
20 „	— „	1,574 „
Vollendetes Wachsthum	1,684 „	1,579 „

[1]) Nach A. Weisbach (im anthropologischen Theile der Novara-Reise) beträgt die durchschnittliche Körperlänge (in Centimetern) der:

Patagonier . . . . 178—180	Australier	162
Schwaben ⎫	Amboinesen ⎫	
Kaffern ⎬ 179	Timoresen ⎬ 159	
Polynesier ⎭	Malayen v. Malakka 157	
Tscherkessen 173	Andamanen 156	
Engländer . . . . 169—171	Acka 150	
Deutsch-Oesterreicher . . . . 166—168	Lappen . . . . 138—150	
Neger . . . . 165—168	Obongo . . . . 133—152	
Nordfranzosen 166	Semangs . . . . 142—145	
Bayern 164	Buschmänner . . . . 130—137	
Südfranzosen ⎫	Eskimos 130	
Chinesen ⎬ 163		

§. 122. Das Gewicht des Menschen.

Auch mit dem mittleren Gewicht des Menschen und dem Verhältniss desselben zur Entwickelung des Wuchses hat die medicinische Statistik sich beschäftigt.

Während das mittlere Gewicht des Mannes durchgehends grösser ist, als das des Weibes, zeigen um das Alter von 12 Jahren die Personen beiderlei Geschlechts dasselbe mittlere Gewicht: (die Beobachtungen sind aus Frankreich und Belgien).

Das Maximum seines Gewichtes erreicht der Mann um das vierzigste Lebensjahr. Mit dem sechzigsten fängt das Gewicht zu schwinden an und nimmt bis zum achtzigsten um ungefähr 6 Kilogramm ab.

Später als der Mann erreicht das Weib sein Gewichtsmaximum und wiegt am meisten um das fünfzigste Jahr.

Die Extreme des Gewichtes von regelmässig gebauten Individuen betragen beim männlichen Geschlechte 49,1 Kilogr. als Minimum und 98,5 Kilogr. als Maximum, beim weiblichen 39,8 und 93,8 Kilogr.

Beide Geschlechter wiegen zur Zeit ihrer vollkommenen Entwickelung fast genau zwanzigmal so viel als bei der Geburt. Das mittlere Gewicht eines Individuums ohne Rücksicht auf Alter und Geschlecht, also das Durchschnittsgewicht einer ganzen Bevölkerung (Belgien) beträgt 45,7 Kilogramm.

Während der Entwickelung des Menschen kann man annehmen, dass bei den verschiedenen Altern die Quadrate der Gewichte sich so verhalten, wie die fünften Potenzen des der Zeit nach entsprechenden Wuchses.

§. 123. Entwickelung der Muskelkraft [1]).

Von weit grösserem Interesse als die Entwickelung von Wuchs und Gewicht ist die Entwickelung der menschlichen Muskelkraft. Doch ist die Bestimmung derselben von Instrumenten, sogen. Dynamometern abhängig, deren Resultate mit grosser Vorsicht zu behandeln sind.

Man hat gefunden, dass der Mann durchschnittlich im Alter von 25—30 Jahren im Besitze seiner vollsten Kraft ist. Da kommt der Druck seiner beiden Hände einer Kraft von 50 Kilogrammen gleich und er kann ein Gewicht von 13 Myriagrammen aufheben.

Spätere Beobachtungen haben indessen eine grössere körperliche Kraft des mittleren Menschen ermittelt, was wohl vom verschiedenen Gebrauche der Messungsinstrumente herrührt. Die Versuche müssen ausserordentlich zahlreich und mit grosser Sorgfalt angestellt werden, um richtige Durchschnittsergebnisse zu liefern. Dann aber werden diese Ergebnisse gewiss zeigen, dass die Kraft des mittleren Menschen sein Gewicht übersteigt, dass Wohlstand, gute Nahrung und Uebung der Muskelkräfte dieselbe steigern, während Armuth und übermässige körperliche Arbeit sie schwächen.

Auch die Geschwindigkeit, die Beweglichkeit und einige andere körperliche Eigenschaften des Menschen lassen Messungen zu. Das betannteste Beobachtungsobject dieser Art ist die Schnelligkeit und Länge des Schrittes beim ausgewachsenen Menschen.

Ein mittlerer Fussgänger legt mit jedem Schritte 8 Decimeter zurück. Er macht in der Minute 125 Schritt und legt in ihr 100 Meter zurück, in einer Stunde 6 Kilometer. So kann er täglich $8^1/_2$ Stunden marschiren. Man schätzt einen mittleren Tagmarsch auf 51 Kilometer.

Wenig bekannt ist die mittlere Geschwindigkeit des Menschen beim Laufe, auch die Höhe und Länge seines Sprunges.

Anmerkung.

[1]) Nach Quételet: Phys. soc. II. p. 105 ff.

§. 124. Ernährung und Wärme des Körpers etc.

Die Physiologen haben beobachtet, dass der Körper eines erwachsenen Menschen nach 24 Stunden bei hinreichender Nahrung weder schwerer noch leichter geworden ist. Nach Lavoisier's und Menziés' Versuchen werden von einem erwachsenen Mann im Jahre 7—800 Pfund Sauerstoffgas aus der Atmosphäre in den Körper aufgenommen, aber nur, um in anderer Gestalt wieder aus demselben zu treten [1]). 10 Milliarden Kubikmeter Luft gehen täglich durch die unersättlichen Lungen der Menschheit [2]).

Aus der genauen Bestimmung der Kohlenstoffmenge, welche durch die Speisen in den Körper kommt und derjenigen Formen, in welchen sie wieder austritt, ergibt sich, dass ein erwachsener Mann im Zustande mässiger Bewegung täglich 27,8 Loth Kohlenstoff verzehrt.

Andere Beobachtungen, welche gleichfalls noch an das Gebiet der Statistik hart anstreifen, zum Theile in dasselbe fallen, beziehen sich auf die Wärme des Körpers. Thiere, welche schnell athmen und daher viel Sauerstoff verzehren, besitzen höhere Temperatur als andere. Kinder mehr (39°) als Erwachsene (37,5°). In allen Klimaten aber, an den Polen und am Aequator ist die Temperatur des Menschen die gleiche, ungeachtet des höchst ungleichen Wärmeverlustes, den der Mensch an diesen verschiedenen Orten erleidet (Liebig).

Anmerkungen.

[1]) Im Zusammenhange hiemit mögen auch die Beobachtungen erwähnt werden, welche über die Zahl der Pulsschläge und Athemzüge bei Menschen verschiedenen Geschlechtes und Alters, im schlafenden und wachen Zustande gemacht worden sind. Ausser den Arbeiten, welche Quételet (Phys. soc. II. p. 119 ff.) hierüber mittheilt, möge noch eine neuere Erwähnung finden, die vom Italien. stat. Bureau publicirt ist (Annali di stat. Ser. 2* — Vol. 8. p. 28 ff.); und in welcher auch der Einfluss der wichtigsten Berufsunterschiede auf die Pulsschläge zu prüfen versucht wird.

[2]) C. Flammarion: L'atmosphère, p. 87.

§. 125. Der Gesichtstypus etc.

Schon in den dreissiger Jahren war der erste Versuch gemacht worden, ziffermässige Erhebungen über den Gesichtstypus, insbesondere über die Farbe der Augen und der Haare, mit anderen statistischen Erscheinungen in Verbindung zu bringen [1]. Die officielle Statistik hat sich erst in der neuesten Zeit mit diesem Gegenstande beschäftigt.

Im deutschen Reiche sind Erhebungen in den Schulen gepflogen worden, um die Farbe der Augen, der Haare und der Haut zu ermitteln. 1876 erstreckte sich die Ermittlung schon auf über $5^1/_2$ Mill. Individuen. Von denselben wiesen 32,11 % den echt germanischen, blondhaarigen, blauäugigen und hellhäutigen Typus auf, welcher sich auch in der That im Lande der alten Cherusker concentrirt. Die Erhebungen, welche in Bayern hierüber stattgefunden haben, ergaben, dass die städtische Bevölkerung verhältnissmässig mehr dunkelhaarige und dunkelhäutige zeigt, als die ländliche. Die Ermittlungen über die Hautfarbe konnten begreiflicherweise nur zu minder sicheren Resultaten führen [2].

Eine noch eingehendere somatische Statistik wurde in Italien angestrebt [3], wo man ebenfalls die Farbe der Haut angeben liess; bezüglich der Augen aber nicht allein die Farbe, sondern auch die Form, und bezüglich der Haare ausser deren Farbe auch noch ihre übrige Beschaffenheit zu ermitteln suchte und endlich die Beobachtungen auch auf den Bart und die Zähne, sowie auf die Schnelligkeit des Pulses erstreckte, beim weiblichen Geschlecht auch noch auf das durchschnittliche Alter der eintretenden Geschlechtsreife etc. Erhebungen letztgenannter Art sind auch in Deutschland, Russland, Frankreich, England etc. gemacht worden.

Anmerkungen.

[1] Von Parent-Duchatelet.
[2] G. Mayr: Gesetzmässigkeit etc. S. 212 ff.
[3] Annali, Serie II°, Vol. 8.

§. 126. Die Gesundheit.

Eine der wichtigsten Eigenschaften der Bevölkerung ist ihre Gesundheit. Die Aufgabe, welche der Statistik in dieser Hinsicht gestellt ist, ist eine so reich gegliederte, das Material ein so massenhaftes und seine Beurtheilung erfordert solche medicinische Kenntnisse, dass dieser Zweig der Statistik unter dem Namen der medicinischen seine gesonderte Ausbildung und (namentlich in dem Handbuche der medicinischen Statistik von Fr. Oesterlen) seine classische Literatur gefunden hat.

Die Gesundheit der Bevölkerung hat ihren Ausdruck und ihr Maass in ihrer Negation, d. h. in den Krankheiten, und die medicinische Statistik soll, ähnlich wie Barometer und Thermometer über die Witterung Aus-

...nnft geben, durch ihre Zahlen den Gesundheits- und Krankheitszustand des Tages, jeder Woche, jedes Jahres, jeder Altersclasse, jeder Berufsclasse und jeder Generation genau charakterisiren.

I. Diese Aufgabe der medicinischen Statistik lässt sich folgendermassen gliedern:

a) Zunächst handelt es sich darum, das Kranksein überhaupt, ohne Unterschied der einzelnen Krankheiten zu constatiren: die sogen. Morbilität nebst ihren Ursachen.

b) Sodann sind wegen der so sehr verschiedenen Einwirkungen der unterschiedlichen Krankheiten auf den menschlichen Organismus auch die einzelnen Krankheiten zu untersuchen, und zwar:

1. nach ihrer absoluten und relativen Häufigkeit,
2. nach ihrer Dauer,
3. nach ihrer grösseren oder geringeren Gefährlichkeit,
4. nach ihren Ursachen, und womöglich
5. nach dem Einfluss der verschiedenen Heilmethoden.

II. Was die Mittel der medicinischen Statistik betrifft, so müsste dieselbe, um dieser ihrer Aufgabe vollkommen gerecht zu werden, jeden Menschen durch sein ganzes Leben begleiten. Da dies unmöglich ist, muss sie wenigstens von gewissen Stadien im Leben jedes einzelnen Individuums einer Bevölkerung Kenntniss nehmen.

Die in gesundheitlicher Beziehung wichtigsten Abschnitte des Lebens sind folgende:

1. Die Geburt und das Säuglingsalter.
2. Das Kindesalter bis zum Eintritte der Schulpflichtigkeit.

Gebäranstalten,. Findelhäuser, Krippen und Kinderbewahranstalten, endlich Waisenhäuser können über diese beiden Perioden die sorgfältigsten Beobachtungen anstellen.

3. Das schulpflichtige Alter. In den Schulen werden indessen nur ausnahmsweise Gesundheitsverhältnisse beobachtet. In dieser Hinsicht sprach ein Congress den Wunsch aus, die Schulen sollten Listen über die Erkrankungen und Todesfälle der Schulkinder, ferner Verzeichnisse und Beschreibungen der Schulräumlichkeiten anfertigen. Ebenso sollten auch die Turnvereine die Zwecke der Gesundheitsstatistik ins Auge fassen.

4. Das Alter der körperlichen Reife, der Vorbereitung zum selbständigen Erwerb und zur häuslichen Bildung und Führung eines Hausstandes. So gefährlich dieser Abschnitt auch für Gesundheit und Leben seiner Angehörigen ist, so spärlich sind doch die Kenntnisse über seine Gesundheitsverhältnisse.

5. Bei der männlichen Bevölkerung insbesondere das militärpflichtige Alter (vgl. §. 97). Dieses Alter ist für die Mehrzahl der männlichen

Bevölkerung die einzige strenge Gesundheitsrevue im Leben (Engel). Um so mehr ist zu wünschen, dass sie nicht blos im einseitigen Interesse des Militärwesens ausgeführt werde.

6. Die Zeit der Arbeit, des Erwerbes des täglichen Brodes, der Begründung einer Familie und Ersparniss von Vermögen für das Alter. Nimmt man an, dass der Mensch mit dem 60. Jahre invalid wird, so währt dieser Abschnitt 40 Jahre. Es ist der längste und deshalb wechselvollste. Er ist auch deshalb schicksalsreicher als die übrigen, weil der Mensch in diesem Zeitabschnitte mehr seinem eigenen Willen folgt. Eine Menge individueller, räumlicher und zeitlicher Einflüsse kommen hier zur Geltung. Wie sie auf den Gesundheitszustand einwirken, das liegt noch vielfach im Dunkeln.

7. Die Periode der Invalidität. Die genaue Ermittlung dieses Zeitabschnittes, seiner Dauer, die Ursachen der Invalidität sind von hohem statistischem Interesse. Mit Rücksicht auf die grosse Verbreitung der Altersversorgungs- und Unterstützungscassen darf man annehmen, dass die Gesundheitsverhältnisse dieser Altersclasse ziemlich scharf zu bestimmen sein möchten.

§. 127. Die Morbilität.

I. Begriff. Vergleicht man die Zahl der Erkrankungen, welche in einem bestimmten Bevölkerungskreise (z. B. in einer Berufs- oder Altersclasse, einer Stadt u. s. f.) auftreten, mit der Gesammtzahl der Seelen, innerhalb welcher man diese Krankheiten beobachtet, so erhält man eine Verhältnisszahl: die Morbilität oder Häufigkeit der Erkrankungen.

Man gibt dabei an, auf wie viel Lebende eine Erkrankung fällt. Beobachtet man zugleich die Dauer des Krankseins, so gibt man an, wie viel Krankheitstage durchschnittlich auf den Kopf des beobachteten Bevölkerungskreises kommen. So haben z. B. die Erhebungen der englischen friendly societies (Arbeiterunterstützungs-Vereine) ergeben, dass die Angehörigen der Vereine vom 15. bis zum 85. Lebensjahre, also während einer Arbeitszeit von 70 Jahren durchschnittlich 5 Jahre Krankheit durchzumachen haben. Es gibt dies ungefähr ein Bild des Verlustes an Lebensgenuss und Lebensthätigkeit, welchen der Mensch durch Krankheit erleidet.

II. Ursachen. Im Ganzen läuft die Morbilität, d. h. die Erkrankungshäufigkeit, wie die Dauer und Intensität des Krankseins nicht parallel mit der Sterblichkeit; beide folgen häufig denselben Ursachen, aber keineswegs immer.

Von diesen Ursachen sind folgende bisher genauer untersucht worden (vgl. Oesterlen a. a. O.):

A. Das Alter. Mit zunehmendem Alter steigt die Morbilität, die mittlere Krankheitsdauer und Intensität des Krankseins, die Sterblichkeit an den meisten Krankheiten, also nicht blos die Gefahr überhaupt zu erkranken, sondern auch längere Zeit zu leiden und schliesslich an den Krankheiten zu sterben. Die geringste Morbilität fällt in das Alter von 5—15 Jahren, während sie in den ersten Lebensjahren, namentlich von 0—1, dann von 1—4 Jahren am grössten ist und vom 15. Jahre an bis in die höchsten Altersclassen beständig steigt. Zwischen der Krankheitsdauer allein und der Sterblichkeit besteht kein ganz strenger Parallelismus; denn es steigen zwar mit dem Alter Erkrankungshäufigkeit und Sterblichkeit, aber nicht minder steigt der Procentbetrag lange dauernder Krankheiten im Vergleich zu rasch verlaufenden; insofern widerstehen die höheren Altersclassen dem schliesslichen Tod länger, als die jüngeren.

B. Das Geschlecht. Gewöhnlich gilt, das weibliche Geschlecht sei Krankheiten mehr unterworfen, als das männliche. Nimmt man schwere und leichte Krankheiten zusammen, so mag dies wohl so sein, berücksichtigt man aber die Gefährlichkeit der Krankheiten, so hat das weibliche Geschlecht durchschnittlich weniger zu leiden.

C. Der Beruf. Bis jetzt gibt es keine zureichende Statistik für die relative Häufigkeit der Krankheiten nach den verschiedenen Berufsclassen. Man hat zwar schon seit vierzig Jahren Beobachtungen hierüber angestellt, welche jedoch mit mannigfachen Schwierigkeiten zu kämpfen haben. So hat man namentlich in grossen Spitälern den Beruf der eingetretenen Kranken ermittelt, und die erhaltenen Ziffern verglichen mit der Gesammtzahl der Angehörigen der betreffenden Gewerbe. Hiebei ergab sich allerdings, dass einzelne Gewerbe relativ weit mehr Angehörige ins Krankenhaus sandten, als andere.

Um aber aus diesen Zahlen keine falschen Schlüsse zu ziehen, muss man bedenken, ob einestheils die Zahl der Beobachtungen nicht zu klein war, sowie andererseits, dass in einer Reihe von Professionen deren Angehörige nicht so leicht in das Krankenhaus eintreten, als dies bei den Angehörigen anderer Professionen der Fall ist; und zwar deshalb, weil jene theils häufiger verheirathet sind und Hauspflege geniessen, theils auch vielleicht noch in manchen Fällen fortarbeiten, welche die mit den schwersten Arbeiten Beschäftigten nöthigen, zum Krankenhause ihre Zuflucht zu nehmen.

Um den Einfluss der Profession auf die Morbilität genau zu constatiren, wäre es nöthig, nur solche Professionen zu vergleichen, deren Angehörige in allen anderen wichtigen Lebensverhältnissen, in Bezug auf Alter, Civilstand, Wohlhabenheit, Lebensweise u. s. f. wesentlich gleich und nur hinsichtlich ihrer Beschäftigung verschieden sind.

Aus den bis jetzt vorliegenden Untersuchungen scheint nur das mit Gewissheit hervorzugehen, dass bei den industriellen Classen miteinander die Morbilität grösser ist, als bei der Gesammtbevölkerung und insbesondere der Landbevölkerung. Dabei sind noch Unterschiede zwischen den Kleingewerbe und dem Fabrikwesen; ebenso sind auch unläugbar einige positiv schädliche Berufszweige vorhanden. Wichtiger als die Beschäftigung an und für sich sind jedenfalls im Ganzen alle anderen Factoren: Nahrung, Lebensweise, Bildung, Vorsicht (Oesterlen).

D. Reichthum und Armuth. Die grössere Sterblichkeit und kürzere Lebensdauer armer Volksclassen weisen auf eine höhere Morbilität derselben hin. Untersuchungen in dieser Richtung sind allerdings noch nicht in genügendem Umfange angestellt; doch erhellt die grössere Morbilität der Armen schon aus ihrer bedeutend grösseren Kindersterblichkeit, wie aus der geradezu erschreckenden Sterblichkeit der Armen- und Arbeitshäuser.

E. Stadt und Land. Auch zur Aufklärung dieses Einflusses liegen nur dürftige Untersuchungen vor, die indessen immerhin die weit grössere Morbilität der Städte constatiren.

F. Die Jahreszeiten. Nach den Erhebungen des Frankfurter heil. Geistspitals kamen von je 1000 Erkrankungsfällen

im Jahre	auf den Winter	auf den Frühling	auf den Sommer	auf den Herbst
1841 - 57	268	257	253	222
1858	275	266	239	220
1860	269	280	244	207

Es zeigt demnach der Herbst die geringste Morbilität; nach ihm erst der Sommer. Hippokrates hatte zwar den Frühling für die günstigste den Herbst für die ungünstigste Jahreszeit erklärt; aber seine Beobachtungen bezogen sich ja auf das Klima Griechenlands, nicht auf jenes von Mitteleuropa.

G. Das Klima. Nach den Angaben der Krankheitsgeographen hätte jede Zone, fast jedes Land, ja jede topographisch irgendwie eigenthümliche Gegend ihre speciellen Krankheiten. So die atlantischen Küstenländer, so weit sie vom grossen atlantischen Meereswirbel berührt werden, das gelbe Fieber; Barbadoes, Ceylon, Malabar etc. die Elephantiasis; Syrien und Mesopotamien die sogenannte Aleppopustel; Andalusien das Fegar; Mexiko die Pinta; Peru die Verrugas; Canada die Ottawa-Krankheit; Island die Hydatidosis u. s. f. — Umfassendere Beobachtungen müssen diesen Einfluss erst klar stellen.

H. Die Civilisation und Gesittung. Wie die Sterblichkeit, so steht auch die Morbilität im umgekehrten Verhältniss zur Grösse des Wohlstandes, der Intelligenz, Bildung und Sittlichkeit des Einzelnen oder des Elends ganzer Völker und Volksclassen. Armuth, Trägheit, Bildungs- und Sittenlosigkeit sind die schlimmsten Krankheiten eines Staates, schon deshalb, weil sie Ursachen leiblicher Krankheit werden.

Auf Grund relativ zuverlässiger Erhebungen bei Hilfs-, Kranken- vereinen u. dgl. erkranken von 100 ihrer Mitglieder im Alter von 10 bis 80 Jahren etwa 25—30 im Jahre und mindestens 2—4% derselben sind beständig krank. Nimmt man die übrigen Altersclassen mit ihrer beson- ders hohen Morbilität dazu, so darf man annehmen, dass 30—40% aller Lebenden im Jahre erkranken und etwa 4—6% beständig krank sind.

Die Frage, ob diese Morbilität eine grössere sei, als die früherer Jahrhunderte und ob insbesondere unsere Civilisation die Lebenskraft unserer gegenwärtigen Geschlechter untergraben habe: diese Frage ist wohl discutirt, aber nicht entschieden. Und sie wird auch nicht entschieden.

§. 128. Statistik einzelner Krankheiten.

I. Tuberculöse Krankheiten. Nach den vorhandenen Unter- suchungen suchen sie ihre Opfer zumeist in der ersten Kindheit, dann zwischen dem 25. und 35. Jahre, und zumeist unter den ärmeren Classen. 15—18% der Bevölkerung (nach Erhebungen aus England und dem Canton Genf) sterben an diesen Krankheiten, und zwar zumeist an Lun- genphthise.

II. Krebs. Hinsichtlich dieser fast immer tödtlichen Krankheit hat die Statistik gefunden, dass das weibliche Geschlecht ihr weit mehr aus- gesetzt ist, als das männliche; die wohlhabenden Classen und die Städter mehr als die Armen und die Landbevölkerung.

III. Wassersucht. Nach englischen Untersuchungen ist die Sterb- lichkeit des weiblichen Geschlechtes constant grösser als des männlichen. Der Betrag der Todesfälle steigt vom 1. Lebensjahr bis zum 65. bis 75., wo er seinen Höhepunkt findet, um dann wieder zu sinken.

IV. Typhus. Er bewirkt in Europa etwa $1/20$ aller Todesfälle. Die Häufigkeit derselben ist aber local sehr verschieden. Die Typhus-Todes- fälle betragen nämlich unter je 1000 Todesfällen in:

Belgien	. . . 46	München	. . . 60
Berlin	. . . 32	Ohio	 15
Genua	. . . 23	Paris	 42
Hannover	. . 70	Ver. Staaten	. 40
Irland	. . . 80	Wien	 56

Die mittlere Dauer der Krankheit berechnet sich auf 30 Tage; die Sterblichkeit unter den Typhuskranken ist 10%. Seine Opfer sucht der Typhus
in den kräftigsten Lebensaltern, sodann vorzugsweise in stark bevölkerten
Städten, unter dem Militär, den schlecht genährten, unordentlich lebenden
Bevölkerungsclassen.

V. Blattern. Die Krankheit hat eine ziemlich ausgebildete Statistik.
Der Betrag ihrer Todesfälle war jährlich von je 1000 Todesfällen in:

C. Genf (1838—55) . 2,ı   Bayern (1850—58) . 3
England (1859) . . . 8,ı   Belgien (1850—55) . 6,ı
Preussen (1850—55) . 5   London (1859) . . 18,ı

Das männliche Geschlecht leidet durch sie in weit höherem Grade.
als das weibliche, unter allen Altern die Kindheit am meisten, Städter
mehr als Landbewohner. Von besonderer praktischer Bedeutung sind
die Untersuchungen über die Zahl und Gefährlichkeit der Blatternerkran-
kungen, um den Einfluss der Impfung zu messen.

VI. Apoplexie. Während die frühere unmethodische Beobachtung
behauptete, das männliche Geschlecht sei hiezu ungleich mehr disponirt,
als das weibliche, haben zuverlässigere Untersuchungen ergeben, dass diese
Differenz zu Ungunsten der Männer eine fast verschwindende ist. Hinsichtlich des Alters fällt des Maximum der Schlaganfälle zwischen das
65. bis 75. Jahr.

VII. Die Krankheiten der Circulationsorgane zusammen verursachen von allen Todesfällen etwa 3,3—4%. Auch sie erreichen ihr Maximum zwischen dem 65. bis 75. Jahre.

VIII. Krankheiten der Athmungsorgane. Diese grosse und wichtige Gruppe von Krankheiten verursacht etwa 17—20% aller Todesfälle;
das männliche Geschlecht leidet constant mehr durch sie als das weibliche. Längst gilt als ausgemacht, dass sie als Ganzes, ziemlich mit dem
Sinken der mittleren Jahrestemperatur nach den Polen zu immer häufiger
werden. Das haben namentlich Beobachtungen über den Sanitätszustand
der in Colonien, welche unter sehr verschiedenen Breitegraden liegen, stationirten brittischen Truppen ergeben.

IX. Krankheiten der Verdauungsorgane. Diese, die zahlreichsten
einzelnen Krankheitsformen umfassende Gruppe verursacht etwa 11% aller
Todesfälle. Auch hier überwiegt die Sterblichkeit des männlichen Geschlechtes; die stärkeren Contingente liefern die erste Kindheit und das
55. bis 65. Jahr.

Die Häufigkeit der einzelnen Krankheiten als Todesursachen ist ein
Gegenstand, welcher sich seit langer Zeit einer sehr mannigfaltigen
Beobachtung erfreut. Aus den zahlreichen Zusammenstellungen, welche
hierüber existiren, mögen, um die relative tödtende Wirksamkeit der

verschiedenen Krankeitsformen vergleichend darzustellen, nur zwei hervorgehoben werden, welche sich auf die grössten deutschen Staaten beziehen und ein ungewöhnlich zahlreiches Material enthalten. (Die Zahlen für Preussen sind dem wiederholt citirten Werke von Quételet-Riecke pag. 201 entnommen, die für Bayern aus der officiellen Statistik: „Die Bewegung der Bevölkerung im Königreich Bayern, München 1863." Die preussischen Ziffern stammen aus den Jahren 1820—34, die bayerischen aus den Jahren 1851—57.)

Auf 1000 Todesfälle treffen als Todesursachen:

	in Preussen:	in Bayern:
Todtgeburt	47,1	34,8
Lebensschwäche und Bildungsfehler . .	?	67,4
Innere acute Krankheiten	232,8	229,1
Innere chronische Krankheiten	379,3	467,6
Plötzlicher Krankheitszufall	72,7	83,9
Aeussere Krankheiten und Gebrechen .	20,2	4,7
Niederkunft und Wochenbett	12,8	5,4
Altersschwäche	123,9	83,0
Aeussere Gewalt	16,5	10,2
Unbestimmte Todesursachen	86,1	13,9
Blattern	8,1	3,3

Hiezu muss bemerkt werden, dass sich allerdings beide Eintheilungen nicht vollständig decken.

§. 129. Die Geisteskrankheiten insbesondere.

Die Zahl der Geisteskranken verglichen mit der Volkszahl dient nicht blos als Massstab für eine eigenthümliche Art menschlichen Unglücks, sondern auch für einen negativen Factor der Volkskraft. Leider gibt es keine Erscheinung aus dem geistigen Leben der Menschheit, welche der Statistik so zugänglich wäre, als eben die Vernichtung und der Mangel dieses geistigen Lebens, als Wahnsinn und Blödsinn.

Die statistischen Untersuchungen über ihn sind zahlreich und sorgfältig. Um sie zu würdigen, müssen zunächst zwei Classen von Irrsinn unterschieden werden: der Blödsinn und der Wahnsinn. Der Blödsinn ist der Mangel an Verstand, ein Zustand, welcher vom Boden und von materiellen Einflüssen abhängt; der Wahnsinn dagegen ist die Zerrüttung des Verstandes, ein Erzeugniss gesellschaftlicher Verhältnisse, geistiger und sittlicher Einflüsse.

Wie es sich mit der Verbreitung der Geisteskrankheit überhaupt verhält, ist kaum mit einiger Sicherheit zu ermitteln. Durch Volkszählungen wohl am wenigsten, da begreiflicherweise in den Familien eine

grosse Abneigung herrscht, solche Angaben über Familienmitglieder zu
machen, meistens auch die hiezu nöthige ärztliche Kenntniss nicht im
entferntesten vorhanden ist. Sieht man von diesen Schwierigkeiten ab, so
treffen nach einer neueren Zusammenstellung auf je 10000 Einwohner
Geisteskranke [1]):

> In Preussen (1871) 22,3
> „ Bayern (1871) 24,7
> „ Sachsen (1871) 20,8
> „ Thüringen (1875) 20,3
> „ Frankreich (1872) 15,7
> „ England und Wales (1871) 30,8
> „ Schweiz (1870) 29,1

Man hat behauptet, die Geisteskrankheiten würden stets häufiger,
je weiter die Civilisation fortschreitet; der Wahnsinn sei ein Kind der
Civilisation. Diese erschreckende Behauptung bedarf indessen noch sorgfältiger Zählungen und Vergleichungen, um als bewiesen zu gelten. Die
Zahl der in den Irrenanstalten der verschiedenen Länder aufbewahrten
Geisteskranken bietet keinen sicheren Massstab. Denn die Sorgfalt, welche
man diesen Unglücklichen zuwendet, ist in den verschiedenen Ländern
eine verschiedene und gegenwärtig weit grösser als noch vor kurzer Zeit.

Im Gegensatze dazu kommen Andere zu dem Resultat: der Wahnsinn ist kein Kind der Civilisation; selten bei den Wilden, ist er häufiger
unter halbgebildeten Nationen, als in den civilisirtesten Ländern der Erde.

Untersuchungen über den Einfluss des Religionsbekenntnisses auf die
Geisteskranken haben noch zu keinen entschiedenen Ergebnissen geführt.

Auch der Einfluss des wirthschaftlichen Charakters des Wohnortes
war nicht zu ermitteln. Denn nachdem man in England gefunden hatte,
dass die Ackerbaugegenden mehr Geisteskrankheiten aufwiesen, als die
Fabrikdistricte, fand man in Belgien das Gegentheil. Man hat statistische
Anhaltspunkte, zu vermuthen, dass Handel treibende Städte und Provinzen
besonders vom Wahnsinne heimgesucht sind und dass derselbe bei Städtern
häufiger vorkommt, als bei Landbewohnern. Die beiden Geschlechter sind
fast gleich stark heimgesucht, wenn man grössere Massen beobachtet. In
Deutschland, Schottland, Dänemark, Norwegen, Russland fand man die
männlichen Irren zahlreicher, in Holland und Frankreich die weiblichen.
Es scheint, dass die Eitelkeit, die Leidenschaften und die Libertinage,
wo sie ausgebildet sind, das weibliche Geschlecht dem Wahnwitz mehr
aussetzen, während in allen Ländern, wo die Frauen die Grenzen ihres
Wirkungskreises nicht überschreiten, mehr männliche als weibliche
Irre sind.

Sorgfältige Beobachtungen haben einen entschiedenen Einfluss der Jahreszeit auf den Wahnsinn nachgewiesen, indem die Monate Mai, Juni, Juli und August als die dem Verstande gefährlichsten erkannt wurden.

Was den Einfluss des Alters betrifft, so scheint es, dass der Blödsinn der Kindheit, die Manie der Jugend, die Melancholie dem reifen Lebensalter und der Wahnsinn dem höheren Alter angehört. Im Allgemeinen ist die Zeit vom 30. bis zum 40. Lebensjahre dem Wahnsinne zumeist ausgesetzt.

Der Familienstand scheint gleichfalls nicht ohne Einfluss auf den Wahnsinn zu sein; man fand nämlich den letzteren häufiger bei Unverheiratheten, als bei Verheiratheten.

Bezüglich des Einflusses des Berufs haben sorgfältige Untersuchungen ergeben, dass die höheren Stände weniger Irre liefern als die niederen, und Gewerbe, welche die Geisteskräfte weniger in Anspruch nehmen, mehr als geistige Beschäftigung. Die Arbeit des Gedankens schützt also den Gedanken gegen den Wahnsinn.

All diese Wahnsinnsursachen fasst man unter dem Begriffe der prädisponirenden zusammen. Zu ihnen treten dann noch die unmittelbar veranlassenden Ursachen. Auch mit ihnen hat die Statistik sich beschäftigt. Nach einer Zusammenstellung von 1266 Fällen, welche man Esquirol verdankt, waren veranlasst durch [2]):

Erbliche Anlage 337
Häusliche Sorgen 278
Ausschweifungen aller Art 146
Missbrauch geistiger Getränke 134
Vermögenszerrüttung 49
Schrecken 35
Uebermässige Geistesanstrengung 16
Uebermässige Freude 2

Die übrigen Fälle hatten andere Ursachen, welche gleichfalls als solche erkannt wurden, aber von geringerem Interesse sind.

Erblichkeit und häusliche Sorgen sind demnach weitaus die häufigsten veranlassenden Ursachen; die rein körperlichen Ursachen bedingen nahezu die Hälfte aller Fälle. Als bemerkenswerth verdient hervorgehoben zu werden, wie gross die Zahl derjenigen Fälle ist, welche als selbstverschuldete betrachtet werden müssen.

Anmerkungen.
[1]) Block-v. Scheel, a. a. O., S. 249.
[2]) Nach Quételet-Riecke, a. a. O., S. 456.

§. 130. Dauernde körperliche Fehler.

I. Fehler der Sinnesorgane. Die Fehler der Sinnesorgane, Blindheit und Taubstummheit, sind ein Gegenstand, hinsichtlich dessen man mit

mehr Sicherheit auf zuverlässige Erhebungen rechnen kann. Nach denselben beträgt in den meisten europäischen Staaten die Zahl der Blinden
ungefähr 7—10, jene der Taubstummen durchschnittlich 6—12 Individuen
auf je 10000 Einwohner[1]).

Die Zahl der Taubstummen und jene der Blinden ist demnach
ziemlich gleich. Sie finden sich unter den productiven Altersclassen nicht
in höherer, sondern eher in geringerer Proportion als unter den unproductiven. Die Proportion der Taubstummen pflegt sehr überwiegend in
den jüngeren Altersclassen ungefähr bis zum 20. Jahre zu sein und von
da an in den höheren Altersclassen abzunehmen, während die Zahl der
Blinden in den jüngeren Altersclassen gering ist und von da an beständig
zunimmt. Die Zahl der Blinden und jene der Taubstummen zusammen ist
im Verhältniss zur Bevölkerung nicht so gross, als jene der Geisteskranken.
Die Zahl der Taubstummen zeigt länderweise weit grössere Verschiedenheiten, als jene der Blinden.

Das Heirathen unter Verwandten ist von der Statistik als eigenthümliche Krankheitsursache beobachtet worden. Man will gefunden haben,
dass die Kinder aus Ehen von Verwandten einen ausnehmend grossen
Beitrag zur Zahl der Taubstummen stellen.

In Frankreich beträgt die Zahl der Ehen unter Verwandten kaum
2 % aller Ehen. Dagegen fand man unter den Taubstummen zu Lyon
25 % der Gesammtzahl aus solchen Ehen hervorgegangen, unter jenen zu
Paris 28 % und jenen zu Bordeaux 30 %.

Andere Untersuchungen haben für Bayern gezeigt, dass unter der
protestantischen Bevölkerung die Zahl der Taubstummen nach Verhältniss
noch einmal so gross ist, als unter der katholischen, was gleichfalls dem
häufigeren Heirathen unter Blutsverwandten bei den Protestanten zu-
geschrieben wird.

Diese Theorie ward indessen mehrfach angegriffen.

II. Andere Fehler und Gebrechen. Der Verlust, welchen die
Kraft der Bevölkerung durch Schwächliche und Gebrechliche verschiedener
Art erleidet, ist sehr bedeutend. In Frankreich und Schweden hat man
bei den Zählungen verschiedene Classen von Gebrechlichen unterschieden.
Darnach gab es in Frankreich i. J. 1851 in der ganzen Bevölkerung
317133 Gebrechliche oder $^9/_{10}$ Procent.

Dagegen betrug in Schweden die Zahl sämmtlicher Gebrechlichen,
Geisteskranken, Taubstummen und Blinden beinahe 1.5 % der Gesammtbevölkerung.

Für mehrere Staaten haben die Untersuchungen der militärdienst-
pflichtigen jungen Männer nach ihrer Diensttauglichkeit höchst wichtige
statistische Daten ergeben und zu weiteren Untersuchungen veranlasst.

Die Bedingungen der Militärtauglichkeit sowohl als die Genauigkeit ihrer Ermittelung sind allerdings in den verschiedenen Ländern sehr abweichende, so dass die Ergebnisse der Untersuchungen sich nicht leicht vergleichen lassen.

Im Durchschnitte ·sind von allen im 21. Lebensjahre stehenden Männern 59 % zum Militärdienste untauglich und zwar 22 % wegen Mangels an Körpermass und nahezu 37 % wegen Krankheiten und schwächlicher Constitution. Von 1000 Militärpflichtigen sind durchschnittlich nur 405 zum Dienste tauglich. Wenngleich die übrigen nicht geradezu zur Production untauglich sind, so ist immerhin ihre wirthschaftliche Kraft nicht in dem Maasse anzuschlagen, wie die der diensttauglichen.

Anmerkung.

¹) Auf 100.000 Einwohner treffen (Annali di stat. Ser. 1. Vol. 10. p. 65)

in	Blinde	Taub-stumme	Idioten	Narren
Italien	105	74	65	99
Deutsches Reich	87	96	139	88
Grossbritannien	98	57	129	178
Dänemark (mit Island und Faröern)	78	62	83	134
Norwegen	136	92	119	185
Schweden	80	102	39	176
Finland	224	?	?	?
Oesterreich (diesseits) . . .	55	96	?	?
Ungarn	120	134	119	85
Schweiz	76	245	?	?
Niederlande	44	33	?	?
Belgien	81	43	50	92
Frankreich	83	62	114	146
Spanien	112	69	?	?
Vereinigte Staaten	52	42	63	97
Argentina	202	380	242	229

Drittes Buch.

Wirthschaftliche Statistik.

Uebersicht.

§. 131. Die Statistik wirthschaftlichen Lebens überhaupt.

Von den Wechselbeziehungen der Statistik und der Nationalökonomie war schon früher (§. 44) die Rede. Die wirthschaftlichen Verhältnisse eines Einzelnen sowohl, als einer Corporation, eines Volkes oder Staates eignen sich ganz besonders zur ziffermässigen Darstellung und Verarbeitung. Die Nationalökonomie hat deshalb längst von der statistischen Methode Gebrauch gemacht; ja man kann geradezu behaupten, sie habe der Statistik die Verarbeitung der von letzterer erhobenen Daten völlig aus den Händen gewunden. Der Grund ist sehr einfach. Während die den anderen Kreisen des menschlichen Lebens angehörenden Massenerscheinungen, wenn sie beobachtet und ziffermässig dargestellt sind, noch vielfach verwickelter und mühsamer Behandlung unterstellt werden müssen, ehe sie zur Auffindung von Regelmässigkeiten, zur Erkennung der Ursachen und Gesetze führen, sprechen die wirthschaftlichen Zahlen beinahe von selbst und drängen dem Beobachter eine Bemerkung nach der anderen auf.

Man findet daher in den besten nationalökonomischen Werken eine Fülle statistischen Materiales. Nun arbeitet allerdings die Nationalökonomie nicht nur nach der statistischen Methode, sondern sie bedient sich zur Herstellung ihrer Grundsätze auch geschichtlicher Thatsachen und psychologischer Speculation. Lässt man jedoch das, was diesen Methoden angehört, beiseite, so lassen sich schon aus der vorhandenen reichen volkswirthschaftlichen Literatur die Grundzüge einer volkswirthschaftlichen Statistik construiren. Diese mag dann das Ziffernmaterial aus dem sinneverwirrenden Reichthum von Zahlen ergänzen, der Tag für Tag auf wirthschaftlichem Gebiete emporwächst.

Dabei ist die praktische Bedeutung der wirthschaftlichen Statistik eine unberechenbar grossartige. Die Zahlenangaben über Production, Umsatz, Vertheilung, Besitz und Verbrauch in jedem Volke sind heutzutage unentbehrlich geworden. Sie dienen dazu, wirthschaftliche Lehrsätze zu beweisen, neue Gesetze aufzufinden, der Staatsgewalt die Richtung wirthschaftspolitischer Thätigkeit anzudeuten und Aufschlüsse über die Zweckmässigkeit wirthschaftspolitischer Massregeln zu geben. Dies ist besonders dann der Fall, wenn reichhaltiges Material zur Vergleichung benützt werden kann, Material aus verschiedenen räumlichen und zeitlichen Gebieten.

Wie einerseits die Statistik für die Nationalökonomie, so ist auch diese für jene unentbehrlich. Sie gibt der ökonomischen Statistik die Gesichtspunkte, nach welchen die Thatsachen gesammelt, geordnet und verglichen werden müssen.

§. 132. Gruppirung der Aufgaben der wirthschaftlichen Statistik.

Folgt man der gebräuchlichen Art, nach welcher die Nationalökonomie ihren Stoff in Gruppen theilt, so ergibt sich für die statistische Behandlung des volkswirthschaftlichen Lebens etwa folgende Gruppirung.

I. Production der Güter (im engeren Sinne):

    1. Die allgemeinen Bedingungen der Production, soweit sie statistisch erfassbar sind. Dies ist nur in beschränkten Masse der Fall.

        Als Gegenstände der Betrachtung erscheinen demnach zunächst: (I. Cap.)

        A. Die Natur,

        B. Die Arbeit,

        C. Das Capital.

    2. Die Hauptzweige der Production, und zwar:

        A. Land- und Forstwirthschaft. (Cap. II.)

        B. Industrielle Gewerbe. (Cap. III.)

II. Circulation. Das grosse Gebiet der Statistik des Handels und Verkehrs zerfällt naturgemäss in folgende Gruppen:

    1. Statistik der Preise. (Cap. IV.)

    2. Statistik des Transportwesens. (Cap. V.)

    3. Statistik des Handels. (Cap. VI.)

III. Das Volkseinkommen und seine Vertheilung. (Cap. VII.)

    1. Volkseinkommen und Volksvermögen überhaupt. Höhe und Bewegung desselben.

    2. Die Vertheilung des Volkseinkommens. Die Einkommensclassen.

IV. Die Consumtion der Güter. Stand und Gang der Consumtion überhaupt, sowie der wichtigsten Consumtionsgegenstände. (Cap. VIII.)

V. An diese Betrachtungen muss sich als letzte schliessen eine Betrachtung über das Verhältniss zwischen der Bevölkerung und dem wirthschaftlichen Leben derselben. (Cap. IX.)

I. Capitel.
Allgemeine Bedingungen der Production.

I. §. 133. Die Natur und ihre Producte.

I. Die Oberfläche der Erde bietet nur in beschränkter Hinsicht statistisches Material, ebenso ihr Inhalt.

Auch hier haben wir zwar Massenerscheinungen vor uns. Aber diese Erscheinungen sind entweder unveränderlicher Natur oder sie ändern sich so langsam, dass sie fast als unveränderliche erscheinen. Die meisten gestatten keinerlei Aufsuchung statistischer Ursachen und Regelmässigkeiten, sondern blos einzelne Vergleichungen.

Da indessen die Erde doch einmal der Raum ist, auf welchem die wechselnden Grössen des Völkerlebens sich bewegen, so ist es immerhin gerechtfertigt, dasjenige an ihr aufzusuchen, was mit den statistischen Erscheinungen des Völkerlebens im nächsten Zusammenhange steht. Die Statistik hat mit der Geographie ein gemeinsames Grenzgebiet, welches sie nicht unbetreten lassen kann. Eine Reihe von statistischen Erscheinungen lassen sich nur dann in ihrem Wesen und in ihren Veränderungen erfassen, wenn man sie als Wirkungen geographischer Unterschiede betrachtet; wenn man die Naturmächte als die wirkenden Ursachen erkennt, auf welchen das Völkerleben sich aufbaut.

Die Gesammtoberfläche der Erde beträgt nach den Berechnungen Bessel's 9.261.203 geogr. Q.-Meilen; ihr Kubikinhalt ungefähr 2650 Mill. Kubikmeilen.

Diesen unveränderlichen Grössen gegenüber steht die Menschheit als eine der Grösse nach veränderliche. Bedenkt man jedoch, dass Oberfläche und Inhalt der Erde je nach den wirthschaftlichen Fortschritten der Menschheit in einem verschiedenen Grade zugänglich und ausbeutungsfähig sind, so erscheint auch die Grösse des Spielraumes und Arbeitsfeldes, welcher der Menschheit zugewiesen ist, als eine nicht ganz unveränderliche.

In welchem Verhältnisse jedoch Weltgrösse und Menschenzahl zu einander stehen müssten, wenn die Aufgaben der Menschheit die möglichst befriedigende Lösung finden sollen: das ist eine Frage, welche sich in dieser Allgemeinheit auch nicht im entferntesten beantworten lässt.

II. Von Wichtigkeit für die Beziehungen der Erde zum Völkerleben ist der Unterschied von nutzbarer und nicht nutzbarer Erdfläche. Von der gesammten Erdoberfläche dürften nur ungefähr 2.360.000 Q.-Meilen bewohnbar sein; das übrige theils Meer, theils öde Eiswüste.

III. Das Verhältniss der Länderfläche zur Ausdehnung der Ki
stenlinien ist ebenfalls von Bedeutung. Bei Ländern mit ausgedehnt
Küstenentwicklung lassen sich die umgebenden Meerestheile in höher(
Grade als nutzbar betrachten; es wird durch die Küstengliederung (
Lebensspielraum der Völker vergrössert. Das Maass dieser Vergrösseru
ist jedoch nicht zu bestimmen.

IV. Die verticale Bodengliederung steht zwar ebenfalls ı
dem Leben der Völker in einem ganz innigen Zusammenhange, doch
keine ziffermässige Behandlung im Stande, diesen Zusammenhang im Gan;
zu verfolgen, dessen einzelne Fäden da und dort Erwähnung finden. H
mag nur flüchtig darauf hingewiesen werden, wie die Meereshöhe u
Oberflächengestalt der Länder nothwendig auf Klima, Production u
Verkehr, damit aber auch auf die ganze Culturentwicklung der Völl
einwirken muss; wie die höheren Lagen immer weniger Anbau und t
ständigen Wohnsitz gestatten, je mehr sie sich der Schneegrenze nähei
wie dagegen die Gebirge andererseits, als Bewahrer und Spender ҳ
Feuchtigkeit, auf das Culturleben ihrer verschiedenen Stromgebiete wirk(
wie die Kammhöhen der Gebirge nebst Wüsten und Meeren die gro∢
natürlichen Grenzen des Völkerlebens und Verkehrs bilden. All das ɛı
Cardinalfragen für die vergleichende Geographie; dieselbe wird aber ;
der Behandlung dieser Fragen geeigneten Ortes auch Ziffern heranzieł
und hiemit in das Gebiet der Statistik hereintreten.

V. Die Ausstattung der Erde und ihrer einzelnen Theile ı
nutzbaren Mineralien, sowie mit Pflanzen und Thieren, gestattet gleichfɑ
quantitative Untersuchung. Doch ist letztere durch die glücklicherwe
enorme Fülle dieser Naturgestaltungen sehr erschwert.

Ueber die Verbreitung nutzbarer Mineralien durch die, d(
Menschen zugänglichen Theile der Erdrinde, gibt die Statistik der Mo
tanproduction Aufschlüsse.

Beobachtet man die quantitative Vertheilung der Pflanzen üt
die Erdoberfläche, so kann man wohl von einer Statistik der Pflanz
sprechen. Sie schliesst sich innig an die klimatische Statistik an. Ɖ
vegetabilische Leben hängt in seiner Verbreitung ebensowohl von d
geographischen Lage, als von der absoluten Höhe ab. Zunächst ergibt sı
eine ungleiche numerische Vertheilung der Pflanzenspecies durch die ve
schiedenen Klimate. Die Botaniker berechnen gegenwärtig die Zahl sämm
licher Pflanzenspecies auf der Erde zu ungefähr 250000, von welchen ł
jetzt etwa 75000 beschrieben sind, darunter gegen 50000 Dikotyledon∈
ungefähr 12000 Monokotyledonen und etwa 13000 Zellenpflanzen [1]. Ɩ
Allgemeinen nimmt die Zahl der Pflanzenarten von den Polen gegen d∈
Acquator zu. So hat z. B. die Insel Spitzbergen gegen 30 Pflanzenartei

Noraja Semlja 90 Arten Phanerogamen und etwa die Hälfte Arten Kryptogamen, Lappland etwa 500 Phanerogamen und 600 Kryptogamen, Frankreich dagegen schon 3500 Phan. und 2300 Krypt. — Ganz Europa hat etwas über 7000 Phanerogamen; aus Ostindien dagegen sind allein schon mehr als 6000 durch die Sammlungen der ostindischen Compagnie bekannt geworden.

Die Pflanzen sind besser als die physikalischen Instrumente Verkünder des wahren Klimas. Das Pflanzenleben hängt namentlich in mittleren und höheren Breiten von der mittleren Jahrestemperatur (die nur unvollkommen die wahren klimatischen Verhältnisse charakterisirt) weniger ab, als von der Temperatur der einzelnen Jahreszeiten, und zwar gerade von den Extremen derselben.

Von besonderer Wichtigkeit sind jene Pflanzen, welche von Menschen angebaut werden, und zwar namentlich die Cerealien aus der Familie der Gräser. Diese Familie umfasst an 4000 Arten; aber noch nicht 20 von denselben sind zur Nahrung für den Menschen cultivirt.

Unter den europäischen Cerealien steht der Weizen obenan; seine Polargrenze ist zumeist von der mittleren Sommerwärme (weniger von der mittleren Jahrestemperatur) abhängig. Die Vervielfältigung der Aussaat nimmt gegen die Pole hin ab. In Mitteleuropa (Frankreich) beträgt die Ernte durchschnittlich das 5—6fache der Aussaat, in Ungarn, Kroatien und Slavonien das 8—10fache, in Sicilien das 10—12fache, dagegen in den Aequatorialgegenden von Mexiko das 25—34fache.

Geht man noch weiter, zu einer statistischen Beobachtung der Verbreitung der Thierwelt über die verschiedenen Theile der Erde, und zwar besonders der nutzbaren Thiere, so findet sich auch hier ein Uebergang von der Naturstatistik zur wirthschaftlichen Statistik. Dieser Uebergang ist ein allmäliger; die typischen Erscheinungen der Natur werden, je mehr sie dem Menschenleben näher treten, individueller; und die Beobachtungen müssen wegen der stets sich mehrenden Ausnahmen von den Regeln immer zahlreicher werden.

Anmerkung.

[1]) Dioskorides und Galenus kannten höchstens 600 Pflanzen, Linné 8000; gegen das J. 1812 waren 30000, im J. 1837 gegen 60000, 1849 gegen 100000 Species beschrieben. (Buckle, a. a. O.) Ein hübscher statistischer Beweis für den Fortschritt der Naturwissenschaften, wenn derselbe noch nöthig wäre!

§. 134. Die Völker Kinder ihrer Natur.

Zwischen der ziffermässigen Betrachtung der Naturgestaltungen und der ziffermässigen Betrachtung des heutigen Volks- und Gesellschaftslebens ist eine Lücke, welche durch keine Quantitätsbeobachtungen mehr ausge-

füllt werden kann. Diese Lücke wird durch die Entwickelungsgeschich{
der Menschheit gebildet. Die Statistik kann zwar in mancher Hinsicl
Aufklärung über den Zusammenhang des heutigen Gesellschaftslebens m
der äusseren Natur bieten; aber zu untersuchen, wie die Menschheit ai
der Natur herauswächst und ihr als Neues gegenübertritt: das ist Au{
gabe anderer Disciplinen. An dieser Aufgabe haben Paläontologie, Am
tomie und Physiologie, Anthropologie, Ethnographie, prähistorische u{
historische Forschung gearbeitet. Mancher von den Schleiern, die üb
der Anthropogenie gelegen sind, ist wohl da und dort gelüftet worde
aber es existiren für eine Reihe der wichtigsten Fragen noch wenig od
keine Anhaltspunkte.

Dass das Völkerleben von der Natur ganz wesentlich beeinflu{
wird, dafür haben wir unzählige Beweise. Indem die Natur die Bedi{
gungen des Lebens und des menschlichen Verkehrs höchst ungleichmäss
über die Erde vertheilt hat, hat sie Welttheile, Länder und Landstrich
Völker und Völkertheile auf gewisse Arbeiten, Wirthschaftsmethoden, L{
benssitten hingewiesen. Sie hat die Bewohner einzelner Landstriche z
Fischerei und Seefahrt veranlasst; andere Menschengruppen zur Benützu{
von Waldproducten und jagdbaren Thieren; andere zur Viehzucht in wei
gedehnten Grasfluren, einige zur Gewinnung werthvoller Mineralschätz
andere zum Anbau ihres fruchtbaren Bodens. Häufig hat sie diese ve
schiedenen Veranlassungen zur Thätigkeit combinirt und durch solcl
Combinationen die Resultate zur reichsten Mannigfaltigkeit gebracht. Offe{
bar muss sich das Leben eines Volkes ganz anders gestalten, je nachde{
es ausschliesslich auf den Landbau angewiesen ist, oder je nachdem sic
damit die Gelegenheit zur Jagd, zur Seefahrt u. s. w. verbindet. Es b{
darf keines Beweises mehr, dass die mannigfache Gestaltung der Länd{
ihre Höhenlagen, Küstengliederung, ihre Flüsse, ihr Klima u. a. die Ge
schichte der Völker, welche sie später bewohnen sollten, vorausbestimn
haben, ehe der erste Mensch sie betrat. Aber ebenso gewiss ist, da{
diese dauernde Einwirkung der Natur doch nicht im Stande ist, de
freien Willen des Menschen im Kampf ums Dasein aufzuheben. Auc
der Grad der Einwirkung, welche die Natur auf den Menschen nimm{
ist· ungemein verschieden; verschieden in den verschiedenen Zeiten de
Menschengeschichte; so verschieden, als eben die Gestaltung der Länd{
ist. Und zu dieser Verschiedenheit kommen die auf der Bethätigung de{
freien Willens beruhenden Unterschiede der menschlichen Lebensweise
Weil der Mensch trotz aller jener natürlichen Einflüsse doch seinen freie{
Willen bewahrt, ist er im Stande, seinerseits in der mannigfachsten Weis{
auf die Natur einzuwirken. Dass der Einfluss der Natur kein alleinherr-
schender ist, sondern dass neben ihm andere im freien Willen der Völke{

liegende Mächte einen gewaltigen Zug ausüben, zeigt sich darin, dass Völker mit fast gleichen Lebensbedingungen doch ganz verschiedene Entwickelung nehmen; dass auf einem und demselben Boden im Laufe der Jahrhunderte Culturzustände erwachsen, die grundverschieden sind, und für deren Verschiedenheit sich als Ursache nicht etwa die veränderte Natur, wohl aber die, durch einzelne Menschen getragene und veränderte Geschichte erkennen lässt. Wer wollte es läugnen, dass die Macht des Menschen über die Natur beständig im Zunehmen ist? Ebenso gewiss ist aber auch, dass diese Macht ein Resultat der Geistesthätigkeit, und diese wiederum ein Product des freien Willens der Einzelnen ist.

So besteht einerseits ein beständiger Einfluss der Natur auf den Menschen, andererseits ein Gegendruck des Menschengeistes. Der Einfluss der Natur hat das Bestreben, ein gleichförmiger zu sein; der Einfluss des Menschen auf die Natur dagegen ist ungleichförmig, weil er nicht von einem gleichbleibenden Durchschnitt der Menschheit ausgeübt wird, sondern zumeist von einzelnen, geistig und willenskräftig hervorragenden Menschen.

II. §. 135. Die Arbeit.

Die menschliche Arbeit bietet der Statistik ein imposantes Beobachtungsfeld, welches von ihr im Ganzen noch nicht, wohl aber hinsichtlich einzelner Theile in Angriff genommen ist. Von den Ursachen, welche die verschiedenartige Entwickelung der menschlichen Arbeit bei den einzelnen Völkern und Berufsclassen bedingen, welche auch dominirend auf den Erfolg der Arbeit einwirken, werden einige wohl immerdar einer ziffermässigen Betrachtung sich entziehen. So namentlich die verschieden wirkenden Motive der Arbeit und die national und nach Ständen ebenfalls verschieden geartete Arbeitslust. Was von den Erscheinungen, die das Arbeitsleben der Culturvölker zeigt, ziffermässig erfassbar ist, dürfte ungefähr Folgendes sein:

I. Die nationale Arbeitskraft. Sie hängt theils ab von der durchschnittlichen Arbeitskraft aller Einzelnen, theils von dem Verhältniss der Arbeiterzahl zur Gesammtbevölkerung.

Die durchschnittliche Arbeitskraft der Einzelnen wird wieder beeinflusst durch das Geschlecht und Alter, die Gesundheit des Menschen, durch die Race, der er angehört, und das Klima, in dem er arbeitet. Massenhafte Untersuchungen, mit dem Dynamometer angestellt, würden über das Maass dieser Einflüsse genaue Auskunft geben können.

Das Verhältniss der eigentlich arbeitenden Angehörigen eines Volkes zur Gesammtbevölkerung lässt sich ziffermässig kaum feststellen. Die Zahl der Kinder und der Greise gibt hiefür noch lange nicht genügende An-

haltspunkte; denn es ist für keinen Beruf eine Altersstufe fixirt, bi
welcher die Arbeitsfähigkeit anfängt und aufhört. Der Unterschied vo
productiven und unproductiven Lebensjahren ist ein ziemlich willkürliche
und kann höchstens einige Bedeutung bei internationalen Vergleiche
haben.

Mit dieser Reserve und in der Erwägung, dass die eigentliche Bil
dung des Volkseinkommens Aufgabe der Männer im productiven Alt
ist, mag immerhin das Verhältniss der Zahl arbeitsfähiger Männer z
Zahl der Frauen, Greise und Kinder zusammen ein gewisses Interes
bieten. Im Deutschen Reiche stellt sich dieses Verhältniss so, dass a
1000 Männer in productiven Jahren 2282 Frauen, Kinder (unter 15 J
und Greise (über 70 J.) treffen. Besonders günstig stellt sich die Ziff
in Berlin, nämlich 1000 : 1740; am günstigsten unter den deutsche
Ländern im rechtsrheinischen Bayern (1000 : 2159); am ungünstigste
in Posen (1000 : 2627) und den übrigen östlichen Theilen Preussens.

Thatsächlich ruht jedoch die Bildung des Volkseinkommens b
weitem nicht allein auf den Schultern der Männer im productiven Alte
.sondern auch Frauen und selbst Kinder betheiligen sich daran. Der Gra
dieser Betheiligung jedoch ist fast überall anders und hängt wesentlic
zusammen mit der Art der vorherrschenden Erwerbszweige, bezüglich de
Kinder selbst mit der Ausdehnung des schulpflichtigen Alters. Wo gewiss
auch den Frauen und Kindern leicht zugängliche Erwerbszweige, z. B
Textilindustrie verbreitet sind, wird die Betheiligung der Frauen und Kin
der an der Einkommensbildung eine weit lebhaftere; sie muss vor Allen
eine ganz andere auf dem Lande sein als in den Städten.

II. Die Arbeitsgeschicklichkeit. Die blosse physische Arbeits
kraft würde, selbst wenn sie vollständig zur Ziffer gebracht werden könnte
doch keinen zuverlässigen Einblick in die Leistungsfähigkeit der Völke
gestatten, weil die letztere ja zum grossen Theile auch von der Ausbil
dung dieser Kraft, von der Arbeitsgeschicklichkeit, bedingt wird. Vo
den verschiedenen Merkmalen der Arbeitsgeschicklichkeit ist jedoch kaum
Eines der ziffermässigen Beobachtung zugänglich; am ehesten die Quan
tität von Producten, welche ein Arbeiter in bestimmter Zeit verfertigen,
oder die Zahl von Apparaten, welche er bedienen kann. Bei vielen Indu
striezweigen ist dieser Massstab anwendbar und wird wirklich angewendet.
Man darf aber auch hier nur wirklich Gleichartiges vergleichen. So könnte
es wohl als ein deutliches Mass der verschiedenen Arbeitsgeschicklichkeiten
erscheinen, dass für 1000 Baumwollspindeln in England 10, in den schwä
bischen Fabriken 11, in der Schweiz 12, in Frankreich 14, in ganz
Deutschland 20 und in Oesterreich-Ungarn 21 Arbeiter zur Bedienung
erforderlich sind — vorausgesetzt, dass die Umstände, unter welchen diese

Arbeiter arbeiten, überall die gleichen wären. Das ist jedoch nicht der Fall, da die Technik und die Beschaffenheit des Productes grosse Ungleichheiten haben.

III. Die Hilfsmittel der Arbeit: Werkzeuge, Arbeitsthiere, Maschinen. Von ihnen sind lediglich die Arbeitsthiere, sofern sich ihre Menge aus Viehzählungen ergibt, und die Dampfmaschinen mit Zuverlässigkeit zur Ziffer zu bringen. Schon vor längeren Jahren wurde in den europäischen Culturstaaten die Gesammtheit der menschlichen Arbeitskräfte von derjenigen der, im Dienste des Menschen verwendeten Naturkräfte, wenn man beide Arten auf ein einheitliches Maass reducirte, bei weitem übertroffen. Heutzutage stellt sich das Verhältniss noch ungleich günstiger, da immer zahlreichere Arbeitskräfte der Natur in den Dienst des Menschen gezwungen werden.

Die Dampfmaschinen bilden zwar einen Bestandtheil des nationalen Capitals, mögen aber doch, als die wichtigsten Hilfsmittel der menschlichen Arbeit, schon hier Beachtung finden.

In den wichtigsten Staaten stellt sich die Zahl der Maschinen und ihrer Pferdestärken wie folgt (nach Engel: das Zeitalter des Dampfes. Zeitschr. d. preuss. stat. Bureau 1879 und 1880):

| Länder | Dampf-maschinen | Pferdestärken | | |
		in Bergbau, Industrie und Landwirth-schaft	im Transport-wesen	Zu-sammen
Deutsches Reich . (1877/78)	54631	1,320647	3,038730	4,359377
Oesterreich (diesseits) (1876)	12390	157279	1,117797	1,275076
Frankreich . . . . . (1878)	47559	492418	2,531086	3,024450
Schweiz . . . . . . (1877)	?	20000	?	?
Belgien . . . . (1878)	13230	?	?	568139
Grossbritann. u. Irland (1878)	?	2,000000	4,986000	6,986000
Verein. Staaten . . . (1871)	?	1,987000	5,505900	7,492900

Es gibt wohl keine Ziffer, welche ein sprechenderes Bild der industriellen Entwickelung eines Landes bieten könnte, als die Zahl und Leistungsfähigkeit seiner Dampfmaschinen.

Allenthalben sind die Maschinen in einer Zunahme begriffen, welche diejenige der Bevölkerung ganz unverhältnissmässig übertrifft. Diejenige körperliche Arbeit, welche vom Menschen gethan werden muss, bleibt immer weiter zurück hinter derjenigen, welche von den Naturkräften in der Gestalt von Maschinen für ihn gethan wird. So lange die Lager

mineralischer Brennstoffe, welche die arbeitende Kraft der Maschinen e
zeugen, vorhalten, findet demnach eine beständige Emancipation des Mei
schen von körperlicher Arbeit statt, welcher allerdings eine fortwähren
Steigerung der geistigen Leistung entspricht.

Verwendung der Dampfmaschinen in den verschiedene
Arbeitszweigen:

I. Im deutschen Reiche:

	Maschinenzahl
Land- und Forstbau, Gärtnerei	4247
Bergbau, Hütten, Salinen	10849
Industrie der Steine und Erden	2186
Metallverarbeitung	1929
Maschinenbau u. dgl.	3088
Chemische Industrie.	1423
Industrie der Heiz- und Leuchtstoffe	1075
Textilindustrie	6235
Papier- und Lederindustrie	1830
Holz- und Schnitzindustrie	2613
Nahrungsmittelindustrie	11865
Industrie der Bekleidung und Reinigung	524
Baugewerbe	465
Polygraphische Gewerbe	551
Künstlerische Betriebe für Gewerbe	24
Handelsgewerbe	104
Verkehr (ausschliessl. Dampfschiffe und Locomotiven)	1449
Beherbergung, Erquickung	17
Häusliche Zwecke	296
Gemischte und unbestimmte Zwecke	2762
Dampfschiffe	1099
Locomotiven	10398

Es ergibt dies eine Gesammtsumme von:

	Maschinen	mit Pferdestärken
In der Industrie und Landbau etc.:		
Feststehende	44.447	1,247.000
Bewegliche	9.085	73.647
Privat-Dampfschiffe (1073)	1.099	179.280
Locomotiven	10.398	2,859.450
Hiezu noch Kriegsdampfer (92) . . .	141	151.260
	65.170	4,510.637

In Oesterreich (ohne Ungarn, 1875):

Verwendung	Maschinen	Pferdestärken
Landwirthschaft	632	4.265
Bergbau	1.252	29.609
Metallindustrie	1.039	33.457
Maschinenbau u. dgl.	547	8.659
Gesteinsindustrie	203	3.065
Holz-, Leder-, Papierindustrie etc. . . .	698	12.197
Textilindustrie	1.225	31.493
Nahrungsmittelindustrie	2.543	27.520
Chemische Industrie	341	2.945
Polygraphische und Kunstindustrie . . .	61	546
Handelsgewerbe, Verkehr	527	4.021
Sonstige	232	1.711
Locomotiven	2.768	989.922
Schiffsmaschinen	322	125.666
Zusammen .	12.390	1,275.076

Wie ungemein rasch die Dampfmaschinen sich vermehren, erhellt aus Folgendem. Man zählte Dampfmaschinen:

in	im Jahre					
	1837	1840	1852	1861	1875	1878
ganz Deutschland	—	—	—	13525	—	65170
Preussen insbes. .	423	634	2832	—	—	43045
Oesterreich (dies.)	—	—	1182	—	12390	—

§. 136. Die Berufsclassen der Bevölkerung.

Der Grundsatz der Arbeitstheilung hat die reiche und mannigfache Berufsgruppirung erzeugt. Sie wird bei den civilisirten Nationen eine stets mannigfaltigere. Zweifellos ist die ziffermässige Darstellung der Berufsclassen eine der interessantesten und wichtigsten Aufgaben der Statistik. Es ist aber leider zugleich eine Aufgabe, die noch sehr weit von ihrer Vollendung entfernt ist. Eine Betrachtung dessen, was in dieser Hinsicht geschehen ist, ist eigentlich mehr eine Betrachtung von Hindernissen, als von Resultaten. Es sind zwar in allen bedeutenderen Staaten bei den Volkszählungen auch die Berufsarten ermittelt worden. Aber die Erhebungen waren theils mangelhaft, theils nach zu verschiedenen Eintheilungen angestellt.

Eine der neuesten Zeit angehörige Zusammenstellung von Arbeiten der Berufsstatistik ergibt folgendes Resultat [1]):

Staaten	Jahr	Productive Bevölkerung	Unproductive Bevölkerung	Von der Gesammtbevölkerung beschäftigt bei		
				Rohproduction	Industrie	Handel und Verkehr
		%	%	%	%	%
Italien	1871	56,08	43,92	32,60	12,27	1,78
England und Wales .	"	47,82	52,18	9,52	22,33	4,40
Frankreich	1872	43,18	56,82	17,94	10,11	4,29
Preussen	1871	41,67	58,33	11,58	12,35	2,82
Oesterreich	1869	58,44	41,56	37,32	11,13	1,95
Ungarn	1869/70	47,25	52,75	32,66	4,17	0,86
Belgien	1866	51,50	48,50	18,11	19,59	1,46
Schweiz	1870	49,40	50,60	20,70	18,33	3,42
Ver. Staaten	"	32,44	67,56	15,81	6,56	3,09

Man erkennt aus dieser Tabelle zunächst, wie schwierig und unzuverlässig auch die einfachste Classification ist. Jedenfalls ist bei den meisten hier erwähnten Ländern die Zahl derjenigen Individuen, welche zu nicht näher bestimmten Professionen gerechnet sind, viel zu gross, um eine gründliche Einsicht in die gesammte Berufsgruppirung zuzulassen. Sodann scheint offenbar der Begriff „liberale Professionen" sehr ungleichmässig erfasst worden zu sein. Um irgendwie' einen Schluss zu folgern, ob in den angeführten Staaten die gesammte nationale Arbeitsaufgabe vernünftig und glücklich vertheilt ist, dazu reicht eine solche Zusammenstellung wohl nicht entfernt aus.

Selbst die besten Erhebungen lassen noch Vieles vermissen. So namentlich die Berufsermittlung im deutschen Reiche von 1871. Sie ergab in der Hauptsache Folgendes[*]). Von 1000 Einwohnern kommen auf:

in	Land- und Forstwirthschaft, Jagd, Fischerei	Industrie nebst Bauwesen und Bergbau	Handel und Verkehr	Dienstboten, persönliche Dienste, Leistende. Handarbeiter, Taglöhner	Andere Berufsarten	Ohne Beruf und Berufsangabe
Preussen	248,1	295,7	80,1	272,5	47,5	56,1
Bayern	345,8	290,2	72,5	198,8	45,2	56,5
Sachsen	158,8	510,3	93,6	143,6	47,8	45,9
Württemberg . .	303,9	385,8	72,9	136,3	57,3	43,8
Elsass-Lothringen	207,7	311,4	59,0	185,9	78,7	158,3
Baden	360,7	329,1	82,3	156,8	49,6	21,5
Deutsches Reich .	260,9	318,4	80,9	233,0	40,6	56,2

In dieser Zusammenstellung lässt die Unsicherheit der letzten drei Columnen das Ganze als wenig brauchbar erscheinen. Rechnet man die Dienstboten, welche bei ihren Arbeitgebern wohnen, in die anderen

Columnen ein und die letzten beiden Columnen zusammen, so ergibt sich folgendes Resultat [2]):

Bergbau, Industrie, Bauwesen . . . . 136 Promille
Handel und Verkehr 136   „
Land- und Forstwirthschaft, Jagd und Fischerei, auch
    persönliche Dienste und Lohnarbeit wechselnder Art 656   „
Uebrige Berufsarten und ohne Beruf 72   „

Noch weit ungenügender erscheint die letzte Erhebung über die Berufsarten in Oesterreich-Ungarn. Hier ergab die Volkszählung vom 31. December 1869:

Berufsclassen	Oesterreich		Ungarn	
Geistliche	1,5	Promille	1,3	Promille
Beamte	3,8	„	2,3	„
Lehrer	2,0	„	1,8	
Studirende	3,7	„	4,1	
Literaten, Künstler	0,8	„	0,8	
Anwälte, Notare	0,4	„	0,3	
Aerztliches Personal	1,1	„	0,9	
Haus- und Rentenbesitzer	21,0	„	5,2	
Beim Landbau	371,3	„	325,4	„
Beim Bergbau	5,2	„	3,2	
Industrie, Handel, Gewerbe	132,1	„	54,1	
Dienstboten für persönl. Leistungen	40,5	„	74,1	
Ohne bestimmten Erwerb	415,7	„	526,5	„

Wenn nun auch die hier mitgetheilten Uebersichten fast mehr den Charakter von abschreckenden Beispielen, als den von gelungenen Erhebungen an sich tragen, so durften sie doch mitgetheilt werden, weil ihre Unvollkommenheit zur Aufklärung über das Ideal einer Berufs-Statistik beiträgt.

Die Aufgabe der Berufs-Statistik liegt darin, Einsicht zu verschaffen in die Art, wie das Volk seine gesammte Arbeitsaufgabe getheilt hat. Es soll nachgewiesen werden, wie sich die Gesammtbevölkerung auf die mannigfachen Nahrungsquellen, welche ihr zu Gebot stehen, vertheilt. Und bei jeder einzelnen Berufskategorie ist sodann wieder zu unterscheiden, wie sich die Gesammtheit ihrer Angehörigen in solche theilt, welche den Beruf wirklich ausüben und in solche, welche (als Hausfrauen, Kinder etc.) dem Beruf blos insofern zugerechnet werden müssen, als er ihre Nahrungsquelle bildet. Und diejenigen, die den Beruf wirklich ausüben („active Berufsangehörige") müssen wieder ausgeschieden werden in solche, die ihn selbständig, und in solche, die ihn blos als Gehilfen Anderer ausüben.

Eine derartige Ausführung der Berufsstatistik stösst jedoch auf die grössten Schwierigkeiten.

Dieselben liegen in der Mannigfaltigkeit der Berufszweige, und im häufigen Mangel fester Grenzen zwischen denselben, sowie in dem Umstande, dass häufig von einem Individuum mehrere Berufszweige getrieben werden; auch in dem möglichen Berufswechsel. Wie oft kommt es vor, dass Jemand Weinhändler und Wirth, oder Wirth und Metzger, oder Fischer und Ueberführer etc. zugleich ist! Und wie oft ist es völlig unbestimmbar, ob Söhne und Töchter eines Berufsangehörigen wirklich activ im väterlichen Beruf arbeiten oder nicht (blos aushilfsweise etc.)! Wie oft gestattet eine und dieselbe Berufsart verschiedene Bezeichnungen!

In Gegenden, wo Landwirthschaft und Industrie lebhaft neben einander betrieben werden, wird es stets zweifelhaft sein, ob ein als „Taglöhner, Handarbeiter" Bezeichneter eine Hilfskraft des Landbaues oder der Industrie ist. Auch wird es stets schwierig sein, unter den Dienstboten diejenigen, welche blos häusliche Dienste leisten, zu scheiden von jenen, die an dem Beruf des Dienstgebers mitarbeiten.

Anmerkungen.

[1] Nach L. Bodio: Annali di Stat. Ser. Ia, Vol. 10, pag. 41 ff.

Dagegen gruppiren sich nach einer älteren Zusammenstellung von Legoyt (in „La France et l'Etranger") die Berufsclassen wie folgt:

in	Zeit	zum Ackerbau	zu Industrie und Handel	zu den liberalen Professionen	zu anderen, nicht näher bestimmten Professionen
England	1851	236	340	29	395
Niederlande . . .	1850	208	282	227	285
Belgien	1846	512	391	44	53
Frankreich	1856	529	339	24	208
Dänemark	1855	386	299	46	279
Norwegen	1845	273	150	7	570
Schweden	1855	488	166	9	337
Oesterreich	1857	502	133	29	336
Bayern	1852	692	232	45	31
Oldenburg	1855	512	406	47	35
Sachsen	1849	322	472	24	182
Preussen	1852	519	370	22	89
Griechenland . . .	1856	658	136	40	166
Ver. Staaten . . .	1850	446	297	36	221

[2] Block-v. Scheel a. a. O. pag. 281.

[3] Stat. Jahrb. f. 1880, S. 15.

Hinsichtlich der übrigen Staaten möge aus der in Anm. 1 genannten Quelle noch Folgendes angeführt werden:

I. Schweiz. Nach der eidgenössischen Volkszählung vom 1. Dec. 1870 zerfällt die Bevölkerung in folgende Berufsgruppen:

Berufsgruppen	Den Beruf Ausübende	Dienst-Personal	Vom Erwerb Anderer Lebende (Angehörige)	Zusammen
Rohproducenten	557711	32873	566372	1,156956
Industrietreibende	483995	18874	439900	942769
Handeltreibende	69660	22779	82735	175174
Beim Transportwesen . . .	21570	1353	35963	58886
In liberalen Professionen beschäftigt	44662	13876	59394	117932
Arbeiter schlechtweg, Dienstpersonal	--	17352	11852	29204
Ohne Profession	26447	7345	154434	188226
Zusammen .	1,204045	114452	1,350650	2,669147

II. **Frankreich.** Die Berufsclassification von 1872 unterscheidet folgende Gruppen (in 1000 Seelen):

Berufsgruppen	Den Beruf Ausübende	Angehörige, die vom Beruf leben	Dienst-Personal	Zusammen
Landwirthschaft	5970	11312	1231	18513
Industrie	3827	4450	174	8451
Handel	1515	1603	205	2960
Transportwesen, Credit, Bankwesen etc.	338	501	42	882
Verschied. Berufsarten (Gastwirthe etc.)	156	204	34	395
Liberale Professionen . . .	994	666	154	1815
Von Renten Lebende . . .	970	795	337	2103
Ohne Beruf	—	—	—	297
Nicht classificirte Bevölkerung	—	—	—	439
Nicht bestimmte Berufsarten	—	—	—	244

III. **England und Wales.** Der Census von 1871 unterscheidet:
Berufsgruppen:

Liberale Professionen (Professional Class.) 684102
Dienende (Domestic Class.) 5,905171
Handel und Verkehr (Commercial Class.) 815424
Landwirthschaft (Agricultural Class.) 1,657138
Industrie (Industrial Class.) 5,137725
Unbest. Berufsarten u. Berufslose (Indefinite and non productive Class.) 8,512706

22,712266

IV. Vereinigte Staaten. Nach dem Census von 1870 bestehen folgende Berufsgruppen:

Berufsclassen		Absolute Zahl	Auf 100 Einwohner
Rohproduction	Landbau, Viehzucht, Forstwirthschaft	5,922471	15,35
	Fischerei und Jagd	27106	0,07
	Bergbau, Steinbrüche etc.	152107	0,39
Industrielle Gewerbe		2,528208	6,56
Handel und Transportwesen		1,191238	3,09
Dienstpersonal		2,007400	5,22
Militär und Marine		25147	0,07
Oeffentliche Verwaltung		67822	0,17
Cultus		43874	0,12
Justiz		40736	0,11
Sanitätspersonal		63549	0,16
Erziehung und Belehrung		126822	0,32
Schöne Künste		2948	0,01
Auf Kosten Anderer lebend, und ohne festen Beruf		26,052448	67,56
Noch zu den liberalen Professionen		306495	0,80
Zusammen .		38,558371	100,00

§. 137. Fortsetzung. Selbständige und unselbständige Berufsarten.

Auch durch den Gegensatz von selbständigen und unselbständigen Berufsarten wird die Berufsstatistik nicht wenig erschwert. Es ist gewiss eine der folgenreichsten wirthschaftlichen und socialen Erscheinungen, dass nicht jeder Erwachsene in Besitz, Erwerb und Beruf selbständig ist, sondern dass der grössere Theil der Angehörigen civilisirter Länder im Dienste Anderer, nach den Vorschriften und Arbeitsmethoden Anderer thätig werden muss.

Aber selbst dieser Gegensatz, so wichtig er auch ist, kann nicht in allen Gebieten menschlicher Berufsthätigkeit genau verfolgt werden. Namentlich sind die sogenannten liberalen Professionen, einschliesslich des Beamtenthums, einer Unterscheidung von Selbständigen und Gehilfen kaum zugänglich.

Begreiflicher Weise ist das Zahlenverhältniss von Selbständigen und Gehilfen nothwendig in den verschiedenen Hauptberufsgruppen ein sehr ungleiches. Um nur ein Beispiel herauszugreifen, so sind in Bayern bei der Landwirthschaft 18% selbständig im Besitz, 39% Angehörige derselben, 43% landwirthschaftliche Dienstboten. Dagegen ist daselbst bei der Industrie die Zahl der Selbständigen und der Gehilfen fast gleich;

bei der Berufsgruppe „Handel und Verkehr" trifft ein Gehilfe nahezu erst auf zwei Selbständige [1].

Mit der einfachen Unterscheidung von selbständigen und unselbständigen Personen ist aber die sociale Stellung der verschiedenen Volksbestandtheile keineswegs erschöpft. Eine eingehendere Gliederung muss unterscheiden:

1. Selbständige in Besitz, Beruf und Erwerb.

2. Angestellte (mit mehr oder weniger festem und dauerndem Einkommen).

3. Gehilfen, Arbeiter, d. h. Personen, die grösstentheils von der Hand in den Mund leben.

4. Dienende aller Art.

5. Sonstige Angehörige.

6. Almosenempfänger.

7. Insassen von Anstalten.

Setzt man die erhaltenen Zahlen in Beziehung zur Gesammtbevölkerung, so ergibt sich ein sehr beachtenswerther Ueberblick über die Quoten, welche die einzelnen socialen Gruppen ausmachen. In Preussen z. B. traf nach der Aufnahme von 1871 [2]:

ein Selbständiger in Besitz, Beruf und Erwerb auf	8,2	Einwohner
„ Angestellter	„ 65,3	„
„ Gehilfe und Arbeiter	„ 4,6	„
„ Dienender aller Art	„ 15,1	„
„ sonstiger Angehöriger	„ 1,8	„
„ Almosenempfänger	„ 267,2	„
„ Insasse einer Anstalt	„ 257,6	„

Anmerkungen.

[1] G. Mayr: Gesetzmässigkeit im Gesellschaftsleben, 192.

[2] Stat. Jahrbuch, 1876, S. 134 (9).

III. §. 138. Das Capital.

Die Capitalien der civilisirten Nationen sind der statistischen Beobachtung wegen ihrer Mannigfaltigkeit und Massenhaftigkeit nur in sehr beschränktem Maasse zugänglich. Es sind Milliarden von ewiger Beweglichkeit. Und von diesen Milliarden haben die einzelnen Bestandtheile die verschiedensten Bedingungen der Existenz und Vermehrung.

Wie bei der Bevölkerung, so lässt sich auch beim Capital der jeweilige Stand desselben und sein Gang beobachten. Im Allgemeinen ist zweifellos bei den meisten Bestandtheilen des Capitales der Culturvölker eine nur selten unterbrochene riesenhafte Vermehrung zu beobachten. Man muss jedoch, um eine einigermassen richtige Anschauung über die Schwierigkeiten zu gewinnen, welche der Statistik des Capitales entgegenstehen, die verschiedenen Arten von Capitalien gesondert betrachten. Man wird sodann finden, welche Mittel gegeben sind, um die einzelnen Bestandtheile zu messen, und wie verschieden die Zuverlässigkeit dieser Mittel ist.

I. Das stehende Capital. Da dasselbe die Eigenschaft hat, längere Zeit hindurch erhalten zu bleiben und die Nutzung von sich ab- lösen zu lassen, ist es der ziffermässigen Beobachtung immerhin leichter zugänglich als das flüssige Capital. Aber auch hier ist der Spielraum der blossen Schätzung ganz unverhältnissmässig gross gegenüber wenigen zu- verlässigen Zahlen. Die Hauptbestandtheile des stehenden Capitales sind:

1. Die Grundstücke. Wenn man auch mit Hilfe der statistischen Erhebungen, welche jetzt in allen Culturstaaten über Anbau und Benützung des Bodens gepflogen werden, zu genauen Resultaten über den Umfang der benützten Ländereien, und zu annähernd genauen Kenntnissen der Erträgnisse gelangt, so sind damit für den Totalwerth der Grundstücke nur sehr dürftige Resultate gewonnen. Auch die Bodenwerthe, welche man erhält, wenn man die bei einzelnen Verkäufen von Grundstücken erzielten Preise zur Grundlage nimmt, sind keineswegs ganz zuverlässig. Es mag daher wohl gerechtfertigt erscheinen, wenn man in dieser Hinsicht auf die Mittheilung von Zahlen verzichtet [1]).

2. Die Gebäude. Hinsichtlich derselben sind noch weit grössere Irrungen möglich als hinsichtlich der Grundstücke. Bezüglich der städtischen Gebäude können die Miethpreise einigermassen als Anhaltspunkte für die Werthsermittelung dienen; bezüglich der ländlichen Gebäude dagegen, welche in der Regel nicht vermiethet und bei Verkäufen als Zubehör der Grundstücke angesehen werden, fehlen solche Anhaltspunkte und derjenige Werth, der sich aus den Baukosten entnehmen lässt, müsste für jedes einzelne Gebäude unter Berücksichtigung der Abnützung berechnet werden. Man müsste demnach auch hier auf irgend welche zuverlässige Anhalts- punkte verzichten. Doch werden solche von ganz anderer Seite her ge- liefert, nämlich durch die Versicherungsstatistik. Diese nimmt überhaupt in der Statistik des Capitales eine bedeutende Stellung ein. Die Ziffern der Feuerversicherungsstatistik gehen jedoch auch nicht den wirklichen Werth der Gebäude an, sondern lediglich diejenige Werthsumme, welche eben durch die Bevölkerung gegen Brandschaden gesichert werden soll. Immerhin ist diese Summe bedeutungsvoll genug, wenn auch ihre Zunahme eben so wohl vom gesteigerten Werth wie von der gesteigerten Vorsicht herrühren kann.

'Im Deutschen Reiche betrug die Gesammtversicherungssumme der 358 inländischen Feuerversicherungsanstalten, welche im Jahre 1876 thätig waren, 64702 Millionen Mark. Hiebei ist allerdings Immobiliar- und Mobiliarversicherungssumme zusammengenommen [2]). Es ergibt sich demnach eine Feuerversicherungssumme von rund 1500 Mark für den Kopf der Bevölkerung. Dagegen betrug in Frankreich im gleichen Jahre die Gesammtversicherungssumme 80110 Millionen Francs [3]), während sie noch 1869 erst 68399 Mill. betragen hatte.

Ein grosser Theil derjenigen nationalen Capitalien, welche in Bauten aller Art dauernd nutzbringend gemacht wurden, entzieht sich jeder Schätzung, z. B. die Werthe von Strassen, Damm- und Hafenbauten, Canälen, Brücken etc., während z. B. die Capitalwerthe von Eisenbahnen, Telegraphenleitungen u. A. in anderer Weise zu ermitteln sind.

3. Werkzeuge, Maschinen, Kunstschätze, Mobilien verschiedener Art. Für eine Schätzung dieser Capitalwerthe fehlt absolut jeder Massstab.

4. Nutzthiere. Ueber die Zahl derselben geben allerdings die neueren Viehzählungen genaue Auskunft (vgl. das Capital der landwirthschaftlichen Statistik); eine Werthschätzung derselben bleibt jedoch immer etwas sehr willkürliches.

5. Das in Forderungen aller Art bestehende Capital darf den hier angeführten Capitalien nicht zugerechnet werden, da es ja als Schuld auf ihnen lastet. Hingegen dürften Forderungen an das Ausland allerdings zum inländischen Capitale gerechnet werden; doch müssten dem entsprechend auch ausländische Forderungen, die auf dem inländischen Capitale lasten, vom Werthe desselben abgezogen werden. Die fast vollständige Unkenntniss über den Betrag dieser Forderungen, resp. Schulden ist ebenfalls geeignet, unsere Kenntniss vom Stande des nationalen Capitales als ganz illusorisch erscheinen zu lassen.

Doch sind auf diesem Gebiete einige Erscheinungen zu registriren, welche von hoher volkswirthschaftlicher Bedeutung sind, weil sie einen Einblick in den Process der Neubildung von Capital bieten, welche durch Vorsicht und Sparsamkeit sich vollzicht. Diese Erscheinungen sind die Lebensversicherungen und die Einzahlungen in Sparcassen.

Die Lebensversicherungen sind ein deutlicher Ausdruck der Vorsichtsmassregeln, welche von der Bevölkerung gegen den durch den Tod ihr zugehenden Capitalverlust ergriffen werden. Von diesem Gesichtspunkte aus dürfte folgende Uebersicht Interesse bieten. Es liefen Ende 1877 Lebensversicherungen [4]):

Das Capital.

in:	Zahl der Gesell-schaften	Zahl der Versicherungen	Betrag der Versicherungen (in Reichsmark)
Deutsches Reich	38	565567	1853 Mill.
Deutsch-Oesterreich	12	185288	386 „
Deutsche Schweiz	2	23018	102 „
Frankreich	13	177300	1299 „
England	109	1,006856	7907 „
New-York	34	633096	6224 „

Hiezu muss bemerkt werden, dass die Zahl der Versicherungen stet um etwas weniges grösser ist, als die Zahl der versicherten Personen. In Deutschen Reiche stellt sich die Zahl der letzteren auf 563260, in Deutsch-Oesterreich auf 183444.

Was an der vorstehenden Tabelle beobachtet werden kann, ist eines-theils die verschiedene Verbreitung des Versicherungswesens in den ge-nannten Ländern, anderntheils die Höhen der Versicherungssummen. Hin-sichtlich der Verbreitung jener Vorsicht, welche im Versicherungswesen ihren Ausdruck findet, steht England unter den europäischen Ländern bei weitem obenan. Dort ist das Versicherungswesen in die breitesten Schichten des Volkes eingedrungen. Bezüglich der Höhe der Versicherungs-summen dagegen steht, entsprechend dem ganzen nationalen Wirthschafts-leben, Amerika voran, wo eine Versicherung durchschnittlich auf die Summe von 9831 Mark lautet, während die Durchschnittssumme in Deutschland blos 3278 Mark beträgt.

Aus der Zahl der Sparcassen können gleichfalls Schlüsse auf die Capitalsschaffung der Bevölkerung und ihren haushälterischen Sinn, auf ihr durchschnittliches Einkommen dagegen nur unter Vergleichung der durchschnittlichen Consumtion gezogen werden. Zunächst erkennt man aus dieser Zahl die im Lande vorhandene Spargelegenheit. 1862 bestanden in Preussen 483, in der Schweiz 230 und in Sachsen 119 Sparcassen. In Preussen kam eine Sparcasse auf 10,5 Q.-Meilen und 38303 Einwohner, in der Schweiz auf 3,2 Q.-Meilen und 10914 Einwohner, in Sachsen auf 2,2 Q.-M. und 19529 Einwohner. — Es ist demnach nichts auffallendes, dass die Zahl der Sparenden in der Schweiz und in Sachsen grösser ist, als in Preussen. Man hat bemerkt, dass die Zahl der Sparenden durch-aus in demselben Verhältnisse grösser ist wie die Gelegenheit zum Sparen. Wenn man die Zahl der Sparcassen vermehrt, mehrt man demnach auch die Zahl der Sparer.

Zweifellos sind heutzutage die Sparcasseneinlagen der Ausdruck nur für die bescheidensten Anfänge der Capitalsersparniss, da es ja selbst in den ärmeren Kreisen der Bevölkerung nicht allzuschwer ist, in kurzer Zeit wenigstens so viel zu ersparen, um ein kleines Werthpapier zu erwerben. Wie bedeutend aber das Wachsthum der Sparcassencapitalien ist, mag schon daraus hervorgehen, dass z. B. in Oesterreich (diesseits) i. J. 1871 die Summe der Einlagen zu Anfang des Jahres 285, zu Ende des Jahres dagegen schon 431 Millionen Gulden österreichische Währung betrug [5]).

Aehnlich in Frankreich [6]), wo der Credit der Einleger i. J. 1875 von 573 Millionen Francs am Anfange des Jahres auf 660 Millionen am Ende desselben anwuchs. In Grossbritannien und Irland weisen die dortigen Postsparcassen seit 1865 eine ununterbrochene Steigerung ihrer Einlagecapitalien von 6,5 Millionen Pfund Sterling bis auf 32 Millionen im Jahre 1879 nach [7]).

Die Sparcassen sind einer der wenigen Gegenstände der wirthschaftlichen Statistik, bezüglich deren aus neuester Zeit vergleichende officielle Erhebungen existiren. Denselben ist Folgendes zu entnehmen [8]):

Länder	Guthaben der Sparcassen-Einleger Mill. Fr.	Auf 1 Einwohn. trifft Francs	Länder	Guthaben der Einleger Mill. Fr.	Auf 1 Einwohner trifft Francs
Frankreich . (1872)	515	14,2	Schweden . (1872)	124	29,3
Belgien . . (1874)	62	11,9	Norwegen . „	130	73,9
Niederlande (1872)	28	6,7	Schweiz . . (1870)	289	108,4
Oesterreich . (1874)	1348	66,6	Eur.Russland(1872)	18	0,3
Ungarn . . (1873)	380	24,6	Finnland . . „	8	4,7
Oesterr.-Ungarn .	1728	48,5	Italien . . . (1876)	1104,9	21,9
Preussen . . (1874)	1232	50,0	New-York (Staat)		
Sachsen . . „	286	111,9	(1874—75)	1742	397,7
Thüringen und Anhalt . . . (1872)	54	49,4	New-Jersey (1875)	164	181,4
Oldenburg . (1874)	18	58,4	Californien . „	385	396,8
Mecklenburg (1872)	26	48,0	Massachusetts „	1151	792,3
Bayern . . (1869)	62	12,8	Connecticut . „	391	729,3
Württembg. (1873)	69	38,0	Rhode-Island „	267	1233,0
Baden . . . (1874)	103	70,8	Maine . . . „	162	259,3
Elsass-Lothr.(1872)	7	4,5	New Hampshire „	168	529,4
Hamburg . (1874)	41	113,3	Vermont . . „	32	98,4
Bremen . . (1873)	35	258,9	Maryland . „	99	127,2
Lübeck . . (1873)	3	66,1	Minnesota . „	0,6	1,4
Deutsches Reich .	1941	49,2	Pennsylvanien „	95	35,6
Grossbritann.(1874)	1615	49,8			
Dänemark . (1873)	251	137,8			

II. Das umlaufende Capital. Hinsichtlich derjenigen Bestandtheile desselben, welche durch die Roh- und Hilfsstoffe der Industrie sowie durch die im Handel befindlichen Waarenvorräthe repräsentirt werden,
muss man auf verlässige Zahlenangaben fast völlig verzichten. Was dagegen
den durch das baare Geld repräsentirten Theil des Umlaufcapitales betrifft, so soll über denselben anderen Ortes Mittheilung gemacht werden.

Anmerkungen.

¹) In manchen privatstatistischen Arbeiten finden sich allerdings Versuche
zu einer Schätzung des Gesammtbodenwerthes einzelner · Länder. So theil¹
Neumann-Spallart (Uebersichten etc. 1880 S. 6—8) einige der vorzüglichster
Schätzungen mit, nach welchen in England (von Rob. Giffon) der Capitals-
werth der Grundstücke für 1875 auf 2007 Mill. Pfd. St. geschätzt wird, in
Frankreich (nach de Foville) auf 100 Milliarden Francs (1878).

²) Zeitschr. des preuss. statistischen Bureaus, 1878, II. Heft.

³) Annuaire statistique, 1878, pag. 527.

⁴) Block-v. Scheel a. a. O. S. 343.

⁵) Statistisches Handbüchlein f. 1871. pag. 66.

⁶) Annuaire etc. pag. 194.

⁷) Statistical abstract for the united Kingdom. 1880. pag. 125.

⁸) Das bezügliche Werk ist: „Statistique internationale des caisses d'épargne.
Compilée par le bureau de statistique du royaume d'Italie. Rome 1876. pag. 79.

II. Capitel.

Land- und Forstwirthschaft.

I. Die Landwirthschaft.

§. 139. Uebersicht.

Bei der landwirthschaftlichen Statistik sind im einzelnen zu untersuchen:

I. Die Productionsfactoren, und zwar zunächst der zur Landwirthschaft benützte Boden in seiner Beschaffenheit und Vertheilung,
sodann die Arbeitskräfte: die landwirthschaftliche Bevölkerung.

II. Ueber die Productionsmethoden geben Aufschluss einestheils
das Verhältniss der Arbeitskräfte zum Capital, die Anwendung von
Maschinen, die Masse der Betriebsverbesserungen u. s. f., andererseits
auch die

III. Resultate des Betriebes, die Masse der Producte. Zur Untersuchung der Betriebsresultate müssen auch die Productionskosten, die
Preise der Producte, die Roh- und Reinerträge beigezogen werden.

IV. Die einzelnen Zweige landwirthschaftlicher Thätigkeit, gleich-falls wieder mit Berücksichtigung der eben genannten Beobachtungsobjecte.

Anmerkung.

Die ersten Versuche einer Statistik der Landwirthschaft reichen bis auf Ludwig XIV. zurück. Finanzielle Gründe veranlassten in Frankreich diese Anfänge. In Schweden wurden 1735 durch den Reichstag landwirthschaftlich-statistische Erhebungen von den Provinzialbehörden gefordert und 1741 specielle Fragen zur Beantwortung an diese Behörden gerichtet, namentlich bezüglich der beackerten Bodenfläche, des Saatquantums, des Ertrages etc. Aehnliche Erhebungen verlangte die sächsische Regierung im Jahre 1755. Schweden und Sachsen haben demnach zuerst regelmässige Ernteerhebungen vorgenommen, Sachsen auch den ersten Versuch einer Viehzählung (1697).

Die amtliche Statistik beschäftigte sich 1763 in Frankreich noch ver-geblich mit einer Katastrirung des Landes; doch wurde gleichzeitig eine solche in der Lombardei durchgeführt. In Frankreich war man deshalb 1790 auf eine Berechnung Lavoisier's angewiesen, welcher aus der Zahl der Pflüge die beackerte Fläche zu bestimmen suchte. 1852 erst wurde ein genaues französisches Kataster beendet. Die sowohl zu Napoleon's Zeit als unter der Regierung der Restauration gestellten landwirthschaftlich-statistischen Fragen wurden entweder gar nicht oder ungenügend beantwortet.

In Deutschland beginnen erst 1847 allgemeinere statistische Erhebungen in diesem Gebiete.

Doch selbst in den Beschlüssen der statistischen Congresse zeigt sich lange kein entschiedener einheitlicher Angriff der landwirthschaftlichen Statistik. Auf sieben Congressen wurde der Gegenstand behandelt, mit besonderem Glücke auf dem Pariser, wo die mannigfachen Schwierigkeiten der landw. Statistik sorgfältig geprüft wurden. Die grösste dieser Schwierigkeiten liegt in der Abneigung der Landwirthe, Aufschlüsse über ihre Wirthschaft zu geben. Es sind jedoch solche Aufschlüsse nur durch Aufnahmen von Haus zu Haus über-haupt zu erhalten.

An Privatarbeiten ist für einzelne Länder allerdings schon ganz Vorzüg-liches geschaffen worden. So verdient namentlich Erwähnung der betr. Theil des grossen Werkes von Viebahn: „Statistik des zollvereinten etc. Deutsch-land, ferner das treffliche Werk von Meitzen über die landw. Verhältnisse Preussens u. A.

§. 140. Bodenbeschaffenheit.

Da die Landwirthschaft so sehr von der Natur, dem Boden und Klima abhängig ist, wird die landwirthschaftliche Statistik sich zunächst mit der Beschaffenheit des Bodens beschäftigen müssen.

Die Verschiedenheiten des Bodens bezüglich seiner Lage, des Mischungsverhältnisses seiner Ackerkrume etc. sind gross; ebenso gross die Verschiedenheiten der Fruchtbarkeit. Man classificirt den Boden theils nach jenem Mischungsverhältniss (Sand-, Lehm-, Thon-, Kalk- und Mergelboden), theils nach den Früchten, welche er hervorzubringen ver-

mag (Weizen-, Gersten-, Hafer-, Roggenboden, absoluter Waldboden
Moorboden etc.).

Von Bedeutung für die Fruchtbarkeit des Bodens ist nächst diesem
Mischungsverhältniss das rauhere oder mildere Klima bei höherer oder
niedrigerer Lage, die Himmelsrichtung. nach welcher ein Feld sich abdacht
die äussere Form, die Feuchtigkeit.

Aber nicht nur der Pflanzenwuchs selbst, sondern auch die Boden-
bestellung wird durch das Klima wesentlich beeinflusst. Böden, welche
nur (z. B. wegen hoher rauher Lage) kürzere Zeit sich zur Bearbeitung
eignen, verlangen Bereithaltung grösserer Arbeitskraft und produciren
daher theurer.

Der Boden, wie er jetzt in unseren civilisirten Ländern vorliegt, ist
ein Resultat tausendjähriger Bearbeitung und Verbesserung durch Menschen-
hand. Es ist von Bedeutung, wie viel alte Cultur im Boden steckt. und
welche neue Unternehmungen zu Culturzwecken stattfinden.

Alle diese Einzelheiten eignen sich zur statistischen Untersuchung.
Ganz besonders aber auch die verschiedenen Culturarten: das Verhältniss
von Ackerland, Gärten, Wiesen, Weiden, Waldungen und landwirthschaft-
lich unbenützbarem Lande. Und zwar dieses Verhältniss nicht nur an sich,
sondern namentlich auch auf den Kopf der Bevölkerung berechnet.

Eine Vergleichung verschiedener Länder in dieser Hinsicht wäre
streng genommen nur dann möglich, wenn die Erhebungen über den
Bodenanbau überall nach gleichem System gepflogen würden. Zwischen
bebautem Lande hier und bebautem Lande dort ist ein grosser Unterschied, je nachdem man den Begriff der Bodencultur fixirt. Versucht man
trotz dieser Schwierigkeit eine Vergleichung, welche freilich weitere Schlussfolgerungen ausschliesst, so stellt sich der Procentsatz für die Hauptarten
der Bodenbenützung in den europäischen Ländern folgendermassen [1]):

Staaten	Acker- land und Gärten	Wiesen	Wein- gärten	Wälder	Uebriges Land (Oed- land, Unland, Wege etc.)
	Percent				
Oesterreich diesseits . .	32,53	10,66	0,86	33,00	22,75
Ungarn	27,83	8,45	2,07	32,05	29,82
Deutsches Reich . . .	48,60	17,70	1,00	26,10	6,60
Russland	43,10	7,41	0,59	18,20	30,61
Italien	41,00	24,00	2,00	15,00	18,00
Schweden	7,50	2,50	—	60,00	30,00
Norwegen	0,55	1,32	—	66,00	32,13
Dänemark	59,00	6,50	—	5,50	29,00

Staaten	Acker-land und Gärten	Wiesen	Wein-gärten	Wälder	Uebriges Land (Oed-land, Unland, Wege etc.)
	Percent				
Niederlande	21,77	35,86	—	7,10	35,27
Belgien	51,58	10,43	0,01	18,52	19,46
Grossbritannien u. Irland	60,00	29,00	—	4,00	7,00
a) England	29,96	47,51	—	?	22,53
b) Schottland . . .	12,72	14,15	—	?	73,13
c) Irland	28,33	43,23	—	?	28,44
Schweiz	14,86	5,60	0,64	15,90	63,01
Spanien	41,79	13,81	1,85	5,52	37,03
Portugal	18,34	1,32	1,02	4,40	74,92
Europ. Türkei	40,30	6,00	2,00	15,00	36,70
Griechenland	10,04	1,62	1,99	18,83	67,52
Frankreich	51,9	9,8 (Weiden 12,8)	4,3	17,7	3,5 (sol non agricole)

Die Ursachen der verschiedenen Bodenverwendung liegen:

I. Im Klima. Daher der geringe Procentsatz angebauten Landes in Norwegen, Schweden, Schottland, theilweise auch in den Alpenländern.

II. Im Charakter des Bodens, der nicht allein in Gebirgen ausgedehnte Flächen unproductiven Landes enthält, sondern auch im ebenen Lande; z. B. im Deutschen Reiche die Moore Oldenburgs, in Dänemark die Sandflächen an der jütischen Küste etc.

III. In der Bevölkerung, sei es nun, dass dieselbe aus historischen Gründen eine ungewöhnlich spärliche ist, dass vergangene politische Fehlgriffe die landwirthschaftliche Production zurückgeworfen, oder dass Trägheit und Unwissenheit der Bevölkerung sie die wirthschaftlichen Interessen vernachlässigen lässt. Den einen oder den anderen dieser Einflüsse wird man überall suchen dürfen, wo trotz der Gunst des Klimas und des Bodens das angebaute Land einen geringen Procentsatz einnimmt. So in einem grossen Theile von Südeuropa.

Anmerkung.

[1]) Die Zusammenstellung ist entnommen aus M. Block: Statistique de la France, II. Ed., Tome II. pag. 27. Bezüglich des Deutschen Reiches und Oesterreichs dürfte es jedoch angezeigt sein, noch folgende neuere und detaillirtere Angaben mitzutheilen.

Bodenbenutzung in den Ländern des Deutschen Reiches (1878).

Von je 100 Hectaren der Gesammtfläche des betr. Staates kommen auf:

i n	Aecker, Gärten, Weinberge	Wiesen und Weiden	Forst-land	Haus- und Hofräume, Wege	Oedland, Unland, Gewässer
Ostpreussen	51,0	23,0	18,2	0,8	7,0
Westpreussen	54,2	17,7	21,2	0,7	6,2
Brandenburg	46,2	14,9	32,1	0,9	5,9
Pommern	55,1	18,7	19,7	0,8	5,7
Posen	61,5	12,9	20,2	0,9	4,5
Schlesien	55,5	10,5	28,9	1,4	3,7
Sachsen	60,8	13,1	20,1	1,2	4,8
Schleswig-Holstein . . .	57,6	28,8	6,1	1,1	6,4
Hannover	32,6	45,4	15,8	1,0	5,2
Westfalen	42,0	25,0	27,9	1,6	3,5
Hessen-Nassau	39,8	15,9	40,1	0,9	3,3
Rheinland	46,5	17,2	30,7	1,6	4,0
Hohenzollern	45,8	17,6	33,1	0,5	3,0
ganz Preussen	50,1	20,4	23,3	1,1	5,1
Fränk. Prov. Bayerns .	45,6	14,2	34,9	2,6	2,7
Uebriges Bayern r. Rh. .	37,7	23,4	31,4	2,2	5,3
Linksrheinisches Bayern	46,3	9,4	38,6	3,0	2,7
ganz Bayern	40,8	19,5	33,0	2,4	4,3
Königreich Sachsen . .	54,3	13,5	27,7	3,1	1,4
Württemberg	46,4	18,1	30,8	2,0	1,9
Baden	43,1	15,1	37,6	2,6	1,6
Hessen	51,0	13,2	31,3	4,5	
Mecklenburg-Schwerin .	57,1	12,9	16,8	13,2	
Sachsen-Weimar	56,0	12,1	25,3	6,6	
Mecklenburg-Strelitz . .	48,1	8,8	19,7	23,4	
Oldenburg	29,4	22,9	8,8	3,6	35,3
Braunschweig	50,4	14,3	30,3	3,7	1,3
Sachsen-Meiningen . .	41,6	13,3	41,7	3,4	
„ Altenburg . .	57,9	10,4	28,1	3,6	
„ Coburg-Gotha .	53,1	11,7	30,5	3,6	1,1
Anhalt	61,5	8,6	24,4	5,5	
Schwarzburg-Rudolstadt	41,1	9,5	45,4	2,9	1,1
„ Sondersh.	59,0	6,8	29,7	3,6	0,9
Waldeck	43,4	14,4	37,9	4,3	
Reuss älterer Linie . .	40,5	18,8	36,4	2,6	1,7
„ jüngerer „ . .	39,0	19,9	37,7	3,4	
Schaumburg-Lippe . .	45,2	19,5	22,8	12,5	
Lippe (keine Aufnahme)	—	—	—	—	—
Lübeck	60,2	11,9	12,8	3,9	11,2
Bremen	24,6	59,6	1,6	9,6	4,6
Hamburg	46,9	26,1	3,1	23,9	
Elsass-Lothringen . . .	49,6	14,3	30,6	2,6	2,9
Deutsches Reich	48,5	19,1	25,7	6,7	

(Nach dem officiellen „Statist. Jahrbuch" 1880, pag. 21.)

In Oesterreich stellt sich der Procentbetrag der Hauptculturarten wie folgt:

Länder	Weinland	Aecker	Wiesen	Weiden	Wälder	Ueberhaupt productiv	Unproductiv
Niederösterreich	2,4	40,8	12,9	7,6	31,9	95,6	4,4
Oberösterreich	—	34,4	18,7	4,9	32,8	90,8	9,2
Salzburg	—	9,5	10,6	30,5	29,4	80,0	20,0
Steiermark	1,4	18,6	11,7	15,3	45,1	92,0	8,0
Kärnthen	0,1	13,1	10,9	23,1	40,3	87,5	12,5
Krain	1,0	13,6	16,5	20,4	43,0	94,5	5,5
Küstenland	2,3	17,4	12,2	38,5	32,4	93,8	6,2
Tirol u. Vorarlberg ..	0,3	5,8	12,0	25,9	37,0	81,1	18,9
Dalmatien	5,4	10,9	1,0	56,5	21,4	96,4	3,6
Böhmen	—	48,1	12,1	7,7	29,0	96,9	3,1
Mähren	1,1	50,3	8,5	10,5	25,4	95,8	4,2
Schlesien	—	47,1	7,4	10,6	31,7	96,8	3,2
Galizien	—	46,2	13,1	10,0	26,8	96,1	3,9
Bukowina	—	24,9	11,7	12,2	40,7	88,5	11,5

In sämmtlichen österreichischen Ländern beträgt der productive Boden 92,64%, in Ungarn 83,11%.

(Klun: Statistik v. Oesterreich-Ungarn. S. 223.)

§. 141. Die Bodenvertheilung.

Die Vertheilung des landwirthschaftlichen Eigenthums ist unstreitig einer der wichtigsten und interessantesten Gegenstände der landwirthschaftlichen Statistik. Tief greift sie nicht allein in das wirthschaftliche, sondern auch in das sociale und politische Leben der Völker ein.

Was hier zunächst in die Augen fällt, ist der Unterschied von grossem, mittlerem und kleinem Grundbesitz. A priori wird man geneigt sein, anzunehmen, dass die örtlichen Unterschiede in dieser Hinsicht zunächst von natürlichen Bedingungen, nämlich dem Klima und der Bodenfruchtbarkeit, sodann von der Nachfrage nach landwirthschaftlichen Producten, abhängen müssen. Man wird geneigt sein, anzunehmen, dass in jenen Gegenden, wo günstige Bodenverhältnisse und lebhafte Nachfrage eine intensive Bodencultur ermöglichen, der kleine Grundbesitz vorherrschen müsse, dass dagegen dort, wo aus den entgegengesetzten Gründen eine extensive Wirthschaft geboten scheint, wo namentlich Weidewirthschaft, Waldwirthschaft angezeigt sind, Veranlassung zur Erhaltung des Grossgrundbesitzes gegeben ist.

Die wirklichen Thatsachen der Bodenvertheilung zeigen jedoch, dass diese wirthschaftlichen Bedingungen vielfach durch die geschichtliche Ent-

wickelung beiseite gesetzt wurden. Die Entwickelung des landwirthschaftlichen Eigenthums hat keineswegs einen natürlichen Gang genommen,
sondern erscheint vielfach als eine künstlich gemachte, als ein Resultat
socialpolitischer Factoren, manchmal sogar als ein Resultat der vielhundert-
jährigen Geltung politischer Rechte, welche heutzutage nicht mehr ganz
verständlich sind.

Wollte man sich lediglich damit begnügen, zu ermitteln, wie gross
der Grundbesitz ist, welcher im Durchschnitt eines ganzen Landes auf
jeden einzelnen Grundbesitzer trifft, so würde man hiemit nur einen sehr
summarischen Ueberblick in die Gestaltung des landwirthschaftlichen Grundeigenthums erhalten. Eine genauere Einsicht in dieselbe ist nur möglich,
wenn man die Besitzthümer nach ihrer Grösse in etwa 3—5 Classen
bringt und sodann betrachtet, wie viel von der Gesammtfläche des productiven Bodens in jede Classe fällt, und wie gross die Bestandtheile der
landwirthschaftlichen Bevölkerung sind, welche sich auf grossem, mittlerem
und kleinem Grundbesitze ernähren. Und dieser Ueberblick muss nicht
allein für ganze Staaten, sondern namentlich auch für einzelne Landestheile gewonnen werden. Er darf sich endlich nicht blos mit einem bestimmten Zeitpunkte begnügen, sondern muss auch zur Betrachtung jener
Veränderungen führen, die sich in der Vertheilung des Grundeigenthums
zutragen.

Auf die Art des Besitzrechtes und das Maass der damit verbundenen
Rechte und Pflichten, sowie die Pachtverhältnisse, welche gleichfalls
Objecte der landwirthschaftlichen Statistik sind, hier einzugehen, würde
zu weit führen.   .

Anmerkung.

Der Gegenstand ist wichtig genug, um einige Bemerkungen über den
thatsächlichen Zustand der Bodenvertheilung in einigen der wichtigsten Länder
folgen zu lassen.

I. Für die Länder des Deutschen Reiches findet sich werthvolles Material
in einer Arbeit von v. Scheel (Jahrbücher für Nationalökonomie etc. Jahrg. 1865
und bei v. Viebahn: Statistik des zollvereinten etc. Deutschlands, II. S. 551 ff.
Der erstgenannten Arbeit ist zu entnehmen:

In Preussen kommt (1864) auf 1 Eigenthümer:

im ganzen Staat 32 Morgen = 8,16 Hectaren
„ östl. Theil 54   „   = 13,78   „
„ westl. „   10   „   = 2,55   „

In Bayern ist die durchschnittliche Grösse des Besitzthums einer
landwirthschaftl. Grundbesitzersfamilie 23,9 Tagwerk = 8,14 Hectaren. Auf eine
Familie der Gesammtbevölkerung käme ein Areal von 20,7 Tagwerk = 7,05 Hect.

Gruppirt man die deutschen Länder nach geographischen Gesichtspunkten, so ergibt sich als durchschnittliche Grösse eines land- und forstwirthschaftlichen Besitzthums:

in	Preussische Morgen	Hectaren
Süddeutschland (Bayern, Württemberg, Hohenzollern)	22,5	5,74
Westdeutschland (Westfalen, Rheinland, Kurhessen, Rheinpfalz)	16,6	4,23
Norddeutschland (Hannover, Pommern)	82,0	20,93
Ostdeutschland (Schlesien, Brandenburg) . . .	64,1	16,36
Mitteldeutschland	46,5	11,87
Deutschland überhaupt	46,5	11,87

In Deutschland findet sich demnach im Norden und Osten Grossgrundbesitz, im Süden und Westen, namentlich in den Obst-, Wein- und Tabaksgegenden, in der Nähe der Grossstädte und Hauptverkehrsstrassen dagegen Bodenzersplitterung und Kleincultur. In Folge der neuen Agrargesetzgebung ist hier die Zahl der Kleingüter fortwährend im Wachsen.

II. In Oesterreich-Ungarn treffen (nach A. Frantz: Handbuch d. Statistik. S. 285) von derjenigen Fläche, welche der Grundsteuer unterliegt, auf 1 Grundbesitzer (in österr. Joch, à = 0,5755 Hectaren):

in	Joch	in	Joch
Unterösterreich	11,1	Galizien	22,3
Oberösterreich	16,1	Bukowina	27,2
Salzburg	37,0	Dalmatien	12,9
Steiermark	16,6	(Venetien)	6,6
Kärnthen	24,9	Ungarn	17,5
Krain	13,8	(Banat)	18,4
Küstenland	11,0	Croatien — Slavonien . . .	17,0
Tirol und Vorarlberg . . .	13,4	Siebenbürgen	13,8
Böhmen	11,6	Militärgrenze	48,0
Mähren	9,4	ganz Oesterreich-Ungarn .	15,8
Schlesien	13,8	(oder 9,09 Hectaren)	

III. Frankreich. Nach officiellen Erhebungen war 1862 das cultivirte Land (ausschliesslich der Waldungen) in 3,225877 Wirthschaften getheilt, von welchen eine durchschnittlich 10½ Hectaren enthielt. In Wirklichkeit dominirt Kleincultur und Bodenzersplitterung, namentlich seit der Revolution. Unter obiger Zahl befanden sich nämlich Wirthschaften:

$$
\begin{aligned}
&\text{unter} \quad 5 \text{ Hectaren} \ldots\ldots\ldots\ldots\ldots 56,29\% \\
&\text{von} \quad 5{-}10 \quad \text{\textquotedbl} \quad \ldots\ldots\ldots\ldots 19,19 \text{\textquotedbl} \\
&\text{\textquotedbl} \quad 10{-}20 \quad \text{\textquotedbl} \quad \ldots\ldots\ldots\ldots 11,28 \text{\textquotedbl} \\
&\text{\textquotedbl} \quad 20{-}30 \quad \text{\textquotedbl} \quad \ldots\ldots\ldots\ldots 5,49 \text{\textquotedbl} \\
&\text{\textquotedbl} \quad 30{-}40 \quad \text{\textquotedbl} \quad \ldots\ldots\ldots\ldots 2,98 \text{\textquotedbl} \\
&\text{\textquotedbl} \quad 40 \text{ u. mehr} \quad \text{\textquotedbl} \quad \ldots\ldots\ldots\ldots 4,77 \text{\textquotedbl}
\end{aligned}
$$

Es haben also über die Hälfte aller Grundbesitzungen weniger als 5 Hectaren. Das kleine Grundeigenthum umfasst überhaupt 75, das mittlere 19 und das grosse 4 % des cultivirten Bodens. (M. Block: Statistique de la France, II. Ed., Tome II, pag. 29.)

IV. In Grossbritannien existirten (i. J. 1872) 561987 Farms, unter welchen 54% die Grösse von 20 Acres (8 Hectaren) nicht überstiegen; 28% hatten 20—100 Acres und 18% über 100 Acres. (M. Block, a. a. O.)

§. 142. Die landwirthschaftliche Bevölkerung.

Die landwirthschaftliche Bevölkerung ist bei dem Stande, welchen die landwirthschaftliche Thätigkeit selbst in den civilisirtesten Ländern einnimmt, nicht mit Genauigkeit zu ermitteln, hauptsächlich wohl deshalb, weil die Landwirthschaft ganz im Kleinen neben anderen Erwerbsarten betrieben werden kann. Sieht man von dieser Schwierigkeit ab und begnügt man sich mit den zweifelhaften Werthen, welche die officielle Statistik bezüglich der landwirthschaftlichen Bevölkerung ergibt, so schafft die Vergleichung der betreffenden Ziffern zunächst den Unterschied von Ackerbauvölkern einerseits, Industrie- und Handelsvölkern andererseits. Fast in allen Culturstaaten beträgt die landwirthschaftliche Bevölkerung über die Hälfte der Gesammtbevölkerung; scheint jedoch, wenigstens soweit der Landbau das Hauptgewerbe bildet, mit der zunehmenden industriellen Entwickelung in fortwährender Verminderung begriffen. Namentlich in der Nähe grösserer Städte und in Fabrikdistricten zeigt sich die allmälige Umwandlung vormals landwirthschaftlicher Bevölkerung in gewerbliche am auffallendsten.

Neben der absoluten und relativen Zahl der landwirthschaftlichen Bevölkerung überhaupt ist statistisch wichtig auch der Umstand, ob die Landwirthschaft als Haupt- oder Nebengewerbe betrieben wird. Jener Bruchtheil der landwirthschaftlichen Bevölkerung nämlich, welcher den Landbau blos als Nebengewerbe treibt, ist in einzelnen Ländern sehr bedeutend, in Preussen z. B. über ¹/₃.

Ferner müssen innerhalb der gesammten landwirthschaftlichen Bevölkerung diejenigen Gruppen unterschieden werden, welche durch das Herrschafts- beziehungsweise Dienstverhältniss entstehen. Ihre Unterschiede rühren vielfach aus wirthschaftsgeschichtlichen Thatsachen her, welche von der Statistik nicht verfolgt werden können.

Anmerkung.

Da die bezüglich der landwirthschaftlichen Bevölkerung ermittelten Ziffern verschiedener Länder nicht wohl Vergleiche zulassen, kann hier nur auf das im §. 136 über die Berufsclassen Mitgetheilte Bezug genommen werden.

§. 143. Einzelne Zweige der Landwirthschaft.

I. Der Ackerbau. Neben den Wirthschaftssystemen (Feldeintheilung, Culturgegenstände, Fruchtwechsel) und dem ländlichen Bauwesen (Gebäude und Geräthe) hat die Statistik des Ackerbaues besonders die Betriebsresultate zu untersuchen, und zwar sowohl die Gesammtproduction, als auch die Preise der Ackerbauproducte, die Wirthschaftskosten und Reinerträge, Bodenrenten und Pachtpreise.

Untersucht man die einzelnen Zweige des Ackerbaues, so verdienen:

A. Die Halmfrüchte besondere Aufmerksamkeit. Die, wenn auch unmethodischen Massenbeobachtungen über dieselben, namentlich über das durchschnittliche Verhältniss von Ernte, Anbaufläche und Aussaat sind uralt.

Da neben dem unaufhörlichen Schwanken guter und schlechter Jahre auch stetige Aenderungen (in Folge von Boden- und Betriebsverbesserungen) hergehen, ist die Ermittelung der Durchschnittsproduction sehr schwierig und Vergleichungen grösserer räumlicher Verschiedenheiten fast unmöglich.

Die mittlere Getreideproduction der wichtigsten Länder stellt sich nach den neuesten und zuverlässigsten Ziffern wie folgt (in Millionen Hectoliter. Siehe umstehende Tabelle [1]).

B. Der Anbau der Blatt- und Wurzelgewächse ist mit den landwirthschaftlichen Fortschritten im Zunehmen begriffen. Was insbesondere den Kartoffelbau betrifft, so könnte seine Ausdehnung, sowie seine Erträge, verglichen mit der Bevölkerung, wohl nur unter gleichzeitiger Berücksichtigung der gesammten nationalen Consumtion zu einem Maassstabe wirthschaftlicher Zustände genommen werden.

Der Vorwurf, dass der Kartoffelgenuss nachtheilig für die Kraft der Bevölkerung sei, trifft nur für jene Gegenden zu, wo die Kartoffeln als Hauptnahrungsmittel auftreten. Der Masse nach wird die Getreideernte von der Kartoffelernte in einigen Staaten Europa's übertroffen; im Ganzen ist die letztere, obgleich durch Kartoffelbau auf einer und derselben Ackerfläche das Doppelte an Nahrungsmitteln gegen jede andere bekannte Getreideart erzeugt werden kann, untergeordnet, in Südeuropa fast verschwindend, wurde jedoch in den letzten Jahrzehnten fast überall bedeutend ausgedehnt. Sie beträgt als Mittelernte jetzt in Europa, den Vereinigten Staaten und Australien zusammen 850 Mill. Hectoliter [2]).

C. Hülsenfrüchte und Handelsgewächse. Letztere namentlich sind wegen der Zunahme und des Fortschrittes ihrer Cultur beachtenswerth, besonders Oel- und Gespinnstpflanzen. Diese folgen in ihren Anbauverhältnissen jedoch nicht allein besonderen klimatischen Bedingungen, sondern ganz empfindsam auch dem Gange jener Industriezweige, welchen sie als Rohstoff dienen.

Länder	Weizen und Spelz	Roggen	Gerste	Hafer	Mais	Anderes Getreide
Russland (1870—74)	79,5	241,5	44,1	195,3	?	29,4
Deutsches Reich (1878) . . .	41,8	101,2	38,7	119,6	?	11,1
Frankreich (Mittelernte) . . .	104,2	26,3	20,2	70,3	10,4	19,2
Oesterreich-Ungarn (1869—77)	31,7	40,2	26,3	42,4	22,0	7,5
Grossbritannien u. Irland (Mittelernte)	30,9	0,7	32,9	62,0	?	?
Italien (Mittelernte 1870—74) .	51,8	6,7		7,4	31,1	5,6
Spanien (Schätzung)	53,0	7,0	27,0	9,0	8,7	?
Untere Donauländer (Durchschn.)	28,7	6,4	13,5	3,0	23,6	1,6
Dänemark (Mittelernte 1871-76)	1,3	4,7	6,9	9,7	—	1,1
Schweden (1874—76)	1,1	6,7	5,0	15,2	—	1,8
Belgien (Mittelernte)	8,2	6,0	1,5	7,8	?	?
Niederlande (Mittel 1861—77)	1,9	3,5	1,6	4,1	7,1	1,2
Portugal (Mittelernte)	3,0	2,3	0,6	0,4	—	?
Norwegen (1873—75)	0,1	0,3	1,6	3,2	—	0,7
Griechenland (1875)	1,6	0,0	0,6	0,0	1,0	0,6
Vereinigte Staaten (1870—78)	105,0	6,3	11,4	106,6	394,5	3,2
Brittisch Ostindien (Schätzung)	100,0	?	?	?	?	?
Canada (1870)	6,2	0,4	4,2	16,6	1,4	1,4
Australien (1873—78) . . .	7,6	—	0,6	3,1	1,8	—
Aegypten (Schätzung)	5,5	—	3,9	—	4,8	3,6
Chile (1871, Schätzung) . . .	4,8	—	1,2	—	—	—
Algier (1875—76)	9,0	0,0	16,5	0,6	0,2	1,0
Japan (1874)	4,0	—	18,0	—	—	12,0
Summe dieser Länder .	680,9	456,9	279,6	676,3	506,6	101,0

(Unter die Rubrik „Anderes Getreide" fällt hauptsächlich Buchweizen und Hirse.)

D. Wiesen und Weiden. Die Production ist dem Ertrage nach sehr verschieden, bei den Weiden noch mehr, als bei den Wiesen. Der Umfang der Weiden wird durch die Fortschritte der Bodencultur mehr und mehr eingeschränkt. Von Wichtigkeit ist das Verhältniss der Grasflächen zum Ackerlande, weil Fruchtfolge und Viehstand davon abhängen.

E. Die Summe aller Naturalerträge, auf Aeckern, Wiesen, und Weiden, das Verhältniss derselben gegen einander und die darnach auf den Morgen Land und auf den Kopf der Bevölkerung entfallenden

Naturalerträge. Letztere müssten, um verglichen werden zu können, auf einen gemeinsamen Werth reducirt werden.

Je grösser die Mannigfaltigkeit der Naturalerträge ist, desto schwieriger wird die Reduction auf gleiche Einheiten und damit die Vergleichung. Je nach der Natur der Länder und der Volkssitte wiegt in der landwirthschaftlichen Production hier dieses, dort jenes Erzeugniss vor.

So zeigt die oben mitgetheilte Uebersicht, wie der Weizen in Italien, Spanien, den unteren Donauländern (hier vordem der Mais) und anderwärts das Hauptproduct der Landwirthschaft ist, der Roggen in Russland, Gerste in Algier, Hafer in Grossbritannien und anderwärts, Mais in den Vereinigten Staaten, während im Deutschen Reiche die Kartoffelproduction alle übrigen Producte des Landbaues der Masse nach übertrifft und in Frankreich und Oesterreich etc. wenigstens der Masse nach ebenfalls das Hauptproduct bildet. Hierbei muss jedoch erwogen werden, dass nicht die Hectoliterzahl, sondern der Nährwerth und der Marktpreis das Entscheidende sind.

II. Gartenbau und Kleincultur ist, wie alle seit langer Zeit civilisirten und stark bevölkerten Länder zeigen, eine Nothwendigkeit bei stark anwachsender Bevölkerung; sie erhöhen den Nationalreichthum durch intensive Bodenbenützung und den Lebensgenuss durch Production feinerer Nahrungsmittel. Besonders charakteristisch beim Gartenbau und der Kleincultur sind die hohen Reinerträge, theilweise auch die besondere Abhängigkeit von klimatischen Verhältnissen (Obst-, Wein- und Tabakbau). Beim Weinbau sind besonders bewegliche Verhältnisse bemerkbar; sogar die Flächen des Weinlandes sind schwankend; man bemerkt an ihnen fortwährend Ab- und Zunahme, je nach der Häufigkeit guter und schlechter Weinjahre. Noch mehr schwankt die Production, in Frankreich z. B. ergab das Jahr 1854 eine Ernte von 10,7, das Jahr 1865 eine solche von 68,9 Mill. Hektoliter Wein, also eine Differenz um das siebenfache. In Preussen schwankte die Production sogar von 1800—1858 in einem Verhältniss wie 1 : 39.

Anmerkungen.

[1]) Die Uebersicht ist aus Neumann-Spallart. Uebersichten über Production, Verkehr und Handel. Jahrg. 1879, pag. 87.

Bezüglich des Deutschen Reichs und Oesterreich-Ungarns dürften noch folgende eingehendere Mittheilungen am Platze sein.

I. Im Deutschen Reiche.

Die Anbauflächen der wichtigsten Bodenfrüchte stellten sich 1878 wie folgt. Es wurden bebaut Hectar mit:

in	Weizen	Spelz, Emer, Einkorn	Roggen	Gerste	Hafer	Kar-toffeln
Preussen	1,026773	19130	4.470463	876794	2,465992	1,880241
Bayern	298780	97322	578214	320535	439552	281949
Sachsen	45573	—	223074	35408	175011	114765
Württemberg . .	21154	197928	39465	89696	133825	77050
Baden	39432	79053	47013	58550	58506	84910
Elsass-Lothringen	191724	1131	40660	55590	92984	86915
im Deutsch. Reich	1,813754	403336	5,934937	1,620483	3,743070	2,753216
Im Reich % der Gesammtfläche	3,4	0,8	11,0	3,0	6,9	5,1

Die Erntemeugen aber stellten sich wie folgt im Reiche:

Weizen . . . . 2,607186 Tonnen (à 1000 Kilo) oder 1,44 Tonnen pro Hectar

Roggen 6,919667   „   „   „   „ 1,17 „   „   „

Gerste 2,325227   „   „   „   „ 1,44 „   „   „

Hafer 5,040240   „   „   „   „ 1,35 „   „   „

Kartoffeln . . . 23,592781   „   „   „   „ 8,57 „   „   „

II. In Oesterreich-Ungarn stellten sich die Durchschnittsernten an den Hauptgetreidearten wie folgt (in Millionen Hectolitern):

	Oesterreich: 1869—1877	Ungarn: 1869—1877
Weizen	12,3	19,4
Roggen	24,8	15,4
Gerste	15,9	10,3
Hafer	29,9	12,4
Mais	5,2	16,8
Buchweizen und Hirse . .	—	3,4
Anderes Getreide	3,2	0,7
Zusammen . .	91.473	79,756

Pro Hectar betragen die Bodenerträge nach achtjährigem Durchschnitt

	in Oesterreich:	in Ungarn:
Weizen	12,7 Hectol.	9,2 Hectol.
Roggen	12,4 „	10,0 „
Gerste	14,7 „	11,8 „
Hafer	16,6 „	12,6 „
Mais	16,9 „	11.0 „

¹) Die Kartoffelproduction der wichtigsten Länder beträgt nach mehrjährigem Durchschnitte in:

Deutsches Reich . . 272 Mill. Hectol.	Irland . . . . 43,8 Mill. Hectol.
Frankreich . . . . 130,5 „ „	Grossbritannien . . . 30,4 „ „
Russland . . . . . 127 „ „	Belgien . . . . . . 26,3 „ „
Oesterreich . . . . 87,1 „ „	Schweden . . . . . 18,5 „ „
Ver. Staaten . . . . 54,1 „ „	Niederlande . . . . . 17,7 „ „

Ungarn	13,1 Mill. Hectol.	Dänemark	5,1 Mill. Hectol.
Italien	8,1 „ „	Austral. Colonien . .	3,3 „ „
Norwegen	7,2 „ „	Portugal	3,0 „ „

Spanien 2,2 Mill. Hectol.

(Nach Neumann-Spallart a. a. O. S. 91.)

§. 144. Die Viehzucht.

Die Viehzucht, ein Productionszweig, welcher bei vorgeschrittenen wirthschaftlichen Zuständen als Nebengeschäft des Ackerbaues betrieben wird und durch Wiesencultur und Bau von Futterkräutern, Racenveredlung etc. auch einer intensiven Wirthschaftsmethode Zugang gewährt, ist in neuerer Zeit gleichfalls ein Lieblingsgegenstand der wirthschaftlichen Statistik geworden [1]).

Die Gegenstände der Viehstatistik zerfallen in folgende Hauptgruppen:

A. Statistik des Viehstandes. Sie gibt die Stückzahl jeder Viehgattung, möglichst nach Alter und Geschlecht unterschieden, an. Geschlecht und Alter jeder Viehart bestimmen den Futterbedarf und die Erträge. Die Vertheilung des Viehstandes auf seine verschiedenen Lebensalter gibt Aufschluss über die Zahl der im Aufwuchs begriffenen und der bereits nutzbar gewordenen Thiere.

Nächst der Stückzahl ist die Qualität wichtig. Schnellwüchsigkeit und Futterverwerthung, Kraft, Schnelligkeit und Ausdauer, Milch- und Wollreichthum und Productenwerth können nur durch genaue zahlreiche Beobachtungen ermittelt werden, noch schwerer andere Eigenschaften, wie namentlich die Vererbungsfähigkeit.

Von hoher Bedeutung ist das Verhältniss des Viehstandes zur Bodenfläche [2]). In directer Beziehung zur Bodenfläche steht das landwirthschaftliche Arbeitsvieh. 35 Stück Grossvieh (Rinder und Pferde) auf 1 Quadrat-Kilometer ist in Deutschland das durchschnittliche Verhältniss, welches jedoch in den einzelnen Ländern bemerkenswerthe Verschiedenheiten zeigt. Diese innige Beziehung des Viehstandes zur Bodenfläche wird aber nicht nur durch die Arbeitskraft des Viehes, sondern auch durch das Düngerbedürfniss und den Futterzuwachs hergestellt. Boden und Vieh sind gegenseitig auf einander angewiesen.

Man nimmt an, dass jeder Zentner lebenden Viehgewichts jährlich 11 Ztr. Heuwerth braucht. Berechnet man daher den Futtervorrath eines Landes in Heuwerthen, so erhält man, wenn man dieses Gewicht durch 11 dividirt, das Gewicht des Viehes, welches mit diesem Futter jährlich zu erhalten ist.

Die Stückzahl des Viehes wird aber auch vielfach durch die Race und Beschaffenheit des Schlages beeinflusst. Eine gute, stark gefütterte

Holländerkuh bedarf wohl das 5fache an Futter und liefert das 10fach
· an Milch gegen einen schlecht genährten Höhenschlag.

Wichtiger ist das Verhältniss des Viehstandes zur Volks
zahl. Stets ist jene Bevölkerung, welche ihren Bedarf an Vieh au
eigenem Reichthume befriedigt, in mannigfacher Weise begünstigt v
jener, welche durch Einfuhr für denselben sorgen muss.

Der relative Viehstand hat in Europa in den letzten Jahrzehnte
namhafte Abnahme erlitten, welcher allerdings der Umstand gegenübei
gestellt werden muss, dass man durch Verbesserung der Racen und dure
rationellere Ernährungsmethoden jetzt werthvollere Thiere erzeugt, a
vordem. So hat man in Frankreich constatirt, dass das Durchschnitte
gewicht eines lebenden Ochsen von 413 Kilogramm im Jahre 1840 au
456 Kilogramm im Jahre 1862 gestiegen ist; das Lebendgewicht de
Kühe von 240 Kilo im Jahre 1739 auf 324 im Jahre 1862 und ii
gleichen Zeitraume das der Kälber von 48 auf 65 Kilo. Durch solch
Racenverbesserung ist die verminderte Stückzahl mehr als aufgewogen
und man darf zuversichtlich annehmen, dass Aehnliches auch in den übrige
Hauptculturländern stattfindet [2]).

Wachsende, an Wohlstand zunehmende Bevölkerung, landwirth
schaftlicher Fortschritt insbesondere verbessern den Viehstand, namentlic
an Milch- und Schlachtvieh. Die Haltung von Handelsvieh und voi
Vieh, welches Handelswaare erzeugt, geht nicht mit der Bevölkerungs
zunahme parallel, weil die Ernährung solchen Viehes bei dichter Bevöl·
kerung zu theuer wird.

Auf die Vermehrung oder Verminderung des Viehstandes nehmen
die Ernten bedeutenden Einfluss. Besonders Schweine, Schafe und Pferde
geringerer Qualität werden bei schlechten Ernten abgeschafft. Auf den
Pferdestand nehmen begreiflicherweise Kriege einen fühlbaren Einfluss.

Ein schnelleres Anwachsen des Viehes als der Bevölkerung bedeutet
unter gleichen Umständen eine Zunahme der landwirthschaftlichen Industrie
und bessere Volksernährung.

Die Standorte der Viehzucht werden hauptsächlich durch die
Haltbarkeit und Transportfähigkeit der Viehproducte gegen die Haupt-
consumtionsplätze bestimmt.

B. Statistik der Viehzucht. In dieser Hinsicht sind zunächst
Zahl, Beschaffenheit und Race der Zuchtthiere, sowie die zur Zucht ge-
troffenen Anstalten darzustellen. Dann das zur Fortpflanzung geeignete
Verhältniss zwischen der Zahl der Geschlechter, welches bei den verschiedenen Viehgattungen verschieden ist. Nach den gegenwärtigen Erfahrungen
der Viehzucht reicht zur Fortpflanzung ein männliches Thier bei Pferden
für 50 bis 60, bei Rindern für 30—80, bei Schafen für 60—100, bei

Schweinen für 25—40 weibliche Thiere. Auch das Vieh hat seine Alters-classen, die Perioden der Auffütterung, Erziehung und Abrichtung (beim Rindvieh bis zum 2. und 3., bei Pferden bis zum 4. und 5. Jahre), die der Production und die der Entwerthung.

In der Zeit der Aufzucht sind die Resultate der verschiedenen, den Thieren gegebenen Futtermittel Gegenstand statistischer Beobachtung. Nach den Futtermitteln modificiren sich nicht nur die in der Körper-materie des Thieres ruhenden Eigenschaften: Gediegenheit, Ausdauer, Kraft, Schnelligkeit, sondern auch die Producte: Fleisch, Fett, Milch, Butter, Wolle.

Auch der Abgang ist von statistischem Interesse. Die Lebensdauer eines Pferdes, so lange es noch arbeiten kann, wird auf 14—16 Jahre angenommen. Das Rind kann ein Alter von 20—25 Jahren erreichen, ist jedoch wohl nur halb so lange nutzbar. Die Lebensdauer der grossen Niederungsschafe beträgt 10, der Merinos 20 Jahre; die Entwerthung be-ginnt indessen schon früh. Die Lebensdauer der Schweine ist noch kürzer. Die seuchenartigen Abgänge und ihre statistische Darstellung sind von praktischer Wichtigkeit für die Viehversicherung.

C. Statistik der Viehnutzung. Unter Viehnutzung versteht man die Verwerthung des Viehes für die Land- und Volkswirthschaft. Hier sind namentlich zu betrachten: Die Roh- und Reinerträge und der Capi-talswerth.

Bezüglich ersterer fragt sich's, in welchem Maasse das Vieh ausge-nützt wird, wie sich die Preise von Milch, Butter, Fleisch, Wolle und lebendem Vieh stellen, und wie hoch daher der jährliche Ertrag angeschlagen werden kann. Man berechnet in Deutschland den Reinertrag auf circa:

	% des Rohertrages	% des Bestandwerthes
bei Pferden	10	11
„ Rindern	15	16
„ Borstenvieh	15	21
„ Ziegen	15	22
„ Wollvieh	8	8

Seinen wirthschaftlichen Ausdruck findet der Bestandswerth im Preise der verkauften Stücke.

Anmerkungen.

[1]) Die Statistik der Hausthiere hat verhältnissmässig weniger mit Schwie-rigkeiten zu kämpfen, als die meisten anderen Zweige der wirthschaftlichen Statistik. Viehzählungen haben auch schon frühzeitig stattgefunden; in Sachsen schon 1697. Von älteren deutschen Arbeiten seien die von Hoffmann, Dieterici, Lengerke, v. Hermann, Engel hier wenigstens erwähnt. In Viebahn's Statistik des zollvereinten etc. Deutschlands findet sich eine gediegene und vollständige

Untersuchung über den Viehstand des deutschen Zollvereins, welche hier als
hauptsächlichster Anhaltspunkt benutzt ist — mit Ausschluss der durch die
Zeit überholten Zahlen.

¹) Es treffen auf den Quadratkilometer (nach den letzten Viehzählungen
berechnet):

i n	Rinder	Pferde	Schafe	Schwei-ne	Ziegen	Esel und Maulesel
Deutsch. Reich 1873	29,2	6,2	46,2	13,2	4,3	?
Preussen . . . „	24,8	6,6	56,5	12,3	4,3	?
Bayern . . . „	40,4	4,7	17,7	11,5	2,6	?
Sachsen . . . „	43,2	7,7	13,8	20,1	7,0	?
Württemberg . „	48,5	5,0	29,6	13,7	2,0	?
Oesterreich . . 1869	24,7	4,6	16,7	8,4	3,2	0,1
Ungarn . . . „	16,3	6,6	46,5	13,7	1,8	0,2

²) Das Verhältniss des Viehstandes zur Volkszahl hat sich in den europäischen Ländern (soweit sichere Nachrichten darüber vorhanden sind) folgendermassen verändert:

	Bevölkerung der verglichenen Länder Millionen	Auf 1000 Einwohner treffen		
		Rinder	Schafe	Schweine
um das Jahr 1832 circa .	215	328	764	197
„ „ „ 1857 „ .	244	355	724	156
„ „ „ 1869 „ .	278	331	700	152
in neuester Zeit „ .	294	310	682	156

(Nach Neumann-Spallart: Uebersichten. Jahrg. 1879, S. 95.)

Eine Uebersicht dieses Verhältnisses in den einzelnen europäischen Staaten
ergibt Folgendes. Auf 1000 Einwohner treffen:

in	Pferde	Rinder	Schafe	Schweine	Ziegen
Frankreich 1872	79	313	684	149	49
Grossbritannien und Irland . . . 1876	88	316	1070	109	8
Belgien 1866	38	274	121	131	41
Niederlande 1874	74	375	233	87	40
Dänemark 1871	176	694	1032	248	--
Schweden 1874	102	495	390	94	26

in	Pferde	Rinder	Schafe	Schweine	Ziegen
Norwegen 1875	82	537	981	58	185
Deutsches Reich 1873	82	384	609	174	57
Preussen allein . . . . ,,	92	350	797	174	60
Bayern . . . . ,,	73	630	276	179	40
Russland 1872	225	343	699	151	16
Oesterreich-Ungarn 1869	91	354	600	195	73
Schweiz 1876	36	382	172	117	148
Italien 1874	18	130	324	59	63
Spanien 1865	41	185	1404	272	?
Portugal 1870	20	119	620	478	?
Griechenland 1867	68	78	1314	40	1571
Rumänien 1866	117	598	1049	237	94
Serbien . . . . ,,	?	609	2204	1062	?
Vereinigte Staaten 1875	243	706	876	751	?

(Nach M. Block: Traité théorique et pratique de statistique; pag. 497, wobei jedoch die Ziffern für die deutschen Länder nach den officiellen Angaben richtiggestellt wurden.)

II. §. 145. Die Forstwirthschaft [1]).

Bei der Forststatistik ist, da in der Forstwirthschaft die menschlichen Arbeitskräfte sowohl als das Betriebscapital als Productionsfactoren in den Hintergrund treten,

I. Die Substanz der Wälder ein Hauptgegenstand der Beobachtung.

Zunächst handelt es sich darum, die absolute Waldsubstanz eines bestimmten Gebietes zu ermitteln. Die Ermittlung geschieht theils durch Messung und Berechnung, theils durch blosse Schätzung.

Geht man zur Beobachtung der relativen Waldsubstanz über, so ist zu betrachten:

A. Das Verhältniss der Waldungen zur Länderfläche. Der Waldreichthum der Länder wird bedingt durch ihre Oberflächen- und Bodenbeschaffenheit. Auf gutem Boden und in milderem Klima gedeiht der Wald natürlich besser als unter ungünstigen Umständen. Aber er gedeiht auch noch auf Boden, der für Getreide zu schlecht ist, namentlich auf unebenen Ländertheilen, in Hochgebirgen.

Die relative Bewaldung ist sowohl in den einzelnen Staaten, welche eine Forststatistik besitzen, als auch in den einzelnen Staatstheilen eine sehr verschiedene.

B. Weit bedeutungsvoller ist das Verhältniss der Waldungen zur Bevölkerung. Dichte Bevölkerung und grosser Waldreichthum können in der Regel nicht nebeneinander bestehen. Bei zunehmender Bevölkerung und Landcultur werden die Waldungen nach und nach auf den absoluten Waldboden beschränkt. Namentlich verschwinden die zusammenhängenden Waldungen in hochcultivirten, mit gutem Boden gesegneten Ebenen und Küstenländern [2]).

Die Frage, wie viel Waldboden dazu gehört, um der Bevölkerung ihren Holzbedarf zu sichern, lässt sich schwer beantworten. Die Erfahrung und die Theorie sind nicht im Stande, ein allgemein giltiges Maass des durchschnittlichen jährlichen Holzbedarfes für jeden Kopf der Bevölkerung zu ermitteln, und zwar sowohl an Bau- und Nutz-, als an Brennholz.

Um ein solches Maass zu ermitteln, müsste man nämlich verschiedene örtliche Verhältnisse berücksichtigen:

1. Beim Bauholz die Bauart, ob massiv oder in Fachwerk u. s. f. gebaut wird, ferner die Bedachung, ob mit Schiefer, Stroh, Schindeln u. s. f. gedeckt wird, endlich ob und wie viel die Fabriken und Bergwerke an Bauholz bedürfen.

2. Beim Nutzholz, ob in der Gegend solche Holzarten wachsen, die von Gewerbetreibenden benützt werden können.

3. Beim Brennholz das Klima und die Dauer des Winters, den Umfang der Brennholz verbrauchenden Gewerbe und Fabriken, die Menge der Brennholzsurrogate und die Feuerungseinrichtungen.

Diese Verhältnisse sind die Bestandtheile, aus welchen das Holzbedürfniss sich zusammensetzt. Sie sind überall andere und deshalb ist auch das mittlere Holzbedürfniss in jeder Gegend ein anderes.

Dazu kommt noch, dass der nachhaltige Materialertrag aus den Forsten sich nur schwer und unsicher ermitteln lässt.

Man hat vor längeren Jahren als Durchschnittsertrag während der ganzen Umtriebzeit eines Waldes 30 Kubikfuss Holz für den preussischen Morgen angenommen; den Holzbedarf für den Kopf schlug man eben so hoch an und kam demnach zu dem Schlusse, dass jedes Land so viel Morgen Wald haben müsse, als die Volkszahl beträgt und dass ausserdem entweder Waldmangel oder Ueberwaldung herrsche. Die Brennholzsurrogate würden das Verhältniss natürlich ändern.

Bei der ungleichen Bewaldung und Bevölkerung der Länder ist das Verhältniss zwischen Bewaldung und Bevölkerung ein wechselndes.

C. Die Besitzkategorien der Waldungen, d. i. die Vertheilung der Waldungen als:

1. Staatsforsten;
2. Gemeindeforsten;
3. Stiftungsforsten und
4. Privatforsten.

Dieses Verhältniss ist von volkswirthschaftlicher Bedeutung deshalb, weil sich die Forstwirthschaft vorzugsweise für grosse Besitzungen eignet, weil geregelte Forstwirthschaft bei grosser Zersplitterung des Waldbesitzes unmöglich ist. Die Waldungen als Staats-, Gemeinde- und Stiftungsforsten sind dauernder dem Zwecke der Holzproduction gewidmet, als wenn sie den wechselnden Interessen einzelner Besitzer dienen sollen. In Deutschland ist im Ganzen über $\frac{1}{3}$ der gesammten Waldfläche Staatsforst; nicht ganz die Hälfte derselben ist Privateigenthum, der Rest ist Besitz von Gemeinden etc.

H. Die Bestand- und Betriebsverhältnisse. Dieselben sind verschieden:

1. Nach den Holzarten: Laub- und Nadelholz.

2. Nach den Betriebsarten: Hochwald, Mittelwald und Niederwald.

Obwohl in den einzelnen Staaten, welche eine geordnete Forstverwaltung besitzen, über diese Verhältnisse zuverlässige Erhebungen bestehen, so müssen wir uns hier doch damit begnügen, diese Gegenstände der Forststatistik blos zu erwähnen; ebenso

III. die Untersuchung der Roh- und Reinerträge aus den Waldungen, und zwar die Erträge vom Holze sowohl, als jene der anderen Forstnutzungen.

Anmerkungen.

[1] Auch bezüglich der Forststatistik ist das angeführte Werk von Viebahn: Statistik des zollvereinten etc. Deutschlands Bd. II, S. 619 ff. als Grundlage genommen und nur wo es nöthig schien, neuere Zahlen und solche aus ausserdeutschen Ländern herangezogen worden.

[2] Die Ausdehnung der Waldungen beträgt

I. In den wichtigsten europäischen Ländern:

in	absolut in 1000 Hectaren	% der Gesammt-fläche	in	absolut in 1000 Hectaren	% der Gesammt-fläche
Oesterreich-Ungarn .	18004	33,00	Belgien	485	18,52
Deutsches Reich . . .	?	26,10	Grossbritann. u. Irland	?	4,00
Russland (europ.) . .	138643	30,90	der Schweiz	?	15,90
Italien	4452	15,00	Spanien	?	5,52
Schweden	17568	60,00	Portugal	?	4,40
Norwegen	?	66,00	Europ. Türkei	?	15,00
Niederlande	?	7,10	Griechenland	?	18,83

(Nach M. Block: Statistique de la France II. Ed. T. H, pag. 27 und 8
Diese Zahlen finden bezüglich Deutschlands und Oesterreich-Ungarns in Fo
gendem eine Rectificirung.)

II. Im Deutschen Reich insbesondere gestaltet sich nach den officielle
Erhebungen über die Bodenbenutzung (Jahrb. f. 1880, S. 21) die Ausdehnun
des Forstlandes wie folgt. Von der Gesammtfläche des Reiches ware
13,839769 Hectaren Forstland, das ist 25,7%. In den einzelnen Ländern un
Provinzen beträgt die relative Ausstattung mit Forstland:

% der Gesammtfläche:

Ostpreussen	18,2	Das bayrische Franken 34,9	Sachsen-Altenburg	28
Westpreussen	21,2	Uebriges Bayern r. Rh. 31,4	Sachsen-Coburg	30
Brandenburg	32,1	Bayern l. Rh. 38,6	Anhalt	24
Pommern	19,7	Bayern 33,0	Schwarzb.-Rudolst.	45
Posen	20,2	Sachsen 27,7	Schwarzb.-Sondersh.	29
Schlesien	28,9	Württemberg 30,8	Waldeck	37,
Prov. Sachsen	20,1	Baden 37,6	Reuss ä. L.	36,
Schleswig-Holstein	6,1	Hessen 31,3	Reuss j. L.	37,
Hannover	15,8	Mecklenburg-Schw. 16,8	Schaumburg-Lippe	22,
Westfalen	27,9	Sachsen-Weimar 25,3	Lippe	?
Hessen-Nassau	40,1	Mecklenburg-Str. 19,7	Lübeck	12,
Rheinland	30,7	Oldenburg 8,8	Bremen	1,
Hohenzollern	33,1	Braunschweig 30,3	Hamburg	3,
Ganz Preussen	23,3	Sachsen-Meiningen 41,7	Elsass-Lothringen	30,

III. Bezüglich Oesterreich-Ungarns ist nach den officiellen Erhebungen über die Bodencultur i. J. 1869 der Procentbetrag der Waldfläche:

Niederösterreich	33,7	Triest u. Istrien 24,4	Bukowina	50,3
Oberösterreich	36,0	Tirol u. Vorarlberg 30,8	Dalmatien	24,1
Salzburg	36,7	Böhmen 30,0	Oesterr. Länder	33,0
Steiermark	48,9	Mähren 27,2	Militärgrenze	34,5
Kärnten	46,1	Schlesien 34,6	Ungarische Länder*) 29,4
Krain	45,5	Galizien 28,9		

*) (Nach Klun: Stat. von Oesterreich-Ungarn S. 223.)

III. Capitel.
Die Gewerbe.

---

§. 146. Die Gewerbe überhaupt[1]).

Mit welchen Schwierigkeiten die Gewerbestatistik zu kämpfen hat,
erkennt man schon, wenn man sich bemüht, den Begriff des Gewerbes
gehörig zu fixiren. Im weitesten Sinne des Wortes sind unter Gewerben
alle jene Thätigkeiten zu verstehen, welche berufsmässig und dauernd,

zum Zwecke von Erwerb und Gewinn ausgeübt werden. In diesem Sinne dürften als nichtgewerbliche Thätigkeiten blos jene ausgeschlossen werden, bei welchen die Erfüllung einer moralischen Pflicht oder Aufgabe den eigentlichen Erwerb in den Hintergrund drängt; also die Thätigkeit des Beamten, des Soldaten, des Geistlichen, Lehrers, Arztes, Künstlers etc.

Die allgemein übliche Anschauung schliesst jedoch vom Begriff des Gewerbes auch noch den ganzen land- und forstwirthschaftlichen Betrieb aus, und die officielle Statistik thut das Gleiche. Sie geht aber noch weiter und schliesst noch eine Reihe anderer Gewerbszweige aus[2]). Was hienach übrig bleibt, das umfasst immerhin noch Thätigkeiten, welche der Rohproduction, der Industrie, dem Handel- und Transportwesen und selbst der Kategorie persönlicher Dienstleistungen angehören. Will man aus dieser Gesammtheit von Erwerbsarten noch diejenigen hervorheben, welche im engsten Sinne des Wortes als Gewerbe bezeichnet werden, so wird man sie passenderweise als industrielle Gewerbe bezeichnen, d. h. diejenigen, welche sich mit der Veredlung und Verarbeitung von Rohproducten beschäftigen.

Die einzelnen Erscheinungen, welche die gewerbliche Statistik zu untersuchen hat, sind folgende:

I. Die gewerbliche Bevölkerung in ihrem Stand und Gange. Das Verhältniss der gewerblichen Bevölkerung zur Gesammtbevölkerung drückt aus, zu welcher Höhe sich das gewerbliche Leben im Volke entwickelt hat. Bei dem Mangel an gleichmässigen officiellen Erhebungen, und bei der herrschenden Unbestimmtheit des Begriffes „Gewerbe" ist es nicht thunlich, die Zahlen für die wichtigeren europäischen Länder zu vergleichen. Im Deutschen Reiche allein kommen an Gewerbetreibenden auf 10000 Einwohner:

in	Betriebe	Personen	in	Betriebe	Personen
Preussen	699	1408	Württemberg . .	886	1530
Berlin	932	2552	Baden	769	1581
Bayern	839	1408	Hessen	825	1519
Sachsen	921	2290	Elsass-Lothringen	694	1604

Unter den einzelnen Landestheilen findet sich die geringste Zahl von gewerbetreibenden Personen in Posen, nämlich 633 auf 10000 Einwohner; die höchste (ausschliesslich der freien Städte) in Reuss ä. L., nämlich 2502.

Der Gewerbestand mehrt sich im Laufe der wirthschaftlichen Entwickelung der Völker theils dadurch, dass einzelne Geschäfte, welche

früher häusliche Nebenarbeit waren, besondere berufsmässige Gewerbszweige werden, theils durch das Auftauchen neuer Bedürfnisse und in
Folge dessen neuer Gewerbe.

In industriereichen Ländern mehrt sich der Gewerbestand rascher als
die Bevölkerung. In Preussen z. B. wuchs er von 1846—1861 um 33 %,
also jährlich um mehr als 2 %, während der Zuwachs der Bevölkerung
nur 1 % betrug. Nur in einzelnen Gewerbszweigen weist die Statistik, beim
Uebergang von der Hand- zur Maschinenarbeit, bei Vertheuerung von
Rohstoffen, beim Wechsel der Bedürfnisse, momentane Verminderungen
der Beschäftigten nach. Neue Bedürfnisse, neuer industrieller Aufschwung
gleichen solche Störungen bald wieder aus.

II. Die Zahl der Gewerbsanstalten gibt wegen des sehr verschiedenen Umfanges der einzelnen Unternehmungen an sich kein Bild der
gewerblichen Entwickelung. Bedeutsam wird sie dagegen, wenn man sie
mit der Zahl der gewerblichen Bevölkerung vergleicht, und zwar nicht
nur im Ganzen, sondern auch bei jedem einzelnen Gewerbszweige. Dann
ergibt sich

III. Der Betriebsumfang. In dieser Hinsicht unterscheidet man
gewöhnlich:

A. Den Kleinbetrieb, das Handwerk charakteristisch durch das
Mitarbeiten des Unternehmers, die geringeren Hilfsmittel.

B. Den Grossbetrieb oder die Fabrication, charakteristisch durch
die ausgedehntere Arbeitstheilung, die grössere Arbeiterzahl, die Anwendung grossartiger Arbeitshilfsmittel, technisch gebildeter Leiter.

Es ist jedoch nicht leicht möglich, eine bestimmte Grenze zwischen
Klein- und Grossbetrieb zu ziehen. Das sprechendste Unterscheidungs-
merkmal ist jedenfalls die Zahl der beschäftigten Personen; aber wenn
man durch sie die Grenze zwischen Klein- und Grossbetrieb fixiren wollte,
müsste diese Grenze jedenfalls bei jedem Gewerbe besonders aufgesucht werden. Eine chemische Fabrik z. B. mit 5 Arbeitern steht jedenfalls dem Grossbetrieb weit näher als ein Zimmermann, der mit 5 Gesellen
arbeitet. Wenn daher die deutsche Gewerbestatistik eine Unterscheidung
getroffen hat zwischen Gewerbsbetrieben mit mehr als 5 beschäftigten Gehilfen und solchen mit weniger, so ist diese Unterscheidung keineswegs
hinreichend, um den Gegensatz von Gross- und Kleinbetrieb vollständig
und richtig zum Ausdruck zu bringen. Im Deutschen Reiche finden sich:

Betriebe überhaupt: Darunter mit mehr als 5 Gehilfen
3·230311 mit   84195 Betriebe mit
6·470630 beschäftigten Personen 2·311399 beschäftigten Personen.

Die stetige Zunahme des Grossbetriebes gegenüber dem Kleinbetriebe
ist indessen eine notorische Thatsache, welche sich in allen Culturländern

vollzieht. Der Grossbetrieb, welcher mit imponirenden Arbeitermassen und Productenmengen in die Weltwirthschaft eintritt, ist es, welcher einzelne Völker mit Entschiedenheit zu Industrievölkern stempelt.

Wo er die günstigsten Bedingungen seiner Existenz findet, concentrirt er sich so auffallend, dass die Arbeiter einer einzelnen Unternehmung Städte füllen können. Obgleich sich aber der Grossbetrieb heutzutage stetig mehrerer Zweige der früheren Haus- und Handwerksindustrie bemächtigt, vermehrt sich auch noch in der neuesten Zeit die Zahl der mit dem Handwerk Beschäftigten ganz bedeutend. Eine Menge von Industriezweigen eignen sich eben besser für den kleinen, als für den grossen Betrieb. Nur die Verarbeitung von Textilien und die Metallarbeiten sind mit grösster Entschiedenheit dem Grossbetriebe anheimgefallen.

IV. Betrachtet man die locale Vertheilung der Gewerbe, so findet man dieselben namentlich in Städten und Flecken. Aus einer grossen Zahl von Werkstätten und Gewerbetreibenden einer Stadt oder Gegend lässt sich nicht sofort auf starke Gewerbsthätigkeit und Lieferung vorzüglicher Erzeugnisse schliessen. Die locale Vertheilung des Handwerkes und jene der Industrie folgen keineswegs den gleichen Ursachen. Das Handwerk wächst weder in gerader Proportion mit den Fabriken, noch nimmt es in gerader Proportion mit ihnen ab. Die Handwerkerziffer insbesondere wird weder ausschliesslich vom Volkswohlstand im Allgemeinen, noch von der Volksdichtigkeit beherrscht; Zunftverfassung und Gewerbegesetzgebung haben wohl Einfluss auf sie, den grössten aber der Stammescharakter und die ganze wirthschaftliche Geschichte eines Volkes. (Schmoller.)

V. Ueber Menge und Geldwerth der Production sind richtige Nachrichten schwer zu erhalten. Anhaltspunkte, aus welchen sich auf die absolute Masse der Producte schliessen lässt, sind die Zahl des Arbeiter-, namentlich des Fabrikpersonales, die Grösse der fixen Capitalien, namentlich die Grösse der Baulichkeiten, die Menge der verwendeten Naturkräfte (Dampfmaschinen- und Wasserkräfte), die Menge und der Umfang der verschiedenen zur Production nöthigen Apparate (z. B. die Zahl der Spindeln, der Webstühle); auch die Menge des flüssigen Capitales, namentlich der verbrauchten Rohstoffe. Aber trotz all dieser Anhaltspunkte lassen sich nur höchst unsichere Schätzungen sowohl über die ganze industrielle Production eines Volkes, als auch über die meisten der einzelnen Industriezweige anstellen, sowie über den relativen Werth der Production pro Kopf der Bevölkerung.

Nicht minder wichtig als das Verhältniss des Productionswerthes zur Einwohnerzahl wäre sein Verhältniss zur Zahl der in jedem Productionszweige beschäftigten Arbeiter. Denn dieses Verhältniss drückt im Wesentlichen den Erfolg der menschlichen Arbeit aus. Je grösser der Productions-

werth eines Productionszweiges im Verhältniss zur Arbeiterzahl: desto
höher steht dieser Productionszweig hinsichtlich seiner wirthschaftlichen
Erfolge — abgesehen natürlich vom Capitalaufwand. Um die wirthschaftlichen Erfolge jedes Productionszweiges klar zu stellen, müsste daher auch
das Verhältniss des Productionswerthes zu den im Productionszweige
angelegten Capitalien untersucht werden. Und endlich müssten Capitalien
und Arbeitskräfte auf eine Einheit reducirt und mit dem Productionswerthe
verglichen werden, was allerdings nur zulässig ist, soweit die Arbeit sich
abschätzen lässt.

In der Bewegung des absoluten und relativen Productionswerthes,
welcher einestheils vom Zusammenwirken der Productionsfactoren, andererseits von den Bestimmungsgründen des Preises der Producte abhängt, treffen
dann schliesslich die mannigfaltigsten Einflüsse zusammen.

VI. Der Gang der Gewerbe und die auf denselben, wie auf die
locale Vertheilung der Gewerbe wirkenden Einflüsse. Das Aufblühen oder
Verkümmern einzelner Unternehmungen oder ganzer Industriezweige folgt
den mannigfachsten Einflüssen. Diese, der statistischen Untersuchung bald
mehr bald weniger zugänglichen Einflüsse machen sich theils auf die Industrie im Ganzen geltend, theils blos auf einzelne Zweige. Sie sind im
Wesentlichen folgende:

A. Die Bewegungen des Capitalmarktes.

B. Die Gunst local erleichterten Rohproductbezuges. So erblüht die
Eisenindustrie in der Nähe grosser Eisenerz- und Kohlenlager (die englischen und preussischen Industriegebiete!), die Glasfabrication in holz-
reichen Gegenden (Böhmerwald), die Tabak- und Zuckerfabrication da,
wo der Rohstoff entweder als Rückfracht von den Seeschiffen aus überseeischen Ländern beigeführt oder im Lande selbst massenhaft hervorgebracht wird.

C. Die disponiblen Naturkräfte. Gebirgsländer z. B. haben viel mehr
Wassermühlen als Flachländer.

D. Die disponiblen menschlichen Arbeitskräfte. Hier sind eine Reihe
von einzelnen Erscheinungen der Statistik zugänglich. Von directem Einfluss auf den Gang der Production sind:

1. Die Tüchtigkeit der Arbeiter (vgl. §. 135);

2. Die Arbeitszeit.

E. Die Maschinen (vgl. §. 135).

F. Die Gunst der Verkehrsmittel. Sie macht sich in doppelter Beziehung geltend; einestheils hinsichtlich des Bezuges der Rohproducte und
Hilfsmaterialien, andererseits hinsichtlich des Absatzes der Producte.

G. Der Wechsel der Nachfrage. So bedeutend der Einfluss ist, den er auf den Gang der einzelnen Gewerbe nimmt, lässt er sich doch nicht ziffermässig bestimmen.

H. Besondere Pflege einzelner Gewerbszweige durch die Wirthschaftspolitik des Staates, z. B. durch Schutzzölle.

VII. Endlich sind noch die Einflüsse zu beachten, welche die Gewerbe auf die mit ihnen beschäftigten Menschen in socialer und wirthschaftlicher Hinsicht nehmen. So namentlich das Zahlenverhältniss zwischen Lohnherrn und Lohnarbeitern in den verschiedenen Gewerben; die Betheiligung der verschiedenen Altersclassen und beider Geschlechter; die Arbeitslöhne u. A.

VIII. Die einzelnen Gewerbe.

Die gewerbliche Statistik pflegt die Gewerbe nach den Zwecken einzutheilen, welchen sie dienen. Es ist überaus schwierig, eine richtige und allseits brauchbare Eintheilung der Gewerbe zu treffen. Man kann dabei nicht allein auf die Bedürfnisse achten, welche durch die verschiedenen Gewerbszweige befriedigt werden, sondern es ergibt sich auch manchmal die Nothwendigkeit, die wichtigsten Rohproducte mit als Eintheilungsgründe zu benützen. Manche Gewerbszweige arbeiten zwar für die gleichen Zwecke, doch in so grundverschiedener Weise und mit so verschiedenen Rohstoffen, dass sie um der letzteren willen auseinander gehalten werden. Eiserne und hölzerne Stühle z. B. dienen ganz gewiss dem nämlichen Gebrauchszweck; dennoch gehört ihre Herstellung zwei ganz verschiedenen Gewerbszweigen an. Häufig müssen deshalb auch Producte, welche sehr verschiedenen Zwecken dienen, einem Gewerbszweige zugewiesen werden. Die Producte der Waffenschmiede z. B. dienen sowohl häuslichen, als gewerblichen und militärischen Zwecken.

Anmerkungen.

[1]) Mit der Gewerbestatistik beschäftigten sich die Congresse zu Brüssel, Wien, Petersburg und Pest. In Wien wurde eine Tabelle bezüglich der Classification der Gewerbe vorgelegt.

[2]) Eine Uebersicht der Hauptresultate der deutschen Gewerbezählung vom 1. December 1875 ergibt folgenden Einblick in die Besetzung der verschiedenen Gewerbszweige im Deutschen Reiche:

Gewerbsgruppen	Zahl der		Auf 10000 Einwohner	
	Betriebe	Personen	Betriebe	Personen
1. Kunst- und Handelsgärtnerei . .	13917	25464	3,3	6,0
2. Fischerei	16905	19626	4,0	4,6
3. Bergbau-, Hütten- und Salinenwesen	8610	433206	2,0	101,4
4. Industrie der Steine und Erden .	56476	265555	13,2	62,2
5. Metallverarbeitung	169383	419752	39,6	98,2
6. Maschinen, Werkzeuge, Instrumente, Apparate	88199	322029	20,6	75,4
7. Chemische Industrie	9507	51698	2,2	12,1
8. Industrie d. Heiz- u. Leuchtstoffe	13130	42507	3,1	9,9
9. Textilindustrie	403024	926767	94,3	216,9
10. Papier und Leder	59609	187285	13,9	43,8
11. Industrie d. Holz- u. Schnitzstoffe	264636	464048	61,9	108,6
12. Nahrungs- und Genussmittel . .	271585	692600	63,6	162,1
13. Bekleidung und Reinigung . . .	774955	1,053142	181,4	246,5
14. Baugewerbe	234388	467309	54,9	109,4
15. Polygraphische Gewerbe	8855	55719	2,1	13,0
16. Künstlerische Betriebe f. gewerbl. Zwecke	5945	13400	1,4	3,1
17. Handelsgewerbe	529459	661496	123,9	154,8
18. Verkehrsgewerbe	82146	134330	19,2	31,4
19. Beherbergung und Erquickung .	219582	234697	51,4	54,9
Sämmtliche 19 Gruppen .	3,230311	6,470630	756,0	1514,4

Ausgeschlossen blieben: a) Von der Militär- und Marineverwaltung betriebene Industrien; b) Eisenbahn-, Post- u. Telegraphenbetrieb; c) Aerztliches u. Todtenbestattungspersonal; d) Versicherungswesen; e) Musik, Theater, Schaustellungen; f) Gewerbebetrieb im Umherziehen; g) Industrie der Straf- und Besserungsanstalten; h) Betriebe, die blos für den eigenen Haushalt produciren.

§. 147. Bergbau, Hütten- und Salinenwesen.

Diese wichtige Gruppe von Gewerben unterscheidet sich in der Statistik des Deutschen Reiches sowohl als auch in anderen Ländern vortheilhaft dadurch, dass bei ihr auch Menge und Werth der Production ermittelt wird.

Was zunächst die beschäftigten Personen betrifft, so beschäftigt die ganze Gruppe:

	Personen	Betriebe
im Deutschen Reich (1875)	433206	8610
in Oesterreich (1869)	104342	?
„ Ungarn (1871)	45862	?

Die grossen Betriebe beschäftigen bei weitem den grössten Theil des Gesammtpersonals. Die örtliche Verbreitung dieser Gruppe richtet sich natürlich ganz nach dem Vorkommen nutzbarer Mineralien. Auf 10000 Einwohner treffen beschäftigte Personen in dieser Gruppe: in Westfalen 512,2, Rheinland 309,7, Schlesien 208,8, ganz Preussen 140,1, Sachsen 115,9, Bayern 20,3. Dagegen in Oesterreich 52, in Ungarn 32.

Was die Bergwerke insbesondere betrifft, so kommt bei der sehr ungleichen Ausdehnung der Werke auf die Ziffer der Betriebsstätten weniger an. Weit wichtiger ist das Quantum und der Geldwerth des Productes am Productionsorte. Diesen beiden wichtigsten Angaben reiht sich als weitere noch die Zahl der in dieser Production beschäftigten Arbeiter an.

In Deutschland betrug (nach Viebahn a. a. O. S. 406):
im J. 1848 der Productionswerth 44,6 Mill. Mk., die Arbeiterzahl 88265,
„ „ 1857 „ „ 137,2 „ „ „ „ 169151.

Die Zunahme des Productionswerthes um mehr als das dreifache zeugt von der Thätigkeit dieses Productionszweiges und daneben ist die Zunahme der Arbeiter um kaum das doppelte ein Beweis für die erhöhte Leistungsfähigkeit der Arbeit. 1878 dagegen betrug die Summe aller Bergwerksproducte 324,2 Mill. Mk., die Arbeiterzahl 289486. Also abermals ein bedeutender Fortschritt der Production.

In der Hüttenindustrie betrug in Deutschland (nach derselben Quelle, Zollverein):
1848 der Productionswerth 112,1 Mill. Mk., die Arbeiterzahl 46835,
1857 „ „ 306,6 „ „ „ „ 78365.

Dagegen nach den neuesten Erhebungen:
1878 der Productionswerth 224,8 Mill. Mk., die Arbeiterzahl 126808.

Die Gesammtproduction der Bergwerke, Hütten und Salinen nebst der beschäftigten Arbeiterzahl beträgt:

	Productionswerth in Millionen		Arbeiterzahl
im deutschen Zollverein 1848	172,1 Mk.	86,0 fl. ö.W.	142134
deutsches Reich . . . 1878	564,6 „	282,2 „ „	433206
in Oesterreich . . . 1873	139,0 „	69,5 „ „	112000
„ Ungarn 1872	38,6 „	18,3 „ „	45862 ? (1871)

Das Hauptinteresse der Statistik knüpft sich begreiflicherweise an die Production, ihre Menge und ihren Werth. Und bei diesem Gegenstande fordert seine immense volkswirthschaftliche Bedeutung auch dringend zur Sammlung von zuverlässigen Angaben für sämmtliche Länder auf. Die wichtigsten Producte dieser ganzen Gruppe sind:

1. Die Steinkohle. Die Gesammtausbeute der Erde beträgt (nac
Neumann-Spallart a. a. O. S. 150) in Millionen Tonnen à 20 Ztr.:

Grossbritannien	(1877)	136,7	Vereinigte Staaten	(1878)	49,1
Deutschland	(1878)	50,5	China jährlich circa		3,0
Frankreich	„	17,0	Neusüdwales	(1877)	1,1
Belgien	(1877)	13,9	Brittisch Nordamerika	(1876)	0,4
Oesterreich	(1878)	12,3	Brittisch Ostindien ca.	(1875)	0,3
Russland	(1877)	1,8	Chile circa	(1876)	0,1
Ungarn	„	1,5	Japan	(1874)	0,3
Spanien	„	0,7	Asiatische Türkei circa		0,1
Schweden	„	0,1	Andere Länder circa		0,0
Italien	(1875)	0,1	Alle aussereuropäischen Länder		56,7
Schweiz	(1876)	0,01			
Portugal	(1871—72)	0,01	Production der ganzen Erde		291,7
	Ganz Europa	235			

Wie ungemein rasch sich die Production vermehrt, geht aus Fol·
gendem hervor:

Die Gesammtproduction der Erde betrug:

im Jahre 1860 circa 136,0 Mill. metr. Tonnen

„   „   1866 „   185,1 „   „   „

„   „   1872 „   260,0 „   „   „

„   „   1874 „   274,3 „   „   „

„   „   1876 „   287,1 „   „   „

„   „   1877 „   294.0 „   „   „

„   „   1878 „   290.9 „   „   „

Die öfter aufgeworfene Frage, wie lange der Kohlenvorrath der Erde
noch ausgebeutet werden könne, spitzt sich dahin zu, dass nicht etwa der
vorhandene Vorrath in einem absehbaren Zeitraume zu Ende geht, sondern
dass mit dem zunehmenden Verbrauch die Entfernungen und die Erd-
tiefen, aus welchen die Kohlen beschafft werden müssen, immer grössere
und damit die Preise der Kohlen immer höhere werden, wenn nicht durch
technische Fortschritte diese Preissteigerung aufgehalten wird. Die Kohlen-
felder von Nordamerika, China und Ostindien zusammen werden auf über
400000 engl. Quadratmeilen veranschlagt, während die von Grossbritannien
und Irland blos 9000 engl. Quadratmeilen umfassen. Der Kohlenbergbau
beschäftigt auf der ganzen Erde etwa 1,1 Mill. Menschen und ergab im
Jahre 1877 einen Werth (am Productionsplatz):

in Grossbritannien von 942 Mill. Mk. = 471 Mill. fl. ö. W.

„ Deutschland „ 253 „   „ = 126 „   „   „   „

- Belgien „ 152 „   „ = 76 „   „   „   „

„ Oesterreich „ 64 „   „ = 32 „   „   „   „

2. **Das Eisen.** Die Eisenproduction der wichtigsten Productionsländer betrug im Jahre 1877 (nach derselben Quelle):

in Grossbritannien   6,71 Mill. metr. Tonnen

„ den Vereinigten Staaten   2,10   „   „   „

„ Deutschland (mit Luxemburg) 1,71   „   „   „

„ Frankreich   1,50   „   „   „

„ Belgien   0,67   „   „   „

„ Oesterreich-Ungarn   0,38   „   „   „

„ Russland   0,40   „   „   „

„ Schweden   0,34   „   „   „

Diese Länder liefern zusammen über 98 Procent der Gesammtproduction, welche sich auf rund 280 Mill. Zollzentner beläuft. Eine
Schätzung des Werthes derselben ist wegen der bedeutenden Schwankungen
der Eisenpreise nicht angezeigt.

3. **Gold und Silber.** Bezüglich der Production der Edelmetalle
besitzt man in einer neueren Arbeit von A. Soetbeer (Petermann's Mittheilungen, Ergänzungsheft Nr. 57) eine ausgezeichnete Darstellung, welche
bis an den Ausgang des Mittelalters zurückreicht und für alle einzelnen
charakteristischen Perioden den Gang der Production und die Ursachen
ihrer Veränderungen nachweist. Den von ihm gegebenen Uebersichten ist
Folgendes zu entnehmen:

Gesammte Production der Edelmetalle:

Perioden	Silber		Gold		Gesammt-werth in Mill. Mark
	Werth in Mill. Mark	Procent	Werth in Mill. Mark	Procent	
1493—1600	4051	66,2	1993	33,3	6044
1601—1700	6702	72,8	2504	27,2	9206
1701—1800	10267	65,9	5301	34,1	15568
1801—1850	5890	64,1	3305	35,9	9196
1851—1855	797	22,4	2755	77,6	3552
1856—1860	814	22,1	2874	77,9	3689
1861—1865	990	27,7	2582	72,3	3573
1866—1870	1205	31,0	2677	69,0	3882
1871—1875	1772	42,7	2380	57,3	4153

(Soetbeer a. a. O. S. 112.)

Die Gesammtproduction der Welt von 1493 bis 1875 wird (a. a. O.
S. 107) berechnet wie folgt:

Länder	Silber (Werth in Mill. Mark)	Gold (Werth in Mill. Mark)	Zusammen (Werth in Mill. Mark)
Deutschland	1422	—	1422
Oesterreich-Ungarn	1398	1285	2683
Versch. europ. Länder	1328	—	1328
Russisches Reich	437	2883	3321
Afrika	—	2041	2041
Mexiko	13716	739	14456
Neu-Granada	—	3388	3388
Peru	5619	456	6076
Bolivia	6789	820	7609
Chile	469	735	1205
Brasilien	—	2893	2893
Vereinigte Staaten	948	5652	6601
Australien	—	5055	5055
Diverse	360	422	782
Zusammen .	32492	26374	58866

Für die neueste Zeit endlich ergibt sich folgende Production (jährliche Production von 1871—1875):

Länder	Gewicht in Kilogr.		Werth in Millionen Mark		
	Silber	Gold	Silber	Gold	Beide zusammen
Deutschland	143080	—	25,7	—	25,7
Oesterreich-Ungarn . . .	38550	1395	6,9	3,8	10,8
Versch. europ. Länder . .	215000	—	38,7	—	38,7
Russland	11495	33380	2,0	93,1	95,1
Afrika	—	3000	—	8,3	8,3
Mexiko	601800	2020	108,3	5,6	113,9
Neu-Granada	—	3500	—	9,7	9,7
Peru	70000	360	12,6	1,0	13,6
Bolivia	222500	2000	40,0	5,5	45,6
Chile	82200	400	14,7	1,1	15,9
Brasilien	—	1720	—	4,7	4,7
Vereinigte Staaten	564800	59500	101,6	166,0	267,6
Australien	—	59900	—	167,1	167,1
Diverse	20000	3500	3,6	9,7	13,3
Zusammen .	1,969425	170675	354,4	476,1	830,6

§. 148. Metallindustrie und Maschinenbau.

Diese grosse und mannigfache Gruppe beschäftigt in allen civilisirten Ländern einen beträchtlichen Theil der gewerblichen Bevölkerung; im Deutschen Reiche auf 10000 Einwohner 39,6 Betriebe und 98,2 beschäftigte Personen. Der Betriebsumfang der einzelnen Unternehmungen steigt vom Dorfschmiede, der ohne Gesellen arbeitet, bis zu colossalen Etablissements mit tausenden von Arbeitern; die Qualität der Arbeitskräfte vom simplen Nagelschmied bis zum wissenschaftlich gebildeten technischen Dirigenten. Die Frequenz, Ab- und Zunahme und der Betriebsumfang der einzelnen hieher gehörigen Gewerbzweige folgen sehr mannigfaltigen wirthschaftlichen Einflüssen. 1. Verarbeitung edler Metalle (Gold-, Silber- und Bijouteriewaaren, Gold- und Silberschlägereien, Gold- und Silberdrahtzieherei, leonische Waaren, Münzstätten). Man bezeichnet diese Classe auch mit dem Ausdruck „feine Metallurgie"; sie ist in ihrem Gedeihen und in ihrer Ausdehnung wesentlich durch die Höhe des nationalen Luxus bedingt. 2. Verarbeitung unedler Metalle und Legirungen ausschliesslich Eisen. Die namhaftesten hieher gehörigen Einzelngewerbe, nämlich die der Kupferschmiede, Stück-, Glocken-, Gelb- und Rothgiesser, Klempner, Zinn- und Bleigiesser sind durch die um sich greifende fabrikmässige Herstellung von Blech- und Gusswaaren mehr und mehr genöthigt, sich entweder auf Reparaturen zu beschränken oder ihren Betrieb selbst fabrikmässiger zu machen. 3. Verarbeitung von Eisen und Stahl. Dies ist bei weitem die stärkste Classe dieser Gruppe, in ihr besonders hervorragend die Gewerbe der Hufschmiede, Schlosser, Zeug- und Messerschmiede, Klempner etc. Das Handwerk der Hufschmiede (und Grobschmiede) beschäftigt im Deutschen Reich 134555 Personen. Es folgt in seiner Frequenz und örtlichen Vertheilung wesentlich dem Bedürfniss der Landwirthschaft und des Localverkehres, das Schlosserhandwerk den Baugewerben, während die Gewerbe der Messerschmiede, Feilenhauer, Sägeschmiede etc., welche weniger auf den örtlichen Bedarf angewiesen sind, in ihrer localen Vertheilung von der Gunst der Productionsfactoren mehr beeinflusst werden. Aber selbst in dieser Classe ist trotz des stets mächtiger werdenden Grossbetriebes Raum genug für den kleinen Betrieb. Nur die Eisengiessereien, Emaillirwerke, Blechfabriken und Nähnadelfabriken sind ganz entschieden dem Grossbetrieb zugefallen. 4. Bau von Maschinen, Werkzeugen, Instrumenten, Apparaten. Diese Gruppe hat ihre Vorstufen in den Kleingewerben der Stellmacher, Wagen-, Wirthschaftsgeräth- und Schiffbauer, Uhrmacher und Drechsler. Die ganze Gruppe gehört überwiegend dem Grossbetrieb an; sie beschäftigt im Deutschen Reiche auf je 10000 Einwohner 20,6 Betriebe und 75,1 Personen; aber von der Gesammtzahl von 322029 beschäftigten Personen

sind 201473 in grösseren Etablissements beschäftigt. In diesen arbeiten
überdies 2731 Dampfmaschinen mit 33913 Pferdekraft. Die Gruppe zerfällt in folgende Classen: a) Bau von Maschinen, Werkzeugen, Apparaten
Er beschäftigt im Deutschen Reiche 154096 Personen in 9978 Etablissements. Für keinen anderen Industriezweig ist die Durchführung der
Arbeitstheilung von grösserem Werthe, als für den Maschinenbau. Der
Betriebsumfang ist ausserordentlich verschieden; deshalb ist die absolute
und relative Zahl der Etablissements von geringer Bedeutung und kann
die Ausdehnung des Maschinenbaues nur nach der Zahl der Maschinen-
arbeiter bemessen werden. Bergbau und Landwirthschaft, Industrie und
Verkehr drängen mehr und mehr nach arbeitsparenden Maschinen und
haben dadurch die grossartigste Massenproduction auf diesem Felde ermöglicht. Der fabrikmässige Maschinenbau ist in einer riesenhaften Zunahme begriffen. Die locale Vertheilung ist einestheils bedingt durch das
Bedürfniss, welches namentlich Seitens der Industrie, speciell der Textilindustrie, der Eisenbahnen und der Seeschifffahrt ein besonders grosses ist.
anderntheils durch die Geschicklichkeit der verschiedenen Arbeiterbevöl-
kerungen und durch die Möglichkeit leichter Beschaffung von Rohmaterial,
insbesondere von Eisen und Kohle. b) Bau von Transportmitteln (ausschliesslich der Locomotiven). Also Wagenbau und Schiffbau. Der Wagenbau wird vielfach noch handwerksmässig betrieben, so dass in Deutschland
auf 1 Betriebsstätte durchschnittlich nur 1,8 beschäftigte Personen treffen.
Dagegen ist der Schiffbau Grossbetrieb und beschäftigt an jeder Betriebsstätte durchschnittlich 7,8 Personen. c) Herstellung von Schusswaffen.
d) Herstellung von mathematischen, physikalischen, chemischen Instrumenten und Apparaten, auch Telegraphenanlagen, anatomischen Präpa-
raten. Mit Wissenschaft und Kunst in inniger Verbindung stehend kommt
diese Classe von Gewerbszweigen zumeist an den Sitzen regen wissenschaftlichen und künstlerischen Lebens zur Ausbildung. e) Die Herstellung
von Uhren etc. Sie erscheint zunächst noch durchaus als Kleinbetrieb,
indem im Deutschen Reich auf 13235 Betriebsstätten nur 23099 beschäftigte Personen treffen. Indess werden die neuen Artikel fast durchaus
von Fabriken bezogen und die Fortdauer des Kleingewerbes hauptsächlich
durch die Reparaturarbeit ermöglicht. f) Herstellung von Musikinstrumenten.
g) Herstellung von chirurgischen Instrumenten und h) Herstellung von
Beleuchtungsapparaten. Letztgenannte Classe ist fast durchaus Grossbetrieb
geworden.

§. 149. Die Textilindustrie.

Die unter diesem Namen zusammengefassten Gewerbszweige, welche
sich sämmtlich mit der Verarbeitung von Faserstoffen zu Fäden, Geweben

und weiter zu vollendeten Kleidungsstücken und anderen Gebrauchsgegenständen beschäftigen, bildeten die erste Grundlage der Massenproduction und des Waarenhandels, namentlich wegen der leichten Transportfähigkeit des Erzeugnisses. Die Fortschritte der neueren Mechanik, ökonomische Arbeitstheilung und Wiedervereinigung in grossen Etablissements haben besonders diese Gruppe wesentlich gefördert, in deren einzelnen Zweigen bald das Kleingewerbe, bald der Grossbetrieb vorherrscht, aber auch die häusliche Nebenbeschäftigung concurrirt.

Die Textilindustrie selbst enthält eine ganze Stufenreihe von einzelnen Proceduren, bis das Product fertig dem Bedürfniss gegenüber steht. Als grosse Hauptstufen lassen sich unterscheiden: A. die Spinnerei; B. die Weberei, Wirkerei, Walkerei und Filzerei; C. die Bleiche, Färberei und Druckerei. Da jedoch viele Geschäfte ihr Material durch mehrere Phasen hindurcharbeiten, ist es angemessen, das Rohmaterial hier als Eintheilungsgrund anzunehmen. Die Gewerbestatistik unterscheidet:

1. Fabrication von Gespinnsten und Geweben aus Seide. Die gesammte Seidenindustrie beschäftigt in Deutschland 77324 Personen in 35810 Betrieben, dagegen in Frankreich (nach M. Block: Statistique de France, II. 167) (1866) 154969 Personen in 14088 Etablissements. Nach derselben Quelle in Grossbritannien und Irland (1870) 48124 Arbeiter in 696 Etablissements. Die einzelnen Zweige der Seidenindustrie gehören in Deutschland mehr oder weniger dem Kleinbetrieb an; die Seidentrocknungs- und Conditioniranstalten blos dem Grossbetrieb; die Seidenspinnereien dem Letzteren grossentheils. Die Seidenwebereien dagegen sind vorzugsweise Kleinbetrieb. Wie in anderen Ländern, so concentrirt sich auch in Deutschland diese Industrie in gewissen Landschaften.

Absolut und relativ den grössten Umfang hat die Seidenindustrie Italiens. Sie beschäftigt 200393 Personen (darunter 120428 Frauen und 64273 Kinder). Die charakteristischen Arbeitsmittel dieser Industrie sind die Becken zum Abhaspeln, Spulen und Spindeln, ferner Webstühle mit und ohne Jacquardvorrichtung. Während in Italien die Spinnerei überaus entwickelt ist, stehen andere Länder in der Weberei voran. Die Zahl der Seidenwebstühle beträgt:

in Italien	8059, darunter	665	Kraftstühle,	
„ Frankreich	110433,	10470	„	
„ Deutschland	55922,	„	2179	„
„ Kanton Zürich	41000,	„	1000	„
„ „ Basel	7374,		?	
„ England	16082,		?	

(R. Jannasch: Die Industrie Italiens. Zeitschrift d. preuss. statist. Bureau. 1880. S. 172.)

Nach der eben angeführten Quelle beträgt die Gesammtproduction an Rohseide im Jahre 1879:

in Italien   1,276000 Kilogr.
„ Frankreich   255000 „
„ Spanien   40000
„ der europ. Türkei. Brussa   136000 „
„ Syrien   171000
„ Griechenland, Persien   ?
„ China (Ausfuhr)   4,105000 „
„ Japan   1,000000 „
„ Ostindien   240000 „

2. Wollindustrie. Die in diesem Industriezweig vordem übliche Handarbeit wird mehr und mehr durch die Maschine verdrängt. Die Wollindustrie beschäftigte im Jahre 1875 (in Frankreich 1876):

in Deutschland   193668 Personen in 37832 Betrieben
„ Frankreich   110954   „
„ Grossbritannien   238241   „
„ Italien   24930

(Jannasch a. a. O. S. 169.)

Unter den Einzelngewerben, die der Wollindustrie angehören, beschäftigt in Deutschland die Streichgarn- und Vigogne-Spinnerei und Weberei das grösste Personal (88279 in 10533 Betriebsstätten). Die meisten Betriebsstätten (20677) zählt die Kamm- etc.. Garn- und Bandweberei; die grössten Etablissements dagegen (2350 mit 28772) die Kammgarnspinnerei.

Charakteristische Arbeitsmaschinen sind die Spindeln und Webstühle. Von diesen waren thätig in:

	Spindeln	Mechanische Webstühle	Handstühle
Grossbritannien (1874)	5,449495	140274	?
Frankreich (1876)	2,946632	38267	62230
Deutschland (1875)	2.884607	29314	56214
Oesterreich (?)	650000	8000	34000
Italien (1876)	305386	2573	5989

(Jannasch a. a. O. S. 175.)

3. Spinnerei und Weberei in Flachs, Hanf, Werk, Jute etc. Diese ganze Industrie ist noch vielfach Kleinbetrieb mit Ausnahme der Flachsröstanstalten und der Juteweberei. In der Flachsspinnerei hat die Maschinenarbeit erst in neuester Zeit Eingang gefunden. Sie ist unter den europäischen Ländern relativ am meisten in Irland verbreitet: die Leinenweberei dagegen in einzelnen Theilen Deutschlands.

Die Zahl der beschäftigten Betriebe und Personen stellt sich wie folgt :

(1875) Deutschland   202965 Personen in 137609 Betrieben.
(1876) Frankreich   55108   „   „   618   „
(1874) Grossbritannien 171590   „   „   620   „

Die Zahl der charakteristischen Arbeitsmaschinen beträgt:

in		Spindeln	mechanische Webstühle	Handwebstühle
Grossbritannien und Irland	(1874)	1.807862	51601	?
Frankreich	(1870)	731243	24646	42806
Deutschland	(1875)	330561	9214	146930
Oesterreich	(1875)	400000	500	circa 6000
Belgien		200000	4800	?
Italien		59223	772	?
Schweiz		8000	?	?
Niederlande		8000	1200	? ·
Schweden		4000	—	?
Spanien		3500	1000	?

4. Die Baumwollindustrie beschäftigt in Deutschland (nebst gemischten Waaren) 104619 Betriebe und 296827 Personen. In Frankreich beschäftigte 1866 die Baumwollindustrie 22360 Etablissements mit 27995 Vorständen, 7232 Angestellten, 145258 Arbeitern und 97270 Arbeiterinnen (Block). In Grossbritannien und Irland im J. 1870 (ebenfalls nach Block) 450087 Arbeiter, in Russland 132352 Arbeiter bei 1879 Etablissements. Die beiden Hauptzweige dieser Industrie sind:

A. Die Baumwollspinnerei. Eine Reihe äusserst sinnreicher Erfindungen hat hier die ältere Handspinnerei gänzlich verdrängt und diesen Industriezweig wie kaum einen anderen zur Domäne der Maschine gemacht. Diese Erfindungen und die Verstärkung der Betriebskräfte haben die Production in den letzten Jahrzehnten ins Riesenhafte gesteigert. Die in der Neuzeit entstehenden Spinnereien sind vorzugsweise grosse Actienunternehmungen. Die Zahl der Spindeln betrug ums Jahr 1877 in:

Grossbritannien	 39,500000	Italien	. . . .	880000
Frankreich	 5,000000	Belgien	. . . .	800000
Deutschland	 4,200811	Scandinavien	. . . . .	310000
Russland	 2,500000	Niederlande	. . . . . .	230000
Schweiz	 1,850000	Ver. Staaten	. . . . .	10,000000
Spanien	 1,775000	Ostindien	. . . .	1,231000
Oesterreich-Ungarn	. . 1,558000		Zusammen .	69,834811

(In Deutschland die in der Weberei und Bandweberei beschäftigten Spindeln nicht gerechnet. Nach Jannasch a. a. O. Seite 173.)

Die Hauptgründe der englischen Ueberlegenheit sind neben den Fortschritten des dortigen Maschinenbaues die leichtere Beschaffung guten Rohmateriales und das wohlfeilere Capital.

B. Die **Baumwollweberei** stellt sich in ihrer localen Vertheilung folgendermassen. Die Zahl der Maschinenstühle beträgt (nach oben genannter Quelle) in:

Grossbritannien	(1875)	440676
Frankreich	(1877)	51184
Deutschland	(1861)	29448
„	(1875)	80465
Oesterreich	(1875)	23000
Italien		13517

Das Gedeihen hängt zumeist von Einführung der Maschine, dem wohlfeilen Capital, auch von der zunehmenden Tüchtigkeit der Arbeiterbevölkerung ab. Daneben freilich auch von anderen Ursachen. So entwickelte sich die deutsche Baumwollindustrie zuerst unter dem Einflusse der Continentalsperre, dann unter dem des Schutzzolles.

Die übrigen der Textilindustrie noch angehörigen Classen von Gewerben haben geringere volkswirthschaftliche Bedeutung und sollen hier blos erwähnt werden. Es sind:

5. **Bleicherei, Färberei und Appretur**, soweit sie nicht in die obengenannten Industrien eingerechnet ist.

6. **Fabrication von Geweben und Geflechten aus Gummi und Haar.**

7. **Erzeugung von Wirk-, Klöppel-, Häkel-, Strick- und Stickwaaren.**

8. **Seilerei und Reepschlägerei.**

9. **Verfertigung von Säcken, Segeln, Netzen etc.**

§. 150. Papier- und Lederindustrie.

1. **Industrie in Papier und Pappe.** Dieselbe beschäftigt:

i n	Betriebe	Personen	Maschinen	Pferdekräfte (Dampf- und Wasserkraft)
Deutschland 1875	2280	46310	1091	53892
Grossbritannien 1871	344	28050	456	35260
Frankreich 1876	512	28656	?	20378
Oesterreich . . . . ?	244	?	200	?
Italien 1877	521	17312	168	13980

Die Production beläuft sich jährlich auf:

Deutschland circa 360 Millionen Kilogramm

Frankreich „ 141 „ „ , werth 103 Millionen Fr.

Oesterreich „ 70 „

Italien „ 54 „ „

In allen Culturländern zeigt dieser Industriezweig eine bedeutende eigerung und zugleich ein fortwährendes Verdrängen der Handarbeit irch die Maschine.

2. Leder und Ledersurrogate. Der Bedarf an Leder hat mit achsender Bevölkerung und Wohlhabenheit sehr zugenommen, so dass e mittel- und westeuropäische Häuteproduction trotz des zunehmenden iehstandes nicht zureicht und seit 1820 Zufuhren von Häuten aus Amerika, stindien und Osteuropa häufig geworden sind. Die Lederbereitung wird ieils handwerks-, theils fabriksmässig betrieben; ebenso die Verarbeitung is Rohmateriales zu Gebrauchsgegenständen. Der wichtigste Zweig der- iben, die Schuhmacherei, fällt in das Gebiet der Bekleidungsindustrie. ahlen hinsichtlich der Ausdehnung der Lederindustrie stehen nur sehr ärlich zu Gebot. In Deutschland beschäftigt dieselbe (einschliesslich der ohmühlen, Lohextractfabriken, Wachstuch-, Ledertuch- und Treibriemen- ibriken) 44037 Personen in 13554 Betrieben, 350 Dampfmaschinen mit 569 Pferdekraft. Davon kommen auf die eigentliche Lederfabrication l1781 Betriebe mit 40879 Personen.

3. Fabrication von Gummi- und Guttaperchawaaren.

4. Buchbindereien und Cartonnagefabriken.

5. Riemer, Sattler und Tapezierer. Diese Classe beschäftigt in Deutschland 59819 Personen in 32402 Betrieben. Das Gewerbe der Riemer und Sattler ist wegen des ausgedehnten localen Bedarfes der Land- bevölkerung Kleingewerbe und zahlreich und gleichmässig auf dem Lande verbreitet, während die Taschnerei, Leder-Galanteriewaarenindustrie mehr dem Grossbetrieb angehören und ihren Sitz in den Städten haben.

§. 151. Nahrungs- und Genussmittelindustrie.

Diese gesammte, ungemein wichtige Gruppe beschäftigt in Deutsch- land 692600 Personen in 271585 Betrieben. Hierunter mit mehr als 5 Gehilfen 10505 Betriebe mit 264170 Personen nebst 6891 Dampfma- schinen von 80978 Pferdekraft. Auf 10000 Einw. kommen 63,8 Betriebe und 162,1 Personen. Die ganze Gruppe zerfällt in folgende Classen:

1. Herstellung vegetabilischer Nahrungsstoffe. Hieher ge- hören als wichtigste Einzelngewerbe die Müllerei und Bäckerei. Hin- sichtlich der Müllerei sind unter den verschiedenen Arten von Mühl- werken aus natürlichen Gründen in Gebirgsländern mit reichem Wasser-

gefälle die Wassermühlen, in ebenen Ländern, wo es an Gefällen fehlt.
die Windmühlen häufiger. Die von Thieren getriebenen Mühlen verschwinden mehr und mehr; dagegen sind die Dampfmühlen, namentlich
in wohlhabenden Gegenden, wo es an Gefällen fehlt, im Zunehmen. In
Deutschland beschäftigen 59908 Mühlen ein Personal von 126563. Die
Bäckerei mit der Conditorei zusammen beschäftigt in Deutschland 79252
Betriebe mit 139034 Personen. In Bezug auf das Zahlenverhältniss zwischen Bäckern und Einwohnern finden länderweise grosse Verschiedenheiten statt, namentlich deshalb, weil bei dünner Bevölkerung und vor-
wiegendem Landbau viel mehr hausgebackenes Brod bereitet wird, als bei
dichter Bevölkerung, welche mehr auf den Einkauf des Brodes angewiesen ist.

Derjenige Zweig der Nahrungsmittelindustrie, welcher am entschie-
densten dem Grossbetrieb zugefallen ist, ist die Zuckerfabrication.
Sie theilt sich in die Hauptzweige der Rohzuckererzeugung und der
Zuckerraffinerie.

Die europäische Rohzuckererzeugung ist an jene Gegenden gebunden,
deren Boden und Klima die zuckerreichsten Rüben produciren. Auch
Zufuhr des Brennstoffes und Abfuhr des Zuckers kommen in Betracht.
Wie sehr die Leistungen der Fabrication sich vervollkommnen, ergibt sich
daraus, dass bis zum Jahre 1845 1 Ztr. Rohzucker von 20 Ztr. Rüben,
bis zum Jahre 1855 1 Ztr. Rohzucker von 15 Ztr. Rüben und später von
$12\frac{1}{2}$ Ztr. gewonnen ward. Die Zahl der Rübenzuckerfabriken betrug im
Jahre 1871 (nach dem Wiener Weltausstellungsbericht)

in Deutschland 311
 „ Oesterreich 228
 „ Schweden 4
 „ Russland 439
 „ Polen 42
 „ Frankreich 483
 „ Holland 20
 „ Belgien 125
 „ Grossbritannien 1
 „ Italien 2

ganz Europa . 1655

Die Zahl ist im regelmässigen Steigen, welches nur durch Steuer-
erhöhungen unterbrochen wird. Die Zuckerraffinerien, welche Colonialzucker
verarbeiten, sind sehr in Abnahme; Grossbritannien und die Niederlande
zählen noch die meisten. Die gesammte Rohzuckererzeugung der Welt
wird auf 41 bis 42 Mill. Zoll-Ztr. geschätzt.

Die gesammte Rübenzuckerproduction Europas wird für das Campagnejahr 1878/79 berechnet wie folgt (Neumann-Spallart a. a. O. S. 121):

Frankreich . . . . 8,640000 Zollzentner
Deutschland . . . . . . 8,400000 „
Oesterreich-Ungarn . . . . 7,800000 „
Russland, Polen . . . . . 4,300000 „
Belgien . . . . 1,410000 „
Andere Länder . . . . . 600000 „
_____
31,150000 Zollzentner

Die deutschen Rübenzuckerfabriken insbesondere haben sich bis zum Campagne-Jahr 1877/78 auf 329 vermehrt und in diesem Jahre 4090 Millionen Kilogr. Rüben verarbeitet. Zu 1 Kilo Rohzucker wurden durchschnittlich 10,52 Kilo Rüben verbraucht.

2. Erzeugung animalischer Nahrungsstoffe. Das bei weitem wichtigste Einzelngewerbe dieser Classe ist die Fleischerei, grösstentheils Handwerk. Der Umfang des Fleischer- oder Metzgergeschäftes und die Qualität des Productes hängen wesentlich vom Betriebscapital und Credit ab. Die relative Häufigkeit des Gewerbes hängt wie die Bäckerei mit der Volksdichtigkeit zusammen, theils auch mit dem Betriebsumfang. In Deutschland beschäftigt das Gewerbe 110687 Personen in 77427 Betrieben.

3. Getränkefabrication. Die wichtigsten Einzelngewerbe dieser Classe sind die Brauerei und Branntweinbrennerei.

Bei den Bierbrauereien besagt die Zahl der Etablissements an sich noch nichts, wegen des sehr verschiedenen Umfanges derselben. Da der neuere Betrieb dieser Industrie hinsichtlich der Apparate und Maschinen bedeutende Anforderungen stellt, ist die Zahl derselben (wenigstens in Deutschland) in stetem Zurückgehen begriffen. Diese Verminderung trifft aber nur die kleineren Geschäfte; die grossen haben sich vermehrt. Am grossartigsten ist der Betrieb in Grossbritannien. In Deutschland beschäftigt die Brauerei 18236 Etablissements mit 67778 Personen und 1445 Dampfmaschinen zu 11470 Pferdekraft. Die Production der wichtigsten Productionsländer wird (Block: Stat. de France II. 225) berechnet auf (in Hectolitern):

Grossbritannien	18,000000	Sachsen	1,072000
Belgien	3,116675	Bayern	5,440000
Oesterreich	6,600000	Dänemark	1,000000
Preussen	2,890000	Frankreich	7,399683

Diese Ziffern sind jedenfalls viel zu gering. In Deutschland insbesondere stellt sich 1877/78 die Bierproduction wie folgt. Auf den Kopf der Bevölkerung treffen Liter in:

Bayern . . . . 275 Elsass-Lothringen 52
Württemberg . . . . 203 Uebriges Deutschland (Reichs-
Baden . . . . 72, steuergebiet) 63

Die gesammte Bierproduction Deutschlands beträgt jetzt (1878/79)
38 Millionen Hectoliter.

In der Branntweinbrennerei und Spiritusfabrication wird
gleichfalls, seit der Spiritus in den Gewerben massenhaft verwendet wird
und wichtiger Handelsgegenstand geworden ist, der kleine Betrieb mehr
und mehr durch den grossen verdrängt. In Deutschland beschäftigt das
Gewerbe 16278 Betriebe mit 37479 Personen. Die Production beträgt in
Deutschland (ausschl. Bayern, Württemberg und Baden) 4,169200 Hectol.
oder 11,9 Liter pro Kopf.

4. Tabakfabrication. Dieser Industriezweig, hochwichtig für Be-
steuerungszwecke, weist in den einzelnen Ländern sehr grosse Verschiedenheiten auf, je nach der Art der Besteuerung und nach der Beschaffung
des Rohmaterials. In mehreren wichtigen Staaten Europa's entzieht sich
die Tabakfabrication, weil Staatsmonopol, dem Kreise der hier zu beobachtenden Gewerbe. So namentlich in Oesterreich-Ungarn und in Frankreich.

In Deutschland beschäftigt die Tabakfabrication 10583 Betriebe mit
110891 Personen. Dabei sind 2506 Betriebe mit mehr als 5 Gehilfen und
in diesen grösseren Betrieben 96561 Personen beschäftigt, hiezu 129
Dampfmaschinen mit 881 Pferdekraft.

§. 152. Sonstige Industrien.

Von den übrigen industriellen Gewerben, welche sich sämmtlich
bisher keiner so sorgfältigen Betrachtung zu erfreuen hatten, wie die
ebengenannten, wären noch folgende Hauptgruppen zu nennen:

I. Industrie für Bekleidung und Reinigung. Diese Gruppe
beschäftigt in Deutschland 774955 Betriebe mit 1.053142 Personen, wor-
unter nur 4626 Betriebe mit mehr als 5 Personen, in Frankreich 341637
Betriebe mit 601395 Personen. Sie ist die am zahlreichsten besetzte
Gewerbsgruppe überhaupt. Auf 10000 Einw. treffen in Deutschland 181,4
Betriebe und 246,5 beschäftigte Personen. Die Fortdauer des Kleinbetriebes wird hier durch verschiedene Umstände ermöglicht: durch die
Häufigkeit der Reparaturarbeiten, durch die Allgemeinheit des Bedürf-
nisses, welchem diese Gewerbe dienen und welche es nöthig macht, dass
dieselben auch in den kleineren Ortschaften vertreten sind; auch durch
den Umstand, dass diese Gewerbe, weil den unmittelbarsten persönlichen
Bedürfnissen dienend, nicht so schablonenmässig arbeiten können, wie
der maschinenmässige Grossbetrieb.

Die wichtigsten zu der Gruppe gehörigen Einzelngewerbe sind bekanntlich die der Schneider und Schuhmacher. Nach älteren Angaben kommt

	1 Schneider auf	1 Schuhmacher auf
in Deutschland	252	185 Einw.
„ Frankreich	238	192 „
„ Oesterreich	761	507 „
„ Italien	687	555 „

Jetzt arbeiten im Deutschen Reiche 298923 Schneider und 374203 Schuhmacher.

II. Baugewerbe. Diese Gruppe beschäftigt in Deutschland 234388 Betriebe mit 467309 Personen, also auf je 10000 Einwohner 54,9 Betriebe und 109,1 Personen. Nur 7964 Betriebe mit 169326 Personen haben über 5 Gehilfen. Dieses Vorherrschen des Kleinbetriebes erklärt sich aus dem stark örtlichen Charakter der ganzen Gruppe.

Die Frequenz der ganzen Gruppe wird hauptsächlich durch die nationale Bausitte und durch die jeweilige Baulust bedingt; doch darf man, da in Ackerbaugegenden die meisten Reparaturen und viele Neubauten vom Hausbesitzer unter Zuzug von Handarbeitern besorgt werden, nur für Städte und Industriegegenden aus der Zahl der Bauhandwerker Schlüsse auf die Bauthätigkeit ziehen. In allen Culturländern werden neben den handwerksmässigen Baugewerken und neben der fabriksmässigen Production von Baumaterialien einzelne Theile der Bauthätigkeit, namentlich die Anlage der grossen Verkehrsbauten vom Ingenieurwesen, die höchste künstlerische Vollendung der Bauwerke von der Kunstindustrie und der Kunst beherrscht, so dass in diesem Gewerbszweige alle Qualitäten von Arbeitskräften wie alle Classen des Betriebsumfanges vertreten sind.

III. Die Industrie der Steine und Erden schliesst sich an die Baugewerbe an. Hieher gehören:

A. Die verschiedenen Zweige der Gesteinindustrie, welche als Grundlage der Bauausführungen dienen, die Kalkbrennereien, Ziegeleien, Fabriken von Formsteinen und schweren Thonwaaren, Gyps-, Cement-, Asphaltfabriken, Schiefer-, Marmor-, Dachplattenbrüche und Steinbrüche überhaupt, sind zu bedeutendem Umfange angewachsen und werden zum Theil fabrikmässig betrieben.

B. Die Keramische Industrie. Sie gehört theils dem handwerksmässigen, theils dem fabrikmässigen Betriebe an. Nach dem von ihr verarbeiteten Material zerfällt sie in Glas-, Porzellan-, Steingut- und Thonwaarenindustrie. Bei der Glasindustrie ist die Herstellung des Productes und grossentheils auch die Verarbeitung desselben vereinigt

und gehört dem Grossbetrieb an. Die locale Vertheilung dieses Fabri-
cationszweiges wird zumeist durch das nicht überall vorhandene Rohmaterial, sowie durch die gewohnheitsmässige Uebung der Arbeiterbevölkerung beeinflusst.

Die Glaserei dagegen ist decentralisirter, ganz an die Baugewerke
anschliessender Handwerksbetrieb. Weit mehr centralisirt als die Glasfabrication ist die Porzellanmanufactur. In Deutschland z. B. kommen auf
jede Glasfabrik 36, auf jede Spiegelfabrik 50, auf jede Porzellanfabrik
100 beschäftigte Personen. Mit der Vertheuerung des Holzes steigt das
Bedürfniss, solche Anstalten in der Nähe von Kohlengruben anzulegen,
zumal die Fortschritte der Technik die Erzeugung der feinsten und werthvollsten Waare mit Steinkohle ermöglichen. Die Steingut- und Thonwaarenindustrie duldet geringeren Betriebsumfang; letztere insbesondere
ist allenthalben noch Gegenstand des Kleingewerbes.

IV. Die chemische Industrie im engeren Sinne sowohl (Fabrication von Chemikalien zu pharmaceutischem und gewerblichem Gebrauch, von Farben und Firnissen), als auch eine Reihe anderer hieher
zu rechnender Industriezweige (Gas- und Theer-, Zündwaaren-, Seifen-
und Stearin-, Parfümerie- und Mineralölfabrication, Leimsiederei, Phos-
phor- und Kunstdüngerfabrication u. s. f.) gestatten zum Theile sehr
bescheidenen, zum Theil erfordern sie beträchtlichen Betriebsumfang und
Capitalaufwand. Sie sind meist modernen Ursprungs und Ergebniss wissenschaftlicher Forschung, und in ihrem Stand und Gang höchst abhängig
von der Entwickelung der Gesammtindustrie.

V. Die Industrie in Holz-, Stroh- und kurzen Waaren gehört
theils dem kleinen, theils dem grossen Betrieb an. Hinsichtlich der Holz-
waaren steht das weitverbreitete Gewerbe der Tischlerei obenan. Dieses
Gewerbe scheint (in Deutschland wenigstens) seit Anfang dieses Jahrhunderts die Zahl seiner Arbeiter, verglichen mit der Bevölkerung, verdoppelt zu haben; man zählt in Deutschland 230.510 in Tischlereien beschäftigte Personen. Der fabrikmässige Betrieb gehört erst der neueren
Zeit an; schwierigere, der Kunstindustrie angehörende Leistungen, pflegen
von ihm auszugehen. Die Böttcherei schliesst sich in ihrer Ausdehnung
wesentlich an intensiven Landbau und Getränkefabrication an; die Korb-
flechterei und Holzschnitzerei erscheinen, vielfach als häusliche Nebenbeschäftigung getrieben, mit besonders geringem Betriebsumfange. Die
Verfertigung von Kurzwaaren aus Holz, Horn, Bein, insbesondere die
Drechslerei, Spielwaarenfabrication u. dgl. wird, da sie auch schon im
Kleinen eingehende Arbeitstheilung zulässt und keine grossen Capitalien
erfordert, noch immer mit Erfolg vom Kleingewerbe betrieben; ganze
Landstriche verdanken ihnen nicht unbedeutenden Wohlstand. Einzelne

Zweige allerdings gehen mehr und mehr in den fabrikmässigen Betrieb über. Die Stroh-. Rohr- und Bastwaarenindustrie hat man. da sie auch schwächere Arbeitskräfte zulässt und fast kein Capital beansprucht, nicht ohne Erfolg als Subsistenzmittel für verdienstlose Bevölkerungen beim Erliegen anderer Gewerbszweige zu fördern gesucht. Lackirte Waaren gehören meist der Fabrikindustrie an; ebenso Bleistifte, Federn u. dgl.

IV. Capitel.

Statistik der Preise. — Das Geld.

§. 153. Im Allgemeinen.

Der Preis der Güter gehört zu den Favoritgegenständen wirthschaftlicher Statistik. Er eignet sich aber auch ganz ausnehmend hiezu. Denn er ist ein bewegliches, schwankendes Verhältniss, welchem bei allem Schwanken doch jene tiefen Gesetze gelten, die von der ökonomischen Wissenschaft so schön präcisirt worden sind. Ganz im Allgemeinen gesagt beschäftigt sich die Preisstatistik mit den Tauschwerthen aller Güter, wie sie in verschiedenen Zeiten und an verschiedenen Orten sich zeigen, wie sie gegen einander gehalten, steigen und fallen. Also mit Massenerscheinungen von imposanter Mannigfaltigkeit.

Auch diese Massenerscheinungen haben ihren Stand und ihren Gang. Beides zu beurtheilen bedarf es einiger Sorgfalt. Erleichtert wird die Aufgabe ganz ungemein durch das Vorhandensein des Geldes, als eines Tauschmittels, welches zum einfachsten Ausdruck der Preise dient.

Die Preise, welche verglichen werden können, sind entweder:

I. Preise verschiedener Waaren, oder

II. Preise einer und derselben Waare, aber

    1. an verschiedenen Orten, oder

    2. zu verschiedenen Zeiten.

Aus mehreren Preisangaben, welche sich auf eine bestimmte Waarengattung beziehen, können durch einfache Rechnung Durchschnittspreise gefunden werden. Diese beseitigen die zufälligen Aenderungen der auf den Preis einwirkenden Bestimmungsgründe, und lassen mehr die dauernde Macht derselben zum Vorschein kommen. Durchschnittspreise sind ideale Werthe, der Wirklichkeit umsomehr entsprechend. je massenhafter und regelmässiger die einzelnen Beobachtungen waren.

Das wichtigste ist immer die Untersuchung über die Ursachen, welche die verschiedenen Preishöhen herstellen. Diese Ursachen, die Bestimmungsgründe des Preises ergeben sich im Allgemeinen zwar schon aus der unmethodischen Massenbeobachtung, ja sogar auf dem Wege der deductiven Forschung, aber ihre wechselnde Kraft zu messen: dies ist die eigentliche Aufgabe der Preisstatistik.

Diese verschiedenen Preisbestimmungsgründe wirken aber sämmtlich bei jeder einzelnen Preisbestimmung. Und dieses Zusammenwirken ist es, was die Beobachtung sehr erschwert. Denn Intensität und Tenacität der Preisbestimmungsgründe sind verschieden, und ebenso die Sensibilität der Preise verschiedener Güter.

Erleichtert wird die Beobachtung dagegen dadurch, dass überall, wo der Güterumlauf und die Preisbestimmung häufiger sind, Marktpreise sich bilden. In ihnen erspart das wirthschaftliche Leben selbst dem Statistiker einen Theil seiner Arbeit, eine Reihe von Beobachtungen. Die Marktpreise aber streben nach möglichst gleicher Höhe mit den Productionskosten.

Ein ganz stetiges Preismass ist freilich noch nicht gefunden. Will man daher beobachten, ob ein Gut im Preise steigt oder fällt und soll diese Beobachtung Anspruch auf grosse Genauigkeit haben, so genügt es nicht, dass man einen beliebigen Vergleichungsmassstab (d. h. eine bestimmte Geldart) nimmt, ohne zu prüfen, ob derselbe auch immer und überall der gleiche war. In solchen Fällen wird es also nöthig, nachzusehen, wie der Preis des Geldes sich verändert hat.

Anmerkung.

[1]) Die Preise sind ein von der Statistik oft und gründlich behandeltes Feld. Die statistischen Congresse haben sich wiederholt damit beschäftigt. So der Londoner Congress 1860 bezüglich der landwirthschaftlichen Producte, der Berliner 1863 hinsichtlich der Preise von Haus- und Grundbesitz; der Wiener von 1857 bezüglich des Werthes industrieller Erzeugnisse u. s. f. Auch der letzte Congress zu Budapest befasste sich damit.

Von der überaus zahlreichen Privatliteratur über Statistik der Preise seien nur zwei Arbeiten erwähnt. Die erste ist das classische Werk von Tooke und Newmarch: Die Geschichte und Bestimmung der Preise während der Jahre 1793—1857; deutsch von Asher. Die andere ist' von K. Brämer: Zur Theorie und Praxis der internationalen Preisstatistik. In der Zeitschr. d. preuss. stat. Bureau, 1878. I. Heft.

§. 154. Gliederung der Aufgabe der Preisstatistik.

Bei aller Preisstatistik sind folgende Aufgaben zu unterscheiden:

I. Die Constatirung bestimmter Preishöhen. Bei der heutigen Beschaffenheit des Welthandels ist es leicht, über den momentanen Preisstand der Waaren, den dieselben an jedem wichtigeren Handelsplatze einnehmen, Nachricht zu erhalten. Der Preisstand eines beliebigen Tages ist jedoch nicht, was dem Statistiker genügen kann. Dieser verlangt zu wissen, wie sich der Durchschnittspreis einer oder mehrerer Jahre stellt. Denn die wechselnden Preise einzelner Tage haben wohl Einfluss auf die einzelne Handelsspeculation; aber dauernden Einfluss auf die Lage der Production und der Consumtion nehmen nur die Durchschnittspreise längerer Zeiträume. Diese sind es deshalb auch, welche zu handelspolitischen Zwecken von den Regierungen ermittelt werden; in möglichst gründlicher, wenn auch ziemlich ungleichartiger Weise. Die Ermittlung geschieht in der Weise, dass eine Behörde oder Commission (ein statistisches Amt oder das Finanz- oder Handelsministerium etc.) unter Zuhilfenahme von Cursnotirungen der wichtigsten Börsen, von Handelskammer-Gutachten, Preiscourants, von berufenen Sachverständigen, die zuverlässigsten Nachrichten über die an verschiedenen Plätzen wirklich gezahlten Waarenpreise sammelt, prüft und vergleicht und hieraus die Mittelpreise eines Jahres berechnet. Dabei ergeben sich freilich mancherlei Hindernisse und Schwierigkeiten, welche Ursache sind, dass selbst die zuverlässigsten Erhebungen der Preisstatistik noch weit vom Ideal entfernt sind. Die Durchschnittspreise sind überhaupt schon Abstractionen und als solche etwas anderes als die Wirklichkeit; sie sind aber auch sehr häufig unrichtige Abstractionen, weil bei ihrer Bildung nicht allein die Höhe der Einzelnpreise, sondern auch die Quantität der zu diesen Preisen verkauften Waaren in Betracht gezogen werden müsste, was nicht immer geschieht.

II. Die Untersuchung der Ursachen verschiedener Preishöhen. Mit der einfachen Constatirung der Preishöhen ist nur ein Theil der gesammten Aufgabe der Preisstatistik erledigt. Nicht minder schwierig als sie ist das Eingehen auf die Bestimmungsgründe des Preises in jedem einzelnen Falle. So einfach es ist, die Bestimmungsgründe des Preises auf dem Wege psychologischer Speculation zu entwickeln und in zahllosen Einzelnfällen mit wirthschaftsgeschichtlichen Beweisen zu versehen, umso schwieriger erscheint es dagegen, diese Bestimmungsgründe nach einer gleichmässigen Methode quantitativ festzuhalten. Es ist leicht, zu sagen: Nachfrage und Angebot bestimmen den Preis. Aber mit welchen Massstäben misst man das Angebot und die Nachfrage? Und wie trägt man dem Umstande Rechnung, dass zwischen das ursprüngliche Angebot der Producenten und die ursprüngliche Nachfrage der Consumenten ein Zwischenglied, die Speculation des Handels eintritt, welche unaufhörlich unnatürliche, künstliche Verhältnisse des Angebots und der Nachfrage schafft und wieder auflöst?

Die Ergebnisse der Production, die Massen der zu Markt gebrachte
Waare lassen sich allerdings in vielen Fällen mehr oder weniger gena
constatiren; ebenso die Veränderungen im Tauschwerthe des Geldes; häufi
auch Veränderungen der Productionskosten. Der jeweilige Gebrauchswert
der Waaren aber lässt sich nicht zur Ziffer bringen.

III. Die Beobachtung örtlicher Preisunterschiede. Die Durch
schnittspreise, welche eine Waare im Lande hat, setzen sich zusamme
aus den Preisen aller einzelnen Orte, an welchen die Waare gekauft un
verkauft wird. Da es indessen unthunlich ist, jederzeit jedem einzelne
kleinsten Marktplatze zu folgen, muss man sich damit begnügen. d:
Preishöhen der wichtigeren Marktplätze zu verfolgen. Dabei genügt (
aber nicht, wenn man die Preishöhen der einzelnen Plätze als gleich
werthig nimmt. Sondern bei jeder Preishöhe, die als Factor bei der Be
rechnung des Mittelpreises auftritt, muss auch die Waarenmenge berück
sichtigt werden, die zu diesem Preise verkauft ward. Wenn am Platze :
1000 Zentner à 2, am Platze B 2000 Zentner à 3 und am Platze (
8000 Zentner à 4 Mark oder Gulden verkauft wurden, so ist der Durch
schnitt nicht etwa $\dfrac{2+3+4}{3} = 3$, sondern die Gesammtsumme de
erzielten Preise, dividirt durch die Gesammtsumme der verkauften Zentner
also $\dfrac{40000}{11000} = 3{\cdot}63$.

Bei der Betrachtung der örtlichen Preisverschiedenheiten ergibt sich
vor Allem, wie die Entfernung vom Productionsplatze, beziehungsweise
von der Einfuhrgrenze die Preise erhöht; wie die grösseren Marktplätze
immer dem Durchschnittspreise des ganzen Landes näher kommen, als
die kleineren; wie sich die Preise der Seeplätze zu denen des Binnen-
landes verhalten u. s. f.

Ein weiteres Eingehen auf diese Unterschiede bei den einzelnen
Waaren bedarf immer noch handelsgeographischer Kenntniss bezüglich
der Productions- und Consumtionsverhältnisse etc. der einzelnen Orte.

IV. Die Beobachtung zeitlicher Preisunterschiede führt, wenn
sie sich über längere Zeiträume erstreckt, zur Preisgeschichte. Diese
letztere ist jedoch häufig angewiesen, ihre Schlüsse auf sehr vereinzelte
Preisnotizen zu begründen und hat überdies fortwährend mit dem un-
gleichmässigen Werthe der Zahlungsmittel zu kämpfen. Für das Verständniss der Preise ist aber die Preisgeschichte, auch wenn sie mit
dürftigem Material arbeitet, eine weit reichere Fundgrube, als die ein-
gehendste Preisstatistik moderner Waarenpreise ist. Die Grenze zwischen
Preisgeschichte und Preisstatistik wird durch die Massenbeobachtung ge-

bildet. Diese muss wohl unterschieden werden von den vereinzelten Preisnotizen, welche die Wirthschaftsgeschichte uns vermittelt.

§. 155. Die Getreidepreise.

Begreiflicherweise sind es stets die wichtigsten Nahrungsmittel gewesen, deren Preise die Statistik am meisten interessirt haben, sowohl
hinsichtlich ihrer örtlichen, als hinsichtlich ihrer zeitlichen Verschiedenheiten.

I. Die örtlichen Preisverschiedenheiten. Die Unterschiede des
Getreidepreises in verschiedenen Ländern und an verschiedenen Plätzen
beruhen vor Allem auf dem Gegensatze der Productions- und Consumtions-
gebiete. In je höherem Grade eine Gegend den Charakter eines Getreide-
Productionsgebietes hat, um so niedriger sind die Preise, während dieselben
um so höher sein müssen, je mehr die Macht der Consumtion überwiegt.
Da die Consumtion jedoch ihre Fäden, die Verkehrsadern, nach den
Productionsgebieten ausstreckt, so sind auch in den letzteren beträchtliche
Preisverschiedenheiten vorhanden, je nachdem die Verkehrs- und Absatz-
gelegenheit mehr oder weniger günstig ist. Jede Verbesserung der Transportmittel muss zur Ausgleichung der Preisunterschiede beitragen.

Im Jahre 1875 verhielten sich die Preise der wichtigsten Ackerfrüchte
in Reichsmark wie folgt [1]):

Waarengattung	Frankreich pro 100 Kilogr.	Deutsches Reich pro 100 Kilogr.	England pro 100 Kilogr.	Ver. Staaten	Hamburger Börsenpreis pro 100 Kilogr.
Weizen	20—21	21	21—22	12—13 pro Hectol.	21
Roggen	14	16	16	9—11 „ „	17
Hafer	17—18	17	17—18	5—6,7 „ „	18
Gerste	15	18	17—30	7,7—12 „ „	22
Reis	24—68	26—28	18	24—66 pro 100 Kilo	19
Mais	15	16	16	9,8—10,5 pro Hectol.	16
Hülsenfrüchte .	24—26	20	18—37	12 pro Hectol.	19—40
Mehl etc. . . .	18—72	32	13—66	23—32 pro 100 Kilo	16—46
Kartoffeln . . .	5,6—6,4	6	9,17	9,9—10 pro Hectol.	5,86
Klee- u. Grassaat	120—140	50—100	34—91	—	49—113
Oelsaat	27—29	28	—	—	22—29

Die Verschiedenheiten der Getreidepreise sind in den Provinzen eines
und desselben Staates noch beträchtlicher, als die Unterschiede in den
Hauptculturländern selbst. So stellen sich z. B. im Monat August des
Jahres 1877 in den verschiedenen Provinzen Preussens die Getreidepreise
(Mittelpreise) wie folgt (pro 100 Kilogr. in Reichsmark [2]):

20 *

Provinz	Weizen	Roggen	Gerste	Hafer	Kar-toffeln
Preussen	22,5	15,7	14,1	14,3	5,05
Brandenburg	21,3	16,1	15,3	15,3	4,85
Pommern	22,5	16,8	16,4	15,6	5,3
Posen	22,2	15	14,2	13,9	3,3
Schlesien	20,7	15,2	13,6	12,8	4,6
Sachsen	23,1	18	17,7	16,3	5,85
Schleswig-Holstein	26,9	17,8	17,9	18,2	9,36
Hannover	24	18	17,2	16,3	7,5
Westfalen	25,4	18,5	17,4	17,7	7,2
Hessen-Nassau	23,7	18,7	17,6	16	7,96
Rheinland	26,1	18,5	18,5	17,3	7,05

Noch grösser werden die Differenzen, wenn man blos einzelne Plätze herausgreift. So finden sich im August 1877 in einzelnen Städten Preussens folgende Preise (in Mark pro 100 Kilogr.):

	Weizen:		Roggen:		Kartoffel:	
	höchster	niedrigster	höchster	niedrigster	höchster	niedrigster
Berlin . . .	27,0	20,3	18,9	13	8	3,7
Memel . . .	17,0	15,5	16,3	14,3	7,5	4
Breslau . . .	24,4	17,3	17,5	11,8	6,5	3,5
Hadersleben .	30	27,5	18,3	16	12	10,4
Aachen . . .	29,5	27,5	20,5	18,5	11	9

Selbst im Zeitalter des Dampfes, wo doch der rascheste Nahrungs- mittelverkehr möglich ist, so bedeutende Differenzen!

II. Zeitliche Verschiedenheiten. Obgleich nicht so bedeutend wie die räumlichen, sind doch die zeitlichen Schwankungen der Getreide- preise immer noch bedeutend genug, wenn man bedenkt, dass das Getreide dem gleichmässigsten, jeden Tag wiederkehrenden Bedürfnisse des Menschen dient und die Schwankungen seines Preises tief nicht nur in das wirth- schaftliche, sondern in das ganze sittliche und gesellschaftliche Leben der Menschheit eingreifen.

Jahr für Jahr ist es der günstige oder ungünstige Ertrag der Ernte. welcher Preisunterschiede verursacht. Ist das Ergebniss eine Mittelernte. so werden sich auch Mittelpreise gestalten; bei vorzüglichen und schlechten Ernten dagegen weichen, wenn die Nachfrage gleich bleibt, die Preise nicht blos in demselben Grad, wie das Ernteergebniss gegen die Mittel- erträge, sondern noch weit stärker von den Mittelpreisen ab.

Zu Anfang und in der ersten Hälfte des laufenden Jahrhunderts konnten auch in Deutschland Missernten zu den schrecklichsten Nothlagen führen. So i. J. 1771; auch 1817 und 1818, und 1847. Jetzt sorgen der verbesserte Verkehr, namentlich die Eisenbahnen und die überseeische Schifffahrt für so bedeutende Getreidezufuhren, dass solche Calamitäten in dem Grade wohl nicht wiederkehren können. Um wie viel milder die Preisdifferenzen geworden sind, geht aus Folgendem hervor.

Das Jahr 1817 war eines der theuersten des Jahrhunderts. Damals betrug in ganz Preussen der Durchschnittspreis des Korns 85 Sgr. per Scheffel, in der Provinz Preussen blos 56 Sgr. 10 Pf., in der Rheinprovinz dagegen 132 Sgr. 6 Pf., die Differenz also 75 Sgr. 8 Pf.

Im Jahre 1855 dagegen, als das Korn im ganzen Staate. durchschnittlich noch theurer war, nämlich 91 Sgr. 7 Pf., war die Differenz zwischen den höchsten und niedrigsten Preisen in den verschiedenen Provinzen auf 23 Sgr. herabgesunken — hauptsächlich als wohlthätige Folge der verbesserten Verkehrsmittel [2]).

Hinsichtlich der zeitlichen Preisschwankungen des Getreides ist noch zu erwähnen, dass dieselben auch in weit kürzeren Perioden, als in der eines Jahres sich zeigen. So besonders in den verschiedenen Monaten. Im Juli und August, manchmal schon im Juni, treten die bedeutendsten Aenderungen auf, weil in dieser Zeit das Ernteergebniss sich ungefähr voraussehen lässt. Dass diese nach Jahreszeiten sich ergebenden Differenzen recht ansehnlich sein können, ergibt sich u. A. aus Folgendem. In Preussen betrugen 1877 die Preise [3]) (pro 100 Kilogramm in Reichsmark):

Monat	Weizen	Roggen	Gerste	Hafer	Kartoffeln
Januar	21,9	18,5	16,7	16,7	5,45
Februar	21,8	18,2	16,5	16,5	5,7
März	22,0	18,2	16,7	16,6	6,0
April	23,7	19,0	17,3	17,0	6,35
Mai	25,5	19,8	17,7	17,4	7,05
Juni	24,7	19,0	17,3	16,8	8,0
Juli	25,0	18,9	16,9	16,7	8,8
August	23,4	17,1	16,2	15,7	6,05
September	22,6	16,1	16,5	14,8	5,5
October..	22,6	16,2	17,0	14,8	5,65
November	22,0	15,9	17,2	14,7	5,8
December	21,5	15,4	16,9	14,4	5,8

Anmerkungen.
[1]) Nach K. Brämer, in der Zeitschr. des preuss. stat. Bureaus, 1878, I. S. 95 ff.

[2]) Ebenda, S. 61 ff.

[3]) Viebahn a. a. O. II, 952.

§. 156. Andere vegetabilische Rohstoffe und Genussmittel.

I. Oertliche Verschiedenheiten. Auf die Preise dieser Waaren wirkt selbstverständlich am meisten die Entfernung vom Productionsplatze. Der Preis wächst nicht allein mit der Dauer, sondern auch mit der Schwierigkeit des Transportes und der Aufbewahrung. Die (officiell bestimmten) Preise der wichtigsten Waaren dieser Kategorie betrugen im Jahre 1875 (in Reichsmark und pro 100 Kilogr. [1]):

Waaren	Hamburger Börsen- preis	Frankreich	Deutsches Reich	England	Verein. Staaten
Olivenöl	99	116—132	78 – 90	78	—
Hopfen	289	40—56	500	186—265	388
Kaffee	181	175	190	190	148
Thee	286	376	400	314	323
Cacao	102	114	36—120	34—122	104
Rohzucker . . .	46—53	36—50	44—54	43—48	38—79
Raff. Zucker . .	62—87	57—80	70	61	73—101
Rohtabak . . .	16—143	480—960	150—1800	2032—3094	320—3334
Rosinen und Ko- rinthen . . .	45—67	56	50	76	—
Farbholz	15—20	15—20	16—24	14—16	—
Indigo	1451	1232	1400	1092	678
Rohbaumwolle .	131	101—240	132	140	160—321
Flachs	126	21—183	90	104—173	—
Hanf	44	9,6—144	70	53—170	66—84
Jute	46	32—56	44	30	17—28
Bau- u. Nutzholz	18—45	22—27	5—28	—	—
Harz, Pech, Theer	11—61	8—80	16—20	16—19	11—14

Wie bedeutend selbst die örtlichen Unterschiede in den Preisen leicht transportabler und allgemein beliebter Waaren, z. B. Colonialwaaren heutzutage noch sein können, ergibt sich aus Folgendem. Es betrug im Monat December 1877 der Durchschnittspreis für Java-Kaffee (pro Kilogramm in Reichsmark) in den verschiedenen preussischen Städten[2]):

Königsberg . . 2,74	Stettin 2,40	Breslau . . . 2,50
Danzig 2,90	Posen 2,80	Görlitz 3,40
Berlin 2,80	Magdeburg . . 3,20	Schleswig . . . 3,40
Altona 2,40	Hannover . . 2,80	Osnabrück . . 2,40
Münster . . 2,80	Frankfurt a. M. 3,20	Köln 2,30
Aachen . . . 3	Koblenz . . . 3,20	Düsseldorf . . 3,40

Während der Mittelpreis in ganz Preussen 2,86 betrug. Die Preisdifferenzen sind hier offenbar nicht allein von den Transportkosten ab-

.hängig, sondern deuten darauf hin, dass es selbst in handelsgeographisch und zollpolitisch ganz verwandten Plätzen Unterschiede in den Consumtions- und Absatzverhältnissen gibt, welche nur schwer zu verfolgen sind.

II. Zeitliche Verschiedenheiten. Alle jene Producte, deren Erzeugung hauptsächlich von einer freigebigen, reichen Natur bedingt wird, mussten im Verlauf der Wirthschaftsgeschichte, je mehr die Bevölkerung der Länder zunimmt und je mehr die ursprünglich vorhandenen Natur- schätze schon ausgebeutet sind, immer höhere Preise gewinnen. So na- mentlich Bau- und Werkholz, Brennholz, Farbholz, Harze und Rinden etc. Diejenigen der hieher gehörigen Waaren dagegen, welche Jahr um Jahr angebaut und durch menschlichen Fleiss vermehrt werden konnten, durften häufig, durch Verbesserungen der Production und der Verkehrs- mittel, Preisermässigungen auf dem Weltmarkte, trotz steigender Preise am Productionsplatz, erleben. Die in kleineren Zeiträumen sich er- gebenden Preisschwankungen sind natürlich sehr verschieden, je nachdem es sich um Producte handelt, die bei jährlichem Anbau jährliche Ernten geben, oder um solche, deren Anbau nur in längeren Zeiträumen sich wiederholt und deren Ernten entweder in jährlicher Wiederholung oder ganz nach Belieben gewonnen werden. Wo immer jährliche Erneuerung der Erträge stattfindet, ergeben sich auch jährliche Steigungen und Sen- kungen des Preises.

Anmerkung.

¹) ²) Nach den im vor. Paragraphen angegebenen Quellen.

§. 157. Thiere und thierische Rohstoffe.

I. Oertliche Preisverschiedenheiten. Selbstverständlich ergeben sich zwischen den Productionsgebieten und den Consumtionsgebieten Preis- differenzen, welche um so grösser sind, je schwieriger bei der einzelnen Waare Transport und Aufbewahrung ist. Diese Schwierigkeiten sind bei Thieren und thierischen Rohstoffen weit grösser, als bei pflanzlichen und mineralischen Producten.

Die Preise, welche für lebende Thiere in den verschiedenen Ländern angegeben werden, sind wegen der grossen Qualitätsunterschiede der Thiere kaum vergleichbar. Die officiellen Preisangaben stellen sich für 1875 wie folgt (pro Stück in Reichsmark):

Waare	Frankreich	Deutsches Reich	Hamburger Börsenpreis	England	Vereinigte Staaten
Pferde (auch Füllen)	240—1120	800	1088	778—1571	317
Stiere, Ochsen, Kühe	216—368	240—300	—	384—1551	81
Jungvieh, Kälber	42—120	60	—	—	—
Schafe u. Ziegen	5,6—40	18—30	—	45—237	6,2
Schweine . . .	16—100	18—66	—	72—138	48

Hiebei ist insbesondere zu beachten, dass namentlich in Ländern mit hervorragender Viehzucht die Einfuhrpreise bedeutend niedriger sein müssen, als die Ausfuhrpreise, weil die ausgeführten Thiere in der Regel feine Zuchtthiere sind. So sind namentlich bei den angegebenen Preisen Englands die niedrigen Preise Einfuhrpreise, die hohen dagegen Ausfuhrpreise. Wie verschiedene Werthe hier zur Bildung von Durchschnittspreisen verwendet werden mussten, ergibt der Vergleich zwischen dem Werthe eines feinen Zuchtwidders und eines gewöhnlichen Lammes.

Eher lassen die thierischen Producte Vergleichungen ihrer Preise zu. Letztere stellten sich 1875 wie folgt (pro 100 Kilogramm in Reichsmark):

Waaren	Frankreich	Deutsches Reich	Hamburger Börsenpreis	England
Fleisch, Fleischwaaren . .	60—124	100—132	190—198	79—139
Butter	192—252	220	238	233—246
Käse	120—136	132	128	116—166
Knochen, Hörner	13—2000	12—90	16—176	19—58
Elfenbein u. dgl.	1600—1920	1800	2022	1910
Fischbein	636—1200	120—1000	1061	908
Haare, Borsten	16—1520	80—1100	29—1187	123—599
Federn	400—800	360	298	266
Düngstoffe	4—26	16—24	12—14	5¹/₄—23
Talg und Schmalz	89—212	50—120	87—122	43—122
Thran	76—80	66	60	—

II. Zeitliche Verschiedenheiten. Hinsichtlich derselben gilt gleichfalls die Regel, dass diese Waaren mit dem Wachsthum der Bevölkerung, mit der steten Einengung des Spielraumes, welcher der Natur gegeben ist, nothwendig immer theurer werden müssen.

Am frühesten zeigt sich die Preiserhöhung bei jenen Theilen dieser Rohproducte, welche haltbar und leicht transportabel sind. Bei den thierischen Rohproducten werden zuerst Häute, Felle, Haare, Federn, Hörner und Zähne theurer. So wurden in Irland im J. 1673 oft Haut und Talg eines Ochsen in einer Handelsstadt ziemlich um dasselbe verkauft, was der ganze Ochse auf dem nächsten Dorfmarkte gekostet hatte. In England bezahlte man 1348 für einen ganzen Ochsen 4 Schilling, für die Haut 1 Schilling, für ein Paar Stiefel $3^1/_2$ Schilling. Beim Fischfang sind entsprechende Rohproducte Caviar, Hausenblase, Fischbein, Thran. Und am spätesten steigt der Preis bei jenen Rohproducten, welche am wenigsten transportabel sind. So namentlich bei der Milch und den Milchproducten. (Roscher.)

Anmerkung.

Die Zahlen nach K. Brämer's mehrfach citirter Arbeit.

§. 158. Preise der mineralischen Rohstoffe.

I. Oertliche Verschiedenheiten. Die Preisverschiedenheiten, welche durch die grössere oder geringere Nähe und Ergiebigkeit der Productionsstätten geschaffen werden, stufen sich ganz bedeutend nach dem Werthe der Producte, verglichen mit ihrem Gewichte, ab. Die Qualitätsunterschiede sind geringer, als bei den meisten anderen Waaren und lassen, im Zusammenhange mit der beträchtlichen Aufbewahrungs- und Transportirungsfähigkeit, die Preise der mineralischen Rohproducte wohl vergleichbar erscheinen. Die officiellen Preise stellten sich 1875 (pro 100 Kilogramm in Reichsmark, nach der mehrfach citirten Quelle):

Waaren	Frankreich	Deutsches Reich	Hamburger Börsenpreis	England	Vereinigte Staaten
Kupfer, Messing	104—182	--	84—183	79—177	143—188
Blei	42—46	50—52	50	45—51	44
Zink	50—54	44—60	48—60	45	49—56
Zinn	192	200	199	174—184	188
Roheisen	8,4—32	9	8,2	20—30	11—19
Roh- u. Gussstahl	20—60	32—50	40	32—73	—
Steinkohlen . .	1,28—2,88	0,8--4	1,8—2,9	1,32—1,96	1,89—2,62
Schwefel	12—22	18	14—28	—	15—22
Mineralsäure . .	4—320	6—180	6,6—350	—	32
Soda	13—22	12—24	15—32	—	18—35
Salz	1,5—2,5	4	2,8	1,4—2,2	2
Salpeter	26—53	26—54	23—57	24—48	17—80
Petroleum . . .	9—36	24	22	—	13

II. **Zeitliche Preisverschiedenheiten.** Diese werden hauptsächlich verursacht durch die ungleiche Ausbeute, welche die Productionsstätten liefern, und durch die wechselnde Nachfrage der Industrie, sodann
auch durch Verbesserungen der Verkehrsmittel (so namentlich bei den
Steinkohlenpreisen) und Tarifänderungen der Eisenbahnen.

§. 159. Preise der Industrieproducte.

Dieselben sind im Allgemeinen wegen der sehr bedeutenden Qualitätsunterschiede der Waaren kaum zu Vergleichungen geeignet.

I. **Oertliche Preisverschiedenheiten.** Da nicht allein die
Productionskosten, sondern auch die durch den Grad der nationalen und
localen Culturentwickelung getragene Nachfrage sehr verschieden sind,
müssen auch die Preise ansehnliche Differenzen zeigen. Vergleichbar sind
dieselben jedoch grösstentheils nicht. Trotzdem mag es Interesse bieten,
die officiellen Preisangaben zu kennen. Dieselben betragen im Jahre 1875
(pro 100 Kilogramm in Reichsmark [1]):

Waaren	Frankreich	Deutsches Reich	Hamburger Börsenpreis	England	Vereinigte Staaten
Seife (ord.) . . .	52	44—70	65	50	62
Tabakwaaren . .	400—960	150—1800	—	232—1307	320—3334
Baumwollgarn .	300—1038	220—400	420	275—300	—
Baumwollzeuge .	304—4240	360—1500	525	—	—
Leinen- u. Hanf-					
garn	92—1440	200—280	288	117—576	—
Leinwand . . .	236—6400	72—440	235—465	—	—
Wollgarn . . .	720—1020	600—800	668	509—892	—
Wollzeuge . . .	544—2600	480—1200	868	—	—
Seide	720—7040	3000—4800	3335	494—4207	3784
Seidengewebe .	1680-27200	720—8800	3721	—	—
Leder	300—5440	240—600	306	157—1150	241—622
Papier u. dgl. . .	60—320	38—160	32—149	95—284	78
Porzellan . . .	140—360	104—220	228	294	—
Tafelglas	—	42	48	34	44
Spiegel, Spiegel-					
glas	120—168	48—220	211	157	—
Hohlglas	14—15	36—72	31	22	—
Stabeisen, Blech	17—31	11—40	24—30	7¹/₄—31	24—74
Eisenbahnschien.	16—17	18	14—28	—	15—22

II. **Zeitliche Preisverschiedenheiten.** Die gewerblichen Producte werden im Ganzen mit den Fortschritten der wirthschaftlichen

Zustände wohlfeiler. Doch mit gewissen Unterschieden. Auf ihre Preisänderungen wirken namentlich zwei Umstände: die Vertheuerung der
Rohproducte erhöht, die technischen Fortschritte der Industrie verringern
die Productionskosten. Es kommt also darauf an, was vorwiegt: das Rohmaterial oder die Arbeit. Solche Waaren, in deren Productionskosten
der Arbeitslohn einen grossen Theil ausmacht, wo Betriebsverbesserungen,
Maschinen etc. in Anwendung kommen, werden wohlfeiler; andere dagegen,
bei welchen der Rohstoff einen bedeutenden Theil der Productionskosten
ausmacht, werden entweder weniger schnell wohlfeil, halten sich oder
steigen sogar im Preise.

So sanken in Frankreich von 1826—49 die feinsten Baumwollgewebe
auf 12%, andere auf 23—37%, Wollentuch auf 74, Merinos auf 42%
des früheren Preises. Aus diesem Grunde kauft man auch jene Industrieproducte, bei welchen der Rohstoff den grössten Theil der Productionskosten beansprucht, am vortheilhaftesten aus solchen Gegenden, wo der
Rohstoff billig ist.

Wie bedeutend diese Preisänderungen der Industrieproducte sind,
geht aus folgender Tabelle hervor, welche die Waarenpreise von 1696
mit jenen von 1831 vergleicht [2]). Im Preise

sanken auf:	(von 100)	stiegen auf:
87% Wollwaaren,		364% Glas,
83 „ Kupfer- und Messingwaaren,		249 „ Leder,
62 „ Leinenwaaren,		123 „ Seidenwaaren,
89 „ Baumwollwaaren.		167 „ Eisen- und Stahlwaaren.

Anmerkungen.

[1]) Brämer a. a. O.
[2]) W. Roscher, Nationalökonomie.

§. 160. Die Preise der Edelmetalle.

Von ganz besonderer Bedeutung sind die Preisänderungen der edlen
Metalle. Wegen der ziemlich gleichmässigen Production und der im Verhältniss zum Werthe geringen Versendungskosten sind diese Preise stetiger
als andere. Da die Edelmetalle das geläufigste Preismass sind, fragt sich's,
womit wiederum dieses Maass zu messen, seine etwaigen Aenderungen zu
prüfen seien. Hier bleibt nichts übrig, als zu untersuchen, ob die Edelmetalle gegen die meisten anderen Güter zugleich im Preise gefallen oder
gestiegen sind. Ist dies der Fall, dann ist es ihr Preis, der sich verändert
hat, nicht jener der anderen Güter.

Grosse Aenderungen im Angebot bewirken diese Preisänderungen.
So glaubt man, die Edelmetallpreise seien durch die Entdeckung Amerikas
und die Erschliessung der dortigen Minen, welche einen mächtigen Gold-

und Silberstrom nach Europa sandten, auf den dritten, vierten, ja sogar sechsten Theil der ehemaligen Preise gesunken. Diese Annahme bleibt indessen blosse Schätzung. Eine solche ist von Humboldt; nach ihr hätten in Europa vor Columbus 170 Mill. Piaster circulirt, um das Jahr 1600 schon über 600 Mill., um 1700 über 1400 Mill., um 1809 etwa 1824 Mill. Die blosse Auffindung neuer reicher Fundorte muss den Preis nicht nothwendig drücken; dies geschieht erst, wenn auch die Productionskosten und die Absatzwege sich günstig erweisen. Man vermuthet, der Preis des Metallgeldes sei seit der Entdeckung Amerikas bis jetzt im Verhältniss von 3 oder 4 : 1 gesunken. Seit zwei Jahrhunderten scheinen die Preise der Umlaufsmittel, d. h. Gold und Silber zusammen, ziemlich stationär geblieben zu sein.

Der Preis des Goldes, mit dem Silber verglichen, wird auf die Dauer von den Productionskosten bestimmt, welche in den ungünstigsten Minen erforderlich sind. Im Ganzen hat sich das Gold dem Silber gegenüber vertheuert; es verhielt sich nämlich der Werth von 1 Gewichtstheil Silber zu 1 Gewichtstheil Gold [1]):

In Asien zur Zeit des Assyrischen Weltreiches	wie	1 : 13½
„ Griechenland 400 Jahre v. Chr.	„	1 : 12
„ Aegypten unter den Ptolemäern	„	1 : 12,5
„ der römischen Republik unverändert	„	1 : 11,9
Zur Zeit Constantin's officiell	„	1 : 14,4
„ „ „ im freien Verkehr wohl	„	1 : 12
In Mitteleuropa unter den Karolingern	„	1 : 12
„ England während des Mittelalters	wie 1 : 9 bis	1 : 11
„ Italien „ „ „	wie	1 : 10,5
Zu Anfang des 16. Jahrh. in Deutschland	„	1 : 10,3
Nach dem Augsburger Reichsabschied von 1566	„	1 : 11,5
In Deutschland im Jahre 1601	„	1 : 11,8
„ „ „ „ 1640—1680	„	1 : 15,1
„ „ „ „ 1691—1700	„	1 : 14,9
„ „ „ „ 1791—1800	„	1 : 15,1
Nach den Londoner Preisen 1831—1840	„	1 : 15,7
„ „ „ „ 1861—1870	„	1 : 15,4
„ „ „ 1875	„	1 : 16,6
„ „ „ 1878	„	1 : 17,9
„ „ „ 1879	„	1 : 18,4

Anmerkung.

[1]) A. Soetbeer: Edelmetallproduction etc. Ergänzungsheft Nr. 57 zu Petermann's Mittheilungen.

§. 161. Das Geld.

Die absolute Menge des in verschiedenen wirthschaftlichen Gebieten und zu verschiedenen Zeiten vorhandenen Geldes ist schwer zu ermitteln. Der einzige Anhaltspunkt für eine Schätzung desselben sind die Nachrichten über die Ausprägung und den Druck von inländischer Münze und Papiergeld. Hinsichtlich des letzteren geht man weit sicherer in der Schätzung, als hinsichtlich der Münze, weil bei letzterer nicht nur die Masse dessen, was ausgeführt ward, sondern auch des zur Verarbeitung eingeschmolzenen Metalles unbekannt bleibt.

Es existiren eine Reihe von Schätzungen des hier und dort umlaufenden Geldes, welche jedoch grossentheils als veraltet erscheinen und nicht als Grundlage weiterer Schlussfolgerungen dienen könne. Nach einer der populärsten dieser Schätzungen [1] trafen in der ersten Hälfte des gegenwärtigen Jahrhunderts auf den Kopf der Bevölkerung in Gulden süddeutscher Währung:

in Europa	22	fl.	in Portugal	34	fl.
„ England	41½	„	„ Schweden	11	„
„ Niederlande	52	„	„ Deutschland	25—30	„
„ Belgien	28	„			

Dagegen betrug der Gold- und Silbervorrath in den Staaten abendländischer Civilisation [2]:

Jahr	Gold	Silber	Zusammen
1850	14	20	34
1855	18	19	38
1860	21	19	40
1865	23	18	42
1867	25	18	43
1874	30	20	50

Milliarden Franken.

Hinsichtlich einzelner Staaten berechnen sich die Geldvorräthe wie folgt:

Im Deutschen Reiche sind bis Ende September 1880 geprägt worden 1728 Millionen Mark in Gold; 427 Millionen in Silber und 44,7 Millionen in Kupfer und Nickel, zusammen 2199 Mill. oder 50 Mark auf den Kopf der Bevölkerung — ungerechnet den noch umlaufenden Betrag an Silberthalern.

In Oesterreich-Ungarn betragen die Ausmünzungen in österreichischer Währung ungefähr (1874):

In Silbergulden etc. . . . . 250 Mill. Gulden
„ Gold 90   „   „
„ levantinischen Maria-Theresiathalern . . 36   „   „
„ Scheidemünze 15   „   „
                                        _____
                                        391 Mill. Gulden

also auf den Kopf der Bevölkerung $10^1/_2$ fl. ö. W., wobei freilich noch
die bisher stattgefundene Ausfuhr und Einfuhr (unter anderem die 70 Mill.
Frs. in Gold, welche einen Theil des Baarschatzes der österr.-ungar. Bank
bilden) in Rechnung gebracht werden müssten.

Immerhin bieten diese Zahlen einigermassen ein Bild vom Geldvor-
rath der Culturvölker.

Die Menge des in einem wirthschaftlichen Gebiete vorhandenen
Geldes hängt ab:

1. Von der Menge und Grösse jenes Güterumlaufs, der durch
Geld vermittelt wird. Dieser Güterumlauf steigert sich aber mit jedem
Fortschritte der Wirthschaft überhaupt.

2. Von der Schnelligkeit des Geldumlaufs. Sie ist nichts
willkürliches, sondern wird gleichfalls durch lebhafte productive Thätigkeit, durch allgemeine Verkehrsfreiheit und Rechtssicherheit bedingt. In
demselben Lande und Zeitalter läuft das Geld unter dem Einflusse übler
wirthschaftlicher Zustände am langsamsten um; in grossen Städten rascher,
als auf dem Lande, bei dichter Bevölkerung rascher, als bei dünner, im
Handel rascher als im Ackerbau. Hinsichtlich dieser Schnelligkeit sind
nur annähernde Schätzungen möglich.

3. Von der Menge und Umlaufsgeschwindigkeit der Stellvertreter
des Geldes: der Banknoten, Wechsel, Anweisungen etc. Diese Geld-
surrogate ersparen eine sehr bedeutende Menge von baarem Gelde. Wie
bedeutend der durch dieselben bewirkte Werthumlauf ist, erhellt aus
Folgendem:

Im Deutschen Reiche betrug der Umlauf an Papierwerthen im
September 1880: 159 Mill. Mark in Staatspapiergeld, 1259 Mill. in
Banknoten und ungefähr (nach den Erträgnissen der Wechselstempel-
steuer berechnet) 3190 Mill. Mark in Wechseln. Also auf den Kopf der
Bevölkerung 104 Mark in papiernen Geldsurrogaten.

In Oesterreich-Ungarn betrug Anfangs 1880:

    Der Notenumlauf der Nationalbank . . 316 Mill. Gulden
    Die umlaufenden Staatsnoten 313   „   „

demnach auf den Kopf der Bevölkerung 16,8 fl. papierne Umlaufsmittel,
abgesehen von Wechseln etc.

Uebrigens drückt sich in diesen Summen blos ein Theil des Be-
dürfnisses nach Umlaufsmitteln aus, weil ja in den wirthschaftlich vorge-

schrittenen Ländern die grössten Zahlungen durch Abrechnung und Ueberweisung abgemacht werden.

Anmerkungen.

[1] Rau: Grundsätze der Volkswirthschaftslehre. 2. Aufl. §. 266.
[2] M. Wirth: Oesterreichs Wiedergeburt. S. 210.

V. Capitel.
Das Transportwesen.

§. 162. Uebersicht.

So wichtig auch in der heutigen Volkswirthschaft der Transportverkehr geworden ist, so entziehen sich doch manche Transportunternehmungen einer statistischen Betrachtung. Hieher gehören namentlich die Strassen mit ihrem Verkehr. Würde die sehr ungleiche Qualität der Strassen in den verschiedenen Ländern Vergleichungen zulassen, so gäbe die Meilenzahl sämmtlicher Strassen ein deutliches Bild des Verkehrs. Sie müsste indessen sowohl mit der Volkszahl als auch mit der Grösse des Gebiets verglichen werden. Einen Ersatz dafür bieten indessen die von den verschiedenen Staaten für Strassenbau verausgabten Summen. Dass indessen in einzelnen Ländern das Landstrassennetz sehr vollständig ist und daher fast nur Unterhaltungskosten beansprucht, während anderwärts noch grosse Neubauten nöthig sind, muss hierbei berücksichtigt werden.

Der Verkehr auf den Landstrassen entzieht sich so ziemlich der statistischen Controle mit Ausnahme jener Plätze, wo Strassen- oder Brückenzölle erhoben werden.

Innerhalb der einzelnen Länder ist eine Statistik der Landstrassen und ihres Verkehrs nöthig zum Zwecke einer gleichmässigen und gerechten Vertheilung der wirthschaftlichen Fürsorge des Staates auf die verschiedenen Theile seines Gebietes.

Auch die Schifffahrt auf Flüssen und Binnenseen ist für statistische Betrachtung theils nicht geeignet, theils bietet sie nicht genügendes Interesse. Das Gleiche ist der Fall bei den meisten städtischen Verkehrsunternehmungen. Dagegen ist in hohem Grade entwickelt die Statistik der Eisenbahnen, der Seeschifffahrt, der Post und Telegraphie.

§. 163. Die Eisenbahnen.

Da sich kaum in einer anderen Erscheinung der wirthschaftliche Geist des Jahrhunderts schärfer ausprägt, als in den Eisenbahnen, bilden sie einen ausgezeichneten Gegenstand der statistischen Beobachtung, welche wesentlich erleichtert wird durch die Gleichartigkeit der einzelnen Objecte, die sowohl den Bau als den Betrieb von vornherein zur ziffermässigen Darstellung geeignet sein lässt.

Die einzelnen Punkte, welche hier in ganz gedrängter Weise hervorgehoben zu werden verdienen, dürften Folgende sein:

I. Die absolute und relative Ausdehnung des Eisenbahnnetzes. Diese stellt sich wie folgt, in allen Ländern der Erde [1]):

Länder	Kilometer in Betrieb Ende 1879	Es treffen Kilometer	
		auf 10000 ☐Kilom. i. J. 1879	auf 100000 Einwohner i. J. 1878
Belgien	4012	1397	68
Luxemburg	308	1190	150
Grossbritannien	28478	904	80
Schweiz (1878)	2623	634	90
Deutsches Reich	33901	627	74
Niederlande	1930	585	49
Frankreich	24919	471	64
Dänemark	1366	357	74
Oesterreich-Ungarn	18381	295	48
Italien (1878)	8159	276	29
Portugal	1249	139	25
Schweden	5674	128	115
Spanien (1877)	6199	124	38
Rumänien	1384	106	23
Türkei	1243	45	20
Russland (1880)	22644	45	30
Norwegen „	1222	39	56
Bulgarien	224	35	?
Finnland	873	23	44
Griechenland	12	2,4	0,06
Europa .	164801	169	50
Brittisch-Indien (1878)	13221	57	6,9
Java	381	30	5,7
Ceylon (1878)	175	27	0,1
Kaukasus	1004	23	0,3
Kleinasien	274	5,4	—
Japan	121	3,2	—
Asien .	15176	—	—

Länder	Kilometer in Betrieb Ende 1879	Es treffen Kilometer	
		auf 10000 ☐Kilom. i. J. 1879	auf 100000 Einwohner i. J. 1878
Vereinigte Staaten	131708	173	275
Cuba	1382	166	45
Trinidad	26	57	?
Chile	1689	53	81
Jamaika (1878)	40	37	8
Costa Rica	120	23	32
Uruguay	376	20	85
Argentina	2317	18	120
Peru (1877)	1852	17	68
Canada (1878)	9519	11	268
Mexiko (1880)	1092	5,7	8,2
Honduras	60	4,9	25
Brasilien	3058	3,6	27
Paraguay	72	3,0	32
Ecuador	122	1,9	4,7
Brittisch-Guyana (1877)	34	1,6	16
Columbia	103	1,2	3,4
Venezuela	13	1,0	6,3
Bolivia	50	0,4	6,5
Amerika.	153733	42	—
Australien, Festland (1878) . . .	4403	6	?
Neu-Seeland (1878)	1722	64	370
Tasmanien „	278	41	258
Tahiti	4	38	29
Australien.	6407	9,2	—
Mauritius	106	554	33
Algerien	1140	36	35
Tunis	250	21	3
Capcolonie	1067	20	90
Aegypten	1494	15	27
Natal	8	1,7	2,5
Afrika.	4065	—	—

Die Frage, welche Reihe von Verhältnisszahlen — das Verhältniss der Bahnlänge zur Einwohnerzahl oder jenes zur Gebietsgrösse — die wichtigere sei, ist schwer zu entscheiden. Beide Verhältnisszahlen drücken das Verkehrsbedürfniss aus; von besonderer Wichtigkeit sind sie, indem

sie über die Grenzen der Abhängigkeit des Verkehrsbedürfnisses von de
Volksdichtigkeit gewisse Aufschlüsse geben.

    Die eine dieser Ziffern, nämlich das Verhältniss der Bahnlänge zu
Einwohnerzahl, stellt sich am günstigsten in den mächtig aufblühende
jungen Staaten und Colonien jenseits des Oceans und zeigt, dass d'
Verkehrskraft der Völker bis zu einem gewissen Grade unabhängig is
von der Volksdichtigkeit, dass unter sonst günstigen Bedingunge
auch bei dünner Bevölkerung ein relativ regeres Verkehrsleben sich ent
wickeln kann, als selbst in den hochcivilisirten stark bevölkerten Staate
der alten Welt. Wenn in den Vereinigten Staaten schon auf je 10000
Einwohner 275 Kilometer Bahn treffen, in Belgien dagegen blos 68, (
darf man aber daraus nicht etwa schliessen, dass durchschnittlich ei
Amerikaner viermal mehr Verkehr treibe, als ein Belgier, sondern nu
dass er zum Verkehr viermal so viel Bahngelegenheit nöthig hat. W
die Bevölkerung eine sehr dichte ist, kann natürlich eine viel grösser
Masse von Verkehrsarbeit ohne Bahnen vollbracht werden, als wo si
dünn ist.

    Das Verhältniss der Bahnlänge zur Gebietsgrösse dagegen füh
wieder zu dem Zusammenhang zwischen Volksdichtigkeit un
Verkehrswegen zurück; es drückt das Minimum von Verkehrsmittel
aus, nach welchem eine civilisirte Bevölkerung von gewisser Dichtigkei
begehrt. Daneben drückt aber dieses Verhältniss auch theilweise di
Unterschiede in der Schwierigkeit des Bahnbaues aus.

    Die allgemeine wirthschaftliche Lage eines Volkes wird gewiss vie
mehr durch die Verhältnissziffer zwischen der Bahnlänge und Gebiets
grösse charakterisirt, als durch jene zwischen Bahnlänge und Bevölkerung
Am deutlichsten freilich durch beide Ziffern. Man hat deshalb auch beide
combinirt und aus ihnen eine mittlere Proportionale gebildet, welch
„Eisenbahnausstattungsziffer" genannt wurde.

    II. Das allmälige Wachsthum des Eisenbahnnetzes. Die Ge-
sammtlänge des Weltbahnnetzes betrug [1]):

im Jahre	Kilometer	im Jahre	Kilometer
1830	332	1870	221980
1840	8591	1875	295783
1850	38022	1877	320830
1855	68148	1878	331136
1860	106886	1879	344182
1865	145144		

Während die jährliche Zunahme von 1830—1840 durchschnittlich blos 826 Kilom. betrug, steigerte sie sich 1872/73 auf 19039 Kilom. Es war das Jahr des höchsten Aufschwunges im Eisenbahnbau; denn in den folgenden Jahren sank die jährliche Zunahme wieder auf 10—13000 Kilom. Allerdings sind die letzteren Jahre als wirthschaftlicher Erfolg nicht geringer anzuschlagen; sie zeugen immer noch, theils wegen der überwundenen technischen Schwierigkeiten, theils wegen des finanziellen Risicos, von reichlichem Unternehmungsgeist.

III. Die Anlagekosten. Verschieden nach den Bodenpreisen und den Arbeitslöhnen, nach der Menge und Schwierigkeit der Kunstbauten, wie auch nach der gesammten Verkehrsaufgabe der verschiedenen Linien, betragen [2]) die Anlagekosten (1877; nur bei Deutschland 1878):

in	Kostenbetrag		in	Kostenbetrag	
	absolut in Mill. Mk.	pro Kilomet. Mk.		absolut in Mill. Mk.	pro Kilomet. Mk.
Belgien	1011	272507	Japan (1876) . .	7	66667
Deutschland (ohne			Ostindien „ . .	2295	205571
Bayern)	7427	275360	Aegypten	291	165060
Bayern	993	221850	Chile	333	197158
Frankreich . . .	8135	347635	Columbia	44	415094
Grossbritannien .	13480	490289	Peru	554	350190
Italien	1960	243599	Ver. Staaten . . .	19092	148939
Niederlande . . .	449	227457	Neuseeland . . .	92	79585
Norwegen	56	69825	ganz Europa . .	50980	308669
Oesterreich-Ung. .	4931	273489	„ Asien . . .	3412	202288
Russland	5845	254762	„ Afrika . . .	822	200537
Schweden	404	84325	„ Amerika . .	22842	154674
Schweiz	824	321248	„ Australien .	947	156710
Spanien	1840	296822			

Das in der ganzen Welt um 1877 in Eisenbahnen angelegte Capital betrug demnach 79003 Millionen Mark; pro Kilometer 232466 Mark. Von diesen Bahnen ist allerdings ein Theil (1878 etwa 17000 Kil. mit 4000 Mill. Capital) noch im Bau.

So erheblich auch die Differenzen der oben angegebenen Anlagekosten pro Kilometer sind, so lassen sie sich doch in den meisten Fällen leicht erklären. Die grossen Baukosten Grossbritanniens und Frankreichs sind durch mustergiltigen, äusserst soliden Bau, durch hohe Bodenpreise und Arbeitslöhne veranlasst. Nächst ihnen haben besonders theuer Columbia, Peru und die Schweiz gebaut, meist wegen der gebirgigen

21 *

Bodenbeschaffenheit, in den südamerikanischen Ländern auch wegen der Schwierigkeit der Materialbeschaffung etc.

Die gesammten Anlagekosten vertheilen sich in runden Procentsätzen folgendermassen [2]):

1. Für Grunderwerb und Entschädigungen . . . . 9 %
2. „ Erdarbeiten, Dämme etc. . . . . 12 „
3. „ Zäune, Wegübergänge, Durchlässe, Brücken . . . . 10 „
4. „ Tunnels . . . . 1,5 „
5. „ Betriebsvorrichtungen, Signale, Wärterhäuser . . . . 1,0 „
6. „ Oberbau und Weichen . . . . 22 „
7. „ Bahnhöfe und Haltstellen . . . . 12 „
8. „ ausserordentliche Anlagen . . . . 1,5 „
9. „ Betriebsmittel . . . . 19 „
10. „ Verwaltungskosten und Zinsen während des Baues . 12 „

IV. Die Zahl der Stationen und Haltstellen. Diese hängt aufs innigste mit der Volksdichtigkeit zusammen und weist nicht allein im Durchschnitt ganzer Länder, sondern noch mehr bei den einzelnen Linien grosse Verschiedenheiten auf. Die vergleichende Eisenbahnstatistik hat sich indessen mit diesem Gegenstande noch wenig beschäftigt.

V. Die Ausrüstung mit rollendem Material. Die Ausrüstung der Eisenbahnen mit Locomotiven, Personen- und Güterwagen gibt einigermassen einen Einblick in die mögliche Leistungsfähigkeit derselben. Wegen der stetigen Veränderungen in den Betriebsparken sind allerdings nur runde Zahlen möglich.

1875 standen auf den europäischen Eisenbahnen 42000 Locomotiven, 90000 Personenwagen und 1,000000 Güterwagen in Betrieb. Auf allen Bahnen der Welt betrug die Zahl der Locomotiven 62000, der Personenwagen 112000 und der Güterwagen 1,465000.

Einen besseren Ueberblick über die Ausstattung mit rollendem Material geben folgende Ziffern.

Auf eine geographische Meile Bahnlänge treffen [2]):

	Locomotiven	Personenwagen	Güterwagen
In Deutschland	2	3²/₃	40
„ Oesterreich-Ungarn .	1²/₃	3	37
„ Grossbritannien . .	2³/₄	6¹/₈	77
„ Frankreich	2¹/₄	—	—
„ Belgien	2¹/₄	7²/₃	69
„ Russland	1¹/₄	2	25
„ Schweden	³/₄	2²/₃	14

Dieser Betriebspark ist aber keineswegs vollauf beschäftigt. Eine bis ins kleinste Detail vollkommene Ausnützung ist allerdings wegen der verschiedenartigen Bewegung des Verkehrs unmöglich. So hat man beobachtet, dass beim Transport durch Güterwagen durchschnittlich nur 49% der Tragfähigkeit der Wagen ausgenützt werden. Dieser Verlust ist gross, wenn man bedenkt, welches Capital im Güterwagenparke steckt. Ein offener Güterwagen zu 100 Ztr. Tragkraft kostet 1800—2000, einer zu 200 Ztr. 2400—2700, ein bedeckter vierrädriger Wagen 3000—3600 Mark. Welcher Verlust, wenn von dem ungeheuren, im Güterwagenpark steckenden Capital nur 49% ausgenützt werden! Auch Personenwagen und Locomotiven können nicht vollständig ausgenützt werden. Die durchschnittliche Belastung einer Maschine, welche mit 2—3 Mark Heizungskosten und $1^1/_2$—2 Mark Schmier- und Reparaturkosten per Meile 12—20000 Ztr. ziehen könnte, beträgt daher nur 3000 Ztr. Diese 3000 Ztr. vertheilen sich folgendermassen:

    45 Ztr. auf Personen,
  675 „ „ Güter,
  720 „ „ Maschine und Tender,
  330 „ „ Personenwagen,
 1230 „ „ Güterwagen.

Es wäre demnach die auf den Eisenbahnen geförderte todte Last dreimal grösser als das Gewicht der eigentlichen Ladung.

VI. Die Betriebsresultate. Die Betriebskosten zeigen auf den verschiedenen Bahnstrecken eine Ungleichheit, welche durch mannigfache Gründe herbeigeführt wird; durch die Art, die Kosten und Nähe des Brennmaterials, durch die Steigungsverhältnisse, durch die Ausnützung des rollenden Materials, durch die Menge der verwendeten persönlichen Arbeitskräfte und deren Besoldung u. s. f.

Der Rohertrag der Bahnen setzt sich aus dem Ertrag des Personenverkehrs und jenem des Güterverkehrs zusammen. Das Verhältniss beider gegeneinander ist bei der Verschiedenheit der Verkehrsbedürfnisse örtlich und zeitlich sehr verschieden und wechselnd. Der Waarenverkehr bekommt gewöhnlich (mit Ausnahme solcher Bahnen, die fast nur für ihn gebaut sind, z. B. Bergwerksbahnen) erst allmälig Ausdehnung, je nachdem die wirthschaftlichen Unternehmungen sich nach den Bahnen einrichten. So nimmt bei den meisten Bahnen erst mehrere Jahre nach ihrer Vollendung der Frachtertrag stärker zu, als der Ertrag des Personenverkehrs und übersteigt letzteren schliesslich.

Um nun den finanziellen Erfolg der Bahnen zu beurtheilen, muss die ganze Roheinnahme den Productionskosten gegenübergestellt werden. Letztere setzen sich aus der Verzinsung der Anlagekosten und aus den Betriebsausgaben zusammen. Die Betriebsausgaben der Eisenbahnen nehmen meistens mehr als die Hälfte des Bruttoertrages in An-

spruch, so dass nur die kleinere Hälfte zur Verzinsung des Anlage-
capitals und als Gewinn übrig bleibt. Folgende Tabelle gewährt einiger
Einblick in diese Verhältnisse[2]):

Länder bez. Eisenbahnen	pro Kilometer betragen in Reichsmark					
	die Bruttoeinnahme			die Kosten für		Bilanz, die Einnahme übersteigt die Productions- kosten um
	vom Personen- verkehr	vom Güter- verkehr	total	den Betrieb	5% Verzinsung der Anlage	
Deutsches Reich . 1877	7777	18741	28077	15911	13116	— 950
insb. Staatsbahnen . .	8044	17990	27525	17121	13204	— 2800
insb. Privatbahnen . .	7724	17550	26601	13820	12357	+ 424
Oesterreich-Ungarn 1877	5258	19083	24798	11918	13583	— 703
Schweiz 1877	7948	10114	19506	11565	12460	— 4519
Frankreich . . . 1874	12347	20675	34274	17887	19234	— 2847
Italien 1876	6983	8473	15626	10383	12261	— 7018
Rumänien 1877	14288	17622	31966	12086	15140	+ 4740
Belgien, Staatsb. . 1878	10817	21593	34102	20038	11290	+ 2774
Holland, .. . 1877	7708	5477	13303	11185	11395	— 9277
Grossbrit. u. Irland 1878	19283	24070	45080	23892	25117	— 3929
Russland 1876	5752	15561	21946	14583	10600	— 3237
Ver. Staaten . . . 1877	4090	10763	14855	9476	6560	— 1184
Argentina . . . 1876			8325	5750	5160	— 2585
Ostindien 1878	4751	10196	15743	7879	8929	— 1065
Aegypten . . . 1878			16435	7493	17111	— 8169

Die ersten zwei Spalten dieser Tabelle zeigen, dass fast ausnahmslos
die Einnahme aus dem Güterverkehr weit bedeutender ist, als jene aus
dem Personenverkehr. Die Summen der ersten 2 Spalten sind der Totalsumme der dritten Spalte deshalb oft nicht gleich, weil die meisten
Bahnen noch andere Einnahmsquellen haben, als den eigentlichen Personen-
und Güterverkehr. Dass unter allen angeführten Bahnen die brittischen
die grössten Ziffern der Roheinnahme beim Personen-, wie beim Güterverkehr zeigen, ist begreiflich. Dass die Ziffern der Spalten 4 und 5 mit
denen der ersten drei Spalten in einem innigen Causalzusammenhange
stehen, braucht wohl kaum gesagt zu werden. Ein starker Bruttoertrag
wird ja nur durch lebhaften Verkehr erzielt; dieser erfordert aber auch
höhere Anstrengungen und Kosten des Betriebes und, wegen der nothwendigen solideren Ausstattung, auch ein höheres Anlagecapital. Die Zahlen
der letzten Spalte dürfen nur unter sorgfältiger Berücksichtigung aller einschlägigen Verhältnisse beurtheilt werden. Man sieht aus ihr, dass in den

meisten Ländern die Kosten der Eisenbahnen nicht vollständig gedeckt werden. Da indessen unter den Productionskosten eine 5procentige Verzinsung mit eingeschlossen ist, ist diese Differenz keineswegs erschreckend.

VII. Die Benützung und die Leistungen der Bahnen. Hinsichtlich der Benützung ist der Personenverkehr vom Güterverkehr getrennt zu beobachten. Der genaueste Ausdruck für den Personenverkehr wäre eine Zahl, welche angibt, wie viele Kilometer auf einem bestimmten Bahngebiete in bestimmter Zeit von allen Reisenden zurückgelegt wurden. Aber auch die Zahl der verkauften Personenbillets, sowie die Summe der Einnahmen aus dem Verkauf geben ziemlich genaue Ausdrücke. Hinsichtlich der zeitlichen Verschiedenheiten des Personenverkehrs bemerkt man ein constantes Minimum des Verkehrs im Januar und Februar, ein Maximum im August. In welchem Grade sich die Benützung der Bahnen steigern kann, ergibt sich z. B. aus den Betriebsresultaten der Leipzig-Dresdener (über Riesa) Bahn. Die Zahl der Kilometer, welche von allen Reisenden und Gütertonnen auf dieser Bahn zurückgelegt wurden, betrug [2]):

im Jahre	Personenkilometer	Gütertonnenkilometer
1840	22,6 Millionen	2,1 Millionen
1850	30,6 „	8,7 „
1860	40,9	33,7
1865	58,8 „	55,8 „
1877	77,2 „	134,1 „

Der Gesammtverkehr dieser Linie hat sich seit dem ersten Betriebsjahr bis 1877 um das 52fache vermehrt.

Der Güterverkehr ist, wie man aus dem angegebenen Beispiel sieht, einer noch weit grösseren Steigerung fähig, als der Personenverkehr.

Und zwar entwickelt sich die Eisenbahnverkehrsleistung rascher, als die für sie gebrachten Opfer vermuthen liessen. So betrugen bei den zum Vereine deutscher Eisenbahnverwaltungen (Deutschland und Oesterreich) gehörenden Bahnen:

	Im Jahre				
	1850	1855	1860	1865	1869
Länge der Bahnen in Meilen	523	1149	1943	2635	3449
Gesammte Anlagekosten in Mill. Mark	618	1582	2979	4224	5721
Beförderte Personen, Mill.	13,2	33,3	60,1	92,8	134
Transportirte Zentner, Mill.	58	327	615	1184	1895

Es ist demnach im Zeitraum dieser 19 Jahre gestiegen:
die Länge der Bahnen um das 7fache,

die Anlagekosten des ganzen Netzes um das 9fache,
die Zahl der beförderten Personen um das 10fache,
die transportirte Gütermenge um das 32fache.

VIII. Die Eisenbahnunfälle. Die relative Zahl der Unfälle, d. h.
die Zahl der Unfälle verglichen mit jener der Reisenden drückt einestheils
die Sorgfalt 'des Betriebs, anderntheils die der Reisenden selbst aus. Im
Allgemeinen zeigt die Statistik dieser Unfälle, dass in den meisten Fällen
die Schuld des Unfalles den Verletzten selbst zufällt. Weit grösser als
bei den Reisenden ist die Zahl der Verunglückung von, an den Eisenbahnen beschäftigten Beamten und Arbeitern. Aber auch hier sind die
selbstverschuldeten Unglücksfälle weit häufiger als die unverschuldeten.

Ueber die Gefährlichkeit der verschiedenen Arten des Bahndienstes
gibt eine preussische Zusammenstellung der in den 10 Jahren von
1854—1864 verunglückten äusseren Beamten Aufschluss. Es verunglückten von:

I. Beamten des eigentlichen Zugdienstes: Zugführern,
    Schaffnern, Bremsern etc. . . . . 0,842 %

II. Beamten bei den Locomotiven . . . . 0,552 „

III. Stationspersonal: Bahnhofsinspectoren etc. . . . . . 0,065 „

IV. Bahnbewachungspersonal: Bahnwärtern, Weichenstel-
    lern, etc. . . . . 9,073 „

Dass die Zahl der Unfälle sich von Jahr zu Jahr mit merkwürdiger
Gleichmässigkeit wiederholt, natürlich gesteigert durch die zunehmende Zahl
der Reisenden, ergibt sich sofort, wenn man die bezüglichen Ziffern einer
längeren Jahresreihe vergleicht. Relativ aber ist die Zahl der Verletzungen
in bedeutender Zunahme begriffen. So traf eine Verletzung, incl. der
tödtlichen, bei den preussischen Bahnen [1]):

im Jahre			im Jahre		
1859	auf	103352	1867	auf	72461
1861	„	98645	1868	„	70592
1863	„	93116	1869	„	79219
1865	„	72552	1870	„	60960

Wichtiger als die blossen Verletzungen sind natürlich die Tödtungen.
Es kommt ein tödtlicher Unglücksfall in (Weber, a. a. O. S. 549):

Russland auf	117000	Reisende
England auf	1,660000	„
Frankreich auf	1,760000	„
Oesterreich-Ungarn auf . . .	2,400000	„
Belgien auf	5,000000	„
Preussen auf	11,500000	„

Immerhin aber ist das Eisenbahnreisen weit sicherer, als die Transportmittel der Landstrassen. Die Posten und die Messagéries générales
hatten in Frankreich (1846—55) einen Getödteten auf je 355463, einen
Verletzten schon auf je 29571 Reisende.

. Neben diesen wichtigsten Erscheinungen aus dem Gebiete der Bahnstatistik existiren noch eine Reihe anderer, welche gleichfalls statistische
Untersuchung gestatten. So vor allen die volkswirthschaftlichen Wirkungen der Bahnen. Wie durch die Bahnen vermöge der erhöhten Umlaufs-
fähigkeit der Güter deren Preise ausgeglichen werden, wie die von einer
oder mehreren Bahnen berührten Orte zunehmen, während andererseits
mancher ehedem wichtige Verkehrsweg und Verkehrsplatz verödet; wie
weit die verschiedenen Bahnen den anfänglich von ihnen gehegten Er-
wartungen entsprechen oder dieselben übertreffen; in welchem Maasse die
Bahnlinien sich vermehren und wie diese Vermehrung zur Volksvermehrung, zur Vermehrung anderer Verkehrsmittel, zum Aufschwunge des
ganzen wirthschaftlichen Lebens sich verhält; welche Ersparnisse an Zeit
und Geld durch den Bahnverkehr der Volkswirthschaft ermöglicht werden;
wie politische Ereignisse hemmend oder fördernd auf den Bahnverkehr
wirken u. s. f.: all das sind wichtige Fragen für die Bahnstatistik. Ihre
Erörterung ist theils aus allgemein wissenschaftlichem Interesse, theils
zu besonderen wirthschaftlichen Zwecken nöthig; zur Erledigung der
Fragen über Freiheit und Monopol des Bahnwesens, über staatliche Unterstützung der Privatbahnen, über Tarifwesen u. s. f.

Anmerkungen.

[1]) Nach den im Gotb. Hofkal. 1880, mitgetheilten Zahlen.
[2]) Nach Engel: Das Zeitalter des Dampfes. Zeitschr. d. preuss. stat.
Bureau, 1879 und 1880.
[3]) Nach v. Weber. Schule des Eisenbahuwesens. S. 514.

§. 164. Die Seeschifffahrt.

I. Die Seeflotten. Für die Beurtheilung derselben hat man mehrere
Massstäbe: die Zahl der Schiffe, deren Bemannung und deren Tonnengehalt. Letzterer ist jedenfalls das entscheidende. Denn unter der Zahl der
Fahrzeuge sind unvergleichbare Grössen begriffen: die kleinsten Küsten-
schiffe und die grössten Ostindienfahrer und Postdampfer.

Der Stand der europäischen Handelsmarine beträgt in neuester Zeit
(1876—78):

Staaten	Dampfer		Segelschiffe	
	Zahl	Gehalt in 1000 Tonnen	Zahl	Gehalt in 1000 Tonnen
Grossbritannien und Irland .	6107	2492	32509	5837
Norwegen	273	46	7791	1446
Deutschland	336	183	4469	934
Italien	152	63	8438	966
Frankreich	431	228	4262	671
Niederlande	79	106	1100	537
Spanien	230	176	2685	381
Schweden	167	56	1820	371
Russland	249	38	3136	264
Oesterreich-Ungarn	77	57	555	229
Dänemark	188	45	3094	213
Griechenland	16	6	1076	192
Portugal	42	8	546	53
Belgien	28	37	22	10
Türkei	11	3	220	34

Vollständig vergleichbar sind auch die gegebenen Tonnengehalts-Ziffern nicht, weil die Vermessung der Schiffe nicht in allen Ländern nach gleichen Grundsätzen vorgenommen wird [1]).

Als ein charakteristischer Zug der modernen Seeschifffahrt muss das rasche Anwachsen der Dampferflotten gegenüber der fast unmerklich abnehmenden Zahl der Segelschiffe constatirt werden. So bestand die europäische Handelsmarine i. J. 1860 aus 2974 Dampfern und 92272 Segelschiffen. Bis zum J. 1877/78 war die Zahl der Dampfer auf 8386 gestiegen, jene der Segelschiffe auf 86247 gesunken [2]).

Trotz der im Allgemeinen verringerten Schiffszahl ist die Leistungs-fähigkeit der europäischen Handelsflotte im Zunehmen, theils wegen der rascheren Fahrten, die durch die vermehrte Dampferzahl ermöglicht sind, theils auch durch die gesteigerte Tragfähigkeit der Schiffe. So betrug in Register-Tonnen die

im Jahre	Gesammtzahl der Schiffe	Tragfähigkeit im Ganzen	Durchschnittliche Tragfähigkeit eines Schiffes
1860	95246	10,800647	113,4
1877/78	94633	15,786687	166,8

Die Vermessung der Schiffe geschieht in den meisten Ländern amtlich. Geläufigstes Maass ist die englische Registertonne, ein Raummass, = 2,83 Cubikmeter. Eine Register-Tonne entspricht dem Raum und Gewicht von 2830 Kg. destillirten Wassers. Bei der Ausmessung der Schiffe ist der Brutto- und Nettoraum zu unterscheiden. Bruttoraum ist der gesammte Raumgehalt des Schiffes; der Nettoraum ergibt sich, wenn von dem Bruttoraume die Räumlichkeiten für Dampfmaschinen, Kohlen, Küche, Mannschaft etc. abgezogen werden, so dass der für die Ladung verfügbare Raum übrig bleibt.

II. Die Schifffahrtsbewegung. Neben dem Stand der Handelsflotten registrirt die Schifffahrtsstatistik auch die Thätigkeit derselben. Zu diesem Zwecke werden von der amtlichen Statistik in der Regel notirt:

1. Die Zahl der angekommenen und abgegangenen Schiffe.

2. Art der Schiffe (Dampfer oder Segelschiffe).

3. Tonnengehalt der Schiffe.

4. Leistung der Schiffe (d. i. ob dieselben mit Ladung oder blos in Ballast gefahren).

5. Länder der Herkunft und Bestimmung.

Aus diesen Angaben und deren Veränderungen lässt sich für jedes Land ein deutliches Bild seiner Seeschifffahrt construiren, der Lebhaftigkeit seiner verschiedenen Häfen und Küstenstrecken und der Stärke jener commerciellen Fäden, welche es mit den übrigen Seehandel treibenden Ländern verbinden.

III. Die See-Unfälle. Trotz aller technischen Fortschritte im Schiffbau wie trotz der zunehmenden hydrographischen Kenntniss ist die Zahl der Seeunfälle immer eine sehr beklagenswerth grosse, und es wiederholen sich diese Unfälle mit grosser Regelmässigkeit von Jahr zu Jahr. So verlor die deutsche Flotte [2]):

im Jahre	Zahl der verlorenen Schiffe	verlorene	
		Mannschaft	Passagiere
1873	178	300	9
1874	165	276	6
1875	178	324	256
1876	214	526	13
1877	161	275	5
1878	138	336	82
1879	166	119	2

Die Flotten der civilisirten Staaten verlieren jährlich etwa 2400 Segelschiffe und über 170 Dampfer.

Hinsichtlich der räumlichen Vertheilung der Schiffbrüche verdienen die jetzt sorgfältig angelegten Schiffbruchkarten Erwähnung (insbes. die brittischen), welche deutlich die verschiedenen Kirchhöfe der Seeschiffe zur Anschauung bringen.

Anmerkungen.

[1]) Engel: Zeitalter des Dampfes.
[2]) Neumann-Spallart: Uebersichten.
[3]) Stat. Jahrb. f. 1881.

§. 165. Post und Telegraphie.

I. Die Posten [1]). Die verschiedenen Seiten, von welchen die Statistik das Postwesen anfasst, sind folgende:

Betrachtet man die Posten als verkehrbefördernde Unternehmungen, so sind zunächst die Ausdehnungen der Postcurse, die Zahl der stabilen Postämter und Postexpeditionen, der Eisenbahnpostämter, der Briefsammlungen und Postablagen, der Posthaltereien, der Postbeamten und Bediensteten in ihren verschiedenen Kategorien, der verwendeten Pferde und Fuhrwerke von Bedeutung. Neben der Beobachtung der Verkehrsmittel muss aber auch die Beobachtung des Gebrauches dieser Mittel, des wirklichen Verkehrs herlaufen, also: der Zahl von beförderten Passagieren, Briefen, Zeitungen, Geldsendungen, Packeten (mit Gewichtserhebung). Dieser wirkliche Verkehr muss sodann in seiner Ab- und Zunahme, seiner zeitlichen und räumlichen Vertheilung untersucht und die Einflüsse, die sich etwa auf ihn geltend machen, aufgedeckt werden.

Die Posten sind aber auch an sich wirthschaftliche Unternehmungen. Betrachtet man sie als solche, so fordert das wirthschaftliche Interesse des Unternehmers eine genaue Statistik der in den Unternehmungen steckenden Capitalien, überhaupt der Kosten einerseits, der Roh- und Reinerträge andererseits.

Von grösster Bedeutung ist hier der Einfluss des Posttarifs auf den Verkehr.

II. Die Telegraphie [2]). Die wichtigsten Ziffern, welche über sie Aufschluss geben, sind:

1. Die Länge der Telegraphenlinien.

2. Die Länge der in Betrieb stehenden Drähte.

Die Vergleichung dieser Ziffern führt zu dem Gegensatze von extensivem und intensivem Telegraphenbetrieb. Beim extensiven Betrieb finden sich auf den Linien nur spärliche Drähte; die Telegramme bewegen sich über grosse Entfernungen, aber, im Verhältniss zur Ausdehnung des Netzes, nur geringe an Zahl. So namentlich in dünn bevölkerten Ländern. Dichtbevölkerte Länder dagegen mit grossen Städten verlangen intensiven

Depeschenverkehr: zahlreiche Drähte auf einer Strecke und häufige Depeschen.

3. Die Zahl der Stationen.

4. Die Zahl der Depeschen.

Begreiflicherweise ist es hauptsächlich der Wirthschaftscharakter der Bevölkerung, welcher auf diese Ziffern Einfluss nimmt. In industriellen Districten oder gar an Handelsplätzen wird jedes Tausend Menschen einen weit grösseren Depeschenverkehr aufweisen, als in Ackerbaugegenden, wo die Veranlassung zur Benützung des Telegraphen verschwindend gering ist. Fast ausschliesslich die städtische Bevölkerung bedient sich des Telegraphen, der deshalb am meisten üblich in solchen Gegenden ist, wo auch die kleineren Ortschaften städtische Sitten haben.

Wichtiger als die absoluten Zahlen, bei welchen jedoch überall die Länge der Leitung und die Gesammtlänge der Drähte angegeben werden sollte, ist die relative Ausdehnung, und zwar sowohl im Verhältniss zur Ländergrösse und Volkszahl, als auch zur Ausdehnung der übrigen Verkehrsmittel.

Auch beim Telegraphen sind ferner das Maass und die schwankenden Bewegungen der Benützung, die Kosten und die Erträge von statistischer Bedeutung.

Anmerkungen.

[1]) Der absolute Postverkehr der europäischen Länder stellt sich in neuester Zeit wie folgt (Goth. Hofkalender 1881):

Länder	Post-Bureaux	Briefe (Millionen)	Länder	Post-Bureaux	Briefe (Millionen)
Belgien . . . 1879	638	79,9	Oesterr.-Ung. 1878	5980	287,1
Dänemark . 1878	159	25,5	Portugal . . 1880	863	15,7
Deutsch. Reich 1879	9130	627,8	Rumänien . . 1879	233	7,1
Frankreich . „	5802	458,3	Russland . . „	4374	108,3
Griechenland 1877	145	2,7	Finnland . . 1878	114	3,1
Grossbritann. 1878	13881	1128,0	Schweden . . „	1963	?
Italien . . . „	3200	152,1	Schweiz . . . 1879	800	71,7
Luxemburg . „	55	2,1	Serbien . . . 1875	54	1,3
Niederlande . 1879	1290	54,7	Spanien . . . 1877	2530	78,4
Norwegen . . „	904	13,3	Türkei . . . 1878	429	2,4

Es entfallen jährlich Briefe auf den Kopf der Bevölkerung in:

Grossbritannien . . . 32,7	Deutsches Reich . . 14,7	Dänemark 12,9
Australien 27,5	Canada 14,6	Frankreich 12,4
Schweiz 25,5	Belgien 14,4	Oesterreich-Ungarn . 7,6
Ver. Staaten . . . 24,6	Niederlande 13,3	Norwegen 7,4

Schweden 7,2	Griechenland 1,6
Italien 5,4	Finland 1,6
Spanien 4,8	Russland 1,5
Chile 3,3	Rumänien 1,3
Japan 1,8	Serbien 0,8

Aegypten 0,7
Brittisch Indien . . 0,6
Mexiko 0,4
Türkei 0,4
Persien 0,05

[1]) Hinsichtlich der Verbreitung des Telegraphen-Verkehrs mögen hier nur folgende Ziffern Beachtung finden (Goth. Hofkalender 1881):

Länder	Kilometer		Bureaux	Depeschen (Tausende)	Auf 100 Einwohner treffen Jähr-lich Tele-gramme
	Linien	Draht			
Australien . . . 1878	41062	65179	985	4600	156
Schweiz 1879	6552	16007	995	2614	93
Grossbritannien . 1878	41334	183554	3858	23385	67
Niederlande . . 1879	3761	13655	185	2705	67
Belgien . . . . „	5410	23572	708	3242	59
Dänemark . . . 1878	3376	9016	127	939	48
Frankreich . . . 1879	59500	171500	4965	14414	39
Norwegen . . . „	7506	13631	127	677	37
Deutsches Reich „	66679	237527	6467	15711	37
Canada 1877	17694	?	830	?	31
Oesterr.-Ungarn 1879	48932	138453	3444	8371	22
Italien . . . . . „	25533	84101	1462	5502	20
Schweden . . . „	8281	20295	177	859	19
Griechenland . . 1878	3068	4065	82	315	19
Türkei . . . . „	27197	52142	417	1344	19
Rumänien . . . 1879	5238	8323	98	879	16
Portugal 1878	3711	8042	191	662	15
Spanien 1877	15489	39070	324	2023	12
Serbien 1874	1461	2146	37	165	10
Russland 1878	75082	143423	979	5761	8
Ver. Staaten	152425	?	8829	?	?

VI. Capitel.
Der Handel.

§. 186. Im Allgemeinen.

Die Statistik des Handels ist ein Gebiet, wo die colossalsten Ziffer-massen auftreten, die überhaupt auf dem Gebiete statistischer Unter-

suchungen erscheinen. So häufig indessen im praktischen Staatsleben Bestandtheile dieser Ziffermassen angewandt werden, um Dies oder Jenes zu
beweisen: an gründlichen systematischen Darstellungen über die allgemeine
Aufgabe der Handelsstatistik, wie über ihre einzelnen Theile, ihre Schwierigkeiten und Hilfsmittel herrscht ein fühlbarer Mangel.

Um einigermassen einen Ueberblick über die Gesammtaufgabe der
Handelsstatistik zu gewinnen, halte man zunächst die Subjecte und die
Objecte des Handels auseinander.

I. Die Subjecte des Handels. Jeder einzelnen kaufmännischen
Operation liegt eine statistische Operation zu Grunde, nämlich eine Vergleichung der Einkaufs- und Verkaufspreise und der Handelskosten. Die
Handelsthätigkeit jedes Einzelnen liefert ununterbrochen ein reiches Zahlenmaterial, das zur Ordnung des Geschäftes stets übersichtlich gegliedert
und evident gehalten werden muss. Jeder einzelne Handeltreibende führt
in seiner Buchhaltung eine fortlaufende Statistik seines Geschäftes, und
da jede Function seines Geschäftes von ihm ausgeht, entgeht kein Bruchtheil dieser Functionen der Beobachtung.

Aber eine Handelsbewegung geht nicht allein von den Einzelnen
aus. Auch ganze Handelsplätze, Landestheile und Länder, beziehungsweise
deren Bevölkerungen, lassen sich als Subjecte des Handels auffassen.

Fragt man sich jedoch, welche Subjecte des Handels zu einer statistischen Beobachtung hinreichende Veranlassung und Gelegenheit bieten,
so wird die Aufgabe bedeutend reducirt. Der gesammte inländische
Handel nämlich, mag er Gross- oder Kleinhandel sein, producirt kein
brauchbares Zahlenmaterial. Seine Bewegung entzieht sich der Controle,
obgleich sie zweifellos mit weit grösseren Werthen zu thun hat und weit
wichtiger und nothwendiger ist, als der internationale Handel. Als einzige
Subjecte der Handelsstatistik bleiben die Völker in ihren politisch geschlossenen Territorien übrig.

II. Objecte des Handels sind Waaren, Werthpapiere und Geld.
Hier können zunächst nur die Waaren in Betracht kommen. Zur Messung
der Waarenbewegung können zwei Massstäbe dienen: die Menge der
Waaren (Gewicht, Stückzahl etc.) oder ihr Werth.

§. 167. Der internationale Handel.

Die Handelsthätigkeit zwischen einem Volke und den übrigen lässt
sich zunächst in Ausfuhr- und Einfuhrhandel unterscheiden. Die
Statistik dieser Handelsthätigkeit beruht auf den Zolllisten. Als vollständig
verlässige Grundlagen für die Handelsstatistik können dieselben allerdings
nicht betrachtet werden, und zwar aus folgenden Gründen.

I. Die Menge der ein- und ausgeführten Waaren erscheint nicht vollständig in den Zolllisten, weil diese die Resultate des Schleichhandels nicht enthalten können.

II. Weit grössere Schwierigkeiten verursacht die Werthschätzung der ein- und ausgeführten Waaren. Diese Werthschätzung kann wieder auf verschiedenen Grundlagen beruhen.

1. Werthangabe durch die Waareneigenthümer. Hiebei werden häufig, um die höheren Zollsätze zu umgehen, die Preise zu niedrig declarirt.

2. Ermittelung der jeweiligen Marktpreise durch die Zollbeamten ist mühsam und trotzdem nicht fehlerfrei.

3. Amtliche Preisansätze für die einzelnen Waarengattungen, und zwar entweder unveränderlich, oder besser für einen bestimmten Zeitraum. Solche amtliche Preisansätze haben wiederum den Nachtheil, dass sie den in kürzeren Zeiträumen sich verändernden Marktpreisen keine Rechnung tragen. Auch hinsichtlich des Ortes, für welchen man die Preise berechnet, bieten sich Schwierigkeiten dar.

III. Die Verschiedenheiten in den Zollgesetzen der verschiedenen Länder erschweren es sehr, für dieselben vergleichbare Resultate zu erhalten. Einzelne Länder haben z. B. Ausfuhrzölle auf manche Waaren, andere Länder nicht. Offenbar ist die Handelsstatistik jener Länder, welche mehr und höhere Zölle haben (Frankreich, Italien), zuverlässiger, als dort, wo die Zölle geringer sind und wo deshalb kein so zwingendes Interesse den Staat nöthigt, Ein- und Ausfuhr genau zu ermitteln.

Trotz all dieser Schwierigkeiten bleiben die Zolllisten das unschätzbarste Mittel der Handelsstatistik. Jedoch geben diese Schwierigkeiten genügenden Grund, um beim Beurtheilen des Werthverhältnisses zwischen Aus- und Einfuhr (der Handelsbilanz) möglichst behutsam zu sein.

Untersucht man nun den internationalen Handel, so lässt sich die eingeführte Gütermenge sowohl als die ausgeführte in zwei Theile scheiden: die Ausfuhr von eigenen Erzeugnissen und die Einfuhr von Waaren, welche im Lande consumirt werden, bilden die eigene Aus- und Einfuhr; die Einfuhr fremder Waaren zum Zwecke der Wiederausfuhr und die Wiederausfuhr dieser Waaren bilden den Zwischenhandel. Die Differenz zwischen der Gesammt-Ein- und Ausfuhr, dem sogen. Generalhandel, und der eigenen Ein- und Ausfuhr, dem sogen. Specialhandel, zeigt den Umfang des Zwischenhandels an. Bei diesen Erscheinungen ist hauptsächlich zu untersuchen:

I. Der Stand des Aus- und Einfuhrhandels. Der Begriff Stand darf aber, da es sich um ewig wechselnde Erscheinungen handelt, nicht im strictesten Sinne genommen werden, sondern man wird darunter nur die Handelsbewegung eines bestimmten abgeschlossenen Zeitraumes, eines Jahres etwa verstehen dürfen. Auch hier sind die absoluten und die relativen[1]) Zahlen zu untersuchen.

H. Die Richtung des Aus- und Einfuhrhandels[2]).

III. Die Aenderungen sowohl im Stande[3]), als in den Richtungen des gesammten internationalen Handels.

Anmerkungen.

[1]) Von den zahlreichen statistischen Daten über das Verhältniss von Aus- und Einfuhr seien nur folgende angeführt, wie sie für das Jahr 1878 von Neumann-Spallart (Uebersichten. Jahrg. 1879. S. 287) mitgetheilt sind:

| Länder | Werth in Mill. Mark | |
	der Einfuhr	der Ausfuhr
Grossbritann. u. Irland	5375,4	4909,6
Deutschland	3738,9	2902,4
Frankreich	3340,8	2544,0
Russland	1917,8	1990,5
Oesterreich-Ungarn	1104,2	1309,4
Niederlande	1376,6	958,6
Belgien	1178,2	889,8
Italien	856,5	836,2
Türkei	430(?)	397,0
Spanien	412,6	372,6
Schweden	269,4	207,3
Dänemark	214,2	154,6
Norwegen	157,2	102,5
Portugal	153,8	100,9
Rumänien	80,6	116,0
Griechenland	82,2	54,6
Serbien	25,9	26,6
Ver. Staaten . . . . . . (1878/79)	1867,2	2868,4
Brasilien . . . . (1876/77)	361,0	458,5
Brittisch Nordamerika . . (1876/77)	444,5	344,6
Cuba	120,0	290,6
Brittisch Ostindien . . . (1878/79)	731,3	1174,1
China	424,8	403,0
Niederländisch Ostindien	193,1	349,2
Australien	988,9	927,4
Aegypten	93,4	265,2

[2]) Hinsichtlich der Richtungen des internationalen Handels seien, aus Gründen der Raumersparniss, nur folgende Ziffern mitgetheilt:

A. Im Deutschen Zollgebiet betrug 1877 der Werth der Einfuhr im freien Verkehr (in Millionen Mark):

Einfuhr aus	Gesammtwerth	Procentantheil der einzelnen Grenzstrecken am Gesammtwerth
Nord- und Ostsee . .	299,6	7,6
Bremen	237,6	6,2
Hamburg	535,7	14,2
Uebrige Zollausschlüsse	104,9	2,7
Dänemark	16,9	0,4
Russland	521,4	13,9
Oesterreich	798,0	21,4
Schweiz	160,1	4,2
Frankreich	216,4	5,7
Belgien	299,9	7,9
Niederlande	491,1	13,1
Postverkehr etc. . . .	91,4	2,4

(Block-v. Scheel a. a. O. S. 329.)

B. Im Oesterreichisch-Ungarischen Zollgebiet stellte sich 1878 der Werth des Gesammthandels (ohne Edelmetalle, in Millionen Gulden):

Verkehr mit und über	Einfuhr in Oesterr.-Ungarn	Ausfuhr aus Oesterr.-Ungarn
Deutsches Zollgebiet .	420,1	326,7
insbes. { Süddeutschland	137,6	124,1
Sachsen . . .	194,8	131,9
Preussen . . .	87,7	70,7
Schweiz	3,2	1,8
Italien	20,2	39,0
Türkei	34,0	83,4
Russland	14,8	48,4

(Goth. Hofkalender 1881.)

C. In Grossbritannien und Irland betrug 1879 der Verkehr mit folgenden Hauptverkehrsländern (in Millionen Pfund Sterling):

	Einfuhr aus	Ausfuhr nach
Nordrussische Häfen	11,0	9,2
Südrussische „	4,8	1,4
Schweden und Norwegen	8,3	3,9
Deutsches Reich	21,6	29,6
Niederlande	21,9	15,4
Belgien	10,7	11,8
Frankreich	38,4	26,5
Spanien	8,3	3,7
Italien	3,2	6,0
Türkei	3,4	7,7
Aegypten	8,8	2,2
Ver. Staaten	91,8	25,5
Brasilien	4,7	5,9
China	11,0	5,1
Sämmtliche nichtbritt. Länder . .	284,0	182,2
Nordamerikanische Colonien . . .	10,4	6,1
Brittisch Westindien und Guyana .	7,0	3,0
Brittisch Indien	24,6	22,7
Cap und Natal	4,3	5,4
Sämmtliche brittische Besitzungen	78,9	66,5
Alles zusammen .	362,9	248,7

(Statistical abstract 1880, p. 30.)

[*)] Wie sehr die Bewegung des gesammten internationalen Handels im Laufe der Zeit zunimmt, namentlich begünstigt durch die Fortschritte des Verkehrswesens, zeigen folgende Ziffern. Der gesammte Aussenhandel betrug (in Millionen Mark):

i n	im Jahre 1860	im Jahre 1878
Grossbritannien und Irland	7510	12285
Deutsches Reich	2173	6641
Frankreich	3339	5885
Ver. Staaten	2834	4615
Russland	1080	3908
Oesterreich-Ungarn	952	2414
Niederlande	1380	2335
Belgien	789	2068
Brittisch Ostindien	1044	2049
Italien	1126	1693
China	600 (?)	827

22 *

§. 168. Statistik einzelner Handelsartikel.

Die Statistik beschäftigt sich auch mit der Betrachtung, wie sich die gesammte Handelsbewegung der Länder auf die verschiedenen Waarengattungen vertheilt [1]) und endlich mit der speciellen Betrachtung einzelner Handelsartikel [2]). In letzterer Hinsicht hat sie zu untersuchen:

I. Die Gesammtmenge dessen, was von der fraglichen Waare überhaupt producirt wird. Handelt es sich dabei um Waaren mit bestimmt abgegrenztem Productionsgebiete, so ist eine annähernd richtige Bestimmung der Masse allerdings möglich; bei den wichtigsten Gegenständen des Welthandels aber muss man sich mit vagen Schätzungen begnügen (Baumwolle, Kohle, Edelmetalle, Kaffee etc.).

II. Die Gesammtmenge der Aus- und Einfuhr.

III. Die Zunahme der Production und Ausfuhr oder deren Abnahme.

IV. Die Richtung der Aus- und Einfuhr.

V. Die Veränderungen in der Richtung der Aus- und Einfuhr mit ihren wechselnden Ursachen, welche in den Productionsverhältnissen, dem Verkehr und seinen Hindernissen, in der wirthschaftlichen Lage des Consumtionsgebietes zu suchen sind. Die Statistik der Rohproduction und der Industrie, der Preise, des Verkehrs, des ganzen Nationalwohlstandes, die Untersuchung der Zoll- und Handelspolitik, die Beobachtung des gesammten politischen und socialen Lebens werden hier mehr oder weniger zur nothwendigen Vorbedingung.

Anmerkungen.

[1]) Es betrug (nach den höchst zuverlässigen Angaben des Goth. Hofkal. vom J. 1881):

I. Im deutschen Zollgebiet für das Jahr 1878.

Der geschätzte Werth der Ein- und Ausfuhr in Millionen Mark:

Waaren	Einfuhr	Ausfuhr
a) Genussmittel	1513,9	1010,4
insbesondere Getreide	612,0	375,0
gegohrene Getränke	58,7	63,0
Colonialwaaren	202,0	117,6
Tabak, Cigarren	106,6	10,9
Sämereien, Früchte	138,0	72,3
Thiere und thierische Nahrungsmittel . .	396,6	371,0
b) Rohstoffe	1148,0	664,9
insbesondere Haare, Häute, Leder	176,3	98,1
Spinnstoffe	587,0	228,9
c) Fabricate	450,4	983,2
d) Verschiedene Waaren	401,4	228,6
e) Münzen und Edelmetalle	209,0	29,4
Summe .	3722,7	2916,4

Die wichtigsten Thatsachen, welche in diesen Zahlen liegen, sind das entschiedene Ueberwiegen des Einfuhrwerthes, namentlich an Nahrungsmitteln und Rohstoffen. Seine Einfuhr bezahlt Deutschland mit Fabricaten, namentlich Gewebwaaren und mit Edelmetallen. Die Handelsbilanz Deutschlands hat sich in dieser Hinsicht gegen frühere Jahrzehnte merklich verändert. Im Jahre 1849 konnte Deutschland noch eine Mehrausfuhr an Getreide im Werthe von 59 Mill. Mark berechnen; und in den Jahren 1860—64 betrug dieser Ueberschuss noch 18 Mill. Mark. Dann aber blieb mehr und mehr der Ausfuhrwerth hinter dem Einfuhrwerthe zurück, so dass jetzt das deutsche Volk nur noch einen Theil seines Brodes selbst erzeugt. (Vergl. Bienengräber: Statistik des Verkehrs etc. S. 140.)

II. In Oesterreich-Ungarn ergibt sich ohne die Edelmetalle für 1878 folgende Bilanz (Werth in Mill. Gulden):

Artikel	Einfuhrwerth	Ausfuhrwerth
a) Nahrungs- und Genussmittel	147,9	193,0
insbesondere Getreide	40,0	87,5
Colonialwaaren	35,6	47,3
Tabak	35,7	4,4
Thiere und Nahrungsmittel davon	17,0	22,5
b) Rohstoffe	155,8	102,8
insbesondere Brennstoffe	11,9	45,9
Spinnstoffe	107,2	34,1
c) Fabricate	209,3	277,1
d) Verschiedenes	83,7	26,8
Totale	596,7	599,7

Oesterreich-Ungarn ist demnach in der Lage, den Ueberschuss des Einfuhrwerthes an Rohstoffen, welchen es empfängt, durch seinen grösseren Ausfuhrwerth an Bodenfrüchten, Brennstoffen und Fabricaten zu bezahlen.

III. In Grossbritannien und Irland ergibt sich für 1879 folgendes Verhältniss der Ein- und Ausfuhrwerthe. Werth in Millionen Pf. St.

Waarengattungen	Einfuhr	Ausfuhr
a) Genussmittel	174,7	8,8
insbesondere Getreide	67,4	0,7
Colonialwaaren	43,9	2,2
Thiere und Nahrungsmittel davon	40,1	2,4
b) Rohstoffe (hauptsächlich Spinnstoffe)	105,7	33,6
c) Fabricate	28,2	125,7
d) Verschiedene Waaren	54,2	23,3
Summe des Waarenverkehrs	362,9	191,5
Münzen und Edelmetalle	24,1	28,5

IV. In Frankreich stellt sich für 1879 das Verhältniss des Aus- und Einfuhrwerthes folgendermassen. Werth in Millionen Francs:

Waarengattungen	Einfuhr	Ausfuhr
a) Genussmittel	1966	800
b) Rohstoffe (hauptsächlich Spinnstoffe)	1689	478
c) Fabricate	438	1578
d) Verschiedene Waaren	499	304
Waaren überhaupt	4594	3163
Münzen und Edelmetalle	339	424

V. In den Vereinigten Staaten für das Jahr 1878/79. Werth in Millionen Dollars:

Waarengattungen	Einfuhr	Ausfuhr
a) Nahrungs- und Genussmittel	186,9	384,1
b) Rohproducte	73,3	196,4
c) Fabricate	129,7	46,7
d) Verschiedene Waaren	55,9	72,3
Waaren überhaupt	445,8	699,5
Edelmetalle	20,3	17,6

VI. In Russland 1878. Werth in Millionen Rubel:

Waarengattungen	Einfuhr	Ausfuhr
a) Genussmittel	77,7	439,2
b) Rohstoffe	192,2	134,2
c) Fabricate	177,8	4,8
d) Verschiedene Waaren	109,9	18,1
Waaren überhaupt . .	557,7	596,5
Edelmetalle	16,0	10,8

¹) Aus räumlichen Gründen ist es hier nur möglich, an einigen der wichtigsten Waaren des Welthandels die Aufgaben und Resultate der Handelsstatistik zu zeigen.

Das Getreide ist zweifellos der wichtigste Gegenstand des Welthandels. Der in grossartigster Weise entwickelte Getreidehandel der Gegenwart hat die Preise weit mehr ausgeglichen, als dies jemals der Fall war, und hat ein Zusammenarbeiten aller Nationen an der Ernährung der ganzen Menschheit möglich gemacht. Jene Länder, welchen durch die Natur die Möglichkeit gegeben ist, Getreide wohlfeil und in Massen zu erzeugen, haben ihre Production und Ausfuhr an Getreide im Laufe dieses Jahrhunderts ins Riesenhafte erweitert, während anderwärts die Einfuhr in ähnlicher Weise gestiegen ist. Den „Uebersichten über Production, Verkehr und Handel" von Neumann-Spallart, Jahrg. 1879, ist hinsichtlich des Getreidehandels Folgendes zu entnehmen:

a) Die wichtigsten Getreide-Exportländer sind die Vereinigten Staaten, Russland, Oesterreich-Ungarn, Rumänien, Brittisch-Ostindien.

Die Vereinigten Staaten exportirten im Jahre 1877/78 für 727 Millionen Mark Getreide und Brodstoffe bei einer Einfuhr von blos 34 Mill. Mark. Die Mehrausfuhr beträgt demnach 693 Mill. Mark. In Russland ist die Getreideausfuhr von 43 Mill. Hectoliter im Jahre 1873 auf 87 Mill. Hectoliter im Jahre 1878 gestiegen. Im letzteren Jahre betrug der Werth der Ausfuhr 1223 Mill. Mark gegen 197 Mill. vom Jahre 1865. In Oesterreich-Ungarn überwiegt fast regelmässig die Ausfuhr beträchtlich, bei steigendem Werthe derselben. 1878 betrug der Werth der Einfuhr an Getreide, Hülsenfrüchten und Mehl 99 Mill. Mark, jener der Ausfuhr 334 Mill. Mark, allerdings ein sehr günstiges Jahr. Rumänien exportirte 1877 für 64 Mill. Mark Cerealien, bei 4,6 Mill. Mark Einfuhr. Brittisch-Ostindien exportirt steigende Mengen von Weizen und Reis. Von letzterem im Jahre 1877/78 für 137 Mill. Mark.

Ausser diesen Hauptexportländern sind in zweiter Reihe noch die Donautiefländer Serbien und Bulgarien, ferner Dänemark, Algier, Australien, Egypten,

Spanien, Canada, Chile, Tunis, Japan (Reis) und Cochinchina (desgl.) zu nennen.

b) Die wichtigsten Getreide einführenden Länder sind: Grossbritannien, Frankreich, das deutsche Reich, Schweiz, Belgien, Niederlande, Italien, Scandinavien.

Grossbritannien insbesondere ist genöthigt, Jahr um Jahr grössere Beträge für seine Ernährung an das Ausland zu bezahlen. Der Werth der Ein- und Ausfuhr an Cerealien und Mehl betrug in Mill. Pf. Sterl.:

Jahr:	1875	1876	1877	1878
Ausfuhr:	0,5	1,1	1,2	1,3
Einfuhr:	53,0	51,8	63,5	59,0

In den letzten Jahren bezahlt Grossbritannien an die übrige Welt jährlich 1100—1200 Mill. Mark für sein Brod; hievon bei weitem das Meiste an die Vereinigten Staaten.

In Frankreich stellt sich der Werth des Getreidehandels in jüngster Zeit wie folgt (in Mill. Mark):

	1876	1877	1878
Werth der Einfuhr:	191	165	461
Werth der Ausfuhr:	117	148	43

Auch im Deutschen Reiche, welches seine Zufuhr an Getreide und Mehl zumeist aus Russland und Oesterreich-Ungarn bezieht, ist diese Zufuhr fortwährend im Steigen. Es betrug die

Jahr	Gesammt-Einfuhr		Gesammt-Ausfuhr	
	Mill. Zollztr.	Mill. Mark	Mill. Zollztr.	Mill. Mark
1872	28,8	280	21,8	215
1874	47,1	482	22,2	229
1876	60,5	595	22,6	222
1878	66,4	672	43,6	416

Von 1872—1878 hatte das Reich jährlich 228 Mill. Mark für Brodfrucht und Mehl an das Ausland zu bezahlen.

Unter den Rohmaterialien und Fabricaten der Textilindustrie steht die Baumwolle, der Favoritgegenstand des Welthandels, obenan. Seit Jahrzehnten hat sie sich ausgedehnter Beobachtungen zu erfreuen. Zu Anfang des Jahrhunderts betrug die Gesammtmenge der in den Welthandel kommenden Baumwolle 500 Mill. Pfund; 1860 lieferten die Ver. Staaten allein 1767 Mill. Pfund zur Ausfuhr. Schätzungen über die Gesammtproduction sind zwar angestellt worden, aber werthlos, da aus den meisten Ländern, welche Baumwolle produciren, sichere Daten nicht zu erhalten sind (Japan, China, Hinterindien, Archipelagus, Persien, Centralasien, Vorderasien, Süd- und Centralamerika, Mexico und Afrika). Sicher mag sich der Gesammtbedarf an Rohbaumwolle, welcher in Europa und Nordamerika jetzt bezogen und verarbeitet wird, auf 2000 Mill. Pfund belaufen (K. Andree). Europa war vor dem nordamerikanischen Bürgerkriege mit seinem Baumwollverbrauch hauptsächlich auf die Ver. Staaten angewiesen. Von 850 Mill. Kilogr., welche es verbrauchte, bezog es von dort 716. Diese Zufuhr fiel in Folge des Krieges im ersten Kriegsjahre auf

108, im zweiten auf 25 Mill. Kilogr. Die anderen Productionsländer fingen an, den Ausfall zu ersetzen: Indien steigerte seine Ausfuhr von 92 Mill. (1861) auf 253 (1864) und den Erlös von 88 Mill. Fr. auf 705 Mill.; Aegypten die Ausfuhr von 25—30 auf 80 Mill. Kilogr., Brasilien von 7 auf 27. Die Ver. Staaten dagegen hatten selbst nach dem Kriege in Folge der Zerrüttung des Südens (1866—67) nur eine Ausfuhr von 310 Mill. (M. Chevalier). Selbst Südeuropa beschäftigte sich seither erheblicher mit dem Baumwollenbau, so dass Europa im Jahre 1864 den 8. bis 9. Theil seines Bedarfs selbst erzeugte. Die Ver. Staaten arbeiteten indessen mit Macht daran, ihre Baumwollproduction zu erneuern und schon im Jahre 1870 stieg die Ernte so hoch, wie in den besten Zeiten vor dem Kriege. In den Jahren 1878/79 und 1879/80 betrugen die Ernten 5 Mill. Ballen (à 436—460 Pfd.), so dass dieselben jetzt wieder wie vorher die Welt versorgen, während Ostindien, Aegypten und Brasilien einen Rückgang der Production zeigen. In den letzten Jahren (1876—79) dürfte sich die Production der ganzen Welt auf 3166 Mill. Pfd. stellen, wovon auf die Ver. Staaten 2400 Mill. Pfund treffen, auf Brittisch-Ostindien 387 und auf Aegypten 268 Mill. Pfd. (Vergl. Neumann-Spallart a. a. O. S. 166 ff.) Hievon verbraucht die brittische Industrie jährlich circa 1200 Mill. Pfd., der europäische Continent gegen 1000 Mill. Pfd.

Der Handel mit Schafwolle hat in den letzten Jahrzehnten namhaften Umschwung erfahren, indem die Zufuhr an aussereuropäischer Wolle nach Europa fortwährend im Steigen ist. Die gesammte Wollproduction der Welt wird jetzt auf 1600 Mill. Zollpfd. veranschlagt, wovon 800 Mill. auf Europa, 800 Mill. auf überseeische Länder, namentlich Australien, Argentina und Ver. Staaten treffen. Australien exportirte im Jahre 1877 319 Mill. Zollpfd.; Argentina erzeugt gegen 200 Mill.; die Ver. Staaten im Jahre 1878 187 Mill. Die grössten Consumenten sind (1878) Grossbritannien mit einer Einfuhr von 362 Mill. Zollpfund, Frankreich mit 293, Deutschland mit 140, Belgien mit 93 Mill. Zollpfund. Ganz Europa verbraucht 592 Mill. Pfd. mehr als es producirt. (Neumann-Spallart a. a. O. S. 175 ff.)

Hinsichtlich der Seidenproduction s. S. 293. Die aussereuropäischen Zufuhren nach Europa betragen jährlich gegen 6 Mill. Pfund, davon 4 Mill aus China.

Zucker. Die Hauptproductionsgebiete des Rohrzuckers (Cuba, Brittisch-Westindien, Mauritius, die Philippinen, Java, Brasilien, Nordamerika, die französischen, brittischen, holländischen und dänischen Colonien, Ostindien liefern gegenwärtig 37 Mill. Zollztr., dazu Deutschland, Frankreich, Oesterreich, Russland, Belgien u. a. Länder 31 Mill. Zollzentner Rübenzucker. Für 1828 war die Production der ganzen Erde 8,8 für 1851 auf 23 Mill. Zentner berechnet worden. Trotz der zunehmenden Rübenzuckerproduction bezieht Europa noch bedeutende Massen indischen Rohrzuckers; so im Jahre 1865 (über Holland, Antwerpen, Hamburg, Triest, Havre, England) 14 Mill. Ztr. Europa verbraucht etwa die Hälfte des indischen Rohrzuckers. (Bienengräber: Statistik des Verkehrs und Verbrauchs im Zollverein.)

Kaffee. Die Ausfuhr aus den Hauptproductionsländern beträgt in Millionen Zollpfund:

Brasilien (1877/78) 428	Brittisch-Ostindien (1877/78) . . . 30
Java etc. (1877/78) 190	Costarica (1877) 26
Ceylon (1877) 99	Columbien „ 25
Venezuela „ 68	Guatemala „ 19
Haiti „ 58	Portorico „ 12

Die Gesammtproduction wird in den letzten Jahren auf 10—11 Millionen Zentner veranschlagt, während sie im Jahre 1832 nur 1,9, im Jahre 1844 nur 5,1 und im Jahre 1853 nur 5,7 Mill. Ztr. betrug. England, Hamburg, die holländischen Häfen, Havre und Triest zusammen importiren von dieser Gesammtproduction jährlich gegen 6 Millionen Zentner. Ernte und Ausfuhr sind allenthalben stark schwankend. (Vergl. Neumann-Spallart a. a. O. S. 122 ff.)

Die Kohle Grossbritanniens, über 8 Mill. Tonnen Ausfuhr, geht nach allen Weltgegenden, bis in die Südsee. 25 Kohlenhäfen betheiligen sich am Export; aus Newcastle sind häufig an einem einzigen Tage 300 Kohlenschiffe ausgesegelt. Da die französischen Kohlenbecken (62) für Abbau und Transport ungünstig liegen, auch nicht ergiebig genug sind, findet starke Einfuhr aus England, Belgien und den Rheinlanden statt. Belgien exportirt etwa für 51 Mill. Frcs. Die deutschen Kohlen haben die früher aus England eingeführten aus ganz Deutschland, mit Ausnahme der Küsten der Nord- und Ostsee, verdrängt. Russland bleibt, so lange ihm die nöthigen Verbindungswege fehlen, von fremder Kohle abhängig. Es importirt aus England jetzt etwa 3 Millionen Zentner (K. Andree). Die Statistik des Kohlenhandels ist von besonderem Interesse deshalb, weil kein anderes Handelsobject so sehr als die Kohle von der Gunst der Verkehrsmittel abhängt. Die Preise der Waare sind heftigen Schwankungen ausgesetzt. So stiegen dieselben auf dem Londoner Markte für die besten Sorten von 17 Schill. im Jahre 1870 auf 46 Sch. im Jahre 1873, um bis zum Jahre 1879 wieder auf 17 Sch. zu sinken (pro Tonne). In Deutschland galt die Tonne im Jahre 1873 10,9 Mark; im J. 1878 nur 5,2 Mark. (Neumann-Spallart a. a. O.)

Das Petroleum, hauptsächlich in Pennsylvanien gewonnen, ist im Lauf weniger Jahre einer der wichtigsten Ausfuhrartikel Nordamerika's geworden. Von 1861—67 sollen an 1300 Mill. Liter Petroleum in den Ver. Staaten gewonnen und nach Europa gebracht worden sein. Die Ausfuhr ist stets im Wachsen; von 5 Millionen Liter (1861) stieg sie auf mehr als 300 Millionen Liter (1867); zu 20—30 Centimes per Liter macht dies einen Verkaufswerth von etwa 100 Mill. Francs (Chevalier). Ob die galizischen und kaukasischen Oelbrunnen auf dem europäischen Markte concurrenzfähig werden können, ist die Frage.

VII. Capitel.
Das Volkseinkommen und seine Vertheilung.

§. 169. Höhe des Volkseinkommens.

Das Massenverhältniss, in welchem die Güter, nachdem sie producirt und in Umlauf gekommen sind, schliesslich vertheilt werden und dem
Vermögen dieser oder jener Classe wirthschaftender Menschen zuwachsen,
wird uns geoffenbart durch die Untersuchung des Einkommens, durch die
verschiedenen Arten und Höhen desselben.

Die Berechnung des rohen und reinen Einkommens ergibt die
Wirthschaftsbilanz. Jene ist verschieden bei Privatwirthschaften und bei
Volkswirthschaften.

I. Bei Privatwirthschaften erscheint diese Berechnung in ihrer besten
Form als Buchführung. Sie ist eine Art von Statistik des einzelnen Ver-
mögens und Einkommens; am schwierigsten da, wo einzelne Theile des
Ertrages vom Producenten selbst verbraucht, andere verkauft werden. Um
so schwieriger, wenn das, was verbraucht wird, bald in die Person des
Producenten verwendet wird, bald in das fixe, bald in das flüssige Capital.

Die nothwendigen Abschreibungen vom Werthe jener Vermögens-
bestände, welche allmälig abgenützt werden, erschweren gleichfalls die
genaue Darstellung des Vermögens und seiner Bewegung.

II. Weit schwieriger, als ein Privateinkommen, ist das Volksein-
kommen zu berechnen. Hier tritt statt der Zählung meist eine blosse
Schätzung ein. Die Berechnung des Volkseinkommens kann in zweifacher
Weise geschehen:

A. Nach dem Ertrag an Producten, indem man von den einge-
nommenen Gütern ausgeht. Dann besteht der Rohertrag der Volkswirthschaft aus:

1. den im Lande gewonnenen Rohproducten;

2. den aus dem Auslande in irgend welcher Weise gewonnenen
Producten;

3. aus den Wertherhöhungen, welche diese Güter durch die einheimische Industrie und Kunst erfahren;

4. aus den Dienstleistungen.

Dies alles wird in Geld abgeschätzt und von der Summe abgezogen:

1. die in den Producten verbrauchten Rohstoffe und die Werth-
minderungen, welche einzelne Producte erfahren haben, also Capitals-
abnutzungen;

2. die sämmtlichen Ausfuhren, mit welchen die Einfuhren bezahlt
wurden.

B. Eine zweite Art der Berechnung ist die Summirung der einzelnen
Einkommen. Bei dieser Berechnung muss man:

1. das reine Einkommen aller selbständigen Privatwirthschaften und

2. dasjenige des Staates, der Corporationen, Gemeinden und Stiftungen summiren.

Schuldzinsen müssen dabei entweder ganz aus dem Spiele gelassen
oder auf Seite des Gläubigers addirt, auf Seite des Schuldners subtrahirt
werden.

So viel Mühe man sich auch mit solchen Berechnungen geben mag,
fehlt es dabei doch häufig um viele Millionen. So hat man das rohe englische Volkseinkommen bald auf 514 Mill. Pfd. geschätzt, bald auf 720
Mill.; das reine im Jahre 1799 auf 125, 1823 auf 255 Mill. — 1860
betrug das einkommensteuerpflichtige Einkommen allein 239 Millionen, in
neuerer Zeit 377 Millionen.

In Frankreich schätzte man vor 40 Jahren das rohe Volkseinkommen
bald auf 6500 Mill. Frcs., später auf 7000, auf 12000 und (M. Chevalier) 10000 Mill. In den Vereinigten Staaten soll das Volkseinkommen
im Jahre 1840 über 1063 Mill. Doll. betragen haben, in Oesterreich im
Jahre 1859 (v. Czörnig) 3360 Mill. fl.

Man muss sich indessen hüten, solche Schätzungen zur Grundlage
wirthschaftlicher Lehrsätze zu machen. Sie sind zu trügerisch. Am reellsten
ist die Schätzung nach der Einkommensteuer insofern, als sie niemals das
Volkseinkommen höher angeben wird, als es wirklich ist.

§. 170. Die Einkommensclassen.

Da man ein Einkommen aus Arbeitslohn (einschliesslich der
festen Gehalte von Staatsdienern etc.), aus Capitalzins oder aus Unter-
nehmergewinn beziehen kann, haben sich im Laufe der Wirthschaftsgeschichte Einkommensclassen gebildet, welche sich durch die Bezugsquelle
ihres Einkommens unterscheiden: Die Classen der Arbeiter, der Capi-
talisten und der Unternehmer.

Die Statistik ist jedoch nicht im Stande, diesen Unterschied zu
fixiren und nach ihm etwa die Bevölkerung in Gruppen zu bringen. Denn
diese Classen sind gegen einander nicht abgeschlossen. Es kann Jemand
Arbeiter und zugleich Capitalist sein. Man wird ihn freilich immer dann
als Arbeiter bezeichnen müssen, wenn er seines Arbeitslohnes zum Leben

bedarf. Aber die Bedarfsgrenze ist nicht zu bestimmen; sie ist etwas sub-
jectives. Ebenso kann Jemand Unternehmer und Capitalist zugleich sein
Sehr häufig findet sich die Vereinigung der Arbeiter- und Unternehmer-
stellung, namentlich im Kleingewerbe. Eine Vereinigung aller drei Ein-
kommenszweige findet sich namentlich bei der landwirthschaftlichen Bevölkerung, — ausschliesslich der Grossgrundbesitzer — kann aber auch
in anderen Erwerbszweigen vorkommen.

Gerade der Umstand, dass sich diese Unterschiede der Einkommensclassen ziffermässig nicht fixiren lassen, muss als günstig bezeichnet werden.
weil er erkennen lässt, dass der einzelne Mensch und die einzelne Familie
nicht unabänderlich an einen bestimmten Einkommenszweig gebunden sind.

Es gibt aber noch einen anderen Classenunterschied, welcher nicht
durch die verschiedenen Quellen, sondern durch die verschiedenen Höhen
des Einkommens veranlasst wird. Bei den Lohnarbeitern, bei den Capi-
talisten, wie bei den Unternehmern finden sich alle denkbaren Abstufungen von Einkommensgrössen. Durch diese Abstufungen aber werden
alle Gegensätze, die sich auf dem Gebiete des Einkommens finden, ganz
bedeutend gemildert.

Die Vertheilung des Volkseinkommens nach seiner Höhe ist wohl
der wichtigste, aber auch ein sehr dunkler Gegenstand der wirthschaftlichen Statistik.

Die einfachste Classenunterscheidung ist wohl die von grossen, mittleren und kleinen Einkommen (für welche Unterscheidung freilich jeder
feste Massstab fehlt). Das Vertheilungsverhältniss ist dann am günstigsten, wenn die Mittelclasse des Einkommens am zahlreichsten, die Unterschiede zwischen dem geringsten und dem grössten Einkommen möglichst
klein sind, wenn das Einkommen mit steigendem Verdienst und höherem
Alter wächst.

Die Vertheilung des Einkommens ist dagegen eine umso ungünstigere,
je mehr sich die verschiedenen Grade des Einkommens von einander entfernen, je mehr namentlich der Mittelstand verschwindet und ein grasser
Unterschied zwischen Reichthum und Armuth erwächst.

Man hat behauptet, dass die Ungleichheit des Vermögens in stetiger,
furchtbarer Zunahme begriffen sei; von anderer Seite ward das Gegentheil
angenommen. Beide Behauptungen sind, wie es scheint, bei dem gegenwärtigen Stande der Einkommensstatistik noch nicht mit Bestimmtheit zu
behaupten oder zu widerlegen.

Nur für wenige Länder sind bisher brauchbare Anhaltspunkte zur
Entscheidung der Frage gewonnen, wie sich die Vertheilung der Einkommensgrössen in neuester Zeit stellt. Diese Anhaltspunkte sind die Ein-
kommensteuern (so namentlich in Grossbritannien, Preussen und Sachsen [1]).

Sie zeigen allerdings, dass die Zahl derjenigen Volkstheile, welche nur den nothdürftigen Lebensunterhalt bestreiten können, über 90 % der Gesammtbevölkerung beträgt.

Um die Zustände der Vertheilung des Volkseinkommens in den verschiedenen Ländern vergleichbar zu machen, müssten die Begriffe: Reichthum, Wohlstand, Auskommen, Dürftigkeit und Armuth genau fixirt werden durch quantitatives Ausmass der jeden dieser Zustände charakterisirenden Bedürfnissbefriedigung. Letztere müsste nach den örtlich verschiedenen Preisen der Lebensmittel, Wohnungen, persönlichen Dienste etc. in Geld ausgedrückt werden. So erhielte man für jeden Ort, wo eine solche Berechnung stattgefunden, das Maass dessen, was die Zustände: Reichthum, Wohlstand u. s. f. bezeichnet. Selbst dann dürften jedoch nur solche örtliche Verschiedenheiten verglichen werden, bei denen nicht allzu grosse Unterschiede der Volkssitten jede Vergleichung unmöglich machen.

Weit schwieriger ist es, wie erwähnt, ziffermässig die oft aufgeworfenen Fragen zu entscheiden, ob heutzutage das Einkommen das Bestreben habe, mehr den grossen Massen der Bevölkerung zuzuwachsen wie früher; oder ob es, wie Viele behaupten, sich in immer weniger Händen concentrire; ob es namentlich, wie am häufigsten behauptet wird, wahr sei, dass der Mittelstand mehr und mehr verschwinde [2]).

Anmerkungen.

[1]) Nach den Angaben über das preussische Volkseinkommen i. J. 1879 vertheilt sich dasselbe wie folgt:

Einkommensclasse	Procentbetrag der Censiten		Durchschnittlicher Betrag der Einkommen	
	ohne die Angehörigen	mit den Angehörigen	pro Censit	pro Kopf
Unter 525 Mark	40,62	26,68	400	208
525— 2000 „	54,12	66,80	811	252
2000— 6000 „	4,47	5,52	3196	881
6000— 20000 „	0,70	0,48	9551	2616
20000—100000 „	} 0,09	} 0,12	36027	9868
über 100000 „			201421	55173
Zusammen.	100	100	909	310

(A. Soetbeer: Jahrb. f. Nationalökonomie u. Statistik, 1879, S. 114.)

[2]) Roscher, Grundlagen d. Nationalökonomie, S. 425, führt als Beleg gegen die Behauptungen zunehmender Vermögensungleichheit Folgendes an:

In England hatten nach der Einkommensteuer-Declaration des Jahres 1847:

91101 Personen 150— 500 Pfd. jährl. Einkünfte und darüber
13287   „   500—1000 „   „   „   „   „
5234   „   1000—2000 „   „   „   „   „
1483   2—3000   „   „   „   „   „
703   „   3—4000   „.   „   „   „
400   „   4—5000   „   „   „   „   „
1186   „   über 5000 „   „   „   „   „

Vergleicht man diese Zahlen mit den entsprechenden der Einkommenssteuer von 1812, so ist die Zahl der Declaranten:

von 150— 500 Pfd. Einnahme um 196% gewachsen
 „   500—1000 „   „   „ 148 „   „
 „ 1000—2000 „   „   „ 148 „   „
 „ 2000—5000 „   „   „ 118 „   „
 „ 5000 u. mehr „   „   „ 189 „   „

während die Bevölkerung im Allgemeinen um etwa 60% wuchs.

G. Hirth dagegen (Freis. Ansichten der Volkswirthschaft, S. 359) neigt
sich zu der Ueberzeugung, dass durch die Bewegung der Einkommenssteuer der
Beweis für das relativ stärkere Anwachsen der grossen Einkommen erbracht sei.

§. 171. Der Arbeitslohn insbesondere.

Da in den europäischen Culturländern der grösste Theil der Bevölkerung vom Lohne lebt, den er durch Arbeit im Dienste Anderer erwirbt,
wäre es, um die wirthschaftliche Lage der Völker, Länder, Landestheile
und Städte, sowie der verschiedenen Berufsclassen richtig beurtheilen zu
können, von grossem Werthe, wenn zuverlässige statistische Angaben über
die Lohnhöhe verfügbar wären.

Leider hat die Lohnstatistik mit so vielen Schwierigkeiten zu
kämpfen, dass diese wichtige Aufgabe bisher blos mittelst vereinzelter
Versuche in Angriff genommen worden ist. Es sind bei der Betrachtung
der Lohnhöhe folgende Punkte zu beachten:

1. Die Berechnung der Durchschnittslöhne. Fast in jedem
Arbeitszweige lassen sich niedrige und höhere Löhne unterscheiden. Ob
nun der Arbeiter nach der Arbeitszeit oder nach dem Stück bezahlt wird:
überall wird der geschicktere, fleissigere, kräftigere mehr verdienen, als
der minder leistungsfähige. In manchen Arbeitszweigen aber finden sich
mehr, in anderen weniger Abstufungen der Lohnhöhe. Es ist eine ungemein
complicirte Frage, in welcher Weise bei diesem Verhältniss der wahre
Durchschnittslohn zu bestimmen ist. Wenn in einer Fabrik die am geringsten bezahlten Arbeiter wöchentlich 10, die am höchsten bezahlten
dagegen 20 Mark verdienen, so ist damit noch nicht erwiesen, dass der
Durchschnittslohn 15 Mark betrage, sondern es fragt sich, wie viele
Arbeiter da sind, welche blos 10, wie viele 12, 15, 20 Mark etc. verdienen.

Will man sich nicht blos mit abstracten Durchschnittszahlen begnügen, so muss man auf diese Unterschiede eingehen. Noch complicirter
wird die Berechnung der Lohnhöhe, wenn in einem Arbeitszweige neben
Männern auch Frauen und Kinder beschäftigt sind. Die Löhne derselben
müssen getrennt von denen der Männer betrachtet werden.

II. Oertliche Verschiedenheiten. In keinem Lande sind die
Löhne, welche in den Städten und auf dem Lande, sowie in den verschiedenen Landestheilen gezahlt werden, von ganz gleicher Höhe. Die
Ursache liegt in den Verschiedenheiten von Angebot und Nachfrage. Der
gemeine Taglohn muss in den Städten schon deshalb ein anderer sein,
als auf dem Lande, weil die ländlichen Arbeiten grossentheils im Freien
vollbracht werden, weil der Lebensunterhalt in den Städten schwieriger
zu beschaffen ist u. s. f. Aber auch der Lohn der für einzelne Industrien geschulten Arbeiter ist in den Städten höher, als auf dem Lande.
So beträgt der Durchschnittslohn der industriellen Arbeiter in Paris 4,39
Frcs. täglich, in ganz Frankreich nur 2,3. Wenn in einzelnen, besonders
armen Landschaften auffallend niedrige, in einzelnen Städten dagegen
auffallend hohe Löhne gezahlt werden, so darf dies bei der Betrachtung
der Durchschnittslöhne eines ganzen Landes nicht ausser Acht gelassen
werden [1]).

III. Zeitliche Verschiedenheiten. Weil die mannigfachen Umstände, welche auf die Lohnhöhe einwirken, sich nicht gleich bleiben,
weisen auch verschiedene Perioden ungleiche Lohnhöhen auf. Dieses
Schwanken vollzieht sich in manchen Arbeitszweigen im Laufe der Jahreszeiten einzelner Jahre; bei anderen mit dem Wechsel wirthschaftlichen
Auf- und Abschwungs; im Allgemeinen lassen sich auch grössere Lohn-
veränderungen beobachten, welche die wirthschaftsgeschichtliche Entwickelung der Völker begleiten.

IV. Die Gründe dieser zeitlichen und örtlichen Verschiedenheiten.
Betrachtet man die Höhe der verschiedenen Löhne, welche in einem bestimmten Etablissement gezahlt werden, so erscheint als nächster Grund
dieser Verschiedenheit der ungleiche Werth der Arbeit. Je werthvoller
die Arbeit, desto höher der Lohn. Schon hiedurch wird eine unendliche
Mannigfaltigkeit der Lohnhöhen verursacht. Die verschiedene Arbeitsgeschicklichkeit und Kraft, sowie der Fleiss sind wieder die tieferen Ursachen. Auf ihnen beruhen insbesondere die Unterschiede zwischen den
Lohnhöhen der Arbeiter verschiedener Altersclassen und grossentheils der
beiden Geschlechter. Deshalb beträgt fast überall der Lohn der Männer
ungefähr das Doppelte von dem der Weiber und das Dreifache von dem
der Kinder.

Die Differenz zwischen dem höchsten, und niedrigsten Lohne ist am grössten bei jenen Gewerbszweigen, wo die Arbeitsleistung durch Kraft. Fleiss und Geschicklichkeit am meisten gesteigert werden kann (z. B. in der Buchdruckerei, Maschinen-, Glas- und Papierfabrication) und um so geringer, je weniger eine solche Steigerung möglich (Textilindustrie).

Betrachtet man dagegen die Lohnverschiedenheiten ganzer Erwerbszweige, Zeitperioden, Orte und Länder, so ergeben sich noch mannigfache andere Ursachen: die Preise der Lebensmittel, die Beschwerden und Gefahren mancher Arbeiten, die Sicherheit und Regelmässigkeit von Erwerb und Lohnzahlung, die Zahlungsfähigkeit der Arbeitgeber, die Lebhaftigkeit der Concurrenz von Arbeitgebern und Arbeitern.

Diese Bestimmungsgründe des Arbeitslohnes nun wirken mit einander und je nachdem einer oder mehrere von ihnen überwiegende Kraft äussern, gestaltet sich das Resultat. Gemessen kann ihre Kraft nur werden, wenn es gelingt, ihre Wirkungen von einander isolirt darzustellen. Diese Isolirung ist eine sehr schwierige Aufgabe der wirthschaftlichen Statistik, nur in einzelnen Fällen möglich.

V. Die richtige Würdigung der Lohnverschiedenheiten. Um die Lohnhöhen richtig beurtheilen zu können, darf man sich nicht auf eine blosse Vergleichung der Geldbeträge des Lohnes beschränken, sondern man muss zugleich auf die Preise der zur Befriedigung der wichtigsten Lebensbedürfnisse nöthigen Dinge eingehen und fragen, was der Lohn hier, was er dort werth ist. Dadurch wird die Aufgabe einer gewissenhaften Lohnstatistik noch ungemein erschwert [2]). Aber selbst wenn man mit solcher Sorgfalt bei der Vergleichung der Löhne vorgeht, geben die erhaltenen Ziffern noch keineswegs ein deutliches Bild von der Lage der Arbeiterbevölkerung verschiedener Länder. So wird es gewiss Niemandem einfallen wollen, die Lebensweise eines Südeuropäers mit der eines Nordeuropäers vergleichen zu wollen, selbst wenn die Preise der Lebensmittel, Kleidung und Wohnungen, sowie die Lohnhöhe in beiden verglichenen Ländern gleich wären.

Die Annehmlichkeiten eines bevorzugten Klimas sind namentlich für die ärmere Bevölkerung gar nicht hoch genug zu schätzen; und der Arbeiter in Italien, Südfrankreich, Spanien etc., der sich den grössten Theil des Jahres hindurch des Frühlings und Sommers erfreut, befindet sich trotz seiner geringeren Kauffähigkeit in einer menschenwürdigeren Lage, als der nordeuropäische Arbeiter, den in langen Wintern das Elend armseliger, luftloser, kalter, schmutziger, mit Menschen angepfropfter Wohnungen umgibt [3]).

Anmerkungen.

¹) Dem Congress der Vereinigten Staaten wurden unlängst von den amerikanischen Consuln in Europa Berichte über die durchschnittliche Höhe der Arbeitslöhne und über die Lebensmittelpreise in den europäischen Ländern erstattet. Sieht man von der Schwierigkeit ab, welche sich ergibt, wenn man aus den in den verschiedenen Städten und Gegenden eines Landes gezahlten Löhnen einen Durchschnitt berechnen will, so ist den genannten Berichten Folgendes zu entnehmen. Der wöchentliche Arbeitslohn betrug i. J. 1878 in Mark und Pfennigen:

Berufsclassen	Frank-reich	Deutsch-land	Italien	England	New-York
Maurer (Handlanger) . . .	16,00	14,42	13,83	32,50	48—60
Zimmerleute, Tischler . . .	21,67	16,00	16,67	33,00	36—48
Gasarbeiter	—	14,58	16,00	29,00	40—56
Maurer	20,00	17,17	16,00	32,67	48—72
Anstreicher	19,58	15,67	18,42	29,00	40—64
Gypser	—	15,17	17,42	32,42	40—60
Bleidecker	27,00	14,42	15,58	31,00	48—72
Schieferdecker	—	16,00	15,58	31,58	40—60
Bäcker	27,17	14,00	15,58	26,00	20—32
Grobschmiede	21,83	14,17	15,83	32,50	40—56
Buchbinder	19,42	15,33	15,58	31,33	48—72
Messinggiesser	—	12,83	22,00	29,58	40—56
Schlächter	21,58	15,42	16,83	29,00	32—48
Kunsttischler	24,00	16,00	20,00	30,83	36—52
Böttcher	28,00	13,17	13,33	29,17	48—64
Kupferschmiede	—	13,17	15,58	29,58	48—64
Messerschmiede	18,33	16,00	15,58	32,00	40—52
Gravirer	—	16,00	16,00	39,00	60—100
Hufschmiede	21,58	13,00	14,00	29,58	48—72
Mühlenbauer	—	13,17	19,83	30,00	40—60
Drucker	18,67	18,83	15,58	31,00	32—72
Sattler	20,00	14,42	14,83	27,17	48—60
Segelmacher	—	13,17	14,83	29,00	48—72
Schuhmacher	19,00	12,50	17,33	29,42	48—72
Schneider	20,42	14,17	17,17	29,17	40—72
Zinngiesser	17,58	14,67	14,42	29,17	40—56
Taglöhner etc.	—	11,67	10,42	20,00	24—36

(Zeitschr. d. preuss. stat. Bureau, 1879. St. C.)

²) Vergleicht man die Durchschnittslöhne mit den Preisen einiger der wichtigsten Nahrungsmittel, so ergibt sich u. A. Folgendes. Der Wochenlohn eines gewöhnlichen Taglöhners reicht hin zur Bestreitung des Ankaufes von:

in	Brod engl. Pfd.	Rindfleisch engl. Pfd.	Butter engl. Pfd.	Kartoffeln Bushel à 35,3 Liter	Eier in Dutzenden
Belgien	63,1	16,0	8,2	5,1	12,7
Deutschland . .	55,5	15,9	12,6	5,6	14,0
Italien	41,6	15,5	8,8	2,4	13,8
Spanien	41,3	16,0	6,4	2,7	10,7
England	117,6	23,4	14,2	3,0	20,0
New-York . . .	126,3	50,0	20,5	4,0	21,0

(Nach der oben angegebenen Quelle, wobei jedoch für New-York die niedrigsten Löhne angenommen wurden. Trotzdem ergibt sich, dass in New-York die Kauffähigkeit des Arbeiters eine weit grössere ist, als in den europäischen Ländern.)

¹) Statistische Arbeiten über den Lohn sind noch sehr spärlich und beziehen sich blos auf einzelne Länder oder Landestheile. Das Wichtigste ist wohl:

L. Levi: Wages and Earnings of the working classes etc.

L. Jacobi: Die Arbeitslöhne in Niederschlesien.

Béla Weisz: Ueber d. Arbeitslohn etc. Zeitschr. d. preuss. stat. Bureau 1876. S. 235 ff.

§. 172. Die Armenstatistik insbesondere.

Wie die verschiedenen Abstufungen des Einkommens überhaupt, so ist auch die Armuth ein durchaus nicht feststehender Begriff. Man hat zwar (Hausner) die Zahl der Armen in den verschiedenen Staaten zusammengestellt; aber diese Zahlen sind nicht vergleichbar. Es beweist gar nichts, wenn für Preussen (1861) ein öffentlich Unterstützter auf 56.05 Einwohner und für Frankfurt einer auf 12,01 Einwohner angegeben ist. Denn weder ist der Begriff „öffentlich Unterstützter" überall der gleiche, noch ist zwischen vorübergehend und dauernd Unterstützten eine Unterscheidung getroffen.

Der Stand der Armenzahl ist demnach vorerst in seinen örtlichen Unterschieden unvergleichbar ¹).

Dafür gestattet der Gang der Armenzahl eine solche Vergleichung. Einer Tabelle von Emminghaus ²) ist in dieser Hinsicht Nachstehendes zu entnehmen. Ein Unterstützter kam auf — Einwohner:

i n		In der Periode von	Am Anfang der Periode auf	Am Schlusse der Periode auf
Grossbritannien		1855—68	20,8	22,2
Preussen		1849—61	20,6	56
Kgr. Sachsen	Abnahme der Unterstützten	1856—64	54,9	56,1
Württemberg		1855—64	29,9	52
Bayern		1855—67	38,9	56,1
Niederlande		1854—66	5,5	6,6
Norwegen		1851—66	24,4	20
Belgien	Zunahme	1844—58	7	6,9
Frankreich		1853—90	35	30,1

Auch die Bewegung der Armenlast, d. h. der Ausgaben, welche zur Unterstützung der Armen gemacht werden, ist von Wichtigkeit, besonders unter Berücksichtigung des Unterstützungssystems.

Die in beiden Beziehungen (a. a. O.) angestellten Untersuchungen haben ergeben, dass fast überall in Europa — mag die Armenpflege welches System immer haben — die Zahl der öffentlich Unterstützten in den letzten 20 Jahren abgenommen hat; dass die Armenlast theilweise gesteigert, theilweise erleichtert worden ist, dass die öffentliche Unterstützung für jeden Armen eine dem Geldbetrage nach reichlichere geworden ist.

Innerhalb des nämlichen Gesetzgebungsgebietes spiegelt die für eine längere Epoche fortgeführte Armenstatistik die Vorzüge oder Mängel einzelner gesetzlicher Bestimmungen, die Folgen gesetzlicher Aenderungen, bis ins Einzelne zurück.

Anmerkungen.

[1] Villeneuve-Bargemont gibt das Verhältniss der Armen (indigens) und Bettler (mendians) für die verschiedenen Staaten Europa's (1830) also an. Es kommt in:

	1 Armer	1 Bettler		1 Armer	1 Bettler
England	auf 6	117 Einw.	Italien	auf 25	126 Einw.
Niederlande	„ 7	102 „	Portugal	„ 25	121 „
Deutschland	„ 20	200 „	Spanien	„ 30	154 „
Frankreich	„ 20	166 „	Preussen	„ 30	202 „
Schweiz	„ 10	150 „	Schweden	„ 25	243 „
Oesterreich	„ 25	200 „	Russland	„ 100	1000 „
Dänemark	„ 25	250 „			

Die Zahl der Bettler zeugt offenbar ungleich mehr vom Zustande der Polizei, als von dem der Armuth. (Bernoulli, Populationistik, S. 73.)

[2] A. Emminghaus: Das Armenwesen u. d. Armengesetzgebung. Berl. 1870.

VIII. Capitel.
Die Consumtion.

§. 173. Im Allgemeinen.

Auch bei der Betrachtung der Consumtion kann die Statistik, w
anderwärts, den Stand und den Gang der bezüglichen Erscheinunge
unterscheiden.

Die Masse der consumirten Güter, selbstverständlich in relative
Ziffern, d. h. mit der Zahl der Consumenten verglichen, drückt sowol
das Bedürfniss aus als die Möglichkeit der Bedürfnissbefriedigung. Ergebe
sich Verschiedenheiten der Consumtion in verschiedenen Zeiten und ver
schiedenen Räumen, und fragt man sich, ob diese Verschiedenheite
hauptsächlich durch die grössere oder geringere Stärke des Bedürfnisse
oder durch die verschiedene Leichtigkeit der Bedürfnissbefriedigung ver
ursacht werden, so muss man, um diese Frage beantworten zu könne
neben der Menge der Consumtion auch die Preisverschiedenheite
beobachten.

Die Bewegung der Gesammtconsumtion wäre ein deutliches Spiegel
bild des gesammten wirthschaftlichen Lebens eines Volkes, ist indesse
nur durch gewagte Schätzungen der Statistik zugänglich.

Dagegen kann die Consumtion einzelner wichtiger Verbrauchsgegen
stände, namentlich solcher, welche aus dem Auslande eingeführt oder in
Inlande mit einer Productsteuer belegt sind, vollkommen ziffermässig dar
gestellt werden. Da jeder Consumtionsgegenstand einem anderen Bedürf
nisse dient, hat die statistische Untersuchung jedes einzelnen ein besondere
Interesse. Man wird dabei nicht nur den Stand und Gang der Consumtio
zu beobachten haben, sondern auch das Verhältniss zu anderen Consum
tionen und — soweit eine Untersuchung möglich — zur Gesammtconsum
tion. Betrachtet man das Verhältniss einer Consumtion zur anderen, so
kann man beobachten, wie manchmal eine Consumtion die andere unter
stützt, befördert, in ihre Lücken einspringt, oder aber sie verdrängt.
Selbstverständlich ist fast, dass nicht die absolute Consumtion allein be
rücksichtigt werden darf, dass es vielmehr weit wichtiger ist, die Con
sumtion der verschiedenen Verbrauchsgegenstände auf den Kopf der Be
völkerung auszuschlagen und mit diesen Ziffern zu operiren, und dass, um
die Ursachen in der Bewegung des Güterverbrauches aufzufinden, die
Consumtionsziffer in Zusammenhang mit möglichst vielen, ziffermässig schon

dargestellten Erscheinungen des wirthschaftlichen und des allgemeinen Culturlebens der Völker gebracht werden muss.

§. 174. Ursachen der Verschiedenheiten der Consumtion.

Betrachtet man die Einflüsse, welche sich hinsichtlich der Consumtion der verschiedenen Verbrauchsgegenstände geltend machen, so steht obenan der Grundsatz: je ärmer ein Mensch ist, um so grösser ist jene Quote seines Einkommens, welche er für schlechterdings unentbehrlichen Verbrauch auszugeben pflegt. Und was vom Einzelnen gilt, gilt auch von ganzen Völkern, von Landestheilen, Ortschaften, von Bevölkerungsclassen. Bei den ärmeren Classen der Bevölkerung betragen die nothwendigsten Lebensbedürfnisse (Nahrung, Kleidung, Wohnung, Feuer und Licht, Werkzeug und Geräth) 95 % der Gesammtconsumtion, bei wohlhabenden Familien nur etwa 85 %, bei Reichen noch weit weniger [1]).

Ganz besonders wächst mit dem Einkommen die verhältnissmässige Grösse der Ausgaben für Wohnung, Bedienung und Geselligkeit.

Vom grössten Einflusse auf die Bewegung der Consumtion bei den verschiedenen Verkehrsgegenständen ist der Gang der allgemeinen Gesittung.

In rohen Zeiten und bei rohen Völkern ist auch die Consumtion eine rohe; die Massenhaftigkeit des Verbrauches überwiegt; dagegen fehlt die Mannigfaltigkeit und Feinheit der Verbrauchsgegenstände. Fortschritte der Civilisation und der Verbrauch feinerer Waaren gehen Hand in Hand. So ist man mit der steigenden Cultur fast überall zum Genusse feinerer Brodes übergegangen [2]). Ebenso vermehren Culturfortschritte die Fleischconsumtion, die aus demselben Grunde in den Städten weit grösser zu sein pflegt, als auf dem Lande.

Sorgfältige und complicirte Angaben über den Verbrauch an Mehl, Brod, Fleisch, Milch, Kartoffeln, Gemüsen und anderen Hauptnahrungsmitteln wären erforderlich, um ein genaues Bild der Ernährung der verschiedenen Völker zu erhalten. Die vorhandenen zeigen nur, dass die Massen der consumirten Hauptnahrungsmittel in keinem ersichtlichen Zusammenhange mit der nationalen Gesittung stehen. Eher könnte dies der Fall sein bei jenen Nahrungsmitteln, welche mehr Luxusgegenstände sind. Aber niemals darf man aus dem verschiedenen Verbrauch eines einzelnen Consumtionsgegenstandes einseitige Schlüsse auf Civilisation und Wohlstand ziehen. So hat man den Zuckerverbrauch als Massstab des Wohlstandes oder gar der Gesammtcultur gebraucht; aber gewiss mit Unrecht.

Jedes Volk hat einen oder mehrere Lieblingsgegenstände des Verbrauches. Die Natur seiner Heimath und die nationale Production geben meistens die Richtungen dieser Lieblingsobjecte an.

Dies zeigt sich namentlich, wenn man die Consumtion von Reizmitteln, Tabak, geistigen Getränken etc. beobachtet. So excellirt Holland im Kaffeeverbrauch. Die Ursache davon liegt nur in dem asiatischen Colonialbesitz der Niederlande und seiner starken Kaffeeproduction.

Ebenso ist es mit dem Chokoladeverbrauch, hinsichtlich dessen Spanien sich auszeichnet. Auch hier ist der ehemalige Colonialbesitz Spaniens in Mittel- und Südamerika Ursache dieser nationalen Consumtion. Die Colonien sind zwar verloren gegangen, aber die Vorliebe für Chokolade hat sich erhalten. So ist es in verschiedenen Fällen die Leichtigkeit der Production und des Bezuges, welche gewisse Consumtionen zur nationalen Sitte werden lässt, in manchen Fällen aber auch das Klima, welches den Menschen einzelne Verbrauchsartikel aufdrängt. Manchmal zieht auch ein beliebt gewordener Artikel die Consumtion eines anderen nothwendig mit sich (z. B. Thee und Kaffee den Zucker).

Andere Consumtionsunterschiede lassen freilich ganz klar auf grosse Verschiedenheiten entweder des nationalen Reichthums oder der Sitte schliessen. Vor einem Vierteljahrhundert verbrauchte England an Seidenwaaren über halb so viel, als das ganze übrige Europa, ein Engländer über 5—6mal so viel als ein Franzose, obgleich England kein Pfund rohe Seide erzeugt. In England kommt eine jährliche Consumtion von 24 Pfd. Baumwolle auf den Kopf; in der Türkei nur 2—2¹/₂ (Roscher).

Veränderungen der Consumtion im Laufe der Zeit werden am deutlichsten, wenn man die Aenderung im Procentverhältniss zum früheren Stande darstellt und dabei eine Reihe von Consumtionsgegenständen vergleicht, zugleich auch die Bewegung der Bevölkerung daneben stellt. So stieg in Deutschland die Bevölkerung von 1834 bis 1847 um 25,8%; dagegen die Einfuhr von Zucker um 147,5; Kaffee um 117,5; von Gewürzen um 58,2; von Südfrüchten um 34,5; von Cacao um 246,2%.

Gelänge es, sehr zahlreiche derartige Beobachtungen anzustellen, so dass die Mehrzahl aller jener Verbrauchsgegenstände hereingezogen würde, welche von einer geläuterten wirthschaftlichen Anschauung als wirklich zum Wohlsein der Menschheit beitragende erkannt sind: dann läge in einer stetigen Zunahme dieser Consumtion jedenfalls ein Erstarken eines der Factoren des menschlichen Glücks. Eine solche Zunahme der Consumtionsgegenstände scheint auch in der That, und zwar sehr energisch stattzufinden. Wächst aber mit diesem einen Factor das gesammte Glück der menschlichen Gesellschaft?

Anmerkungen.

[1]) Das zeigen Zusammenstellungen von Ducpétiaux und Engel, nach welchen das Procentverhältniss unter den Familienausgaben für nachfolgende Consumtionszwecke folgendes ist:

Consumtionszwecke	Ausgaben einer			
	bemittelten Arbeiter-familie in		Familie des Mittel-standes in Sachsen Proc.	wohlhaben-den Familie in Sachsen Proc.
	Belgien Proc.	Sachsen Proc.		
Nahrung	61 ⎫	62 ⎫	55 ⎫	50 ⎫
Kleider	15 ⎪	16 ⎪	18 ⎪	18 ⎪
Wohnung	10 ⎬ 95	12 ⎬ 95	12 ⎬ 90	12 ⎬ 85
Feuer und Licht . . .	5 ⎪	5 ⎭	5 ⎪	5 ⎭
Geräth, Werkzeuge . .	4 ⎭		⎭	
Erziehung, Unterricht .	2 ⎫	2 ⎫	3,5 ⎫	5,5 ⎫
Oeffentliche Sicherheit .	1 ⎪	1 ⎪	2 ⎪	3 ⎪
Gesundheitspflege . . .	1 ⎬ 5	1 ⎬ 5	2 ⎬ 10	3 ⎬ 15
Persönliche Dienste . .	1 ⎭	1 ⎭	2,5 ⎭	3,5 ⎭

[1]) In Frankreich betrug die Zahl der Weissbrodesser im J. 1700 = 33%
der Bevölkerung, 1760 = 40%, 1764 = 39, 1791 = 37, 1811 = 42, 1818 = 45,
1839 = 60% (Roscher).

§. 175. Die wichtigsten Consumtionsartikel.

Geht man auf die Betrachtung einzelner Consumtionsartikel ein, so
werden theils die im vorigen Paragraphen ausgesprochenen Sätze bestätigt,
theils aber auch neue Gesichtspunkte gewonnen.

Folgende Consumtionsartikel dürften besonderes Interesse verdienen:

I. Getreide, Mehl und Brod. Der Verbrauch hievon kann offenbar für sich allein nicht zu einem Massstabe der Wohlhabenheit genommen werden, da er nur einen, wenn auch wichtigen Bruchtheil der
Volksernährung respräsentirt. Da die Länder nicht die gleichen Hauptnahrungsmittel haben, und der Minderverbrauch an Weizen und Roggen
in einem Lande durch einen Mehrverbrauch an Mais, anderwärts durch
Hülsenfrüchte, Kartoffeln etc. ausgeglichen wird, darf man aus der verschiedenen Getreideconsumtion gar keinen zuverlässigen Schluss auf die
Volksernährung ziehen — abgesehen davon, dass die Erhebungen über
die gesammte inländische Getreideproduction überall nur unsichere Resultate ergeben können, und deshalb nur mit grösster Vorsicht benützt
werden können [1]).

II. Fleisch. Aehnlich, wenn auch vielleicht um ein weniges besser,
ist es mit der Statistik des Fleischverbrauches beschaffen. Aber auch hier
stösst man auf die grössten Schwierigkeiten. Denn wenn auch die Zahl
der im Lande befindlichen Hausthiere, sowie der ein- und ausgeführten

Stücke mit Sicherheit ermittelt werden kann, so gibt dies nur sehr unsichere Anhaltspunkte für die Ermittelung des Fleischgewichts und der
Consumtion [1] [2]).

III. Zucker, Kaffee, Thee und andere Colonialwaaren sind
die Gegenstände, deren Consumtion sich, weil dieselben entweder von
auswärts eingeführt oder im Inlande versteuert werden, am leichtesten
nachweisen lässt.

Der Verbrauch an Zucker ist erheblich im Zunehmen. Er betrug
z. B. im deutschen Zollverein im J. 1828 gegen 3,32, dagegen im J. 1869
schon 10,13 Zollpfund pro Kopf [4]); in Frankreich in den Jahren 1812—16
erst ½ Kilogr., 1867—73 dagegen 6 Kilogr. [5]). Heutzutage weisen die
civilisirten Länder in dieser Hinsicht ganz erhebliche Verschiedenheiten auf [6]).

Steigerung des Verbrauches zeigen auch Kaffee, Thee, Reis,
Südfrüchte, Gewürze, Petroleum etc. [7]). Nur darf man nicht aus
der verschiedenen Consumtion jedes einzelnen dieser Artikel ohne weiteres
Schlüsse auf den Wohlstand der Bevölkerungen ziehen. Gewiss lässt sich
indessen annehmen, dass von manchen hochwichtigen Artikeln, z. B.
Zucker, Kaffee, Thee etc., die wohlhabenden und reichen Familien bisher
schon so viel genossen, als sie überhaupt zu geniessen Lust hatten, dass
also eine Steigerung des Verbrauches auf die minder bemittelten Volksclassen trifft [8]) [9]).

IV. Das Salz, als ein hochwichtiger Consumtionsartikel, ist durch
das Streben, seinen Verbrauch für Steuerzwecke zu benützen, gleichfalls
für die Statistik zugänglich geworden. Man darf wohl annehmen, dass
sich die Salzconsumtion im Allgemeinen vermehrt hat, in welcher Form
dies aber geschehen ist, dürfte zweifelhaft sein [10]). So sehr man sich zu
der Annahme gedrängt fühlt, die Salzconsumtion müsste von Jahr zu Jahr
die denkbar gleichmässigste Höhe erreichen, weist sie doch Schwankungen
auf, welche relativ bedeutend sind.

V. Geistige Getränke. Auf die örtlichen und zeitlichen Verschiedenheiten ihres Verbrauches müssen nothwendigerweise sehr mannigfache Umstände einwirken: diejenigen Bedingungen, welche die Production
oder Zufuhr erleichtern oder erschweren; die Schwankungen der gesammten
Consumtionsfähigkeit, aber auch polizeiliche und Besteuerungsmassregeln;
dazu die mächtige und tiefgewurzelte Volkssitte.

Die Weinconsumtion muss begreiflicher Weise in jenen Ländern
und Gegenden am bedeutendsten sein, wo am meisten producirt wird [11]).
Es müssen aber auch, der verschiedenen Ergiebigkeit der Jahrgänge entsprechend, die Consumtionsmengen der einzelnen Jahrgänge sehr bedeutend schwanken. Letzteres zeigt sich namentlich in Frankreich, dem bedeutendsten aller Weinländer. Für längere Perioden lassen sich jedoch

die Ziffern nicht leicht vergleichen, weil neben der Ergiebigkeit der Jahrgänge sich die verschiedene Höhe der Besteuerung zu sehr fühlbar macht.

Die Bierconsumtion macht selbst in Weinländern entschiedene
Fortschritte. Als Massengetränk tritt indessen das Bier doch nur in wenigen
Ländern auf. Die Consumtion stellt sich (nach Block) in Grossbritannien
am höchsten, mit 139 Liter pro Kopf. Dann folgen Belgien mit 138,
Bayern mit 125, Württemberg mit 91, die Schweiz mit 85, die Nieder-
lande mit 39, Sachsen mit 31, Oesterreich mit 24, Preussen mit 20 Liter.
Auf Schweden treffen 10, Russland 6, Spanien 2, Italien 1 Liter. In
Deutschland nach officiellen Erhebungen 88,3 (1872—80). In diesen acht
Jahren hob sich der Consum von 81,1 Liter im J. 1872 auf 93,1 im
J. 1875 und fiel wieder auf 82,3 im J. 1879/80. Die Schwankungen sind
demnach ziemlich bedeutend und scheinen die wirthschaftliche Lage der
arbeitenden Bevölkerung deutlich zu spiegeln.

VI. Tabak. Die Gründe, welche die mannigfachen örtlichen Unterschiede des Tabakverbrauches verursachen, sind schwer zu enträthseln.
In dieser Hinsicht scheint die Volkssitte ziemlich launenhaft. Sie scheint
in einzelnen Ländern ein gewisses Maximum erreicht zu haben (so namentlich in Belgien, den Niederlanden, Deutschland), während sie anderwärts
noch bestrebt ist, den Tabakverbrauch rasch zu vermehren (insbesondere
in England). Die Consumtionsmengen der einzelnen Jahre zeigen innerhalb
eines Consumtionsgebietes sehr bedeutende Schwankungen [12]).

VII. Andere Consumtionsgegenstände gestatten zwar gleichfalls
noch eine ziffermässige Betrachtung ihres Verbrauches, namentlich die
Rohstoffe der Textilindustrie, die Bergwerksproducte u. A. Doch geben
die bezüglichen Zahlen zunächst nur einen Einblick in die Thätigkeit der
Industrie, und nur sehr mittelbar in die Bedürfnissbefriedigung des Con-
sumentenpublikums. Der Bestand vertheilt sich durch zahllose Canäle in
die Werkstätten der Industrie und in die Waarenlager der Kaufleute;
wann und von wem seine endliche Consumtion erfolgt, ist nicht mehr zu
unterscheiden.

Anmerkungen.

¹) Von diesem Gesichtspunkte aus sind folgende Angaben über Getreideconsumtion zu beurtheilen. M. Block (Stat. de la France, II. 394) gibt die
Getreideconsumtion für ein Jahr (welches?) auf den Kopf der Bevölkerung an:

in Grossbritannien	1,80 Hectol.	in Belgien	1,10 Hectol.
„ Russland	0,69 „	„ Italien	1,40 „
„ den Niederlanden	0,75 „	„ der Schweiz	0,78
„ Preussen	0,54 „	„ den Vereinigten Staaten	1,50 „
„ Oesterreich	0,77 „		

Neuere Angaben desselben (Traité de Stat. 514) erhöhen die Consumtion
in Grossbritannien auf 2, in Frankreich auf 2,2 Hectol. — Im Deutschen Reiche

betrug 1878 die Consumtion pro Kopf: 65 Kilogr. Weizen, 180 **Kg.** Roggen, 55 Kg. Gerste, 525 Kg. Kartoffeln. (Block-v. Scheel a. a. O. 339.)

. [1]) M. Block (Traité de Stat. 514) berechnet den Jahresconsum an Fleisch pro Kopf:

in Grossbritannien	39,4 Kilogr.		in Oesterreich	20	Kilogr.
„ Frankreich	30	„	„ Russland	20	„
„ Mecklenburg	29	„	„ Sachsen	19	
„ Baden	25,4		„ Preussen	18,9	
„ der Schweiz	23	„	„ den Niederlanden	18,2	„
„ Dänemark	22,6	-	„ Belgien	18	
„ Bayern	21,9	„	„ Italien	13	„
„ Schweden	20,2	„	„ Spanien	12,9	„

[1]) Aus vereinzelten Nachrichten über die Ernährungsweise des germanischen Alterthums und des Mittelalters lässt sich entnehmen, dass damals der durchschnittliche Fleischconsum weit stärker gewesen sei als heutzutage. Nürnberg scheint um 1520 eine Fleischconsumtion von 150—200 Pfund pro Kopf gehabt zu haben. (Schmoller, in der Zeitschr. für die ges. Staatswissenschaft, 1871. S. 291.)

[2]) Neumann-Spallart: Jahrb. f. Nationalökonomie etc. XVIII. S. 302.

[3]) M. Block: Stat. de la France, II. 410.

[4]) Ebenda findet sich folgende Vergleichung des jetzigen Consums. Auf den Kopf treffen Kilogr. (1873) in:

Grossbritannien ·	17,40		Portugal	4,50
den Vereinigten Staaten	12,50		Italien	4,45
Frankreich	11,30		Spanien	4,29
den Hansestädten	9,10		Norwegen	4,25
„ Niederlanden	7,43		Schweden	4
Dänemark	6,25		Griechenland	2,70
Belgien	5		Russland	2,61
Deutschland	5		Oesterreich	2,50
der Schweiz	4,80		der Türkei	1,50

Bezüglich Deutschlands ist die Angabe zu niedrig; nach den officiellen Erhebungen kommt hier für 1873/74 eine Consumtion von 7,2 Kilogr. auf den Kopf, für die achtjährige Periode von 1871—79 ein solcher von 6,5 Kilogr. — Für 1876 gibt Neumann-Spallart (Uebersichten 1880, S. 122) an:

Grossbritannien	26,5 Kilogr.		Frankreich	7,3 Kilogr.
Deutsches Reich	7,6 „		Vereinigte Staaten	16,2 „

[5]) Im Deutschen Reiche stieg die Kopfconsumtion bei folgenden Importartikeln im angegebenen Maasse:

	1860	1879
Kaffee	1,81	2,51 Kilogr.
Thee	0,02	0,05 „
Reis	0,90	1,84
Häringe	1,51	2,16
Frische Südfrüchte	0,08	0,18
Trockene „	0,24	0,43
Gewürze, ausländ.	0,09	0,15
Petroleum	0,90	5,68

⁹) Den **Kaffeeverbrauch** veranschlagt Block (Stat. de France, II. 412) für 1873 auf folgende Kopfrationen (in Kilogr.):

Niederlande	6,3	Norwegen	2,0
Belgien	4,7	Schweden	1,9
Vereinigte Staaten	4,0	Oesterreich	0,78
Dänemark	3,3	Grossbritannien	0,5
Schweiz	3,0	Spanien	0,16
Deutschland	2,2	Russland	0,07

⁹) Ueber den Verbrauch an Thee und Cacao gibt derselbe folgende Nachrichten (S. 414). Der Kopf consumirt Gramm:

	Thee	Cacao		Thee	Cacao
Spanien	—	426	Russland	98	1
Vereinigte Staaten	310	800	Belgien	9	52
Grossbritannien	1680	210	Schweden	15	—
Deutschland	45	25	Dänemark	100	—
Oesterreich	6	14	Niederlande	400	70
Italien	2	56	Norwegen	5	—
Frankreich	7	205			

¹⁰) Den **Salzverbrauch** gibt M. Block (Stat. de Fr. 415) wie folgt an (pro Kopf in Kilogr.):

Frankreich	8,50	Deutschland	7,50
Belgien	8,70	Schweiz	4,99
Russland	9,36	Spanien	6,39
Grossbritannien	20,60	Portugal	5,20
Oesterreich	8,30	Italien	10,00

Selbstverständlich ist hiermit blos das eigentliche Speisesalz gemeint. Die Quantität des zur Viehnahrung und zu industriellen Zwecken verbrauchten Salzes ist grösser. Im deutschen Zollgebiet betrug nach den officiellen Erhebungen im Durchschnitt der 10 Jahre 1870—80 die Consumtion von Speisesalz 7,8, vom anderen Salze 12,4 Kilogr. pro Kopf.

¹¹) Für die neueste Zeit wird die Weinconsumtion wie folgt angegeben. Auf den Kopf treffen jährlich Liter in:

Frankreich	217	Preussen	2,3
Italien	120	Dänemark	0,9
Schweiz	59	Grossbritannien	2,3
Oesterreich	53	Norwegen	0,6
Spanien	30	Schweden	0,3
Württemberg	18,9	Russland	0,3
Niederlande	4	Belgien	0,3

(Block a. a. O.)

¹²) Ebenda findet sich der Tabakverbrauch wie folgt angegeben. Auf den Kopf treffen jährlich Gramm in:

Belgien	2500	Russland	833
Niederlande	2000	Italien	571
Oesterreich	1245	Spanien	490
Norwegen	1025	Schweden	340
Dänemark	1000	England	620
Ungarn	939	Frankreich	822

Im Deutschen Reiche ergibt (officiell) der Jahresdurchschnitt von 1871—80 einen Kopfconsum von 1850 Gramm. Derselbe stieg im J. 1872/73 auf 2600, 1878/79 gar auf 2800 Gramm und sank 1879/80 wieder auf 750 Gramm. Für die Consumtion der Bevölkerung aber kann (wegen des Vorraths) nur der Durchschnitt mehrerer Jahre massgebend sein. Er beträgt 1850 Gr.

IX. Capitel.
Bevölkerung und wirthschaftliches Leben.

§. 176. Uebersicht.

Wir haben die Bevölkerung und ihr wirthschaftliches Leben, jedes gesondert, statistisch aufzufassen versucht. Das schwerste bleibt übrig: die Aufgabe nämlich, das wirthschaftliche Leben der Bevölkerung mit ihrem Stand und Gang in ursächlichen Zusammenhang zu bringen und die Gesetze zu untersuchen, nach welchen die diesem Zusammenhang angehörenden Erscheinungen sich gestalten. Die grossen und dunklen Fragen, welche diesem Gebiete angehören, fast man zusammen unter dem Ausdrucke Bevölkerungstheorie.

Man kann die Bevölkerung eines bestimmten Gebietes nicht nur mit dem Flächeninhalt desselben vergleichen, sondern, was weit bedeutsamer ist, mit der Productionsfähigkeit des von der fraglichen Bevölkerung bewohnten Gebietes.

Die Möglichkeit einer ziffermässigen Vergleichung scheitert jedoch bis jetzt daran, dass es unmöglich ist, die Productionsfähigkeit eines Gebietes zum ziffermässigen Ausdruck zu bringen. Denn die Productionsfähigkeit eines Gebietes wird bedingt durch die überaus mannigfaltigen Factoren der Production, welche diesem Gebiete angehören. Von diesen Productionsfactoren sind die nationalen Capitalien und Arbeitskräfte allenfalls einer Messung zugänglich, die freien Güter und Naturkräfte nicht. Auch bietet sich für die Unmöglichkeit einer Messung der Productionsfactoren durchaus kein Ersatz in der wirklichen Production, welche vielfach der Productionsfähigkeit keineswegs entspricht. Man müsste, um die Bevölkerungen der verschiedenen wirthschaftlichen Gebiete auf ihr Verhältniss zur Productionsfähigkeit zu prüfen, zuerst eine Bonitirung der Gebiete vornehmen unter Berücksichtigung aller natürlichen und historischen Productionsfactoren derselben. Klima, Bodenconfiguration, Bewässerung, Bodenbeschaffenheit, Bewaldung, Mineralreichthum, natürliche Verkehrswege; das nationale Capital in seinem ganzen Umfange und die

geschichtliche Entwickelung in ihrer ganzen Bedeutung, ja sogar die wirthschaftlichen Verhältnisse der Nachbarländer; endlich die Ausbildung und
Masse der nationalen Arbeitskraft: all das müsste dabei berücksichtigt
werden. Und um aus all diesen Factoren ein arithmetisches Mittel der
Productionsfähigkeit ziehen zu können, müsste die Bedeutung jedes einzelnen gegenüber allen übrigen fixirt werden.

Man sieht, wenn irgendwo, muss sich hier die Untersuchung mit
Schätzungen und Vermuthungen durchhelfen. Sie kann ihr Ziel bezeichnen,
aber sie erklärt zugleich, dass die Entfernung von diesem Ziele noch un-
ermesslich ist.

Anmerkung.

Von der reichen Literatur dieser zwischen Bevölkerungsstatistik und Bevölkerungspolitik vermittelnden Fragen wäre Folgendes das wichtigste:

R. Malthus: An inquiry into the principle of population 1798.

D. Hume: of the populousness of ancient nations. In den Essays, Band II.

B. Franklin: Observations conc. increase of mankind.

Thornton: Overpopulation and its remedy. 1846.

Mill: Principles of political economy. 1848.

Garnier: Du principe de population.

Sadler: The law of population. 1830.

Carey: Principles of social science. 1859.

Alison: The principle of population. 1840.

Hoffmann: Ueber die Besorgnisse, welche die Zunahme der Bevölkerung
hervorruft. 1835.

Schmidt: Untersuchungen über Bevölkerung etc. 1836.

v. Mangold: Art. Bevölkerung in Bluntschli's Staatswörterbuch.

Gerstner: Die Bevölkerungslehre. 1864.

Roscher: Grundlagen der Nationalökonomie. 1864.

Mohl: Polizeiwissenschaft. 1866.

§. 177. Verschiedene Möglichkeiten der Zustände.

Thatsächlich sind drei verschiedene Verhältnisse der Bevölkerung
zur Ausdehnung und Productionsfähigkeit ihres Landes möglich, nämlich:

I. Die Bevölkerung ist so dünn, dass nach der natürlichen Beschaffenheit des Bodens leicht eine grössere Anzahl Nahrung fände. Ein
solches relativ geringes Bevölkerungsverhältniss findet seinen Ausdruck
darin, dass fruchtbarer Boden niedrig im Preise steht; die Landgüter sind
durchschnittlich gross, die Bewirthschaftung derselben mehr eine extensive
als intensive, die Wohnorte spärlich und weit von einander entfernt; Fabriksstädte bestehen wenige oder keine; es findet regelmässige Ausfuhr von
Getreide oder Producten der Viehzucht statt. Solche Bevölkerungsverhältnisse weisen in Europa Russland, Rumänien, die Türkei, das trans-
leithanische Oesterreich auf; in Asien fast der ganze Welttheil mit Aus-

nahme des eigentlichen China, Japans, Ostindiens; ferner ganz Amerika mit Ausnahme der nordöstlichen Unionsstaaten; Afrika und Australien. Bei solchen Verhältnissen ist es dem Einzelnen, falls er Arbeitslust und Arbeitskraft besitzt, leicht, sich die nöthigen Nahrungsmittel zu verschaffen, die Erwerbung von Grundbesitz, der Betrieb ausgedehnter Viehzucht oder lucrativen Bergbaues nicht schwierig. Dagegen werden die natürlichen Reichthumsquellen des Bodens nicht vollständig ausgenützt; die Industrie findet in der Seltenheit der Arbeiter und dem oft hohen Arbeitslohne bedeutende Schwierigkeiten; Handel und Verkehr sind wegen der unzureichenden Verkehrsmittel und der geringen Consumtion beschränkt.

II. Die Bevölkerung ist dichter, als sie nach der Productionsfähigkeit des Bodens sein sollte; es ist der Zustand einer Uebervölkerung gegeben. Er findet seinen Ausdruck darin, dass im Lande die ganze bauwürdige Oberfläche in Privatbesitz genommen, der Boden in kleine und kleinste Zwergwirthschaften zersplittert ist; dass Waldungen und Weiden auf das nothwendigste beschränkt, grosse, namentlich Fabriksstädte vorhanden sind. Dabei ist die Volksdichtigkeit an sich eine grosse, auch in mittleren Jahren Einfuhr von Lebensmitteln nöthig, Auswanderungen häufig.

Die Rohstoffproduction ist hier aufs höchste gesteigert, die Bodencultur intensiv; der vom Landbau nicht genährte Theil der Bevölkerung füllt Werkstätten und Fabriken; die Noth erzwingt wohlfeile und übermässig angestrengte Arbeit. Der Verkehr ist flott; die Arbeitstheilung höchst ausgebildet. Bei all dem herrscht Elend und Mangel; die Lebensmittel sind theuer, die Sterblichkeit, namentlich unter den Kindern gross. Noth und Verzweiflung erzeugen Verbrechen, Bettel und proletarische Laster aller Art.

III. Die Bevölkerung hat die richtige, der Productionsfähigkeit ihres Gebietes entsprechende Dichtigkeit. Man hat, um zu beobachten, ob dies der Fall ist, namentlich drei besondere Kennzeichen zur Beachtung empfohlen.

Als ein besonders glückliches Symptom ist der Neubau von Häusern anzusehen, d. h. eine die Volksvermehrung übersteigende Häufigkeit des Häuserbaues — vorausgesetzt, dass es sich nicht um leichtsinnige Bauspeculationen handelt.

Ferner ist ein gutes Zeichen, wenn die mittlere Lebensdauer eine hohe ist, wenn keine aus Elend und Noth resultirende Sterblichkeitsursachen wahrgenommen werden.

Endlich kann es auch als entschieden günstig bezeichnet werden, wenn die Aus- und Einfuhr, die Consumtion, der Ertrag gewisser Steuern rascher sich vermehren, als die Volkszahl.

Zur richtigen Würdigung dieser möglichen Zustände und ihrer Symptome muss jedoch noch Folgendes beachtet werden:

Jedes Land weist in seinen einzelnen Landestheilen verschiedene Bevölkerungszustände auf. Je nachdem die einzelnen Landschaften von der Natur mehr oder weniger reich ausgestattet sind, bieten sie die Bedingungen für eine grössere oder geringere Volksdichtigkeit dar. Auf einem Gebiete, dessen Einwohner blos von der Jagd leben, können schon 10 Einwohner pro □Kilom. eine Uebervölkerung sein, während in einer sehr fruchtbaren Ackerbau-Gegend mit intensivem Wirthschaftsbetrieb die achtfache Zahl noch keineswegs eine Uebervölkerung genannt werden müsste. Der Begriff Uebervölkerung dürfte demnach eigentlich nur für einzelne Landestheile in Anwendung kommen.

Hergebrachtermassen, und wohl auch mit Recht, spricht man von Uebervölkerung eines ganzen Landes dann, wenn sein Volk sich nicht mehr allein zu ernähren vermag, sondern wenn die Einfuhr an Nahrungsmitteln grösser ist, als die Ausfuhr. Dies ist der Fall bei allen west- und mitteleuropäischen Ländern.

In diesem weitesten Sinne gebraucht, muss die Uebervölkerung noch gerade kein peinlich empfundener Zustand sein, sondern sie kann mit dem blühendsten Wirthschaftsleben sich vereinigen. Namentlich wenn Uebergang zu intensiverer Bodencultur und Steigerung der Nahrungsmittelproduction leicht möglich ist, oder wenn lebhafter Verkehr mit eigenen Colonien es dem Lande leicht macht, überschüssige Bevölkerung und überschüssige Industrieproducte dahin abzusetzen und Nahrungsmittel wohlfeil dafür zu beziehen.

Und dasselbe, was von ganzen Ländern gilt, gilt auch von einzelnen Landschaften und Districten. Hier zeigt sich's sogar, dass eine theilweise Uebervölkerung nothwendige Bedingung aller höheren Wirthschaftsentwickelung ist. Lebhafte Industriethätigkeit kann nur dann sich ausbilden, wenn in jenen Gegenden, welche Eisen, Steinkohlen und dgl. besitzen, eine grössere Bevölkerung sich zusammendrängt, als durch die Nahrungsmittelproduction des gleichen Raumes ernährt werden könnte. Die Ackerbaudistricte müssen eben den Industriedistricten die Nahrungsmittel liefern, das platte Land den Städten. So gleichen sich innerhalb des Landes Bevölkerung und Production aus.

Dasselbe ist nun freilich auch innerhalb der gesammten Weltwirthschaft der Fall; aber der internationale Verkehr hat doch bei dieser seiner ausgleichenden Thätigkeit mit weit mehr Schwierigkeiten zu kämpfen.

Der Begriff der Uebervölkerung ist demnach ein relativer. Die Uebervölkerung kann vorhanden, aber möglicherweise nicht fühlbar sein; sie kann sich steigern bis zum Nothstande. Ihre schlimmen Wirkungen können in Perioden wirthschaftlichen Aufschwunges zurücktreten, in anderen Perioden wieder scharf und grell zum Vorschein kommen.

§. 178. Geschichte der Bevölkerungstheorie.

Während die älteren Politiker und Nationalökonomen mit geringen Ausnahmen sich um das Verhältniss der Bevölkerung zur Productionsfähigkeit ihres Gebietes entweder gar nicht bekümmerten, oder kein Verständniss für dasselbe besassen, gelang es R. Malthus durch eine tiefe und vorurtheilsfreie, wenn auch von manchen Irrthümern getränkte Auffassung der Frage zum Begründer der Bevölkerungstheorie zu werden.

Der Inhalt seiner Lehre ist im wesentlichen folgender: Die Menschen haben stets und allerorten die körperliche Fähigkeit sowohl, als den sinnlichen und sittlichen Trieb zur Fortpflanzung. Ein Menschenpaar kann stets eine grössere Zahl als zwei Menschen erzeugen. Da diese dieselben Eigenschaften haben, so hat jede Bevölkerung die Tendenz, generationenweise in geometrischer Progression zuzunehmen. Die Erfahrung (Nordamerika) zeigt, dass in je 25 Jahren die Bevölkerung sich verdoppeln kann. Die Nahrungsmittel hingegen sind nicht in diesem Maasse vermehrbar, denn ihre Menge ist bedingt durch die unveränderliche Grösse der Erde und die durchaus nicht ins Unendliche zu steigernde Fruchtbarkeit derselben. Es herrscht demnach die Tendenz, dass

die Bevölkerung in je 25 Jahren wie 1, 2, 4, 8, 16, 32 u. s. f.

die Nahrungsmittel dagegen wie   1, 2, 3, 4,   5,   6 u. s. f.

zunehmen. Daraus folgt, dass die Bevölkerung bald an der Grenze der für sie hinreichenden Nahrungsmittel ankommt, und dann ein offenbares Missverhältniss zwischen der Menschenzahl und dem Gütervorrath eintritt, wenn nicht dem Vermehrungstriebe Hindernisse entgegentreten. Letzteres geschieht in der That; die Hindernisse sind theils hemmende, theils zerstörende. Das Naturgesetz straft den Menschen für den Frevel, welcher in der Uebervölkerung liegt. Wo die Bevölkerung gegenüber den Unterhaltsmitteln zu rasch gewachsen ist, da entstehen Mangel und Elend, Krankheit und Sterblichkeit, Laster und Verbrechen. Bei einzelnen Völkern treibt das Missverhältniss zu unnatürlichen Sitten.

Diese furchtbar ernste Theorie, die den Hungertod als Damoklesschwert über den Bevölkerungen enthüllt, fand neben einer Reihe ausgezeichneter Anhänger auch ihre Feinde, welche theils einen oder beide Vordersätze der Theorie, theils die Malthus'schen Schlussfolgerungen bekämpften. Die Bevölkerungswissenschaft erkennt vorurtheilsfrei die Mängel und Vorzüge der Malthus'schen Lehre an, und hat sich bemüht, Bedeutendes zur Läuterung und Feststellung der hochwichtigen Fragen beizutragen, welche das Verhältniss zwischen Bevölkerung und Productionsfähigkeit berühren.

Die wesentlichsten Punkte dieses Verhältnisses ergeben sich, wenn man einerseits die Möglichkeit der beständigen Gütervermehrung und ihre Grenzen, andererseits die Volksvermehrung und ihre Gegentendenzen gesondert betrachtet.

§. 179. Die Gütervermehrung und ihre Grenzen.

Würde die Menschheit keine anderen Güter gebrauchen, als Nahrungsmittel, so hätte sie niemals über den Culturzustand der reinen Ackerbauvölker hinausgehen dürfen; sie hätte keine Städte, keine Industriebezirke, keine lediglich mit Handel, Verkehr und mancherlei Dienstleistungen beschäftigten Volksclassen gebraucht. Sie hat aber nicht diesen Entwickelungsgang genommen, sondern ihren Culturgang auf die Arbeitstheilung und auf die beständige Vermehrung, nicht allein der Nahrungsmittel, sondern auch sehr mannigfacher anderer Güter gerichtet. Diese Gütervermehrung hat ihr Motiv in den Bedürfnissen der Bevölkerung, ein Motiv, welches nicht nur mit der zunehmenden Bevölkerung, sondern auch mit den wechselnden Bedürfnissen jedes einzelnen an Kraft gewinnt. Käme es blos darauf an, so könnte die Gütervermehrung bis in unberechenbare Zeiten hinaus rascher stattfinden, als der Bevölkerungszuwachs. Aber sie hat ihre Hindernisse. Dieselben liegen:

I. In der Trägheit und wirthschaftlichen Unthätigkeit sowohl Einzelner, als ganzer Stände.

II. In den Mängeln der menschlichen Arbeitskraft.

III. In den Mängeln der Capitalbildung. Capital und Arbeit müssen eben gleichmässig fortschreiten.

IV. In dem nicht hinlänglich bemeisterten Widerstand der Natur und den Grenzen ihrer Freigebigkeit.

V. In Schwächen und Leidenschaften der Menschen, welche sociale und politische Umwälzungen, unwirthschaftliche Güterzerstörungen herbeiführen.

VI. In mannigfachen Zufällen.

VII. In allen anderen Fehlern der wirthschaftlichen Entwickelung; in jedem verfehlten Unternehmen. Arbeitseinstellungen, wirthschaftliche Krisen, Stillstände grosser Unternehmungen u. s. f. wirken hemmend auf die Gütervermehrung.

Jedes einzelne Unternehmen, jede einzelne wirthschaftliche Existenz oder Arbeit ist ein Stift oder Rad im grossen Werke der Weltwirthschaft. Und jedes Stillstehen, jede Stockung an der kleinsten Arbeit wirkt zurück auf das Ganze. Jede Verschwendung, jede Güterzerstörung durch feindliche

Naturkräfte hemmt irgendwo die wirthschaftliche Thätigkeit. Es ist das Böse in der Wirthschaft, eine Summe von Gegentendenzen der Gütervermehrung. Sie wirken theils auf die schon vorhandenen Güter, theils auf jene, welche erst entstehen sollen, also im ersten Fall repressiv, im zweiten präventiv.

Ein einziges Weizenkorn treibt in einem Jahre aus der Erde einige Halme; an jedem befindet sich eine Aehre mit mehreren Reihen von Körnern. Während ein Menschenpaar in zwei Jahren — zu Zwillingen gerechnet — sich höchstens vervierfacht, vertausendfacht sich das Weizenkorn in dieser Zeit. Dies ist die Tendenz des Wachsthums der Unterhaltsmittel. Und die übrigen von der Menschheit gebrauchten Güter haben sämmtlich, wenn auch in verschiedenem Grade, die Tendenz der Zunahme. Aber mit der Tendenz allein ist es nicht gethan, denn so viel Raum auch noch auf Erden ist zur Colonisation neuer Länder, zu neuer Production: immerfort erweitert sich der Boden nicht. Auch die Menschen entwickeln bei proletarischer Vermehrung nicht den entsprechend höheren Grad von Arbeitsfruchtbarkeit. Obgleich also die Natur jenen Dingen, welche dem Menschen zur Nahrung dienen, eine viel grössere Vermehrungsfähigkeit gegeben hat, als dem Menschen selbst, so kann doch diese Vermehrungsfähigkeit nicht wirksam werden. Zur beständigen Gütervermehrung im gleichen Verhältnisse mit der Bevölkerungsvermehrung gehört auch, dass die neu hinzuwachsenden Menschenmengen auf eine erspriessliche Weise an der Gütervermehrung mitwirken.

Das thun sie aber nicht. Nicht alle Güter, die verzehrt werden, ernähren Arbeiter; andere gehen völlig wirkungslos verloren und die Natur, welche stets neue Quellen von Reichthümern bieten soll, zeigt sich theils zu arm, theils ungehorsam. Und selbst wo eine beständige Vermehrung des Gesammtwerthes der Güter — im Verhältniss zur Volksvermehrung — stattfindet, geht doch die Vermehrung der wichtigsten Gütergruppen nicht harmonisch genug vor sich.

So kommt es denn, dass in Wirklichkeit die Gütermenge — wenigstens in einzelnen Theilen — manchmal der Bevölkerung gegenüber zurückweicht, während sie zu anderen Zeiten und für andere Gruppen fortschreitet.

§. 180. Die Volksvermehrung und ihre Gegentendenzen.

Die physische Beschaffenheit des Menschen setzt denselben ganz unbestreitbar in die Lage, dass er selbst mit einer Person des anderen Geschlechts eine grössere Zahl von Nachkommen erzeugen kann. Die physiologische Möglichkeit ist indessen etwas wesentlich anderes, als die statistischen Thatsachen. Letztere beweisen als grösste Vermehrungsfähigkeit eines Volkes eine Verdoppelung in 25 Jahren. Nur in seltenen Fällen äussert sich mit tragischer Gewalt der Widerspruch zwischen der Vermehrungsfähigkeit des Menschen und der Productionsfähigkeit seiner Erde. Diese Seltenheit hat ihre Ursache darin, dass nicht blos die Güter-vermehrung ihre Hindernisse hat, sondern dass auch der Volksvermehrung gewisse präventive Gegentendenzen in den Weg treten, welche eine Ueber-völkerung abwenden und den ohnehin schweren Kampf ums Dasein nicht zum verzweifelten werden lassen, welche nicht gestatten, dass repres-sive Gegentendenzen wirken müssen. Die Hindernisse der Volksver-mehrung sind demnach:

I. Präventive, wenn sie das Bestreben haben, einen noch nicht vorhandenen Bevölkerungszuwachs zu verhindern. Sie sind theils sittlicher, theils unsittlicher Natur. Das einzige sittliche ist die Selbstbeherrschung des Menschen, die ihn dazu bringt, nicht wie ein Thier seinen sinnlichen Trieben zu folgen, sondern auf edler Liebe und genügenden wirthschaft-lichen Grundlagen eine Familie zu begründen. Bei Menschen, welche die nothwendigen Lebensbedürfnisse zweifellos befriedigen können, wirkt doch oft die blosse Besorgniss, durch leichtsinnige Gründung und Vermehrung der Familie nur einen Schritt im Wohlstande herabzusteigen, schon prä-ventiv. In der geringeren Zahl der Ehen, dem späteren Heirathsalter, der geringeren ehelichen Fruchtbarkeit darf man die Aeusserungen solcher präventiver Gegentendenzen suchen, welche allerdings nicht immer bei jedem Einzelnen sittlichen Motiven entspringen.

Leider wirkt die freiwillige Enthaltung von der Bevölkerungsver-mehrung gerade dort am wenigsten, wo die Wirkung am nützlichsten wäre. Gerade der hoffnungslos Arme, dem überdies die sittliche Kraft und Einsicht durch beständiges Elend geschwächt ist, und der selbst bei der grössten Enthaltsamkeit auf lange Jahre hinaus keine Besserung seiner Lage voraussieht, überlässt sich willenlos seinen sinnlichen Trieben. Ihm ist gleich elend, ob ein Kind hungert oder sechs.

In allen Ständen aber heirathen die Männer thatsächlich weit später, als sie nach ihrer physischen Natur im Stande wären. Dadurch wird nicht nur die Zahl der Kinder in den später geschlossenen Ehen verringert, sondern die Generationen werden auch weiter auseinandergerückt. Diese Verschiebung der Gründung einer Familie vermehrt zwar die Zahl der unehelichen Kinder, aber bei weitem nicht in dem Maasse, als sie die Zahl der ehelichen vermindert.

Bei dichter Bevölkerung ist auch die Nothwendigkeit des Heirathens geringer. Die erhöhte Geselligkeit, der vermehrte Comfort bietet dem Einzelnstehenden manches von dem, was er, wäre die Bevölkerung dünn, nothwendig in einer Familie suchen müsste.

24*

Die unsittlichen Gegentendenzen präventiver Natur wirken nicht nur hindernd auf die Bevölkerungsvermehrung, sondern auch auf den Fortschritt der Civilisation. Am gefährlichsten werden sie da, wo sie zum Volksgebrauch geworden sind, wo Vielmännerei, Vielweiberei und geschlechtliche Unsittlichkeit überhaupt herrschen. Dies ist namentlich der Fall bei sehr rohen und wilden Volkszuständen, wo wegen der geringen Beherrschung der Naturkräfte und der blos occupatorischen Wirthschaft der Nahrungsspielraum schon durch eine geringe Bevölkerung ausgefüllt wird. Hier wirkt einestheils die schlechte Behandlung und Arbeitsüberbürdung des weiblichen Geschlechtes hemmend auf die Volksvermehrung, anderntheils die solchen Zuständen eigenthümlichen Laster. Die Weibergemeinschaft, die man hier mehr oder weniger ausgebildet findet, lässt sich eben so wenig mit einer dichten Bevölkerung vereinbaren, als die Gütergemeinschaft mit einem irgend grösseren Volksvermögen. Besonders vermisst man bei ihr die unumgänglich nöthige zarte Pflege der Neugeborenen. Auch die Vielweiberei wirkt hemmend, indem sie die Kraft des Mannes früh erschöpft. Das natürliche Gleichgewicht der Geschlechter erklärt von selbst solche Formen der Ehe für widersinnige.

Aber auch bei verfallenden Völkern zeigen diese unsittlichen Hemmnisse ihre Wirkung, namentlich in der Form der Prostitution und der unnatürlichen Laster. Wo diese Tendenzen sich recht entwickelt haben, überschreiten sie wohl gar die Grenze blosser Hindernisse und die Volkszahl kann positiv abnehmen. Die Volkskraft ist zu sehr geschwächt, um die durch Kriege, Seuchen etwa der Bevölkerung geschlagenen Lücken wieder ausfüllen zu können.

II. Repressive Gegentendenzen der Volksvermehrung sind solche, welche bereits vorhandene übermässige Zuwüchse wieder zerstören. Sie erscheinen theils als menschliches Elend, theils als Laster und Verbrechen.

Noth, Hunger und Krankheiten sind zunächst der Gegendruck, den die Natur wider jede Uebervölkerung richtet. Die Erde verschlingt wieder jene Kinder, welche sie nicht zu ernähren vermag; die schwächsten werden zuerst in den Abgrund des Elends gedrängt. Mangel an guten Wohnungen, an guter Nahrung, ja sogar an ordentlicher Kleidung, an gehöriger Aufsicht über die Kinder lässt Krankheiten aller Arten entstehen und rafft die überschüssige Volkzahl dahin. Jede schlechte Ernte vermehrt noch die Sterblichkeit. Und Unsittlichkeit und Laster wirken nicht nur als präventive, sondern auch als repressive Gegenströmungen. Sie sind selbst in unseren hochcultivirten europäischen Staaten von tragischer Bedeutung geworden; noch weit mehr bei den versinkenden Völkern des Ostens, wo, wie in Tibet und im Kaukasus ein grosser Theil der neugeborenen Mädchen wenn nicht umgebracht doch auf den Sklavenmarkt gebracht werden.

Weiber aus- und Capital dafür einzuführen ist natürlich ein drastisches Mittel gegen Uebervölkerung. China, das Land der Kinderaussetzung, wo nach den Schätzungen jesuitischer Missionäre zu Peking allein jährlich 2—3000 Kinder auf die Strasse gesetzt und jeden Morgen die todten und lebendigen Findlinge auf einen Karren geladen und vor der Stadt in eine Grube geschüttet werden; die afrikanischen Negervölker, welche in Hungerfehden und dem Sklavengeschäfte eine sehr einfache repressive Gegentendenz haben; die verhältnissmässig hoch cultivirten früheren Mexikaner, wo diese Gegentendenz in 20—50000 jährlichen Menschenopfern ihren schauerlichen Ausdruck fand: sie zeigen, auf welchen Wegen jene Geschlechter entfliehen, die der Erde zu viel sind.

Die hochgesteigerte Civilisation der europäischen Culturnationen freilich lässt die präventiven wie die repressiven Gegentendenzen der Volksvermehrung in weit milderen Formen auftreten. Der Gegendruck gegen die Uebervölkerung ist hier zwar vorhanden; er kann selbst mörderische Gewalt annehmen; aber er vertheilt sich viel gleichmässiger auf Millionen und wird darum für den Einzelnen erträglicher. Wenn Europa Jahr um Jahr hundert- bis zweimalhunderttausend Menschen an andere Welttheile als Auswanderer abgibt; wenn jede heirathsfähige Person, Mann oder Weib, die nicht mit besonderen Glücksgütern gesegnet ist, weit später in die Ehe tritt als sie eigentlich möchte; wenn die Zahl der lebenslänglichen Cölibatäre aus wirthschaftlichen Gründen immer zunimmt; wenn in den ärmeren Familien, wo zahlreiche Kinder vorhanden sind, statt fünf oder sechs blos drei oder vier grossgezogen werden können, weil die übrigen ein Opfer schlechterer Ernährung und Pflege werden: so weichen alle diese dem grossen, geheimen Gegendruck, der sich gegen die Uebervölkerung richtet, ohne diesen Feind zu erkennen. Nur leise mahnend wirkt diese Macht; aber sie wirkt fast ununterbrochen und immer allgemeiner. Und weil sie bei jeder Zunahme der Uebervölkerung eben so gleichmässig zunimmt, ist nicht zu befürchten, dass der Menschheit plötzlich die nothwendigen Lebensbedingungen unter den Füssen zusammenstürzen; dass auf einmal in Allen zugleich die schauerliche Nothwendigkeit klar werde: entweder zu sterben oder die anderen zu tödten.

Viertes Buch.

Das gesellschaftliche und politische Leben.

I. Capitel.
Die Wohnsitze der Bevölkerung.

---

§. 181. Land, Staatsgebiet.

Nach den Anschauungen eines grossen Theiles der älteren Statistiker war der Staat der einzige und wesentliche Gegenstand der Statistik, und diese Disciplin nichts anderes als die Schilderung seiner Zustände. Diese ältere Schule unterschied bekanntlich Staatsgrundmacht, Staatscultur und Staatsorganismus als Haupttheile ihres Gegenstandes.

Als Staatsgrundmacht betrachtete sie das Territorium und das Volk. Wo es sich um eine blosse Beschreibung handelt, ist eine solche Trennung freilich zulässig. Die moderne Statistik indessen, welche den Ursachen, dem Zusammenhange der Erscheinungen nachgeht, kann das Staatsterritorium nicht anders auffassen, als in seinem Zusammenhange mit den wirthschaftlichen oder den politischen Zuständen und Vorgängen.

I. Die Grösse des Staatsgebietes ist insoferne von statistischer Bedeutung, als sie die physische Basis der Bevölkerung ausdrückt.

Nun ist aber einestheils der Begriff des Staates schon unbestimmt und andererseits fragt es sich, was als Staatsgebiet zu betrachten ist. Um eine halbwegs richtige Tabelle über die Grösse der verschiedenen Staatsgebiete zusammenzustellen, müsste bei den meisten Staaten erst eine eigene staatsrechtliche Untersuchung angestellt werden. Soll nur das als Staatsgebiet eingerechnet werden, was einerlei Verfassung und Verwaltung hat, was den eigentlichen Kern des ganzen Staatsterritoriums bildet, oder sollen auch Besitzungen und Colonien, Vasallenstaaten und Schutzländer, deren staatsrechtliche Verbindung mit dem Hauptlande mehr oder weniger lose, oft nur nominell ist, als Staatsgebiet eingerechnet werden?

Sucht man diese Schwierigkeiten zu beseitigen, so gut es geht und überblickt man irgend eine tabellarische Zusammenstellung der Grösse der verschiedenen Staatsgebiete, so bleibt für eine statistische Untersuchung so

gut wie nichts übrig. Die Einflüsse auf die mannigfaltige Grösse der
Staatsgebiete, ihre Ab- und Zunahme, lassen durchaus keine Massenbeobachtung zu; es handelt sich um lauter vereinzelte, der Geschichte
angehörige Erscheinungen.

II. Grenzverhältnisse. Auch bezüglich dieser sind nur wenige
Punkte statistisch von Bedeutung; und selbst diese wenigen gestatten nur
die einfachsten Schlussfolgerungen. Es handelt sich um:

A. Die Arrondirung des Staatsgebietes, d. h. das Verhältniss von
Grenzlänge und Flächeninhalt. Während bei der geographischen Länder-
gestaltung, insbesondere für die Entwickelung des Verkehres jene Formen
die günstigsten sind, welche die reichste Gliederung aufweisen, sind unter
den Staatsgebieten sowohl wegen ihrer Wehrkraft, als auch zu Verwaltungszwecken, insbesondere zur Verfolgung centralistischer Politik jene die
geeignetsten, welche am meisten arrondirt sind. Dabei müssen aber auch:

B. Die Arten der Grenzen berücksichtigt werden. Man unterscheidet:

1. Natürliche: Gebirge, Meere, Wüsten. Sie verdanken ihre Bildung
der Erdgeschichte.

2. Nationale und Sprachgrenzen, welche ihre Entstehung im
Verlaufe sehr langer Perioden der Völkergeschichte finden.

3. Künstliche, politische Grenzen, die oft in ganz kurzen
Zeiträumen wechseln, meist als Resultate von Kriegen.

Ein völlig harmonisches Staatsgebilde kann nur jenes genannt werden,
wo diese verschiedenen Grenzen zusammenfallen, wie dies bei dem meer-
umflossenen Grossbritannien der Fall; ferner annähernd bei den scandinavischen Reichen, wo auf 620 Meilen (geradlinigen) Küstenumfang nur
124 M. Binnengrenze gegen Finnland treffen, bei der pyrenäischen Halb-
insel, wo neben etwa 354 M. Meeresküste die Grenze gegen Frankreich,
55 M. lang, mit dem Pyrenäenkamme zusammenfällt und daher als
künstliche Grenze blos jene zwischen Portugal und Spanien, 64 Legoas
(18 auf 1 Grad) erscheint. Auch für Italien treffen die natürlichen und
politischen Grenzen fast durchaus, die nationalen nicht so vollständig zusammen; für Frankreich sind mit Ausnahme der 614 Kilometer langen
Grenze gegen Belgien gleichfalls die politischen Grenzen auch natürliche;
die Sprachgrenzen etwas abweichend. Fast alle übrigen europäischen
Staaten sind in dieser Hinsicht anormal. So reicht die nationale Grenze
Deutschlands ostwärts nach Russland hinein und scheidet Oesterreich in
2 Theile; Uebereinstimmung zwischen natürlichen und politischen Grenzen
zeigt Deutschland nur gegen Frankreich, Dänemark, an der Nord- und
Ostsee, gegen Böhmen. In Oesterreich treffen natürliche und politische
Grenzen blos zusammen bei Böhmen, Siebenbürgen, Tirol gegen Schweiz

und Italien, Kärnthen und dem adriatischen Meere; von nationalen Grenzen
kann mit Ausnahme der Sprachgrenzen Böhmens und Ungarns, für Oesterreich keine Rede sein. Russland und die Türkei entbehren mit Ausnahme
ihrer Seeküsten jeder Harmonie in dieser Hinsicht. Noch regelloser sind
die Grenzverhältnisse der amerikanischen Staaten, wo die politischen
Grenzen vielfach geradlinig, parallel mit Längen- und Breitegraden laufen,
die natürlichen selten beachtet und nationale eigentlich nirgends vorhanden sind.

III. Die physische Beschaffenheit des Landes. Was aus derselben von wirklich statistischem Interesse ist, ward bereits angedeutet
(§. 133, 134). Der Zusammenhang der physischen Bodenbeschaffenheit
und des gesellschaftlichen und politischen Lebens dagegen ist ein unendlich
mannigfaltiger und häufig tief versteckter. Unzählige charakteristische Einzelnheiten zeigen ihn deutlich; aber die Kraft, Zähigkeit und Ausdehnung
der Fäden zu messen, welche jenen Zusammenhang herstellen: dazu bedarf
es noch statistischer Arbeiten, deren Umfang und Schwierigkeit sich jetzt
kaum andeuten lässt.

§. 182. Städtische und ländliche Wohnsitze.

Die bedeutendste Erscheinung, mit welcher es die Statistik der
menschlichen Wohnsitze zu thun hat, ist der Gegensatz zwischen ländlichen und städtischen Wohnsitzen und seine Einflüsse auf das geistige,
physische und wirthschaftliche Leben der Bevölkerungen.

Eine gewisse Volksdichtigkeit ist nothwendig zur Entwickelung
höherer Cultur. Eine Bevölkerung, welche über grosse Räume zerstreut
wohnt, muss in rohen und politisch unausgebildeten Zuständen bleiben.
Eine vollkommenere politische und Culturentwickelung ist nur möglich,
wenn die Bevölkerung an einzelnen Punkten, in Städten, sich zusammen-
häuft und in regsten Wechselverkehr tritt. Schon die Existenz von Städten
ist ein Beweis solcher höherer Entwickelung.

Wegen ihrer Concentration der Kräfte haben die Städter nothwendig
einen gewichtigeren Einfluss auf das gesammte Leben der Bevölkerung,
als die Landbewohner. Ueberdies wird der Landbewohner schon durch
sein Gewerbe in gewissen Banden gehalten; er kann seine Arbeit nicht
nach Belieben einrichten, sondern muss sie gegebenen Verhältnissen, dem
Klima, der Jahreszeit etc. unterwerfen. Darum repräsentirt auch die ländliche Bevölkerung überall das conservative Element.

Und zwar nicht nur in politischer Beziehung, sondern in ihrem
ganzen Leben und Wirthschaften.

So pflegt die städtische Bevölkerung ein günstigeres Geburtenverhältniss zu haben, als die ländliche; aber die letztere erhält ihre Gebo-

renen mehr. Die eigentliche Lebenskraft der Bevölkerung liegt mehr in der ländlichen, als in der städtischen Bevölkerung [1]).

Der dauerhaftere Zuwachs der ländlichen Bevölkerung beruht vorzugsweise auf dem Ackerbaucharakter ihrer Beschäftigung. Da, wo die städtische Bevölkerung sich schon über das platte Land verbreitet hat und in alle Dörfer eingedrungen ist, wie dies z. B. in Sachsen der Fall, ist dieser Unterschied im Sterblichkeitsverhältniss etc. nicht mehr so gross, fast verschwindend. Es scheint, dass in den Dörfern schon eine geringe Beimischung von industriellen Elementen den socialen Charakter der ganzen Bevölkerung ändert.

Obgleich nun die ackerbauende Landbevölkerung mehr zur Zunahme der Gesammtbevölkerung beiträgt, sehen wir doch in Wirklichkeit die städtische Bevölkerung weit rascher zunehmen [2]).

Wie erklärt sich dies? Offenbar daraus, dass überall die ackerbauende Bevölkerung den Städten einen grossen Theil ihres Zuwachses abgeben muss. Diese Abgabe der ländlichen Bevölkerung an die städtische darf eine gewisse Grenze nicht überschreiten, wenn nicht die ganze Bevölkerung leiden soll. Jener Theil der Landbevölkerung, der in die Städte gezogen wird, geht offenbar in ungünstigere Bevölkerungsverhältnisse über und darf demnach nicht zu gross sein. Wie gross er sein darf, das hängt jeweils vom Culturzustande des Landes, von der wirthschaftlichen, politischen und socialen Bedeutung, von der civilisatorischen Kraft der Städte ab.

Manchmal ist der Zug, der die Bevölkerung vom platten Lande nach den grossen Städten treibt, ein geradezu krankhafter, hervorgerufen weniger durch den wirklichen Druck der heimischen Verhältnisse, als durch ein unklares und oft ungerechtfertigtes Gefühl der Unzufriedenheit, durch unruhiges Verlangen nach Veränderungen, durch die thörichte Hoffnung auf den schnellen Reichthum, den die Städte geben können.

Die ländliche Bevölkerung hat übrigens noch andere Vorzüge vor der städtischen voraus. So namentlich eine grössere Proportion der Knabengeburten, ein günstigeres Verhältniss des relativen Heirathsalters, eine gleichmässigere numerische Vertheilung der beiden Geschlechter.

Von grösserer Wichtigkeit jedoch erscheint es, dass die Lebensdauer (in ihren verschiedenen Variationen) auf dem Lande weit günstiger ist, als in den Städten. In vielen Fällen freilich scheint das Gegentheil der Fall — aber nur wegen der bedeutenden Anziehungskraft, welche die Städte auf ältere Theile der Gesammtbevölkerung ausüben. In Wirklichkeit hat sich z. B. in Holland für die Städte eine mittlere Lebensdauer von 30,31, für das Land dagegen von 38,12 Jahren ergeben. In Liverpool leben von 100000 dort geborenen Knaben nur 44797 bis zum Alter von

20 Jahren, in der überwiegend Ackerbau und Viehzucht treibenden Grafschaft Surrey dagegen 70885. Die wahrscheinliche Lebensdauer ist in den ungesundesten englischen Städten nur 6, in Surrey 52 Jahre.

Ein weiterer Vorzug der ländlichen vor der städtischen Bevölkerung ist ihre grosse Militärdiensttüchtigkeit. So hat Engel für Sachsen gefunden, dass unter der Landbevölkerung von 100 Militärpflichtigen 26,88 diensttauglich waren, unter der städtischen Bevölkerung blos 19,73. Analoge Resultate fand Helwing in Preussen.

Schon der geistvolle Sully hatte von der Einführung der Industrie, besonders der Seidenmanufactur, in Frankreich eine Abnahme der Kriegstüchtigkeit im Volke vorhergesagt, und auch Süssmilch hatte behauptet, der Ackerbau gebe nicht nur mehrere, sondern auch stärkere, tapferere und treuere Soldaten.

Anmerkungen:

[1]) Man braucht, um dies zu erkennen, nur folgende Tabelle (nach Wappäus) zu betrachten:

Länder und Beobachtungszeit	Heiratsfrequenz		Geburtenverhältniss		Sterblichkeitsverhältniss	
	Städte wie 1 zu	Land- gemeinden wie 1 zu	Städte wie 1 zu	Land- gemeinden wie 1 zu	Städte wie 1 zu	Land- gemeinden wie 1 zu
Frankreich . 1853—54	121,77	134,42	32,74	39,19	31,51	42,21
Niederlande . 1850—54	114,80	127,69	27,11	28,70	35,55	43,03
Belgien . . . 1851—55	131,01	148,53	29,47	33,52	34,35	44,31
Schweden . . 1851—55	126,82	137,83	30,82	30,41	28,95	46,36
Dänemark . . 1850—54	103,89	112,63	28,73	30,29	37,41	49,77
Schleswig . . 1845—54	131,63	128,72	34,41	32,67	35,19	48,49
Holstein . . . 1845—54	120,85	125,18	30,26	29,43	38,72	44,15
Württemberg 1843—52	—	—	24,74	24,67	30,06	32,31
Sachsen . . . 1846—49	132,93	119,05	24,44	24,58	31,10	34,70
Hannover . . 1854—55	116,32	126,49	32,86	31,52	38,52	41,17
Preussen . . 1849	109,87	108,40	24,79	22,80	27,97	36,46

Demnach ist die Heiratsfrequenz und die Geburtenfrequenz in den Städten günstiger, als bei der ländlichen Bevölkerung. Dagegen hat letztere, was das entscheidende ist, die geringere Mortalität.

Der rasche Zuwachs der ländlichen Bevölkerung gegenüber der städtischen wird noch bedeutsamer dadurch, dass die eheliche Fruchtbarkeit grösser, die Kindersterblichkeit geringer und die unehelichen Geburten verhältnissmässig weniger zahlreich sind.

¹) Die mittlere jährliche Zunahme betrug (nach Wappäus):

i n	im Jahre	in den Städten	auf dem Lande
Frankreich	1851—56	1,53 %	0,35 %
Niederlande	1849—59	0,81 „	0,74 „
Belgien	1846—56	0,78 „	0,31 „
Schweden	1850—55	1,50 „	0,81 „
Norwegen	1846—55	2,00 „	1,02 „
Dänemark	1850—55	2,46 „	0,94 „
Sachsen	1846—49	1,46 „	0,81 „
Hannover	1852—55	0,39 „	0,05 „
Preussen	1840—55	1,38 „	0,76 „
Grossbritannien	1801—51	1,87 „	1,00 „

§. 183. Zahlenverhältniss der ländlichen und städtischen Bevölkerung.

Man hat sich bemüht, das Zahlenverhältniss der ländlichen und städtischen Bevölkerung für verschiedene Länder zu ermitteln. Dies hat jedoch mit grossen Schwierigkeiten zu kämpfen. Denn wenn auch die Extreme städtischer und ländlicher Bevölkerung sich deutlich unterscheiden lassen; wenn es auch zulässig ist, Ortschaften unter einer gewissen Volkszahl im Allgemeinen zur ländlichen und solche über einer bestimmten Volkszahl zur städtischen Bevölkerung zu rechnen: so gibt es doch sehr zahlreiche Uebergänge zwischen beiden. In einzelnen Ländern hält sich die ländliche Bevölkerung ihre Eigenart mit grösserer, in anderen mit geringerer Ausdauer aufrecht. Vielfach dringt städtische Lebensweise und städtischer Gewerbsbetrieb in die Dörfer ein und verwischt die Gegensätze mehr und mehr. Dörfer von Bergleuten und Fabriksarbeitern sind, auch wenn sie noch so klein wären, kaum der ländlichen Bevölkerung voll zuzurechnen.

Es gibt indessen in dieser Hinsicht notorische Gegensätze, welche nicht unbeachtet gelassen werden dürfen. Unter der europäischen Gesammtbevölkerung gehört bei weitem der grössste Theil mit aller Entschiedenheit zur ländlichen. Am meisten ist dies in den scandinavischen Ländern der Fall. Die Gegensätze treten am deutlichsten hervor, wenn man blos einzelne Provinzen, Districte etc. ins Auge fasst. Diese Verschiedenartigkeit im Zahlenverhältniss ländlicher und städtischer Bevölkerung erforderte eigentlich auch eine entsprechende Verschiedenartigkeit der politischen Institutionen. Aber der nivellirende Zug der modernen Staatskunst duldet das nicht und trägt dadurch ebenfalls zur Verwischung jenes Gegensatzes bei.

Mit dem Zahlenverhältniss der städtischen Bevölkerung nimmt auch ihre Concentration rasch ab; d. h. je geringer die städtische Bevölkerung eines Landes gegenüber der ländlichen, desto schwächer an Volkszahl sind auch die einzelnen Städte. Eine an sich schon unbedeutende städtische Bevölkerung muss aber gerade durch solche Zersplitterung noch mehr an politischer Bedeutung verlieren.

Anmerkung.

Die städtische Bevölkerung verhält sich zur ländlichen in den wichtigsten europäischen Staaten folgendergestalt (nach Wappäus):

i n	im Jahre	Städtische	Ländliche
Grossbritannien	1851	50,37 %	49,63 %
Niederlande	1859	36,17 „	63,83 „
Sachsen	1855	35,47 „	64,53 „
Bayern	1852	30,34 „	69,66 „
Preussen	1855	28,06 „	71,94 „
Frankreich	1856	27,31 „	72,69 „
Belgien	1856	26,08 „	73,92 „
Dänemark	1855	21,91 „	78,09 „
Norwegen	1855	13,28 „	86,72 „
Schweden	1855	10,40 „	89,60 „

Der Begriff der städtischen und ländlichen Bevölkerung ist freilich in all diesen Ländern kein ganz übereinstimmender und diese Werthe sind nicht völlig vergleichbar. So ist z. B. in Bayern die Bevölkerung der Märkte mit zur städtischen gerechnet und es erscheint deshalb die städtische Bevölkerung Bayerns unverhältnissmässig gross gegenüber z. B. der sächsischen.

§. 184. Die Lage der Städte.

Es gibt bestimmte Factoren, welche die Entstehung der Städte bewirken und deren constantes Auftreten zum Gesetze wird. Je mehr solcher Factoren zusammenwirken, desto reicher muss das städtische Leben sich entwickeln. Diese Factoren sind im Einzelnen: [1])

I. Fundorte werthvoller Naturproducte, insbesondere nutzbarer Mineralien, Quellen (z. B. die Bergwerks- und Badestädte).

II. Militärische Festigkeit. Griechische, römische und Städte des deutschen Mittelalters zeigen diesen Factor deutlich.

III. Residenzen geistlicher oder weltlicher Fürsten. So sind namentlich die deutschen Reichsstädte aus kaiserlichen oder Bischofssitzen hervorgegangen. Die Residenzen geistlicher Fürsten hängen in der Regel zusammen mit der Lage wichtiger Tempel, Klöster, Wallfahrtsorte.

IV. Die Verkehrslage. Sie ist mit der Entwickelung der Cultur namentlich für das moderne Städteleben von Bedeutung. Günstige Verkehrslage hat ihren Grund wieder in verschiedenen Umständen. Wo keine bedeutenden Unterschiede der Bodengestaltung sich finden, also in Gebieten von überall gleicher Wegsamkeit, erhebt das Verkehrsbedürfniss den Mittelpunkt des Gebietes zum Knotenpunkt der wichtigsten Strassen (Moskau, München, Prag, Wien, Madrid). Aber auch wo die wichtigsten Unterschiede der Bodengestaltung, wo das ebene Land, die Gebirge und Gewässer zusammenstossen, erzeugt sich stets eine höhere Friction des Verkehrs, schon aus dem Grunde, weil die Transportmittel gewechselt werden müssen.

An den Strömen werden die Ufer in der Regel commerciell nach der Mündung zu immer werthvoller. Zur Hauptstadt eines Stromgebiets eignet sich besonders der Platz, wo See- und Flussschifffahrt sich begegnen und daher umgeladen werden muss (Hamburg, Bremen, Rotterdam, Antwerpen, Nantes, Bordeaux, Glasgow, Cork, Bristol, London, Calcutta, Rangun, Bangkok, Nanking, Quebeck, Philadelphia, New-Orleans).

Weniger bedeutungsvoll ist der Einfluss des oberen Endes der Schiffbarkeit eines Flusses für die Entstehung der Städte. Nur wenige nennenswerthe Städte liegen an solchem Punkte (Bamberg am Main, Heilbronn am Neckar, Ulm an der Donau).

Strombiegungen erscheinen häufig als Städtegründer (z. B. Ofen-Pesth, Basel, Magdeburg, Regensburg, Toulouse, Lyon, Kasan an der Wolga, Jekaterinoslaw am Dniepr); seltener jene Punkte, wo ein Strom in mehrere Arme gabelt (Kairo) oder wo Nebenflüsse einmünden (Mannheim, Mainz, Koblenz, St. Louis).

Am Meere wird die Entstehung der Städte zunächst durch das Vorhandensein eines guten Hafens beeinflusst, und zwar um so energischer, je geringer die Zahl guter Häfen ist, die eine Küste besitzt. Kopenhagen, Lissabon, San Francisco, Marseille, Alexandria sind solche Hafenstädte. Auf Inseln fällt das Städteleben der Küste zu (Irland, Sardinien, Seeland, Sicilien etc.) Meerbusen wirken wie Strombiegungen; sie ziehen das städtische Leben vorzugsweise in ihren innersten Winkel (Archangel, Odessa, Petersburg, Riga, Kiel, Christiania, Liverpool, Edinburgh, Genua, Neapel, Tarent, Venedig, Triest, Korinth, Smyrna, Suez, Balsora, Calcutta, Canton, Yeddo, insbesondere Hamburg und London). Meerengen mit guten Häfen müssen wegen ihrer commerciellen Wichtigkeit ähnlich wirken (so bei Constantinopel, Messina, Cadix).

Verkehrshindernisse nehmen gleichfalls Einfluss auf die Städtebildung. So entstanden Städte namentlich an den Umgehungspunkten der Gebirge (Wien und Lyon für die Alpen) und an den Endpunkten der wichtigsten Durchbruchslinien (Lyon—Turin, Augsburg—Mailand, München—Verona, Wien—Venedig für die Alpen, Kabul—Balch für den Hindukusch u. s. f.).

Zu diesen Hauptfactoren der Städtebildung treten dann noch einige minder wichtige. Je mehr nun solcher Factoren der Städtebildung zusammentreffen, desto grossartiger muss das Resultat ihrer Wirkung sein [2]).

Anmerkungen.

[1]) Vgl. Roscher: Betrachtungen über die Lage grosser Städte. 1871.
[2]) Vgl. Schwabe: Statistik des preussischen Städtewesens. In der Zeitschrift f. Nat. u. Stat. 7. Bd.

§. 185. Die Grösse der Städte.

Die eben genannten Umstände, welche die Entstehung der Städte an gewissen Punkten veranlassen, sind es auch, welche in der Geschichte der Städte fort und fort sich geltend machen und die verschiedene Grösse der Städte mit beeinflussen. Ausser ihnen wirken auf diese Grösse aber noch andere Umstände; zum Theil solche, die grösstentheils vereinzelt dastehen und der Geschichte angehören; zum Theil allerdings auch solche, die von der Statistik beobachtet werden können.

Die Volksdichtigkeit an und für sich übt einen Einfluss nur auf die Zahl der kleineren und mittleren Städte; vom überwiegendsten Einfluss auf die Bildung der ganz grossen Städte ist die Grösse des Staatsgebietes. Denn alle Grossstaaten, selbst die sehr dünn bevölkerten, haben auch Grossstädte gebildet, z. B. Brasilien, Russland, Mexiko, die Ver. Staaten. Alles was nur irgend in politischer, wirthschaftlicher oder geistiger Beziehung die Völker bewegt, trägt zur Bildung der Grossstädte bei. Man hat auch bemerkt, dass in neuerer Zeit namentlich die Grossstädte rasch zunehmen, in einem weit günstigeren Verhältnisse, als die kleineren und mittleren Städte. In England z. B. betrug in den Städten, welche im Jahre 1851 über 50000 Seelen hatten, die Zunahme der vorhergegangenen 10 Jahre 23,37%, bei den Städten zwischen 20—30000 Seelen nur 20,29%. Ebenso hat in Frankreich, in Preussen, Belgien, Sachsen und den Niederlanden die Einwohnerzahl der grossen Städte weit rascher zugenommen als jene der kleinen. Ausnahmen von dieser Regel zeigten sich in Schweden und Dänemark.

Die Ursache dieses auffallenden Wachsthums der Grossstädte ist vorzugsweise in den Eisenbahnen zu suchen, durch welche einestheils die

grossen Städte geflissentlich zu Verkehrsknotenpunkten gemacht, anderentheils die Möglichkeit gegeben wurde, so grosse centralisirte Volksmassen
täglich mit dem nöthigsten zu versorgen. Trotz aller entgegengesetzten
Bestrebungen wird mehr und mehr centralisirt; wirthschaftliche und
geistige Interessen ziehen die Fäden der Staatsverwaltung stetig in die
Grossstädte.

Wo kleinere Orte ihre Bevölkerung sehr rasch vermehren, ist
dies immer ganz ausserordentlichen Umständen zuzuschreiben. Die
Entstehung von Eisenbahnknotenpunkten, Neubegründung grosser industrieller Etablissements, Erweiterung oder Verbesserung von Festungen,
Seehäfen und dergl. sind solche Umstände. So konnten von 1867—75
im Deutschen Reiche Wilhemshaven um 219, die Dörfer Rixdorf um 131
und Lichtenberg um 170, Ludwigshafen um 106, Kattowitz um 90,
Königshütte um 85% zunehmen. Besonders stark pflegt auch die Zunahme
von kleineren Vororten grösserer Städte zu sein, um so mehr, je weniger
die Städte selbst, zu welchen die Vororte gehören, noch Raum zu weiterer
Vergrösserung bieten.

Anmerkung.

Es ist eine höchst undankbare Aufgabe, die Bevölkerungszahlen der
wichtigsten Städte zu geben, weil dieselben so raschen Veränderungen unterworfen sind, dass das, was heute mitgetheilt werden kann, gestern schon
veraltet war. Die zuverlässigsten Daten hierüber, soweit sie nicht in allgemein
zugänglichen amtlichen Publicationen enthalten sind, finden sich in Petermann's
geographischen Mittheilungen (a. versch. O.); übersichtliche Zusammenstellungen
auch im Goth. Hofkal. und in Hübner's stat. Tafel. Unter Verweisung auf diese
Daten beschränken wir uns hier aus räumlichen Rücksichten auf das Aller-
nothdürftigste. Die mitgetheilten Zahlen sind mit Tausend zu multipliciren.

Deutsches Reich: Berlin 1118, Hamburg 290, Breslau 272, München 228,
Dresden 220, Leipzig 148, Köln 144, Königsberg 140, Frankfurt 137, Hannover 122, Stuttgart 117, Bremen 112, Danzig 108, Strassburg 106.

Oesterreich-Ungarn: Wien (mit Vororten) 1020, Prag 255, Triest 120,
Lemberg 103, Budapest 347.

Schweiz: Bern 42, Zürich 76, Basel 61, Genf 68.

Brittisches Reich (in Europa): London 3707, Glasgow 545, Liver-
pool 516, Manchester 364, Birmingham 400, Dublin 315, Leeds 326, Sheffield 312,
Edinburgh 215, Bristol 217, Bradford 203; (brittische Besitzungen): Mont-
real 107, Quebek 62, Kapstadt 28, Sidney 134, Adelaide 40, Melbourne 193,
Victoria 102, Colombo 100, Singapur 100, Madras 400, Bangalur 150, Bombay 646,
Ahmedabad 130, Baroda 140, Calcutta 1000, Patna 160, Murschidabad 147,
Benares 200, Delhi 154, Agra 149, Kanpur 128, Allahabad 143, Lucknow 290,
Hyderabad 200.

Frankreich: Paris 1988, Lyon 324, Marseille 318, Bordeaux 194, Lille 158,
Toulouse 125, Nantes 118, St. Etienne 110, Rouen 102.

Belgien: Brüssel 390, Antwerpen 159, Gent 131, Lüttich 120.

Niederlande: Amsterdam 302, Rotterdam 129, Haag 97; (Colonien): Batavia 151.

Dänemark: Kopenhagen 235.

Schweden und Norwegen: Stockholm 173, Gothenburg 76, Christiania 80.

Russisches Reich: Petersburg 691, Moskau 615, Warschau 336, Odessa 184, Kijew 127, Riga 112, Kischinew 104, Charkow 104, Tiflis 104.

Spanien: Madrid 398, Barcelona 249, Valencia 143, Sevilla 133, Malaga 115; (Colonien): Havana 202, Manila 165.

Portugal: Lissabon 224, Oporto 89.

Italien: Rom 233, Neapel 450, Mailand 262, Turin 214, Florenz 168, Genua 163, Venedig 125, Bologna 111, Palermo 231, Messina 120.

Rumänien: Bukarest 200, Jassy 90, Galacz 80.

Serbien: Belgrad 27.

Griechenland: Athen 68, Patras 34, Korfu 24, Hermopolis 21.

Türkei: Konstantinopel 600, Salonichi 80, Adrianopel 62, Damaskus 120, Beirut 90, Bagdad 90, Smyrna 150, Brussa 70.

Vereinigte Staaten: Washington 147, New-York 1206, Philadelphia 847, Brooklyn 566, Chicago 503, St. Louis 350, Boston 362, Baltimore 332, Cincinnati 255, St. Francisco 234, New-Orleans 216.

Mexiko: Mexiko 250, Guadalajara 70.

Brasilien: Rio Janeiro 276, Bahia 180, Pernambuco 118.

Columbia: Bogota 41, Panama 18.

Venezuela: Caracas 60.

Ecuador: Quito 80.

Peru: Lima 160, Cuzco 40, Callao 30.

Bolivia: Sucre 24, La Paz 76.

Chile: Santjago 150, Valparaiso 98.

Argentina: Buenos Ayres 178.

Uruguay: Montevideo 115.

China: Peking 2000, Su-Tschau 1000, Siang-Tan 1000, Tschan-Tscheu-Fu 1000, Hang-Tscheu-Fu 1000, Signan-Fu 1000, Canton 1500, Tientsin 950, Hankau 600, Nanking 500, Futscheu 600, Shanghai 278.

Japan: Yeddo (Tokei) 1042, Kagosima 200, Yokohama 64, Kanasava 108, Osaka 284, Hakodade 112.

Anam: Hue 50, Kescho 150.

Birma: Mandelay 40, Awa 30.

Siam: Bangkok 500.

Persien: Teheran 85, Täbris 110, Isfahan 60.

Aegypten: Cairo 350, Alexandria 212.

Tunis: Tunis 150.

Zanzibar: Zanzibar 85.

Marokko: Fez 150, Marokko 50.

§. 186. Städtisches Leben.

Die Motive, welche die Entstehung und Grösse der Städte beeinflussen, zeigen auch die Qualität der Städte an. Aber nicht nur ganze

Städte, sondern auch einzelne Theile von grösseren und mittleren Städten
haben ihren besonderen Charakter, welchen zu untersuchen einfache Beobachtungen hinreichen. Neben der Volksdichtigkeit der einzelnen Stadttheile, der Behausungsziffer, den Miethzinsen, der Berufsstellung der Einwohner, der Zahl und Art geschäftlicher Etablissements gegenüber den
Privatwohnungen, der Qualität der Baulichkeiten, gestattet auch der Verkehr der Strassen statistische Darstellung. Und zwar nach seinen räumlichen und zeitlichen Unterschieden. Er wird beeinflusst von der Bevölkerung, Form und Grösse der einzelnen Strassen, von Zahl und Form
ihrer Seitenstrassen, von der Lage der Strassen zum Centrum der Stadt,
namentlich aber vom geschäftlichen, socialen oder politischen Inhalt der
Strasse. Aus letzterem ergibt sich die Qualität des Verkehrs; es erwächst
daraus der Charakter der Strassen als städtischer Muskeln, Knochen,
Nerven und Extremitäten, als Arbeits- und Genusstheile. Die charakter-
bildende Kraft grosser geschäftlicher und Staatsanstalten zeigt sich darin,
dass sich in grossen Städten Eisenbahn-, Gewerbs-, Handels-, Militär-,
Universitäts-, Schifffahrtsquartiere bilden neben den grossen Unterschieden
armer und reicher, künstlicher und natürlicher, aufblühender und ver-
kommender Stadttheile.

§. 187. Dörfer, Weiler, Einzelnansiedelungen.

Von grossem Werthe für die Kenntniss der Ansiedelungsweise ver-
schiedener Bevölkerungen wäre es, wenn die feineren Unterschiede der
Zerstreuung des Volkes ebenso untersucht wären, wie das allgemeinere
Verhältniss städtischer und ländlicher Bevölkerung. Also namentlich die
Zahl und Bevölkerung der Dörfer und Weiler gegenüber jener der ganz
verstreut liegenden Ansiedelungen.

Es scheint, dass die Bevölkerungsstärke der einzelnen Dörfer annähernd im verkehrten Verhältniss steht mit der Dichtigkeit der Ortschaften. Um jedoch Schlussfolgerungen aus den Zahlen der Bevölkerungsstärke und Dichtigkeit der Dörfer ziehen zu können, müsste der Begriff
eines Dorfes überall gleich fixirt, die städtische Bevölkerung und die allgemeine Volksdichtigkeit sorgfältig berücksichtigt werden. Vor allem aber
müsste man diese Erscheinungen bis in ihre provinziellen Unterschiede
verfolgen, welche bekanntlich sehr bedeutend sind. (So zeigt z. B. im
südlichen Bayern der altbayerische Volksstamm eine ebenso entschiedene
Tendenz zur Einzelnansiedelung, wie der benachbarte schwäbische Stamm
zur Dorfansiedelung. Die Grenze zwischen beiden Ansiedelungsformen lässt
sich fast haarscharf ziehen). Sodann mit anderen Ergebnissen der Statistik
verglichen, würde die verschiedene Zerstreuung der Bevölkerung in ihrem
wechselnden Einflusse auf das Volksleben sich zeigen. Da aber diese Zer-

streuung der Bevölkerung zumeist wirthschaftlichen Ursachen folgt, müsste man schliesslich zu dem Causalzusammenhange wichtiger wirthschafts-geographischer und anderer Volkseigenthümlichkeiten gelangen.

Zunächst liegt jedenfalls die Frage, weshalb wohl einzelne Völker und Gegenden die dorfweise, andere die Einzelnansiedelung vorziehen. Die Gründe dieser Verschiedenheiten sind:

I. Natürliche und wirthschaftliche. Hier kommt es zumeist darauf an, in welchen Grössenverhältnissen die fruchtbareren Ländereien zwischen den weniger fruchtbaren eingelagert sind. Wo die fruchtbaren Landes-theile gross genug sind, um ganze ackerbauende Dorfschaften zu tragen, da wird sich, wenn nicht andere Gründe die Vereinzelung veranlassen, dorfweise Ansiedelung finden. Wo sich dagegen zwischen weniger frucht-barem Boden nur kleinere Oasen fruchtbaren Landes finden, gerade gross genug, um einer oder wenigen Familien die wirthschaftliche Basis zu bilden: da ist man nothwendig zur Vereinödung gedrängt. Letztere setzt immer einen gewissen Grad von Selbständigkeit, Familiensinn, Sicherheit des Eigenthums und Ackerbau voraus. Beim Ackerbau drängt das Be-dürfniss abgerundeten Grundbesitzes zur Vereinödung.

Aus diesen Gründen findet man namentlich die Einzelnansiedelung bei den Völkern germanischen Ursprungs und in Alpenländern. Nomaden-, Jäger- und Fischervölker haben keine wirthschaftliche Veranlassung zur Einzelnansiedelung. Sie sind im Stande, horden- und dorfweise ihre Weide- und Jagdplätze auszubeuten und neue aufzusuchen.

II. Politische. Wo Unsicherheit der Rechtszustände, namentlich Be-fehdungen einzelner Stämme sich länger durch die Geschichte eines Volkes ziehen; da muss der dadurch nothwendig gewordene dorfweise Zusammen-schluss mit der Zeit zur nationalen Sitte werden. Daher kommt es, dass Völker, die schon längst aus dem nomadisirenden Zustande zu ausgebil-deter Landwirthschaft übergegangen sind, doch noch dorfweise wohnen.

Eine genaue Untersuchung dieser Erscheinungen müsste die Ort-schaften nach ihrer Bevölkerung sorgfältig ausscheiden. Namentlich wären die Ortschaften unter 1000 Einwohner in Classen zu bringen, von 10 zu 20, 20—30 u. s. f., sodann von 100 bis 200, 200 bis 300 u. s. f. Ein-wohnern. Man müsste sodann bei den Gegenden mit Einzelnansiedelungen, mit kleinsten (bis zu 25 Einwohnern), kleinen (bis zu 100 Einwohnern), mittleren (bis zu 500), grösseren (bis zu 1000) und grössten (über 1000 Einwohnern) nicht nur den wirthschaftlichen Charakter, sondern auch die Bevölkerungsverhältnisse, die politische Gegenwart und Vergangenheit untersuchen. Erst durch solche Detaillirung wäre richtige Anschauung des gesammten Siedelungsverhältnisses zu erlangen.

Man würde dann namentlich finden, wie einerseits die natürlichen und wirthschaftlichen, andererseits die politischen Einflüsse, welche sich auf die Ansiedelungsweise geltend machen, sich gegenseitig durchkreuzen und verschiedene Resultate daraus hervorgehen.

Anmerkung.

Nach O. Hausner's Angaben, welche sich leider nicht auf ihre Quellen zurückverfolgen lassen und daher nur mit Vorsicht aufzunehmen sind, kommen:

i n	durchschnittlich an Einwohnern auf jedes Dorf	Dörfer auf 1 ☐Meile
Norwegen	2215	0,1
Grossbritannien	1081	2,6
Schweden	995	0,43
Württemberg	857	4
Belgien	817	8,3
Serbien	753	1,3
Spanien	703	1,35
Portugal	677	2,3
Frankreich	664	4
Türkei	299	4,4
Dänemark	289	7
Russland	240	2,6
Hannover	209	9,7
Schweiz	179	14
Polen	163	9,7
Mecklenburg	156	9,7
Bayern	127	16,9

§. 188. Die Wohnhäuser.

I. Das Behausungsverhältniss [1]). Bei Volkszählungen pflegt man neben der Zahl der Bevölkerung auch die der bewohnten Häuser zu ermitteln und dadurch das Material zur Berechnung der Einwohnerzahl herzustellen, welche in einem Hause zusammenwohnt.

Dieses Zahlenverhältniss nennt man dann das Behausungsverhältniss. Dasselbe ist unstreitig von Bedeutung für das Wohlbefinden, für sittliche und Gesundheitszustände der Bevölkerung.

Bei gebildeten und wohlhabenden Bevölkerungen ist jedenfalls jenes Verhältniss das günstigste, wo jeder Selbständige, besonders jedes Familienhaupt mit seiner Familie auch ein Haus für sich bewohnt. Das Bewohnen eines eigenen Hauses bietet ja grössere Freiheit und Bequemlichkeit als das Zusammenwohnen mit anderen Familien, wodurch jede auf einen Theil des Hauses beschränkt ist. Es bildet daher das Innehaben eines eigenen Hauses in mancher Beziehung die nothwendige Bedingung für das Glück des Familienlebens.

Die Befriedigung dieses Wunsches hängt aber wesentlich vom durchschnittlichen Volkswohlstande ab. Man kann im Allgemeinen annehmen, dass ein Volk um so glücklicher ist, je mehr verhältnissmässig Wohnhäuser auf die Bevölkerung kommen.

Zu einem unumstösslichen Schlusse bezüglich des Wohlstandes zweier Bevölkerungen, die man in dieser Hinsicht vergleicht, könnte man freilich nur dann kommen, wenn auch die Art der Wohnhäuser bei beiden ganz die gleiche wäre.

Darauf kommt aber sehr viel an. Der Begriff des Wohnhauses für eine Zählung bleibt immer ein schwankender. Aus diesem Grunde kann die Durchschnittszahl der bei einer Bevölkerung auf jedes Wohnhaus kommenden Personen, d. h. die Behausungsziffer keinen sicheren Anhaltspunkt für das wirkliche Wohnverhältniss darbieten. Denn ein Wohnhaus ist ebensowohl die armseligste Taglöhnerhütte, als die palastähnlichen Zinshäuser in grossen Städten. Und jedenfalls können in einer solchen Zinskaserne 5, 10, 20 und mehr Familien bequemer und comfortabler wohnen, als in einer Hütte auf dem Lande eine einzige.

In Wirklichkeit finden entschiedene Unterschiede der Behausungsziffer bei verschiedenen Bevölkerungen statt [1]).

Bei den europäischen Culturstaaten kommen, soweit das spärliche Material eine Beurtheilung zulässt, in Frankreich durchschnittlich am wenigsten Personen auf ein Wohnhaus, im Mittel ungefähr so viel, als man auf einen Hausstand mit einer Familie und ein bis zwei Dienstboten rechnen kann.

In England ist indessen die Behausungsziffer grösser und doch weiss Jedermann, dass nirgends das Glück, im eigenen Hause zu wohnen, höher angeschlagen wird, als in England. Dieser Wunsch hängt zusammen mit dem Sinne für persönliche Unabhängigkeit.

Es gibt aber für das Wohnhaus ein natürliches Normalmass. Wird dasselbe bedeutend überschritten oder ist man bedeutend unter demselben zurückgeblieben, so ist allemal ein schlimmer socialer Zustand angedeutet. In einem Falle erhalten wir die Wohnkaserne, ein Product der Uebercivilisation, im anderen die Hütte, ein Product der Uncivilisation (Riehl).

Beide Arten von Extrem sind in Frankreich in einem höheren Grade vorhanden als in England. In Frankreich ist nämlich die Differenz zwischen der ländlichen und der städtischen Behausungsziffer eine viel grössere als in England. Daraus lässt sich schliessen, dass in Frankreich in den

Städten die Wohnkaserne schon häufig das Wohnhaus in seinem natürlichen Normalmass verdrängt hat, während auf dem Lande die Wohnungen vielfach darunter bleiben.

Bei der landwirthschaftlichen Bevölkerung kann eine grössere Behausungsziffer möglicherweise sogar ein günstigeres Verhältniss ausdrücken,
als eine geringere.

Wo z. B. unter den Bauern grosser geschlossener Grundbesitz vorherrscht, wo der Bauer auf seinem stattlichen Hofe eine grössere Zahl
von Hofgesinde versammelt, da wird jedenfalls die Behausungsziffer eine
grössere sein als da, wo Zwergwirthschaft und Bodenzerstückelung herrscht,
und doch ist jenes entschieden der günstigere Zustand. Ersteres z. B.
findet sich in einzelnen Theilen von Niedersachsen, Westphalen, Hannover
und Altbayern.

Es kann also der Wohlstand der ländlichen Bevölkerung nach der
Behausungsziffer nicht bemessen werden. Ebenso muss man auch die verschiedenen Länder nach dieser Richtung hin in höchst behutsamer Weise
vergleichen.

So kann man gewiss behaupten, dass die auffallend kleine Behausungsziffer von Frankreich von 4,₁ Personen offenbar zu klein ist und nur
erklärt werden kann aus der geringen Fruchtbarkeit der Ehen und aus
der grossen Zahl der kleinsten hüttenähnlichen Wohnhäuser. Das zeigt
schon der Anblick der französischen Dörfer.

In den grossen Städten dagegen wird sich die Behausungsziffer eher
zu richtigen Schlüssen gebrauchen lassen.

Den grössten Einfluss auf ihre Unterschiede übt wohl die National-
lität, der Racencharakter der Bevölkerung aus.

Besonders belehrend sind hierin Belgien und Grossbritannien.

In Belgien haben die Städte mit rein flamländischer, d. h. germanischer Bevölkerung, wie Gent, Löwen, Brügge, viel niedrigere Behausungsziffer als die mit gemischter Bevölkerung; in Grossbritannien bildet
die eigentlich englische Bevölkerung einen ähnlichen Gegensatz zur keltischen und gälischen.

Von grossem Einfluss auf die städtische Behausungsziffer ist auch
die Grösse der Stadt. Denn je grösser die Stadt, desto schwieriger ist es,
jede Familie im eigenen Hause unterzubringen.

Doch ist dieser Einfluss nicht so gross, wie jener der Nationalität.
Er ist z. B. in England nicht so bemerklich als in Belgien.

Ebenfalls von Einfluss ist der gewerbliche Charakter der Städte.
Namentlich aber der Umstand, ob eine Stadt ihre Grösse einer natur-
gemässen Entwickelung durch Ausbildung von Handel und Gewerbe zu verdanken hat, oder ob sie mehr künstlich zur Grossstadt gemacht worden ist.

Im letzteren Falle wächst die Behausungsziffer mit der Nothwendigkeit der Wohnkasernen ganz bedeutend. So namentlich in Residenzstädten, welche zumeist durch politische Centralisirung gewachsen sind.

In solchen Städten erzeugt die Vergrösserung, meist verbunden mit Verschönerungsbestrebungen ganz abnorme Wohnungsverhältnisse.

· Die Contraste zeigen sich ganz besonders gross bei der Behausungsziffer der Haupt- und Residenzstädte [1]).

Der Einfluss der Grösse und des gewerblichen Charakters tritt hier ganz zurück. Dagegen zeigt sich beinahe ein geographischer Gegensatz, indem die Behausungsziffer von Südost gegen Nordwest fast regelmässig abnimmt. Das kommt wohl daher, weil gerade Berlin und Wien in auffallendster Weise gemachte Grossstädte sind.

II. Vom Behausungsverhältniss unterscheidet man [2]) das Wohnlichkeitsverhältniss. Letzteres lässt sich erst dann ermitteln, wenn man weiss, welcher Art die Häuser sind, ob sie die nöthige Räumlichkeit und Bequemlichkeit haben.

In dieser Hinsicht sind zunächst die Zahlen der Thür- und Fensteröffnungen von Wichtigkeit. Wenn in Belgien auf je 100 Häuser im Jahre 1821 539, im Jahre 1831 544 und im Jahre 1835 547 Thüren und Fenster kamen, so drückt dies an sich noch keine Zunahme der Wohnlichkeit aus, sondern erst wenn man diese Ziffer mit der Behausungsziffer in Verbindung bringt und dann fände, dass die Zahl der auf eine Familie treffenden Thüren und Fenster sich vermehrt habe.

Auch die Zahl der Stockwerke ist bezeichnend für das Wohnlichkeitsverhältniss, am bezeichnendsten aber die Zahl der Zimmer, verglichen mit der Zahl ihrer Bewohner. In Belgien fand man (1846) auf je 100 Einwohner, darunter etwa 25% kleiner Kinder, 63 Zimmer. Passend wäre freilich erst ein Verhältniss von 100:100; doch ist 100:63 noch nicht als absolut schlecht zu bezeichnen.

Anmerkungen.

[1]) So zeigt sich z. B.:

in	Zählung von	Bei der Gesammtbevölk. kommen auf 1 Wohnhaus	in den Städten allein	auf dem Lande
Frankreich	1851	4,84	9,12	4,4
Belgien	1846	5,42	6,41	5,16
England	1851	5,47	6,07	5,11
Holland	1849	6,37	6,92	6,10
Oesterreich	1857	6,37	—	
Bayern	1852	6,73	8,52	6,17
Hannover	1855	6,84	8,51	6,63
Schottland	1851	7,80	14,11	6,05
Preussen	1849	8,37	11,78	7,2
Sachsen	1855	8,86	13,06	7,53

¹) Dieselbe betrug (Wappäus) in

		Bevölkerung über	Behausungsziffer
Haag	1849	70000	7,0
London	1851	2,000000	7,7
Brüssel	1846	100000	9,7
Braunschweig	1855	30000	11,5
Hannover	1855	30000	16,8
München	1852	70000	20,6
Dresden	1855	100000	28,5
Paris	1851	1,000000	35,1
Berlin	1849	300000	45,9
Wien	1857	400000	50,1

Dagegen in neuerer Zeit (meist nach Körösi: Statistique internationale des grandes villes) in

		Bevölkerung über	Behausungsziffer
Berlin	1875	968634	63 ?
Wien	1872	644375	59
Paris	1804	548000	21,8
„	1856	1,174000	40
„	1872	1,794380	29
London	1877	3,570000 ?	7,8 ?
Brüssel	1866	198337	10,6
München	1875	193326	19,6
Dresden	1875	198755	31,5 ?
Moskau	1871	611970	15,7

²) Horn: Bevölkerungswissenschaftliche Studien aus Belgien.

II. Capitel.

Ehe und Familie.

---

§. 189. Die Ehen und Familien im Allgemeinen.

Im Interesse des Staates liegt es, dass die Zahl der Ehen gegen-über der Gesammtbevölkerung möglichst hoch sei. Jenes Naturgesetz, welches eine Gleichzahl der Geschlechter fast vollständig herstellt, lässt es auch als möglich erscheinen, dass nahezu der ganze erwachsene Theil der Bevölkerung zur Verheiratung gelange, und jeder Mann eine Frau, jede Frau einen Mann bekomme.

Diese Gleichzahl der Geschlechter, durch welche schon die Natur den Menschen auf die Ehe verweist, ist nun zwar vorhanden, doch wird das durch sie angedeutete Verhältniss von keinem unserer civilisirten Völker in Wirklichkeit auch nur annäherungsweise erreicht.

Der Gründe sind mehrere.

Einmal der, dass zum Heiraten nicht nur Mann und Weib, sondern Tisch und Herd, Wohnung und Nahrung gehören. Die Bedingungen zur Erhaltung einer Familie werden immer schwerer, und es muss die Zahl der Verheiratungen sich nach der grösseren oder geringeren Schwierigkeit richten, mit welcher die nothwendigen Subsistenzmittel gewonnen werden. Da dies im Zusammenhange mit der allgemeinen Wohlfahrt steht, so sollte man aus einer starken Heiratsfrequenz auf die Wohlfahrt der Bevölkerung schliessen können. (Vgl. §. 191.)

Ein anderer Grund, welcher die Heiratsfrequenz mindert, liegt darin, dass viele Männer, welche die Mittel zum Unterhalt einer Familie besitzen oder leicht erwerben könnten, aus Egoismus unverheiratet bleiben, um nicht für eine Familie sorgen zu müssen, das Leben besser zu geniessen und sich zu conserviren. Wo dieser Grund die Zahl der Hagestolzen vermehrt, da lässt sich auf ungesunde Sittlichkeitszustände schliessen. Uebrigens rächt sich solcher Egoismus von selbst, denn nach den Erfahrungen der Statistik ist durchschnittlich das Leben der Hagestolzen viel mehr gefährdet als jenes der Familienväter, trotz der grösseren Mühen und Entbehrungen der letzteren.

Die verschiedenen Ziffern, welche hier in Betracht kommen, sind:

I. Die Zahl der Ehen, resp. der Verheirateten. Um sie zu erfahren, hat man bei den neueren Volkszählungen auch den Civilstand der gezählten Bevölkerung untersucht.

II. Die Trauungsziffer oder Heiratsfrequenz.

III. Das Heiratsalter.

IV. Die Dauer der Ehen.

V. Die Fruchtbarkeit der Ehen.

VI. Die Zahl der Familien.

§. 190. Die Zahl der Verheirateten.

Um sie übersichtlich darzustellen, hat man (schon in den Jahren 1846—57) die Procentsätze der Verheirateten für 19 europäische Länder, welche zusammen eine Bevölkerung von 121 Mill. Seelen haben, zusammengestellt[1]). Nach dieser Zusammenstellung sind unter einer Million Einwohner 348817 Verheiratete und 651183 Unverheiratete. Der Betrag der Verheirateten ist durchschnittlich 34,88 % der Gesammtbevölkerung. Es ergab sich dabei, dass in den südeuropäischen Ländern romanischer Bevölkerung die Zahl der Unverheirateten geringer ist als in den nordeuropäischen Ländern mit germanischer Bevölkerung. Die Gründe hievon findet

Wappäus darin, dass in jenen südlichen Ländern wegen der früher eintretenden Reife der Bevölkerung die Ehen früher geschlossen werden
können, und darin, dass dort die nothwendigsten Lebensbedürfnisse leichter
zu befriedigen sind, als im Norden.

Aber man kam auch schon früh zu der Ueberzeugung, weit wichtiger als das Verhältniss der Verheirateten zur Gesammtzahl der Bevölkerung sei ihr Verhältniss zur Zahl der Erwachsenen.

Nahm man für beide Geschlechter als mittlere Anfangsgrenze des
heiratsfähigen Alters 18 Jahre, so betrugen die Erwachsenen in unseren
Staaten fast genau fünf Achtel der Gesammtbevölkerung.

Stellt man den so ermittelten Erwachsenen die Zahl der Ehen gegenüber, so lebt im Durchschnitt in unseren Staaten etwas über die Hälfte
aller Erwachsenen in der Ehe.

Um das Verhältniss jener Personen zu erfahren, welche dem Alter
nach heiratsfähig, aber noch nicht zur Verheiratung gekommen sind, muss
man zur Zahl der Verheirateten noch die Zahl der verheiratet gewesenen,
d. i. der Verwitweten und der Geschiedenen, hinzuzählen.

Nach Wappäus nun sind in 19 beobachteten europäischen Ländern
von je 10000 Erwachsenen durchschnittlich 6598 verheiratet oder verheiratet gewesen; die übrigen kamen noch nicht zur Verheiratung.

Im Allgemeinen scheint die Zahl der Verheirateten gegenüber der
Bevölkerung regelmässig abzunehmen.

Einer Zusammenstellung aus der neuesten Zeit ist in dieser Hinsicht
zu entnehmen, dass in den Culturländern unter 10000 Erwachsenen (über
15 Jahre) sich befinden[2]):

> 3731 Ledige
> 5319 Verheiratete
> 950 Verwitwete oder Geschiedene.

Die Ziffern der Verwitweten und Geschiedenen sind von geringerem
Interesse. Nach älteren Beobachtungen gehört etwa $1/_{16}$ der gesammten
Bevölkerung (in den europäischen Ländern) dem verwitweten Stande an.
Vergleicht man auch hier die Ziffer der Verwitweten mit der Zahl der
erwachsenen Personen überhaupt, so treffen auf 10000 Erwachsene (über
15 Jahre) an Verwitweten und Geschiedenen zusammen:

> Bei beiden Geschlechtern . . . 950
> Beim männlichen Geschlechte . . 595
> Beim weiblichen Geschlechte . . 1290

Die Zahl der Witwen ist in den europäischen Ländern durchschnittlich doppelt so gross, als jene der Witwer[3]).

Dieses Uebergewicht der Witwen hat seinen natürlichen Grund darin.
dass, weil unter den Ehegatten die Männer der ältere Theil sind, die-

Die Zahl der Verheirateten.

selben eher sterben, und einen anderen Grund darin, dass mehr Witwer als Witwen sich wieder verheiraten.

Auch die Wiederverheiratung von verwitweten Personen ist eine sehr regelmässige Erscheinung. Gegen 10000 Witwer, die sich wieder verheiraten, gehen nur 5800—6300 Witwen wieder eine Ehe ein.

Die Zahl der geschieden Lebenden ist absolut und relativ eine so geringe, in einzelnen Ländern völlig verschwindende, dass sie hier wohl ausser Acht gelassen werden kann. Weit bezeichnender ist sie bei der Betrachtung sittlicher Volkszustände.

Anmerkungen.

[1]) Diese ältere Tabelle, von Wappäus a. a. O. ist immerhin wegen der bemerkenswerthen Unterschiede heute noch von Interesse.

Länder	Zählung von	Betrag der Verheirateten
Frankreich	1851	38,94 %
Spanien	1857	36,05
Kirchenstaat	1853	35,06
Sachsen	1849	34,97
England	1851	33,32
Dänemark	1850	33,80
Preussen	1852	33,09
Hannover	1852	32,82
Schweden	1855	32,59
Norwegen	1855	32,21
Württemberg	1846	31,90
Niederlande	1849	30,58
Belgien	1856	30,51
Bayern	1852	28,64

[2]) Bei beiden Geschlechtern zusammen sind unter 10000 Erwachsenen (über 15 Jahre) (nach Block-v. Scheel a. a. O. S. 254):

in	Ledig	Ver-heiratet	Ver-witwet	Ge-schieden
Deutsches Reich	3994	5107	873	26
England und Wales	3732	5398	880	—
Dänemark	3929	5191	830	50
Norwegen	4080	5065	839	16
Schweden	4120	4952	919	9
Oesterreich	3945	5241	809	4,8

i n	Ledig	Ver-heiratet	Ver-witwet	Ge-schieden
Ungarn	2557	6475	924	44
Italien	3751	5270	979	—
Schweiz	4431	4582	940	47
Frankreich	3308	5566	1126	—
Belgien	4493	4634	873	—
Niederlande	4157	4948	886	9,5

¹) Auf 10000 erwachsene Männer bez. Frauen finden sich (nach derselben Quelle):

in	Witwer	Witwen	in	Witwer	Witwen
Deutsches Reich .	525	1202	Ungarn	564	1386
England u. Wales	573	1163	Italien	609	1350
Dänemark	500	1143	Schweiz	660	1202
Norwegen	545	1112	Frankreich . . .	773	1471
Schweden	561	1240	Belgien	652	1094
Oesterreich . . .	554	1136	Niederlande . . .	596	1159

§. 191. Die Heiratsfrequenz.

Eine sehr bedeutungsvolle Ziffer ist die Zahl der in einem Zeitraume geschlossenen Ehen. Sie drückt die Hoffnung aus, welche zu dieser Zeit in Bezug auf das ökonomische Gedeihen einer Familie im Lande besteht (Hermann). Solche Hoffnungen können aber mehr oder weniger leichtsinnige sein, besonders in grossen Städten und Fabriksgegenden.

Man kann aus der Proportion der Trauungen nicht geradezu auf die Proportion der stehenden Ehen schliessen. Nicht dass viele Hochzeiten gefeiert werden, sondern dass die Proportion der Familien eine grosse sei: das ist vom volkswirthschaftlichen und vom sittlichen Standpunkte erwünscht. Das Verhältniss der stehenden Ehen zur Gesammtbevölkerung hängt ausser der Zahl der Trauungen noch ab von der mittleren Dauer der ehelichen Verbindungen.

Die Heiratsfrequenz ist eine örtlich ziemlich verschiedene Ziffer. Sie gestattet indess nicht, aus ihr sofort auf das Familienglück der Bevölkerungen zu schliessen.

Die Regelmässigkeit in der allgemeinen Heiratsordnung zeigt sich merkwürdigerweise weniger in der Zahl der überhaupt geschlossenen Heiraten, als in den mannigfachen Combinationen, welche hinsichtlich des

Civilstandes und Alters der Heiratenden, sowie hinsichtlich der Jahreszeit,
in welcher die Ehen geschlossen werden, entstehen. Ob in einer gewissen
Zeit Junggesellen und Jungfrauen (erste Ehen), Junggesellen und Witwen,
oder Witwer mit Jungfrauen und Witwen (zweite und dritte Ehen) sich
verheiraten, ob die Ehen frühzeitig (zwischen dem 16. und 21. Jahre),
ob sie rechtzeitig (normal, zwischen dem 21. und 30. Jahre), ob als verspätete (zwischen dem 30. und 50. Jahre) oder in ganz abnormer Weise
(nach dem 50., 60., 70., ja 80. Lebensjahre) geschlossen werden, ob ganz
junge Männer (unter 30 Jahren) mit Frauen über 45, ja über 60 Jahren
und junge Mädchen mit uralten Männern Ehen schliessen: das vollzieht
sich in viel gleichmässigerem Gange und zeigt sich in viel constanteren
Ziffern als die allgemeine Heiratstendenz eines Landes oder Volkes
(Oettingen).

Jedenfalls ist die willkürliche Handlung der Eheschliessungen eine
sich weit regelmässiger vollziehende, als die im Allgemeinen von physischen Ursachen abhängende Absterbeordnung.

Anmerkung.

Nach „Movimento dello stato civile", Roma 1878, beträgt die Zahl der
Trauungen auf je 1000 Einwohner:

	1865	1866	1867	1868	1869	1870	1871	1872	1873	1874	1875	1876	1877	Mittel
Italien	9,0	6,6	6,7	7,2	8,0	7,4	7,4	7,5	8,0	7,7	8,4	8,1	7,7	7,6
Frankreich	7,9	8,0	7,9	7,9	8,2	6,0	7,4	9,4	8,9	8,3	8,2	7,9	—	8,0
England und Wales . .	8,1	8,7	8,7	8,0	7,9	8,0	8,3	8,7	8,4	8,3	8,4	8,3	—	8,4
Schottland	7,4	7,3	6,8	6,6	6,6	7,1	7,1	7,5	7,7	7,6	7,4	7,5	—	7,2
Irland	5,6	5,4	5,4	5,1	5,0	5,3	5,4	5,0	4,8	4,6	4,5	4,9	4,7	5,1
Deutsches Reich	—	—	—	—	—	—	—	10,2	10,0	9,5	9,1	8,5	—	9,5
Preussen	9,1	7,9	9,3	8,4	8,9	7,4	7,9	10,1	10,2	9,7	9,0	8,9	8,1	8,9
Bayern	8,6	8,4	9,0	7,9	12,1	8,9	8,4	10,4	9,9	9,2	8,9	8,4	—	9,2
Sachsen	9,3	7,9	9,2	9,4	9,8	8,4	8,4	10,1	10,3	10,2	10,5	9,4	8,7	9,3
Württemberg	—	—	—	—	—	11,4	10,6	9,8	8,9	8,7	8,0	7,6	—	9,2
Oesterreich diess. d. L..	7,7	6,5	9,7	9,1	8,9	9,8	9,3	9,3	9,3	8,9	8,6	8,1	7,6	8,7
Ungarn u. Siebenbürgen	9,0	8,0	10,1	13,1	10,9	9,8	10,4	10,7	11,4	10,7	10,9	—	—	10,5
Schweiz	—	—	6,9	6,7	7,3	7,0	7,1	7,9	7,6	8,3	9,0	8,1	7,9	7,6
Belgien	7,5	7,8	7,8	7,4	7,4	6,9	7,3	7,7	7,7	7,6	7,2	7,2	—	7,3
Spanien	7,9	8,1	7,2	6,7	8,2	6,2	—	—	—	—	—	—	—	7,4
Niederlande	8,4	8,4	8,3	7,8	7,6	8,0	8,0	8,3	8,4	8,4	8,3	8,2	8,1	8,2
Schweden	7,1	6,7	6,1	5,5	5,6	6,6	6,5	7,0	7,3	7,3	7,1	7,1	6,8	6,6
Norwegen	8,9	6,7	6,5	6,2	6,1	6,1	6,0	7,0	7,2	7,7	7,6	7,7	7,6	7,0
Dänemark	8,6	8,4	7,6	7,1	7,1	7,4	7,4	7,5	8,1	8,1	8,5	8,5	—	7,9
Rumänien	—	—	—	—	5,2	5,6	7,2	5,9	6,2	6,6	6,3	—	—	6,1
Griechenland	6,1	5,9	5,9	6,9	6,5	6,2	6,4	6,1	6,1	—	—	—	—	6,1
Serbien	12,1	11,3	10,5	10,4	11,9	9,9	10,3	13,5	10,9	11,5	10,9	—	—	11,3
Finnland	—	6,1	6,1	5,8	9,8	10,1	9,6	8,4	8,4	8,9	8,3	8,2	—	8,2
Portugal . . . 1860—62	—	—	—	—	—	—	—	—	—	—	—	—	—	6,3

Hiezu dürften noch folgende ältere Zahlen verglichen werden. Auf 1000 Einwohner kamen Trauungen (nach Wappäus a. a. O. II. 141):

in den Jahren

in Preussen		1844—53	8,6
„ England		1845—54	8,4
„ Oesterreich		1842—51	8,3
„ Dänemark		1845—54	8,2
„ Sachsen		1847—56	8,2
„ Frankreich		1845—53	7,8
„ Norwegen		1846—55	7,7
„ den Niederlanden		1845—54	7,6
„ Sardinien		1828—37	7,6
„ Schweden		1841—50	7,2
„ Belgien		1847—56	6,8
„ Bayern		1842—51	6,5

§. 192. Die Heiratsfrequenz in verschiedenen Jahren.

Von grossem Interesse ist es, die Bewegung der Heiratsfrequenz von Jahr zu Jahr zu verfolgen.

Schon vor mehr als dreissig Jahren zeigte sich's in den europäischen Culturländern, wie bedeutend allgemeine Nothstände die Heiratsfrequenz mindern. Das Jahr 1847 ergab für ganz Mitteleuropa in Folge sehr schlechter Ernten eine ganz ungewöhnliche Theuerung. In Folge derselben sank aber auch die Heiratsfrequenz ganz ausserordentlich. Am stärksten wurde dieser Einfluss in Belgien fühlbar. Vielleicht war der Misswachs und die daraus entstandene Theuerung in den verschiedenen Ländern nicht gleich; sicherer aber waren auch die Bevölkerungen diesem Einflusse nicht gleichmässig zugänglich. Es scheint wirklich eine verschiedene Widerstandsfähigkeit gegen eine plötzlich hervorbrechende Calamität den verschiedenen Völkern innezuwohnen [1]).

Mehr als alle die genannten Länder zeichnete sich Bayern durch die grosse Gleichmässigkeit seiner Heiratsfrequenz von Jahr zu Jahr aus [2]). Diese geringe Schwankung muss als ein günstiges Verhältniss angesehen werden; sie zeigt, dass mehr als die eben zur Begründung eines Hausstandes nothdürftig hinreichenden Mittel vorhanden sind. Hoffnung und Furcht haben offenbar um so geringeren Einfluss, je solider der Boden ist, auf welchem der Mensch lebt und haust. Aber es war nicht allein der vorwiegende Ackerbaucharakter des Landes, der seinem Volke diese Widerstandskraft verlieh, sondern gewiss auch seine vormalige Gesetzgebung, welche das Heiraten nur bei völlig genügender Erwerbsfähigkeit gestattete.

Auch in neuerer Zeit lässt sich die Einwirkung ausserordentlicher Umstände und Ereignisse auf die Heiratsfrequenz deutlich beobachten.

So hat in Frankreich der unglückliche Feldzug von 1870, von entsprechender volkswirthschaftlicher Schädigung begleitet, die Heiratsfrequenz der Jahre 1870 und 1871 ungewöhnlich tief herabgedrückt, während sie im Jahre 1872, gewissermassen zum Ersatz, sich wieder weit über den Durchschnitt erhob. So hat im Deutschen Reiche und in Oesterreich-Ungarn der Einfluss der 1873 eingetretenen wirthschaftlichen Krisis und ihrer Folgen ein Spiegelbild in der Heiratsfrequenz dieser Länder gefunden. Die Heiratsfrequenz Oesterreichs und Italiens scheint den Feldzug von 1866 zu empfinden, wie diejenige Irlands nun seit Jahren den der irischen Agrarfrage. (Vergl. hiefür die in Anmerkung 1 zum vorigen Paragraphen mitgetheilten Zahlen.) Die Heiratsfrequenz ist demnach allerdings ein sehr empfindliches Barometer derjenigen Hoffnungen, welche die grössere Masse der Bevölkerung von der Zukunft hat; aber um so empfindlicher, je weniger wirthschaftliche und sittliche Widerstandsfähigkeit eine Bevölkerung besitzt.

In dem sehr industriellen Sachsen zeigt sich neben der Wirkung der Theuerung auch eine solche der Handelsconjuncturen.

Uebrigens braucht in einem dichter bevölkerten Staat die Zahl der geschlossenen und der vorhandenen Ehen der Zahl der Unverheirateten gegenüber nicht zu steigen. Wenn sie n i c h t s i n k t, muss dies schon als ein günstiges Zeichen angesehen werden. Denn mit dem Dichterwerden der Bevölkerung würde die Schwierigkeit der Familiengründung nothwendig grösser, wenn nicht ein gleichzeitiger, namentlich wirthschaftlicher Culturaufschwung stattfände.

Anmerkungen.

[1]) Auf eine Trauung kamen Einwohner (nach Wappäus, a. a. O., II. 246) in:

Jahr	Preussen	England	Oesterreich	Sachsen	Frankreich	Belgien
1844	111	—	124	—	124	—
1845	112	116	131	—	124	—
1846	116	116	125	—	131	—
1847	129	126	136	130	142	180
1848	122	125	117	124	121	152
1849	109	123	112	117	127	138
1850	106	116	105	104	119	130
1851	109	116	103	103	124	133
1852	118	114	—	117	127	142
1853	117	111	—	121	127	145
1854	—	110	—	131	—	152

') Hier kamen Einwohner auf eine Trauung:

im Jahre 1841/42	149	im Jahre 1846/47	159
1842/43	150	1847/48	152
1843/44	150	1848/49	148
1844/45	151	1849/50	151
1845/46	154	1850/51	147

§. 193. Die Heiratsfrequenz nach dem Civilstande der Heiratenden.

Eine überwiegende Zahl von Ehen sind erstmalige, denn es werden
in den europäischen Ländern durchschnittlich von je 1000 Ehen 750
bis 850 zwischen Jünglingen und Jungfrauen geschlossen, 35—60 zwischen
Jünglingen und Witwen, 80—100 zwischen Witwern und Jungfrauen,
20—55 zwischen Witwern und Witwen ').

Diese Verhältnisse sind ungewöhnlich constant; sie müssen auf das
innigste mit dem socialen Volkscharakter zusammenhängen. Die Gründe
dieser Unterschiede aber sind vorerst nicht zu enträthseln.

Als allgemeine Unterlage der hierauf bezüglichen Untersuchungen
dürfte gelten, dass im Ganzen eine grosse Proportion der ersten Ehen als
das günstigste Verhältniss anzusehen ist. Denn in glücklichen Zeiten steigt
diese Proportion überall. In glücklichen Zeiten haben Witwer oder
Witwen weniger Chancen sich zu verheiraten; die zweiten Ehen sind
überhaupt weniger Schwankungen unterworfen als die ersten. Der Grund
davon liegt in den ökonomischen Verhältnissen.

Wer schon eine Ehe hinter sich hat, steht ökonomisch jedenfalls
fester, als wer die erste schliessen will.

Hieher gehört auch noch die Verhältnisszahl der sich wieder ver-
heiratenden Geschiedenen. In Sachsen verheiraten sich von den Geschiedenen wieder 7%, von den geschiedenen Männern 11 und von den geschiedenen Frauen 5%. Ein Beweis für die Scheu, welche das Volks-
bewusstsein vor geschiedenen Frauen hat.

Anmerkung.

') Die Trauungsziffer nach dem Civilstande der Getrauten. Unter 100
Heiraten fanden statt:

in	Durchschnitt der Jahre	Zwischen Jünglingen und Jungfrauen	Zwischen Jünglingen und Witwen	Zwischen Witwern und Jungfrauen	Zwischen Witwern und Witwen	Zw. geschiedenen Männern und Jungfrauen	Zw. geschiedenen Männern und Witwen	Zw. geschiedenen Frauen und Jünglingen	Zw. geschiedenen Frauen und Witwern	Zwischen Geschiedenen
Italien	1865—77	82,5	3,8	9,8	3,8	—	—	—	—	—
Frankreich	1865—75	84,0	4,0	8,1	3,7	—	—	—	—	--
Belgien	1865—76	82,7	5,11	8,6	3,5	—	—	—	—	—
England und Wales	1865—76	81,6	4,4	8,6	5,2	—	—	—	—	—
Preussen	1867—77	79,3	5,3	10,8	3,6	0,32	0,13	0,19	0,13	0,03
Bayern	1865-76	82,3	5,2	10,6	1,7			0,03		
Sachsen	1876	81,0	3,6	8,6	4,1	0,83	0,35	0,61	0,34	0,10
Württemberg	1871—77	81,3	?	?	?	?	?	?	?	?
Oesterreich (o. Ung.)	1865—77	75,6	6,4	13,1	4,9	..	—	—	—	—
Niederlande	1865—77	79,3	4,5	10,9	4,8	0,13	0,03	0,09	0,06	0,01
Schweiz	1877	76,6	4,3	10,9	3,0	1,26	0,34	0,75	0,16	0,22
Dänemark	1865—76	81,3	5,2	10,0	2,1	0,32	0,10	0,12	0,19	0,04
Schweden	1865-77	84,7	3,5	9,3	2,1	0,04	—	0,09	—	0,04
Norwegen	1865—74	84,5	3,6	9,3	2,6	—	—	—	..	—
Spanien	1865—70	81,0	4,0	10,0	4,8	—	—	—	—	—
Griechenland	1865—69	85,8	4,0	6,7	3,3	—	—	—	—	—
Rumänien	1870—76	84,9	3,0	6,2	5,8	—	—	—	—	—
Finnland	1869—74	76,1	6,1	12,1	5,4	—	—	—	—	..

(Nach: Movimento dello stato civile. Roma 1878. XXIX.)

§. 194. Das Heiratsalter.

Ueber das Heiratsalter hat die Statistik interessante Daten geliefert, welche indessen eine Vergleichung noch ziemlich schwierig erscheinen lassen, weil man es dabei nicht blos mit dem Alter des Mannes oder der Frau allein, sondern auch mit den mannigfachen Combinationen beider· zu thun hat.

Unterscheidet man die Heiraten nach dem Heiratsalter, so kann man sie im Allgemeinen in frühzeitige, rechtzeitige und verspätete unterscheiden. Begreiflicherweise kann aber eine Heirat für den einen Theil eine rechtzeitige und für den anderen eine frühzeitige, oder für den einen Theil eine verspätete und für den anderen eine rechtzeitige sein u. s. f., so dass sich in dieser Hinsicht einfache Beobachtungen nicht wohl anstellen lassen. Ausserdem hat man gar keinen bestimmten Grund dafür, in welchen Lebensjahren bei Männern, in welchen bei Frauen und in welchen bei beiden Geschlechtern zusammengenommen man von frühzeitigen, rechtzeitigen oder verspäteten Ehen sprechen kann.

Das Alter, in welchem die Männer in die Ehe treten, wird hauptsächlich durch ihre Erwerbsfähigkeit bedingt, ausserdem durch die Volkssitte, durch die Gesetzgebung, durch den Militärdienst und andere Um-

stände. Wesentlich anders steht es mit dem Heiratsalter des weiblichen
Geschlechtes. Bei letzterem ist das Heiratsalter von der eigenen Erwerbsfähigkeit fast ganz unabhängig, muss aber, der Natur und der allmäch-
tigen Volkssitte gemäss, hauptsächlich vom Heiratsalter der Männer bedingt werden, ausserdem in weit höherem Grade als jenes der Männer,
von klimatischen Unterschieden, welche auf die frühere oder spätere Reife
der Weiber einwirken. Es scheint demnach gerechtfertigt, bei der Betrachtung dieses Gegenstandes zunächst das Heiratsalter der beiden Geschlechter zu unterscheiden.

I. Das Heiratsalter der Männer zeigt ganz bemerkenswerthe
Verschiedenheiten in den einzelnen Ländern.

Frühzeitige Ehen können bei Männern jene genannt werden, welche
vor dem 24. oder 25. Jahre geschlossen werden. Erstreckt man diese
Frist bis zum 25. Jahre, so zeigen sich höchst auffallende Unterschiede.
In England und Wales z. B. sind 51,90% aller heiratenden Männer im
Alter bis zu 25 Jahren, in Russland sogar 68,31%, dagegen in Bayern
nur 16,36%, in Dänemark nur 19,43% [1]).

Es ist wohl natürlich, dass diese Unterschiede auch auf die Vertheilung der rechtzeitigen Ehen (in ihren Einzelnheiten) und selbst auf
die verspäteten Ehen sich erstrecken.

Sehr schwierig aber dürfte es sein, auf alle hier einwirkenden
Gründe einzugehen. Einige lassen sich allerdigs erkennen. Dasjenige europäische Land, wo das Heiratsalter der Männer am weitesten hinausgeschoben erscheint, Bayern, erkennt als Grund davon seine, mit der
Volkssitte innig verwachsene, vormalige Socialgesetzgebung, welche das
Heiraten ungemein erschwerte. Jetzt ist zwar die Gesetzgebung geändert;
aber die Volkssitte folgt nur langsam nach und lässt das Heiratsalter der
Männer von Jahr zu Jahr in eine frühere Lebenszeit vorrücken. Warum
aber in England und in Russland, — also in Ländern von der denkbar
grössten Verschiedenheit in Bezug auf Sitte, Gesetzgebung, Natur und
Volkswirthschaft — am frühesten geheiratet wird, das lässt wohl schwer
hinreichende Erklärungen zu. In England mögen wohl der bedeutende
Nationalreichthum, das Fehlen der allgemeinen Wehrpflicht und die
starke Fabrikbevölkerung mit Hauptursachen sein. Aber Russland ist kein
Fabrik-, sondern ein Ackerbaustaat, und verheiratet seine Männer noch
früher! Man steht hier vor einem jener socialen Räthsel, zu deren Lösung
die dürre Ziffer der Statistik absolut unzureichend ist.

II. Das Heiratsalter der Frauen wird, wie schon oben bemerkt
ward, theilweise vom Heiratsalter der Männer, theilweise aber auch von
anderen Ursachen bestimmt. Das Heiratsalter der Männer wirkt auf jenes
der Frauen in doppelter Hinsicht. Indem zahlreiche Männer ihre späteren

Frauen schon kennen lernen, längere Zeit, ehe sie sich einen eigenen Herd begründen können, sind sie veranlasst, mit ihrem eigenen Heiratsalter auch dasjenige ihrer Frauen hinauszuschieben. Andererseits pflegen doch auch jene Männer, die überhaupt erst in späteren Jahren an die Ehe denken, allzugrosse Altersungleichheit zu vermeiden. Die Unterschiede, welche das Heiratsalter der Frauen in den verschiedenen Ländern zeigt, sind übrigens grösser als bezüglich der Männer. So heiraten z. B. in Russland 57,27, in Ungarn 35,16% der Frauen vor oder mit dem 20. Jahre, in Bayern blos 5,10 und in Schweden nur 5,09%. In England, wo die Männer so frühzeitig heiraten, wird (wie in Schweden) das Heiratsalter der Frauen durch die spätere physische Entwickelung des Weibes hinausgeschoben. Es zeigt sich demnach, dass bei dem Heiratsalter der Frauen die physikalischen Einflüsse des Klimas stärker sind, als jener wirthschaftliche Bestimmungsgrund, welcher in der früheren oder späteren Erwerbsfähigkeit der Männer liegt.

III. Bei beiden Geschlechtern aber werden die Ehen später geschlossen, als es durch die Natur angezeigt und durch die Menschen gewünscht ist. Die sociale Ordnung setzt dem Einzelnen Schranken; aber diese Schranken sind nicht unübersteiglich und sind auch kein äusserer Zwang, sondern wirken eben sehr gleichmässig auf die Ueberlegung aller einzelnen Individuen ein. Im Allgemeinen werden $^9/_{10}$ der Ehen vor dem 40. Jahre geschlossen. Einfachere Volkszustände sind in dieser Hinsicht besser daran, als die Uebercivilisation des westlichen und mittleren Europa.

Anmerkungen.

[1]) Bezüglich des Heiratsalters der Männer dürften folgende Ziffern für die wichtigsten europäischen Länder mitgetheilt werden (nach „Movimento dello stato civile, Roma 1880"). Unter 100 heiratenden Männern heirateten:

i n (Durchschnitt der Jahre)	Frühzeitige Ehen		Ehen zwischen 30 u. 40 J.	Späte Ehen über 40 J.
	unter 25 J.	Von 25–30 J.		
Italien . . . (1872–78)	26,27	37,30	25,96	10,67
Frankreich . (1871–77)	26,99	36,01	26,29	10,71
England . . (1872–78)	51,90	24,69	14,41	9,00
Preussen . . (1871–78)	67,16		23,09	9,75
Bayern . . (1870–78)	16,36	37,07	31,39	15,18
Sachsen . . (1866–70)	24,02	43,69	22,69	9,60
Oesterreich . (1870–78)	61,51		23,86	14,63
Ungarn . . (1876, 77)	76,51		12,98	10,51
Schweden . (1871–78)	21,70	35,79	29,95	12,56
Russland . . (1867–75)	68,97	11,82	12,21	7,60

¹) Nach derselben Quelle wie oben stellt sich das Heiratsalter der Frauen wie folgt. Von 100 heiratenden Frauen heirateten (die Beobachtungsjahre wie oben):

i n	Frühzeitige Ehen		25—30 J.	Späte Ehen	
	Unter 20 J.	Von 20—25 J.		30—40 J.	Ueber 40 J.
Italien	17,08	43,63	22,04	12,57	4,66
Frankreich . .	20,43	38,51	20,83	14,44	5,79
England . . .	14,86	49,16	18,87	11,12	5,99
Preussen . . .	11,10	68,57		13,19	5,14
Bayern	5,40	33,63	30,44	21,84	8,67
Sachsen . . .	7,44	45,19	28,16	14,31	4,90
Oesterreich . .	17,99	56,48		17,71	7,82
Ungarn . . .	35,16	50,34		8,65	5,85
Schweden . . .	5,09	32,85	31,45	23,22	7,39
Russland . . .	57,27	26,31	7,10	6,39	2,93

§. 195. Die Dauer der Ehen.

Die mittlere Dauer der Ehe ist ein Ausdruck der zeitlichen Ausdehnung des Familienglücks. Sie hängt von mehreren Umständen ab.

Zunächst von der mittleren Lebensdauer einer Bevölkerung.

Dann aber von dem Umstande, ob die wirthschaftlichen Zustände dem grösseren Theile des Volkes eine frühere, oder ob sie erst eine spätere Verheiratung gestatten. Da, wo früher geheiratet wird, ist dadurch die mittlere Dauer der Ehen eine längere.

Endlich auch vom Unterschied im Heiratsalter der beiden Geschlechter. Je weniger sich dieser Unterschied von der Differenz des mittleren Lebensalters beider Geschlechter entfernt, desto länger wird die mittlere Dauer der Ehen sein.

Eine gewisse längere Dauer der Ehe ist aber nothwendig, wenn der Hauptzweck der Ehe, nämlich die Erziehung und Heranbildung der Kinder zu selbständiger Existenz, erreicht werden soll.

Selbst wenn die Ehegatten die Grenzen der productiven Lebensjahre schon überschritten haben, ist die lange Dauer der Ehen noch als ein glücklicher Zustand nicht nur für die Betreffenden, sondern überhaupt anzusehen. Der wohlthätige Einfluss, den die Erhaltung des elterlichen Hauses als gemeinschaftlichen moralischen Bandes für die Familie ausübt, wirkt bis in die spätesten Jahre.

Man berechnet die durchschnittliche Dauer der Ehen gewöhnlich, indem man die Zahl der im Lande bestehenden Ehen durch die Zahl der jährlichen Trauungen dividirt. Diese Berechnung ergäbe ganz richtige Resultate nur bei einer constanten Zahl jährlicher Trauungen. Richtiger erhält man die mittlere Dauer der Ehen, wenn man die vorhandenen Ehen durch das arithmetische Mittel der geschlossenen und aufgelösten (durch Tod etc.) dividirt [1]).

Am richtigsten wäre das Resultat, wenn man das mittlere Heiratsalter und die mittlere Lebensdauer für beide Geschlechter kennte.

Anmerkung.

[1]) Nach der zweiten angeführten Methode berechnet Wappäus die mittlere Dauer der Ehen auf:

in Frankreich	26,4 Jahre	in Bayern	23,2 Jahre
„ Sardinien	25,4 „	„ Holstein	23,0 „
„ Schweden	25,0 „	„ Sachsen	22,8 „
„ Norwegen	24,0 „	„ Niederlande	21,6 „
„ Belgien	23,9 „	„ Hannover	21,3 „
„ Schleswig	23,8 „	„ Preussen	20,7 „
„ Dänemark	23,3 „		

Diese Zahlen sind indess nicht sehr zuverlässig. Immerhin ist doch klar, dass die hier bevorzugt erscheinenden Länder die lange Dauer ihrer Ehen zumeist ihren früh geschlossenen Ehen verdanken, obwohl die anderen auf die Dauer der Ehen einwirkenden Umstände gleichfalls daneben sich geltend machen.

§. 196. Die Fruchtbarkeit der Ehen.

Unter Fruchtbarkeit der Ehen versteht man die Zahl der durchschnittlich aus jeder Ehe geborenen Kinder. Bei einer stationären Bevölkerung würde man die Ziffer erhalten, wenn man die Zahl der jährlich geborenen Kinder durch die Zahl der jährlich geschlossenen oder aufgelösten Ehen dividirte. Da keine Bevölkerung stationär ist, erreicht man das richtigste Resultat, wenn man als Divisor das arithmetische Mittel zwischen der Zahl der aufgelösten und jener der neuen Ehen nimmt. Denn nähme man die Zahl der geschlossenen oder jene der aufgelösten Ehen allein, so würde man unrichtige Resultate erhalten, weil diese Zahlen nicht nothwendig gleich sind, sondern die Zahl der Ehen entweder wachsen oder abnehmen kann.

Die richtigere Art der Berechnung ist indessen nur selten möglich [1]).

Wie die Geburtshäufigkeit überhaupt, so ist auch diese Ziffer für die Prosperität einer Bevölkerung ein ziemlich zweifelhafter Massstab.

Man hat es seinerzeit als ein „Gesetz der Bevölkerung" aufgestellt, dass jene Länder, in welchen jährlich die meisten Ehen geschlossen werden, zugleich diejenigen sind, wo die Fruchtbarkeit der Ehen am geringsten ist. Dieser Satz kann indessen bis jetzt noch nicht als durch die Statistik bewiesen gelten, obwohl er wahrscheinlich richtig ist [2]).

Vom Einflusse des Alters der Eltern, hier also des Heiratsalters auf die Geburtenfrequenz war schon früher die Rede.

Mit jenen Ziffern, welche über die Stärke der Familien Aufschluss geben, ist die eheliche Fruchtbarkeit nicht in Zusammenhang zu bringen, denn aus der Zahl der geborenen lässt sich die Zahl der lebenden ehelichen Kinder nicht ableiten.

Es scheint, dass in den meisten europäischen Ländern die eheliche Fruchtbarkeit abnimmt [3]).

Anmerkungen.

[1]) Nach der einfachsten Methode (Division der Zahl der ehelichen Kinder durch die Zahl der gleichzeitigen Trauungen) und nach den im Movimento dello stato civile pro 186²/78 gegebenen Ziffern berechnet, stellt sich die eheliche Fruchtbarkeit wie folgt. Die Zahl der (lebend geborenen) Kinder einer Ehe beträgt in:

Italien (1878)	4,7	Schweiz (1878)	4,0
Frankreich (1877)	3,1	Belgien „	4,3
England (1878)	4,3	Niederlande (1877)	4,8
Schottland „	4,7	Schweden (1878)	4,1
Irland „	5,1	Norwegen „	3,9
Deutsches Reich (1878)	4,6	Dänemark „	3,8
Preussen insbes. „	4,6	Spanien (1870)	5,4
Sachsen „ „	4,3	Serbien (1878)	4,1
Bayern „ „	4,8	Griechenland (1877)	4,9
Oesterreich (1878)	4,3	Rumänien „	5,1
Ungarn (1877)	4,3	Russland (1875)	5,1

[2]) Sadler: Law of population. II. 514.

[3]) Zu dieser Ansicht führt wenigstens die Vergleichung obiger Ziffern mit den von Wappäus a. a. O. II. S. 319 gegebenen älteren Zahlen.

§. 197. Die Zahl der Familien und Haushaltungen.

Statistisch wichtiger als die Eintheilung nach dem Civilstande wäre die Eintheilung der Bevölkerung nach Familiengliedern und Alleinstehenden.

Dazu müsste man die Zahl und die Stärke der Familien kennen.

Bei den Volkszählungen mehrerer Länder werden auch in der That die Familien gezählt. Aber der Begriff der Familie ist überall noch ein sehr unbestimmter. Die besten Volkszählungen haben den Begriff der Familie mit der Haushaltung (Ménage) gleichgesetzt.

Man hat die Familienstärke, d. h. die durchschnittliche Mitgliederzahl einer Familie berechnet. Diese Untersuchungen ergaben, dass die

Familienstärke vorzüglich durch die grössere oder geringere Zahl der kleinen Haushaltungen bestimmt werde [1]).

Es ist natürlich, dass, je grösser die Zahl der ein- und zweipersonigen Haushaltungen ist, dadurch um so mehr die Ziffer der Familienstärke herabgedrückt wird. Eine Familienstatistik, welche wirklich die Familienverhältnisse einer Bevölkerung untersuchen wollte, müsste mindestens die blossen Haushaltungen und die eigentlichen Familien, und unter den letzteren wieder die mit und ohne Kinder unterscheiden [2]).

Die Beobachtungen, welche über die Familienstärke gemacht wurden, haben die Thatsache ergeben, dass die Familien durchschnittlich nicht etwa 5—6 Personen stark sind, wie gewöhnlich angenommen wird, sondern nur etwas über 4 Personen. Ueberdies ist constatirt worden, dass diese durchschnittliche Familienstärke in Abnahme begriffen ist [3]). Diese eigenthümliche Erscheinung lässt sich wohl — wenigstens in den Ländern, wo sie beobachtet wurde — am ehesten durch die zunehmende Concentration des Volkslebens in den Städten erklären. Denn die Städte mit ihren Miethwohnungen, Wirthshäusern, mit ihrer Bequemlichkeit hinsichtlich des Bezuges an Lebensbedarf, sind offenbar den kleinen Haushaltungen günstiger, als das Landleben. Patriarchalische Zustände nur gestatten das Zusammenleben grosser Familien.

Anmerkungen.

[1]) Horn: Bevölkerungswissenschaftliche Studien aus Belgien. S. 87 ff.

[2]) Wappäus macht in dieser Beziehung folgende ,Eintheilung:

I. Solche Haushaltungen, welche zugleich eine Vereinigung von näher verwandten Personen bilden. Hier wären wieder zu unterscheiden:

  1. Wirkliche oder natürliche Familien. Sie sind

    a) Vollständige oder vollkommene Familien, d. h. Ehepaare mit Kindern und Enkeln lebend;

    b) Unvollständige Familien, d. h. Verwitwete mit Kindern oder Enkeln lebend.

  2. Familien im weiteren Sinne, nämlich

    a) Zusammenlebende Ehepaare ohne Kinder (kinderlos oder die Kinder sind abwesend);

    b) Vereinigung von nahen Verwandten zu einem Hausstande, nämlich entweder von unverheirateten Geschwistern oder von Seitenverwandten.

II. Solche Vereinigungen, in welchen verschiedene Personen nicht durch die Bande der Familie, sondern nur ökonomisch zu einer gemeinsamen Haushaltung vereinigt sind.

Bei diesen verschiedenen Hausständen müsste weiter ermittelt werden:

  I. Die Zahl der zur Familie gehörenden Personen;

  II. Die Zahl der zum Hausstande gehörenden Dienstboten, Geschäftsgehilfen, Kostgänger etc.

Die durch solche Unterscheidung erhaltenen Ziffern würden ein sehr werthvolles Material zur Darstellung des Familienlebens einer Bevölkerung bieten.

*) Obwohl die bezüglichen Ziffern, welche Horn a. a. O. mittheilt, aus der ersten Hälfte dieses Jahrhunderts stammen, sind sie doch wegen der Vorsicht und Sorgfalt, mit welcher sie als Beweismaterial angewandt wurden, von hoher Beweiskraft. Die durchschnittliche Familienstärke betrug:

i n	Jahr	Familienstärke	Jahr	Familienstärke
Belgien	1829	4,92	1846	4,86
Niederlande	1840	4,97	1850	4,81
Kurhessen	1834	5,45	1846	5,02
Sachsen	1832	5,60	1840	4,63
Bayern	1827	4,80	1846	5,40

§. 198. Schlussbemerkungen.

Wenn die Statistik des Familienlebens die Zahl der Ehen und Familien, und zwar die absolute und relative Zahl derselben (d. h. ihre Zahl im Verhältniss zur Zahl der Erwachsenen überhaupt), sodann die Zahl der Geschiedenen, der Verwitweten, die Heiratsfrequenz in ihren Unterschieden, das Heiratsalter, die Dauer der Ehen und ihre Fruchtbarkeit, die Zahl der Haushaltungen zum Ausgangspunkte ihrer Untersuchungen macht, so sind dies nur die Anfänge einer exacten Untersuchung des Familienlebens. Ganz andere Aufgaben sind hier noch zu erfüllen. Es gilt, die Familie als eine Persönlichkeit zu untersuchen, welche ihr eigenes Leben führt, ihre körperlichen und geistigen Eigenschaften, ihre Fehler und Verdienste hat, ihren eigenen Weg auf Erden dahingeht, zum Glück oder zum Unglück, empor oder abwärts, schneller oder langsamer. Es gilt zu untersuchen, mit welcher Kraft und Schnelligkeit bei den verschiedenen Völkern, Sitten und Ständen die Familie ihre körperlichen und geistigen Eigenschaften, ihre charakteristischen Merkmale, ihren Wohnsitz, ihr Vermögen festhält, vermehrt oder vermindert, nach dieser oder nach jener Richtung hin ändert. Es gilt zu untersuchen, wie die Eigenschaften der Ahnen in den Enkeln sich verflüchtigen oder steigern und nach welchem Gesetze dies geschieht. Wenn die unsystematische Beobachtung schon zeigt, dass die grössten Väter von ihren Söhnen nicht übertroffen, ja nur ganz ausnahmsweise eingeholt werden, während doch der grösste Meister seine Schüler findet, die ihn in Schatten stellen, so liegt dieser Thatsache wohl ein dunkles Gesetz zu Grunde, ein Gesetz, welches besagt, dass die geistigen Kräfte und Vorzüge nicht in der

Familie fortwachsen dürfen von Geschlecht zu Geschlecht, wie auch umgekehrt die Schwächen und Sünden des Grossvaters nicht in jedem Enkel schlimmer werden, sondern dass ein heilsamer Wechsel, ein Auf- und Niederwogen im Glück und in den Tugenden auch der einzelnen Familie stattfinden muss. Dieses dunkle Gesetz aber zu messen, zu untersuchen, wie lange die Generationen sich ihm entziehen können: das ist eine der letzten und höchsten Aufgaben der Familienstatistik.

Aber noch weitere Gesichtspunkte drängen sich bei der Betrachtung der Familie auf. Nicht neu ist die Klage über die Lockerung der Familienbande. Sie ist so alt, als überhaupt die Betrachtung der Familie ist. Sie wird hervorgerufen durch den Umstand, dass es immer gewisse familienfeindliche Gewalten gegeben hat, gegen deren Einwirkungen die Familie nunmehr in einem mehrtausendjährigen Kampfe sich zu wehren hat. Solche familienfeindliche Gewalten verschwinden manchmal völlig aus der Geschichte der Menschheit. So namentlich die Sklaverei. Das Mittelalter hatte als bedeutendste familienfeindliche Gewalt den Cölibat und die Klöster gebracht. Mit dem Rückgange der letzteren traten aber neue solche Gewalten in die Culturgeschichte ein: Die Erleichterungen des Verkehrs; der fabrikmässige Grossbetrieb; die allgemeine Schulpflicht; die grossen stehenden Heere; die städtische Concentrirung des Volkslebens mit ihren Wirthshäusern etc.; die Heranziehung der Frauen zu Berufsarten, welche ihnen vordem verschlossen waren, und manches Andere. Die dauerndste der familienfeindlichen Gewalten aber, die niemals verschwindet, ist die ausserehliche Liebe, die bald durch Gesetzgebung, Sitte und Religion mehr zurückgedrängt wird, bald wieder freieren Spielraum gewinnt.

All diese familienfeindliche Gewalten in ihrem Auf- und Niederwogen zu betrachten und in ihrer culturgeschichtlichen Bedeutung zu würdigen: das gehörte mit zu einer im grossen Styl gehaltenen Familienstatistik.

III. Capitel.
Volk und Staatswesen.

---

§. 199. Uebersicht.

Die Statistik kann unter einem Volke nichts anderes verstehen, als einen staatlich zusammengeschlossenen Theil der Menschheit. Jedes Volk hat seine bestimmten charakteristischen Eigenschaften. Sofern diese Eigenschaften sich auf die physische Existenz, auf Leben und Sterben, Vermehrung, körperliche Entwickelung und Gesundheit beziehen, gehen sie die Bevölkerungsstatistik an. Aber alle diese Eigenschaften haben auch ihre politische Bedeutung. Und ebenso hat auch das wirthschaftliche, sowie das geistig-sittliche Leben des Volkes politische Bedeutung. Der lebendige Inhalt des Volkes schafft sich seine ihm passende rechtlich-politische Form. In dieser Form zeigt sich zunächst eine gewisse Gliederung der ganzen Volksmasse. Ferner zeigt sich, dass im Laufe der Völkergeschichte nicht alle Theile der Menschheit, welche gleichen Entwicklungsgang genommen und gleiche Sitte und Sprache ausgebildet haben, auch schliesslich zu einer einheitlichen politischen Form gekommen sind. Es ergibt sich ein Unterschied zwischen Volk und Nationalität. Ungleicher Inhalt ist dabei oft in gleiche Form gezwängt und gleicher Inhalt in verschiedene Formen vertheilt. Beides berücksichtigend muss die Statistik die Eigenthümlichkeiten nicht nur jedes staatlichen Volksganzen, sondern auch seiner nach Stamm, Sprache, Sitte und Siedelung verschiedenen Theile untersuchen und prüfen, wo Verwandtes getrennt ist und wie stark die Fäden sind, welche jeden Theil des Volks an sein ursprünglich Verwandtes und wie stark jene sind, die ihn an sein neu Verbundenes knüpfen. Letzteres, also den Staat allein, betrachtend hat sie, soweit es möglich ist. Verfassung und Politik in Quantitäten aufzulösen und die Kraft des Staatswesens zu messen. Letztere ruht zwar im Grunde auf den physischen und geistigen Eigenschaften des Volkes, wie auf seinen wirthschaftlichen Fähigkeiten, äussert sich aber ganz besonders in der Wehrkraft des Volkes und im Staatshaushalt. Die innere Thätigkeit des Staates findet. wie in der Gesammtverwaltung, so namentlich im Staatshaushalt einen ziffermässigen Ausdruck und erreicht ihren moralischen Höhepunkt in der Rechtspflege. Daneben gibt es freilich Imponderabilien staatlicher Macht, welche von höchster Bedeutung sind, moralische Streitkräfte im Kampf um Leben und Civilisation. Solche sind: ein von der Regierung mit Ausdauer verfolgtes Ziel, die herzliche Theilnahme des Volkes an diesem Ziel der Regierung; der Enthusiasmus, selbst die Leidenschaften als vorübergehend Verbündete zur Erreichung eines grossen Zieles; die öffentliche Meinung, das Talent, das Genie des Leiters der Regierung (Block).

§. 200. Gesellschaftliche und politische Gliederung des Volkes.

Jedes auf dem Wege der Civilisation vorgeschrittene Volk bildet von der kleinsten Gruppe menschlicher Vergesellschaftung, der Familie. an, bis zur grössten, dem Staate, eine Reihe von anderen Lebenskreisen: politische und kirchliche Gemeinden, Corporationen, Vereine, Stände.

Solche gesellschaftliche Kreise mit ihren Kräften und ihrem Leben zu erfassen, ist eine von jenen Aufgaben der Statistik, welche noch sehr im Argen liegen, obgleich keine der schwierigsten unter diesen Aufgaben. Denn die meisten dieser Kreise sind durch ihre Zwecke sowohl als durch die Verantwortlichkeit gegenüber ihren Mitgliedern genöthigt, ihre eigenen Zustände fortwährend statistisch darzustellen. Was im Allgemeinen:

I. Die Zahl dieser Kreise corporativen Lebens betrifft, so wird sie um so grösser sein, je grösser die Lücke ist zwischen der Familie und dem Staate, je dringender das Bedürfniss für den Einzelnen ist, zwischen der Familie und dem Staate noch andere gesellschaftliche Halt- und Stützpunkte zu finden;

II. ihr Umfang wird den gleichen Beweggründen folgen; daneben auch mit der Volksdichtigkeit im Zusammenhang stehen und

III. die Intensität ihrer Lebensthätigkeit wird einestheils von der politischen Verfassung und Verwaltung des Volkes abhängig sein, anderentheils ebenfalls von der Wichtigkeit der corporativen Zwecke und vom ganzen Culturgrade der Nation.

Im Einzelnen lassen sich unterscheiden:

I. Corporationen mit staatlich anerkannter politischer Stellung: Gemeinden, und zwar solche, die blos Ortschaften, als auch solche, die ganze Landestheile (Districte, Bezirke, Cantone, Kreise, Grafschaften, Provinzen u. s. f.) umfassen.

Die Statistik dieser kleineren politischen Bestandtheile ist nur ein Theil des ganzen Organismus der amtlichen Statistik; denn es handelt sich hier um die wichtigsten Gegenstände auch der amtlichen Statistik, um die Bevölkerung der Gemeinde in ihrem Stand und Gange und ihren physischen Eigenschaften, um ihre Wohnsitze, ihren Haushalt (Vermögen, Schulden, Einnahmen und Ausgaben), zum Theil auch um ihr geistig-sittliches Leben. Von Wichtigkeit ist auch da, wo mehrere solche corporative Gebilde ineinander geschachtelt sind (wo also etwa der Staat mehrere Provinzialgemeinden, jede Provinzialgemeinde mehrere Districtsgemeinden, jede Districtsgemeinde mehrere Ortsgemeinden enthält), das Verhältniss derselben zu einander. Denn es drückt den Grad der Centralisation oder Decentralisation des ganzen staatlichen Lebens aus.

II. Corporationen ohne staatlich anerkannte politische Stellung. Sie unterscheiden sich nach ihren sehr mannigfaltigen Zwecken hauptsächlich in:

A. Wirthschaftliche Associationen. Die meisten von ihnen sind in den civilisirten Ländern in sehr erheblicher Zunahme begriffen. So namentlich die Versicherungsgesellschaften.

Die Associationen zum Sparen insbesondere sind in sehr erfreulichem Aufschwunge begriffen und ebenso die Associationen zu Zwecken socialer Selbsthilfe. Die Zahl dieser Associationen liess sich 1863 allein für Deutschland auf 1000 mit 33 Mill. Thlr. Umsatz und Verkehr veranschlagen. Grossartiger freilich sind die Summen der in Industrie- und Gewerbegesellschaften angelegten Capitalien, indem die deutschen Eisenbahngesellschaften allein 1862 mit einer Capitalanlage von 1049 Mill. Thlr. auftreten.

B. Associationen zu ideellen Zwecken. Man unterscheidet:

1. Associationen zu geselliger Unterhaltung, die allenthalben mit und ohne Abschliessung einzelner Stände bestehen.

2. Associationen zu sittlichen Zwecken: Frauenvereine; Krippen; Vereine zur Unterstützung Armer überhaupt, sodann ·Kranker, Krüppel; Baugesellschaften; Gesellschaften zur Unterstützung und Besserung verwahrloster und verkommener Personen; Vereine zur Bildung der unteren Volksclassen; Gesellen- und Jünglingsvereine; Orden mit Wohlthätigkeitszwecken (Johanniter etc.).

3. Freimaurerlogen, deren Ausbreitung in den meisten civilisirten Staaten kein Hinderniss mehr findet.

4. Corporationen mit religiösen und kirchlichen Zwecken. Auf keinem Lebensgebiete zeigt sich die Association rühriger und erfolgreicher, als auf dem religiösen und kirchlichen. Es lassen sich dabei wieder unterscheiden: Associationen aus dogmatischen Gründen, wohin insbesondere die grösseren christlichen und ausserchristlichen Religions- und Confessionsgesellschaften mit ihren Dissidenten gehören. Diese werden indessen besser an anderer Stelle ausführlich behandelt. Ferner die kirchlichen Associationen zu religiöser Bethätigung: Bonifacius-, Vincentius-, Missionsvereine, Tractat- und Bibelgesellschaften, Gustav-Adolf-Verein, freireligiöse Gemeinden etc.

5. Associationen für Fach- und Kunstbildung und Interessen: Gewerbevereine, Arbeiterbildungsvereine, landwirthschaftliche Vereine etc.; sodann gemeinnützige Gesellschaften und Academien; Geschichts- und Alterthums-, literarische und Lesevereine, Academien der Wissenschaften, der Künste, Kunst- und Musikvereine etc.

6. Associationen zu nationalen und politischen Zwecken, wie der deutsche Nationalverein, der deutsche Turnerbund mit (1863) 1701 Turnvereinen und 170000 Turnern; Schützen-, Militär-, Veteranen-, Invalidenvereine; Wahl-, Verfassungs- und Volksvereine.

So sehr all diese Associationen damit beschäftigt sind, ihre eigenen Angelegenheiten statistisch zu beobachten, und so sehr eine vollständige Statistik des Vereinswesens geeignet wäre, lehrreiche und bedeutungsvolle

Aufschlüsse über eine Menge von Lebensbeziehungen zu geben, welche anderweitig gar nicht oder nur unvollständig zu erhalten sind: so fehlt es doch an einer Concentration des riesenhaften vereinzelten Materials, an einer systematischen' Beobachtung des gesammten Genossenschaftswesens. Sie hätte bei allen einzelnen Genossenschaften sowohl als bei den die verschiedenen Zwecke derselben verfolgenden Hauptgruppen Zahl, Wohnsitz, Mitgliederzahl und Mittel zu erheben, und weiter sorgfältige Beobachtungen der Veränderungen anzustellen. Würden diese Veränderungen verglichen. mit den Veränderungen, welche die von den Vereinszwecken repräsentirten Lebenserscheinungen überhaupt erleiden, so würde dies neue Aufschlüsse geben sowohl über die Macht des genossenschaftlichen Zusammenhanges überhaupt, als auch über jeden einzelnen von den Vereinen als Zweck verfolgten Lebenskreis.

III. Stände. Der Unterschied der Geburtsstände (gestützt auf die Abstammung und die damit zusammenhängenden Heimats- und Besitzverhältnisse), d. h. der Unterschied von Adel-, Bürger- und Bauernstand hat wesentlich nur mehr historisches Interesse. Denn einestheils sind die Verschiedenheiten in der politischen Stellung dieser Stände fast vollkommen verschwunden, anderentheils sind auch die gesellschaftlichen und wirthschaftlichen Unterschiede, welche diese Stände früher trennten, sehr abgeschwächt worden durch die Ausbildung eines vierten Standes der, an sich eine Negation aller ständischen Gliederung, in jene drei historischen Stände eindrang, sie zersetzend und die Grenzen zwischen ihnen verwischend. Von statistischem Interesse sind heutzutage nur mehr die Berufsstände, deren Untersuchung jedoch der wirthschaftlichen Statistik angehört.

IV. Einkommensclassen. Die durch die verschiedenen Höhen und Quellen des Einkommens gebildeten Classenunterschiede finden ihre Betrachtung passenderweise durch die wirthschaftliche Statistik.

V. Jene Classenunterschiede, welche durch Bildung und gesellschaftliche Stellung geschaffen werden, sind fast vollständig unerfassbar. Und es muss entschieden als ein politisches und sociales Glück erscheinen, wenn bei hoher Gesammtbildung des Volks diese Unterschiede so fliessende sind, dass sie der Statistik unzugänglich bleiben; wenn der Rang der Stände und Classen respectirt wird, soweit er auf Bildung beruht, aber der Uebergang von einem zum anderen leicht ist.

Doch so gewaltig auch der nivellirende Zug im socialen Leben von heute ist: es scheint dennoch, als sei der Trieb zur Bildung und Abgrenzung neuer gesellschaftlicher Classenunterschiede nicht abgestorben, sondern werde nur von Zeit zu Zeit in andere Bahnen gelenkt.

Durch die Verbesserungen des Schulwesens sind die Unterschiede
der Bildungsclassen insofern modificirt worden, als diejenige Minimalbil-
dung, welche den untersten Bildungsclassen zukommt, eine höhere und
allgemeinere geworden ist. Die Vervielfachung der Schularten hat gewiss
dazu beigetragen, die Unterschiede der Bildungsclassen abzuschwächen.
Dagegen hat in einzelnen Ländern, so insbesondere in Deutschland und
Oesterreich, das Institut der Einjährig-Freiwilligen unbestreitbar den An-
lass zu einer Neubildung eines Bildungs- und socialen Rangunterschiede
geschaffen.

§. 201. Völkerfamilien, Stämme, Nationalitäten.

I. Wesen der Nationalitäten. Die Familie erweitert sich, der
allgemeinen Tendenz der Bevölkerungsvermehrung folgend, zu Horden,
Nationen, Volksstämmen. Die Nationen sind die natürlichen Völker,
deren Zusammengehörigkeit vorzugsweise auf physischen Eigenthümlichkeiten beruht oder wenigstens auf vielhundertjähriger Gemeinsamkeit des
Lebens und der Sitte, während die politischen Völker zum gemeinsamen
Bande ihren Staat, ihr Recht, ihre Politik, ihre Wehr- und Finanzkraft
haben.

Bei den meisten höher entwickelten Staaten hat die Betrachtung des
natürlichen Volkes mehr ein historisches als ein statistisches Interesse. Von
den heutigen grösseren Staaten hat keiner ein einheitliches natürliches Volk
von ungemischter Abstammung, ganz gleicher Sprache und Sitte. Die
statistische Untersuchung der natürlichen Völker ist indessen dann von
besonderer praktisch-politischer Bedeutung, wenn Theile der Bevölkerung
eines Staates durch ihre Eigenthümlichkeiten den Culturzustand des Staates
wesentlich bedingen. Es ist ein Bestreben jedes Staates, seine Bevölkerung
zu einer Einheit heranzubilden und die bestehenden natürlichen Unterschiede zu verschmelzen. Eine lebendige Entwickelung jener Staaten ist
immer schwierig, wo die Bevölkerung aus Nationalitäten von sehr verschiedenem Charakter besteht, unter welchen nicht eine ganz entschieden
das politische und moralische Uebergewicht hat. Solche Staaten sind immer
mehr Kunstwerke als lebendige Körper; sie werden mehr durch äussere
Kraft als durch innere Anziehung zusammengehalten. Ein lebendiges und
nationales Staatsleben kann sich dort erst nach langen und heftigen Rei-
bungen, Schwankungen und Kämpfen entwickeln, wenn entweder ein
Volksstamm durch Gewalt oder geistiges Uebergewicht der herrschende
geworden, oder wenn allmälige Ausgleichung der Unterschiede und Stamm-
vermischung stattgefunden hat.

Je mehr deutliche Eigenthümlichkeiten jeder Stamm hat, desto
schwieriger ist solche Vermischung.

II. Die unterscheidenden Kennzeichen der Völkerfamilien aber sind im Wesentlichen folgende:

1. Der Körperbau, und zwar insbesondere die Schädel- und Gesichtsbildung. In letzterer Hinsicht unterscheidet man Orthognaten (mit vortretender Stirn und geradem Kiefer, die meisten Europäer) und Prognathen (mit zurücktretender Stirn und vorgeschobenem Kiefer, Asiaten und Amerikaner). Schädelform und Gesichtsbildung werden innerhalb gewisser Grenzen während der Entwickelung des menschlichen Organismus umgestaltet. Je gleichartiger die Ursachen dieser Umgestaltung wirken, desto typischer werden Kopf und Gesicht einer Mehrzahl von Individuen. Die Civilisation mit ihrer Mannigfaltigkeit von Einflüssen lässt solche Gleichartigkeit der Körperbildung nicht sich ausbilden; sie verändert den ursprünglichen Typus mehr und mehr und macht ihn unkenntlich.

2. Die Hautfarbe. Mit mehreren anderen Eigenthümlichkeiten zusammen ist sie Haupteintheilungsgrund der von der älteren Ethnographie beliebten Racenunterscheidung. Sie umfasst die kaukasische Race (weiss, etwa 375 Mill. oder 28,8%) aller Menschen); die mongolische (gelb, mit geschlitzten Augen und vortretenden Backenknochen, etwa 528 Mill. oder 40,6%); die äthiopische (schwarz, mit Kraushaar, vortretenden Kiefern, wulstigen Lippen, stumpfer Nase, 196 Mill. oder 15%); die amerik. (röthlich-braun, mit schwarzem Haar, breitem Gesicht, etwa 10—11 Mill.) und die malayische (braun mit schwarzem Haar, breiter Nase, grossem Mund, 200 Mill. oder 15,3%). Auch die Hautfarbe ist keine absolut feststehende Eigenschaft; sie ändert sich im Laufe der Zeit bei verändertem Wohnsitz und Mischehen.

3. Andere körperliche Abzeichen, so namentlich die Beschneidung der Juden und Moslimen. Körperliche Abzeichen überhaupt sondern die Volksstämme am hartnäckigsten von einander ab.

4. Die Urheimat, die ältesten Siedelungen. Die bestimmte Natur jedes Theiles der Erde muss nothwendig einen äusserst constanten und gleichmachenden Einfluss auf seine Bewohner ausüben und zwar auf deren körperliche Entwickelung sowohl als auf ihr wirthschaftliches und geistigsittliches Leben. So schafft die Natur ihres Wohnsitzes den Völkerfamilien eine ganze Reihe von charakteristischen Eigenthümlichkeiten, deren Ursprung zu verfolgen aber nicht Sache der Statistik, sondern historischer Forschung ist. Nur da, wo Völkerschaften nachweisbar seit unvordenklichen Zeiten bestimmte Wohnsitze innehaben, kann die Statistik dieses Kennzeichen ohne weiteres benützen.

5. Die Sitte, die Art und Weise, in den wichtigsten Lebensverhältnissen sich zu benehmen. Je nach dem Kreise von Menschen, innerhalb dessen sie herrschend geworden ist, ist sie allgemein menschliche Sitte;

religiöse S. (christliche, jüdische S.); nationale S.; Standessitte;
Classensitte; locale Sitte. Die nationale Sitte, welche hier allein in
Betracht kommt, wird dem Volke grossentheils durch die Natur seines
Wohnsitzes, auch durch einzelne geschichtliche Ereignisse aufgedrungen.
Auf ihre Unterschiede wirkt die Civilisation vorzugsweise nivellirend ein.
Nationale Sitte äussert sich zunächst in der Wohnung, wo sie jedoch,
wenn nicht klimatische Verhältnisse es hindern, gerne dem Comfort der
Civilisation weicht; sodann in der Nahrung, welche wesentlich vom
Charakter der Rohproduction abhängt. Auch in der Kleidung. In diesem
Punkte hängt die nationale Sitte zäher am hergebrachten, so dass eigene
Nationaltrachten, wo sie im Gebrauche sind, scharf absondern und ihre
künstliche Einbürgerung sogar als nationalpolitisches Agitationsmittel ge-
braucht wird. Ferner zeigt sich nationale Sitte in den Gebräuchen des
Volkes bei den Hauptabschnitten des Lebens, bei der Geburt, Erziehung.
Eheschliessung etc. Hier aber scheidet sie die Nationen nicht scharf und
weicht mehr und mehr allgemeinen Moden der Civilisation wohl deshalb
so leicht, weil es sich ja doch vielfach nur um äussere Formen handelt.
Ebenso ist dies der Fall hinsichtlich nationaler Vergnügungen, welche
gleichfalls als Theil nationaler Sitte erscheinen, aber, wenn sie es verdienen
und häufig auch wenn sie es nicht verdienen, bereitwilligst von anderen
Nationen angenommen werden. Gebräuche und Vergnügungen bleiben um
so constanter national, je inniger sie mit dem Wohnsitze des Volkes und
seinen wirthschaftlichen Lebensverhältnissen zusammenhängen.

Alle diese Kennzeichen aber gestatten meistens nur mangelhafte
Massenbeobachtung. Völlig ausgeschlossen ist dieselbe jedoch durchaus
nicht. Es gibt nationale Arbeitssitten, welche recht wohl eine ziffermässige Beobachtung gestatten (z. B. die übliche Arbeitszeit; die Zahl der
üblichen Festtage etc.) und Genusssitten, bei welchen das Gleiche der
Fall ist. Zum B. der durchschnittlich übliche Lebensbedarf der Arbeiter-
familie; manche landesübliche Consumtionen (s. d.) und dgl.

6. Als gewöhnlichstes Kennzeichen der Angehörigkeit zu einer
Nationalität gilt die Sprache. Dieses Kennzeichen ist im Allgemeinen
auch das richtigste, reicht aber für sich allein nicht aus. Es ist ein
natürliches und historisches.

Einzelne Individuen, welche unter eine andere Nation versetzt werden,
nehmen häufig, ihre Nachkommen fast immer die Sprache der neuen
Heimat an. Auch ganze Gruppen von Eingewanderten, Bruchstücke und
Trümmer ganzer Nationen wurden dahin gebracht, die Sprache jener
Länder anzunehmen, in welche sie eingewandert sind. So reden die Juden
in Deutschland deutsch. Und doch wird Niemand läugnen, dass sie den
Stammeseigenthümlichkeiten der germanischen Nationalität ferner stehen,

als z. B. die Franzosen, welche französisch reden. In solchen Fällen ist offenbar die Sprache nicht hinreichend,. um die Nationalität als solche abzuschliessen. Sie weist eben manchmal nicht auf die Abstammung hin, sondern auf Erziehung und Unterricht.

Namentlich dann ist die Sprache gar kein Kennzeichen der Nationalität, wenn sie den Voreltern eines Volkes durch Eroberer eingepflanzt wurde.

Anmerkung.

Eine gedrängte Uebersicht der Stamm- und Nationalitätenverhältnisse in den verschiedenen Ländern ergibt folgendes Resultat. (Wo nicht andere Quellen angegeben, nach dem Goth. Hofk.)

Im Deutschen Reiche lassen sich unterscheiden (1871):

1. Deutsche Bevölkerung im Ganzen 37,820000.
    a) Oberdeutsche Stämme (Bayern, Schwaben, Alemannen) zusammen etwa 6 Mill.
    b) Niederdeutsche (Niedersachsen, Friesen, Westfalen, Märker, Pommern, Preussen) zusammen etwa 14—15 Mill.
    c) Mitteldeutsche (Franken, Rheinländer, Pfälzer, Hessen, Thüringer, Sachsen, Schlesier) 16—17 Mill.
2. Nichtdeutsche Bevölkerung, im Ganzen 3,160000, d. i. 8% der Gesammtbevölkerung. Im Einzelnen: 2,450000 Polen, 140000 Wenden, 50000 Czechen, 150000 Lithauer, 150000 Dänen, 220000 Franzosen.

In Oesterreich-Ungarn erscheint die nationale Zersplitterung hauptsächlich deshalb so bedeutend, weil die Hauptnationen des Staates sich annähernd im Gleichgewichte halten. Für 1876 wurden (nach Sprachen) angenommen:

	Oesterreich	Ungarn	Zusammen Millionen
Deutsche	7,800000	1,800000	9,6
Czechen	5,000000	2,000000	7
Ruthenen	2,600000	600000	3,2
Polen	2,500000	—	2,5
Kroaten, Serben	580000	2,570000	3,1
Slovenen	1,190000	60000	1,2
Armenier	4000	5000	
Albanesen	1500	2100	
Magyaren	20000	5,680000	5,7
Romanen	185000	2,800000	2,9
Italiener	630000	3000	0,6
Israeliten	860000	580000	1,4
Zigeuner	8000	159000	0,1
Bulgaren	—	30000	
Griechen	2300	1000	
Andere	13000	7100	

Grossbritannien. Der Stammesunterschied unter der Bevölkerung ist grösser als gewöhnlich geglaubt wird. Man nimmt 6 Hauptstämme an: den

27*

Englischen, Germanisch-Schottischen, Gälisch-Schottischen, Wallisischen (Kymrischen), Irischen und Französischen (auf den normännischen Inseln). Zahlenangaben über deren Stärke fehlen.

Schweiz. Die Nationalitäten sind hier nicht nach einzelnen Personen, sondern nach Haushaltungen classificirt. Man erhielt dabei im Jahre 1870 folgendes Resultat:

1. Deutsche: 384538 Haushaltungen. 14 Cantone sprechen nur deutsch.

2. Franzosen: 133575 Haushaltungen, vorzugsweise in Waadt, Neuenburg und Genf, dann auch in Wallis, Freiburg und Bern.

3. Italiener: 30079 Haushaltungen, meist im Canton Tessin.

4. Rhätier: 8778 Haushaltungen, fast alle in Graubünden. Letztere sind in starkem Rückgange. -- Dabei leben in der Schweiz über 150000 Ausländer = 5,7% der Bevölkerung.

Belgien. 1. Deutscher Volksstamm mit flämischer Sprache, ⁴/₇ der Gesammtbevölkerung in den beiden flandrischen Provinzen, Antwerpen, Limburg und Brabant.

2. Keltischer Volksstamm mit französischer oder wallonischer Sprache, ³/₇, in Lüttich, Luxemburg, Namur, Hennegau und einem Theile von Brabant (Heuschling).

Von 5,3 Mill. Einwohnern Belgiens sprechen 2,659890 flämisch, 2,256860 französisch, 340770 flämisch und französisch, 38070 deutsch.

Niederlande: 1. Holländer und Batavier, etwa 2,400000 in Holland, Zeeland, Utrecht und Geldern. Sprache plattdeutsch.

2. Friesen, ¹/₂ Mill. in Friesland, Groningen, Drenthe und Overyssel, mit holländischer Mundart.

3. Flamänder, gegen 400000 in Nordbrabant und Limburg.

4. Niederdeutsche, 50000, in Limburg (Kolb).

Frankreich. Der Abstammung nach unterscheidet Block:

1. Den keltischen Stamm mit zwei grossen Familien: der gallischen und kimrischen, von welchen die letztere wieder in Kimrer der ersten und zweiten Invasion zerfällt.

2. Den iberischen Stamm mit zwei Aesten: den Aquitaniern und Liguriern, wohnhaft an den Pyrenäen, der Garonne, dem Mittelmeer.

3. Den pelasgischen Stamm, enthaltend die griechisch-jonische Familie, wohnhaft in einem Theile der Provence, und die griechisch-lateinische, wohnhaft in Corsica.

4. Den arabischen Stamm, d. i. die Israeliten Frankreichs.

5. Den germanischen Stamm in Elsass und Lothringen (vor dem J. 1871).

Der Sprache nach dürften etwa 20 Mill. rein französisch sprechen, 12¹/₂ Mill. provencalisch.

Dänemark. Die Bevölkerung gehört durchgängig zum germanisch-skandinavischen Volksstamm. Island und die Faröer wurden von Dänemark und Norwegen aus bevölkert.

Schweden. Die Bewohner gehören (1870), mit Ausnahme von 6711 mongolischen Lappen in den sog. Lappmarken, und von 14932 Finnen, welche aber ihre ursprüngliche Sprache aufgegeben haben, zum germanisch-skandinarischen Volksstamme, welcher sich hier im Laufe der Geschichte zu einer besonderen schwedischen Nationalität ausgebildet hat.

Norwegen. Neben den germanischen Norwegern sind (im J. 1875) 15718 Lappen, hier Finnen genannt, darunter 1073 Nomaden; dann 7594 Kwänen. Ausserdem gemischte Racen der Norweger und Kwänen, Norweger und Finnen, Kwänen und Finnen. Die Kwänen sind Einwanderer aus Finnland.

Spanien. Die eigentlichen Spanier sind ein Gemisch der früher da hausenden Völker: Kelten, Römer, Alanen, Gothen, Sueven, Vandalen, Mauren und Araber. Das maurisch-arabische Element ist besonders in Andalusien herrschend. Ausser den Spaniern etwa ½ Mill. Basken, 60000 Moriskos, Abkömmlinge der Mauren in den Thälern der Sierra Nevada und in den Apuljaren; etwa 1000 deutsche Colonisten in der Sierra Morena, 45000 Zigeuner und wenig Juden.

Portugal. Die Stammverschiedenheit der gegenwärtigen Bevölkerung ist unbedeutend; an den Handelsplätzen haben sich viele Engländer angesiedelt, Neger, spanische Galizier und Creolen finden sich in der arbeitenden und dienenden Classe; Juden sehr wenige.

Italien. Als ein politischer Vorzug Italiens vor anderen grösseren Staaten ist es zu betrachten, dass seine Gesammtbevölkerung mit Ausnahme von 1,3% der gleichen Nationalität angehört. Zu 23,928870 Italienern kamen nach der Zählung von 1861 noch 134435 Franzosen, 55453 Albanesen, 29233 Juden, 26892 Slovenen, 20418 Griechen, 20393 Deutsche, 7036 Catalonier, 5546 Engländer u. s. f. Zum deutschen Stamme insbesondere gehören ausser den Fremden die Bevölkerung in einigen Gebirgsthälern der Kreise Aosta, Ossola und Valsesin, die sog. Sette communi in der Provinz Vicenza und die Tredici communi in der Provinz Verona (Brachelli).

Griechenland. Ueber 900000 eigentliche Griechen — nach Fallmerayer ein albanesisches Mischlingsvolk; gegen 280000 Albanesen, Arnauten, ein bulgarisch-slavisches Mischlingsvolk; 20—30000 Armenier, eine Anzahl sogen. Franken, d. i. Westeuropäer. Im eigentlichen Griechenland höchstens 500, auf den Inseln aber etwa 6000 Juden.

Türkei. Das verworrene Völkergemisch der Balkanhalbinsel hat sich zwar ein wenig gelichtet, seit einige der vormals türkischen Schutzländer als selbständige Staaten sich consolidiren konnten; doch herrscht immer noch ein höchst bedenkliches ethnographisches Durcheinander. Was jetzt noch zu den unmittelbaren Besitzungen des türkischen Reiches in Europa gehört, wird ausser den Osmanen oder eigentlichen Türken noch bewohnt von: Albanesen (Skipetaren, Arnauten, etwa 1,3 Mill.), Griechen, Zinzaren (Makedowlachen) Serben und Bulgaren, Zigeunern, Arabern, Juden, Tartaren, Armeniern, Tscherkessen u. s. f. Die Zahl der Osmanli wird in den unmittelbaren Besitzungen auf 1,9 Mill., in der ganzen Türkei mit Hinzurechnung von Ostrumelien, Bulgarien und Bosnien dagegen auf 3,4 Mill. veranschlagt.

Russland. Eine nicht sehr verlässige Schätzung gibt an:

Grossrussen	33,000000
Kleinrussen (Ruthenen)	11,200000
Weissrussen	3,600000
Fürtrag .	47,800000

	Uebertrag . 47,800000
Lithauer und Polen	7,000000
Finnen und Letten	3,300000
Tartaren	2,400000
Deutsche	600000
Grusen und Armenier	2,000000
Juden	1,500000
Uralische Stämme	600000
	Zusammen . 65,200000

Eine andere Schätzung rechnet: 44 Mill. Grossrussen, 8 M. Kleinrussen, 1,8 M. Kosaken etc., 5 M. Polen, dann 3,8 M. Finnen oder Tschuden (sammt Baschkiren); fast 5 M. Tartaren, 1,8 M. Angehörige der lithauisch-lettischen Familie, 2 M. Kaukasusbewohner, 2 M. Juden, 700000 Deutsche, 212000 Schweden, 700000 Rumänen, 400000 Mongolen, 16000 Samojeden etc.

Vereinigte Staaten. Eine genaue Ausscheidung der verschiedenen Zweige des kaukasischen Stammes ist unmöglich. Die Zahl der Deutschen möchte allerdings, wenn man die Nachkommen der Eingewanderten einrechnet, 5 Mill. sein; allein diese Nachkommen haben in grösster Anzahl aufgehört, Deutsche zu sein. Nach dem Census von 1870 waren von den Einwohnern 32,9 Mill. in den Ver. Staaten geboren, 5,5 im Auslande. Von letzteren stammten 2,6 Mill. aus Grossbritannien, 1,6 Mill. aus Deutschland, 0,6 Mill. aus dem übrigen Europa. Man zählt 33,5 Mill. Weisse, 4,8 Mill. Farbige, 383712 Indianer, 63254 Chinesen.

Bei den im Folgenden noch weiter angegebenen Staaten und Ländern ist von einer genauen Zählung der Nationalität nicht die Rede. Namentlich die Zahlen derjenigen Stämme, welche nicht der weissen Race angehören, beruhen blos auf Schätzungen. Es mögen daher die folgenden Angaben blos dazu dienen, einen ungefähren Ueberblick zu geben.

Mexiko (Wappäus):

1. Indianer (Reste zahlreicher Völkerschaften, von welchen einige früher bedeutende Cultur entwickelt hatten): 4,8 Mill.

2. Weisse: 1 Mill.

3. Mischlinge (Mestizos, Zambos, Mulattos etc.): 2,1 Mill.

4. Neger: 6000.

Die indianischen Sprachen Mexikos allein betragen wenigstens an 40.

Centralamerika:

1. Weisse: 100000 (überwiegend spanische Creolen).

2. Mischlinge: 800000.

3. Indianer: 1,1 Mill. (mit zahlreichen Sprachen).

4. Neger: 19000.

Columbien (Neugranada):

1. Weisse und Mestizen mit vorherrschend europäischem Element: 1,5 Mill., darunter rein weiss kaum 420000.

2. Indianer: 447000.

3. Mischlinge (Mestizen, Mulatten, Zambos): 466000.

4. Neger: 86000.

Venezuela (1839):

1. Weisse (Hispano-Amerikaner und Fremde): 260000.
2. Mischlinge von Weissen, Negern und Indianern: 414151.
3. Neger: 49782.
4. Civilisirte Indianer: 155000.
5. Unterworfene Indianer: 14000.
6. Unabhängige Indianer: 52415.

Guyana. Ausser den holländischen, englischen und französischen Colonisten Indianer und unabhängige Busch-Neger.

Ecuador. 1. Weisse und Mestizen: 601219, darunter vielleicht 100000 rein weiss.

2. Civilisirte Indianer reiner Race: 462400.
3. Reine Neger: 7831.
4. Mischlinge von Negern mit Weissen und Indianern: 36592.
5. Wilde Indianer, etwa 200000.

Peru. Von der Gesammtbevölkerung zu 2,5 Mill. kommen auf die Indianer 57, auf die Mestizen 22, auf die Weissen 14 und auf die Neger mit ihren Mischlingen 7%.

Bolivia. 659398 Weisse (die meisten wohl Mischlinge) und 701558 Indianer.

Chile zählt unter seiner Bevölkerung von 1,8 Mill. 150—200000 Weisse, ¼ Mill. Neger, die übrigen Mischlinge und Indianer. Unter den eingewanderten Europäern sind: 3876 Deutsche, 2818 Britten, 2483 Franzosen, 1247 Spanier, 1037 Italiener, 313 Portugiesen, 831 Nordamerikaner.

Argentinische Republik. Weisse, etwa 250000, meist romanischen Stammes (Italiener, Franzosen, Spanier); Mestizen, Indianer (civilisirte, halbcivilisirte und wilde), Mulatten, Neger und Zambos.

Uruguay. Nationale (Orientales, d. h. Weisse, vielfach mit indianischem Blut gemischt) etwa 60%, das übrige Fremde. Unter ihnen 28% Brasilianer, 27% Spanier, 14% Italiener, 13% Franzosen.

Paraguay. ¾ der Bevölkerung sind Weisse mit Beimischung indianischen Blutes, aber sehr ausgeglichenem Racencharakter, welche trotz der bedeutenden Zufuhr indianischer Elemente den kaukasischen Typus festhalten. Dazu ⅛ reine, christianisirte Indianer, ⅛ Mestizen und Farbige.

Brasilien. Die rein Weissen bilden einen sehr kleinen Bruchtheil der Bevölkerung; die Neger, theils Sklaven, theils Freie, bilden die zahlreichste unvermischte Race. Wenig zahlreich sind die ansässigen Indianer unvermischten Blutes. Die Mischlingsracen, unter einander und mit den reinen Racen in den verschiedensten Verhältnissen gekreuzt, bilden die Mehrzahl der Bevölkerung. Die unabhängigen Indianer zerfallen in mehr als 250 Horden, Stämme und Nationen.

Westindien. Europäische Einwanderer (etwa 89% Spanier, 6% Britten, 5% anderer Nationalitäten) haben die eingebornen Stämme ausgerottet. Zu ihnen treten Neger (auf Hayti herrschende Race), Mulatten, aus Ostindien importirte Kuli's und Chinesen.

Afrika. Zur kaukasischen Race gehören die Berbern, Bischarin, Nubier, Abessynier und Kopten, die eingewanderten Araber, Juden, Türken, Armenier und Europäer aller Nationen. Die südlichen Nubier und die Oasenbewohner sind knukasisch-äthiopische Mischlinge. Die zahlreichen Völker der äthiopischen Race sprechen etwa 150 Sprachen.

A s i e n. Von einer ziffermässigen Gliederung der Nationalitäten und Stämme kann kaum die Rede sein. Man unterscheidet:

1. Die chinesisch-japanesische Gruppe, zu welcher Chinesen, Japanesen, Koreaner, Birmanen, Peguanen, Laos und Siamesen, Toukinesen, Cochinchinesen und Cambodja-Völker mit sehr verschiedenen Sprachen gehören.

2. Den tartarischen oder hochasiatischen Stamm in den 4 Hauptstämmen der Tibetaner, Tartaren oder Mongolen, Tungusen und Türken. Ihre Sprachen zerfallen in unzählige Dialecte.

3. Die tschudischen Völker im sibirischen Tieflande.

4. Die Malayen auf den Inseln.

5. Den indo-europäischen Stamm, umfassend etwa 40 Stämme in Vorderindien, dann die Beludschen, Afghanen, Neuperser und Kurden, Armenier. Georgier und kaukasischen Bergvölker, Syrer und Araber.

A u s t r a l i e n. Neben den mehr und mehr schwindenden Ureinwohnern des australischen Continents und den mit diesen verwandten Australnegern (Negritos) der Inseln unterscheidet man den culturfähigeren hellfarbigen Volksstamm der Inseln, zerfallend in Polynesier und Mikronesier. Dazu kommt allenthalben die mächtig eindringende europäische Einwanderung.

§. 202. Staatsverfassung und Politik.

Sammlung und Darstellung der Verfassungsgesetze der verschiedenen Staaten ist keine Statistik. Eine Statistik des Verfassungslebens der Staaten hat vielmehr die Aufgabe, die dahin gehörenden Erscheinungen in Quantitäten aufzulösen. Diese Aufgabe ist bisher erst angebahnt.

Diejenigen Quantitäten, um die es sich hier handelt, sind die Summen der verschiedenen einzelnen Willen, welche auf die Leitung der Staaten Einfluss haben. Aber diese Einflüsse sind qualitativ sehr verschieden.

Ist der Staat, um dessen Verfassungsstatistik es sich handelt, eine absolute Monarchie, dann ist ein einziger staatlicher Wille vorhanden: derselbe ist in seiner Geltendmachung durch den Druck der öffentlichen Meinung zwar beschränkt, dass Maass dieser Beschränkung aber ist unberechenbar.

Handelt es sich um eine constitutionelle Monarchie, so stehen dem Einzelnwillen des Monarchen eine Reihe von anderen Willensmächten verfassungsmässig zur Seite; miteinander stellen sie eine politische Quantität dar. Auch hier fehlt es an einem Maasse für die Beurtheilung des quantitativen Verhältnisses beider Factoren zu einander. Doch gibt es einige Punkte, welche in den Gesichtskreis der Statistik fallen. Diese sind:

1. Die Zahl der Abgeordneten.

Nach dem Gesetze der grossen Zahl ist die Stimme der Volksvertretung ein desto deutlicherer und genauerer Ausdruck des Volkswillens, je grösser die Zahl der Repräsentanten.

Nun ist freilich die Art der Volksvertretungen wieder verschieden. Die nach Ständen gegliederten Volksvertretungen haben einen wesentlich anderen Charakter als jene ohne ständische Gliederung. Die vom Monarchen etwa ernannten, die aus der Verfassung berufenen, die durch indirecte und die durch directe Wahlen erwählten Repräsentanten vertreten nicht die gleichen Richtungen des Volkswillens.

Der Wille der Regierung ist um so energischer, je kleiner die Zahl der herrschenden Personen. In einer Versammlung, welche regiert, hat jedes Mitglied neben allem Patriotismus seine besondere Meinung, durch welche die Kraft des Gesammtwillens geschwächt wird. In der reinen Demokratie ist die Staatsgewalt am schwächsten, weil jeder Staatsbürger einen geringen Antheil an der Macht und am Gesammtinteresse hat, gegen welchen sein Privatinteresse häufig weit überwiegt.

Je grösser Gebiet und Bevölkerung sind, desto mehr liebt es die Staatsgewalt, sich zu concentriren.

Es ist klar, dass in einem constitutionellen oder republikanischen Staatswesen der Antheil jedes Staatbürgers an der Staatsgewalt in eben dem Verhältnisse abnimmt, als die Bevölkerung wächst. In einem Staate, welcher 500000 Staatsbürger hat, ist der Antheil jedes einzelnen an der Herrschaft $= \frac{1}{500000}$, während die ganze Staatsgewalt auf ihn als Unterthan drückt.

Die Grösse der Bevölkerung ist in Hinsicht auf das Repräsentativsystem von solcher Wichtigkeit, dass sich darnach ganz verschiedene Bedingungen und Resultate ergeben.

Ausser den Zahlenverhältnissen kommen freilich noch andere Factoren ins Spiel, deren Berücksichtigung nöthig, so dass kaum eine andere politische Handlung so eingehender statistischer und politischer Vorarbeiten bedarf, als die Anfertigung eines Wahlgesetzes.

In einem grossen Einheitsstaate, wo die Mehrzahl der Wähler die Candidaten nicht kennt und wegen des geringen Werthes der individuellen Wahlberechtigung nur wenig Interesse für die Wahlen hat, kann je nach der Lage die Regierung oder eine Oppositionspartei die Wahlen dirigiren. Anders bei einem aus verschiedenen Stämmen oder Nationalitäten, welche föderativ verbunden sind, bestehenden Staatswesen.

Ein anderer hier gleichfalls nicht zu vergessender Factor liegt darin, ob für die Kirchthurminteressen locale kleinere Vertretungen vorhanden

sind oder ob diese Interessen gleichfalls die grosse Repräsentantenver-
sammlung als Tummelplatz ansehen [1]).

2. Das active Wahlrecht. Das Verhältniss zwischen der Zahl
der activ Stimmberechtigten und der Bevölkerung überhaupt ist verschieden
je nach dem Wahlgesetze. Die neuere Zeit zeigt in dieser Hinsicht eine
Tendenz zur Verallgemeinerung des Stimmrechtes. Die politischen Rechte
gewinnen allgemeinere Verbreitung als jemals [2]).

Die günstigste Verhältnissziffer stellt das allgemeine Stimmrecht her.
Vor kurzem noch verachtet, ist es in der Schweiz, in Italien, Frankreich
und für das Deutsche Reich proclamirt. Es umfasst in der Regel die ganze
einheimische Bevölkerung. Fasst man die Stimmberechtigten als Procentsatz der Gesammtbevölkerung, so ist die grösste Ziffer die liberalste. Diese
Ziffer wird beeinflusst durch die verschiedenen Beschränkungen des Stimmrechtes.

Beim allgemeinen Stimmrechte ist fraglich, ob die arithmetische
Gleichheit des Stimmrechtes in ihren Resultaten stets den Durchschnitt
des Volkswillens ergibt. Die Massen folgen meist irgend einer Autorität:
der Regierung, der Geistlichkeit oder einer politischen Partei. Die Einflüsse
dieser allgemeinen Autoritäten werden häufig wieder durch besondere
Localautoritäten durchkreuzt. Da hiedurch schliesslich die Minderheiten
mehr als gut ist, unterdrückt werden, ist eine der wichtigsten neueren
Fragen auf diesem Gebiete die Vertretung der Minorität. Bei den modernen
Wahleinrichtungen bleiben Minderheiten unvertreten. Denkbar ist sogar,
dass die wirkliche Mehrheit der ganzen Bevölkerung in eine Minderheit
versetzt wird.

3. Die Benützung des activen Wahlrechtes durch die Stimmberechtigten, also die Zahl derjenigen Wahlberechtigten, welche von ihrem
Stimmrechte Gebrauch machen, gegenüber denjenigen, welche dies unterlassen. Diese Zahlen werden namentlich dann wichtig, wenn man beobachtet, wie sie in verschiedenen Zeiten und Zuständen sich anders gestalten.
Je grösser die politische Bildung, je bedeutungsvoller die politische Lage,
desto grösser ist die Ziffer der Wählenden [3]).

4. Die Zusammensetzung der Volksvertretung, das Verhältniss
der in ihr befindlichen Partei- und Standesangehörigen. Man erkennt aus
dieser Zusammensetzung, welche Stände in politisch bewegten, welche in
ruhigen Zeiten zumeist Antheil an der Volksvertretung haben. Immer zeigt
sich dabei, dass die Gewählten einer höheren Stufe des Vermögens und
der Bildung angehören, als der Durchschnitt der Wähler, dass also die
letzteren freiwillig ein gewisses Uebergewicht von Wohlstand und Bildung
anerkennen. Wichtig ist namentlich auch die Frage, wie sich die Parteistärke der Wähler zur Parteistärke der Gewählten verhält [4]).

5. Die Abstimmungen innerhalb der Versammlung und die Resultate derselben sind der statistischen Beobachtung ebenfalls zugänglich. Die Zählung der Stimmen, also der einzelnen politischen Willen ist eine eminent statistische Thätigkeit. Von besonderer Bedeutung werden die Abstimmungen, wenn man beobachtet, wie bei einzelnen Fragen durch besondere Einflüsse das allgemeine Stimmenverhältniss der Parteien geändert wird. Hier zeigen sich oft sehr deutlich die accidentiellen Ursachen (höchstpersönliche Motive) in ihrem Verhältnisse zu den constanten (den Verpflichtungen des Vertreters gegenüber dem Programme seiner Wähler). Strenge Parteidisciplin lässt die accidentiellen Ursachen nicht durchdringen.

6. Die Resultate des politischen Lebens. Die politischen Einrichtungen sind demnach eine grosse Zahl von Objecten der Politik; um diese grosse Zahl kämpft eine andere grosse Zahl, nämlich die Zahl der verschiedenen Einzelnwillen, der politischen Subjecte. Und diese Einzelnwillen kämpfen nicht allein um den ganzen Organismus, sondern auch um jeden seiner Theile. Das zeigt sich im Kleinen in den allgemeinen und den speciellen Debatten über die neueinzuführenden Gesetze bei allen Volksvertretungen. Je nachdem sich die Zahl der Einzelnwillen gruppirt, gestaltet sich dann ein Ganzes nach dem Willen der Majorität oder die Majorität nimmt zwar den grösseren Theil eines gegebenen politischen Ganzen an, ändert aber im Einzelnen; oder sie verwirft das Ganze, obwohl einzelne Punkte darin ihre Zustimmung hätten. Diese einzelnen Punkte, in welchen die Willen der Majorität sich finden, bilden dann die Wegweiser und Grundlagen künftiger Politik.

Aus diesem Einfluss der verschiedenen Willen auf die Theile und auf das Ganze der politischen Einrichtungen resultirt dann die Wirklichkeit. Und diese hat darum so häufig die Gestalt des Compromisses, welches sich wirklich als das Mittel zwischen zwei herrschenden Ideen darstellt.

Das ganze Majoritätsprincip, auf dem die Politik der Gegenwart beruht, ist etwas durch und durch Statistisches. Mit ihm gilt das Gesetz der grossen Zahl auch in der Politik.

Aber nicht nur in der Politik, sondern noch darüber hinaus. Die ganze öffentliche Meinung ist ein Resultat des Denkens der Masse.

Anmerkungen.

[1] Vergleicht man die Zahl der Abgeordneten mit der Volkszahl, so ergibt sich Folgendes:

Staaten	Jahr	Einwohner-zahl, auf welche 1 Abgeordneter trifft	Staaten	Jahr	Einwohner-zahl, auf welche 1 Abgeordneter trifft
Norwegen . . .	1875	16386	Portugal . . .	1874	41012
Dänemark . . .	1876	18656	Spanien	1870	41467
Württemberg .	1875	20231	Niederlande . .	1876	48319
Schweiz	1876	20444	Grossbritannien	1877	51517
Schweden . . .	1877	22649	Italien	1877	55139
Bayern	1875	32195	Preussen . . .	1875	59451
Sachsen	1875	34507	Oesterreich . .	1878	62239
Ungarn	1876	34686	Frankreich .	1876	70163
Belgien	1875	40932	Deutsches Reich	1875	107625

(Neumann-Spallart: Die Reichsrathswahlen etc. Stuttgart 1880. (S. 2.)

¹) Die relative Wahlberechtigung stellt sich in den wichtigsten europäischen Ländern wie folgt (nach obiger Quelle, S. 10). Auf 100 Einwohner kommen Wähler in:

Frankreich 25,6   Schweden 5,9
Deutschland 21,4   Portugal 5,4
Württemberg 19,4   Belgien 2,3
Grossbritannien 8,7   Italien 2,2
Oesterreich 5,9

²) Unter 100 Abgeordneten gehen ihre Stimmen ab (nach obiger Quelle):

in Oesterreich (1879) 65,6   im deutschen Reich (1878) . . . 65,1
„ Frankreich (1876) 76,0   in Grossbritannien (1874) 79,2
„ Italien (1874) 45   „ Italien (1876) 59,2

³) In den deutschen Reichsrathswahlen 1878 verhielt sich die percentuale Parteistärke der Wähler zu den Gewählten, wie folgt:

Parteien	% Wähler	% Ge-wählte	Parteien	% Wähler	% Ge-wählte
Deutschconser-vativ	12,6	14,9	Centrum . . .	23,3	24,9
			Polen	3,7	3,5
Freiconservativ .	13,6	15,4	Socialdemokr. .	7,3	2,3
Lib. Reichspartei	—		Volkspartei . .	1,4	0,8
Liberal	2,7	2,6	Particularisten .	2,7	3,5
Nationalliberal .	24,2	24,9	Protestpartei .	1,5	1,8
Fortschritt . . .	6,8	6,5			

§. 203. Die Wehrkraft.

Neben natürlicher Geschlossenheit des Territoriums, nationaler Einheit und den früher genannten Imponderabilien beruht die Macht des Staatswesens nach aussen auf seiner Wehrkraft. Sie ist Object der militärischen Statistik. Für letztere sind daher zu untersuchen namentlich:

1. **Die absolute Kriegs- und Friedensstärke des Heeres.** Wegen der bedeutenden Unterschiede in der Kriegstüchtigkeit und Schlagfertigkeit der verschiedenen Völker und ihrer Armeen lassen sich jedoch aus kleineren Zahlenunterschieden noch keine sicheren Schlüsse auf die Verschiedenheit der gesammten Wehrkraft ziehen.

Bei den meisten neueren Armeen lassen sich — mag man nun die Kriegs- oder die Friedensstärke derselben ins Auge fassen — hinsichtlich der Verfügbarkeit und Schlagfertigkeit unterscheiden:

a) **Feldtruppen,** d. h. die sogleich zur Kriegführung im freien Felde verwendbaren und verfügbaren Truppen.

b) **Reservetruppen,** diejenigen Truppen, die zwar nach ihrer Ausrüstung und Ausbildung für den Felddienst brauchbar, jedoch nicht sofort, sondern erst nach einem gewissen Zeitraum verfügbar sind.

c) **Besatzungstruppen,** die nothwendigen Besatzungen der Festungen und grossen Städte.

d) **Landesvertheidigung,** diejenigen übrigen Streitkräfte, deren Organisation und Aufstellung für den Fall eines feindlichen Einfalls wenigstens vorbereitet ist.

Einen genauen Einblick in die Stärke der Armeen erhielte man nur durch Unterscheidung dieser Bestandtheile, von welchen nur die zwei erstgenannten sich für den Offensivkrieg eignen.

2. **Das Verhältniss der Stärke des Heeres auf Friedensfuss** zu jener auf Kriegsfuss drückt ungefähr die schnellere oder langsamere Schlagfertigkeit aus. Je grösser diese Differenz ist, desto schwächer ist das Heer bei einem raschen Kriegsfalle.

3. **Die Verhältnisse der einzelnen Heerestheile;** die Zahlenverhältnisse der einzelnen Waffengattungen, der Kanonen, der Pferde; da wo eine Seemacht besteht, der Schiffe, Kanonen, Pferdekräfte der Schiffsmaschinen u. s. f.

4. **Das Verhältniss zwischen der Mannschaftszahl** und der **Volkszahl,** resp. der Zahl der kriegsdiensttauglichen Männer. Dieses Verhältniss drückt die grössere oder geringere Nachhaltigkeit der Kriegsstärke eines Staates aus und zugleich die relative Grösse der Arbeitskraft, welche durch das Heer den übrigen Staatsinteressen, namentlich der wirthschaftlichen Thätigkeit entzogen wird.

5. Die Kosten des Militärs, und zwar sowohl der absolute Militäraufwand, als auch im Vergleich mit dem Gesammtstaatsaufwand, mit einzelnen Posten des Staatsaufwandes, mit der Bevölkerung.

6. Wie die Sterblichkeit und Morbilität des Militärs überhaupt in das Gebiet der Militärstatistik hineinragt, so gehören ganz insbesondere die Verluste an Menschenleben, welche durch die Kriege verursacht werden, hieher (vgl. §. 97, 98).

Anmerkung.

Sieht man ab von der Unterscheidung in Feldtruppen, Reservetruppen etc., welche Unterscheidung nur mit grosser Mühe und genauester Kenntniss der militärischen Einrichtungen aller Länder durchgeführt werden könnte, so ergibt sich für die wichtigsten Armeen und die neueste Zeit:

Deutsches Reich: Friedensstärke: 401659 Mann, 17220 Officiere, Kriegsst.: 1,392011 Mann, 33281 Off. (ohne Landsturm).

Oesterreich-Ungarn (1879): Friedensst.: 272527 Mann, 16663 Off. Kriegsst.: 1,094025 Mann, 31808 Off.

Frankreich: Active Armee: 502764, Kriegsstärke: 1,780300 Mann.

Italien (1879): Stehendes Heer: 737565, Provinzialmiliz 240064, Reserve-Officiere: 2736, Territorial-Miliz: 564300.

Russland: Reguläre Armee, Friedenst.: 839065, Kriegsst.: 2,149300, hiezu irreguläre Armee, Kriegsf.: 163560.

Grossbritannien: Reguläre Armee 237678; hiezu Territorial-Armee 359742; kaiserl. Armee in Indien: 127150.

Schweiz (1880): Auszug 119678, Landwehr 95116, zusammen 215063.

Belgien: Friedensst. 46383.

Niederlande: Stehende Armee, Kriegsfuss 63525. Hiezu eine Art Communalgarde, die „Schutteryen".

Dänemark (1880): Kriegsfuss 49054 (bestehend aus I. und II. Aufgebot).

Schweden (1873): Kriegsfuss 171510.

Norwegen (1873): Kriegsfuss 33000.

Türkei: 610200 Kriegsstand.

Rumänien: Friedensst. 19732. Dieselbe wurde jedoch in den letzten Jahren bis auf circa 48000 Mann erhöht. Hiezu 74000 Mann Territorialarmee, 33000 Mann Miliz.

Serbien: Stehendes Heer 50000. Kriegst. 215000 (?).

Griechenland: Friedensst. 11459 Mann, 659 Off., Kriegst. 35000 Mann.

Spanien (1879): Active Armee 90000, Kriegsstärke 450000. Auf Cuba 38000, Philippinen 10500 M.

Portugal: Friedensst. 33231 M. und 1643 Off.; Kriegsst. 75336 M. und 2688 Officiere.

Vereinigte Staaten: Normaler Effectivstand: 25000 M. mit 2153 Off.; organisirte Miliz 145219 M. Im Nothfall können 3,434058 Bürger zur Miliz einberufen werden.

§. 204. Der Staatshaushalt.

Die finanziellen Zustände kümmern den Statistiker aus zweifachem Grunde.

Einestheils beruht das ganze Finanzwesen der civilisirten Staaten auf einer Reihe von statistischen Operationen; anderntheils sind die finanziellen Zustände Objecte der Statistik, indem letztere sich häufig bemüht, diese Zustände bei verschiedenen Staaten zu vergleichen, um daraus weitere Schlüsse zu ziehen.

Die im Finanzwesen auftretenden Thatsachen sind die Einnahmen und Ausgaben des Staates. Diese Thatsachen sind im höchsten Grade des ziffermässigen Ausdrucks fähig; sie sind weder völlig willkürlich, noch völlig gleichbleibend, so dass ihre Verschiedenheit, ihre Bewegung sie von vorneherein schon zu statistischen Daten stempelt. Die Staatseinnahmen werden durch die Einnahmsquellen, die Ausgaben durch die Staatsbedürfnisse in ihren Veränderungen bedingt, so dass auch die Forschung nach den Ursachen der Erscheinungen hier ein ausgedehntes Feld findet.

Es hat aus diesen Gründen die Finanzstatistik schon eine verbreitete Anwendung gefunden, indem die meisten finanzwissenschaftlichen Arbeiten auf zahlreichen statistischen Untersuchungen ruhen. Die Finanzwissenschaft arbeitet vollständig nach der statistischen Methode.

Die statistischen Materialien sind indessen gerade hier von überwältigendem Reichthume, so dass sie nur gruppenweise berührt werden können. Es handelt sich bei den Einnahmen wie bei den Ausgaben um die absolute Höhe der einzelnen Posten, um die relative Höhe derselben, verglichen mit der Gesammtsumme der Einnahmen und Ausgaben, um die Verursachung dieser verschiedenen Höhen, um die Vergleichung der Einnahmen und Ausgaben, sowie der Staatsschulden, mit der Bevölkerung u. s. f.

Im weitesten Sinne des Wortes soll die Finanzstatistik eine Statistik aller pecuniären und materiellen Verpflichtungen sein, die auf dem socialen Leben ruhen (v. Baumhauer). Sie begreift deshalb in sich nicht blos die Verwaltung des Staates, sondern auch der Provinzen, Kreise, Gemeinden, Kirchenverbände wie aller öffentlichen Anstalten, welche über den Seckel des Bürgers verfügen und auf seine Kosten Ausgaben machen. Dazu bedarf die Statistik der abgeschlossenen Rechnungsablegungen über die wirklich stattgehabten Einnahmen und Ausgaben. Die Budgets genügen dafür nicht, da sie später noch geändert werden können.

Im Einzelnen dürfte Folgendes hervorzuheben sein:

I. Die Vergleichung der Budgets ganzer Staaten unter einander hat grosse Schwierigkeiten. Mit der Anführung der Staatseinnahmen

und Staatsausgaben ist verhältnissmässig wenig gethan. Das sind Brutto-
ziffern, die bei scheinbar grosser Verschiedenheit doch grosse Aehnlichkeit
haben können und umgekehrt.

Solche Vergleichungen werden vorgenommen, um ein bestimmtes
Maass für die Machtverhältnisse der Staaten zu gewinnen. Aber mit dem
Stande der Finanzen ist noch nicht ihre Spannkraft, ihre Entwicklungs-
fähigkeit dargestellt; es ist damit noch nicht bewiesen, wie weit sich
durch den Gemeinsinn des Volkes und die Harmonie zwischen Volk
und Regierung in Nothfällen die Einkünfte gestalten können. Diese
Potenzen sind unschätzbar und höchst elastisch. Die Finanzlage eines
Staates und seine Finanzkraft sind verschiedene Dinge. Aus den Steuer-
quoten kann man noch nicht auf die Finanzkraft, sondern nur auf die
Finanzlage schliessen, und auch auf diese nicht sicher wegen des örtlich
so sehr verschiedenen Werthes des Geldes. Wenn z. B. in Deutschland
die Budgets niedriger sind als in Grossbritannien, so muss man bedenken,
dass auch die Leistungen, welche bezahlt werden müssen, nicht so theuer
bezahlt werden. Um auf all das Rücksicht zu nehmen: dazu ist die
Finanzstatistik noch nicht ausgebildet genug.

Ausserdem gibt es sogenannte verborgene Einnahmen und Ausgaben
(v. Hermann), welche in den Budgets nicht erscheinen und daher die
wirkliche Finanzlage und Finanzkraft verdunkeln. So z. B. der colossale
Betrag für die Militärdienstleistung, welcher von den Wehrpflichtigen ein-
gefordert wird, indem sie ihre Dienste für eine Löhnung hergeben, die weit
geringer ist, als ihr Lohn bei freier Arbeit sein würde. Die Opfer an
Zeit und Arbeit, welche von Volksvertretern, Ständen, Geschworenen,
von Beisitzern in Handels- und Gewerbegerichten, von wissenschaftlichen
und technischen Vereinen und Körperschaften dem Staate gebracht werden, erscheinen gleichfalls nicht in den Budgets; eben so wenig die Leistungen unbesoldeter Staatsdienstaspiranten und anderes. Ja die ganzen
ungeheuren Leistungen der freiwilligen Armenpflege gehören ebenfalls zu
den verdeckten Einnahmen und Ausgaben.

II. Die zeitlichen Veränderungen im Staatshaushalt. Innerhalb einzelner Staaten zeigt die Vergleichung ihrer Haushaltsziffern, dass
Ausgaben und Einnahmen fortwährend in bedeutender Zunahme sind.
Ueberall erweitern sich die Functionen des Staates und damit steigern
sich seine Ausgaben, so dass die Klagen hierüber in der Presse und in
den Volksvertretungen, wie in der Volksstimme selbst nicht mehr zum
Schweigen kommen.

Vielfach sind diese Klagen vielleicht berechtigt, vielfach aber gewiss
auch übertrieben und ohne gebührende Beachtung der gesteigerten Staats-

leistungen erhoben. Will man grosse Staatshandlungen, so müssen die Staatsbürger grosse Opfer bringen. Denn keine Wirkung ohne Ursache.

Es ist daher auch falsch, zu sagen, die Ausgaben eines Staates müssten sich nach seinen Einnahmen richten. Kaum richtiger aber ist es, dass die Einnahmen sich nach den Ausgaben richten müssen.

Beide Lesarten führen ins Absurde, die letztere noch mehr. Denn für die Ausgaben des Staates lassen sich keine anderen Grenzen ziehen als die Einnahmen. Sollten sich die Einnahmen nach den Ausgaben richten, so würde ins Unendliche ausgegeben; die Staatszwecke dehnen sich aus, so wie sie die Mittel erhalten. Das Ideal ist demnach eine stetige, nicht zu ungleichförmige und möglichst von allen Classen der Bevölkerung gebilligte Steigerung der Einnahmen und der Ausgaben, die den Körper weder platzen noch verdorren lässt.

§. 205. Fortsetzung. Die Staatsausgaben.

Allenthalben sind die bedeutendsten Ausgabeposten die für das Militär, für die Flotte, für die öffentliche Schuld und für die Finanzen. Es entfallen in den europäischen Staaten durchschnittlich von der Gesammtausgabe auf (nach v. Czörnig):

	%		%
die öffentliche Schuld	26	Cultus	2,7
den Hofstaat	2,2	Unterricht, Wissenschaft und	
den Repräsentativkörper	0,3	Kunst	2,2
die Centralbehörden	0,5	Landescultur, Bergwesen	0,5
das Auswärtige	0,7	Gewerbe, Handel, Schifffahrt	3,2
das Innere	2,0	Oeffentliche Bauten	4,2
die Humanitätsanstalten	0,3	Colonien	0,8
die Polizei	1,5	Allgemeine und verschiedene	
die Justiz	3,2	Auslagen	0,6
die Strafanstalten	1,1	Militär	21,3
Finanz-, Erhebungs- und Verwaltungskosten	20,3	Flotte	7,1

Die Gesammtsumme der Ausgaben stellt sich in den wichtigsten Staaten wie folgt:

Staaten	Jahr	Ausgaben	
		in Mill. Mark	pro Kopf Mark
Deutsches Reich . . . . . (Budget)	1881	539,2	11,9
Preussen . . . . „	„	799,2	29,3
Bayern . . . . „	„	221,7	42,0
Oesterreich-Ungarn . . . „	„	1460	38,4
Frankreich	1880	2234	60,5
Grossbritannien	„	1682	49,3
Italien	„	1114	39,5
Russland . . . . „	„	2131	25,9
Schweiz . . . (Cantone und Bund)	1876	49,9	17,8
Schweden . . . . (Budget)	1881	84	18,7
Norwegen	1878/79	41	22,8
Dänemark . . . . „	1880/81	46,6	23,8
Belgien . . . . „	1880	223	40,5
Niederlande . . . . „	„	193,5	48,6
Spanien . . . . „	1879/80	662,5	39,8
Portugal . . . . „	1880/81	147,7	33,7
Rumänien	1879	91,4	17,0
Griechenland . . . . . „	1880	37,9	22,6

Ein Ausdruck der wirklichen Belastung des Volkes sind indessen die relativen Ausgabenziffern nicht. Diese Belastung wird erst durch die Betrachtung der Einnahmequellen vergleichbar.

Dagegen sind einige der wichtigsten Ausgabeposten, auf den Kopf der Bevölkerung ausgeschlagen, ziemlich deutlich sprechende Zahlen.

So zunächst die Kosten der Landesvertheidigung. Sie betragen in neuester Zeit (1878, 79, 80) für den Kopf der Bevölkerung (Reichsmark) in:

Grossbritannien	18,7	Belgien	6,4
Frankreich	15,7	Italien	6,2
Niederlande	14,9	Rumänien	6,2
Argentina	11,5	Norwegen	6,1
Türkei	10,3	Verein. Staaten	6,0
Deutschland	8,6	Portugal	5,6
Brasilien	8,5	Schweden	5,6
Dänemark	8,2	Schweiz	4,7
Russland	7,3	Ungarn	4,6
Griechenland	7,3	Chile	3,9
Oesterreich	6,9	Serbien	3,6
Spanien	6,9	Canada	0,7

Die Kosten der Staatsschuld dagegen betragen pro Kopf (Reichsmark) in:

Frankreich	24,4	Bayern	8,4
Argentina	18,1	Griechenland	7,3
Grossbritannien	16,6	Brasilien	7,0
Italien	14,0	Rumänien	6,7
Spanien	12,0	Chile	6,5
Württemberg	11,4	Deutsches Reich	4,9
Belgien	11,4	Dänemark	4,5
Verein. Staaten	10,7	Russland	4,4
Oesterreich	10,5	Norwegen	3,4
Sachsen	10,3	Türkei	3,3
Portugal	10,0	Preussen	3,1
Niederlande	9,6	Schweden	2,6
Canada	9,5	Serbien	0,9
Ungarn	9,4	Schweiz	0,6
Baden	9,1		

§. 206. Fortsetzung. Die Staatseinnahmen.

Die Zusammensetzung der Einnahmebudgets bietet ein sehr reiches Feld für Jeden, der sich mit Finanzstatistik beschäftigt. Bei jeder einzelnen Gruppe von Staats-Einnahmen sind hauptsächlich zwei Verhältnisszahlen besonders wichtig: der Procentbetrag, welchen die Einnahme von der Gesammteinnahme, beziehungsweise von der Gesammtausgabe beansprucht, und der Einnahmen-Betrag, welcher auf den Kopf der Bevölkerung trifft.

Man unterscheidet zunächst zwei Hauptgruppen von Staatseinnahmen: Privaterwerb des Staates und die Auflagen.

A. Der Privaterwerb des Staats. Rechnet man hiezu: Domänen und Forsten, Zinsen und Geldgeschäfte, Staatslotterie (als Monopol eigentlich zu den Auflagen gehörend), Berg- und Hüttenwerke, Salinen, Staatsindustrien und Staatsverkehrsanstalten, so entziffert der Nettoertrag all dieser Einnahmen in:

Staaten	Absolut in Millionen Mark	pro Kopf Mark	Staaten	Absolut in Millionen Mark	pro Kopf Mark
Preussen	183,8	7,1	Grossbritannien	103,5	2,9
Bayern	66,5	13,3	Italien	94,7	3,3
Sachsen	41,9	15,1	Oesterreich	19,4	0,8
Württemberg	22,7	12,0	Ungarn	24,4	1,5
Baden	6,3	4,2	Russland	157,5	1,5
Uebr. Deutsche Staaten	45,6	—	Frankreich	47,8	1,2
Ganz Deutschl.	367,3	8,5	Schweden	9,0	2,0

28 *

Bezüglich der einzelnen Arten des Privaterwerbs des Staates ist hervorzuheben:

1. **Domänen und Forsten.** Von den Nettoausgaben der Staaten werden durch den Reinertrag der Domänen und Forsten gedeckt in:

Bayern	15,9 %	Spanien	2,2 %
Württemberg	9,9 „	Italien	2,0 „
Deutsches Reich	9,1 „	Frankreich	1,9 „
Sachsen	8,9 „	Niederlande	1,3 „
Preussen	7,5 „	Belgien	0,9 „
Dänemark	4,6 „	Grossbritannien	0,7 „
Schweden	4,5 „	Norwegen	0,7 „
Baden	3,9 „	Verein. Staaten	0,7 „
Griechenland	3,1 „	Russland	0,3 „
Ungarn	2,7 „	Oesterreich	0,2 „
Chile	2,3 „	Portugal	0,2 „

Bezüglich des Verhältnisses von Brutto- und Nettoertrag ist hervorzuheben: Der Ertrag der Domänen und Forsten beläuft sich (in Millionen Mark) auf:

i n	Brutto	Netto	i n	Brutto	Netto
Deutsche Staaten	167,1	109,4	Italien	27,8	17,5
Preussen insbes.	78,0	42,5	Oesterreich	7,8	1,1
Bayern „	39,2	24,5	Ungarn	22,3	6,1
Baden „	7,0	3,4	Russland	66,0	7,4
Frankreich	42,3	35,6	Niederlande	3,1	2,5
Belgien	2,1	1,9	Schweden	3,9	3,1
Dänemark	2,8	1,8	Ver. Staaten	?	4,5
Spanien	?	11,3	Rumänien	14,6	?

2. **Zinsen und Geldgeschäfte.** Hieher gehört der Ertrag fest angelegter Activcapitalien, sowie Antheil des Staates am Gewinn von Banken und Geldinstituten. Die Nettoeinnahmen hieraus betragen:

i n	Millionen Mark	i n	Millionen Mark
Deutsches Reich	66,4	Russland	86,7
Frankreich	3,3	Spanien	30,8
Grossbritannien	32,9	Portugal	4,6
Italien	45,0	Belgien	1,4
Schweden	1,4	Dänemark	4,2
Oesterreich	3,7	Niederlande	?
Ungarn	?	Norwegen	1,9

3. **Staatslotterien.** Dieselben sind zwar eigentlich als Regalien aufzufassen, können jedoch — da die betr. Staaten auch die Concurrenz von Privatlotterien dulden — auch hier eingereiht werden. Die Netto-erträge sind in Millionen Mark in:

Preussen	3,8	Ungarn	8,5
Sachsen	3,0	Spanien	?
Andere Deutsche Staaten	1,4	Dänemark	0,9
Italien	18,3	Niederlande	0,7
Oesterreich	14,2		

4. **Berg- und Hüttenwerke, Salinen.** Dieselben liefern in Mill. Mark:

i n	Brutto	Netto	i n	Brutto	Netto
Allen Deutschen			Schweiz	?	?
Staaten	—	16,91	Italien	11,19	2,07
Preussen	88,32	11,68	Oesterreich	18,07	0,42
Bayern	7,17	0,83	Ungarn	9,73	9,50
Sachsen	?	1,22	Spanien	?	10,40
Württemberg	?	0,71	Türkei	?	?
Baden	0,93	0,28	Belgien	?	?
Uebr. Deutsche			Norwegen	1,22	0,51
Staaten	3,65	2,03	Serbien	?	0,006
Russland	?	?			

5. **Staatsanstalten, gewerbliche,** insbesondere Druckereien etc. Der Nettoertrag liefert in Mill. Mark in:

Deutsches Reich	5,37	Griechenland	0,004
Frankreich	4,12	Portugal	0,90
Grossbritannien	1,83	Serbien	0,16
Oesterreich	0,87	Spanien	?
Ungarn	1,13	Türkei	?
Russland	19,10	Niederlande	?
Belgien	0,48	Norwegen	?
Dänemark	0,10	Rumänien	?

6. Staatsverkehrsanstalten (Post, Telegraphen, Staatseisenbahnen, Canäle etc.) Ertrag in Mill. Mark:

i n	Brutto	Netto	i n	Brutto	Netto
Preussen	285,1	78,9	Russland	74,9	34,7
Bayern	97,1	35,5	Spanien	?	?
Sachsen	?	26,3	Türkei	3,8	— 1,5
Württemberg . .	?	14,0	Belgien	81,7	26,0
Baden	5,9	0,8	Dänemark	12,0	1,1
Uebrige Deutsche			Griechenland . .	?	0,8
Staaten	27,3	4,9	Niederlande . . .	14,2	2,2
Ganz Deutschland	—	160,6	Norwegen	5,8	4,4
Frankreich . . .	101,8	22,5	Portugal	8,2	1,0
Grossbritannien .	162,0	58,6	Rumänien	?	?
Italien	57,3	13,7	Schweden	11,6	4,5
Oesterreich . . .	40,2	2.2	Schweiz . . . . *	13,8	1,1
Ungarn	31,7	8.2	Serbien	?	0,2

B. Auflagen. Fasst man unter diesem Ausdrucke die directen und indirecten Steuern (einschliesslich der in Form von Monopolen erhobenen) sowie die Gebühren zusammen, so ergibt sich Folgendes: Der Netto-Ertrag der Auflagen beträgt pro Kopf in Reichsmark in:

Frankreich	46,5	Bayern	16,1
Grossbritannien	39,2	Deutsches Reich	14,9
Niederlande	37,3	Württemberg	14,0
Italien	26,8	Sachsen	13,3
Oesterreich	24,3	Griechenland	13,5
Belgien . . . . ·	19,7	Preussen	13,0
Portugal	19,6	Dänemark	12,4
Ungarn	18,0	Schweden	12,4
Baden	16,6	Serbien	6,4
Russland	16,3	Spanien	5,8

Da indessen der Wohlstand, die Steuerfähigkeit der Völker sehr verschieden ist, dürfen diese Zahlen nur mit Vorsicht verglichen werden.

Interessant ist die Vergleichung des Steuerbetrages mit der Volks-dichtigkeit. Dabei zeigt sich, dass in grossen Städten auf einen Einwohner mehr Steuer kommt, als sonst im Lande. Die Städte sind eben der Sitz des Reichthums. Gegenden mit unfruchtbarem Boden haben einen gerin-gen Steuerbeitrag des Kopfes; fruchtbare und sehr industrielle einen hohen. Bei sehr dichter Bevölkerung ist die Steuerfähigkeit niedriger, als bei mittlerer Volksdichtigkeit.

Hinsichtlich der einzelnen Arten der Auflagen ist hervorzuheben:

1. **Die directen Steuern**, umfassend: Grundsteuer, Gebäudesteuer (auch Thür- und Fenstersteuer), Einkommensteuer, Kopf-, Personal-, Capital-, Renten-, Erwerb-, Mobiliensteuer, Gewerbesteuer, Handelspatente, Zehnten, Vieh- und Hundesteuer, Luxussteuern, liefern folgende Erträge (nebst Belastung pro Kopf in Reichsmark):

i n	Ertrag in Mill. Mark Bruto	Netto	Belastung pro Kopf Mk.	i n	Ertrag in Mill. Mark Bruto	Netto	Belastung pro Kopf Mk.
Deutsche Staat.	265,2	249,5	6,1	Dänemark . .	11,1	10,9	5,7
Frankreich . .	364,1	348,4	9,3	Griechenland .	9,3	9,1	5,5
Grossbritannien	289,1	283,1	8,3	Niederlande .	41,3	41,1 ?	10,3
Italien	309,4	302,8	10,9	Norwegen . .	?	?	?
Oesterreich . .	182,1	181,5 ?	8,2	Portugal . . .	24,5	22,7 ?	5,6
Ungarn . . .	165,2	163,6 ?	10,6	Rumänien . .	18,7	16,6 ?	3,3
Russland . . .	425,1	412,5	4,8	Schweden . .	14,5	?	3,2
Spanien . . .	188,4 ?	31,8	11,5 ?	Schweiz . . .	?	?	?
Türkei	49,6	?	?	Serbien . . .	7,9	7,6	5,0
Belgien . . .	35,5	34,8	6,4	Ver. Staaten	164,4	?	4,2

2. **Consumsteuern.**

Bezüglich der **Aufwandsteuern** im Allgemeinen ist es eine wichtige Aufgabe der Finanzstatistik, für jede besteuerte Waare ein gewisses Maass der Steuer zu ermitteln, bei welchem die letztere am meisten einträgt. So hat man häufig von der Steuerermässigung eine Vermehrung der Einnahme empfunden.

Die unter dem Namen Consumsteuern hier zusammengefassten Steuerarten sind: Tabaks- und Salzmonopol (beziehungsweise Steuer), Rübenzuckersteuer, Getränkesteuern (einschliesslich Licenzen für Schankwirthschaften), ferner Mahl- und Schlachtsteuern, Steuern auf Getreide, Glas, Cichorien, Papier, Pulver, Petroleum, Seife, Zündhölzchen.

Die Gesammtheit dieser Steuern liefert in den meisten Staaten einen sehr erheblichen, in einzelnen den grössten Theil des Staatseinkommens.

	Gesammtertrag der Consumsteuern						
	Absolut in Mill. Mark		Belastung pro Kopf		Absolut in Mill. Mark		Belastung pro Kopf
in	Brutto	Netto		in	Brutto	Netto	
Deutsches Reich	241,9	161,6	5,6	Dänemark . .	7,5	7,4	3,8
Frankreich . .	785,1	704,7 ?	21,2	Griechenland .	?	?	?
Grossbritannien	485,9	449,3	14,0	Niederlande .	65,6	61,2 ?	16,4
Italien	281,7	266,8	9,9	Norwegen . .	4,5	4,4	2,5
Oesterreich . .	288,9	266,1	13,1	Portugal . . .	28,6	26,8 ?	6,5
Ungarn . . .	116,0	80,7 ?	7,4	Rumänien . .	?	?	?
Russland . . .	775,5	729,4	8,6	Schweden . .	16,9	16,3	3,7
Spanien . . .	113,4	19,0	6,9	Schweiz . . .	?	?	?
Türkei	8,8	?	?	Serbien . . .	0,8	0,7	0,5
Belgien . . .	24,9	19,1 ?	4,5				

Hinsichtlich der wichtigsten Consumsteuern ist zu erwähnen:

a) Der Tabak gibt erhebliche Erträge zur Besteuerung in jenen Staaten, wo das Tabakmonopol eingeführt ist. Der Bruttoertrag der Tabaksteuer (bez. Monopol) liefert:

in	Absolut in Mill. Mark	pro Kopf	in	Absolut in Mill. Mark	pro Kopf
Deutsches Reich	1,1	0,02	Ungarn	55,9	3,5
Frankreich . .	263,5	7,1	Russland . . .	43,9	0,5
Italien	89,6	3,1	Türkei	3,2	?
Oesterreich . .	118,0	5,3	Portugal . . .	12,7	2,9

Dagegen in den Vereinigten Staaten (1875) 4,50 Mark pro Kopf.

Die Erträge, welche Spanien, Rumänien, die Niederlande und die Schweiz aus der Besteuerung des Tabaks gewinnen, sind nicht bekannt.

b) Salzsteuer und Salzmonopol. In einzelnen Staaten ist Salzproduction und Salzhandel, in anderen blos der Salzhandel als Regal eingeführt worden; andere begnügten sich mit einer Salzsteuer; andere liessen das Salz ganz frei. Die Brutto-Einnahme aus dem Salze beträgt:

i n	Absolut in Mill. Mark	pro Kopf Mark	i n	Absolut in Mill. Mark	pro Kopf Mark
Deutsches Reich	35,9	0,86	Ungarn	27,8	1,78
Frankreich . .	26,8	0,72	Russland . . .	35,9	0,40
Italien	64,8	2,65	Serbien	0,25	0,16
Oesterreich . .	38,7	1,76			

c) Getränkesteuern. Diese wichtigste und ergiebigste Gruppe der Consumsteuern liefert folgende Brutto-Erträge:

i n	Absolut in Mill. Mark	pro Kopf Mark	i n	Absolut in Mill. Mark	pro Kopf Mark
Preussen . . .	59,9	2,3	Oesterreich . .	69,8	3,1
Bayern	22,5	4,4	Ungarn	21,8	1,4
Sachsen	6,4	2,3	Russland . . .	677,7	7,7
Württemberg .	6,6	3,5	Belgien	22,2	4,0
Uebrige Deutsche			Dänemark . .	3,8	1,9
Staaten . . .	14,7	—	Niederlande . .	38,0	9,5
Deutsches Reich	110,3	2,5	Norwegen . .	4,5	2,5
Frankreich . .	319,2	8,6	Portugal . . .	1,2	0,2
Grossbritannien	314,0	9,0	Schweden . . .	16,8	3,7
Italien	3,4	0,12			

3. Zölle. Der Ertrag derselben (mit Ausschluss der Schifffahrts-abgaben) stellt sich wie folgt:

Staaten	Absolut in Mill. Mark		Brutto pro Kopf Mark	Staaten	Absolut in Mill. Mark		Brutto pro Kopf Mark
	Brutto	Netto			Brutto	Netto	
Deutsches Reich	115,7	105,9	2,6	Dänemark . .	17,0	14,5	8,0
Frankreich . .	203,9	178,8	5,5	Griechenland .	11,3	10,6	6,7
Grossbritannien	409,9	390,7	11,8	Niederlande .	7,8	6,6	2,0
Italien	93,2	78,8	3,3	Norwegen . .	23,6	21,5	13,0
Oesterreich . .	53,0	29,2	2,4	Portugal . . .	33,5	29,1	7,7
Ungarn . . .	0,9	—	0,06	Rumänien . .	?	?	?
Russland . . .	241,0	217,0	2,7	Schweden . .	27,7	23,4	6,1
Spanien . . .	199,5	33,5	12,2	Schweiz . . .	12,1	10,9	4,3
Türkei	28,8	25,0	3,2 ?	Serbien . . .	1,8	1,6	1,1
Belgien . . .	14,7	11,3	2,6				

4. Sonstige Auflagen.

Ausser den hier genannten einzelnen Auflagen existiren in den
europäischen Staaten noch mancherlei Arten derselben: Stempelsteuern.
Einregistrirung, Gerichtssporteln und mannigfache Gebühren, Erbschafts-
steuern, Eisenbahnsteuern etc. Es ist selbstverständlich, dass eine eingehende Finanzstatistik auch diese Auflagen, welche grösstentheils ein
sehr günstiges Verhältniss zwischen Brutto- und Nettoertrag aufweisen.
auszuscheiden und zu prüfen hätte.

Der Gesammtbetrag aller nicht unter den directen Steuern genannten Auflagen verdient gleichfalls Erwähnung, weil er, unter Hinzurechnung der (oben Ziffer 1 aufgeführten) directen Steuern, ein Ausdruck
der Gesammtbelastung der Völker ist. Die unter Ziffer 2—4 genannten
Auflagen betragen zusammen:

i n	Absolut in Mill. Mark		Brutto pro Kopf Mark	i n	Absolut in Mill. Mark		Brutto pro Kopf Mark
	Brutto	Netto			Brutto	Netto	
Preussen . . .	273,8	187,0	—	Russland . .	1135,2	1061,7	12,8
Bayern	65,9	56,6	—	Spanien . .	369,6?	60,9?	22,6?
Sachsen . . .	20,4	18,8	—	Türkei . . .	39,2?	25,0?	?
Württemberg .	15,8	13,4	—	Belgien . .	83,5?	72,8?	?
Baden	16,1	14,7	—	Dänemark .	33,0	30,4	17,0
Uebr. Deutsche				Griechenland	15,7	14,0	9,3
Staaten . .	60,4	53,6	—	Niederlande	115,4	107,6?	29,0
Deutsches Reich	452,6	344,4	10,5	Norwegen .	29,8	27,4	16,5
Frankreich . .	1543,8	1437,3	41,0	Portugal . .	76,2	70,0	17,5
Grossbritannien	1128,3	1069,0	32,5	Rumänien .	31,2	?	5,8
Italien	484,7	453,7	17,1	Schweden .	50,2	44,4	11,0
Oesterreich . .	441,6	353,3	20,0	Schweiz . .	12,1?	10,9?	?
Ungarn . . .	160,8	115,1?	10,2				

§. 207. Fortsetzung. Die Staatsschulden.

Der jetzige Schuldenstand der europäischen Culturländer hat eine
erstaunliche Höhe erreicht. Um ihn jedoch richtig zu würdigen, ist es
nöthig, von der Gesammtschuld die Eisenbahnschulden auszuscheiden, weil
letztere in den bezüglichen Bahnen ein rentirliches Werthäquivalent haben.
Die Uebersicht für die letzten Jahre ergibt (nach den im goth. Hofk. pro
1881 angegebenen Ziffern berechnet):

Staaten	Jahr	Eigentliche Schuld		Eisenbahnschuld in Mill. Mark	Gesammtschuld	
		Absolut in Mill. Mark	pro Kopf Mark		Mill. Mark	pro Kopf Mark
Preussen . . .	1880—81	831,2	32	829,4	1660,7	64
Bayern . . .	1879	407,3	81	904,0	1311,4	261
Sachsen . . .	1880	454,9	164	230,9	685,8	248
Württemberg	1879	107,1	56	289,0	396,1	208
Baden	1880	27,1	18	324,1	351,2	233
Uebr. Deutsche Staaten . .	—	292,2	50	121,1	413,4	71
Ganz Deutschl.	—	2120,1	49	2698,6	4818,8	112
Frankreich . .	1880	23947,8	605	849,7	24797,6	624
Grossbritannien	1879—80	14834,3	425	—	14834,3	425
Italien	1880	10006,4	354	—	10006,4	354
Oesterreich . .	n	6419,5	289	—	6419,5	289
Ungarn . . .	n	1398,6	89	173,3	1572,0	100
Russland . . .	n	5437,8	61	1773,5	7211,4	81
Spanien . . .	1879	9810,7	590	522,1	10332,8	621
Türkei	1879—80	5727,1	826	—	5727,1	826
Belgien . . .	1880	1128,8	203	504,0	1632,8	294
Dänemark . .	1878—79	193,9	94	—	193,9	94
Griechenland .	1880	226,9	134	—	226,9	134
Niederlande .	n	1578,9	440	—	1578,9	440
Norwegen . .	1879	17,1	9	—	17,1	9
Portugal . . .	n	1745,3	367	—	1745,3	367
Rumänien . .	n	132,5	24	244,9	377,4	70
Schweden . .	n	3,0	0,6	217,0	220,0	48
Schweiz . . .	1880	Ueberschuss	—	—	Activüberschuss	—
Serbien . . .	1879	28,0	16	—	28,0	16
Ver. Staaten .	1879	8384,9	109	—	8394,9	109

Diese Ziffern sind der Ausdruck einer sehr weit getriebenen Anspannung des Staatscredits. Sieht man von den Eisenbahnschulden ab, so sind die meisten Schulden entstanden, um die Mittel zu Kriegen bieten zu können, haben also kein anderes Werthäquivalent, als die Erhaltung der Staaten und allenfalls noch die Erhöhung des politischen Einflusses einzelner derselben. Es ist ein unheilvoller Weg, welchen die Culturstaaten Europa's mit dieser enormen Anspannung ihres Credits betreten haben. Fortwährend werden durch die gegenwärtige Generation ihren Nachkommen Lasten neu aufgebürdet, und es ist kein Ende dieses Verfahrens abzusehen. Niemand wird bestreiten können, dass die Staatsschulden, die ja doch durch die Steuerkraft des Volkes verzinst werden müssen, aus diesem Grunde auch Schulden aller einzelnen Steuerzahler sind und als solche auf der gesammten Volkswirthschaft lasten.

§. 208. Die Rechtspflege [1]).

Die Justizstatistik soll die Anwendung der Gesetze durch die Gerichte bis in das kleinste Detail verfolgen und alle richterlichen Erfahrungen wissenschaftlich zusammenstellen. Dadurch offenbart sie die Fehler und Vorzüge der bestehenden Gesetze, wird zur sicheren Grundlage für die Weiterentwickelung der Gesetzgebung und gibt ausserdem Aufschlüsse über die wirthschaftliche und sittliche Cultur der Bevölkerung.

So wichtig hiernach die Statistik der Rechtspflege erscheint, so ist dennoch nur ein Theil derselben, die Criminalstatistik bisher mit Sorgfalt gepflegt, die Civilrechtspflege dagegen vernachlässigt worden. Jene wird der Einheit des Gegenstandes wegen besser im Zusammenhange mit der gesammten Sittenstatistik behandelt.

Das Recht ist das in ewiger Weltordnung begründete und durch menschliche Satzung festgestellte Gleichgewicht der menschlichen Willen. Unaufhörlich wird durch menschliche Schwäche und Leidenschaft dieses Gleichgewicht gestört und durch die geordnete Beobachtung jener Satzung Seitens der Staatsgesellschaft wieder herzustellen gesucht. Das Maass dieser Störungen, ihre Bewegung. ihre Wiederausgleichung darzustellen und zu untersuchen, in Zusammenhang zu bringen mit anderen Erscheinungen des Menschen- und Völkerlebens: das ist die Aufgabe der Rechtsstatistik.

Die Statistik der Civilrechtspflege insbesondere ist mit der Criminalstatistik verwandt wegen einer gewissen Gleichartigkeit des Beobachtungsgegenstandes — da es sich bei dieser wie bei jener um Rechtsfälle handelt — und der Erhebungsmittel.

Doch besteht ein ganz wesentlicher Unterschied. Denn während die Criminalstatistik mit sittlichen Zuständen sich beschäftigt, spiegelt die Civilrechtspflege mit wenigen Ausnahmen (z. B. Ehescheidungen) wirthschaftliche Volkszustände ab. Wir unterscheiden hier:

I. Die streitige Gerichtsbarkeit. Wichtig ist schon:

1. Die Zahl der Processe [2]). Sie ist bedingt:

    A. durch die Zahl der abgeschlossenen Rechtsgeschäfte;

    B. durch die grössere oder geringere Streitsucht der Bevölkerung; aber auch

    C. durch die Beschaffenheit des geltenden Civilrechts und Processes.

Die Zahl der Processe lässt Schlüsse auf ihre Bedingungen ziehen. Aber man muss sämmtliche Bedingungen im Auge behalten. Eine kleine Zahl von Processen kann ebensowohl Folge verträglichen Volkscharakters sein, als auch unentwickelten Verkehrslebens oder grosser Schwierigkeit der Processführung.

2. Der Werth der Streitgegenstände.

3. Die Art der Processerledigung, namentlich die Zahl der geschlossenen Vergleiche, der vergeblich oder erfolgreich gehaltenen Sühnetermine u. s. f.

4. Die Dauer der Processe. Aus dem raschen oder schleppenden Gange der Justiz ist erkennbar, ob und welche Aenderungen im Processverfahren erforderlich sind. Auch der Pflichteifer der Richter.

5. Die Gegenstände der Processe. So die Zahl der Schuld- und der Alimentationsklagen, der Eigenthums- und der Besitzstreitigkeiten. Im Canton Bern hat man beobachtet, dass nach schlechten Ernten die Schuld-, nach guten die Injurienklagen vorherrschen. So werfen auch die Processgegenstände Streiflichter auf Volkszustände. Indessen ist es oft sehr schwierig, die Gegenstände der Processe in Kategorien zu bringen.

6. Die Zahl der erlassenen Zahlungsbefehle und Executionsmandate verschafft gleichfalls Einblicke in die ökonomische Lage der Bevölkerung. Dabei ist noch nöthig, Nachrichten über die Höhe der Summen, über Stand und Beruf der betheiligten Personen zu haben. Namentlich auch über die wegen Schulden eingesperrten Personen.

7. Die Zahl der Zahlungsstundungen und ihre Folgen.

8. Die Concurse. Sie liefern höchst wichtige Beiträge zur Kenntniss der wirthschaftlichen Lage der Bevölkerung[1]). Von Interesse sind dabei:

a) Die Summe der Activa und Passiva. Sind die kleinen Vermögen mehr überschuldet, so liegt die Ursache der Concurse meist in Arbeitsmangel, Erwerbslosigkeit, geringem Betriebscapital etc. Trifft die Ueberschuldung mehr die grossen Vermögen, so hat sie ihre Ursachen regelmässig in verfehlter Speculation, in Luxus und Verschwendung. Auch die Höhe der im Concurs bezahlten Procente ist von Wichtigkeit.

b) Die persönlichen Verhältnisse der Schuldner. Namentlich das Verhältniss zwischen städtischen und ländlichen Vergantungen, der Berufsstand des Concursschuldners.

9. Die von den Parteien bezahlten Kosten des Gerichtsverfahrens, besonders im Verhältnisse zum Werthe des Processgegenstandes.

II. Die freiwillige Gerichtsbarkeit ist von weit grösserer statistischer Bedeutung, als die streitige, aber in dieser Bedeutung noch wenig gewürdigt.

Vor allem scheinen besonderen statistischen Werth zu haben:

1. Die eingetragenen Handelsfirmen. Die Kenntniss der sich bildenden und wieder auflösenden Handelsgeschäfte, namentlich der Handelsgesellschaften ist höchst wichtig für die Beurtheilung der Lage des Handels und der Industrie, ihres Standes und Ganges. Nothwendig ist aber zur Vervollständigung dieser Kenntniss, dass auch die einzelnen Gewerbs- und Handelszweige mit angegeben werden und sich bezüglich der Classification den bei den gewerbestatistischen Aufnahmen eingeführten Kategorien anschliessen. Auch das Verhältniss der Zahl der Einzelnfirmen gegenüber den Gesellschaftsfirmen, sowie das der Zahl der verschiedenen Arten von Gesellschaften unter sich ist von Bedeutung. Da nach handelsgesetzlichen Bestimmungen jeder Kaufmann (auch die grösseren Industriellen) Namen und Firma in das Handelsregister eintragen lassen müssen. ist das statistische Material in dieser Richtung leicht zu beschaffen.

2. Die Veränderungen des Grundeigenthums. Da diese Veränderungen zur Kenntniss der die Grundbücher führenden Beamten kommen. wären auch hier die statistischen Erhebungen leicht. Man sieht aus diesen Veränderungen namentlich, ob die Lage der Verhältnisse des Grundeigenthums die Bildung von Latifundien oder Zwergwirthschaften oder das richtige Maass mittlerer Besitzthümer begünstigt. Man erkennt, ob und in welcher Weise die Gesetzgebung auf die Grösse und Gestaltung des Grundbesitzes einwirkt, wie diese Erscheinungen in den verschiedenen Ländern sich verhalten u. s. f. Lauter Fragen von grösster nationalökonomischer Wichtigkeit.

3. Die Erbtheilungen insbesondere. Bezüglich der wirthschaftlichen Stellung des Familienvermögens und seiner Schicksale ist es von Wichtigkeit, zu wissen, wie oft Intestat- und wie oft testamentarische Erbfolge eintritt, von sittlicher Bedeutung sogar die Zahl der Verletzungen des Notherbenrechts.

4. Die Verschuldung des Grundeigenthums. Auch die hiefür aus den Hypothekenbüchern zu schöpfenden statistischen Materialien sind von hoher statistischer Bedeutung. Man erfährt aus ihnen, wie weit die Verschuldung des Grundeigenthums in einem gewissen Zeitpunkte ging. wie sie sich in Folge der etwa entstandenen Bodencreditanstalten änderte; wie hoch die aufgenommenen Capitalien und die dafür gezahlten Zinsen überhaupt und bei den verschiedenen Arten von Gläubigern sind.

5. Die von den Parteien bezahlten Kosten.

Anmerkungen.

¹) Vgl. die Jahrb. f. Nationalökonomie u. Stat., IV. Bd.: Ueber die Organisation der Statistik der Rechtspflege.

²) In Preussen hat man (mit Ausschluss des Appellationsgerichtsbezirks Köln) von 1840—1862 folgende Vermehrung der Civilprocesse bemerkt: im Jahre 1840: 778551; im Jahre 1858: 1,294092; im Jahre 1862: 1,492000.

³) Die Statistik der württembergischen Rechtspflege zeigt, dass die Zahl der Gantprocesse weit sensibler ist als jene der Civilprocesse überhaupt.

Fünftes Buch.

Moralstatistik.

I. Capitel.

Uebersicht.

§. 209. Wesen und Schwierigkeiten der Moralstatistik.

Die Moralstatistik ist die statistische Untersuchung derjenigen Erscheinungen in der menschlichen Gesellschaft, welche heim Einzelnen aus auf freier sittlicher Willensentschliessung beruhender That hervorgehen.

Es liegt in der Natur der Sache, dass die sittlichen Eigenschaften des Menschen weit schwieriger zu beobachten sind, als seine wirthschaftlichen, gesellschaftlichen und politischen Verhältnisse schlechthin.

Einzelne moralische Eigenschaften kann man in der Voraussetzung schätzen, dass sie mit ihren Wirkungen im Verhältniss stehen. Aber bei vielen fehlt jeder Massstab. Wie man den Werth eines dichterischen Talents nicht nach der Seitenzahl seiner Werke messen kann, so lässt sich auch die Barmherzigkeit nicht nach der Höhe des Almosens allein, die Verschuldung des Diebes nicht nach dem Werthe des Gestohlenen allein bemessen.

Alle Handlungen, welche der Ausdruck freier sittlicher Willensentschliessung sind, lassen sich zunächst in positiv und negativ sittliche unterscheiden, d. h. in solche, welche das sittliche Leben fördern und in solche, welche einen Mangel an Sittlichkeit anzeigen. Da sich das Gute nicht so leicht aufzeichnen lässt als das Schlechte, sind die meisten Gegenstände der Moralstatistik Handlungen wider das Sittengesetz, welche über den im Menschen wohnenden Hang zum Bösen Aufschluss geben.

Weil nur ein Theil der sittlich wichtigen Handlungen äusserlich zur Erscheinung kommt und beobachtbar wird, ein anderer Theil sich der Beobachtung entzieht, so entsteht die Frage, wie es möglich ist, trotz der Verborgenheit einer Zahl solcher Handlungen das sittliche Leben zur Ziffer zu bringen (vgl. §. 214).

Da die einzelnen sittlichen Handlungen qualitativ unendlich verschieden sind, so fragt es sich um die Werthbestimmung derselben zum Zwecke der Vergleichung (§. 215).

Ist so die Möglichkeit gegeben, den dem Menschengeschlechte inne-
wohnenden Hang zum Bösen überhaupt messbar zu machen, so wird
man seine Regelmässigkeit, seine Tenacität zu untersuchen haben (§. 216
und 217).

Sodann die verschiedenen Einflüsse, die sich auf den Hang zum
Bösen im Allgemeinen geltend machen (vgl. II. Cap.).

Endlich die einzelnen sittlich bedeutungsvollen Handlungen (vergl.
III. Cap.).

Anmerkung.

Während schon Süssmilch als Vorläufer der neueren Moralstatistik erscheint, wurde dieselbe systematisch durch Quételet, Guerry, Legoyt und andere
zuerst in Augriff genommen, in England durch Buckle und J. St. Mill, in
Deutschland durch Hoffmann und Dieterici, A. Wagner, Drobisch (die moralische Statistik und die Willensfreiheit, 1867) und Mayr wesentlich gefördert,
um endlich in v. Oettingen's grossem Werk „Moralstatistik, Erl. 1868" eine
höchst umfassende und gediegene Behandlung zu finden. Sie ist jedenfalls das
interessanteste, aber auch an Schwierigkeiten reichste Gebiet der gesammten
Statistik. Eine ausführliche Geschichte der Moralstatistik siehe bei Oettingen.

§. 210. Der sittliche Werth des Durchschnittsmenschen.

Wenn die Moralstatistik eine grosse Zahl von solchen menschlichen
Handlungen, welche auf der Entwickelung des sittlichen Lebens beruhen,
beobachtet, so lassen sich allerdings einzelne sittliche Eigenschaften des
Menschen unter gewisse Regeln bringen. Diese Regeln gelten für den
Durchschnittsmenschen, aber auch für ihn nicht als unabweisliches Gesetz.
Für den einzelnen erleiden sie mannigfache Ausnahmen; doch dienen sie
trotzdem am besten zur Aufklärung über den sittlichen Zustand der Gesellschaft. Wir sehen bei den verschiedenen Menschen die Fähigkeiten
verschieden entwickelt; den einen finden wir geizig, den anderen ver-
schwenderisch, den einen hochgebildet, den anderen roh, bei einem bemerken wir einen ungewöhnlich starken Zug von Grausamkeit, bei einem
anderen von Habsucht u. s. f. Schon die Thatsache, dass wir solche
Charakterzüge, wenn sie bestehen, bemerken, spricht dafür, dass wir eine
Ahnung von einer allgemeinen Regel der Entwickelung haben und bei
unserem Urtheile Gebrauch davon machen.

Aber man darf den Menschen, wie er sich durchschnittlich in sittlicher Beziehung darstellt, nicht als eine Art Ideal ansehen, und Quételet
hat Unrecht, wenn er behauptet: „Wäre der mittlere Mensch vollkommen
bestimmt, so könnte man ihn als den Typus des Schönen und Guten betrachten".

Der mittlere Mensch ist vielmehr ein leidlicher Durchschnitt von
Gutem und Bösem, ein zusammenaddirtes Gespenst, das alle Schwächen

und Leidenschaften, aber auch alle Tugenden des Menschengeschlechtes in sich vereinigt. Von jeder Schurkerei, wie von jeder edelmüthigen und hochherzigen Handlung, die begangen wird, haftet ein Stückchen auf dem Gewissen des Durchschnittsmenschen. Und ebenso ist es mit seinen geistigen Eigenschaften. Er ist eine Mischung von Thorheit und Verstand, von Bildung und Geistesrohheit. Er ist in allem der Typus der Menschheit oder — je nach den beobachteten Theilen der Menschheit — der Typus seines Volkes, aber nicht der Typus des Schönen und Guten. Der Typus des Schönen und Guten ist ein Ideal, welchem der Mensch nachstreben soll, ein Ideal, welches alle Tugend und Hoheit des Menschengeschlechtes, aber nicht dessen Fehler besitzt.

Es gibt grosse und edle Menschen, die weit über den mittleren Menschen hinausragen, der Stolz des Menschengeschlechtes. Sie sind die Ideale und als solche weit einflussreicher, als Millionen Durchschnittsmenschen. Aus der grossen Masse der letzteren sich losringend, streben sie empor und zwingen jene Masse, mit ihnen sich zu erheben.

§. 211. Moralstatistik und Willensfreiheit.

Man hat der Moralstatistik den gewichtigen Einwand entgegengehalten, dass Handlungen, welche von der Willensfreiheit des Menschen abhängen, wie z. B. Uebertretungen der Sittengesetze und Strafgesetze, sich nicht der ziffermässigen Behandlung unterwerfen lassen, weil ja der menschliche Wille ein freier sei.

Aber man muss bedenken, dass die menschlichen Willensentschliessungen von einer ganzen Reihe verschiedenartiger Einflüsse abhängen. Von diesen Einflüssen wirken jene mehr, diese weniger stark, die einen gleichmässig, die anderen ungleichmässig und der Mensch folgt diesen Einflüssen fortwährend, obgleich er die Freiheit und die Macht hat, ihnen nicht zu folgen. Die Freiheit seines Willens besteht eben darin, dass er sich, wann und wo es ihm beliebt, von jenen Einflüssen emancipiren kann. Jene Einflüsse sind wie Geisterstimmen, welche jedem Menschen auf der Wanderung durch das Leben unaufhörlich zurufen: jetzt thue dies, jetzt das; jetzt wende dich rechts, jetzt links! Durchschnittlich folgt der Mensch diesen Stimmen; aber sie sind nur lockende und rathende, keine gebietenden. Folgt er ihnen auch neunundneunzigmal, so hat er es doch das hundertste Mal in der Gewalt, Rath und Lockung zu verschmähen. Und damit ist auch dem menschlichen Willen seine Freiheit gewahrt.

Eine äussere Gesetzmässigkeit für die menschlichen Handlungen gibt es nicht. Wenn der Mensch seine Handlungen durch Motive bestimmen lässt, welche aus der zufälligen Geburt, Erziehung und Umgebung des Einzelnen erwachsen, so liegt darin keine Gesetzmässigkeit, sondern höchstens eine gewisse Regelmässigkeit. Wo Regelmässigkeit herrscht, da gibt es Ausnahmen, und wo der Einzelne Ausnahmen machen kann, wenn er will, da ist Freiheit. Gäbe es gar keine Regelmässigkeit in der Befolgung von Beweggründen durch den Menschen, so wäre das ganze Leben der Menschheit auf die grundlose Augenblickslaune aller Einzelnen gestellt. Jeder Einzelne wäre selbst seinem Nächsten unberechenbar; völliger Mangel an Vertrauen, Unmöglichkeit irgend einer Menschenkenntniss und Lebenserfahrung wären die Folgen. Und dies würde ein Zusammenleben der Menschen ganz unmöglich machen.

Anmerkung.

Scharf präcisirt Knapp (die neueren Ansichten über Moralstatistik, 1871), die verschiedenen Richtungen der Moralstatistiker gegenüber dem Problem der menschlichen Willensfreiheit: Quételet habe den Menschen zuerst gewissermassen als bewegtes Atom der Gesellschaft hingestellt, Buckle als sein Herold die in der Welt unerbittlich herrschende Causalverbindung verkündet, Wagner das Gleiche in Deutschland gethan. Damit sei die Moralstatistik auf der Höhe der Uebertreibung angelangt und ein Rückschlag eingetreten, die französische Schule (Quételet-Buckle) bei der Läugnung der Willensfreiheit stehen geblieben, die deutsche dagegen (Drobisch an der Spitze) zu jener Vorstellung gekommen, die den Menschen als ein Wesen denkt, dessen Entschliessungen nicht auf dem Wege äusseren Zwanges, sondern innerer Motivirung zu Stande kommen. Behält die französische Schule Recht, so ist die Willensfreiheit experimentell widerlegt, im entgegengesetzten Falle begnügt sich die Sittenstatistik mit geringeren praktischen Leistungen im Dienste einer Social-Ethik, die noch in ihrer Entwicklung begriffen ist.

§. 212. Die Kreise sittlicher Lebensbethätigung.

Das sittliche Leben äussert sich in allen Sphären menschlichen Lebens überhaupt, nämlich:

I. Schon in der Sphäre der Erzeugung menschlichen Lebens, insbesondere in der Geschlechtsgemeinschaft der Menschen (Ehe, Ehescheidung, unsittliche Geschlechtsgemeinschaft, verbrecherische Geschlechtsgemeinschaft) ferner in der Geburtenziffer (eheliche und uneheliche).

II. In der Sphäre des wirthschaftlichen Lebens (Arbeit und Sparsamkeit, Proletariat und Eigenthum, Armenpflege und Association sind hier bedeutsame Erscheinungen).

III. In der Sphäre des Staats- und Rechtslebens. Das Recht ordnet gesellschaftliche, politische, wirthschaftliche und speciell sittliche Zustände. Weil aber alle Ordnung schon an sich eine sittliche Idee ist, ist nicht allein die durch das Recht geschützte Moral etwas sittliches, sondern auch jene Rechtsgestaltungen, deren Inhalt Arbeit und Eigenthum, Familie und Staat sind.

IV. In der Sphäre der intellectuell-ästhetischen Bildung.

V. In der Sphäre des Unterganges menschlichen Lebens. (Geistige und körperliche Krankheiten als Folgen sittlicher Entartung, verschuldete Kindersterblichkeit, Mord, Krieg, Todesstrafe, Selbstmord.)

§. 213. Die Criminalstatistik insbesondere.

Die menschliche Rechtsordnung schützt, so weit es ihr möglich ist, die sittliche Idee. Dieser Schutz findet seinen Ausdruck in der Strafgesetzgebung. Diejenigen Handlungen, welche in ihren Bereich fallen, die Verbrechen im weitesten Sinn des Wortes sind die Favoritgegenstände der Sittenstatistik. Die Verbrechen sind jene Thatsachen, welche vor allen anderen zu einer Erkenntniss sittlicher Volkszustände führen können.

Ihre Beobachtung und Untersuchung (die Criminal-Statistik) wird indessen doch durch mehrere Umstände sehr erschwert.

I. Es gibt nur für wenige Länder ein statistisch brauchbares Material.

II. Nicht nur nach der verschiedenen Volksanschauung, sondern auch nach den verschiedenen Gesetzgebungen sind Begriff und Arten der Verbrechen schwankend.

III. Auch die Verfolgung, Aburtheilung und Bestrafung der Verbrechen ist örtlich verschieden geartet.

Trotz dieser Schwierigkeiten hat sich die Statistik schon früh und energisch mit den Verbrechen beschäftigt und einige Regeln erkannt, welche für die menschliche Natur in ihren verbrecherischen Anwandlungen bestehen. Da die wichtigsten negativ sittlichen Handlungen unter das Strafgesetz fallen, ist es natürlich, dass die Criminalstatistik den Kern der gesammten Sittenstatistik bildet, dass namentlich der Hang des Menschen zum Bösen überhaupt und die verschiedenen Einflüsse auf denselben fast allein aus der Untersuchung der criminalstatistischen Daten erkannt werden.

§. 214. Bekannte und unbekannte Thaten.

Schon vor Quételet hat man bemerkt, dass die statistischen Beobachtungen nur eine gewisse Zahl bekannter und abgeurtheilter Verbrechen unter einer unbekannten Totalsumme von begangenen Verbrechen treffen.

Diese Totalsumme der begangenen Verbrechen wird wahrscheinlich immer unbekannt bleiben und alle Criminalstatistik wäre werthlos, wenn man nicht zugibt, dass zwischen den bekannten und abgeurtheilten Verbrechen und der unbekannten Totalsumme der Verbrechen ein nur wenig schwankendes Verhältniss besteht.

In einem Staate mit guter Polizei und Rechtspflege werden die schwersten Verbrechen, Tödtungen und Morde, fast immer bekannt, und

es wird demnach bezüglich dieser Thaten die Zahl der bekannten und
gerichtlich verfolgten Verbrechen fast gleich sein der Totalsumme der
begangenen Verbrechen. Diebstähle und andere geringere Frevel gegen
die Rechtsordnung werden häufiger unbekannt bleiben. Entweder merken
die Beschädigten den Schaden gar nicht, oder sie wollen den Thäter
nicht verfolgen oder die Gerichte bekommen nicht die zur Einschreitung
nöthigen Indicien in die Hand.

Das Verhältniss zwischen den entdeckten Verbrechen und der Totalsumme der begangenen Verbrechen ist sonach verschieden:

I. Nach der Art und Schwere der Rechtsverletzung.

II. Nach der Thätigkeit der Justiz bei Verfolgung des Schuldigen.

III. Nach der Mühe, welche die Schuldigen anwenden, um unent-
deckt zu bleiben, also nach deren Vorsicht und Schlauheit.

IV. Nach der Bekanntschaft der Beschädigten mit dem ihnen zu-
gefügten Schaden. Diese Bekanntschaft ist bei verschiedenen Gruppen von
Rechtsverletzungen sehr verschieden. Einen Diebstahl an seinen Kleidern
z. B. merkt der Beschädigte jedenfalls leichter, als einen Holzdiebstahl
in seinem Walde.

V. Nach dem Willen des Beschädigten, die Hilfe der Justiz zu beanspruchen. Dieser Wille wird offenbar grösser mit der Zuverlässigkeit
der Justiz selber.

Wenn alle diese Momente, welche auf das Verhältniss der entdeckten Verbrechen zur Gesammtsumme der begangenen einwirken, dieselben bleiben, wird auch die Wirkung gleichbleiben.

Dieser Schluss wird bestätigt, wenn man beobachtet, wie beharrlich
die Zahlen der Criminalstatistik alljährlich wiederkehren. Wenn man
bedenkt, dass jährlich fast die gleiche Zahl von Verbrechern vor die
verschiedenen Gerichtshöfe gebracht wird, dass in der Art der Verbrechen, sowie in der Zahl der Aburtheilungen und Freisprechungen die
grösste Regelmässigkeit herrscht: dann darf man zuversichtlich annehmen,
dass auch die Zahl derjenigen Verbrecher, welche der Justiz entschlüpfen,
Jahr für Jahr nur geringe Unterschiede haben kann.

§. 215. Werthbestimmung der sittlichen Handlungen.

Um sittliche Handlungen, die verschiedenen Inhalt und verschiedene
Objecte haben, vergleichen zu können, muss man einen Massstab suchen,
mit welchem sie gemessen werden können. An einen solchen kann man
höchstens bei den Verbrechen denken.

Ueber den Massstab, welcher bei der Beurtheilung und Werthbestimmung der Verbrechen angelegt werden soll, existiren indess sehr verschiedene Anschauungen.

Einige wollen blos die factischen Verurtheilungen berücksichtigen, weil nur diese das wirkliche Maass der constatirten Gesetzwidrigkeit erkennen liessen, während unter den blos Angeklagten auch viele unschuldig zur Untersuchung gezogene sich fänden.

Andere beurtheilen die sociale Verschuldung nach der Zahl der officiell bekannt gewordenen Reate.

Wieder andere nehmen als Maass dieser Verschuldung die relative Anzahl der Verbrechen, namentlich die Intensität derselben im Verhältniss zur criminalfähigen Bevölkerung.

Eine fernere Anschauung hält das Verhältniss der Freisprechungen zu den Verurtheilungen für einen besonders charakteristischen Ausdruck der öffentlichen Moral.

Die einen berücksichtigten vorzugsweise die schweren Verbrechen, um nach der Qualität derselben die sittlichen Krankheitszustände des Volkes zu messen.

Anderen erscheint die verschiedene Betheiligung der Bevölkerungsgruppen nach Alter, Geschlecht, Beruf von grösster Bedeutung.

Am genauesten ist wohl jener Massstab für die verschiedenen Verbrechen, Vergehen und Uebertretungen, welcher die sämmtlichen Strafrechtsverletzungen nach dem Strafmass berechnet und nach gewissen Vergehenseinheiten die mannigfaltigen Reate auf einen möglichst genauen quantitativen Ausdruck zu reduciren sucht. (Wie namentlich für die bayrische Statistik durch Mayr geschehen.)

Von hohem Interesse ist dabei auch die Feststellung jener Summe von Rechtsverletzung, welche die Bevölkerung ungestraft verübt und ungesühnt erduldet; damit ist zugleich ein Maass für die Leistungsfähigkeit der Polizei und Criminaljustiz gegeben.

§. 216. Der Hang zum Bösen.

Hang zum Verbrechen — le penchant au crime — nennt Quételet ausgehend von der Voraussetzung, dass die Verhältnisse, in denen die Menschen leben, die gleichen seien, die grössere oder geringere Wahrscheinlichkeit, ein Verbrechen zu begehen.

So lange die strafrechtliche Verfolgung und Bestrafung der Verbrechen in einem Staate sich nicht ändert, wiederholen sich die Verbrechen nach ihrer Art und Zahl, sowie nach ihrer Vertheilung auf Alter und Geschlecht mit grösster Regelmässigkeit.

Dieses Resultat fand Quételet zuerst aus der Untersuchung der tabellarischen Uebersichten, welche in Frankreich und Belgien über die Zahl der jährlich angeklagten und verurtheilten Personen mit Unter-

scheidung der Verbrechen nach einigen Hauptarten bekannt gemacht
wurden.

Nach ihnen ergibt sich, dass die Grenzen, zwischen denen die jährlichen Verbrechen in Frankreich nach ihrer Zahl und nach ihrer Vertheilung auf die verschiedenen Alter schwankten, enger sind, als die
Grenzen der jährlichen Sterblichkeit. Die Verbrechen haben also, obgleich
freie menschliche Handlungen, doch mehr Regelmässigkeit in sich, als das
sehr unfreiwillige und naturgesetzliche Sterben des Menschen. Diese Thatsache veranlasste, von einem Hange zum Verbrechen zu sprechen. Quételet
drückt sie mit den berühmt gewordenen Worten aus: es gibt ein Budget,
das mit einer schrecklichen Regelmässigkeit bezahlt wird: es ist das der
Gefängnisse, der Galeeren und der Schaffotte.

Der Hang zum Verbrechen, wenn auch oft unerkennbar, sucht
Eingang in jedem Herzen. Deshalb ist es Selbstüberschätzung, wenn wir
die Auswürflinge der Gesellschaft hochmüthig verachten in dem Bewusstsein, über die Fähigkeit und den Hang zum Verbrechen weit erhaben zu
sein. Als Mitglied der menschlichen Gemeinschaft hat jeder eine Mitver-
antwortlichkeit und Mitschuld an den Thaten des Verbrechers. Dass nicht
in jedem Menschen die Sünde bis zum Verbrechen gediehen ist, mag uns
vor dem menschlichen Richterstuhle unbescholten erscheinen lassen, niemals
vor dem Richterstuhle des Gewissens.

Und wie unser Gewissen schon wegen jedes bösen Hanges reagirt:
so reagirt das öffentliche Gewissen, das Rechtsbewusstsein des Volkes gegen
die Bethätigung des verbrecherischen Hanges, indem es straft (vgl. Oettingen
a. a. O.).

Wenn nun aus den statistischen Daten ein solcher Hang zum Verbrechen und eine Regelmässigkeit in ihm gefunden wird, mag wohl mancher
veranlasst werden, an eine düstere dämonische Machtentfaltung des Bösen
in diesem „Gesetz der Sünde" zu denken, an eine Machtentfaltung, welche
durch die Geschichte der Völker unheimlich sich heraufzieht und schwarze
Schatten in den Glanz unserer Civilisation zeichnet. Dann erscheinen die
einzelnen Verbrechen und Verbrecher nur als Anzeichen einer bösen
inneren Krankheit des Menschengeschlechtes; sie weisen auf einen verursachenden Willen hin, von welchem der Einzelne in dämonischer Weise
erfasst wird. Der Fluch der bösen That, fortzeugend Böses zu gebären,
weist auf solch ein geistig geartetes Verursachungssystem, auf eine ver-
suchliche Macht des bösen Geistes innerhalb der Herzens- und Lebens-
geschichte, nicht blos der einzelnen Menschen, sondern auch der wüsten
Menge hin.

Diesem dämonischen bösen Willen, der im Herzen der Menschheit
wühlt, tritt fortwährend in der Form geistig-sittlichen Kampfes eine

bessernde Reaction entgegen. Die ganze Geschichte menschlicher Gesetzgebung, namentlich der Strafgesetzgebung, ist ein stetiger Ausdruck dieser Reaction. Aber sie ist auch ein Beweis, dass man die Macht des Bösen nicht als eine unbezwingbare Naturgewalt ansieht, an der sich nichts ändern lässt, sondern als eine Verschuldung, gegen welche das öffentliche Gewissen ankämpfen kann und soll. Und dieser Kampf ist nicht fruchtlos.

§. 217. Die Sensibilität der Bevölkerung für die böse That; Tenacität des Bösen.

Soll ein vollständiges Bild der Gestaltung des verbrecherischen Hanges erreicht werden, so ist es nöthig, längere Zeit hindurch das Maass der Schwankungen der Verbrecherzahl über und unter den Durchschnitt zu beachten. Denn diese Schwankungen zeigen die Sensibilität der Bevölkerung für die einzelnen Arten verbrecherischen Handelns. Je geringfügiger die Abweichungen vom Durchschnitt sind, um so gleichmässiger ist die Wirkung der äusseren und inneren Veranlassungen des Verbrechens. Und umgekehrt [1]).

Ein sehr schlimmes Symptom verbrecherischen Hanges ist die Zahl der Rückfälligen. Vergleicht man sie mit der Zahl derjenigen Bestraften, welche nicht rückfällig werden, so ist sie ein Ausdruck der Macht, mit welcher die Verbrecher am Verbrechen festgehalten werden. Vergleicht man die Zahl der rückfälligen Verbrecher mit der Gesammtzahl der Verbrecher, so drückt ihre Zahl den Einfluss begangener Schuld auf den verbrecherischen Hang der ganzen Bevölkerung aus. Beide Verhältnisse lassen Schlüsse auf die bessernde Macht der Bestrafung zu [2]).

Im ganzen mehrt sich die Zahl der habituellen Verbrecher sichtlich (Oettingen).

Bedingt wird diese Zahl nicht nur durch die Kraft, mit welcher das Böse im Herzen des Verbrechers Wurzel geschlagen, sondern auch durch den Zustand der Besserungsmittel und die grössere oder geringere Schwierigkeit für den Verbrecher, sich in der Gesellschaft wieder zurechtzufinden.

Anmerkungen.

[1]) Für Bayern ist (Mayr) die Sensibilität der Bevölkerung für die verschiedenen Arten verbrecherischer That folgende. Die Angriffe auf das Leben erfolgen mit grösster Regelmässigkeit; hier ist demnach die Tenacität des Bösen am grössten, die Sensibilität der Bevölkerung für Veranlassungen zur That am geringsten. Grösser ist die Sensibilität der Bevölkerung bei Angriffen auf die Person. Dagegen vollziehen sich die Eigenthumsbeeinträchtigungen mit grosser Regelmässigkeit, während Eigenthumsbeschädigungen, Betrug und Untreue noch grössere Unregelmässigkeiten und die öffentlichen Verbrechen die grösste Sensibilität zeigen.

¹) Für Frankreich ist constatirt, dass 40—45% der Gefangenen rückfällige Verbrecher sind. (Oettingen a. a. O. S. 705.)

In England betrugen die Rückfälligen 1841—53 durchschnittlich 25,3%, steigen 1846 bis auf 26,1%, 1849 bis auf 26,3% (a. a. O. S. 711.) Die Abweichung vom Mittel beträgt in dieser ganzen Periode nie mehr als 1%. Namentlich zeigt sich eine ausnehmend starke Tendenz zum Rückfall bei den jugendlichen Verbrechern, welche, kaum dass sie eine Strafe überstanden, mit dämonischer Hast von neuem die Gefängnisse füllen.

Auch die Weiber leiden besonders unter dem Rückfall, wie schon Benoiston de Châteauneuf erwähnt, und wie sich neuerdings namentlich in Sachsen gezeigt hat.

II. Capitel.
Die bestimmenden Ursachen der sittlichen That.

§. 218. Im Allgemeinen.

Jede einzelne positiv oder negativ sittliche That hat eine nächste Ursache, durch welche sie unmittelbar veranlasst wird. Aber diese nächsten Ursachen sind wieder die Folgen anderer fernerer Ursachen.

I. Die nächsten Ursachen der sittlich wichtigen Handlungen sind die menschlichen Triebe und Leidenschaften. Sind diese Triebe im einzelnen Menschen harmonisch entwickelt, so erscheinen sie als Tugenden und erzeugen positiv sittliche Thaten; ist ihre Harmonie gestört, so haben sie den Charakter des Lasters und erzeugen unsittliche Thaten. Classificirt man die wichtigsten dieser Triebe, so erhält man:

A. Den Selbsterhaltungstrieb. In seiner harmonischen Entwickelung bewirkt er den gerechten und sittlichen Kampf des Menschen um sein Dasein. Eine engere Form desselben ist der Erwerbstrieb, dem als positiv sittliche Früchte Arbeit und Sparsamkeit, als negativ sittliche Geiz und Habsucht, Diebstahl und Betrug entwachsen. Wird der Selbsterhaltungstrieb anderen als wirthschaftlichen Gefahren gegenübergestellt, so zeigt er sich positiv sittlich als Vorsicht und Mässigkeit, negativ als Feigheit.

B. Der Familientrieb erscheint als eine Erweiterung des Selbsterhaltungstriebes und hat im wesentlichen dieselben Wirkungen.

C. Der Trieb nach Ruhe und Bequemlichkeit erscheint in seiner Entartung als Trägheit und wird in dieser Form Ursache der statistischen Erscheinung des Bettler- und Vagabundenthums; in äusserster Degeneration, in den schwersten Conflicten führt er bis zum Selbstmord.

D. Der Geschlechtstrieb hängt in seiner sittlichen Entwickelung mit dem Familientriebe zusammen, in seiner Entartung wird er zur bestimmenden Ursache der geschlechtlichen Verbrechen, der unehelichen Geburten, der Ehescheidungen, theilweise auch der Prostitution und anderer sitten-statistischer Erscheinungen.

E. Der Trieb nach Erheiterung und Belustigung erzeugt in gesunder harmonischer Entwickelung allen sittlichen Luxus, in seiner Entartung erscheint er als unsittlicher Leichtsinn, Trunksucht, verschwenderischer Luxus.

F. Der Trieb nach Geltendmachung körperlicher Kraft ist in seiner Entwickelung physischer Muth (mit dem Erheiterungstriebe verbunden erzeugt er den Sport); in seiner Entartung erscheint er als Rohheit und wird Ursache von Angriffen gegen die Person, seltener gegen das Eigenthum. Seine schlimmste Entartung ist die Grausamkeit. Häufig verbunden mit ihm ist:

G. Der Trieb nach Geltendmachung des eigenen Willens, der geistigen Persönlichkeit. Er erscheint, sittlich entwickelt als Freiheitstrieb, entartet als Zorn, Herrschsucht, Hass und Rachsucht und wird statistisch greifbar in vielen Verbrechen gegen die Person.

Aber selbst die edelsten Triebe des Menschen können so entarten, dass sie die unmittelbaren Ursachen unsittlicher Thaten werden. So erscheinen religiöser Fanatismus (Entartung des religiösen Triebes), unsittlicher Ehrgeiz (Entartung des Triebes nach Anerkennung), ebenso politische Leidenschaften (Entartungen des Staats- und Rechtsbewusstseins), Liebe und Freundschaft, namentlich erstere, und selbst das Gefühl der Reue (in seiner Steigerung bis zur Verzweiflung) als mächtige Motive nicht nur sittlicher, sondern auch unsittlicher That. Eine Untersuchung der Häufigkeit aller dieser Motive könnte zu einer Messung der Gewalt menschlicher Leidenschaften führen.

II. Neben diesen, die einzelne gute oder böse That unmittelbar verursachenden Beweggründen bestehen aber auch zahlreiche äussere Einflüsse, deren Bedeutung für den Hang zum Bösen überhaupt als auch für einzelne besondere Richtungen unsittlichen Handelns untersucht werden kann. Eine genaue Untersuchung ist allerdings nur bei jenen sittlich bedeutungsvollen Thaten möglich, die überhaupt genaue Beobachtung zulassen.

Diese Einflüsse sind nicht Gemüthsregungen, sondern Lebensverhältnisse, welche erst wieder Ursachen von Gemüthsregungen werden. Wenn natürliche, familiäre, gesellschaftliche, wirthschaftliche, politische und religiöse Verhältnisse durch längere Dauer gewisse Triebe im Menschen grossgezogen haben und sodann Aenderungen eintreten, welche eine gleiche Wirksamkeit dieser Triebe nicht mehr gestatten: dann reagirt die menschliche Leidenschaft und die Triebe zeigen sich in ihrer Entartung. Und deshalb tragen auch die Lebensverhältnisse des Menschen, d. h. der

Collectivmensch, der dieselben geschaffen, stets einen Theil der Schuld und der Verdienste des Einzelnen.

Man wird daher, wenn man diese Einflüsse beobachtet, namentlich zu untersuchen haben, ob nicht da, wo sie sich geltend machen, früher andere Verhältnisse geherrscht haben.

Wenn diese Einflüsse, obgleich sie als fernere Ursachen der menschlichen Handlungen zu betrachten sind, doch genauer untersucht sind, als die näheren, so liegt der Grund darin, dass äussere Lebensverhältnisse der Statistik zugänglicher sind, als Gemüthsbewegungen. Aber als fernere Ursachen sittlich wichtiger Thaten müssen sie von den Regungen des menschlichen Gemüthes, welche die nächsten Ursachen sind, wohl unterschieden werden [1]).

Die wichtigsten dieser Einflüsse sind folgende:

Anmerkung.

[1]) Der Florentiner statistische Congress gibt folgende Classification der Motive zum Verbrechen, bei welcher sowohl Gemüthsregungen als auch Lebensverhältnisse als Motive auftreten. Die Classification entspricht zwar nicht den Anforderungen strenger Systematik, aber den Erfahrungen der Criminalisten. Sie unterscheidet als Motive:

   I. Erhaltung der eigenen und Anderer Ehre, Leben und Eigenthum.
   II. Aberglaube und Vorurtheile.
  III. Religiöse Leidenschaften.
  IV. Politische Leidenschaften.
   V. Wirthschaftliche oder sociale Differenzen.
  VI. Liebe, erlaubte und unerlaubte.
 VII. Zorn und Trunkenheit.
VIII. Hass, Rache.
  IX. Habsucht.
   X. Rohheit.
  XI. Lieferung der Mittel, die Verbrechen Anderer zu erleichtern oder ihre Verfolgung unmöglich zu machen.
 XII. Häusliche Misshelligkeiten.
XIII. Mangel.
XIV. Verschiedene und unbekannte Motive.

§. 219. Einfluss der Zeit und Civilisation.

Die Criminalstatistik ist noch nicht alt genug, um behaupten zu können, ob in unseren modernen Staaten bei fortschreitender Cultur eine Abnahme oder Zunahme der Verbrechen stattfindet.

In Frankreich hat in neuerer Zeit die officielle Statistik eine Verminderung zu entdecken und zu Gunsten des Kaiserthums auszulegen versucht. Bei näherer Betrachtung zeigte sich, dass die Verminderung

einestheils nur scheinbar, anderntheils blos in Bezug auf einzelne Verbrechen stattgefunden hat.

Der immer noch grauenhaften Regelmässigkeit der Verbrechen
gegenüber ist es nur ein schwacher Trost, dass mitunter in einem einzelnen
Jahre eine Verminderung der Verbrechen eintritt. Gewisse gewaltsame
Verbrechen, wie der Strassenraub, müssen freilich in Folge der grösseren
polizeilichen Sorge für die Sicherheit der Strassen und des Verkehrs
regelmässig abnehmen.

Andere Verbrechen von schlimmster sittlicher Bedeutung aber, z. B.
die Morde werden nicht seltener. Die Verbrechen gegen die Sittlichkeit.
Nothzucht u. dergl. sind in Frankreich, Preussen und anderen beobachteten Ländern in bemerklicher Vermehrung begriffen.

Gleiches gilt von den mit Falschheit, Betrug, Hinterlist und Täu-
schung verbundenen sogenannten feinen Verbrechen gegen das Eigenthum.
Theilweise auch von den aus Bosheit gegen das Eigenthum begangenen
Verbrechen und Vergehen, z. B. von den Brandstiftungen.

Anmerkung.

Das beste Material für diese Frage liefert, theils wegen der langen Beob-
achtungszeit, theils wegen der gleichmässig gebliebenen Strafgesetzgebung, die
seit dem Jahre 1826 fortgeführte Criminalstatistik Frankreichs. Ihr ist (bis
1878) zu entnehmen:

I. Die Gesammtsumme der Verbrechen und Vergehen hat im Verlaufe
eines halben Jahrhunderts sehr bedeutend zugenommen.

II. Vermindert haben sich dabei nur die Verbrechen gegen das Eigenthum.

III. Die Verbrechen gegen die Person dagegen haben eine mässige, die
blossen Vergehen eine bedeutende Steigerung erfahren. Ihren Ausdruck finden
diese Veränderungen in folgenden Verhältnisszahlen:

	1826—30	1874—78
Verhandlungen wegen Verbrechen gegen das Eigenthum .	100	38
Angeschuldigte hiebei	100	51
Verhandlungen wegen Verbrechen gegen Personen . . .	100	127
Angeschuldigte hiebei	100	106
Verhandlungen wegen Vergehen	100	346
Angeschuldigte hiebei	100	295

(Annali di Stat. Ser. 2, Vol. 11, pag. 198.)

§. 220. Einfluss des Alters.

Unter allen Einflüssen auf den Hang zum Verbrechen ist keiner
wichtiger als das Alter. Die Ursache ist klar. Mit dem Alter entwickeln
sich — und zwar nicht mit gleicher Energie — Körperkraft, Leidenschaft
und Vernunft. Betrachtet man diese drei Kräfte, so könnte man a priori
die Stufen bestimmen, welche der Hang zum Verbrechen in den verschiedenen Lebensaltern durchlaufen muss.

Nach den meisterhaften Untersuchungen, welche Quételet hierüber angestellt hat, begleitet uns der Hang zum Diebstahl durch das ganze Leben. Mit ihm beginnt der Verbrecher. Haus- und Familiendiebstahl machten den Anfang; gewöhnlicher Diebstahl folgt. Bei weiterer Entwickelung der körperlichen Kräfte geht der Verbrecher zur Gewaltthat, zum Einbruch und Strassenraub über. Dazu kommen dann Mord und Todtschlag; häufig auch Vergehen und Verbrechen gegen die Sittlichkeit. Der Hang zu letzteren entwickelt sich schon früher, in der Zeit der ungezügeltsten Herzenswildheit.

Später schwinden die wilderen Leidenschaften; der Mensch wird kälter und vernünftiger, er berechnet und überlegt sein Verbrechen sorgfältiger; die Gewalt weicht der Tücke und Hinterlist, der Täuschung. Der Verbrecher greift zu Gift, Dolch und Meuchelmord, überfällt sein Opfer im Dunkeln oder zündet ihm das Dach über dem Kopfe an; zwingt Kinder oder schwache Frauen unter seine halberloschenen niedrigen Begierden; attakirt das Eigenthum auf dem Wege des Betruges, der Fälschung und des Meineids und bietet so auf seiner letzten Stufe ein ekelhaftes und Abscheu erregendes Bild.

Diese Schilderung lässt sich Punkt für Punkt statistisch erweisen. Die Untersuchung der Criminalität der verschiedenen Altersclassen hat übrigens noch andere bemerkenswerthe Resultate ergeben. Sie zeigt nicht nur, dass jedes Alter seine eigenthümlichen Gefahren zu gewissen Ausschreitungen in sich trägt; sie zeigt auch die Modificationen des Einflusses des Alters durch andere Einflüsse.

In Frankreich hat man seinerzeit die Beobachtung gemacht, dass die jüngere Generation (unter 35 Jahren) die constant sich verbessernde, die ältere dagegen die degenerirtere zu sein schien. Das hatte eine ganz eigenthümliche Ursache. Die Altersclasse von 40—70 Jahren, welche sich seit dem Jahre 1851 als besonders gesetzwidrig erwies, ist zwischen 1791 und 1811 geboren, also in der Revolutions- und Kriegszeit. Dieses Geschlecht, welches nach der Criminalstatistik am ungünstigsten dastand, hatte demnach den Hang zur Gesetzwidrigkeit und Gewaltthat gleichsam mit der Muttermilch eingesogen.

Engel fand als Resultat criminalstatistischer Beobachtungen in Sachsen, dass der Hang zum Verbrechen unter der Altersclasse von 16—21 Jahren dem der gesammten Bevölkerung überraschend ähnlich sei. Es findet offenbar ein Wechselverhältniss zwischen dem sittlichen Werthe der Jugend und dem des ganzen Volkes statt. Man bessere jene, so wird das ganze Volk besser werden.

§. 221. Einfluss des Geschlechtes.

Ueber den Einfluss des Geschlechtes auf den Hang zum Verbrechen fand Quételet im Wesentlichen Folgendes:

Der Hang zum Verbrechen ist, wenigstens in Frankreich, bei den Männern ungefähr viermal so stark, als bei den Frauen (100 : 23). Auch sind die Verbrechen, welche bei den Frauen um so viel seltener sind, nicht schwerer als die von Männern begangenen.

Den Grund, weshalb die Frau einen viel geringeren Hang zum Verbrechen hat, dürfte man darin suchen, dass sie in moralischer Beziehung durch das Schamgefühl, in Rücksicht auf die Gelegenheit zum Verbrechen durch ihre Abhängigkeit und ihre grössere Zurückgezogenheit, in Hinsicht auf die Fähigkeit zur Ausführung durch ihre physische Schwäche von den Verbrechen abgehalten wird. Das sind die drei Hauptursachen des Unterschiedes in der Criminalität beider Geschlechter. Da, wo diese Ursachen nicht oder in geringerem Maasse wirken, wird auch die Zahl der weiblichen Verbrecher den männlichen ziemlich gleich. Bei den Vergiftungen z. B. ist namentlich die Anzahl der Angeklagten bei beiden Geschlechtern fast dieselbe. Wo Körperkraft zum Verbrechen nöthig ist, nimmt die Zahl der angeklagten Frauen ab.

Nach neueren Untersuchungen [1]) ist die weibliche Criminalität noch weit geringer und es kommt erst auf 5—6 verbrecherische Männer eine Verbrecherin. Diese Verhältnissziffer ist indessen länderweise ziemlich verschieden. So befanden sich unter 100 wegen schwerer Verbrechen Angeklagten:

i n	Männer	Weiber	Verhältniss
England	75	25	3 : 1
Bayern	75	25	3 : 1
Hannover	77	23	3,3 : 1
Oesterreich	81	19	4,3 : 1
Holland	82	18	4,5 : 1
Belgien	82	18	4,5 : 1
Frankreich	82	18	4,5 : 1
Baden	84	16	5,3 : 1
Preussen	85	15	5,7 : 1
Sachsen	85	15	5,7 : 1
Baltische Provinzen	86	14	6,1 : 1
Spanien	88	12	7,3 : 1
Russland	89	11	8,1 : 1
Durchschnitt .	84	16	5,3 : 1

Bei Männern wie bei Frauen ist indessen die Betheiligung der Verheirateten stets geringer als die der Unverheirateten. Das beweist die sittlich kräftigende Macht des Familienlebens trotz seiner grösseren Berufs- und Nahrungssorgen. Namentlich wirkt auf die Frauen isolirte Stellung immer ungünstig ein.

So zeigt sich auch in grossen Städten eine ganz colossale Criminalität jener, die an Ort und Stelle fremd sind, isolirt stehen.

Bezüglich der Altersbetheiligung zeigen beide Geschlechter einen ähnlichen Gang der Entwickelung. Die männliche Jugend beginnt etwas früher an den Verbrechen sich zu betheiligen; der Höhepunkt fällt beim Weibe etwas später, in das 25.—26. Jahr.

Die Zunahme der weiblichen Criminalität in Frankreich kann man mit Recht als ein tragisches Zeugniss der dortigen sittlichen Zustände ansehen, ebenso die Criminalität der weiblichen Jugend in England. Die englischen Mädchen der zartesten Jugend sind verdorbener als in irgend einem anderen Lande der Welt (vgl. Porter a. a. O.).

England zeigt auch eine andere schlimme Eigenthümlichkeit der weiblichen Criminalität. Es ist das die grauenhafte Zähigkeit der Weiber im Verbrechen. Unter den Rückfälligen finden sich verhältnissmässig weit mehr Weiber, als unter den zum erstenmale Bestraften. In Sachsen übertrifft die Zahl der rückfälligen Weiber sogar absolut jene der rückfälligen Männer.

Wenn man alles dies in Betracht zieht, dann erscheint wohl der verbrecherische Hang der Männer nicht so sehr viel grösser, als jener der Frauen. Es ist eben die Gelegenheit und Fähigkeit zum Vollzug des Verbrechens, welche den Frauen in vielen Fällen fehlt und ihr ganzes Geschlecht besser erscheinen lässt.

So fanden unter 903 Tödtungen, welche Quételet aus den Jahren 1826—29 aufgezeichnet, 446 in Folge von Wirthshausstreitigkeiten statt, also in Folge von Versuchungen, welche an die Frauen gar nicht herantreten.

Anmerkung.

¹) Oettingen a. a. O. S. 758.

§. 222. Oertliche Einflüsse.

Zwischen Staaten mit verschiedener Strafgesetzgebung erscheint eine Vergleichung des criminellen Hanges als etwas höchst gefährliches, was allzuleicht zu ganz falschen Resultaten führen kann. Wohl aber ist eine Vergleichung möglich bezüglich einzelner Provinzen oder sonst wie umgrenzter Kreise, welche in juridisch-staatlicher Beziehung gleich stehen.

Es scheint, dass jedes Land seine ihm eigenthümliche Lieblingssünde hat und festhält.

So hat z. B. in der Criminalität Frankreichs Corsica als eigenthümliches Verbrechen die Angriffe auf Personen, während es an Diebstahl sich fast gar nicht betheiligt. Das Seinedepartement dagegen steht in letzterer Hinsicht äusserst schlimm da, während es wiederum bezüglich der Brandstiftungen und Sittlichkeitsverbrechen fast ganz unbetheiligt erscheint gegenüber dem Departement Vaucluse, wo die Nothzucht fast zur Gewohnheit geworden ist.

Aehnliches zeigt sich in England. Hier ist London gross in Bezug auf den Diebstahl, mittelmässig stark hinsichtlich der Morde und Sittlichkeitsverbrechen. Dagegen florirt in Chester, Stafford, Monmouth und Southampton die Nothzucht, in Derby constant der Mord.

Bayern bietet trotz seines geringen Umfanges in dieser Hinsicht sehr interessante Gegensätze.

Nur in den drei Gebieten von Ober-, Mittel- und Unterfranken zeigt sich ein verwandter Typus der Criminalität. Sonst sind die Unterschiede der Provinzen auffallend, wie bei Einzelncharakteren. Mittelfranken und Oberbayern stehen mit ihren Diebstählen obenan, Niederbayern mit den Angriffen auf Leib und Leben, die Pfalz in der Widersetzlichkeit gegen obrigkeitliche Autorität, Schwaben im Betrug.

Dabei steht offenbar, provinziell betrachtet, die Frequenz der klagbar gewordenen Uebertretungen in umgekehrtem Verhältniss mit der Frequenz der Vergehen und Verbrechen.

Schon die älteren Untersuchungen Guerry's weisen einen Einfluss des Klima auf die Criminalität nach. Er theilte Frankreich in fünf Zonen und fand unter 100 Verbrechern in:

Verbrecher	nördl. Zone	südl. Zone	Centrum
gegen Personen	24,4	23,8	14,8
gegen das Eigenthum	43,0	11,4	12,2

Da indessen die Bevölkerungszahl dieser Zonen sehr verschieden ist, musste eine Reduction der Zahlen vorgenommen werden. Sie ergab, dass die Verbrechen gegen Personen im Süden doppelt so häufig waren als im Norden, und die Verbrechen gegen das Eigenthum im Norden doppelt so häufig als im Süden, während das Centrum in beiden Beziehungen die Mitte einhielt.

30 *

§. 223. Einfluss der Nationalität.

Wenn sich nun schon so bedeutende provinzielle Unterschiede der Criminalität ergeben, so liegt der Schluss auf der Hand, dass auch nationale Unterschiede vorhanden sein müssen, obgleich sie wegen der Verschiedenheit der Strafgesetzgebungen nicht quantitativ bestimmbar sind.

Nur diejenigen Staaten, deren Bevölkerung aus mehreren Nationalitäten zusammengesetzt sind, liefern vergleichbares Material.

So vergleicht v. Oettingen für Russland die Criminalität der baltischen Provinzen, des europäischen Russlands und Sibiriens[1]).

Zuvor dürfte erwähnt werden, dass für ganz Russland zwei Rubriken von Verbrechen besonders charakteristisch sind: die Verbrechen gegen die Religion und die Gesetzwidrigkeiten in Folge von Unvorsichtigkeiten oder Unglücksfällen. Auffallend stark ist der russische Nationalcharakter in Widersetzlichkeiten gegen die Obrigkeiten und Verletzungen des öffentlichen Eigenthums.

Die nationalen Unterschiede der Criminalität innerhalb Russlands sind von seltener Grösse. So kommen auf je 10000 Einwohner angeklagte Verbrecher:

Jahr	in den baltischen Provinzen	in ganz Russland
1860	7,6	47,7
1861	7,6	52,7
1862	7,7	54,6
1863	8,6	53,8

Also in ganz Russland beinahe die siebenfache Anzahl klagbar gewordener Gesetzwidrigkeiten!

Würde man nur die Verurtheilten als Massstab der Criminalität nehmen, so stellte sich das Verhältniss weit günstiger. Dies ist aber wegen der schlecht gehandhabten Justiz nicht zulässig. In der ganzen civilisirten Welt ist der Procentsatz der wirklich Verurtheilten unter den Angeklagten nirgends geringer, als in Russland.

Selbst russische Forscher geben zu, dass die baltischen Provinzen sich durch den geringsten Procentsatz von Verbrechern auszeichnen.

Dagegen scheint in den Gouvernements Petersburg und Perm, in Cherson und Bessarabien die Criminalität wie eine Krankheit zu wüthen.

Zu welch eigenartigen Resultaten man kommen kann, wenn man willkürlich die Zahlen der Verbrecherstatistik zusammenstellt und welch falsche Schlüsse man aus diesen Zahlen ziehen müsste, wenn man sie vergleichen wollte, ohne auf die Verschiedenheiten der Strafgesetzgebungen

zu achten, zeigt folgende Zusammenstellung von Legoyt über das Verhältniss der wirklich Verurtheilten. Es kämen von denselben in:

Oesterreich einer auf 81,9 Einwohner
Spanien   „   „   81,8   „
Holland   „   „   71,6   „
Belgien   „   „   58,1   „
Frankreich   „   „   55,1   „
England   „   „   47,9   „
Preussen   „   „   22,9   „
Hannover   „   „   12,6   „

Oesterreich und Spanien stünden demnach obenan in der Moralität
und die wackeren Hannoveraner wären sechsmal unmoralischer als die
Spanier! In Preussen und Hannover wird eben die Justiz scharf gehand-
habt und in der Zahl der Verbrechen sind bei diesen Ländern hundert-
tausende von kleinen Holzfreveln mitgerechnet, die anderwärts gar nicht
verfolgt werden. Solche Zahlen dürfen gar nicht zusammengestellt werden,
wenn man sich nicht an der Statistik versündigen will[2]).

Anmerkungen.

[1]) Oettingen a. a. O., S. 733 ff.
[2]) Ebenda, S. 707.

§. 224. Einfluss der Jahreszeiten.

Quételet erkennt einen sehr entschiedenen Einfluss der Jahreszeiten
auf die Häufigkeit der Verbrechen, ebenso Guerry. Die Beobachtungen des
letzteren haben sich seit mehr als dreissig Jahren als ganz richtig bewährt.

Man hat bemerkt, dass die Verbrechen gegen das Eigenthum am
häufigsten im Winter begangen werden, während zu dieser Jahreszeit die
Verbrechen gegen Personen am seltensten sind und ihr Maximum im
Sommer erreichen. Die Erscheinung ist leicht erklärbar, indem im Winter
zumeist die Noth sich fühlbar macht und zu den Verbrechen gegen das
Eigenthum treibt, während im Sommer die Leidenschaften feuriger und
durch den in dieser Jahreszeit gesteigerten gesellschaftlichen Verkehr
noch erregbarer werden.

Dabei ergeben sich aber noch verschiedene Eigenthümlichkeiten.
Bei allen gröberen vorbedachten Verbrechen, bei Mord, Brandstiftung,
Meineid, Vergiftung etc. lässt sich keine solche Regelmässigkeit nachweisen.

Nach Guerry wurden von je 100 Verbrechen verübt im:

	gegen die Sittlichkeit	gegen Personen	gegen Eigenthum
Herbstquartal (September, October, Novemb.)	20,64	24,1	24,4
Winterquartal (December, Jänner, Februar) .	15,93	22,1	27,9
Frühlingsquartal (März, April, Mai)	26,08	25,5	23,6
Sommerquartal (Juni, Juli, August)	37,35	28,3	23,1
	100	100	100

§. 225. Einfluss wirthschaftlicher Zustände.

Eine der populärsten statistischen Erscheinungen ist der Einfluss von Theuerung und Wohlfeilheit auf die Verbrechen. Bei steigender Theuerung nehmen die Diebstähle zu, während die Angriffe auf die Personen sich mindern und umgekehrt.

So hat man namentlich in Bayern (Mayr) die Beobachtung gemacht, dass während der Periode von 1835—61 jeder Sechser, um welchen der Scheffel Getreide im Preise stieg, auf je 100000 Einwohner einen Diebstahl mehr im Lande hervorgerufen hat, während andererseits das Fallen des Getreidepreises um je einen Sechser einen Diebstahl bei der gleichen Zahl von Einwohnern verhütet hat. Zugleich zeigt sich bei einer Preiserniedrigung ein Steigen der Verbrechen gegen die Person.

Der criminelle Hang, wie eine einmal in gewisser Richtung sich bewegende Kraft überwindet immer noch geringere Hindernisse, um in seinem zeitweiligen Schwunge nach unten oder nach oben zu verharren. Erst grössere Hindernisse verändern seine Bewegung entschieden.

In England scheint die gewaltige Handelskrisis von 1857—58 sich in einem besonders starken criminellen Hange zu spiegeln. Gegenüber den Revolutionszeiten haben die Zeiten der Theuerung vorzugsweise Einfluss auf die Criminalität der Weiber und der Jugend, während jene mehr die Männer und das reifere Alter zu Gesetzesverletzungen veranlassen.

Uebrigens zeigt die Statistik, dass nicht die Armuth an sich schon den verbrecherischen Hang des Menschen unterstützt. Mehrere französische Departements, obgleich als die ärmsten bekannt, sind zugleich die sittlichsten. Aber dann wird der Mensch häufig dem Abgrunde einer Verbrecherlaufbahn entgegengeführt, wenn er sich plötzlich aus dem Wohlstand ins Elend versetzt sieht, wenn es gilt, Bedürfnisse mit Resignation und Charakterstärke zu reduciren.

§. 226. Einfluss des Berufes.

Bezüglich des Erwerbszweiges nimmt Quételet einen bedeutenden Einfluss auf den verbrecherischen Hang an. Individuen, meint er, welche einem freien Beruf angehören, begehen mehr Verbrechen an Personen, die arbeitende und dienende Classe mehr Verbrechen am Eigenthum.

Uebrigens ist die Berufsstatistik noch zu wenig ausgebildet, um tiefere Schlussfolgerungen zu gestatten (Oettingen).

In England und Wales angestellte Erhebungen ergeben in dieser Hinsicht folgendes charakteristische Resultat. Im Jahre 1859 traf ein Individuum der sogenannten criminellen Classen bei der städtischen Bevölkerung:

in London . . . . auf 194 Einw.
„ Vergnügungsstädten (Bath, Dover etc.) . . . „ 87 „
„ Städten der Landbaudistricte . . . . „ 86 „
„ Handelshäfen . . . . „ 96 „
„ Baumwoll- und Leinenmanufacturstädten . „ 125 „
„ Wollwaarenmanufacturstädten . . . . . . „ 137 „
„ Städten mit feiner und gemischter Weberei . „ 119 „
„ Städten mit Eisenindustrie . . . . „ 54 „
(Mayr. Stat. der gerichtl. Polizei.)

§. 227. Einfluss der Bildung.

Wirkt die intellectuelle Bildung vortheilhaft oder nachtheilig auf die Sittlichkeit überhaupt und auf den verbrecherischen Hang insbesondere? Diese Frage ist von hoher civilisatorischer Tragweite; aber die Statistiker sind noch nicht einig über sie.

Bekanntlich herrscht heutzutage in weiten Kreisen die Ueberzeugung von unbedingt günstigem Einfluss, während auch die gegentheilige zahlreiche Vertreter hat. Auch in der Wissenschaft besteht dieser Gegensatz [1]).

Das eine scheint zwar klar, dass der geschulte Mensch jedenfalls mehr Motive hat, gröbere Gesetzwidrigkeiten zu vermeiden, wie er auch schon die Fähigkeit besitzt, sich sein Brod leichter zu erwerben und dadurch vor Eigenthumsverbrechen mehr bewahrt ist [2]).

Und dennoch wird man auch in dieser Hinsicht schmerzlich enttäuscht, wenn man die Qualität der Bildung bei den Angeklagten vergleicht. Unter 1000 Angeklagten in Frankreich

	(1826—50)	(1860)
konnten weder lesen noch schreiben	554	427
„ nur schlecht lesen und schreiben	309	407
„ gut lesen und schreiben	106	104
hatten eine höhere Bildung	31	62

So hat sich der Antheil der höher Gebildeten am Verbrechen fast verdoppelt!

Dazu kommt, dass bei allgemein steigender Volksbildung in den europäischen Staaten die Verbrechen nicht ab-, sondern eher zunehmen.

Die Sittlichkeitsattentate mehren sich allgemein bei zunehmender Civilisation; der Rückfall wird häufiger; der Kindsmord wächst masslos; die Weibercriminalität steigt [2]).

Gewandtheit im Lesen, Schreiben und Rechnen schützt nicht vor jener Gesinnung, welche das Verbrechen erwachsen lässt. Aber wer höhere Bildung besitzt, kommt doch leichter in Berührung mit allem Guten und Edlen, was die Menschheit geschaffen hat. Freilich auch mit vielem Schlechten. Sollte aber nicht jenes stärker auf ihn einwirken?

Anmerkungen.

[1]) So behauptet Guerry, der Unterricht sei ein Werkzeug, von welchem man ebenso gut einen guten als einen schlechten Gebrauch machen kann. Mayhew nennt es einen höchst gefährlichen Irrthum, wenn man glaubt, dass vom Lesen, Schreiben und Rechnen eine Verminderung der jugendlichen Verbrecher erhofft werden könne und Guerry liefert den Beweis für die gleiche Anschauung aus der geographischen Verbreitung der Bildung und der Criminalität. So haben die ungebildeten Departements Frankreichs, Allier, Haut-Vienne, Indre, Cher, Nièvre und Creuse die geringste, die hochgebildeten nordöstlichen Partien eine auffallend grosse Criminalität. Gleiches zeigt sich bei der Vergleichung englischer Grafschaften.

Umgekehrt stellt Corne ganz schroff die Behauptung auf: wo am meisten Ignoranz, da kommen auch die meisten Verbrechen vor. Und Engel meint, jede Ausgabe im Budget des Unterrichts werde reichlich aufgewogen durch die Ersparnisse im Budget der Criminaljustiz.

[2]) In Frankreich fand man gänzlich Ungebildete (Oettingen a. a. O. S. 809):

im Jahre	unter den Recruten	unter den Verbrechern
1827—28	56 %	62 %
1829—30	52 „	61 „
1831—32	49 „	59 „
1833—34	47 „	58 „
1835—36	47 „	57 „
1847—48	36 „	50 „
1863—64	28 „	42 „
1865—66	25 „	36 „

Nach diesen Zahlen hat die Volksbildung entschieden rascher zugenommen als die Zahl der gebildeten Verbrecher, und es fanden sich mehr Ungebildete unter den Verbrechern, als sich finden würden, wenn die Gebildeten
und Ungebildeten sich gleich am Verbrechen betheiligten.

*) Ebenda S. 810.

§. 228. Einfluss der Confession.

Man hat die Bemerkung gemacht, dass unter sonst gleichen Umständen die sogenannten herrschenden Kirchen stets eine schlimmere Criminalität ihrer Angehörigen aufweisen, als die nur geduldeten (Oettingen).

So gestaltet sich in Bayern die Criminalität ungünstiger für die
Katholiken, als für die Protestanten. Diese Behauptung kann freilich nur
ganz im Allgemeinen aufgestellt werden aus dem Umstande, dass Ober-
und Niederbayern mit dem grössten Procentsatz katholischer Bevölkerung
die höchste, Ober- und Mittelfranken die geringste Verbrecherfrequenz in
einem 26jährigen Durchschnitt aufweisen.

Ein absoluter und constanter Zusammenhang zwischen der Confession und Criminalität kann bei einer so gemischten Bevölkerung nicht
nachgewiesen werden.

In Preussen dagegen stellen sich in crimineller Hinsicht Westfalen
und Rheinland am günstigsten.

In Hannover, in der Schweiz und in Holland stehen die in der
Minorität lebenden Katholiken absolut günstiger, so dass man wohl behaupten kann, der Einfluss der Confession auf die Criminalität sei dort
ein besserer, wo keine staatliche Bevormundung besteht, wo das Massen-
bekenntniss zurücktritt und in Folge dieser Umstände strengere Selbstcon-
trole und kirchliche Zucht ermöglicht ist.

Dagegen lassen sich solche Staaten, welche heterogene Stammeseigenthümlichkeiten, Culturzustände und Gesetzgebungen aufweisen, nicht
leicht in dieser Hinsicht vergleichen, weil der confessionelle Factor nicht
isolirt werden kann [1]).

Eine ganz eigenthümliche Erscheinung bieten wie in mancher anderen
Hinsicht so auch in dieser die Juden. Auf sie fällt in den meisten Län-
dern der relativ kleinste Procentsatz der öffentlich geahndeten Verbrechen.
In Baden z. B. kam 1856—59 ein angeklagter Jude auf etwa 315 jüdische
Einwohner und ein angeklagter Christ auf etwa 265 christliche Einwohner.
Auch die bayerische Criminalstatistik spricht zu Gunsten der Juden [2]).

Anmerkungen.

[1]) Eine solche Vergleichung ist z. B. die von Hausner, wonach in Europa
die Criminalität der Confessionen sich folgendergestalt stellen würde:

Bei röm. Katholiken   1 Verbrecher auf 1531 Einw.
  „   Protestanten   1   „   „ 1383   „
  „   griech. Orthodoxen 1   „   „ 1058   „
(Hausner: Vergl. Statistik, I. 138.)
    ²) Vergl. Oettingen a. a. O. S. 844.

III. Capitel.
Die einzelnen sittlich bedeutungsvollen Handlungen.

§. 229. Uebersicht.

Wenn die Sittenstatistik den Hang des Menschen zum Guten und zum Bösen im Allgemeinen, sowie die auf ihn wirkenden Einflüsse untersucht hat, sind schliesslich noch die einzelnen Aeusserungen dieses Hanges zu untersuchen. Eine den Anforderungen strenger Systematik ebenso als den bisherigen Resultaten der Sittenstatistik entsprechende Eintheilung dieser Aeusserungen zu gehen, ist schwierig. Zwei Eintheilungsgründe stehen im Vordergrunde. Die Lebenskreise, in welchen die sittlichen Kräfte sich bethätigen (§. 212) und die unmittelbaren Objecte der sittlichen Handlungen, d. h. jene sittlichen Güter, welche verletzt oder gefördert werden können. Nimmt man seiner Einfachheit wegen den letzteren Eintheilungsgrund an, so sind die wichtigsten dieser sittlichen Güter etwa folgende:

I. Leib und Leben des Menschen. Diejenigen moralstatistischen Erscheinungen, welche hier in Betracht kommen, sind: Selbstmord, Mord und Körperverletzung, Krankheiten in Folge von Lastern (§. 230 ff.).

II. Arbeit, Sparsamkeit und Besitz.

III. Die Familie und ihr Bestand.

IV. Das sittliche Verhältniss der Geschlechter. In dieser Hinsicht sind ziffermässig fassbar die Sittlichkeitsverbrechen, die Prostitution, die ausserehelichen Geburten.

V. Geistige und künstlerische Bildung und Thätigkeit.

VI. Religiöse Lebensthätigkeit.

§. 230. Der Selbstmord.

Das leibliche Dasein ist, als nothwendige Vorbedingung für alles Streben nach Vervollkommnung, auch ein sittliches Gut. Jene Handlungen, welche dieses Leben zu bewahren streben, gehen zwar zunächst vom Selbsterhaltungstriebe aus, der auch dem Thiere eigen, nichts an sich sittliches ist. Sittlicher Muth und sittliche Ausdauer machen aber auch diesen Kampf ums Dasein zur sittlichen That. Alle Lebenszerstörung dagegen ist entschieden unsittlich.

Das verletzte oder zerstörte Leben kann entweder des Handelnden eigenes oder ein fremdes sein. Im ersteren Falle ist die unsittliche That entweder eine rasche Zerstörung des Lebens, eine verzweifelte Flucht aus dem Kampfe ums Dasein, oder eine langsame verschuldete Zerstörung der Lebenskräfte.

Erstere findet ihren statistischen Ausdruck im Selbstmord, einer der merkwürdigsten in das Gebiet der Sittenstatistik fallenden Erscheinungen.

In ausgezeichneter Weise für die Statistik geeignet, hat diese Erscheinung zur Beobachtung geradezu herausgefordert und in der That auch eine Reihe von Forschungen veranlasst. Die Resultate der gründlichsten dieser Forschungen bestehen im Wesentlichen in Folgendem [1]):

1. Von Jahr zu Jahr zeigt sich eine ganz eigenthümliche Gleichmässigkeit in den Selbstmordzahlen. Sobald man mit etwas grösseren Zahlen operirt, ist das nicht zu verkennen. In den grösseren Staaten pflegt selbst in längeren Zeiträumen die mittlere jährliche Abweichung der wirklichen von der idealen Zahlenreihe bei den Selbstmorden kleiner als bei den Todesfällen im Allgemeinen zu sein, d. h. die Selbstmorde, anscheinend höchst willkürliche Handlungen, sind regelmässiger als die Todesfälle überhaupt [2]).

2. Der Selbstmord ist in Europa in regelmässiger, die Bevölkerungsvermehrung meistens übersteigender Zunahme begriffen [3]).

3. Ein Einfluss des Klimas auf die Selbstmordfrequenz scheint zwar vorhanden zu sein, ohne jedoch den Zahlen bestimmteres Gepräge aufzudrücken. Im centralen Europa ist der Selbstmord am häufigsten und wird seltener gegen Osten und Westen, wie gegen Nord und Süd.

4. Die Jahreszeiten äussern einen entschiedenen Einfluss auf die Häufigkeit der Selbstmorde. Entscheidend sind die Uebergangszeiten mit starken Temperaturwechseln. Namentlich zeigen die Monate Mai bis Juli die meisten Selbstmorde.

5. Der Einfluss des Geschlechts ist ein sehr gleichmässiger. Ueberall betheiligen sich die Männer weit stärker am Selbstmord als die Frauen. Der Selbstmord ist 3—4½mal so häufig bei Männern als bei Frauen. Die Zunahme der Selbstmorde trifft beide Geschlechter gleichmässig.

6. Das Alter beeinflusst die Häufigkeit der Selbstmorde so bedeutend und gleichmässig, dass man schon von einem Gesetz der Vertheilung der Selbstmorde über die Lebensalter sprechen kann. Der Selbstmord

nimmt regelmässig von der Jugend bis in das Alter zu; eine Abnahme erleidet er erst im höchsten Alter; nach dem 70. bis 80. Jahre.

Es widerspricht dies einer von den älteren Statistikern und Medicinern gehegten Ansicht, dass im höheren Alter, wo der Mensch gerade mehr am Leben hänge, der Selbstmord seltener sei.

7. Die körperliche und die natürlich geistige Beschaffenheit äussern ihren Einfluss insoferne, als der Selbstmord viel häufiger unter Geisteskranken, wie unter körperlich Kranken oder gar Gesunden vorkommt.

8. Die Abstammung und Nationalität äussern einen wesentlichen Einfluss auf die Häufigkeit der Selbstmorde. Dieser Einfluss ist allerdings schwer zu isoliren. Der Selbstmord ist unter den germanischen Stämmen häufiger als unter den romanischen, unter diesen häufiger als unter Slaven, etwa im Verhältnisse wie 5 : 4 : 2.

Ob jedoch das Klima der Länder oder wirklich der Nationalcharakter entscheidend sind, oder in welchem Grade noch andere Factoren massgebend sind, ist vorläufig nicht zu ermitteln [1]).

9. Von den socialen Verhältnissen übt, wie es scheint, der Civilstand wirklich einen Einfluss aus. Die Ehe wirkt selbstmordvermindernd, der ledige Stand ungünstig, noch schlimmer der verwitwete Stand und am schlimmsten die geschiedene Ehe. Und zwar letztere beiden Einflüsse auf die Männer mehr als auf die Frauen.

10. Einen ganz entschiedenen Einfluss üben Religion und Confession auf die Selbstmordfrequenz.

Namentlich bei der Vergleichung von Katholiken und Protestanten zeigt sich dies ganz auffallend. So kommen auf je 100 katholische Selbstmörder:

in Preussen 322 protestantische
„ Bayern 276 „
„ Württemberg 131 „
„ Oesterreich 155 „

Unter den Protestanten ist der Selbstmord am häufigsten, seltener unter den Katholiken und am seltensten unter griechischen Christen und Juden.

Der Einfluss der Abstammung macht sich neben dem der Confession geltend, was beim Vergleich von katholischen und protestantischen Ländern und noch deutlicher unter gemischter Bevölkerung hervortritt. Es scheint, dass der Selbstmord selten ist in Ländern, welche ihren religiösen Glauben unberührt gehalten und wo die modernen Neigungen zur Gleichgiltigkeit und Glaubenslosigkeit noch wenige Fortschritte gemacht haben. Leider liegen statistische Beobachtungen bezüglich anderer Religionen nicht

vor; man weiss indessen, wie gering die Zahl der Selbstmorde bei Moha-
medanern ist gegenüber den selbstmordreichen Gebieten, welche der Sitz
des Buddhaismus sind.

11. Die allgemeine Bildung und ihre Verbreitung ist der Häufigkeit der Selbstmorde jedenfalls nicht hinderlich. In Frankreich hat man
specielle Beobachtungen hierüber angestellt. Die Zunahme der Selbstmorde
bei gleichzeitiger Ausdehnung und Verbesserung des Unterrichtswesens
macht es wahrscheinlich, dass grössere geistige Bildung und Aufklärung
öfter zum Selbstmord versucht oder doch jene sittlichen Mächte schwächt,
durch welche solche Versuchungen überwunden werden.

Ueberhaupt ist der Selbstmord unter den gebildeteren Classen häufiger als unter Ungebildeten.

12. Der Einfluss des Berufes zeigt sich zunächst in der verschiedenen Häufigkeit der Selbstmorde in Stadt und Land.

Der Selbstmord ist in den Städten häufiger als auf dem Lande, in
den grossen Weltstädten häufiger als in kleinen Städten. Es scheint
indessen, dass nicht so sehr die wirthschaftliche, als vielmehr die sociale
culturliche Seite des Stadtlebens diesen Einfluss nimmt.

Der Einfluss des speciellen Berufes lässt sich aus Mangel an statistischem Material nicht feststellen. Verhältnissmässig am häufigsten ist
der Selbstmord bei Dienstboten beiderlei Geschlechtes und bei Soldaten.
Sehr häufig auch bei jenen Personen, welche keinen Beruf haben und bei
den sogenannten bedenklichen Classen. Die Selbstmordfrequenz der liberalen Professionen und der höher gebildeten Stände übertrifft die durchschnittliche Frequenz des ganzen Volkes. Landleute und Gewerbetreibende
stehen in ihrer Selbstmordfrequenz fast gleich.

Beachtung verdient es, dass jene Classen die meisten Selbstmorde
zählen, welche in ihrer persönlichen Freiheit am stärksten beschränkt sind.

13. Auch in der Wahl der Selbstmordarten zeigt sich eine
merkwürdige Gleichförmigkeit. Die einzelnen Arten des Selbstmordes
kehren jährlich in demselben Verhältniss wieder und verändern ihre Ziffer
in längeren Zeiträumen nur wenig. Erhängen und Ertränken sind die
häufigsten Selbstmordmittel; ersteres findet 2—3mal so oft statt als letzteres. Schusswaffen sind seltener üblich, noch weniger stechende und
schneidende Instrumente. Aber selbst die am seltensten gewählten Mittel
zeigen grosse Regelmässigkeit.

14. Die nächste Ursache des Selbstmordes ist immer ein Zustand
des Unglücks. Kein Glücklicher ermordet sich. Aber unendlich mannig-
faltig sind die Arten menschlichen Unglücks.

Französische und belgische Tabellen haben es verstanden, diese
Arten am besten zu classificiren, um sie als nächste Selbstmordursachen

in ihrer verschiedenen Mächtigkeit hinzustellen. Die Unterscheidungen sind fein und psychologisch richtig [5]).

In diesen Zusammenstellungen liegt der Anfang zu einer Messung der Factoren des menschlichen Unglücks. Die Zahlen sind von wahrhaft tragischer Bedeutung. Denn während die Factoren des Glücks den Augen der Forschung sich entziehen, präsentiren sich in diesen Zahlen die Dämonen der irdischen Hölle, eine Reihe schwarzgeflügelter Unholde, welche dem von ihnen Verfolgten den Strick um den Hals legen und sich an ihn stemmen, wenn er zögert, den Sprung von der Brücke zu thun.

Das hohe moralische Gewicht dieser Zahlen liegt darin, dass sie zeigen, wie sehr der Mensch des eigenen Glückes Schmied ist. Rechnet man die im Wahnsinn begangenen Selbstmorde ab, so sind die Mehrzahl der übrigen Selbstmörder Opfer selbstverschuldeten Unglücks. Sittliche Waffen hätten ihnen im Kampfe wider das Unglück den Sieg verliehen.

Sehr klein erscheint die Zahl der den grossartigsten Leidenschaften werdenden Opfer: der Selbstmörder aus Eifersucht, Ehrgeiz, unglücklicher Liebe; noch kleiner die Zahl jener, welche der Kummer über theure Angehörige dahinreisst. Geistige und körperliche Krankheiten, von welchen die ersteren jedenfalls zum Theile als selbstverschuldete angenommen werden dürfen, Armuth und Elend, häuslicher Unfriede, Laster aller Art erscheinen als die thätigsten unter den Dämonen der irdischen Hölle.

Um mit den Selbstmordziffern rechnen zu können, müssten allerdings die Beobachtungen noch zahlreicher und namentlich eine genaue Untersuchung der Ursachen möglich sein. Letztere ist indessen schwierig. Namentlich müssten die im Wahnsinn begangenen Selbstmorde aus der Rechnung gelassen und statt ihrer die Wahnsinnsursachen substituirt werden. Und selbst dann ist in diesen Zahlen nicht zu unterscheiden, ob die grössere Intensität, Häufigkeit oder Zähigkeit des Unglücks den Selbstmord herbeigeführt hat.

Die Macht oder Intensität des Unglücks, sein momentaner Grimm, ist vorerst unmessbar. Eben solche Schwierigkeiten hat auch eine Messung der Zähigkeit, mit welcher das Unglück sich an die Fersen seines Opfers heftet, und durch unablässige Wirksamkeit reichlich das ersetzt, was ihm an momentaner Wucht mangelt. Nur die Häufigkeit des Unglücks, d. h. die Zahl der von einem bestimmten Unglück heimgesuchten Menschen ist für einzelne Leiden des Daseins festgestellt (Krankheit, Krüppelhaftigkeit, Armuth, Witwenthum etc.).

Wenn trotz der Energie, mit welcher in unseren Culturstaaten Recht und Polizei, Wissenschaft und Wirthschaft an der Einschränkung des Unglücks thätig sind, die Selbstmorde sich noch bedeutend mehren, so ist dies ein deutliches Zeichen, dass die Kraft jener sittlichen Factoren, welche im Menschen selbst wider das Unglück ankämpfen, im Abnehmen ist.

Intensität und Extensität des Unglücks bewegen sich in verkehrtem Verhältniss. Die Macht des Unglücks gegenüber dem Menschenherzen ist im Zunnehmen; es scheint, als nähme sie um so energischer zu, je mehr Mittel und Wege die Menschheit hat, um der Ausdehnung des Unglücks Schranken zu setzen. Je reicher und voller die Schätze unserer Wirthschaft auf den Weltmarkt sich drängen, um so bitterer wird uns die Armuth; je reicher und schöner theures Leben um uns blüht, um so grauenhafter schauen die leeren Augen des Todes uns an. Darin liegt eine grosse und tiefernste Lehre. Wie das Leben des Einzelnen einen Sättigungspunkt am Glück hat: so auch das Leben der Menschheit.

Anmerkungen.

[1]) Vgl. häuptsächlich: A. Wagner: Die Gesetzmässigkeit in den scheinbar willkürlichen Handlungen des Menschen.

[2]) Man beobachte z. B. die absolute Selbstmordzahl in Oesterreich in den 14 Jahren von 1865—1878. Sie betrug in den einzelnen Jahren: 1464, 1265, 1407, 1556, 1375, 1510, 1560, 1677, 1863, 2151, 2217, 2438, 2648, 2578. Charakteristisch dabei ist die plötzliche Steigerung, welche durch den grossen Krach v. J. 1873 herbeigeführt wurde (Movim. dello stato civile, 1862—78, p. 322).

[3]) So zeigt sich z. B. eine durchschnittliche jährliche Selbstmordzahl:

in den Jahren	Frankreich	Belgien	England	Dänemark	Norwegen
1836—40	2574	183	967	272	133
1856—60	4002	220	1305	426	145

Und zwar zeigt sich diese Zunahme nicht nur in den Städten, sondern auch auf dem platten Lande. Sie steigert sich namentlich in den letzten Jahren. Nach Movimento dello stato civile, anni 1862—78, pag. CCCXIX betrug die Zahl der Selbstmorde auf je 1 Mill. Einwohner:

i n	Zeitraum	im ersten Jahre	im letzten Jahre	i n	Zeitraum	im ersten Jahre	im letzten Jahre
Italien . . .	1865—78	29	44	Bayern . .	1868—77	91	127
England . .	„	66	71	Sachsen . .	1865—78	262	389
Schottland .	1865—75	42	35	Thüringen .	1868 - 78	353	342
Irland . . .	1865—78	14	17	Baden . . .	1866—78	132	206
Oesterreich	„	74	118	Schweden .	1865—78	80	91
Belgien . .	1870—78	66	89	Norwegen .	1855—75	85	78
Preussen . .	1865—77	121	174	Finnland . .	1869—77	38	35

. Eine ganz bemerkenswerthe Ausnahme von dieser Regel bilden die scandinavischen Völker.

¹) Gruppirt man die Länder nach der Häufigkeit der Selbstmorde, so stellen sie sich in folgender Reihe dar. Auf 1 Mill. Einw. treffen Selbstmorde:

i n	im Durch- schnitt der Jahre	Selbst- morde auf 1 Mill.	i n	im Durch- schnitt der Jahre	Selbst- morde auf 1 Mill.
Sachsen	1865—78	300,7	Norwegen . .	1865—75	74,6
Thüringen . . .	1868—78	269,8	Belgien . . .	1870—78	74,1
Schweiz	1876—78	213,0	England . . .	1865—78	67,5
Württemberg .	1873—76	168,0	Schottland . .	1865—75	36,9
Baden	1866—78	157,8	Italien	1865—78	32,8
Frankreich . .	1872—75	149,9	Croatien-Slavo-		
Preussen . . .	1865—77	142,0	nien	1874—78	32,4
Bayern	1868—77	94,2	Finnland . . .	1869—77	31,2
Oesterr. (diess.) .	1865—78	88,1	Irland	1865—78	16,7
Schweden . . .	1865—78	85,9	Spanien . . .	1859—62	14,4

(Die Ziffern für Frankreich sind nach dem Annuaire stat. de la France 1878, pag. 94 berechnet; für Spanien nach dem Anuario estadistico 1862—65, pag. 166; für die übrigen Länder nach dem Movimento dello st. civ. 1862—78.)

²) Nach A. Wagner's hierüber mitgetheilter Tabelle gruppirten sich in Frankreich bei einer Gesammtzahl von 24462 Selbstmorden die einzelnen Motive folgendermassen.

Motive: Zahl der Fälle:

1. Unbekannt 2139
2. Lebensüberdruss schlechtweg 951
3. Geisteskrankheit (Wahnsinn, Melancholie, Blödsinn etc.) 7421
4. Mit Geistesstörung verbundene Leidenschaft (religiöse und politische Exaltation) 24
5. Körperliche Leiden 2651
6. Leidenschaften (Zorn 13, unglückl. Liebe 601, Eifersucht 131) . . . 745
7. Laster (Betrunkenheit 419, Trunksucht 1427, liederliches Leben 821, Spielsucht und Verlust 38, Tagdieberei 27) 2732
8. Kummer und Betrübniss über Andere (Verlust v. Angehörigen, Heim- weh etc.) 331
9. Zwist mit der Familie (u. mit Vorgesetzten) 2600
10. Kummer über Vermögensverhältnisse (Elend u. Furcht vor demselben, Zerrüttung u. Verlust des Vermögens, Arbeitsmangel, Processverlust, getäuschte Hoffnungen) 2764
11. Unzufriedenheit mit der Lage (mit der socialen Stellung, namentlich mit dem Militärdienst etc.) 253
12. Reue und Scham (Gewissensbisse, Furcht vor Schande) 158
13. Furcht vor Strafe 1528
14. Selbstmord nach Mord und dergl. 165

§. 231. Fortsetzung. Krankheiten in Folge von Lastern.

Gewisse Laster finden ihren statistischen Ausdruck in einem schleichenden Selbstmord, in Krankheiten, welche als Folgen unsittlicher Handlungsweise auftreten.

I. Der Branntweingenuss erscheint nicht nur als Ursache, sondern auch als Symptom und Folge sittlicher Verkommenheit. Er wirkt völkerverderbend und mit ihm führen die anderen verdorbenen Sitten der Gesellschaft eine Verweichlichung, ja sogar Vergiftung des gesellschaftlichen Körpers herbei. Der Branntweinverbrauch steigt sehr regelmässig von Jahr zu Jahr; Nothstände, entfesselte politische und sociale Leidenschaft steigern ihn, wie Engel für Sachsen ziffermässig erweist.

In den preussischen Provinzen hat man einen innigen Zusammenhang der Branntweinconsumtion und der unehelichen Geburten beobachtet. Brandenburg und Pommern zeigten sich in beiden Beziehungen höchst excessiv, Westfalen und Rheinprovinz sehr mässig.

Die Branntweinconsumtion ist jedoch nur eines von den Merkmalen des Hanges zum Trunke. Ein zweites ist die Zahl der wegen Trunkenheit aufgegriffenen Personen, namentlich auch die verschiedene Betheiligung beider Geschlechter. Der angelsächsische Volksstamm steht in dieser Hinsicht auffallend tief. So wurden in New-York im Jahre 1868 in das dortige Asyl für Trunkenbolde 2153 Personen aus den bemittelteren Ständen aufgenommen, darunter nicht weniger als 1300 Töchter aus „reichen Häusern"! (Oettingen.) In ganz England kamen auf 100 Säufer 29 Säuferinnen (Neison und Oesterlen), zu Liverpool im Jahre 1858 sogar 4349 polizeilich eingezogene Säuferinnen auf 5480 Säufer!

Die Verderben bringende Wirkung dieses Lasters ziffermässig darzustellen wurde schon öfter versucht. Engel und Franz sind der Ansicht, dass die Abnahme der Lebensdauer der preussischen Bevölkerung in den letzten Jahrzehnten im Zusammenhange stehe mit der Zunahme des Alkoholgenusses. Nach älteren Berechnungen ist in England die Sterblichkeit bei Trinkern von 21—50 Jahren 4—5mal, von 50—60 Jahren dreimal und bei Gewohnheitssäufern von mehr als 60 Jahren doppelt so gross als bei der Gesammtbevölkerung [1]).

II. Ein anderes gleichfalls auf sittlicher Entartung beruhendes Siechthum ist die Syphilis, deren Extensität und Intensität im allgemeinen immer dem Grade socialer und sittlicher Nothstände parallel laufen. Zeiten gesellschaftlicher Erregung, wo geschlechtliche Ausschweifung sich steigert, spiegeln sich in der Verbreitung der syphilitischen Erkrankung. So namentlich im Zeitraum von 1845—54 die Jahre 1848 und 49. Tragisch ist die stetige Zunahme der Syphilis als Todesursache, sowie ihre Verbreitung unter den Neugeborenen, ihre Erblichkeit. In England und Wales

z. B. fanden sich jährlich unter 100000 Todesfällen folgende Zahlen an Syphilis Verstorbener [2]):

1849—51	146
1858	223
1859	247

III. Mit Recht führen neuere Moralstatistiker den Wahnsinn gleichfalls als eine Erscheinung auf, der vielfach eine gewisse sittliche Verschuldung wenn nicht des Einzelnen, so jedenfalls der ganzen Gesellschaft zu Grunde liegt. Namentlich erscheint der so moderne Grössenwahn als eine Frucht ziellosen und überreizten Ehrgeizes.

Anmerkungen.

[1]) Oesterlen: Med. Statistik. S. 721.
[2]) Ebenda, 673.

§. 232. Der Mord.

Während das eigene Dasein ein sittliches Gut ist, auf welches zu verzichten Niemand gehindert werden kann und dessen freiwillige Preisgebung von der gegenwärtigen humanen Weltanschauung mehr bemitleidet als getadelt wird, ist das Leben unseres Mitmenschen, der um seines eigenen und um des Glückes seiner Familie und seines Volkes willen lebt und arbeitet, als das empfindlichste und ehrwürdigste sittliche Gut besonders deshalb angesehen, weil ein Ersatz oder eine Vergütung bei Beschädigungen dieses Gutes unmöglich ist.

Bezeichnet wird die Achtung und Sicherheit fremden Lebens auf negativer Seite durch die statistische Erscheinung des Mordes in seinen verschiedenen Formen, auf positiver Seite durch den Abscheu der gesitteten Gesellschaft vor der Verletzung fremden Lebens und durch die rächende That ihrer Strafjustiz.

„Wie der Tod selbst nicht blos ein Augenblick, sondern ein Process ist, der leise anhebt und mit der Verwesung endet, so sind auch die sittlichen Schäden, die den Tod inner der Menschheit befördern, schlingpflanzenartig verwachsen, ein unheimliches Gewebe von selbstsüchtigen Trieben und Motiven, die zuchtlos bethätigt, den Collectivmord und Selbstmord in der menschlichen Gesellschaft befördern und beschleunigen" (Oettingen).

Diese mörderischen Tendenzen sind verschiedener Art; bald fallen sie in den Bereich des Verbrechens, bald sind sie der Strafjustiz unerreichbar. Diejenigen aus ihnen, welche der statistischen Beobachtung zugänglich sind, lassen sich etwa folgendermassen gruppiren:

I. Der Kindermord in seinen verschiedenen gröberen und feineren Schattirungen.

Hieher gehört zunächst der vom Strafgesetze als solcher bezeichnete Kindermord, den wir in furchtbarer Progression sich mehren sehen.

So kamen in Frankreich unter 100 schweren Verbrechen Kindermorde vor:

1831—35	2,25	1846—50	3,71
1836—40	2,97	1851—55	4,28
1841—45	3,11	1856—60	6,45

Das Verbrechen der Fruchtabtreibung wächst in noch rascherer Progression; so in Frankreich in den erwähnten Zeiträumen von 0,19 auf 0,28; 0,44; 0,59; 0,85; 0,97. In Nordamerika, dessen geistreiche und emancipirte Frauen nicht mehr Mütter werden wollen, ist dieses Verbrechen nahezu eine Landescalamität geworden.

Hieher gehört aber auch jene Herzlosigkeit, welche langsam und systematisch durch Vernachlässigung die Leben der Kinder hinmordet. Dieser feinere Mord findet seinen Ausdruck in der Sterblichkeit der ausserehelichen Kinder und jener Kinder, welche — eheliche oder uneheliche — fremden Händen zur Pflege anvertraut werden, oft nur, um sie für immer verschwinden zu lassen. Schon im ersten Lebensjahre wird ihre Zahl fast halbirt durch schlechte Behandlung, durch den Mangel an derjenigen Liebe, die für sie so wichtig ist, wie der Sonnenstrahl für die Pflanze. Auch in der häufigeren Todtgeburt der ausserehelichen Kinder liegt ein verschleierter Mord, der sich mit schrecklicher Deutlichkeit aus der Geschlechtssünde heraus entwickelt.

In der geradezu riesenhaften Sterblichkeit der Findelkinder erscheint wieder ein anderer Ausläufer desselben Mordsystems. Dieses System wächst als Drachensaat aus einem verfluchten Boden und trägt noch andere Früchte.

II. Das eigentliche Verbrechen des Mordes ist nur eine von diesen Früchten. In Europa (ohne Türkei) kommen jährlich über 10000 Mordthaten vor. Der grobe Mord tritt freilich etwas zurück, aber nur in Folge besserer Polizei, geordneten Verkehrs und glatterer gesellschaftlicher Formen; der chronische schleichende Mord dagegen ist im Wachsen. In den meisten Ländern, welche überhaupt Criminalstatistik treiben, zeigt sich diese Zunahme.

In Frankreich finden sich vor den Assisen an schwersten Verbrechen gegen die Person jährlich [1]):

	1826—30	1866—69
Todtschlag	229	119
Mord	197	209
Elternmord	9	9
Kindermord	102	123
Vergiftung	29	23

31 *

In England sehen wir die Angeklagten wegen Verbrechen gegen
die Person anwachsen von jährl. 1985 in der Zeit von 1834—40 auf
2292 in der Zeit von 1867 — 70. In Oesterreich erfolgten 1856 wegen
Mord 343 Verurtheilungen, dagegen in den Jahren 1863—65 weit mehr.
nämlich 736—708—663 [2]). In vielen Ländern sind, wegen Aenderungen
der Gesetzgebung, ältere und neuere Ziffern nicht leicht vergleichbar.

Die mörderische Gesinnung ist national ungemein verschieden. Auf
100000 Einwohner treffen Mordthaten [3]): in Italien (1870) 10,7; England
(1867) 1,9; Spanien (1862) 8,7; Belgien (1865) 0,1; Schweden (1866) 2,0.

III. Die Todesstrafe erscheint als eine eigenthümliche Reaction des
gesellschaftlichen Gewissens gegen die gesellschaftliche Mordlust. Sie hat
sich, namentlich bezüglich ihres Vollzuges in allen Ländern bedeutend
verringert. In Europa sind 1859—62 von etwa 560 alljährlichen Todesurtheilen ungefähr 180 vollstreckt worden, in Bayern sogar 1862 von
41 Todesurtheilen nur 3 [4]).

IV. Der Krieg in seiner Tod bringenden Gewalt ist nicht blos
„ein nothwendiges Symptom des unüberwundenen Völkeregoismus, sondern
auch eine unumgängliche Geissel für depravirte Zeiten und faulwerdende
Massen" (Oettingen). Trotz dieser Nothwendigkeit bleibt er doch ein
riesenhafter Ausdruck für die selbstsüchtige mörderische Gesinnung der
Menschheit. Nicht einzelne gewaltige Charaktere, nicht einzelne Tyrannen
tragen die Schuld an dem vergossenen Blute, sondern der Völkerhass.
der sich zusammendrängt und gipfelt und jene Millionen Leben verschlingt.
welche auf Schlachtfeldern oder in Spitälern dahinstarben oder der hohen
Militärsterblichkeit zum Opfer fielen (vgl. §. 97).

V. Als ein allerdings in seinen Folgen weniger furchtbarer, aber
immerhin bezeichnender Ausdruck mörderischer Gesinnung erscheinen endlich auch alle körperlichen Beschädigungen des Mitmenschen. Eine besonders ziffermässige Behandlung gestatten sie da, wo zum Zwecke der
Bestrafung die Dauer der verursachten Arbeitsunfähigkeit erhoben wird.
Da man z. B. in Bayern annimmt, dass jede Körperverletzung durchschnittlich eine achttägige Arbeitsunfähigkeit herbeiführt, so resultirt daraus
schon ein höchst bedeutender ökonomischer Verlust, abgesehen von der
Einbusse des Verletzten an persönlichem Wohlbefinden und von den
unberechenbaren späteren Folgen solcher Ausbrüche der Gemüthsrohheit
und Grausamkeit.

Die Untersuchung aller gegen das menschliche Leben gerichteten
Angriffe hat ergeben, dass sie im Allgemeinen bei eintretender Nahrungserleichterung zunehmen, bei der Nahrungserschwerung dagegen sich vermindern. Leidenschaft und übermüthige Rohheit treiben demnach leichter
zu Angriffen gegen das Leben, als Noth und Elend. Eine Ausnahme

hiervon machen blos zwei Arten von Verbrechen: Kindermord und Kinderabtreibung. Bei ihnen ist der Einfluss der Nahrungserschwerung unverkennbar.

Anmerkungen:

¹) ²) Block: Stat. de la France I, 147 ff.
³) E. Morpurgo: Die Statistik etc. S. 496.
⁴) Oettingen a. a. O. S. 894.

§. 233. Die wirthschaftliche Existenz.

Erkennt man im Kampfe des Menschen um sein Dasein überhaupt eine nothwendige Vorbedingung alles Strebens nach Vervollkommnung und die erste sittliche That, so erscheint auch das ganze wirthschaftliche Leben im Lichte der Sittlichkeit. Aber die wirthschaftliche That ist eine sittliche nur dann, wenn sie als Mittel zu sittlichen Zwecken dient. Wenn das Mittel Selbstzweck wird, schadet es dem höheren Zwecke. So hoch ein reges wirthschaftliches Leben bei einem Volke zu schätzen ist, dessen geistig-sittliches Leben gleiche Regsamkeit zeigt: so wenig darf es missverstanden werden. Der Industrialismus entnervt die Bevölkerung und hinter der hochgesteigerten wirthschaftlichen Thätigkeit der Gegenwart lauern Elend und Brodlosigkeit, geisttödtende Fabriksarbeit, Zersetzung der Arbeiterbevölkerung, namentlich auch in ihrem Familienleben, und bereiten so den Boden für das Gauner- und Verbrecherthum.

Demnach hat das wirthschaftliche Leben der Menschheit seine positiv und seine negativ sittlichen Seiten. Und dieses Doppelgesicht zeigt sich bei allen einzelnen wirthschaftlichen Erscheinungen.

So wirkt die Arbeit einerseits bildend und anregend, als sittliches Element, wo sie dergestalt angeordnet ist, dass sie die Kräfte des Menschen ausbildet und ihm Zeit zur sittlichen Entwickelung lässt — andererseits aber auch feindlich und zerstörend, wo sie den unter ihrem Drucke keuchenden Arbeiter in seiner sittlichen Entwickelung hindert (Frauen- und Kinderarbeit in den Fabriken), in physischem und wirthschaftlichem Elend ihn fesselt und die Ideen des Communismus auftauchen lässt.

So ist das Capital ohne sittliche Tendenz und Schranke ein Zerstörer, mit ihr eine Grundlage der Volkswohlfahrt; so ist der Credit Mittel und Resultat sowohl sittlicher, als unsittlicher Bestrebungen.

Indessen lassen sich doch einige wirthschaftliche Erscheinungen unterscheiden, welche entschieden positiv, und andere, die noch entschiedener negativ sittlich, und dabei ziffermässig darstellbar sind.

Solche Erscheinungen mit sittlichem Gehalt sind:

I. Mit positiv sittlichem Gehalt:

1. Das Sparcassenwesen.

2. Das Associationswesen.

3. Die Armenpflege. Die grossartigen Leistungen der freiwilligen Armenpflege werden jedoch immer nur zu einem kleinen Theile sich ziffermässig fixiren lassen.

II. Mit negativ sittlichem Gehalt:

1. Bettel und Vagantenthum. Arbeitslosigkeit, Bettel und Landstreicherei ist der Anfang der Gaunerlaufbahn, die Einleitung zu allen Freveln gegen fremdes Eigenthum. Es existiren ganze Classen von Menschen, die sogenannten bedenklichen Classen, welche, arbeitslos, bettelhaft und landstreichend, eine Art üppig fruchtbaren Boden bilden, in welchem das Verbrechen nach allen Seiten hin Wurzeln treiben kann.

Die ziffermässige Feststellung dieses criminellen Proletariates ist leider sehr schwierig. Nur für zwei Staaten, nämlich für Bayern und England existiren zuverlässige, langjährige officielle Beobachtungen.

Man hat dabei bemerkt, dass der Getreidepreis auf die Häufigkeit des Bettlerthums (Mendicität) einen ganz entschiedenen Einfluss ausübt. Dieser Einfluss wird aber gekreuzt, ja überboten durch socialpolitische Factoren[1]).

Dabei zeigt sich das Gesetz der Trägheit auch bei den socialen Massen sehr deutlich darin, dass die schwachen Anfänge der Preissteigerung noch nicht die schlimmen Zustände der Bevölkerung verschlimmern, sondern erst die anhaltende und starke Theuerung. Eben so erhält sich auch, wenn die Preise wieder sinken, die Landstreicherei und Arbeitsscheu nicht blos constant, sondern geht sogar noch eine Zeit lang in die Höhe.

Von Interesse ist auch die Untersuchung über die Betheiligung der beiden Geschlechter und der Kinder am Vagabundenthum. Diese Betheiligung ist im Ganzen sehr regelmässig, was darauf schliessen lässt, dass die häuslichen und Familienverhältnisse einen gleichbleibenden und tiefgreifenden Einfluss hier ausüben.

Bei der Weiberbetheiligung ist insbesondere die Zähigkeit derselben von Interesse, analog jener der weiblichen Criminalität. In Theuerungsjahren ist die Kinderbetheiligung eine auffallend grosse.

In England zeigen sich im Ganzen dieselben Erscheinungen.

Unter den englischen criminal classes fungiren bekannte Diebe, notorische Hehler, öffentliche Dirnen, verdächtige Personen, Vaganten und Bettler und die beobachtete Jahresquote jedes Alters und Geschlechts bleibt in der Gesammtsumme dieselbe.

Vergleicht man die Bewegung der Mendicität und Criminalität, so findet man eine ziemliche Uebereinstimmung in der Abnahme und Zunahme beider (Mayr).

2. Die Angriffe gegen das Eigenthum. Sie zerfallen in eine Reihe einzelner Verbrechen und Vergehen. Unter ihnen steht, was Häufigkeit betrifft, der Diebstahl obenan. Noch entschiedener ist der ökonomische Nachtheil bei Eigenthumsbeschädigungen, insbesondere Brandstiftungen, die leider erhebliche Zunahme zeigen.

Die Eigenthumsbeeinträchtigungen durch Betrug unterscheiden sich ökonomisch wenig vom Diebstahl; da aber im Betrug ausser einer Eigenthumsbeeinträchtigung auch noch eine Schädigung der Wahrheit enthalten ist, liegt in der allgemeinen Rechtsunsicherheit, welche durch die leider bedeutende Steigerung dieser Handlungen, insbesondere durch die Zunahme des Meineids bewirkt wird, ein Hauptnachtheil der Eigenthumsbeeinträchtigungen.

Urkundenfälschung, Münzfälschung, Bestechung, Beschädigung öffentlichen Eigenthums stehen zum Theile ökonomisch gleich den Verletzungen von Privateigenthum, der Ziffer nach bedeutend im Hintergrunde.

Die Ab- und Zunahme der Angriffe gegen die Person und jene der Angriffe gegen das Eigenthum bewegen sich constant in entgegengesetzter Richtung. Denn wie die Angriffe gegen Personen bei Nahrungserleichterung sich mehren, so vermindern sich in diesem Falle die Eigenthumsbeeinträchtigungen. Wie namentlich wirthschaftliche Zustände und im Zusammenhange mit ihnen die Jahreszeiten insbesondere die Bewegung der Diebstähle beeinflussen, ward schon früher erwähnt; bei anderen weniger häufigen Eigenthumsangriffen, z. B. Brandstiftung, Fälschung zeigen sich diese Einflüsse nicht in gleicher Weise. Der Hausdiebstahl macht gleichfalls eine Ausnahme; er hält sich frei vom Einflusse der Jahreszeit, wohl weil er mehr durch augenblickliche Gelegenheit als durch wirkliche Noth veranlasst wird.

3. Die Bankrotte. Hinter der Zahl derselben stecken zweifellos nicht blos wirthschaftliche, sondern auch gewisse moralische Ursachen: Leichtsinn, Unvorsichtigkeit, in schlimmeren Fällen Gewissenlosigkeit. Es ist indessen nicht leicht möglich, den Einfluss der wirthschaftlichen und jenen der moralischen Ursachen zu isoliren.

4. Unsittliche Verschwendung. Hieher gehört insbesondere die Spielsucht, welche wenigstens in den Ländern, wo öffentliche Glücksspiele geduldet oder gar vom Staate betrieben werden, quantitativ fassbar ist.

Anmerkung.

¹) So sieht man, dass in der revolutionären Periode um 1848 herum die Mendicität überall steigt. In Bayern kamen von 1841—46 durchschnittlich jährlich 1638 aufgegriffene Bettler und Vaganten auf je 100000 Einwohner; in den darauffolgenden 5 Jahren, welche sich um das Jahr 1848 gruppiren, schon 1706, obgleich der Getreidepreis sehr gesunken war. Mit zunehmender

Theuerung steigt später die Mendicität ganz ausnehmend stark, offenbar unter dem doppelten Einflusse der Theuerung und der socialen Zuchtlosigkeit und sinkt erst wieder von 1855/56 ab mit den bedeutend sinkenden Getreidepreisen.

§. 234. Die öffentlichen Vergehen und Verbrechen.

Auch der Staat als solcher, in seiner Ordnung und seinem Bestande ist von höchster sittlicher Bedeutung. In ihm und durch ihn lebt und arbeitet das, was wir Civilisation nennen; in ihm geht mit der höheren göttlichen Idee des Rechts Hand in Hand die reale Gewalt, der eventuelle Zwang zum Recht. Abhängig von den physischen und wirthschaftlichen Zuständen, vom Charakter, der Bildungsstufe und den Schicksalen des Volkes verläuft im Staate die Bildungsgeschichte des Rechts. Mehr und mehr umgibt der Staat die Person und das Eigenthum, die Freiheit und die Aufklärung mit den schützenden Wällen seiner Ordnung.

So erscheinen denn auch alle jene Handlungen, die geeignet sind, das staatliche Leben zu fördern, als sittliche, als patriotische Tugenden und jedes Rütteln an den richtig und harmonisch ausgebildeten Gestaltungen der staatlichen Ordnung als unsittlich und rechtswidrig.

Wenn auch die patriotischen Tugenden einer Bevölkerung keine statistische Untersuchung zulassen, so ist eine solche doch möglich bei den Angriffen gegen die staatliche Ordnung. Jede Rechtsverletzung ist zwar ein Angriff gegen den Staat, aber es gibt einzelne Rechtsverletzungen, deren unmittelbares Object der Bestand und die Hoheit des Staates ist.

Diese Verbrechen und Vergehen, welche direct gegen die Staatsgewalt gerichtet sind, enthalten indessen auch eine indirecte, unter Umständen sehr weit gehende Bedrohung der Person und des Eigenthums. Ihr Maximum fällt erklärlicher Weise in die Jahre politischer Aufregung.

§. 235. Das Familienglück.

In der Gleichzahl der Geschlechter weist schon die Natur den Menschen an die Monogamie und die Familie. Wenn man die Familie als die natürliche Grundlage der civilisirten Gesellschaft erkennt, sind auch die Heiratsfrequenz, der Procentbetrag der Verheirateten und die eheliche Fruchtbarkeit Massenerscheinungen von entschieden sittlichem Werthe. Sie geben Aufschluss zwar nicht unmittelbar über die Quantität des Familienglücks in einer Bevölkerung, aber wenigstens mittelbar. Denn der Familienbestand ist die nothwendige Vorbedingung des Familienglückes und wo dieser Bestand in reicherem Maasse gesichert ist, muss unter sonst gleichen Umständen auch die Summe des auf ihm ruhenden Glückes eine grössere sein.

Zur Ergänzung dieser Erscheinungen dienen der Sittenstatistik aber auch einige, speciell hinsichtlich des Familienlebens negativ sittliche. Als entschiedenste Negation des Familienlebens zeigt sich die Frequenz der unehelichen Geburten. Wichtig sind aber auch die Angaben über die durch Zwietracht gestörten oder völlig zerrütteten Familien. Allerdings entzieht sich das Familienglück gerne der statistischen Beobachtung, ausgenommen da, wo Familienzwistigkeiten vor Gemeinde-, Justiz- oder Polizeibehörden zum Austrage kommen. Eine höchst charakteristische Erscheinung auf diesem Gebiete sind aber für die Statistik die Ehescheidungen.

Das Familienleben, die Erziehung der Jugend, die gute Sitte und die öffentliche Meinung fordern oder unterstützen wenigstens die Unauflöslichkeit der Ehe, so dass die Ehescheidung als ein den Bestand der Gesellschaft untergrabender Frevel erscheint.

Diese Unlauterkeit der Ehescheidungen tritt schon hervor, wenn man den eigenthümlichen Zusammenhang der Ehescheidungsfrequenz mit der Frequenz der unehelichen Geburten betrachtet [1]. Je leichtfertiger die Gesellschaft über die Ehe urtheilt, um so trüber müssen alle geschlechtlichen Gemeinschaften werden. Die Statistik der Ehescheidungen und der Trauung Geschiedener mit anderen zeigt, dass vielfach das Gelüste nach Abwechslung die stehenden Ehen zerstört.

Die Regelmässigkeit in den Ehescheidungsziffern zu beobachten, ist nicht leicht; einestheils ist die Erscheinung an sich sehr selten, anderentheils die Daten mangelhaft. Trotzdem ist die Regelmässigkeit dieser Erscheinung eine auffallende, selbst wenn man nur kurze Zeiträume beobachtet [2].

Merkwürdig constant ist auch die Zahl der geschieden lebenden Personen.

Man hat sogar beobachtet, dass die Zahl der geschieden Lebenden regelmässiger ist als die der Verwitweten, obgleich die erstere Erscheinung ganz vom freien Willen des Menschen abhängt [3].

Der Einfluss von Stadt und Land auf die Ehescheidungsfrequenz zeigt sich sehr deutlich in der Thatsache, dass die geschieden Lebenden in den Städten relativ doppelt so zahlreich sind als auf dem Lande. So kamen z. B. in Sachsen auf je 10000 Einwohner in den Städten 36 geschieden Lebende, auf dem Lande nur 19.

Nothjahre haben sich als entschieden ungünstig hinsichtlich der Ehescheidungen erwiesen. Es ist auch leicht einzusehen, dass sie schon zerrüttete Verhältnisse vollständig sprengen.

Bei der Beobachtung der individuellen Ehescheidungsmotive hat sich gezeigt, dass das weibliche Geschlecht am häufigsten zu Ehescheidungsklagen veranlasst ist.

Leider stehen in Bezug auf die Heilighaltung der Ehe gerade die gebildeten Classen besonders tief.

Dass sich die geschiedenen Frauen viel leichter wieder verheiraten, als die geschiedenen Männer, ist gleichfalls nachgewiesen worden und beweist, dass meist eine aussereheliche Leidenschaft das Motiv der Scheidung gewesen sein muss.

Die öffentliche Meinung beurtheilt zwar die gerichtlich geschiedenen Eheleute nie sehr günstig, doch ist in ihrem Urtheil allezeit mehr Spott, als sittlicher Ernst und ehrlicher Tadel, so dass man auch die Scheidung als sociales sittliches Uebel weniger dem Einzelnen zur Last legen darf, als der ganzen Gesellschaft in ihrer leichtfertigen Gesinnung [1]).

Anmerkungen.

[1]) So findet man unter Anderem in den preussischen Provinzen 1860—64 (Oettingen a. a. O. S. 418):

Provinz	Ehescheidungen	Auf 1 uneheliches Kind treffen eheliche
Brandenburg	1721	7,81
Schlesien	1104	7,91
Pommern	755	9,23
Sachsen	754	9,26
Posen	371	14,11
Westfalen	41	25,01
Rheinland	4	25,48

[2]) So ergaben sich z. B. in Belgien (a. a. O. S. 423):

1860   55 Ehescheidungen bei 35112 Trauungen
1861   56   „   „   33802   „
1862   57   „   „   34146   „
1863   65   „   „   35813   „
1864   66   „   „   36959   „

[3]) So befanden sich in Sachsen unter 10000 Einwohnern (ebenda S. 425):

im Jahre	Verwitwete		Geschiedene	
	Männer	Frauen	Männer	Frauen
1834	163	402	9	15
1837	159	367	9	15
1840	159	407	9	15
1843	159	397	9	15
1846	162	407	9	16
1849	165	411	9	17

[4]) A. v. Oettingen a. a. O. S. 416 ff.

§. 236. Geschlechtliche Sittlichkeit.

Im innigsten Zusammenhange zunächst mit dem Familienglücke, dann aber auch mit der geistigen und physischen Gesundheit, mit der gesellschaftlichen Ehre und dem wirthschaftlichen Glücke steht die geschlechtliche Sittlichkeit. Ihren positiven Ausdruck findet die Statistik der geschlechtlichen Sitte in der Familienstatistik. Von negativ sittlichen Erscheinungen in dieser Richtung sind hauptsächlich folgende zu bezeichnen. Leider weisen sie auf einen stetigen Verfall der geschlechtlichen Sittlichkeit hin.

I. Die Unzuchtverbrechen. Die allgemeine Entsittlichung findet einen scheusslichen rohesten Ausdruck namentlich in den constanten Unzuchtverbrechen. Diese Verbrechen haben leider in allen Staaten Europa's stark zugenommen [1]).

Günstige äussere Verhältnisse, günstiges Klima, die bessere Jahreszeit, Wohlstand und Prosperität wirken auf die Unzuchtverbrechen verschlimmernd. Leider hat die Statistik auch beobachtet, dass die schlimmste Sorte dieser Verbrechen, die Nothzucht an Kindern, ihre Urheber erschreckend häufig unter den Gebildeten, den sogenannten liberalen Professionen findet.

II. Die Prostitution. Es ist noch die Frage, was überhaupt auf diesem Gebiete sich feststellen lässt. Da gerade die geschlechtliche Sünde so sehr die Verborgenheit liebt und Winkelprostitution, Maitressenwirthschaft und Concubinat sich der polizeilichen Controle entziehen, bleibt nur ein Theil jener Zahlen übrig, welche der geschlechtlichen Unsittlichkeit angehören. Man kann nur schwer aus diesen Zahlen einige sichere Schlüsse ziehen.

Bei der moralstatistischen Beobachtung der Unzucht tritt vor Allem zweierlei zu Tage: die furchtbare Zähigkeit des Lasters und seine überall zunehmende Ausdehnung.

Es beträgt u. A. die Zahl der Bordelle in London (1858) über 4500, die Zahl der öffentlichen Mädchen im Ganzen gegen 70000. In Liverpool zählt man 770 Bordelle, in Edinburg 203, in New-York 618, in Hamburg 124, in Paris 204 (etwa 35000 prostituirte Mädchen [2]).

Man muss sich indess hüten, solche Zahlen vergleichen und aus ihnen Schlüsse auf die Moralität der verschiedenen Städte oder Länder ziehen zu wollen. Die Verschiedenheit der polizeilichen Controle macht diese Verhältnisse unvergleichbar [3]).

Von wirklich statistischem Interesse ist es dagegen, an einzelnen Orten, von welchen solide Daten vorliegen, die regelmässige und periodische Bewegung zu beobachten.

Die Prostitution ist fast überall im Zunehmen, weit mehr als die
Bevölkerung. Die Zunahme des Selbstmordes bildet ein düsteres Gegen-
stück dazu.

So stieg u. A. die Zahl der Prostituirten in Berlin [1]) von 1858—63
um 66%, die Bevölkerung nur um 20%, während die Prostitution in
London und Paris dem gegenüber fast stationär erscheint.

Aus den Beobachtungen, welche man in Paris in längeren Zeiträumen
angestellt hat, ergibt sich, dass allgemeinere Factoren auf diese Seite des
sittlichen Lebens dauernden Einfluss nehmen und dass wir es auch hier
mit einer Collectivschuld der Gesellschaft zu thun haben, welche dem
einzelnen Opfer derselben nicht so sehr zur Last gelegt werden darf, als
eben der Gesellschaft.

Wie sehr die in den Städten sich verbreitende Unsittlichkeit das
ganze Land in Mitleidenschaft zieht, ergibt sich aus der Untersuchung
darüber, woher die Opfer der Prostitution kommen.

Unter den Einflüssen auf die Prostitutionsfrequenz scheint das Elend
obenan zu stehen. So fand Parent-Duchatelet, dass unter 3084 Mädchen,
deren Beruf er erforschte, nur 3 etwas bemittelte waren. Die Betheiligung
der ungebildeten und namentlich der schlecht gebildeten ist weit grösser
als die der gebildeten. Familienzerrüttung, das Elend der Arbeiterwoh-
nungen, die unsittliche Atmosphäre, in welcher Tausende von Kindern
aufwachsen und täglich Schmachvolles hören und sehen: das sind die
Motive und darin liegt die Collectivschuld der Gesellschaft.

III. Die unehelichen Geburten.

Unbestreitbar ist die Häufigkeit ausserehelicher Geburten von ernster
Bedeutung für das sittliche Leben der Bevölkerungen. Doch ist diese Erscheinung schwer zu beurtheilen wegen der verschiedenen auf sie einwirkenden Gründe.

Diese Schwierigkeit zeigt sich am deutlichsten in der verschiedenen
Werthbestimmung der unehelichen Geburten durch die einzelnen Statistiker.

So betrachtet Hansner die unehelichen Geburten als einen werthvollen Sittlichkeitsmassstab und stellt ausdrücklich in Abrede, dass ein
Land, welches gegen zwanzigmal mehr Mädchen zählt, die einen offen-
kundigen Beweis der Uebertretung der Keuschheit darlegen, als ein
anderes, diesem letzteren an Ehrbarkeit und Sittenreinheit der Frauen
gleichkommen könne. Er bestreitet auch, dass die unehelichen Geburten
vom Niederlassungsgesetz, Heiratsconsens und anderen administrativen
Einrichtungen abhängig seien.

Umgekehrt meint Engel: Die unehelichen Geburten repräsentiren
nicht den tausendsten Theil der factischen Unzucht, sondern nur die da-

bei stattgehabte grössere Unvorsichtigkeit und Leidenschaftlichkeit und — grössere Unschuld, wäre man fast versucht, hinzuzufügen: .... denn die Lüderlichkeit, die sich anderwärts und im Schoosse der Ehen bei Treulosigkeit der Männer und Frauen verbirgt, wird wohl nie zur Ziffer zu bringen sein, obschon die Existenz jener Lüderlichkeit in einzelnen Theilen des Landes, als eine Schattenseite der gesteigerten Civilisation, ein öffentliches Geheimniss ist.

So viel nun auch diese zweite Ansicht für sich hat, so ist doch gewiss, dass an die uneheliche Geburt viel Elend sich hängt. Die Statistik hat längst gefunden, dass die unehelichen Kinder körperlich hinfälliger sind als die ehelichen, dass sie zu Geisteskrankheit, Blödsinn, Selbstmord und Verbrechen aller Art mehr hinneigen.

Es ist daher wohl gerechtfertigt, dass man die unehelichen Geburten mit ganz besonderer Aufmerksamkeit behandelt hat.

In ganz Europa mit Ausnahme der Türkei werden jährlich über 700000 uneheliche Kinder geboren, also täglich etwa 2000 oder 7 % aller geborenen. Dabei zeigt sich eine merkwürdige Regelmässigkeit dieser Erscheinung. In Frankreich z. B. schwankt das Procentverhältniss der unehelichen Geburten jährlich um kaum $\frac{1}{3}$ %.

Noch vor kurzer Zeit klagte die Moralstatistik über die allgemeine Zunahme der unehelichen Geburten (Wappäus, Oettingen), und versuchte diese Klage ziffermässig zu beweisen. Diese Klage ist heutzutage nicht mehr allgemein berechtigt, indem gerade das verflossene Jahrzehnt in den meisten Ländern einen Rückgang, in mehreren einen Stillstand und nur ausnahmsweise eine Zunahme des Procentbetrages ausserehelicher Kinder aufweist.

Es stellte sich nämlich (mit Ausschluss der Todtgeborenen, welche nur für die ältere Periode bei Sachsen, Württemberg und Holland mitgezählt sind) dieser Procentbetrag wie folgt [5]):

i n	vor 1860		in neuerer Zeit		in neuester Zeit	
	Jahre	%	Jahre	%	Jahr	%
Bayern	1841—51	20,54	1865—78	15,30	1878	12,69
Sachsen	1847—56	(14,65)	„	13,41	„	12,25
Württemberg	1845—54	(12,26)	„	11,31	„	8,20
Dänemark	„	11,32	1865—76	11,05	1876	9,98
Oesterreich (total) . . .	1842—51	11,21	—	—	—	—
Oesterreich allein . . .	—	—	1865 - 78	13,50	1878	14,05
Ungarn	—	—	1865—77	7,09	1877	7,41

i n	vor 1860		in neuerer Zeit		in neuester Zeit	
	Jahre	%	Jahre	%	Jahre	%
Norwegen	1846—55	8,77	1865—78	8,49	1878	7,70
Schweden	1841—50	8,64	„	10,26	„	9,75
Belgien	1846—55	8,45	„	7,08	„	7,32
Frankreich	1844—53	7,17	1865—77	7,35	1877	7,08
Preussen		7,21	1865—78	7,50	1878	7,45
England	1850—59	6,67	„	5,43	„	4,73
Niederlande	1845—54	(4,79)	1865—77	3,49	1877	3,22
Italien		—	1865—78	6,46	1878	7,16
Schottland		—	„	9,26	„	8,33
Irland		—	„	2,73	„	2,31
Deutsches Reich		—	1872—78	8,67	„	8,54
Baden	—	—	1866—78	10,11	„	7,26
Schweiz		—	1872—78	4,78	„	4,67
Finnland		—	1865—78	7,81	„	7,43
Spanien		—	1865—70	5,53	1870	5,55
Griechenland		—	1865—77	1,32	1877	1,47
Rumänien		—	1870—77	3,79	—	4,77
Serbien		—	1865—78	0,43	—	0,67
Europ. Russland		—	1867—75	2,87	—	2,77

Unbestreitbar ergibt sich aus vorstehender Tabelle im Allgemeinen eine Besserung des Verhältnisses. Die auffallendsten Contraste haben eine Milderung erfahren. Sollte man hiebei vielleicht an einen internationalen Ausgleichungsprocess der Volksmoral denken dürfen?

Die Jahreszeiten und die Nahrungsmittelpreise üben einen bemerkbaren Einfluss auf die Häufigkeit der unehelichen Geburten aus. Karge Zeiten hemmen diese Häufigkeit, wohlfeile fördern sie. So wirkte namentlich der Misswachs des Jahres 1846 als ein sehr heilsames Zuchtmittel. Dagegen überschwemmte das Revolutionsjahr 1848 Europa mit Bastarden.

In ein und demselben Lande finden sich bezüglich der unehelichen Geburten oft die wunderbarsten Gegensätze hart nebeneinander. Das zeigt sich namentlich in Oesterreich-Ungarn. Hier finden wir (1869?) einen Procentsatz von unehelichen Kindern, welcher ein Maximum in Kärnten (44,55 %), ein Minimum in Dalmatien (3,88 %) erreicht. Im Deutschen Reiche hatten (1879) die altbayerischen Provinzen 14,19 % uneheliche Geburten, Westfalen nur 2,84 %.

Eine bekannte Thatsache ist das Ueberwiegen der unehelichen Geburten in den Städten gegenüber der Landbevölkerung. Der Procentbetrag stellt sich wie folgt [*]):

i n	Jahr	%	i n	Jahr	%
Wien	1865—74	44,96	Mailand . . .	1869—74	20,43
Budapest . . .	1872—75	29,91	Stockholm . .	?	39,63
Prag	1865—74	43,90	Christiania . .	?	16,17
München . . .	1868—74	43,97	Kopenhagen .	?	25,95
Frankfurt a. M.	1867—75	13,18	Petersburg . .	1866—72	23,58
Breslau	„	18,57	Bukarest . . .	1868—74	17,47
Berlin	1871 ?	15,40	Antwerpen . .	1865—74	12,89
Hamburg . . .	„	13,85	Haag	?	8,99
Rom	1871—74	10,60	Rotterdam . .	?	7,61
Paris	1869—75	26,83	London . . .	—	?

Man hat, wie es scheint vergeblich, versucht, den Einfluss der Gesetzgebung und der Confession auf diese Ziffer zu beweisen.

Nationale Eigenthümlichkeit und alte locale Sitte dürfte vielmehr
den stärksten Einfluss ausüben. Doch war seinerzeit jedenfalls in einigen
deutschen Ländern auch die Gesetzgebung, welche früher das Heiraten
vielfach erschwerte, sehr einflussreich.

Anmerkungen.

[1]) So wuchsen z. B. die Nothzuchtverbrechen folgendergestalt. Es kamen
Fälle vor in:

England		Preussen	
1830–34	837	1855	325
1835–39	973	1856	414
1840–44	1221	1857	569
1845–49	1263	1858	587
1850–54	1395	1859	580

(Oettingen a. a. O. S. 495.)

[2]) Ebenda S. 453.

[3]) So ist z. B. die Zusammenstellung von Hausner eine sehr gewagte.
Nach ihm kommt in (a. a. O. I. S. 179):

Hamburg	1 Prostituirte	auf	48	Einwohner
Berlin	1	„	„ 62	„
London	1	„	„ 91	„
Algier	1	„	„ 101	„
Liverpool	1	„	„ 129	„
Wien	1	„	„ 159	„
Rotterdam	1	„	„ 171	„
Neapel	1	„	„ 208	„
München	1	„	„ 220	„
Paris	1	„	„ 247	„
Rom	1	„	„ 288	„

Oettingen behauptet denn auch, diese Zusammenstellung sei Tendenz-
statistik im katholischen Interesse. Aber treibt nicht auch Oettingen Tendenz-
statistik im protestantischen Interesse, indem er behauptet, Wien, München,
Neapel und Paris seien „mit Recht" die verrufensten Orte (mit welchem Recht?),
die nur deshalb vielleicht besser scheinen, weil von dem Schmutz „vieles von
welscher Glätte gefällig übertüncht ist?" Alle Grossstädte stellen bedeutende
Ziffern zur Prostitution und wenn man sich auf die Notorietät stützt, verdient
doch zunächst Hamburg verrufen zu sein.

    ¹) Oettingen a. a. O. S. 456.
    ²) Nach Movimento di stato civile 1862—78. Die Ziffern für die ältere
Periode sind den Werken von Wappäus (II, 387) und Oettingen (S. 549) entnommen.
    ³) Nach Körösi: Statistique intern. des grandes villes. Wo die Jahreszahl
nicht angegeben ist, sind die Angaben jedenfalls der Zeit zwischen 1865—1875
entnommen.

IV. Capitel.

Geistiges und religiöses Leben.

---

§. 237. Bildung und Wissenschaft.

Wenn auch die geistige Bildung, die Erkenntniss der Wahrheit, nicht
ohne weiteres mit sittlicher Bildung verwechselt werden darf, so besteht
doch eine unläugbare Wechselwirkung zwischen der geistigen Cultur der
Völker einerseits, andererseits ihrem physischen und wirthschaftlichen.
rechtlichen und politischen, sittlichen und religiösen Leben. Kein Gebiet
im Reiche des menschlichen Daseins lässt sich vollständig isoliren.

    Innerhalb des gesammten geistigen Lebens eines Volkes zeigen sich
als einzelne Erscheinungen seine Wissenschaft und seine Kunst, seine
Sprachentwicklung und Literatur, der Volksunterricht, die Presse und
Correspondenz etc.

    Und wie das sittliche Leben des Einzelnen im engsten Sinne, seine
Tugenden und Laster, vielfach bedingt werden durch den sittlichen Boden.
durch das Volk, dem er entwachsen ist: so ist es auch im geistigen Leben;
der Einzelne hat gebend und empfangend Theil am geistigen Leben seines
ganzen Volkes. Die Sprache vermittelt ihm diese Verbindung in lebendiger
Schönheit.

    Ueber die statistische Messung geistiger Lebensthätigkeit äussert sich
Quételet folgendergestalt:

    Man kann die Fähigkeiten nur nach ihren Wirkungen, d. h. nach
ihren Handlungen oder den Werken, die sie hervorbringen, schätzen. In-

dem man aber z. B. einem Volke, eben so wie man es bei einem Individuum machen würde, alle Werke, die ihm ihre Entstehung verdanken, zurechnen würde, würde man zu gleicher Zeit seine Fruchtbarkeit und seine intellectuellen Fähigkeiten im Verhältniss zu anderen Nationen beurtheilen, abgesehen von den Einflüssen, welcher der Erzeugung solcher Werke ein Hinderniss in den Weg legen könnten. Indem man sodann auf die Lebensalter Rücksicht nähme, in welchen die Schriftsteller jene Werke producirt haben, erhielte man die nöthigen Elemente, um die Entwicklung der Intelligenz oder ihrer Productionskraft zu verfolgen. Bei einer solchen Untersuchung müsste man die verschiedenen Arten von Werken trennen, die der zeichnenden Künste, die der Musik, die mathematischen, schönwissenschaftlichen, philosophischen Schriften u. s. w. für sich zusammenstellen, um desto leichter die Schattirungen zu erkennen, welche die Entwicklung unserer verschiedenen Fähigkeiten charakterisiren.

Diese Untersuchung müsste man, von einer Nation zur anderen übergehend, wiederholen, um zu wissen, ob die Gesetze der Entwicklung mehr in Beziehung auf die Länder oder auf die producirten Werke variiren.

Die gegenwärtig von der Statistik der intellectuellen Bildung verfolgte Aufgabe gliedert sich folgendermassen:

I. Zunächst handelt es sich darum, die verschiedenen Bildungsmittel kennen zu lernen, nämlich die Schulen (Volksschulen, humanistische und technische Mittelschulen, Hochschulen und Fachschulen), Academien, Sammlungen, Bibliotheken, die Presse, den Buchhandel, die künstlerischen Thätigkeiten.

II. Bei jedem einzelnen dieser Bildungsmittel wird dann untersucht werden müssen:

A. Das Verhältniss der Quantität des Bildungsmittels zur Bevölkerung. Bei den Schulen also insbesondere die Zahl der Schulen und die Zahl der Lehrer, beide verglichen mit der Volkszahl. In analoger Weise würde dieses Verhältniss auch bei den anderen Bildungsmitteln zu behandeln sein.

B. Die von der Nation für die Bildungsmittel gebrachten Geldopfer sind gleichfalls ein deutliches Bild der Culturbestrebung.

C. Wenn das Bildungsmittel gegeben ist, handelt es sich noch immer um die quantitative Benützung desselben, z. B. bei den Schulen um die Zahl der Schüler, verglichen mit der Volkszahl, und endlich

D. um die Resultate dieser Benützung, deren Ermittelung freilich nur ausnahmsweise möglich ist.

Anmerkung.

Strenge genommen müssten die Statistik der geistigen und jene der ästhetischen Bildung neben der Sittenstatistik als besondere Theile einer Statistik des gesammten geistig-sittlichen Völkerlebens stehen. Die bescheidene Ausbildung jedoch, welche jene beiden Theile bisher gefunden haben, war Veranlassung, sie hier unterzubringen.

§. 238. Die Lehranstalten.

I. Die Volksschulen, welche die Mittheilung der nothwendigsten Grundlagen aller weiteren Geistesbildung bezwecken, sind der wichtigste Gegenstand für die Statistik der geistigen Bildung. Es ist die Aufgabe jedes civilisirten Staates, zu erstreben, dass keiner seiner Angehörigen ohne die Bildung der Volksschule sei. Von dem Verhältnisse, in welchem die Staatsangehörigen an dieser Bildung Theil haben, lässt sich am sichersten auf die allgemeine Volksbildung schliessen. •

A. Was zunächst das Verhältniss der Zahl der Schulen zur Volkszahl betrifft, so gibt schon dieses Verhältniss einen Einblick in die Ausdehnung der elementaren Volksbildung. Es kommt beispielsweise in:

Thüringen . . . . . eine Schule auf   683 Einw.
Bayern . . . . . „   „   „   581   „
Württemberg. . . . „   „   „   794   „
Hannover . . . . . „   „   „   524   „
Altpreussen . . . . „   „   „   765   „
Sachsen . . . . . „   „   „   770   „
Oesterreich . . . „   „   „   1172   „
Grossbrit. (ohne Irland) „   „   „   2658   „

Die übrigen europäischen Staaten stehen gleichfalls weit hinter den Deutschen zurück. In Frankreich hatten im Jahre 1865 noch 694 Gemeinden gar keine Schule. Nur die Niederlande, wo 1861 auf 1412 Einwohner eine Schule kam, machten eine rühmliche Ausnahme.

B. Nächst der Zahl der Schulen ist die relative Lehrerzahl von Bedeutung.

Die Zahl der Schüler, auf welche ein Lehrer trifft, beträgt u. A. in:

Bayern 63	Thüringen 68
Württemberg 63	Altpreussen 80
Hannover 67	Sachsen 103

Die Volksdichtigkeit dürfte bei sonst gleichen Verhältnissen diese Ziffer beinflussen. Da die Schulen nur innerhalb bestimmter Entfernungen von Kindern besucht werden können, so muss offenbar in dünn bevölkerten Ländern die Zahl der Schüler, welche einem Lehrer angehören, geringer sein.

C. Die Zahl derjenigen Kinder, welche die Schule besuchen, verglichen mit der Volkszahl oder mit der schulpflichtigen Jugend gibt gleichfalls einen interessanten Massstab für das nationale Bildungsstreben.

So ist es für Frankreich charakteristisch, dass (1863) eine Million Kinder gar keine Schule besuchten.

Der Procentsatz derjenigen schulfähigen Kinder, welche die Schule wirklich besuchten, stellte sich 1860/61 auf (nach Oettingen):

in		in	
Sachsen-Weimar	102 %	England	76 %
Kgr. Sachsen	100 „	Belgien	66 „
Württemberg	99 „	Oesterreich	45 „
Baden	98 „	Spanien (?)	45 „
Preussen	96 „	Italien	31 „
Schweiz	95 „	Kirchenstaat	16 „
Dänemark	89 „	Türkei	10 „
Bayern	83 „	Russland	5 „
Frankreich	76 „		

Freilich kommt es nun erst recht darauf an, was der Schulbesuch gewirkt hat. Da erfahren wir denn, dass unter 657401 Schülern, welche i. J. 1863 in Frankreich die Schule verliessen, nur 60 % des Schreibens und Rechnens kundig waren.

Auch für England wird die Zahl der Kinder, welche ununterrichtet bleiben, trotz stetiger Steigerung des wirklichen Schulbesuches, i. J. 1861 noch auf mehr als 1 Million angegeben.

Die Zahl der schulbesuchenden Kinder gegenüber den schulfähigen ist offenbar ein weit genauerer Massstab des Bildungsstrebens, als diese Zahl gegenüber der ganzen Bevölkerung. Letzteres Verhältniss gibt Hübner (stat. Tafel) folgendermassen an. Auf je 10000 Seelen treffen Elementarschulbesucher in:

Preussen	1520	Oesterreich	830
Grossbritannien	1400	Spanien	620
Holland	1280	Italien	500
Frankreich	1160	Russland	150
Belgien	1140		

II. Die Mittelschulen. Die Benützung der Mittelschulen hat in den letzten Jahren fortwährend machtvoll zugenommen. So zählte man z. B. in Preussen:

Schüler in den	i. J. 1843	i. J. 1861
sog. Mittelschulen	79001	101469
Volkslehrerseminarien	2546	3405
Gymnasien	25013	43305
Progymnasien	1979	3247
höheren Bürger- und Realschulen . .	14795	24908

Aehnliche Verhältnisse zeigen sich anderwärts.

Von hohem Werthe wäre eine in den Mittelschulen durchzuführende Statistik der Leistungen der Schüler. Eine ziffermässige Darstellung dieser Leistungen fand früher an manchen Gymnasien bereits statt. Die Leistung jedes Schülers in jedem einzelnen Fache hatte ihre besondere Ziffer, so dass sich wohl untersuchen liess, ob und wie oft ausgezeichnete Leistungen in allen Fächern neben einander vorkamen oder wie sich mathematisches, sprachliches Talent, Gedächtniss, allgemeine Bildung zu einander verhalten. Würde man die Entwicklung der einzelnen geistigen Fähigkeiten der Schüler mit ihren Lebensaltern, ihren häuslichen Verhältnissen, ihrer Nationalität, Confession etc. combiniren, so erhielte man ein statistisches Material von höchster pädagogischer Bedeutung. Die letztere würde noch gesteigert, wenn es gelänge, die so durch ihre Studienjahre hindurch beobachteten jungen Geister bis in ihre späteren Lebensbahnen zu verfolgen.

III. Die Hochschulen. Es ist einleuchtend, dass die wechselnde Zahl der Studirenden an Hochschulen und namentlich die wechselnde Frequenz der verschiedenen Wissenszweige die jeweiligen Strömungen des Zeitgeistes deutlich signalisiren muss.

So zeigte unlängst die Zunahme der Frequenz der polytechnischen Schulen gegenüber jener der Universitäten, wie sehr die realistische Bildung in der Gegenwart sich in den Vordergrund drängt. Es waren z. B. im Polytechnikum von Hannover die Studirenden von 153 i. J. 18^{40}/$_{41}$ auf 460 i. J. 18^{60}/$_{61}$ gestiegen, während die Zahl der in Göttingen studirenden Inländer von 436 i. J. 18^{44}/$_{45}$ auf 402 i. J. 18^{61}/$_{61}$ gesunken war. Aehnliches zeigte sich in Tübingen, Giessen, Marburg, Leipzig, München, Heidelberg. In Oesterreich sank an den 8 Universitäten die Frequenz von 13751 i. J. 18^{42}/$_{43}$ auf 7655 i. J. 1859! (s. u.)

Als man die einzelnen Fächer des Universitätsstudiums durch 40 Semester (von 1820—1839) beobachtete, fand man eine direct entgegengesetzte Bewegung des Bildungsstrebens für die Theologie und die Medicin.

Das Maximum der Immatriculation für Theologie fällt zusammen mit dem Minimum für Medicin. (Oettingen.)

Bedeutende geistige Bewegungen im Völkerleben haben den entschiedensten Einfluss auf das academische Studium. So haben z. B. die politisch erregten Jahre 1830 und 1849, das erste dem Studium der Theologie, das zweite dem academischen Studium überhaupt, empfindliche Stösse beigebracht.

Höchst charakteristisch war auch die Abnahme, welche zu Ende der sechziger und Anfangs der siebziger Jahre die Universitäten erlitten, als allenthalben technische Hochschulen entstanden, und die Zeit des wirthschaftlichen Aufschwunges zahlreiche gebildete Techniker verlangte. Jetzt ist seit der industriellen Krisis von 1873 ein stetiger Rückgang des technischen Studiums und dem gegenüber eine mächtige Anschwellung des Universitätsstudiums zu constatiren.

§. 239. Resultate der Volksbildung.

Um beurtheilen zu können, in welchem Grade das Volk von den ihm gebotenen Bildungsmitteln Gebrauch macht und wie lange die Früchte dieses Gebrauches etwa anhalten, hat man verschiedene Wege gesucht.

I. Man hat, so namentlich in England schon seit 1754 bei den Unterzeichnungen der Ehecontracte die Schreibfähigen von denjenigen unterschieden, welche ihren Namen nicht unterzeichnen konnten.

Hier zeigte sich bei den Weibern ein geringerer Grad von Schreibfähigkeit als bei den Männern, im Allgemeinen jedoch ein Fortschritt. Es betrug nämlich die Zahl der Schreibfähigen (in % ausgedrückt):

	Männer	Weiber
in England 1840	66	50
1850	69	54
1860	74	64
1865	78	68
und in Frankreich 1855	68	52
1864	72	57

In Italien dagegen sind die „Analfabeti" weit zahlreicher. Dort konnten 1877 blos 24 % der Ehecontracte von b e i d e n Brautleuten unterzeichnet werden.

Die Unterschiede sind indess innerhalb dieser Länder nach Städten und Provinzen sehr gross. Für Italien z. B. beträgt die Zahl der Analfabeti in Piemont nur 50 %, während in Calabrien und Sicilien 87—88 % ununterrichtet sind [1]). Auch in den englischen Städten sind die Unterschiede sehr gross. So besass 1864 London nur 14 %, Wolverhampton dagegen

47 % schreibunfähige Brautleute. Die grossen Fabrikstädte waren am übelsten berathen. (Oettingen, Tabelle 150.)

Diese Methode, die Volksbildung zu messen, hat den grossen Vortheil, auch das weibliche Geschlecht zu berücksichtigen. Dagegen ist sie deshalb höchst unsicher, weil eine Masse Leute der unteren Volksschichten wohl ihren Namen aber sonst nichts schreiben können. Rechnet man alle diese unter die Schreibfähigen, so erhält man ein viel zu günstiges Resultat.

II. Die statistischen Aufzeichnungen über den Bildungsgrad der zum Militär Eingestellten bieten jedenfalls verlässlicheres Material, schliessen aber freilich das weibliche Geschlecht aus. Auch hier hat man wesentliche Fortschritte beobachtet. So hatten in Frankreich Elementarbildung (Oettingen):

im Jahre	%	im Jahre	%
1827/28	44	1847/48	65
1829/30	47	1863	72
1831/32	50	1865	74
1834/35	53	1866	76

Die Unterschiede in den verschiedenen Ländern sind sehr bedeutend, aber wegen der Ungleichheit des angewandten Massstabes nicht wohl vergleichbar.

Wie hoch die deutsche Nation mit ihrer Schulbildung fast alle übrigen überragt, zeigt sich nicht nur aus den im Deutschen Reiche herrschenden[2]), sondern insbesondere auch aus den Bildungsverhältnissen des national so mannigfach zusammengesetzten österreichischen Kaiserthums. Hier waren (1865) schreibkundige Recruten in[3]):

Unterösterreich	86 %	Mähren	44 %
Oberösterreich	83 „	Schlesien	59 „
Salzburg	57 „	Galizien	4 „
Steiermark	54 „	Bukowina	3 „
Kärnten	7 „	Dalmatien	0,8 „
Krain	2 „	Ungarn	25 „
Küstenland	2 „	Croatien und Slavonien	4 „
Tirol	35 „	Siebenbürgen	4 „
Böhmen	64 „		

Anmerkungen.

[1]) Nach dem Annuario statistico 1881.

[2]) Nach dem Statist. Jahrb. für 1865, pag. 138.

[3]) Bezüglich der Recrutenbildung noch:

Schweiz. 1878 waren unter den Recruten 1,68 % Schwachsinnige und Analphabeten. Im Canton Freiburg allein 7,15 %. Die Recruten werden einer

Prüfung unterworfen, wobei der Canton Genf am günstigsten besteht, am ungünstigsten Appenzell-Innerrhoden. (Zeitschrift d. preuss. statist. Bureaus 1879. Stat. Corr. LIX.)

Deutsches Reich. Unter den 1876–77 eingestellten Recruten waren ohne Schulbildung unter 100 in:

Deutsches Reich	2,12	Baden	0,16
Preussen	2,91	Hessen	0,11
insbesondere Posen	12,93	Sachsen-Coburg	0,00
Bayern	0,93	Waldeck	0,00
Sachsen	0,25	Hamburg	0,00
Württemberg	0,03	Elsass-Lothringen	3,98

(a. a. O., Jahrg. 1877, S. 410).

§. 240. Brief- und Zeitungsverkehr.

Der Postverkehr mit Briefen ist zwar immerhin ein Zeichen geistiger, aber auch geschäftlicher Regsamkeit. Man muss sich hüten, aus einem sehr lebhaften Briefverkehr unbedingt auch auf einen sehr hohen Bildungsgrad schliessen zu wollen. Mancher Handlungscommis schreibt weit mehr Briefe als ein Universitätsprofessor oder Staatsmann, ohne deshalb gebildeter zu sein. Ebenso ist es mit ganzen Nationen. Bei Handelsvölkern ist der Briefverkehr am entwickeltsten.

Mit diesem Vorbehalt ist es aufzunehmen, wenn auf den Kopf der Bevölkerung jährlich folgende Zahl von Briefen kommt in:

Grossbritannien	32,7	Chile	3,3
Australien	27,5	Argentina	2,6
Schweiz	25,5	Uruguay	2,4
Vereinigte Staaten	24,6	Algerien	2,4
Deutsches Reich	14,7	Japan	1,8
Canada	14,6	Griechenland	1,6
Belgien	14,4	Brasilien	1,6
Niederlande	13,3	Finnland	1,6
Dänemark	12,9	Russland	1,5
Frankreich	12,4	Rumänien	1,3
Oesterreich-Ungarn	7,6	Aegypten	0,7
Norwegen	7,4	Brittisch Indien	0,6
Schweden	7,2	Mexiko	0,4
Italien	5,4	Türkei	0,4
Spanien	4,8	Persien	0,03

Die Lebendigkeit des Zeitungsverkehres ist nicht nur bedingt durch das Interesse der Bevölkerung für das politische und wirthschaftliche Leben, sondern vielfach auch durch die Preise der Zeitungen und durch den Zeitungsstempel. Wo grosse und kostspielige Zeitungen gelesen werden und der Staat eine Stempelgebühr für dieselben erhebt, wird die Zahl derselben selbstverständlich geringer sein, als anderwärts.

Dies der Grund, warum in folgender Tabelle namentlich Oesterreich so ungünstig dasteht. Es trafen nämlich versendete Zeitungsblätter, Drucksachen und Waarenproben auf den Kopf der Bevölkerung im Jahre 1878 in:

Grossbritannien	9,6	Italien	5,2
Schweiz	24,1	Norwegen	4,3
Deutschland	12,6	Spanien (1877)	2,7
Niederlande	10,9	Ungarn	2,7
Frankreich	12,8	Portugal	2,1
Belgien	17.0	Griechenland (1877)	1,3
Luxemburg	9,9	Rumänien	0,8
Oesterreich	4,3	Russland	1,1
Dänemark	12,9	Türkei (1874)	0,1
Schweden	5,6		

(Neumann-Spallart: Uebersichten pro 1879, S. 280.)

§. 241. Literatur.

Ueber die Zahl der Buchhandlungen, Zeitungen, Fachblätter und neu erscheinenden Bücher existiren meist nur rohe unverarbeitete Angaben. Und in diesen Angaben stehen ungeschieden die kleinsten werthlosesten Broschüren und Blättchen neben grossen werthvollen, auf jahrelanger wissenschaftlicher Bemühung beruhenden Werken. Das erschwert offenbar sehr die Werthung der auf dem Büchermarkt erscheinenden Zahlen [1]).

Nach den Beobachtungen, die man bezüglich der im sächsischen Verlage jährlich erscheinenden Druckschriften gemacht hat, ist die Zahl dieser Verlagsartikel Jahr für Jahr fast die gleiche. Und zwar behält jede Sphäre geistiger Production ihre constante Verhältnissziffer. „Wenn man sich vergegenwärtigt, wie viele tausend verschiedene Gehirne sich dafür angestrengt, wie verschiedenartige Geister in seufzender Nachtarbeit oder in leichtfertigem Schaffungseifer sich an diesen Productionen betheiligt haben ... so erscheint die hervorgehobene Regelmässigkeit als ein unwiderleglicher Beweis dafür, dass gewisse geistige Factoren constant wirksam sind in der productiven Bewegung des Ganzen" ... (Oettingen).

Gewiss wäre es vom grössten Interesse, auf Grund solider und ausgedehnter Daten durch eine grössere Reihe von Jahren die Schwankungen dieser verschiedenen Richtungen geistiger Production zu studiren.

Die Jahreszeiten sind nicht ohne Einfluss auf die literarische Production. Denn die letztere findet alljährlich eine Steigerung von Quartal zu Quartal bis zum letzten.

Auch nationale Unterschiede machen sich bezüglich der literarischen Production sehr geltend [2]).

Anmerkungen.

[1]) Von allem geistigen Nährstoff des deutschen lesenden Publicums gehören, nach den sächsischen Verlagsartikeln (1851), zu:

Encyklopädie und literarischen Sammelwerken . . .	2,2 Procent
Staats- und Rechtswissenschaften	10,3 „
Theologie	17,7 „
Medicin	4,9 „
Naturwissenschaften	5,9 „
Philosophie	0,9 „
Pädagogik	13,4 „
Philologie, Archäologie, Sprachen	5,9 „
Geschichte	5,6 „
Geographie	2,6 „
Mathematik und Astronomie	1,1 „
Handel, Gewerbe, Bauwissenschaft	4,1 „
Landwirthschaft	2,3 „
Belletristik und schönen Künsten	12 „
Volksschriften	2 „
Vermischtes	8,4 „

(Oettingen a. a. O. Anhang S. 136.)

[2]) So muss es gewiss höchst charakteristisch erscheinen, dass unter den im J. 1864 in Frankreich und London neu erschienenen Verlagsartikeln sich einzelne Hauptgegenstände mit folgenden ungemein verschiedenen Ziffern vertreten finden:

	in London	in Frankreich
Religion	715	426
Geschichte	233	540
Rechtswissenschaft, Parlament .	79	232
Medicin	124	390
Kunst, Architectur	52	203
Belletristik, Literatur	1407	1010

§. 242. Kunst.

Hierin hat die Statistik jene Gebiete betreten, wo es fast unmöglich scheint, das menschliche Geistesleben noch ziffermässig zu erfassen. Dennoch existirt auch auf dem Gebiete der Kunst eine Reihe von Erscheinungen, welche der statistischen Beobachtung leicht zugänglich sind. So vor allem Stand und Gang des Künstlervolkes, ausgeschieden nach den verschiedenen Zweigen künstlerischer Thätigkeit — nach Dichtkunst, Musik, Malerei, Sculptur, Architectur und dramatischer Kunst. Die verschiedene Begabung der Völker für die Kunst überhaupt, als auch für die einzelnen Kunstzweige muss sich, bis zu einer gewissen Grenze, statistisch unter-

suchen und in ursachlichen Zusammenhang mit anderen nationalen Eigenthümlichkeiten bringen lassen [1]).

Noch leichter ziffermässig erfassbar ist die Betheiligung des Publicums
am Kunstleben. Sie äussert sich namentlich in der grösseren oder geringeren
Frequenz des Theater- und Concertbesuches, wobei sogar die herrschende
Geschmacksrichtung quantitativ dargestellt werden kann; ferner in dem
Werthe und der Richtung der vom Publicum und den Kunstvereinen
angekauften Kunstwerke. Auch hier wird sich ein Einfluss wirthschaftlicher, politischer und allgemeiner Culturzustände auf das nationale Kunstleben allenthalben ergeben und den tiefinneren Zusammenhang aller Erscheinungen des Völkerlebens erweisen. Allerdings muss man bei jeder
statistischen Untersuchung, welche das Gebiet der Kunst betritt, bedenken,
dass auf diesem Gebiete das Einzelne weit höher über die Masse hinaus-
zuragen pflegt, als irgendwo anders. Ein Rafael, ein Goethe, ein Beethoven
wiegt schwerer, als die Mittelmässigkeiten ganzer Jahrhunderte, und der
Statistiker hat auf dem Gebiete der Kunst blos das Recht, über das
Namenlose zu verfügen.

Anmerkung.

[1]) Von Versuchen, künstlerische Production zur Ziffer zu bringen, sei hier
Folgendes erwähnt:

Quetélet machte den Versuch, Frankreich und England hinsichtlich ihrer
dramatischen Productionsfähigkeit und hinsichtlich des Alters der Dichter statistisch zu untersuchen. Aus den gefundenen Zahlen construirte er eine Curve
der Entwickelung des dramatischen Talents, aus welcher sich ergibt, dass die
Autoren in England sich früher zu voller Productionskraft entwickeln als in
Frankreich, dass der Höhepunkt derselben zwischen dem 30. und 45. Jahre
liegt und dass sie erst vom 50. Jahre an bedeutend abnimmt. Ferner fand er,
dass das tragische Talent sich schneller entwickelt als das komische.

Einen anderen statistischen Versuch über die Formen des lateinischen
Hexameters machte Drobisch. Durch die Zahl und das Lagenverhältniss der
Versfüsse suchte er darzustellen, ob der Dichter mit grösserer oder geringerer
rhythmischer Genauigkeit, ob er episch, lyrisch, didactisch schreiben wollte
und wie seine charakteristische Eigenthümlichkeit darin zur Erscheinung komme.
So wurden Virgil, Horaz und Homer hinsichtlich der von ihnen gebrauchten
Formen untersucht.

Bezüglich der Verbreitung musikalischen Talents im Volke sind folgende
Ziffern von Interesse: Unter den 80717 Recruten, welche in Oesterreich-Ungarn
im J. 1865 zum Heer gestellt wurden, waren musikkundig:

aus der Gesammtmonarchie 1,1%
   „ Böhmen insbesondere . . . . .3,0 „
   „ Mähren . . . . .2,7 „
   „ Ungarn . . . . .0,5 „
   „ Galizien . . . . .0,1 „
   „ Lombardei-Venetien . . . . .0,7 „

(Stat. Jahrb. für 1865. S. 138.)

§. 243. Religion, Confession und Gottesdienst.

Das religiöse Leben der Völker ist bisher von der Statistik nur an wenigen Punkten und mit grosser Schüchternheit erfasst worden. Der Grund ist klar. Die Religion gehört dem innersten Herzen an und ihre Kundgebungen nach aussen müssen nicht nothwendig im Verhältnisse zu ihrer inneren Kraft stehen.

Doch darf man auch hier annehmen, dass bei einer grossen Zahl von Beobachtungen, z. B. bei der Beobachtung des religiösen Charakters ganzer Städte oder Völker die äusserlichen, bemerkbaren Leistungen der inneren Kraft des religiösen Lebens im Ganzen entsprechen.

So hat man denn wirklich auch nach verschiedenen statistischen Massstäben gesucht, um das religiöse Leben und seine Kraft zu messen.

Man hat als solche Massstäbe genommen: die Zahl der verbreiteten Bibelexemplare oder der bekehrten Heiden und Juden, anderwärts die Summe der freiwilligen Stiftungen und Geldopfer zu wohlthätigen klösterlichen und kirchlichen Stiftungen u. s. f.

Von grösserer Wichtigkeit sind Untersuchungen, welche man über die Quantität solcher Handlungen, die nothwendig zu einem religiösen Cultus gehören, angestellt hat.

So hat man in Sachsen eine genaue Zählung der Kirchenbesucher vorgeschlagen. In einigen Kirchen Berlins neuestens wirklich vorgenommene Zählungen lieferten das klägliche Resultat, dass wenig über 2% der Gemeindeglieder sich am Gottesdienst betheiligen. Von grossem Werthe wäre es u. a., die Betheiligung nach Alter, Geschlecht, Beruf und Civilstand zu kennen, zu wissen, in welchem Masse für kirchliche Zwecke Geldspenden gegeben werden u. s. f.

Von protestantischer Seite hat man Tabellen über die Zahl derjenigen Gemeindeglieder, welche an der Communion theilnehmen, angelegt. Nach diesen Tabellen trafen (1858—61) jährlich auf je 100 Gemeindeglieder folgende Zahlen von Communicanten in:

Oesterreich	109	Hannover	63
Kurhessen	82	Preussen	52
Bayern	76	Braunschweig	41
Sachsen	72	Oldenburg	35
Württemberg	70	Holstein	29
Grossh. Hessen	69	Frankfurt a. M.	18
Baden	68		

Man erkennt auf den ersten Blick, dass der kirchliche Eifer ein grösserer ist in jenen Ländern, wo die Protestanten nicht die herrschende Gruppe bilden.

Ferner haben diese Erhebungen auch ergeben, dass dieser Eifer unter den Landbewohnern (in Sachsen) nahezu doppelt so stark ist als bei den Städtern.

In Sachsen verglich man auch die Zahl der protestantischen Communicanten mit jener der katholischen. Man fand auf je 100 erwachsene Gemeindeglieder Communicanten:

im Jahre	bei Katholiken:	bei Protestanteu:
1862	121	102
1863	124	101
1864	130	98

Die Zahl der Kirchen, Klöster und Geistlichen kann immerhin, namentlich in ihrer Zu- oder Abnahme als ein werthvolles Zeichen kirchlicher Regsamkeit betrachtet werden, obgleich man sich hüten wird, zu behaupten, die Menschheit sei dort wirklich von der grössten Religiosität, wo die meisten Geistlichen sind [1] [2] [3]).

Stand und Bewegung der Confessionen, resp. ihrer Anhänger sind jedenfalls diejenigen Erscheinungen, welche der Statistik des kirchlichen Lebens am nächsten liegen. Aber für die Untersuchung des eigentlichen religiösen Lebens sind sie die werthlosesten. Denn die Angehörigkeit zu einer Confession ist an sich gar keine sittliche Handlung; zu einer solchen gehört ausser der Angehörigkeit auch die Anhänglichkeit.

Immerhin zeigt aber die blos formale Angehörigkeit schon das eine an, dass der Angehörige einer gewissen Confession wenigstens eine Zeit lang (während der Schulzeit) in den Grundsätzen dieser Confession erzogen und dadurch seinem geistig-sittlichen Leben eine gewisse Richtung gegeben wurde, welche nur ausnahmsweise wieder vollständig verlassen wird.

Was zunächst den Stand der Confessionen betrifft, so dürfte sich die Gesammtzahl der Menschen nach Confessionen etwa folgendermassen vertheilen:

Christen:		Nichtchristen:	
Katholiken	190 Mill.	Mohamedaner	85 Mill.
Protestanten	108 „	Juden	7 „
Griechen	80 „	Buddhisten	500 „ ?
Andere Christen . . .	15 „	Hindus	190 „ ?
	393 Mill.	Heiden	280 „ ?

Von sämmtlichen Menschen bekennen sich sonach etwa 30% zum Christenthum. In diesem bilden die Katholiken nicht ganz die Hälfte [4]).

Hinsichtlich der Bewegung der Confessionen liegt noch wenig Material vor. Dabei hat man zunächst die wichtige Beobachtung gemacht, dass die stärkere oder schwächere Zunahme einer Confession gegenüber den anderen nur zum allergeringsten Theile durch persönlichen Confessionswechsel der Einzelnen, meistens durch die gemischten Ehen und die verschiedene Geburtenfrequenz verursacht wird [3]).

Anmerkungen.

[1]) Hausner a. a. O. II, 454 gibt über die absolute und relative Zahl der Weltgeistlichen eine Uebersicht, welcher Folgendes zu entnehmen ist. Die Zahl der Einwohner, auf welche ein Weltgeistlicher trifft, beträgt in:

Vorm. Kirchenstaat (1862)	. . . 82		Russland (1861)	. . . .	600
Sicilien (1864)	 186		Frankreich (1862)	. . . .	660
Ganz Italien (1864).	 246		Oesterreich-Ungarn (1863)	. . .	665
Griechenland (1861)	 248		Grossbritannien (1861)	. . . . .	814
Spanien	„ 407		Ganz Deutschland (1861).	. . . .	865
Belgien	„ 483		Protestant. Deutschland (1861)	.	1552
Bayern	„ 590				

[2]) Die absolute Zahl des Ordensclerus beträgt:

i n	Jahr	Mönche	Nonnen
Deutschland	1872—74	2588	16846
Schweiz	1871	546	2020
Oesterreich	1870	7389	6001
Ungarn	1871	2243	915
Croatien-Slavonien	„	circa 320	
Stadt u. Prov. Rom	„	4326	3825
Uebr. Italien.	1866	24543	13853
Frankreich	1861	17776	90343
Spanien	1867	1506	14725
Portugal	1857—58	—	1560
Grossbritannien	1875	857	3320?
Irland	1864	860?	1700?
Belgien	1866	2991	15205
Holland	1862	820	2187
Russland u. Polen	1864	3540	1069

(A. Schwietzke. Die religiösen Orden etc. — Zeitschr. d. preuss. stat. Bureaus 1875. S. 51. ff.)

[3]) Bezüglich der Kirchen sei nur beispielsweise die merkwürdige Thatsache angeführt, dass die Zahl der Pfarr- und Filialkirchen in Preussen vom Jahre 1858 bis 1864 sich vermehrte (Oettingen a. a. O. S. 830):

bei den Evangelischen von 8325 auf 8401, also um 76

„ „ Katholischen „ 5317 „ 5548, „ - 231

[4]) In neuester Zeit stellt sich die Vertheilung der Bevölkerung nach Confessionen wie folgt (nach den Angaben des Goth. Hofk. 1881):

Länder	Jahr	Katholiken		Protestanten		Griech. Kirche		Juden	
		Absolut	%	Absolut	%	Absolut	%	Absolut	%
Deutsches Reich . .	1875	15,3 Mill.	36,9	26,7 Mill.	62,3	...		520575	1,2
Oesterreich-Ungarn	1869	27,9 „	77,7	3,5 „	9,8	3,0 Mill.	8,5	1,3 Mill.	3,8
Grossbritannien . .	1871	5,4 „	17,5	26,0 „	82,4	—	—	46000	0,1
Frankreich	1872	35,3 „	98,0	580757	16	—	—	49439	0,1
Dänemark	1870	1857	—	1,7 Mill.	99,1	—	...	—	—
Italien	1871	26,6 Mill.	—	58651	—	—	—	35356	—
Niederlande	1869	1,3 „	...	2,1 Mill.	—	—	—	68003	—
Schweden	1870	537	—	4,1 „	—	—	—	1836	—
Norwegen	1875	502	—	1,8 „	—	—	—	34	—
Schweiz	1870	1,08 Mill.	40,6	1,5 „	58,7	—	—	6996	—
Spanien	1877	16,6 „	—	10000 ?	—	—	—	5000 ?	—
Rumänien	1878	115000	...	30000	...	5,2 Mill.	87	400000	7,3
Serbien	1866	4161	—	463	...	1,3 „	...	2049	

Hiezu noch: **Belgien** ist mit 5,4 Mill. Einw. fast ganz katholisch, die Zahl der Protestanten wird auf 150000 geschätzt; hiezu 3000 Juden. — In **Portugal** neben 4,7 Mill. Katholiken verschwindend wenig andere Confessionsangehörige. — Im **Russischen Reich**: 57,1 Mill. Griechischer Kirche, 535000 Armenier, 6,7 Mill. Katholiken, 4,1 Mill. Protestanten, 2,3 Mill. Juden, 5,6 Mill. Mohamedaner, 481000 Heiden. — **Türkisches Reich** (Schätzung): 2,9 Mill. griechisch-orthodox, 2,8 Mill. Mohamedaner, 200000 römisch-katholisch, 100000 Juden, 70000 Armenier (gregorianisch), 10000 Protestanten. — **Ver. Staaten** circa 6 Mill. Katholiken, 12 Mill. evangelisch und hochkirchlich, 10 Mill. griechische und andere Christen (Sectirer), 500000 Juden.

[1]) Die verhältnissmässige Vermehrung der Katholiken, Protestanten und Juden in den Hauptländern Europa's stellt sich folgendermassen dar (Oettingen, a. a. O. Anhang, S. 140):

Staaten	in der Zeit von	Vermehrung im Jahresdurchschnitt in Procent bei		
		Katholiken	Protestanten	Juden
Frankreich	1851—1861	0,26	—	—
Oesterreich	„ —1857	0,82	0,54	1,96
Italien	„ —1861	0,49	—	—
Schweiz	1850—1860	0,53	0,42	3,40
Spanien	1849— „	0,93	—	—
Portugal	1850—1861	0,58	—	—
Belgien	„ —1864	0,80	—	—
Niederlande	1849—1859	0,12	0,16	0,03
Grossbritannien	1851—1861	—	1,11	—
Irland	„	— 1,15	—	—
Schweden	1850—1864	—	1,21	—
Norwegen	1855—1865	—	1,42	—

Staaten	in der Zeit von	Vermehrung im Jahresdurchschnitt in Procent bei		
		Katholiken	Protestanten	Juden
Dänemark	1850—1860	—	1,35	—
Preussen	1852—1861	1,14	1,11	1,29
Hannover	„	0,33	0,50	0,66
Baden	1846— „	0,15	0,50	0,36
Württemberg	„	0,02	0,04	0,34
Bayern	1852— „	0,45	0,45	0,42
Sachsen	1849— „	2,71	1,53	6,81

Diese Ziffern eignen sich indessen wohl nur dazu, um die Bedeutung der Religionsunterschiede für die Fruchtbarkeit der Bevölkerung zu studiren. Nationale und locale Eigenthümlichkeiten scheinen vom grössten Einflusse auf sie zu sein.

§. 244. Schlussbemerkungen.

Die Eintheilung, welche in den vorliegenden fünf Büchern der Statistik getroffen ist, macht keinerlei Anspruch darauf, mustergiltig zu sein; nur ihre Einfachheit mag sie einigermassen rechtfertigen. Eine vollkommene Eintheilung der Statistik als Methode und Wissenschaft zu geben, ist deshalb noch nicht möglich, weil einestheils die Methode stets vervollkommnet wird, anderentheils stets neue Gegenstände in ihren Kreis hereingezogen werden. Vermessen hiesse es, einen Zweig menschlicher Geistesthätigkeit, der noch so sehr in Gährung und Entwickelung begriffen ist, wie die Statistik, anders als fragmentarisch zu behandeln.

Aber schon die Fragmente zeigen den Charakter dieses eigenthümlichen Wissenszweiges deutlich genug. Schon jetzt erkennen wir die Statistik als **Buchhalter** des menschlichen und gesellschaftlichen Lebens. Als solcher verbucht sie nicht allein materielle, sondern auch geistige und sittliche Werthe. Wir erkennen sie sodann als **Anatom** und **Patholog** des mittleren Menschen. Ebenso ist sie dessen **Biograph**, der mit unbestechlicher Wahrhaftigkeit seine Fehler und Vorzüge verzeichnet. Und schliesslich erkennen wir in ihr auch die Sprache des **gesellschaftlichen Gewissens**. Sie ist der grosse Personalact, den die menschliche Gesellschaft über sich selbst, ihr Leben und Treiben angelegt hat.

Es zeigen sich innerhalb dieser wissenschaftlichen Thätigkeit Bestrebungen zur Anwendung der höheren Mathematik auf die durch die Beobachtung gefundenen Quantitäten. Ob diese, bis jetzt einsam stehenden Bestrebungen die Zukunft der Disciplin repräsentiren: diese Frage zu

entscheiden, ist hier nicht der Ort. Jedenfalls reichen schon die einfachsten Mittel quantitativer Untersuchung hin, um in jene Theile des
Staats- und Gesellschaftswissens, in welche sie eingedrungen sind, mehr
Licht zu bringen, als die alte beschreibende Schule jemals vermocht
hätte.

So ist die Statistik das Maass der Kraft der Völker, aber auch
ihrer Schwäche. Sie misst das Wachsthum, das Sein und Vergehen des
mittleren Menschen zunächst in all den Phasen, in welche die Natur ihn
versetzt. Schon ehe der Mensch das zweifelhafte Licht der Welt erblickt,
beurtheilt sie die Bedingungen seines Entstehens, die verschiedenen Gründe,
die ihn entweder ins Dasein treten oder ungeboren bleiben lassen. Sie
belehrt uns zwar nicht über die Berechtigung des Entstehens jedes Einzelnen, aber über das Recht der Masse auf das Dasein. Sie beurtheilt die
Schwäche und Entwickelung des Kindes, die Kraft des Mannes und
Weibes und die Gesetze des Todes. Und sie beurtheilt nicht blos, sondern
berechnet. Es ist wahr: auch der mittlere Mensch wird geboren und entwickelt sich, altert und stirbt, wie der einzelne. Aber neben diesem vergänglichen Dasein führt er noch ein anderes, unendlich grossartigeres; ein
Dasein, das in die tiefumwölkte Urzeit hinaufreicht. Stets vergehend, entsteht er stets aufs neue aus dem Grabe. Dieses andere längere Leben des
mittleren Menschen kennt die Statistik nicht; es gehört der Geschichte
an und das, was von ihm vergangen ist, wird nie gemessen werden. Was
wir vom Leben des mittleren Menschen kennen, ist kaum so viel, als
wenn wir eine Stunde aus dem Dasein eines einzelnen Menschen kennten.
Dürfen wir von dieser Stunde auf ein ganzes ereignissreiches Leben
schliessen?

Die Statistik ist das Maass der Thaten des mittleren Menschen.
Seine Aufgaben zwar sind ihr in den letzten Ausläufern verhüllt, aber
sein Streben, diesen Aufgaben gerecht zu werden: das ermisst und wägt
sie. Sie beschäftigt sich mit dem Kampf des Menschen um sein Dasein;
als wirthschaftliche Statistik misst sie seine Arbeit und Sparsamkeit,
seinen Reichthum in den verschiedenen Phasen desselben. Und indem sie
zuletzt noch die Wohnsitze, die gesellschaftliche und politische Ordnung,
Glück und Elend, Recht und Sittlichkeit, Bildung und Religion erfasst,
wo sie fassbar werden, wird sie zum Maasse der Civilisation. Mit dem
Werthe, den alles Streben nach Wahrheit hat, in sich, gewinnt sie auch
noch sittlichen Werth, indem sie uns belehrt, dass wir nicht wie astrono-
mische Gebilde in festvorgeschriebenen Bahnen des Guten und Bösen
gehen, sondern dass wir zwar selbst noch Ziffern im grossen Ziffer-
meere sind, aber Ziffern, die ihre Grösse selbst bestimmen; dass jeder

Einzelne weit über die Sphäre des Durchschnittsmenschen sich aufzu-
schwingen und an tausend gesellschaftlichen Fäden das Ganze nachzu-
ziehen vermag.

Das Beste, was in der Menschheit ist und von ihr geschaffen wird,
entzieht sich der Statistik. Die Zahl hat keinen Ausdruck dafür. Die Höhe
des Lebens beginnt auf einem Boden, welcher über den Zahlen steht und
es ist die Aufgabe des Einzelnen, jene Höhe zu erreichen.

Alphabetisches Sach- und Autorenregister.